激光分离同位素理论与技术

李育德　李　征　匡一中　张云光　著

科学出版社
北　京

内 容 简 介

本书简要介绍了激光分离同位素发展概况和方法，重点介绍了激光活化化学反应法分离同位素的理论和技术，力图建立起低振动能态激发、高分离系数激光活化化学反应法分离同位素理论性系统和归纳相应技术。对与激光分离同位素密切相关的分子结构和振动光谱，振动跃迁，热带跃迁，同位素分子间的振动能量共振碰撞转移，热化学反应和选择性激活化学反应，激光光化学反应与同位素分子混合气体状态和特性的关系，混合气体的冷却，激光与静态或流动的同位素分子混合气体的选择性作用，以及一些重要激光活化化学反应分离同位素方法的理论与技术的各环节进行了具体深入的理论处理、论述与分析。

本书可供同位素分离、光化学及相关领域的科研人员、工程技术人员阅读，也可供相关专业的本科生、研究生阅读。

图书在版编目（CIP）数据

激光分离同位素理论与技术 / 李育德等著. —北京：科学出版社，2023.6

ISBN 978-7-03-074872-0

Ⅰ. ①激…　Ⅱ. ①李…　Ⅲ. ①激光同位素分离法　Ⅳ. ①TL25

中国国家版本馆 CIP 数据核字（2023）第 025996 号

责任编辑：张淑晓　孙　曼 / 责任校对：杜子昂
责任印制：吴兆东 / 封面设计：东方人华

科学出版社出版
北京东黄城根北街 16 号
邮政编码：100717
http://www.sciencep.com
北京中石油彩色印刷有限责任公司印刷
科学出版社发行　各地新华书店经销
*
2023 年 6 月第 一 版　开本：787×1092　1/16
2023 年 6 月第一次印刷　印张：24
字数：560 000

定价：178.00 元

（如有印装质量问题，我社负责调换）

前　言

扩散法、离心法广泛应用于分离铀同位素，同时，在物理和化学方面还有其他多种分离同位素的方法。20 世纪 60 年代初激光技术诞生，70 年代出现了激光分离同位素的技术。该技术具有分离系数高、成本低等潜在优势，引起人们极高的重视。客观地讲，人们将注意力主要集中于分离铀同位素，也对硼、氘、硫等数十种同位素的分离进行了研究。有关激光分离同位素的理论和技术有很多论文已发表，同时也有一些专著。这些专著重在全面论述激光分离同位素，或激光化学，或重点论述原子法激光分离同位素，而以分子气体为原料的激光化学法分离同位素还鲜有书籍介绍。本书尝试重点论述激光化学法分离同位素。

我们电子信息学院光学工程系同位素组于 1975 年开始激光分离同位素研究。1981～1985 年，由匡一中教授（原四川大学激光物理与化学研究所首任所长）和古正教授带领，刘维铭教授、张秀云副教授、高文德副教授、李育德同志和李存智高级实验师等参加，卢玉村教授、蔡邦维教授等协助，进行了国家科学技术委员会等四部委管理的分离同位素研究。1987～1990 年，复旦大学、四川大学（同位素组）、大连理工大学联合承担国家教育委员会 CRISLA（chemical reaction isotope separation by laser activation，激光选择性活化化学反应法分离同位素）工作，同位素组还在 1993～1996 年承担国家教育委员会激光选择性活化化学反应分离同位素项目，后来还继续进行了研究。此外，潘万德教授、陈东兵工程师等参加了项目工作，陈梅博士、刘静伦博士、易亨俞博士、张力军硕士、王晓君硕士等参加了继续研究。

本书是在上述工作基础上选择内容进行的论述、分析和继续研究，也是在我们同研究生一道长期进行非线性激光化学实验的基础上完成的。

本书的目的是力图建立起低振动能态激发、高分离系数的激光活化化学反应法分离同位素理论性系统和归纳相应技术。第 1、2 章介绍了激光分离同位素发展概况、原理，原子法分离，多光子离解及红外 + 紫外双频离解的分子法分离，论述相干激发分离及做出激光化学法分离的经济性分析等。第 3 章介绍了分子光谱和分子碰撞理论。第 4 章论述和总结了 UX_y（$X = F, Cl, Br, I; y = 4, 6$）分子结构、键能、键长和振动频率的研究方法和成果，还预测了 U_2F_6 的存在，其同位素位移为 $1.684cm^{-1}$。第 5 章在形式上以简正坐标为基，分析了 O_h 群的不可约表示，总结和研究了 UF_6 分子的基频、合频、泛频及热带跃迁。第 6 章研究了 UF_6 振动激发态分子的振动-振动弛豫和能量共振转移概率、转移速率随温度变化的规律。第 7～12 章介绍了热化学、光化学和非均匀混合气理论，论述了混合气的冷却及流动和转动、同种分子碰撞抑制、态-态反应概念扩充、低振动能态光化学与热化学反应速率常数比、腔内光化学反应优势、反应剂选择、$K_{V\text{-}V}$ 值及双红外激光低振动能态激发光化学法分离同位素，总结分析了激光化学法分离同位素系列研究结果，介绍了激光化学法分离同位素激光器装置或方案等。

本书第 1、2 章由匡一中、李育德、张云光（现在西安邮电大学工作）撰写；第 3、4、6 章由张云光撰写，相关研究由张云光、李育德等完成；其余各章由李育德、李征撰写。最后由李育德统稿。匡一中审阅了全书主要内容，裴在春做了文字处理，李重绘图。本书涉及面广，相关符号难以统一，易混淆处有说明。同时，疏漏之处在所难免，敬请读者批评指正。

最后，感谢所有对我们工作给予帮助的朋友。感谢物理学院、化学学院对同位素组工作的支持与帮助。感谢电子信息学院同事长期给予的支持和帮助。感谢李源波先生、周厚隆先生、李大义教授等的帮助。感谢所有在校期间做过同位素分离工作的研究生和本科生所做的努力和贡献。另外，诚挚感谢中国核动力设计研究院邹从沛研究员、电子科技大学谢兴盛教授和四川大学朱世富教授在本书成书过程中的鼓励和帮助。

作　者

2021 年 10 月于四川大学

目　　录

第 1 章　激光分离同位素概述

1.1　引　　言

激光法分离同位素是激光技术和核技术结合而产生的一种分离同位素的方法。特别是对于分离铀同位素，它被认为是继扩散法和离心法之后另一种有希望发展成为的工业生产浓缩铀的新方法。该方法的分离系数很高，经一次分离即可将天然铀浓缩到核电站堆用浓缩铀的丰度，具有投资小、耗电少、成本低和生产规模灵活等优点[1]。扩散法和离心法是直接利用同位素的质量差进行分离的，而激光法是利用同位素质量差所引起的能量差。它的基本原理是选择激发，即根据同位素原子或分子在吸收光谱上的微小差别，应用线宽极窄的激光有选择地将某一种同位素原子或分子激发到一个特定的激发态，再采用物理或化学的方法将其与未被激发的其他同位素原子或分子分开[1]。因此，激光分离同位素的研究工作大致包括三个方面：高功率、窄线宽和可调谐激光器的研制；原子或分子结构和光谱的研究；激光物理、激光化学、分离机制的研究[2]。

具有相同核电荷数（质子数）的同一类原子为元素，具有相同质子数和不同中子数的同种元素的原子为同位素。因为原子的基本物理性质和化学性质是由核电荷决定的，所以同位素的性质非常接近，但也存在一定差异，在某些情况下差异还很大。同一元素的不同同位素或含该元素不同同位素的分子在性质上的差异为同位素效应。由同位素质量差异和同位素在核的性质上的差异均可引起同位素效应。同一元素的同位素之间的质量差在一定条件下足以让我们实现同位素的分离和探测，如扩散法、离心法分离铀同位素。由同位素之间质量差异引起的质量效应还出现在化学变化中，如氯化氢和溴化氢接触，由于交换反应，在氯化氢中的氘含量特别明显地高于溴化氢中的氘含量，这类反应也用于分离同位素。同位素之间的质量差异和核的差异可引起同位素在能级和光谱上的差异。在光谱上出现同位素位移，吸收光谱会有微小差异。为了获得良好的分离条件，应首先选择光谱上具有合适同位素位移的原子或分子，并对它的同位素原子或分子的光谱等性质做系统的研究。原子核相对于原子惯性中心的运动使原子的哈密顿量中出现与电子质量 m_e 和原子质量 M 有关的项[2]，两同位素的质量差所引起的能级位移在轻原子上的表现最为突出。例如，氢同位素的位移量可达 22.4cm^{-1}。随着原子序数 Z 的增加，这种位移（质量效应）快速减小，$Z>20$ 后同位素位移不超过百分之几 cm^{-1}，甚至千分之几 cm^{-1}，以至于这种同位素位移完全消失。$Z>60$，开始出现另一种类型的同位素位移，这是由原子核体积对能级的影响所致，对贯穿核电子情形，可观察到与核半径变化成比例的能级位移。这种由体积效应所引起的位移与由质量效应引起的位移符号相反。除了光谱位移外，对于许多元素的原子，同位素效应还表现在超精细分裂上，分裂间隔的大小在 Z 一定时与中子数目有关。在具体进行激光分离铀同位素时，人们选择的原子体系为铀原子蒸气，这种体系中同位素之间存在明显的光谱位移。当利用分子体系来分离同位素时，应考虑其分子光谱特性。分子光谱包括电子光谱、振动光谱和转动光谱。而振动光谱总是与转动光谱共存，电子光谱总是与振转光谱共存。一般说来，因为转动光谱本身的频率很低，所以同位素位移很小，不便应用；而电子光谱频率虽很高，但其同位素位移并不大，这种位移往往又被伴随的振转光谱所掩盖，也很难利用。所以在激光分离中重点是利用分子振动光谱中的同位素效应[1]。在具体进行激光分离铀同位素时，人们会选用气体状态的含铀分子体系。例如，UF_6就是一种理想的挥发性铀化合物，它不需要在很高的温度下便可变为气态。它很早就被人们选作气体扩散法分离铀同位素的工作物质，因此在激光分离铀同位素中人们也会想到这一体系。但UF_6分子光谱带在常温下明显加宽，且重叠严重，因此同位素位移不易被分辨。为了解决这个难题，可以采取降温的方法来分辨UF_6分子的同位素位移。UF_6气体分子处在 50～100K，大多数分子处于振动基态，同位素位移容易被分辨[3]。

由于UF_6气体分子在铀同位素分离中占据重要的地位，在过去的几十年中，人们在实验上和理论上对其振动光谱等性质做了大量的研究。早在 1974 年，就有人在实验上测量分析了UF_6分子的振动光谱数据。很多人还在实验上通过各种方法获得了UF_6分子的键能（UF_5—F）[4, 5]。但由于UF_6的稀少性和放射性，在实验上研究它还是比较困难的，因此在理论上采用量子化学程序详细计算其物理化学性质就显得尤为重要。由于UF_6在核燃料浓缩方面的重要性，再加上拥有的实验数据，它甚至已经被作为测试、计算锕系化合物分子结构和光谱数据的模型[6]。关于UF_6分子的结构和振动频率等性质已有大量的理论研究[7-14]。例如，Hay 和 Martin 用 Gaussian 程序计算了UF_6分子的平衡键长和谐性振动频率，发现用 B3LYP 密度泛函得到的振动频率的平均误差仅为 $14cm^{-1}$，即与实验值很好地吻合。另外，Batista 等也使用 HF（Hartree-Fock）和密度泛函方法对UF_6分子结构和光谱常数做了细致的研究。除此之外，他们还采用密度泛函理论（DFT）计算了UF_6分子的键能（UF_5＋F）。在本书中，我们分别使用 LDA 和 GGA（BP、BLYP 和 RPBE）泛函和 TZP 基组计算了UF_6分子的平衡键长和振动频率。在计算中还分别采用了标量和旋轨耦合相对论近似方法分析了这两种相对论效应对振动光谱的影响。此外，我们还用 RPBE 密度泛函方法结合这两种相对论效应分别计算了UF_6分子的键能（UF_5+F），并得到了旋轨耦合效应对UF_6分子键能的贡献。同样我们还用相同的方法在理论上很好地预测了其他六卤化铀分子（UCl_6、UBr_6和UI_6）的平衡键长、键能和振动频率等。

UF_4也是铀的重要化合物之一，是生产金属铀和UF_6的原料，在核浓缩和再加工方面有非常重要的作用[15]，人们对气态UF_4做了较多的实验研究[16-22]。在 1958 年对UF_4分子做了电子衍射实验，认为它是一个规则的四面体结构，即对称性为T_d。然而此后很多人做了大量的实验研究，认为UF_4分子并非规则的四面体结构[16, 17]，即对称性可能为C_{3v}、C_{2v}或D_{2d}。但 Konings 等以及后来很多学者重新分析了以前的研究人员研究的关于UF_4分子的电子衍射实验等数据，证实了它是一个规则的四面体结构[19, 20]。在实验上，很多科研工作者还对UF_4分子的红外光谱（反对称伸缩振动和弯曲振动频率）做了测量，在红外选择定则下，可证明这个分子是规则的四面体结构[23]。总之，在实验上人们对UF_4分子已经有较多的研究，但在理论上却研究很少。在本书中，我们便利用 DFT 中的 GGA 函数计

算了 UF_4 分子可能存在的四种对称性（T_d、C_{3v}、C_{2v} 和 D_{2d}）的总能量、电子结构、振动频率，并进行了布居分析。从中发现 UF_4 分子的 T_d 对称性的能量在这四种对称性中是最低的，即它的基态结构为 T_d 对称性。此外，我们还用密度泛函方法计算了 UCl_4、UBr_4 和 UI_4 分子的 T_d 对称性的电子结构和振动频率。

另外值得注意的一个问题是，同位素分子光谱中的吸收峰宽度常常受到诸如多普勒效应、压力加宽以及分子间相互作用等影响而可能变得很宽，甚至原来就很小的同位素位移会被完全掩盖，使两个同位素吸收峰彼此重叠，从而使分离难以实现。目前所广泛使用的铀化合物 UF_6 分子的同位素位移仅为 0.65cm^{-1} 左右，因此我们需要找到一种同位素位移更大的铀化合物，以便更容易进行铀同位素的分离。我们猜测包含 U_2 的化合物会比包含 U 的化合物 UF_6 分子的同位素位移更大。对于包含 U_2 的无机化合物没有任何实验研究。在理论上有人通过多组态量化方法研究了 U_2 分子中两个 U 原子的成键性质。他们发现 U_2 分子有比其他所有可知的双原子分子的化学键都复杂的五重键。根据这个性质，在理论上可以形成无机 U_2F_6 分子。本书中，我们用全电子密度泛函方法计算了 UF_6 和 U_2F_6 分子的几何结构、振动频率和同位素位移，在理论上预测 U_2F_6 可能比 UF_6 更加适合作为铀同位素分离的原料。

为了深入地分析 UF_6 分子的结构和跃迁特性，我们系统地归纳、整合、深化了利用群论方法对 UF_6 简正振动模式、振动跃迁的分析，还特别地研究了与选择激发有关的泛频跃迁、组频跃迁等，并处理了热带吸收问题。

在同位素分子被激光选择性地激发后，接下来就是选择物理或化学的方法将激发的同位素分子与未被激发的其他同位素分子分开，比较流行的是通过化学反应来实现。所谓激光光化学反应，就是利用受激光激发而处于激发态的分子的化学反应能力大于基态分子所进行的选择性化学反应。原则上选择的化学反应必须满足以下几个条件：首先，被激发同位素分子更容易发生此反应；其次，这种反应必须是不可逆的，而且要求它具有较快的反应速率以尽可能减少被激发的和未被激发的同位素分子之间发生能量交换的机会，从而避免造成选择性损失[24, 25]。激光光化学反应中激发态分子反应活性远高于未受激发的分子，其反应速率大不相同。如化学反应本来就有位垒，激发态分子位垒的高度降低和化学反应的活化能减小，因此化学反应速率增大，则同位素选择激发的效果会更好，这是因为此时受激发的分子发生化学反应，而未被激发的分子则不发生或难以发生热化学反应。分子光化学反应可分为电子态和振动态光化学反应。当激发振动态的寿命较长、有足够的反应时间时，反应剂或清除剂的挑选更灵活，要求的辐射功率也较低[25]。本书中，为了便于分析在同位素分离中热化学反应的负面影响和对光化学反应的重要作用，我们从物理工作者的角度出发介绍了有关热化学反应和光化学反应的知识，并将两方面的内容衔接，根据需要深化地聚焦到同位素的分离上，特别聚焦到 UF_6 分子的激光同位素分离上。

一般的热反应是以提高温度来引发化学反应的，系统的温度高低体现在分子平动能量的大小上，两碰撞的反应物分子沿着分子中心连线方向的相对动能需要一最小值以使两分子达到过渡状态，然后经过分子键逐渐断开、逐渐形成产物分子的键，最终形成产物分子。这样对于需要活化某一特定同位素分子而发生某一特定反应的系统就非常不利。而激光激发便有助推这种特定反应的优势。

激光光化学反应的特点是：对反应物分子的激活是通过与某一频率激光发生共振来实现的。不与激光发生共振的分子不被激发，这就高度地体现了激光化学选择性的特点。

分子振动能级激发，引起振动模温度T_V和平动温度T之间的差距增大，可有振动模温度$T_V \gg T$。此时化学反应的速率就会增大，也即分子旧键断开、新键形成和新的分子形成速率大大增加，键断开也显示了选择性（如$^{235}UF_5$—F键断开，$^{238}UF_5$—F键很少断开）。但是必须指出，即使激光的频率与某一同位素分子的振动频率匹配，也不一定发生选择性激光光化学反应。这是由于同位素分子之间因碰撞而发生的能量交换引起同位素分子的再混合，从而影响分离效果，降低分离系数[26]。受激分子的碰撞从性质上分为两类。一类是受激分子与未受激分子间发生碰撞而能量转移，使后者激发，前者消激发。另一类是碰撞之后分子间没有这种能量转移，而是在受激分子内各振动模之间的能量分配上发生显著变化。我们可以把受激分子碰撞能量转移过程概括为：①分子间碰撞振动-振动能量转移；②分子内各振动模之间振动-振动能量转移；③振动-转动能量转移[27]。当然其中主要是分子间碰撞振动-振动能量转移。所以对于铀同位素分离，我们需要深入研究$^{235}UF_6$和$^{238}UF_6$分子振动-振动能量转移速率。激光光化学反应法分离铀同位素的关键问题之一就是要控制$^{235}UF_6$和$^{238}UF_6$同位素分子间振动-振动能量转移引起的选择性损失过程，保证分离的化学反应速率大于振动-振动能量转移速率。由于振动-振动能量转移速率的重要性，从理论和实验两个方面研究确定它的数值就成为激光选择性光化学反应分离铀同位素方法可行性论证的一个核心问题。在本书中，我们通过分子振动能量碰撞转移的长程力理论对UF_6同位素分子间ν_3振动能量共振碰撞转移过程进行了研究，得到了共振转移概率和转移速率随温度变化的曲线，为实际分离铀同位素提供了参考。同时，书中研究了同位素分子间碰撞的抑制机制和用于抑制计算的近似公式，进行了实例计算，并用于同位素分离方案的有关估算中。

自激光化学法分离铀同位素问世以来，人们对UF_6与各种化合物的反应及激光对其影响的研究也日趋增多[28-39]。很多科研工作者都研究了UF_6+HCl体系的热反应和激光光化学反应动力学过程，结果显示CO激光作用下的反应速率比热反应速率增加了数倍[33, 36]。在20世纪70年代，Eerkens第一次成功地用一台可调谐连续波CO_2激光器经吸收带$\nu_3+\nu_4+\nu_6$（通常都用波长的倒数，单位为cm^{-1}的波数$\nu_i=1/\lambda$来代替频率，当表示为$h\nu_i$时，ν_i的单位为Hz，在具体使用环境下是可以分清的）照射UF_6和HCl气体混合物中$^{235}UF_6$分子，使其处于激发态并与HCl发生反应生成固态铀化合物，从而实现铀同位素分离[35]。他还计算出了其有效的铀浓缩系数（或因子）是1.1，这与可能的最大浓缩系数1.5符合得很好。Eerkens还在1989年用CO激光器经$3\nu_3$(单位：cm^{-1})吸收带照射UF_6+Rx气体混合物中的$^{235}UF_6$分子，获得的浓缩系数为2.5[36, 2]。本书中，我们首先在理论上研究了CO激光辐射下的UF_6+HCl光化学反应和铀同位素的选择性，得到了利用$^{235}UF_6$分子的吸收带$3\nu_3$进行选择性激发所能获得的铀浓缩系数。接着又研究了由CO_2激光和CO激光共同辐射下的UF_6+HCl反应的动力学过程，并对这个反应计算得到了利用$^{235}UF_6$分子的组合吸收带$4\nu_3+\nu_4+\nu_6$（单位：cm^{-1}）和泛频吸收带$3\nu_3$选择激发所能获得的铀浓缩系数，该系数可达到2～4。结果表明，由CO_2激光和CO激光共同辐照下的UF_6+HCl反应，能够使反应速率加快，会有更好的铀同位素选择性，即同时用CO激光

和 CO_2 激光要比单独用其中的一种激光获得的铀浓缩系数高。围绕上述问题的相关内容，我们先后论述了混合气体的非等温冷却、混合气体的热传导系数、低温对于 UF_6 分子光谱分辨和 $^{235}UF_6$ 与 $^{238}UF_6$ 激发截面比的重要性及规律、UF_6 分子热带谱、反应剂性能比较及选择、混合气体流动和静态情况下各参数对分离效果的影响、混合气体运动状态与激光辐射的配合，并论述了相关激光系统或方案。

1.2　激光分离同位素的发展概况

同位素分离对于原子能科学技术和国防工业等具有非常重要的意义。美国、苏联分别于 1945 年、1949 年投产第一个利用扩散法生产浓缩铀的工厂，随后英国、中国和法国也建立了气体扩散厂。1952 年，苏联开始进行气体离心法浓缩铀的研究，1957 年投产，扩散法生产逐渐被离心法取代，并于 1991 年被完全取代。现在一些国家仍用或部分使用扩散机器浓缩铀，一些国家使用或部分使用离心机器浓缩铀。近半个世纪以来，激光法浓缩铀的研究在国际上一直受到重视[2]。激光分离铀同位素之所以广受人们的重视，是因为它和其他的分离同位素方法相比有几个优点：分离系数高、能量消耗较低、分离功率高和废物污染少，是一种非常有前途的同位素分离方法。

当分子吸收光子后会由基态跃迁到激发态，从而更容易与其他分子发生反应，这一现象为光化学过程。在同位素分子的光谱研究中发现了分子的同位素效应后，人们就设想采用光激发分子发生的光化学反应过程作为一种分离同位素的方法。

据文献[2, 25, 38-45]可知，早在 20 世纪 20 年代初，Hartley 等就提出了在使化学反应选择性光受激的情况下分离同位素的设想。到了 1932 年，Kuhn 和 Martin 用铝火花源发射的波长为 261.82nm 强辐射紫外光照射分子 $CO^{38}Cl^{35}Cl$ 分离了氯同位素。1953 年 Billings 等用汞灯发射的 253.7nm 的光照射并激发了 ^{202}Hg，它与水蒸气发生了快速反应，生成了 ^{202}HgO 沉淀，从而成功分离了汞同位素。受光源等的限制，这个阶段光化学分离同位素的研究工作进展比较缓慢。20 世纪 60 年代激光技术的发展，使光化学获得了崭新的“武器”。由于激光具有方向性好、单色性和相干性强等优点，它是进行选择性激发的理想光源。将激光引入光化学同位素分离，使这一领域进入了一个新的实验阶段。Tiffany 和 Moos 等便在 1966 年用红宝石激光辐射分离了溴的同位素分子。红外波段激光的出现实现了分子振动能级的激发，1970 年，Mayer 等进行了振动激发的同位素激光分离实验，他们用 HF 气体激光照射甲醇-溴分子成功分离出氢同位素。此后，世界上很多国家竞相开展了激光分离同位素的研究工作。此外，在这期间激光技术得到了迅速的发展，不断出现了新的激光器，使激光化学法的使用范围逐渐扩大。例如，在高功率 CO_2 激光器研发成功后，有人就用它来选择性激发 BCl_3 分子，从而成功分离硼同位素。在 20 世纪 70 年代初，美国人用高功率 CO_2 激光器进行了分离硫和铀同位素的研究。法国在 1976 年也开展了激光分离铀同位素的研究。20 世纪 80 年代初，以 UF_6 分子为工作介质的红外多光子离解分离铀同位素和以铀金属蒸气为工作介质的三步光电离分离铀同位素都形成了较为完整的实验体系。美国能源部于 1985 年 6 月 5 日正式宣布原子激光光电离法为美国第三代铀同位素分离方法[2, 41]。这一决定，在国际上引起很大的反响，从那以后世界上许多国家都相继开展了激光分离同位素的研究。

总之，自 1970 年后，利用激光分离同位素的方法如雨后春笋般发展起来。这一新技术引起了世界各国的极大重视，人们已在实验室中用激光分离了数十种同位素，其中最吸引人的是铀同位素的分离。

1.3 激光分离同位素的基本原理

激光分离同位素的基本原理是光子与原子或分子等的相互作用。然而激光分离同位素对光源要求较高，需要采用特定波长的激光选择性地激发同位素原子或分子，再用物理或化学的方法将受激发、光电离或光离解的同位素原子或分子分离开来，从而达到选择性地分离同位素的目的。

用激光分离同位素需要具备的三个基本条件[25, 40, 41]：

（1）同位素原子或分子的光谱应有足够的同位素位移和分辨率。

（2）有与被分离同位素原子或分子频率相匹配的合适的激光器，使产生的光子能进行选择性激发。

（3）有合适的物理或化学方法将选择性激发的同位素原子或分子在能量未被转移之前就分离开来。

要满足这三个基本条件，必须进行大量的基础工作。本书的各章便围绕这些条件展开理论和技术方面相关内容的论述，分别分析、论述相关方面的问题。

1.3.1 光谱的同位素位移

将同位素原子或分子的光谱有足够的同位素位移和分辨率列为激光分离同位素的首要基本条件。具备了这一条，便可以考虑用单色性极好的激光进行同位素分离。对激光与物质的相互作用，必然考虑这种物质对光波的吸收性能。仅当同位素原子或分子对光波的吸收因同种原子所含中子数不同而存在足够差别时，才可能用光波或激光对其产生有差别的作用而进行同位素分离。理论表明，同位素原子或分子会因原子的中子数不同而必然存在吸收光谱上的位移，这是由于中子数不同必然导致核的质量差异和核的构成有所不同而对其能级和吸收光谱产生影响[2]。

在惯性中心系统中核的动量 P 与电子动量之和 $\sum_i p_i$ 相等，即 $P=\sum_i p_i$ ，故有

$$\frac{P^2}{2M}=\frac{1}{2M}\left(\sum_i p_i^2+\sum_{i\neq k} p_i p_k\right)=\frac{m_{\mathrm{e}}}{M}\left(\sum_i \frac{p_i^2}{2m_{\mathrm{e}}}+\sum_{i\neq k}\frac{p_i p_k}{2m_{\mathrm{e}}}\right) \tag{1.3.1}$$

式中，各项为核运动在原子的哈密顿量中出现的项；M 为原子质量；m_{e} 为电子质量。

式（1.3.1）中第一个求和项对原子能量的贡献称为正常位移，令其为 ΔE_{N} ，则

$$\Delta E_{\mathrm{N}}=\frac{m_{\mathrm{e}}}{M}\sum_i \frac{p_i^2}{2m_{\mathrm{e}}} \tag{1.3.2}$$

式中，$\sum_i p_i^2/2m_{\mathrm{e}}$ 为无限质量的核 $(M\to\infty)$ 在静止状态下的原子能量。

对于两同位素原子有

$$\frac{P_1^2}{2M_1}-\frac{P_2^2}{2M_2}=\frac{\Delta M}{M^2}m_{\mathrm{e}}\left(\sum_i\frac{p_i^2}{2m_{\mathrm{e}}}+\sum_{i\neq k}\frac{p_ip_k}{2m_{\mathrm{e}}}\right)\tag{1.3.3}$$

式中，ΔM 为质量差，质量差为ΔM 的两同位素的跃迁频率差为

$$\Delta\nu=\frac{\Delta E_{\mathrm{N}_1}-\Delta E_{\mathrm{N}_2}}{h}=\frac{\Delta M}{M^2}m_{\mathrm{e}}\nu_\infty\quad(\text{单位：Hz})\tag{1.3.4}$$

式中，$\nu_\infty=E_\infty/h$，h为普朗克常量，E_∞为式（1.3.1）中或式（1.3.3）中第一个求和项对原子能量的贡献。

式（1.3.1）中的第二项是由电子交换相互作用所引起的，相应的同位素位移为特别位移。同位素原子核的体积对原子能级高低也有影响（体积效应），也能引起同位素位移，对贯穿核的电子来说可以观测到与核半径变化成比例的能级位移。同位素原子核对原子谱线的超精细结构也会产生影响，引起超精细分裂。超精细结构能级的位置由同位素位移和超精细分裂大小两个效应来决定。

同位素双原子分子若用原子质量符分别表示成mM、mM^*，其同位素位移可由其经典振动频率之差表示，即

$$\Delta\nu=2\pi\left(\sqrt{\frac{k}{\mu_1}}-\sqrt{\frac{k}{\mu_2}}\right),\quad \mu_1=\frac{mM}{m+M},\quad \mu_2=\frac{mM^*}{m+M^*}$$

多原子分子不同振动模、不同能级的同位素位移源于其原子质量差及相关耦合等。较重分子的同位素位移较小，如$^{235}UF_6$和$^{238}UF_6$分子的ν_3同位素位移仅为 0.65cm^{-1} 左右[46, 35]。由于分子振动谱带易重叠，同位素位移不易分辨，这就需要高分辨率光谱技术的应用。另外，同位素分子的光谱位移是否易于分辨还取决于谱线本身的宽度，如果谱线的中心宽度大于同位素位移，便不可能选择性激发一种同位素分子。此外，分子振动谱带中存在着一系列振动转动谱线，而且它们很密集和难以分辨。因此，必须控制振动带的转动展宽，使它们尽量减少重叠。同时其谱线也会由于压力增大和分子间的相互作用而加宽。因此分离体系最好是处于低温、低压和气态。

1.3.2　选择性激发及其对激光器的要求

当找到易于分辨的原子或分子同位素位移之后，就可以用适当的激光对某种同位素原子或分子进行选择性激发。激光频率应该与其中一种同位素原子或分子的吸收谱线相匹配，当然最好是使用频率可调的激光器件。此外，倍频、受激拉曼散射等激光技术的发展也为分离同位素提供了良好的条件。

激光器的输出线宽要小于同位素位移，并且为了有效地进行选择性激发，还要保证其输出频率的稳定性和较大的输出功率。为了减少分离成本，激光器还应该有较大的能量转换率。对于原子系统，一般选择能量转换率较高、输出波长较短的激光器。对于分子系统，二氧化碳等红外可调谐激光器的能量转换率和输出功率都较大，是较适合的。但它的主要缺点是光子的能量较低，很难把同位素化合物分子激发到较高的

激发态，而此问题可由红外多光子技术来解决[44, 45]，从而更容易分离同位素。对于某些体系，要找到光谱的同位素位移并选出与之相匹配的激光器是很困难的。为此，人们提出并发展了用受激拉曼散射来选择性激发同位素化合物分子，以便随后再分离它们的技术。

1.3.3 能量转移和选择性损失

气体原子或分子总是在不断地相互碰撞，因此受激原子或分子的能量会在碰撞过程中损失或转移给其他原子或分子，造成选择性损失。受激原子或分子的能量转移主要有以下三个过程。

1）自发辐射

这个过程能够造成光子的损失，这就要求我们的激光器有足够大的输出功率，以使激发态粒子产生的速率超过光子的损失速率。

2）激发态能量的共振转移

当受激原子或分子与未受激原子或分子碰撞时，若它们的能级相近或几乎相等，会发生能量的近共振转移或共振转移。共振转移的截面很大，能量转移速率也很大。

3）激发态的弛豫和热激励

在碰撞中，受激原子或分子会很快弛豫到基态。这种弛豫是不会发出光子的，而是使混合物的温度升高。这样不仅会损失一些光子，而且会使其他原子或分子无选择性地热激励到激发态，造成选择性损失。对于分子体系而言，这种转移一般是在分子的最低振动能级上进行的。在分子的电子能级激发中，弛豫过程会发出光子，从而造成光子的损失，但其对选择性的影响不大。

为了在能量转移之前把受激原子或分子分离出来，需要使受激原子或分子的化学反应速率或其他分离速率超过能量共振转移（本书中常简称共振转移）速率和热激发速率，即需要寻找快速化学反应或其他快速分离技术。

1.4 原子法激光分离同位素

原子法激光分离同位素是一种光物理方法，是利用激光辐射对原子进行多步同位素选择性光电离的方法，即 AVLIS（atomic vapor laser isotope separation，原子蒸气激光分离同位素）。原子被激光选择性激发到一激发态，其电离能减小，再接受另一频率的激光作用后发生电离，即二步光电离。也可根据原子系统的能级结构采用多步同位素选择性光电离。而未受激光激发的其他同位素原子仍然保持中性。在电场或磁场或混合电磁场的作用下，离子发生偏转而被收集，达到同位素分离的目的。轻元素每个中子所产生的同位素位移为 0.35cm^{-1}（对于 Li），随着比值 $\Delta M/M$ 的减小而减小，中等质量元素每两个中子所产生的同位素位移为0.002～0.005cm^{-1}，重元素的同位素位移可达 0.5cm^{-1} 以上[2]。

铀同位素[41]在波长 551.1nm、562.0nm、575.8nm、591.5nm、597.1nm、635.9nm、644.9nm 处的同位素位移分别为 129mK（毫波数）、−225mK、−170mK、−282mK、−170mK、−210mK、

−156mK，一般规定较重同位素的谱线向高频方向的位移是正的位移。

天然铀含同位素 ^{235}U（0.7%）和 ^{238}U（99.3%）。AVLIS 的过程包含三个技术环节：①分离物质的蒸发；②激光束作用于原子蒸气，使目标同位素电离；③收集器收集离子。铀流方向、激光束方向、收集板配置等示意于图 1.4.1。

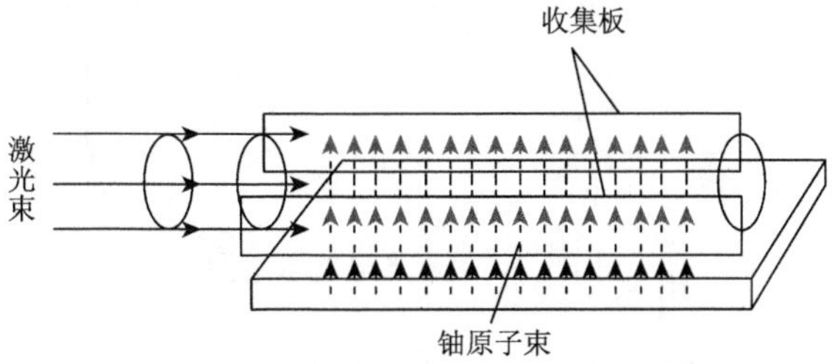

图 1.4.1　原子法选择性光电离同位素的示意图

在分离装置中采用的蒸发方法分为两种：电子束蒸发法和坩埚法。电子束蒸发法可以在更高水平上满足大规模生产的需要。为使装置获得尽可能好的经济性，激光辐照区应有尽可能高的粒子数密度。对于不同的原子系统，会受到其具体的限制。对铀而言，因粒子间发生电荷交换和等离子效应的作用，粒子数密度不能超过10^{13}～$10^{14}cm^{-3}$[2, 41]。铀熔化温度为 2700K 左右，铀原子平均速度为 5×10^4cm/s。光照区的直径为几厘米，长度为几十米[2]。因此若选择铀流方向的辐照区长度为 2cm，则要求激光重复频率为 25kHz。若蒸气流区长度为 5m，宽为 1cm，粒子数密度为 $10^{13}cm^{-3}$，速度为 5×10^4cm/s，则年处理能力能达到 3.1t。

铀的光电离极限为 6.2eV（极小值）。虽然原则上可以采取二步光电离，但需使用一紫外光源，其分离选择性和可控性都不如三步光电离。三步光电离可选择 $h\nu_1$、$h\nu_2$、$h\nu_3$ 三个能量约为 2eV 的黄色激光光子，前两步为选择性激发。可选择包含双光子共振吸收的三色光子的三步电离，如图 1.4.2（a）所示，其右标示的 235、238 分别为 ^{235}U 和 ^{238}U 能级位置。针对第一、第二步跃迁引入一定的失谐量，再通过对失谐量的控制可获得较高的选择性。由于被蒸发出的铀原子主要处于基态（$^5L_6$）和亚稳态（$^5K_5$），亚稳态寿命为 1～2.5ms，$^5K_5$ 与 $^5L_6$ 两能级非常接近，因此可以采用四个频率的黄色光子进行三步光电离，如图 1.4.2（b）所示，E_0、E_1 分别为基态和第一激发态能级位置，$h\nu_{12}$ 的作用是将亚稳态的原子激发到共同的第一激发态。为了进行有效的光电离，要求三个或四个激光脉冲同步传输并在光电离区的整个长度空间上完全重合。光束在传输过程中的延迟、被吸收，脉冲形状的变化及光束在截面上强度因自聚焦而产生的变化都会降低光束在空间和时间上的重叠程度，从而降低原子蒸气的电离度。同时，原子的高浓度和共振跃迁的偶极矩会造成介质的宏观极化，非目标同位素原子的浓度特别大，吸收谱线与目标同位素的又很接近，共同形成的宏观极化会对激光场有很强的影响，乃至产生破坏性影响。另外，每一步跃迁的偶极矩大小不相等又会导致上能级粒子布居数下降和光脉冲传输速度的差异。选用图 1.4.2（a）所示的方式，可由双光子共振区附近引入失谐量的办法，使第三个能级上的粒子数达到最大，同时可使介质对激光场影响最小，且可使各激光脉冲同步传输。

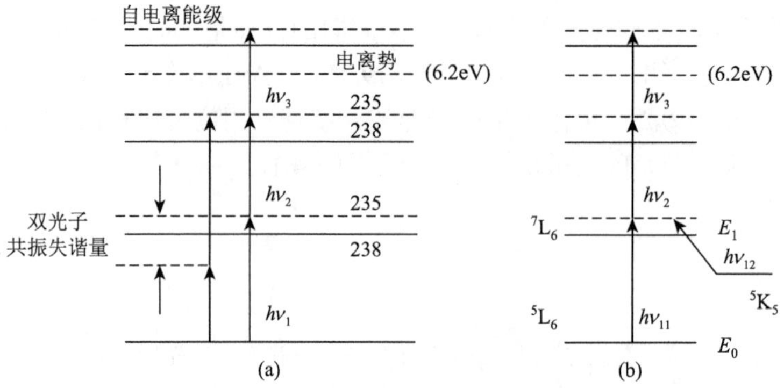

图 1.4.2　三步光电离示意图

在激光与原子蒸气相互作用区域，由激光选择性光电离，形成了由目标同位素离子 $^{235}U^+$ 及少量的 $^{238}U^+$、电子和中性原子组成的瞬时等离子体。将离子从等离子体引出，采用静电场法沉积在收集板上，即由加在等离子体两端的电势差所产生的电场加速，电子被引向阳极，而离子被引向阴极而沉积在作为阴极的收集板上。这种方法由于等离子体的正负电荷发生分离而形成反向电场，对外加电场产生抵消作用，形成等离子体屏蔽而使离子引出时间增加，只适合于稀薄等离子体或者对选择性要求不高的系统。具体来说，在板极间加上电压的瞬间，靠近阴极的电子很快被斥离，而离子却几乎未动，这样便形成等离子体极化，在阴极附近形成屏蔽和鞘层，外电场几乎进不到屏蔽层内，因此屏蔽层内离子运动速度很小。离子的引出依靠屏蔽层不断地被剥离，而剥离速度在电压不变时是不变的，这样离子的引出时间必然加长，必然导致三种粒子间发生一定概率的碰撞，增大了离子的损失。

当使用与电场垂直的磁场束缚电子并用电场加速离子引出时，可大大降低电子成分在电场方向的运动，而阴极发射的电子流可补偿空间电荷，从而弥补静电场法的缺点，但是技术较为复杂。还可采用交叉电磁场法将离子引出。

原子法激光分离铀同位素方法中，采用铜蒸气激光泵浦染料而获得可调谐染料激光输出。铜蒸气激光器：重复频率为 10kHz，波长为 510nm 和 578nm，短激光脉冲。蒽酮染料（如罗丹明），转换效率为 50%～60%，可发射激光波长为 500～700nm。铜蒸气激光器也可用半导体激光器泵浦的 NdYAG 和 YbYAG 固体激光器经过倍频来替代，其总效率可较高。

AVLIS 技术分离铀同位素，1kgSWU（一千克分离功单位）的能耗和离心技术大体相等。它可以将 ^{235}U 的提取率从现有的离心机的 70%提高到 90%左右。适用于 AVLIS 技术进行同位素分离的还有钚、钆等。

1.5　分子的选择性离解分离同位素

1.5.1　红外多光子离解

在强光辐射场中，由于斯塔克效应，原子或分子能级分裂或功率展宽的大小由下式估算[25]

$$\Delta\omega_{\text{power}} = \frac{\mu E}{\hbar} = \omega_{\text{拉比}}$$

式中，μ 为跃迁偶极矩矩阵元在光场方向的投影（$\mu = \mu_0/\sqrt{3}, \mu_0$ 为跃迁偶极矩的绝对值）。

当多原子分子的强激发和离解在强度为 $10^6 \sim 10^8\,\text{W}/\text{cm}^2$ 的场中发生时，跃迁的功率展宽原则上可以补偿分子振动非谐性频移。在中等强度 $10^6 \sim 10^7\,\text{W}/\text{cm}^2$ 下，能观察到强激发和离解，在这样的强度下，功率展宽至少要比非谐性频移小一个数量级。在 $10^4 \sim 10^5\,\text{W}/\text{cm}^2$ 相当弱的场中，可以把多原子分子激发到 $\upsilon = 3$ 的振动能级，对处在振动准连续区下界的分子的进一步激发是通过直接跃迁到准连续区较低能级并接着在准连续区内跃迁而实现的。对 SF_6 等分子，这是可以实现的。

下面我们以 SF_6 分子为例来说明多原子分子的多光子离解过程。这一类型分子只有 ν_3 和 ν_4 模为红外活性的，对 SF_6 的 ν_3 模研究较多。

分子的振动是非谐性的，振动能级和转动能级都不是等间距的［见式（5.4.11a）、式（5.4.11b）、式（5.4.94）、式（5.4.95）、式（5.4.97）］。SF_6 分子的 ν_3 模振动能为

$$E_\upsilon = hc\nu_{3(\text{e})}\left(\upsilon + \frac{d_3}{2}\right) - hcX_{33}\left(\upsilon + \frac{d_3}{2}\right)^2,\quad X_{33} = \nu_{3(\text{e})}x_3 \tag{1.5.1}$$

式中，ν 为频率（单位 cm^{-1}）；d_3 为振动模简并度；υ 为振动量子数；X_{33} 为 ν_3 模的非谐性常数。

SF_6 分子的转动能为

$$E_J = hcBJ(J+1) \tag{1.5.2}$$

式中，B 为转动常数；J 为转动量子数。

由式（1.5.1）可知相邻振动能级差为

$$\Delta E_{\upsilon+1,\upsilon} = hc\nu_{3(\text{e})} - 2hcX_{33}\left(\upsilon + \frac{d_3}{2} + \frac{1}{2}\right) \tag{1.5.3}$$

式中，υ 为低能级振动量子数。

由式（1.5.3），有

$$\nu = \frac{\Delta E_{\upsilon+1,\upsilon}}{hc} = \nu_{3(\text{e})} - 2X_{33}\left(\upsilon + \frac{d_3}{2} + \frac{1}{2}\right) = \nu_{3(\text{e})} - \Delta\nu_{\text{anh}} \quad (\text{单位：cm}^{-1}) \tag{1.5.4a}$$

式中，频移量 $\Delta\nu_{\text{anh}}$ 为

$$\Delta\nu_{\text{anh}} = 2X_{33}\left(\upsilon + \frac{d_3}{2} + \frac{1}{2}\right),\quad X_{33} = \nu_{3(\text{e})}x_3 \quad (\text{单位：cm}^{-1}) \tag{1.5.5}$$

由式（1.5.4a）中的 $\nu_{3(\text{e})}$ 可得谐振子的振动频率为 $2\pi\nu_{3(\text{e})}c$，此为振动的机械频率，c 为光速，$\nu_{3(\text{e})}$ 可由下式给出

$$\nu_{3(\text{e})} \approx \nu_3 - X_{33}$$

式中，ν_3 为实验观察的基频，于是式（1.5.4a）可写为

$$\begin{gathered}\nu = \nu_3 - \Delta\nu_{\text{anh}} \\ \Delta\nu_{\text{anh}} = B_{\text{anh}}\left(\upsilon + \frac{d_3}{2} + 1\right),\quad B_{\text{anh}} = 2X_{33}\end{gathered} \tag{1.5.4b}$$

注意式（1.5.4b）中的 $\Delta\nu_{\text{anh}}$ 与式（1.5.4a）中的 $\Delta\nu_{\text{anh}}$ 因 $\nu_{3(\text{e})}$ 换成 ν_3 而引起的差别。

式（1.5.4b）表明，频移量$\Delta\nu_{\mathrm{anh}}$与非谐性常数B_{anh}成比例，其随振动能级的升高而增大。

对于一个轻度非谐振子[43]，在式（1.5.4a）中当考虑$\upsilon=0\to\upsilon=1$跃迁时，ν就是基频，随着υ的增加而出现非谐性频移，即有

$$\nu=\nu_3,\quad \upsilon=0;\quad \nu=\nu_3-2X_{33}\upsilon,\quad X_{33}=x_3\nu_3,\quad \upsilon>0$$

对于一个轻度非谐振子，将式（1.5.4a）表示为

$$\nu=\frac{\Delta E_{\upsilon+1,\upsilon}}{hc}=\nu_3-2X_{33}\left(\upsilon+\frac{d_3}{2}+\frac{1}{2}\right)=\nu_3-\Delta\nu_{\mathrm{anh}},\quad X_{33}=x_3\nu_3\quad (\text{单位：cm}^{-1}) \tag{1.5.4c}$$

对于SF_6，有非谐性常数$2X_{33}=2.88\mathrm{cm}^{-1}$[43]（而利用后文表 5.4.1 的$x_3$值，则有非谐性常数为$X_{33}=2.77\mathrm{cm}^{-1}$）。当式（1.5.4c）取$d_3=1$，对$\upsilon=0\to\upsilon=1$，$\upsilon=1\to\upsilon=2$，$\upsilon=2\to\upsilon=3$分别有$\nu=\nu_3-2X_{33}$，$\nu=\nu_3-4X_{33}$，$\nu=\nu_3-6X_{33}$；在式（1.5.4a）中，当取$d_3=1$，对$\upsilon=0\to\upsilon=1$，$\upsilon=1\to\upsilon=2$，$\upsilon=2\to\upsilon=3$，分别有$\nu=\nu_{3(\mathrm{e})}-2X_{33}$，$\nu=\nu_{3(\mathrm{e})}-4X_{33}$，$\nu=\nu_{3(\mathrm{e})}-6X_{33}$。由于振动的非谐性，相邻能级间距随$\upsilon$的增大而变小，分子是否能吸收同一频率激光的多个光子而跃迁到较高振动能态或吸收大量光子而离解，这是一个很有研究意义的问题。为了得到答案，我们来分析转动能级的分布是否可为振动转动跃迁提供等能级间距分布。分子上、下能级转动量子数之差$\Delta J=1$、0、-1分别对应振动转动跃迁光谱的 R 支、Q 支和 P 支。若不考虑振动耦合及离心畸变，转动能如式（1.5.2）所示，转动能级间距随J的增大而增大。于是，振动能级间的振动转动跃迁可存在许多不同能级间距的跃迁。按振动能级顺序分布的多个相邻振动能级间的跃迁，如$\upsilon=0\to\upsilon=1$，$\upsilon=1\to\upsilon=2$，$\upsilon=2\to\upsilon=3$的跃迁可出现近似相等的振动转动跃迁能级间距。设在低能级段，光激发按如下过程实施：

$$(\upsilon=0,J)\xrightarrow[(1)]{\mathrm{P}}(\upsilon=1,J-1)\xrightarrow[(2)]{\mathrm{Q}}(\upsilon=2,J-1)\xrightarrow[(3)]{\mathrm{R}}(\upsilon=3,J) \tag{1.5.6}$$

对于式（1.5.6）第（1）步的 P 支跃迁，转动能级的能量差为

$$\Delta E(J)=E_{J-1}-E_J=-2BchJ,\quad \Delta\nu=-2BJ \tag{1.5.7}$$

对于式（1.5.6）第（2）步的 Q 支跃迁，转动能级的能量差为零：

$$\Delta E(J)=E_{J-1}-E_{J-1}=0,\quad \Delta\nu=0$$

对于第（3）步的 R 支跃迁，

$$\Delta E(J)=2BchJ,\quad \Delta\nu=2BJ \tag{1.5.8}$$

于是，当忽略ν_3与$\nu_{3(\mathrm{e})}$的差异并不考虑简并（取$d_3=1$），依式（1.5.4c），则式（1.5.6）的（1）步、（2）步、（3）步的 P—Q—R 三步跃迁的频率为

$$\upsilon=0\to\upsilon=1,\ \text{P 支：}\ \nu_{\mathrm{P}}=\nu_3-2X_{33}-2BJ \tag{1.5.9}$$

$$\upsilon=1\to\upsilon=2,\ \text{Q 支：}\ \nu_{\mathrm{Q}}=\nu_3-4X_{33} \tag{1.5.10}$$

$$\upsilon=2\to\upsilon=3,\ \text{R 支：}\ \nu_{\mathrm{R}}=\nu_3-6X_{33}+2BJ \tag{1.5.11}$$

当满足

$$2X_{33}=2BJ \tag{1.5.12}$$

由式（1.5.9）～式（1.5.11）可知，可在同一频率

$$\nu=\nu_{\mathrm{P}}=\nu_{\mathrm{Q}}=\nu_{\mathrm{R}}=\nu_3-4X_{33} \tag{1.5.13}$$

激光作用下实现 P—Q—R 补偿跃迁。

当取$d_3=3$，则式（1.5.6）的（1）步、（2）步、（3）步的 P—Q—R 三步跃迁的频率为

$$\upsilon=0\to\upsilon=1\text{，P 支：}\nu_{\mathrm{P}}=\nu_3-4X_{33}-2BJ \quad (1.5.14)$$

$$\upsilon=1\to\upsilon=2\text{，Q 支：}\nu_{\mathrm{Q}}=\nu_3-6\mathrm{X}_{33} \quad (1.5.15)$$

$$\upsilon=2\to\upsilon=3\text{，R 支：}\nu_{\mathrm{R}}=\nu_3-8X_{33}+2BJ \quad (1.5.16)$$

当满足式（1.5.12），则可在同一频率

$$\nu=\nu_{\mathrm{P}}=\nu_{\mathrm{Q}}=\nu_{\mathrm{R}}=\nu_3-6X_{33} \quad (1.5.17)$$

激光作用下实现 P—Q—R 补偿跃迁。

P—Q—R 跃迁补偿机制对具有 P 支、Q 支、R 支跃迁的多原子分子适用。对 SF_6 的 ν_3 模有：$d_3=3$；ν_3：$^{32}SF_6$为948cm^{-1}，$^{34}SF_6$为930.5cm^{-1}；$2X_{33}=2.88\mathrm{cm}^{-1}$；$\nu_{拉比}=\mu E/hc=0.60\mathrm{cm}^{-1}$；转动常数：0.0906cm^{-1}；科里奥利分裂：0.1～10cm^{-1}。于是，依式（1.5.12）可知满足式（1.5.13）和式（1.5.17）的 $J=16$。选择的 P—Q—R 跃迁为

$$|\upsilon=0,J=16\rangle\to|\upsilon=1,J=15\rangle\to|\upsilon=2,J=15\rangle\to|\upsilon=3,J=16\rangle$$

于是，若考虑简并，则 $\nu=\nu_3-6X_{33}\approx\nu_3-8.64\mathrm{cm}^{-1}$；若不考虑简并，则 $\nu=\nu_3-4X_{33}\approx\nu_3-5.76\mathrm{cm}^{-1}$。实验表明，$\nu\approx\nu_3-4\mathrm{cm}^{-1}$、$\nu_3-6\mathrm{cm}^{-1}$、$\nu_3-7\mathrm{cm}^{-1}$ 以及较宽范围的红移，都能得到较好的多光子离解效果[41, 43]。这些效果的形成与采用的激光功率密度也有关，同时也与样品的压力有关，而且在机制上还存在谱线分裂等的作用。对于连续向上的跃迁来说，从能级分裂的观点看，较好的起点是 $\upsilon=0\to\upsilon=1$ 的 P 支跃迁的上能级，如果在这个起点激光脉冲频率偏移到 $\nu_3-8\mathrm{cm}^{-1}$，则会有大量的跃迁发生[25]。

但是要精确满足 $2X_{33}=2BJ$ 并不容易。而在强的激光作用下，这个条件不必苛刻遵守。激光自身有一个线宽 $\Delta\nu_{\mathrm{L}}$，在强的激光作用下分子系统会产生跃迁加宽，称为激光功率展宽 $\Delta\nu_{\mathrm{power}}$（或 $\Delta\omega_{\mathrm{power}}$）。因此，只要满足 $|2X_{33}-2BJ|\leqslant\Delta\nu_{\mathrm{power}}+\Delta\nu_{\mathrm{L}}$，就可实现 $\upsilon=0$至$\upsilon=3$ 的 P—Q—R 补偿跃迁。在激光为单纵模时，$\Delta\nu_{\mathrm{L}}=1/c\tau_{\mathrm{p}}$，$\tau_{\mathrm{p}}$ 为激光脉冲的宽度，当 $\tau_{\mathrm{p}}=100\mathrm{ns}$ 时，$\Delta\nu_{\mathrm{L}}=0.033\mathrm{cm}^{-1}$。对于未经单纵模限制的均匀加宽激光器，$\Delta\nu_{\mathrm{L}}=\Delta\nu_{\mathrm{H}}$，当不考虑功率展宽时，$|2X_{33}-2BJ|\leqslant\Delta\nu_{\mathrm{L}}$，可实现 P—Q—R 补偿跃迁。

$\Delta\nu_{\mathrm{power}}$ 的获取可简述如下[47]。在半经典理论中，粒子系统处在电磁场中，其薛定谔方程为 $\mathrm{i}\hbar(\partial\psi/\partial t)=(\hat{H}_0+\hat{H}_t)\psi$，$\hat{H}_0$、$\hat{H}_t$ 分别为粒子系统本身及粒子系统与光辐射场 $E=E_0\cos\omega t$ 相互作用的哈密顿算符。在偶极近似下，$\hat{H}_t=er\cdot E$，对上、下能级分别为 a 和 b 的系统，波函数 $\psi(q,t)=a(t)u_a(q)+b(t)u_b(q)$，令 $D_{ab}=-\int u_a^*eru_b\mathrm{d}q$，$D_{ba}=-\int u_b^*eru_a\mathrm{d}q$，$D_{ab}=D_{ba}^*$，适当选取 u_a 和 u_b 的相位，即得到实数跃迁偶极矩矩阵元 $D_{ba}=D_{ab}=\mu$。在弱场条件下，粒子处于初态的概率基本上不会因与场相互作用而改变，跃迁概率与爱因斯坦系数是弱场下的解。辐射场很强时，弱场下的近似解不再成立，在阻尼可忽略情况下，此时粒子处于上、下能级的概率 $a^2(t)$ 和 $b^2(t)$ 随频率 $\sqrt{(\omega-\omega_{ab})^2+(\mu\cdot E_0/\hbar)^2}$ 振荡，这个拉比（Rabi）翻转频率决定功率展宽频率，在共振时，即为 $\Delta\omega_{\mathrm{power}}=\mu E_0/\hbar$，即 $\Delta\nu_{\mathrm{power}}=\mu E_0/h$（单位：Hz），或者 $\Delta\nu_{\mathrm{power}}=\mu E_0/hc$（单位：cm^{-1}），$c$ 为光速。对于 SF_6，在多光子离解阈值强度下，$\Delta\nu_{\mathrm{power}}=0.6\mathrm{cm}^{-1}$。

我们知道沿一个方向行进的线偏振波的光强 I 和场幅度 E_0 满足关系 $I=cE_0^2/8\pi$。所以 $\Delta\nu_{\mathrm{power}}$(Hz) 与光强的关系可表示为 $I=c(h\Delta\nu_{\mathrm{power}}/\mu)^2/8\pi$。当要求功率展宽等于非谐性

频移，$\Delta\nu_{\text{power}} = \Delta\nu_{\text{非谐}}$，则要求 $I = c(h\Delta\nu_{\text{非谐}}/\mu)^2/8\pi$。

下面，我们返回到式（1.5.6），继式（1.5.6）的第（4）步，$\upsilon = 3 \rightarrow \upsilon = 4$，有

$$d_3 = 1,\ \nu_{\rm P} = \nu_3 - 8X_{33} - 2BJ,\ \nu_{\rm Q} = \nu_3 - 8X_{33},\ \nu_{\rm R} = \nu_3 - 8X_{33} + 2BJ;$$

$$d_3 = 3,\ \nu_{\rm P} = \nu_3 - 10X_{33} - 2BJ,\ \nu_{\rm Q} = \nu_3 - 10X_{33},\ \nu_{\rm R} = \nu_3 - 10X_{33} + 2BJ$$

式中，若令 $d_3 = 1$，并满足 $2X_{33} = 2BJ$，则 $\nu_{\rm R} = \nu_3 - 6X_{33}$（$\text{cm}^{-1}$）最接近前三步的 P—Q—R 补偿跃迁频率［式（1.5.13）］，可见到第（4）步就不容易实现在同一频率下的跃迁。当取 $d_3 = 3$，并满足 $2X_{33} = 2BJ$，则 $\nu_{\rm R} = \nu_3 - 8X_{33}$（$\text{cm}^{-1}$）最接近前三步的补偿跃迁频率［式（1.5.17）］，可见到第（4）步不容易实现在同一频率下的跃迁。幸运的是，对相当多的多原子分子，$\upsilon = 4$ 时已进入振动能级的准连续区，因此对第（4）步的频率容许范围增大了，易将分子激发到准连续区，如图 1.5.1（a）所示。但对另一些分子，$\upsilon = 5$ 时才进入振动能级的准连续区，如图 1.5.1（b）所示，称 $\upsilon = 3$ 至 $\upsilon = 5$ 为“泄漏”区[25]，在这种情况下，功率展宽可补偿能级间的共振失调，在功率展宽较小时双光子共振跃迁可帮助跨过这个区段。

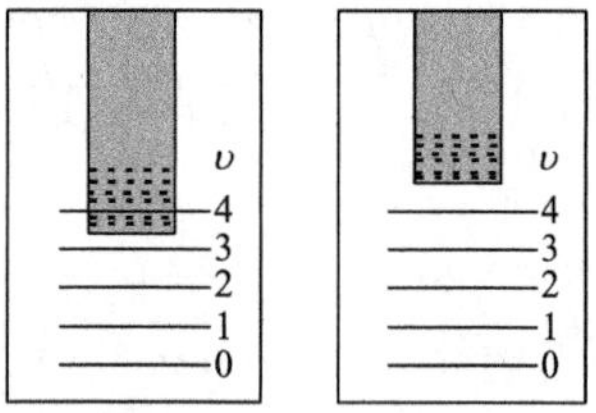

(a)　(b)

图 1.5.1　多原子分子振动能级的分离能级区、准连续区、连续区分布

实验表明，SF_6 分子在实现多光子离解时，其吸收频率在 Q 支吸收谱上有 6cm^{-1} 左右或数个波数的红移[25]，验证了（1）、（2）、（3）步在频率上的 P—Q—R 补偿。实验同时表明[41]，$^{32}SF_6$ 吸收一个 CO_2 激光光子实现 P 支跃迁的概率比较大，受激分子再吸收一个光子实现 Q 支跃迁的概率就小了，再吸收一个光子实现 R 支跃迁的概率就更小，当吸收光子数大于 4 时，吸收截面趋于不变。TEA CO_2 激光器的多纵模脉冲输出，其碰撞加宽激光线宽为[48] 4GHz / atm①，也即激光器工作气压为 1atm 时激光线宽为 $\Delta\nu_{\rm L} = 0.1333\text{cm}^{-1}$。根据分子能级密度 ρ 的计算结果，参见图 1.5.2[49]可知，SF_6 在 $4\nu_3$（$E = 3.8\times10^3\text{cm}^{-1}$）处的能级密度为 $\rho \approx 10^2/\text{cm}^{-1}$，于是 $4\nu_3$ 处的能级间距约为 0.01cm^{-1}，远小于 $\Delta\nu_{\rm L} = 0.1333\text{cm}^{-1}$，因此 SF_6 分子可以无碰撞吸收几十个红外光子而离解。同时，我们也从图 1.5.2 看到 UF_6 分子的 $4\nu_3$ 能级（$E = 2.5\times10^3\text{cm}^{-1}$）处 $\rho = 5\times10^2/\text{cm}^{-1} = 5\times10^2\text{cm}$，能级间距为 $2\times10^{-3}\text{cm}^{-1}$，当合理选择激光功率展宽、激光线宽时，也可实现红外多光子离解。同时能级分裂（参见 5.4.7 节）也是有利于实现多光子离解的。

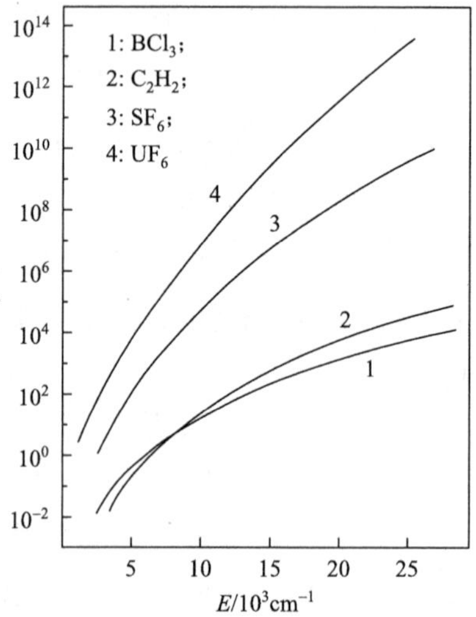

图 1.5.2　分子能级密度 ρ 分布图

但是，对于 BCl_3 这样的对称陀螺分子，其能级分布接近图 1.5.1（b）所示的情形。图 1.5.1（b）与图 1.5.1（a）所不同的是其振动准连续区的底部

① $1\text{atm} = 10^5\text{Pa}$。

高于$\upsilon=4$，即在三重共振区和准连续区之间出现“泄漏”区的区段。对于能级分布接近图 1.5.1（b）所示情况的分子，多光子跃迁可能发生在$\upsilon=3$能级和振动准连续区的诸能级之间。在这种情况下，依靠激光线宽及功率展宽补偿场频率与中间能级（如$\upsilon=4$）间的共振失调。当功率展宽较小时，双光子跃迁速率（如$\upsilon=3\rightarrow\upsilon=5$）能使分子在$\tau_{\mathrm{p}}=10^{-7}\mathrm{s}$的激光脉冲期间从较低的分离能级泄漏到振动准连续区。多能级分子体系激发期间的“泄漏”效应已经被研究[25]。

设一个脉冲照射下照射区内离解的分子数与照射区内总分子数的比值为γ，τ为照射区体积与样品池内样品总体积之比，经n个脉冲照射后分子数密度由N_0变为

$$N=N_0(1-\gamma\tau)^n \tag{1.5.18}$$

对同位素分子$^i\mathrm{AB}$和$^k\mathrm{AB}$则有

$$N_i=N_{i0}(1-\gamma_i\tau)^n,\quad N_k=N_{k0}(1-\gamma_k\tau)^n \tag{1.5.19}$$

当$\gamma_i>\gamma_k$，残留气体中$^k\mathrm{AB}$会被浓缩，浓缩系数为

$$\beta_{残}=\frac{[^k\mathrm{A}]_n}{[^i\mathrm{A}]_n}\left[\frac{[^k\mathrm{A}]_0}{[^i\mathrm{A}]_0}\right]^{-1}=\frac{(1-\gamma_k\tau)^n}{(1-\gamma_i\tau)^n} \tag{1.5.20}$$

在离解产物中同位素$^i\mathrm{A}$被浓缩，浓缩系数为

$$\beta_{产}=\frac{[^i\mathrm{A}]_{产}}{[^k\mathrm{A}]_{产}}\left[\frac{[^i\mathrm{A}]_0}{[^k\mathrm{A}]_0}\right]^{-1}=\frac{N_{i0}[1-(1-\gamma_i\tau)^n]}{N_{k0}[1-(1-\gamma_k\tau)^n]}\left(\frac{N_{i0}}{N_{k0}}\right)^{-1}=\frac{1-(1-\gamma_i\tau)^n}{1-(1-\gamma_k\tau)^n} \tag{1.5.21}$$

$[\ ]_0$、$[\ ]_n$、$[\ ]_{产}$分别为式（1.5.20）、式（1.5.21）中相应同位素分子的初始、残留、产物分子浓度。

选择性系数为

$$S=\frac{\gamma_i}{\gamma_k} \tag{1.5.22}$$

式中，S为一个脉冲作用下分子$^i\mathrm{AB}$和$^k\mathrm{AB}$的离解概率之比。

如果选择后面 1.7 节定义的分离系数，则残留物为贫料，贫料的贫化系数可表示为

$$\beta_{贫}=\frac{[^iA]_0}{[^kA]_0}\left(\frac{[^iA]_{残}}{[^kA]_{残}}\right)^{-1}=\frac{[^iA]_0}{[^kA]_0}\left(\frac{[^iA]_n}{[^kA]_n}\right)^{-1}=\frac{(1-\gamma_k\tau)^n}{(1-\gamma_i\tau)^n} \tag{1.5.23}$$

则分离系数为

$$\alpha=\beta_{产}\beta_{贫}=\frac{[1-(1-\gamma_i\tau)^n](1-\gamma_k\tau)^n}{[1-(1-\gamma_k\tau)^n](1-\gamma_i\tau)^n} \tag{1.5.24}$$

当$n=1$和γ_i、$\gamma_k\ll 1$时，有

$$\alpha=\frac{\gamma_i}{\gamma_k}=S \tag{1.5.25}$$

这个结果与有关文献一致。

1.5.2　红外双频多光子离解

从上节可以看到，P—Q—R 三步补偿共振跃迁的条件 $2X_{33}=2BJ$ 只能近似满足。例如，对 SF_6 的数据，可知当 $J=15.89\approx16$ 时，$2X_{33}-2BJ=-0.0192\text{cm}^{-1}\approx0$。同时，我们又知道在使用强光时 $\Delta\nu_{\text{power}}=0.6\text{cm}^{-1}$，$\Delta\nu_{\text{L}}=0.025\text{cm}^{-1}$，因此功率展宽和激光线宽能补偿 P—Q—R 补偿跃迁的微小欠缺，所以实现多步光离解是可行的，而且会使满足 $2X_{33}-2BJ\leqslant\Delta\nu_{\text{power}}+\Delta\nu_{\text{L}}$ 的 J 值的多光子离解得以实现。

$^{32}SF_6$ 与 $^{34}SF_6$ 的同位素位移达 17cm^{-1}，因此虽有功率展宽等存在，选择某一频率的脉冲 CO_2 激光对 SF_6 进行多光子离解时，对同位素分子激发的选择性影响不大。尽管如此，如果在前三个能级选择一个频率精确调整的较弱的 CO_2 激光，在 $\upsilon=4$ 及准连续区选择一个强度较高但频率较低而对前几步跃迁失调的 CO_2 激光进行多光子离解时，则 SF_6 的 $\upsilon=0$ 至 $\upsilon=3$ 能级对光子的吸收能力会加强，并因 SF_6 分子较多地集居于低能级，整个多光子离解的阈值强度下降，第二个频率的激光无需用透镜聚焦。

我们知道重元素分子的同位素位移是很小的，如 UF_6 分子的 ν_3 振动模（振动频率为 626cm^{-1}，对应波长为 16μm）同位素位移量仅 0.65cm^{-1} 左右。我们以此为例分析 16μm 激光引起的功率展宽 $\Delta\nu_{\text{power}}$ 及激光线宽 $\Delta\nu_{\text{L}}$ 对选择性系数 S 的影响。如第 2 章图 2.1.2 所示[35]，图中上部分是 $^{235}UF_6$ 的谱图，下部分是 $^{238}UF_6$ 的谱图。选择的激光线位于温度 230K 时的 $^{235}UF_6$ 的 Q 支光谱区域之内，而位于 $^{238}UF_6$ 的 Q 支光谱区域右侧边缘，是获得较高选择性的方案之一。我们分析了这一方案的选择性所受到的谱线增宽等的影响。当激光线宽和激光强度引起的功率展宽可以忽略时，用 $^{235}UF_6$ 与 $^{238}UF_6$ 在激光线所处频率位置的谱线高度［以吸收截面（cm^2）替代］之比来近似表示这个选择性系数 S_0，据图 2.1.2 有

$$S_0\approx\frac{3\times10^{-18}\text{cm}^2(^{235}\text{UF}_6)}{5\times10^{-19}\text{cm}^2(^{238}\text{UF}_6)}\approx6 \tag{1.5.26}$$

当未达共振时，$\Delta\nu_{\text{power}}+\Delta\nu_{\text{L}}\approx0.4\text{cm}^{-1}$，我们利用这个线宽所对应的谱图上的面积比来近似表示相应的选择性系数 S_1，其理由是在两同位素分子谱的 Q 支，谱线是高度密集的，功率展宽基本不影响 Q 支的分布，但激光的作用宽度增加了。由于这个谱图区域的一部分位于 $^{238}UF_6$ 的 Q 支右侧边缘，该处 R 支线比 Q 支线要稀疏一些，按面积计算会有误差，但由于这个谱区高度比 Q 支要低得多，仍近似按面积计算不会引起较大误差。于是有

$$S_1\approx\frac{0.5\times(3\times10^{-18}+10^{-18})\text{cm}^2\times0.4\text{cm}^{-1}+3\times10^{-18}\text{cm}^2\times0.4\text{cm}^{-1}}{0.5\times(10^{-18}+5\times10^{-19})\text{cm}^2\times0.4\text{cm}^{-1}+2.5\times10^{-19}\text{cm}^2\times0.4\text{cm}^{-1}}=5 \tag{1.5.27}$$

如果 $\Delta\nu_{\text{power}}+\Delta\nu_{\text{L}}$ 进一步增宽，将造成选择性系数 S_1 比 S_0 进一步减小或显著减小。

容易证明选择位于 UF_6 的 Q 支光谱区域的激光线，可经 Q—R 补偿实现连续的两步共振跃迁，依据式（1.5.4a），近似取 $\nu_{3(\text{e})}$ 为 ν_3，当 $d_3=3$ 时则有

$$\upsilon=0\rightarrow\upsilon=1,\quad \nu_{\text{Q}}=\nu_3-4X_{33} \tag{1.5.28}$$

$$\upsilon=1\rightarrow\upsilon=2,\quad \nu_{\text{R}}=\nu_3-6X_{33}+2BJ \tag{1.5.29}$$

当 $2X_{33}=2BJ$ 时，则可在频率 ν_3-4X_{33} 下实现两步跃迁，或 $d_3=1$ 时在频率 ν_3-2X_{33}

下实现两步跃迁，在此基础上再引入一强的波长稍长的红外激光光束，以实现多光子离解，如图 1.5.3（a）所示。或 $d_3=1$ 时在频率 ν_3-4X_{33}，或 $d_3=3$ 时在频率 ν_3-6X_{33} 下实现 P—Q—R 补偿的三步跃迁，在此基础上再引入一强的波长稍长的红外激光光束，以实现多光子离解，如图 1.5.3（b）所示。

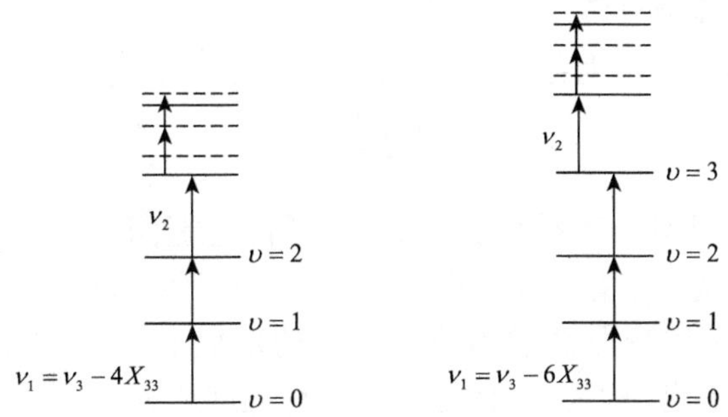

(a) Q—R补偿 + 强红外　　(b) P—Q—R补偿 + 强红外

图 1.5.3　多光子离解

对于有 Q 支光谱的多原子分子，Q—R 补偿跃迁的分子吸收截面可比 P—Q—R 补偿跃迁的前两步大。

1.5.3　UF_6 分子的电子激发态和红外 + 紫外双频离解分离同位素

多原子分子的选择性光离解，可以通过对处于电子基态的分子振动能态的同位素选择激发，再接着对受激分子进行紫外光致离解来实现。在振动光谱上，同位素位移往往是较清晰的。在选择性振动激发的基础上，对分子进行紫外激光离解，必然涉及分子的电子激发态，因此有必要对其电子激发态进行了解。

分子的电子激发态知识和研究成果，除可用于分子的红外 + 紫外双频离解外，也可直接用于分子的电子激发态光化学反应或红外激发 + 紫外激发光化学反应。

由于 UF_6 分子电子激发态研究的重要性，已经有了长期的研究和较多成果。

1. UF_6 分子的电子激发态

由分子轨道理论，我们知道，在 m 个核及 n 个电子的分子中[50]，忽略电子间的瞬时相互作用，则任一电子 i 处在所有核的库仑场和其余 $n-1$ 个电子所形成的平均势场中运动，并且可把第 i 个电子和所有 $n-1$ 个电子之间的排斥能 V_{ei} 视为一个电子受到其他电子的排斥而引入的平均势能，因此 V_{ei} 只与第 i 个电子的坐标有关，其具体形式在这里暂不考虑。这样，电子 i 的哈密顿算符可单独分离出来，可写成

$$\hat{H}_i=-\frac{\nabla_i^2}{2}-\sum_{\alpha}^{m}\frac{z_\alpha}{r_{\alpha i}}+\hat{V}_{ei} \tag{1.5.30}$$

式中，第一项为描述电子动能的哈密顿算符；第二项为全部核与电子 i 之间吸引能算符；$r_{\alpha i}$ 为电子 i 与 α 核之间的距离。

电子 i 的薛定谔方程为

$$\hat{H}_i\psi_i = E_i\psi_i \tag{1.5.31}$$

式中，ψ_i 为分子中的单电子波函数，即为分子轨道（MO）；E_i 为分子轨道能量。分子体系总能量 E 可表示为所有单电子能量 E_i 之和减去全部电子间的排斥能，这是因为式（1.5.30）中电子之间的排斥能项重复计算了一次。

分子的状态可近似地表示为各单电子波函数的乘积[51]，即

$$\phi_e = \prod_i \psi_i \tag{1.5.32}$$

此即单电子近似或轨道近似。在各种分子中，分子轨道是不同的。

在 MO 理论中，常选取某些合理的原子轨道（AO）作为基函数，而取它们的线性组合作为试探函数，再利用变分法求出分子轨道的近似形式及能量。这个方法也称为 LCAO-MO。由原子轨道组合成有效的分子轨道，应遵从对称性一致（匹配）原则，它是原子间有效键合的根本原则；还应遵从两个对称性相一致的原子轨道进行线性组合时，满足最大重叠原则，即一是核间距要小，以保证轨道有较大的空间重叠区域，二是两个原子必须按合理的方向接近；另外，还应遵从能量相近原则，当两个原子轨道的能量相差很大时，键合基本无效。LCAO-MO 是人们讨论分子的电子结构的一种理论方法。原子轨道线性组合，也即在形成分子的过程中，能级相近的原子轨道可以相互混合，从而产生新的轨道，新轨道即为分子轨道，这个过程的数学表述可以写成：

$$\psi_k = \sum_{i=1}^{n} c_{ki}\phi_i, \quad \phi_i = R_i(r_i)Y(\theta,\varphi), \quad i,k = 1,2,3,\cdots,n \tag{1.5.33}$$

式中，ψ_k 为新轨道；ϕ_i 为参加组合的原子轨道（径向部分和角度部分的乘积）；c_{ki} 为第 k 个新轨道中第 i 个参加组合的原子轨道的组合系数。对于复杂的化合物分子，常只考虑外层价态原子轨道来组合（价态近似）。组合过程中，轨道数目是守恒的，n 个参加组合的原子轨道可以组合成 n 个新的轨道。同时满足归一化条件，即 $\int \psi_k\psi_k \mathrm{d}\tau = 1$，$\psi_k$ 是实函数；而且每一个参加组合的轨道在所有的新轨道中所占成分之和必须为 1；一个新轨道的方向确定后，则其他新轨道方向不是任意的，它们要相互正交。

组合的物理含义可表述为：依照形成稳定分子体系的要求，将原子轨道重新组合定向，形成在方向和形状上都不同于原轨道的具有较大成键能力的新轨道。这意味着，在原子相互结合成分子时原子中价电子的运动状态发生变化，而电子云集居和延伸在某个方向上，以便与其他原子形成稳固的化学键，使体系能量降低。

在式（1.5.30）中，假设分子有确定结构，分子结构的对称操作必属于某一分子点群；假设每个电子是在核的电场和其他电子的平均场中运动，此平均场具有与核的电场相同的对称性。一个分子点群（参见第 5 章）的对称操作 R 对所有电子坐标的作用相当于其逆操作 R^{-1} 对核坐标的作用，但 R^{-1} 不改变势能函数，所以 R 也不改变势能函数，这样势能函数是完全对称的[51]。既然电子处于与核电场有相同对称性的场中运动，于是只有属于分子对称点群同一不可约表示的单中心原子轨道才能够组合构成分子轨道[52]。于是，单电子波函数（分子轨道）和电子能级也可以按分子点群的不可约表示分类。

在我们讨论的情形中，群的元素是分子的对称操作，即经过这些操作作用后，除了相同原子置换外，分子的构型和原来的构型没有任何区别。分子中所有的对称轴始终通过保持不变的一个共同点。虽然讨论原子本身的置换可以帮助我们了解有关内容（参见第 5 章），但对于构建分子轨道，这是不够的。中心原子位于固定不动的一点，它可以取为坐标系的原点，但这绝不是说，在这些对称操作下，中心原子的原子轨道不发生改变。在所有对称操作的作用下只有球对称的 s⁻原子轨道仍保持不变。而其他原子轨道与（x, y, z）坐标有一定关系，因此在操作下将相应地发生变化。

在以过渡元素为中心原子的 MX_k 型分子中，可将式（1.5.33）表示为[52]

$$\psi_k(\Gamma_k) = a_k\chi(\Gamma_k) + \sum_i c_{ki}\phi_i$$

式中，$\psi_k(\Gamma_k)$ 为不可约表示 Γ_k 的分子轨道；$\chi(\Gamma_k)$ 为中心原子的原子轨道；$\sum_i c_{ki}\phi_i$ 为相同对称类型配位体（原子）轨道的线性组合。

对于中心的过渡金属原子必须考虑五个 $(n-1)$d⁻ 轨道、一个 ns⁻ 轨道和三个 np⁻ 轨道，或一个 ns⁻ 轨道、三个 np⁻ 轨道和五个 nd⁻ 轨道，也就是总共要考虑九个原子轨道。中心原子周围的每一个单原子配位体，至少要考虑三个 $2n$p⁻ 轨道。就八面体分子 MX_6 来说，则要考虑 $9+6\times3=27$ 个轨道[52]。原则上每一个分子轨道是所讨论的全部原子轨道的线性组合。显然，在实际研究时，在计算基础上与实验研究进行对比，以精确确认。大数目的原子轨道和相应数目的分子轨道给计算带来较多困难。考虑分子的对称性，可使计算困难减少，或使计算大为简化。

一般原子是多电子原子，在中心力场近似下，这些电子看作是在各单电子波函数所描述的“轨道”上运动，这些波函数的角度部分与氢原子或类氢离子的相同，只是含 r 部分不同，这个不同的存在无疑部分抵消了核吸引项，在原子内核附近可近似认为有效核电荷数 $z^* = z$，况且，主量子数相同的原子轨道的径向部分极为相似。人们更加注重轨道的角度部分。因此，氢原子或类氢离子轨道函数常可作为线性组合轨道的基函数，它一方面具有正交归一性，另一方面可写成径向部分和角向部分的乘积。借助对氢原子与类氢离子中电子轨道或波函数的了解，可以为多电子原子的轨道研究和多原子分子的轨道研究提供基础。氢原子或单中心原子坐标系如图 1.5.4 所示。

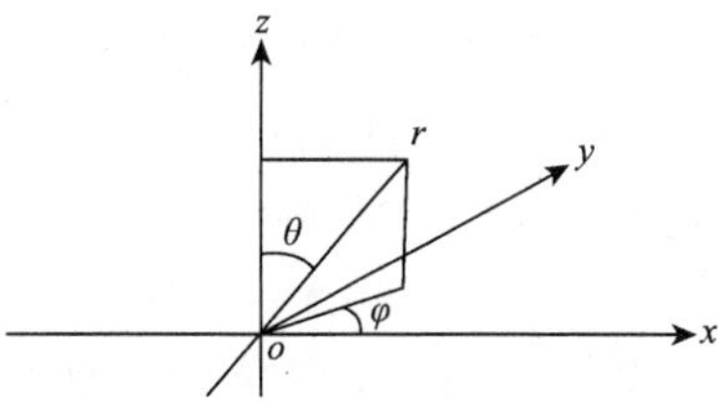

图 1.5.4　氢原子或单中心原子坐标系

氢原子与类氢离子的波函数为[50]

$$\psi_{n,l,m}(r,\theta,\varphi) = R_{n,l}(r)\Theta_{l,m}(\theta)\Phi_m(\varphi) = R(r)Y(\theta,\varphi) \tag{1.5.34}$$

$$Y_{l,m}(\theta,\varphi) = P_l^{|m|}(\cos\theta)\mathrm{e}^{\mathrm{i}m\varphi},\quad \theta = 0°\sim180° \text{或} 0\sim\pi,\quad \varphi = 0°\sim360° \text{或} 0\sim2\pi \tag{1.5.35}$$

电子云在不同 r 处的分布情况可由径向分布函数 $D(r)$ 表示，r 附近一个单位厚度球壳内电子出现的概率为

$$D(r) = r^2[R(r)]^2 \tag{1.5.36}$$

式中，$R(r)$ 与方位 (θ,φ) 无关。$D(r)$ 随 r 变化的情形：s 轨道上的电子在原子核处有相当

大的概率密度，ns 轨道电子概率峰离核的距离随 n 增加而逐渐增加，np 和 nd 轨道的电子则在原子核处出现的概率为 0，其最大峰值出现在离核的一定距离处，并随 n 的增加，峰离核的距离也越远。

下面列出 $Y_{l,m}$ 的数个实函数：

$$Y_{0,0}=\frac{1}{\sqrt{4\pi}},\quad Y_{1,0}=\sqrt{\frac{3}{4\pi}}\cos\theta,\quad Y_{1,1}=\sqrt{\frac{3}{8\pi}}\sin\theta\cos\varphi$$

$$Y_{1,-1}=\sqrt{\frac{3}{8\pi}}\sin\theta\cos\varphi,\quad Y_{2,2}=\sqrt{\frac{15}{32\pi}}\sin^2\theta\cos 2\varphi$$

$$Y_{2,1}=\sqrt{\frac{15}{8\pi}}\sin\theta\cos\theta\cos\varphi,\quad Y_{2,0}=\sqrt{\frac{15}{16\pi}}(3\cos^2\theta-1)$$

$$Y_{2,-1}=\sqrt{\frac{15}{8\pi}}\sin\theta\cos\theta\cos\varphi,\quad Y_{2,-2}=\sqrt{\frac{15}{32\pi}}\sin^2\theta\cos 2\varphi$$

$$\cdots$$

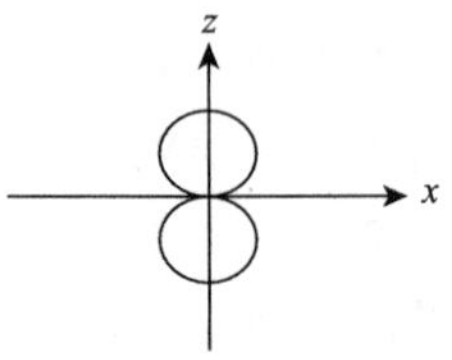

图 1.5.5　$Y_{1,0}$ 确定的 zx 面内轨道角向分布

对 $Y_{1,0}$，取 $\varphi=180°$ 并过原点的剖面，即 zx 剖面，则在剖面内有 $Y_{1,0}=\sqrt{3/4\pi}\cos\theta$，极值出现于 $\theta=0°$ 和 $180°$，并在 z 轴上，在 zx 剖面上的轨道角向分布如图 1.5.5 所示。

当取 $\varphi=270°$ 时，$Y_{1,0}$ 可在 zy 剖面得到相同的轨道角向分布，极值也在 z 轴上，于是可将 $Y_{1,0}$ 表示为 $Y_{1,0}=\sqrt{3/4\pi}z/r$，角分布极值出现于剖面内 z 轴的轨道称为 p_z 轨道，并有 $\psi_{n,l,0}(r,\theta,\varphi)=\psi_{\mathrm{p}_z}=R(r)z/r$，所以 p_z 的变换等同于 z 的变换。对同样是 $l=1$ 的 $Y_{1,1}$、$Y_{1,-1}$，对前者取 $\varphi=180°$ 或 $\theta=90°$ 的剖面为 xz 面或 xy 面，轨道角向分布如图 1.5.5 所示，但以 x 轴为对称轴且极值位于 x 轴，对应轨道称为 p_x 轨道；对后者取 $\varphi=270°$ 或 $\theta=90°$，剖面为 yz 面或 yx 面，轨道角向分布如前所述，但以 y 轴为对称轴且极值位于 y 轴上，相应轨道称为 p_y 轨道。p_x 轨道和 p_y 轨道变换分别同 x 和 y。上述的分析既可作为考虑中心原子的基础，又可作为考虑配位体原子的基础。当分子 MX_6 的主轴坐标系 XYZ 原点位于 M，配位体原子 X 位于主轴上（位于正方向的编号为 1、2、3，位于负方向的为 4、5、6），各配位体原子坐标系 xyz 的 z 轴指向中心原子 M，x、y 轴各与 X、Y、Z 坐标轴之一平行，则配位体原子可分别在 Z 轴、X 轴和 Y 轴正负方向出现较大电子概率且会有极值，即各配位体 p_z 轨道电子在 M 与 X 的连接线（键轴）上可出现电子概率峰值。

下面，我们把图 1.5.4 移置于主轴坐标系 XYZ，相应的大、小写轴重合，不再进行区分。利用图 1.5.4，接着讨论函数 $Y_{2,2}$、$Y_{2,1}$、$Y_{2,0}$、$Y_{2,-1}$、$Y_{2,-2}$，即讨论 d 轨道（对中心原子 M 要考虑 d 轨道）。例如对 $Y_{2,0}$，取 $\varphi=180°$ 并过原点的剖面，则剖面为 ZX 面，$Y_{2,0}$ 在该剖面随 θ 而变化，形成轨道函数 $Y_{2,0}=\sqrt{15/16\pi}(3\cos^2\theta-1)$ 的曲线，在 Z 轴正负方向各出现极值在 Z 轴的一大瓣正（符号为正）的“叶”，而在 X 轴正负方向各出现极值在 X 轴的一小瓣负（符号为负）的“叶”[50]。利用图 1.5.4 可知，$3z^2-r^2=r^2(3\cos^2\theta-1)$，因此将该剖面给出的 $Y_{2,0}$ 取值曲线以轨道 $\mathrm{d}_{3z^2-r^2}$ 表示或简写为 d_{z^2}。类似地，可知 $Y_{2,2}$ 在 $\theta=90°$ 的剖面 YX 上取值表示为 $Y_{2,2}=\sqrt{15/32\pi}\cos 2\varphi$，在 Y 轴正负方向和 X 轴正负方向各出现极值在轴上的一大瓣“叶”，并以轨道 $\mathrm{d}_{x^2-y^2}$ 表示。类似地，$Y_{2,1}$、$Y_{2,-1}$、$Y_{2,-2}$ 分别在 $\varphi=0°$ 的 ZX

面、$\varphi=90°$ 的 YZ 面和 $\theta=90°$ 的 XY 面的取值曲线分别称为 d_{zx}、d_{yz}、d_{xy} 轨道，分别由 ZX 面、YZ 面和 XY 面上与坐标轴成 45°角的、四瓣互成直角的、正负号交替的“叶子”组成。在上述分析中，单中心原子可以是 X，也可以是 M。

由上面的分析，可以知道以下内容。

（1）八面体分子的中心原子 M 外层九个原子轨道可以参与形成分子轨道，这九个原子轨道是：$(n-1)d_{xy}$，$(n-1)d_{xz}$，$(n-1)d_{yz}$，$(n-1)d_{x^2-y^2}$，$(n-1)d_{z^2}$，ns，np_x，np_y，np_z。其中后六个轨道的电子概率极大值位置在 x、y、z 三个坐标轴上，因而可与配位体的相应原子轨道（如 p_z 轨道）形成以（位于坐标轴的）键轴为对称轴的σ分子轨道——σ键。称配位体的相应原子轨道（如 p_z 轨道）为σ型轨道。而中心原子的前三个轨道的“叶子”都夹在坐标轴间，只能与配位体的相应原子轨道形成π分子轨道——π键。称配位体的相应原子轨道为π型轨道。

（2）经进一步分析可知（1）中的 9 个中心原子轨道的对称性。八面体分子中心原子的 s 轨道具有球对称性，在任何对称操作作用下，它都不变，属于全对称不可约表示 A_{1g}；中心原子的 p_x、p_y、p_z 轨道的对称性与 x、y、z 相同，以 x、y、z 为基［参见式(5.3.20)］，O_h 群元素（表 5.3.5 头行）对称操作变换矩阵的特征标与表 5.3.5（O_h 群的特征标表）中不可约表示 T_{1u} 一致（T_{1u} 与 F_{1u} 同，T 与 F 均为三维不可约表示），故 p_x、p_y、p_z 轨道的对称性属于 T_{1u}；d_{z^2} 和 $d_{x^2-y^2}$ 轨道的对称性与 $3z^2-r^2$、x^2-y^2 相同，以此为基，可知其对称性属于 E_g；而 d_{xz}、d_{yz}、d_{xy} 轨道的对称性与 xz、yz、xy 相同，以此为基，可知其对称性属于 T_{2g}。A_{1g} 是非简并的，E_g 是二重简并的，T_{1u} 和 T_{2g} 是三重简并的。

（3）经进一步分析可知配位体的相应原子轨道的对称性，并知道其与中心原子轨道的匹配性。六个配位体共有六个σ型轨道，以这六个σ型轨道为基，在 O_h 群的各个对称操作下若有数个配位体的σ型轨道不变，则其特征标值与这个数相同，这里轨道不变数目正好与不变位置的配位体原子个数相同，于是可得到以这六个σ型轨道为基的 O_h 群的可约表示所具有的特征标：

E	$8C_3$	$3C_2$	$6C_4$	$6C_2$	i	$8S_6$	$3\sigma_h$	$6S_4$	$6\sigma_d$
6	0	2	2	0	0	0	4	0	2

利用第 5 章的公式和 O_h 群特征标表，可知这个可约表示可约化为 $A_{1g}+E_g+T_{1u}$。属于全对称不可约表示 A_{1g} 的配位体群轨道［具体可表示成 $\frac{1}{\sqrt{6}}(\sigma_1+\sigma_2+\sigma_3+\sigma_4+\sigma_5+\sigma_6)$］，与属于 A_{1g} 的中心原子 M 的 s 轨道相匹配；属于不可约表示 E_g 的配位体群轨道［具体可表示为 $\frac{1}{3\sqrt{2}}(2\sigma_3+2\sigma_6-\sigma_1-\sigma_2-\sigma_4-\sigma_5)$］与属于 E_g 的中心原子的 d_{z^2} 轨道相匹配，属于不可约表示 E_g 的配位体群轨道［表示为 $\frac{1}{2}(\sigma_1-\sigma_2+\sigma_4-\sigma_5)$］与属于 E_g 的中心原子的 $d_{x^2-y^2}$ 轨道相匹配；属于 T_{1u} 的配位体群轨道 $\frac{1}{\sqrt{2}}(\sigma_1-\sigma_4)$、$\frac{1}{\sqrt{2}}(\sigma_2-\sigma_5)$、$\frac{1}{\sqrt{2}}(\sigma_3-\sigma_6)$ 分别与属于 T_{1u} 的中心原子轨道 p_x、p_y、p_z 匹配。

（4）π 型配位体轨道，即能与中心原子形成 π 键的配位体轨道，这里有 6 个原子的 p_x、p_y 共 12 个轨道。以这 12 个轨道为基，在 O_h 群对称操作下，有数个轨道不变，特征标即为这个不变轨道数，则可得到这 12 个轨道为基的 O_h 群的可约表示所具有的特征标表，于是这个可约表示可约化为 $T_{1g}+T_{1u}+T_{2g}+T_{2u}$。

（5）根据对称性相同的原子轨道可以组合成分子轨道的原则，可据上述分析组成八面体分子的分子轨道。在简单情况下，仅考虑配位体以 σ 型轨道而中心原子以部分未填满的 d 轨道及空的 s 和 p 轨道参与成键。这时，由（2）与（3）可得，两对称性属于 A_{1g} 的轨道相互作用，产生一个成键分子轨道 a_{1g} 和一个反键分子轨道 a_{1g}^*；两对称性属于 T_{1u} 的轨道组合成三重简并的成键轨道 t_{1u} 和反键轨道 t_{1u}^*；两对称性属于 E_g 的轨道组合成两组 E_g 分子轨道，一组为成键轨道 e_g，另一组为反键轨道 e_g^*，均为二重简并；中心原子轨道中三重简并的 T_{2g} 轨道不参与形成 σ 键，但已不是原来的原子轨道，只不过保留了原来原子轨道的全部特性，称为非键分子轨道 T_{2g}。在能量上，成键的分子轨道最低，在其上面的是非键轨道，更上面的是反键轨道。

当考虑 6 个配位体原子的 π 型轨道也参与组合时，如在（2）中所述，中心原子轨道 d_{xz}、d_{yz}、d_{xy} 的对称性属于不可约表示 T_{2g}，于是可与配位体的对称性属于 T_{2g} 的 π 型轨道匹配形成两个三重简并的 T_{2g} 轨道——成键的和反键的，而不再是非键分子轨道；对称性属于 T_{1u} 的 π 型配位体轨道与中心原子 T_{1u} 轨道的匹配组合，加上配位体原属于 T_{1u} 的 σ 型轨道与中心原子 T_{1u} 轨道的匹配组合，形成三个三重简并的 T_{1u} 轨道——成键的和反键的及能量处于中间的第三个三重简并轨道，它们同时包括 σ 组分和 π 组分；由于中心原子没有对称性属于 T_{1g}、T_{2u} 的轨道，因而配位体原子的对称性属于 T_{1g}、T_{2u} 的 π 轨道不能与中心原子的原子轨道组成八面体的分子轨道，而是非键轨道。

在上述基础上，经过计算可以得到配位体原子 σ 型轨道和 π 型轨道同时参加与中心原子轨道组合成的分子轨道的能级图。相同类型的分子轨道按能量升高次序编号。但是，从式（1.5.30）和式（1.5.31）可以看出，要精确计算确定轨道能量（当然还要同实验数据对比）还是比较困难的，还要考虑复杂的电子相关效应，同时要考虑标量相对论（SR）和自旋轨道耦合（SOC）效应。波函数理论（WFT）、密度泛函理论（DFT）、基于多组态自洽场（MCSCF）方法[53]的 WFT 电子关联法、二阶微扰的全激活空间自洽场方法（CASPT2）、二阶微扰理论 RASPT2 等被使用[54]。目前已经拥有较多研究成果[54-61]。

针对 UF_6，由于 U 原子太大，质子和电子太多，计算研究和理论分析有一定困难，于是人们采用近似的方法来处理，即将 U 原子“小芯”（small core）化（采用冻结核，最佳冻结核有 60 个电子，在价电子壳层 5s-5d-6s-6p-5f-7s 有 32 个电子），将能完成全电子计算，如在 Douglas-Kroll-Hess（DKH）近似下模拟标量相对论和自旋轨道耦合效应等[57, 54]。实际使用的计算方案，例如，采用 6 个 F^--$2p^6$ 壳层和 U-5f,6p,6d,7s，实行原子轨道（AO）混合方案并给出轨道能级[58-61, 54]，见图 1.5.6。

图 1.5.6 的中部框内为分子的价电子壳层轨道能级分布，下部框内为 U、UF_6 和 F 的半核壳层（semi-core shell）能级，上部框内为反键轨道能级分布。

轨道能量的标量相对论计算结果[54]列于表 1.5.1。表 1.5.1 中列出的最高占有能级仅为占有能级中最高位置的那部分能级，考虑到简并度，它们共计 18 个轨道（如 $1e_g$，简并度为 2，原子轨道 F^--2p 成分为 85%，U-6d 为 14%）；未占有的最低能级仅为未占能级中位于最低位置的那部分能级，考虑到简并度，它们共计 13 个轨道，均属于非键轨道。

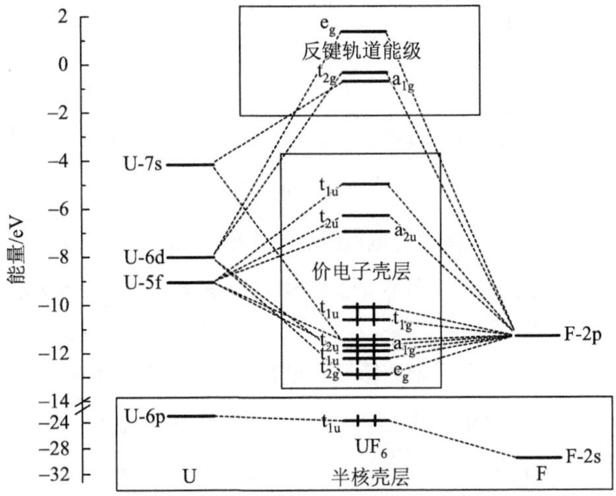

图 1.5.6　U、F 和 UF_6 的轨道能级[54]

表 1.5.1　UF_6 分子轨道能量和原子轨道成分

轨道	组成成分（占有的最高能级轨道）/%	能量/eV	轨道	组成成分（未占有的最低能级轨道）/%	能量/eV
$1e_g$	85 F-2p；14 U-6d	−12.98	$1a_{2u}$	100 U-5f	−7.08
$1t_{2g}$	88 F-2p；12 U-6d	−12.33	$2t_{2u}$	88 U-5f；12 F-2p	−6.40
$1t_{1u}$	79 F-2p；19 U-5f	−12.02	$3t_{1u}$	88 U-5f；12 F-2p	−5.11
$1a_{1g}$	97 F-2p；1 U-7s	−11.75	$2a_{1g}$	100 U-7s	−0.77
$1t_{2u}$	87 F-2p；13 U-5f	−11.56	$2t_{2g}$	74 U-6d；15 F-2p	−0.39
$1t_{1g}$	100 F-2p	−10.72	$2e_g$	99 U-6d	+ 1.29
$2t_{1u}$	88 F-2p; 7 U-6p; 5 U-5f	−10.22			

UF_6 分子的电子激发态研究也取得了进展。电子光谱如图 1.5.7 所示[54]，该电子光谱的起点和三个峰值点近似地位于 3eV、5.5eV、7.9eV 和 9eV，分别对应轨道跃迁 $2t_{1u} \rightarrow 1a_{2u}$、$1t_{1g} \rightarrow 2t_{2u}$、$1a_{1g} \rightarrow 3t_{1u}$、$1e_g \rightarrow 3t_{1u}$。电子光谱起点对应的轨道跃迁能量的实验值为 (3.22 ± 0.01)eV，它对应于将 UF_6 分子中的 U—F 键离解的最低能量（3eV）。对应三个峰值的三个轨道跃迁能量的实验值和理论计算值列于表 1.5.2。

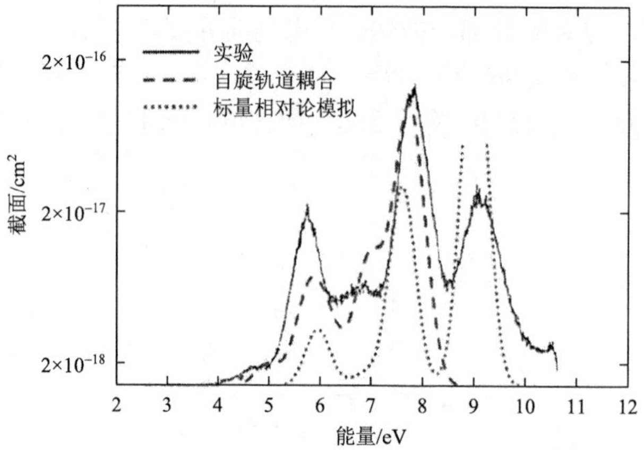

图 1.5.7　实验和电偶极子理论模拟 UF_6 电子光谱

实线：气相 UF_6 电子碰撞散射实验结果[61]；虚线：自旋轨道耦合计算至 8.5eV；点线：标量相对论模拟计算至 9.5eV

表 1.5.2　部分轨道跃迁能量的实验值和理论计算值

轨道跃迁	标量相对论值/eV		自旋轨道耦合值/eV		实验值[61]/eV
	[54]	[59]	[54]	[59]	
$1t_{1g}\rightarrow 2t_{2u}$	5.95	6.10	5.63	6.01	5.41±0.06
			5.72	6.15	
			5.76	6.22	
			6.00	6.40	5.87±0.03
$1a_{1g}\rightarrow 3t_{1u}$	7.60	8.35	7.50	7.90	7.92±0.04
			7.86	8.75	
$1e_g\rightarrow 3t_{1u}$	9.02	10.27		10.20	9.13±0.04
				10.38	
				10.65	

注：表中仅列出文献[54]、[59]、[61]等部分数据，[54]理论计算值更接近[61]实验值。

UF_6 分子的电子基态为 $^1A_{1g}$，其省略了内层轨道的价电子排布为：$\cdots(1e_g)^4(1t_{2g})^6(1t_{1u})^6(1a_{1g})^2(1t_{2u})^6(1t_{1g})^6(2t_{1u})^6$。人们使用波函数理论和密度泛函理论等对电子基态下的 UF_6 分子的构型、电子组成、光谱特性进行了许多研究[58]（参见第 4 章）。在电子基态下所得到的 UF_6 分子的振动频率提供了用红外激光对其进行选择性激发的基础，在选择性振动激发的基础上再用紫外激光进行电子态激发就有可能实现选择性离解 $^{235}UF_6$ 的目标。

2. 红外＋紫外双频离解分离同位素

采用分子法时，从气态的铀化合物 UF_6 着手，用红外激光选择性地激发分子到振动激发态，再经过紫外光辐射离解出 UF_5（图 1.5.8）。UF_5 的蒸气压力极小，呈粉末状而分离。

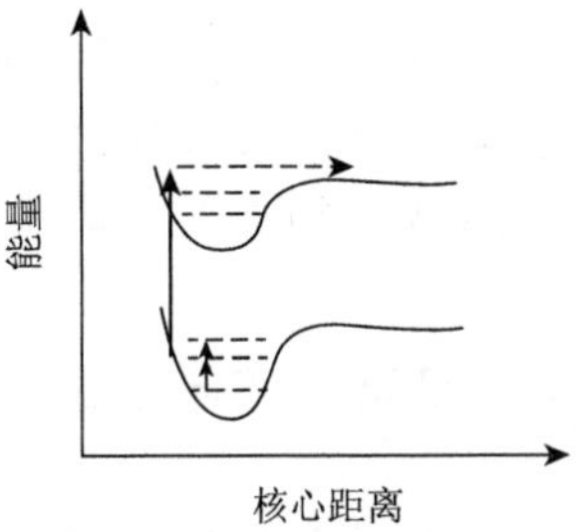

图 1.5.8 红外 + 紫外光离解

上曲线为电子激发态分子势能曲线；
下曲线为电子基态分子势能曲线；
虚线表示振动能级；红外激光脉冲选择性地将分子从下曲线的振动基态激发到一振动能级，紫外激光脉冲接着将分子激发到上曲线中高于右侧平坦部分的一振动能级

用于选择性激发的最适宜激光为 1.5.2 节和 2.2 节所述的 16μm 波长的红外激光。

在采用“红外 + 紫外光离解法”时，利用的是紫外光吸收截面与振动激发的关系。如前面 UF_6 的电子光谱所示（图 1.5.7），它代表的是从占有电子轨道向未占有轨道的跃迁，因此代表 UF_6 分子对紫外光的吸收截面随紫外光频率的变化。首先，谱线的起点能量位于 3.22eV，对应于一个成键分子轨道($2t_{1u}$)向未占有的最低非键轨道($1a_{2u}$)的吸收跃迁，于是可知，把 UF_6 分子中的 U—F 键断裂的最低能量近似为 3eV。在红外光选择性激发的基础上，由于 UF_6 分子的密集的电子带吸收谱，我们可选择适当的紫外激光进行选择性离解。从图 1.5.7 可知，在波长 330nm 以下，即光子能量大于 3.8eV，离解率会大幅增长，在 220nm 波长处（即光子能量为 5.63eV）吸收到达第一个峰值，吸收截面约为 $2\times10^{-17}\,\text{cm}^2$。处于振动激发态的 UF_6 分子更易被紫外激光离解，从而获得选择性。同时应注意控制紫外激光的非选择性激发。

1.6 激光化学法分离同位素

1.6.1 激光光化学反应概念

分子由初态吸收一个光子后处于激发态，然后与其他分子碰撞达到活化态，发生反应后回到终态，这一过程称为激光光化学反应。通常的化学反应是反应物分子的化学键被破坏，从而形成新的化学键和生成新的产物。很显然，当反应物分子受激发后需要被破坏的键会加速断开，从而导致反应速率加快。

根据速率方程，分子的热反应速率常数或剔除浓度影响的热反应速率为[41, 42, 25]

$$K_{热} = A\mathrm{e}^{-\frac{E}{kT}} \tag{1.6.1}$$

当分子吸收了激光光子 $h\nu$ 后，其反应速率方程为

$$K_{激} = A\mathrm{e}^{-\frac{E-h\nu}{kT}} \tag{1.6.2}$$

受激分子的反应速率和热反应速率比较可得

$$R = \frac{K_{激}}{K_{热}} \approx \mathrm{e}^{\frac{h\nu}{kT}} \tag{1.6.3}$$

$T = 300\text{K}$ 时，若分子吸收一个 CO 激光光子（1876cm^{-1}），则

$$R = \frac{K_{激}}{K_{热}} \approx \mathrm{e}^{\frac{h\nu}{kT}} = 8.1\times10^3 \tag{1.6.4}$$

由此可见，受激分子的反应速率要比热反应速率高得多。

由分子光谱分析可知，分子具有电子能级和振动能级。因此，分子光化学反应可分为电子态和振动态光化学反应。无论采用哪种受激化学反应，实现光化学同位素分离首先需要实现受激态的选择性光激发。所以激光化学法又称为选择性光化学法。

1.6.2 激光光化学反应条件

激光光化学中的“选择性”有两种含义：一是混合物中特定目标同位素分子与其他同位素分子间的选择性光化学转换。光化学同位素分离就是指这种分子间的选择性。二是任一分子键的选择性光致激发，受激分子获得的激发能量在转移给其他分子键之前，能确保化学反应的进行，这种光化学反应就能被选择性控制。这种选择性称为分子内的选择性。为将光化学反应进行到底还需满足以下几个条件[25, 41, 42]。

（1）分子在红外、可见或紫外光谱区有足够的同位素位移，以满足电子态或振动态的选择性激发。

（2）选用能够与受激分子发生反应的助反应剂，又称受体。这种助反应剂在操作环境条件下与未受激分子和器壁不发生反应。

（3）受激分子与助反应剂的反应速率必须大于由辐射、预离解、能量向非目标同位素分子转移以及猝灭过程所产生的退激速率。

（4）受激分子同助反应剂间碰撞反应速率常数必须足够大，以使受激分子同助反应剂间的反应在低压下成为激发损耗的主要途径。

（5）反应产物在化学上必须是稳定的，不会再与未受激分子发生反应。

（6）在继发次化学反应中要保持光化学反应的选择性。

1.6.3 激光光化学反应类型

激光光化学反应的光致激发过程主要有一步光激发、两步光激发和多光子激发三种，它们各有优缺点。电子态光化学反应的产额比较高，实现一步电子态激发是有利的，但对于多原子分子，在常温下有比较宽的无定形的吸收带，这是不利于同位素选择性激发的。对于振动态一步光激发，虽然具有高的激发选择性，但由于存在弛豫加热等选择性损失，光化学过程量子产额较低。总之，一步光激发光化学法只能用于低活化能的光化学反应。

两步光激发光化学法需要通过红外和紫外辐射共同作用，从而通过中间振动态进行分子电子态的光化学反应。这种方法不仅具有较高的选择性，还具有高的光化学量子产额。

对于多原子分子，在红外激光单独辐射下，可以被单色多光子选择性地激发到高振动或电子能态，从而进行光化学反应。这种多光子光化学过程的选择性较高，量子产额也高。这种方法更适用于电子基态具有高密度振动能级的多原子分子，如用 UF_6 来分离铀同位素。

1.6.4 激光光化学反应动力学

用激光光子选择性激发同位素分子，使其跃迁到某一特定激发态能级，这时受激分子可与助反应剂发生反应，生成新的分子，激光会增强反应速率。当然受激分子除存在光化学反应外，同时还存在其他过程。例如，与非目标同位素分子的共振能量转移会引起非目标同位素分子与目标同位素分子漫争，造成选择性损失。受激分子自发辐射，无辐射跃迁会将振动能变为热能，使非目标同位素分子热激发，结果造成激励损失和选择性损失。受激分子与其他分子（非目标同位素分子、助反应剂、反应物以及体系中残存分子）的碰撞消激发过程将降低整个过程的量子产额。还有就是化学反应产物与助反应剂的混杂过程。当受激分子与助反应剂发生反应后，有时会形成活性很大的自由基。这些自由基可以重新与未受激的非目标同位素分子发生反应生成新的产物，从而使选择性下降。有时通过增加助反应剂与未受激的非目标同位素分子的浓度比来使同位素漫争效应减小，但它们之间还会发生热反应而使选择性下降。

最后讨论一下整个光化学反应过程中的选择性的关系。设 A 为目标同位素分子，B 为非目标同位素分子，振动-振动能量转移速率常数为 $K_{\text{V-V}}$，受激分子自发辐射和无辐射跃迁的速率常数分别为 K_{RE} 和 $K_{\text{V,T}}$、$K_{\text{V,V}\pm\text{T}}$。V,T 或 V,V ± T 过程使受激分子振动能变为热能。热激发速率常数为 W_{T}，消激发速率常数为 K_{m}，激光增强反应速率常数为 K_{L}，非目标同位素分子与反应剂热反应的速率常数为 K_{th}。若用 y 表示化学反应产额，则选择性系数为[41, 25]

$$S = \frac{y_{\text{A}}^*}{y_{\text{B}}} \tag{1.6.5}$$

$$y_{\text{A}}^* = \frac{K_{\text{L}}}{K_{\text{L}} + K_{\text{V-V}} + K_{\text{V,T}} + K_{\text{V,V}\pm\text{T}} + K_{\text{RE}}} \cong \frac{K_{\text{L}}}{K_{\text{L}} + K_{\text{V-V}} + K_{\text{V,T}} + K_{\text{V,V}\pm\text{T}}} \tag{1.6.6}$$

$$y_{\text{B}} = \frac{K_{\text{V-V}} + K_{\text{th}} + W_{\text{T}}}{K_{\text{th}} + K_{\text{V-V}} + K_{\text{V,T}} + K_{\text{V,V}\pm\text{T}} + W_{\text{T}}} \cong \frac{K_{\text{th}} + K_{\text{V-V}} + W_{\text{T}}}{K_{\text{th}} + K_{\text{V-V}} + K_{\text{V,T}} + K_{\text{V,V}\pm\text{T}}} \tag{1.6.7}$$

故选择性系数可近似写成

$$S = \frac{K_{\text{L}}}{K_{\text{th}} + K_{\text{V-V}} + W_{\text{T}}} \tag{1.6.8}$$

为获得高的选择性，则必须满足

$$K_{\text{L}} \gg K_{\text{th}}, K_{\text{V-V}}, K_{\text{V,T}}, K_{\text{V,V+T}}, K_{\text{RE}}, W_{\text{T}} \tag{1.6.9}$$

如何增大 $K_{\text{L}} / K_{\text{th}}$ 值是选择性光化学反应过程的关键。为此，应采取措施使反应物分子处于较高的振动能级。分子的基频振动可通过吸收单个高能量光子来激发，从而使 $K_{\text{L}} / K_{\text{th}}$ 值增大。还可通过一个或几个中间能级分步将分子激发到较高振动能级。选用高强度激光可以进行选择性多光子激发，将分子直接激发到几电子伏特的高振动能级上。有的通过振动-振动碰撞能量转移过程，将分子转移到更高能级上集居，不过它在多数情况下会破坏同位素选择性。

1.6.5　激光分离铀同位素

铀是反应堆和原子弹的重要核燃料。起初是用电磁分离法和气体扩散法等来分离铀-235 同位素。但用这些方法生产铀-235 的成本是很高的，特别是气体扩散法，工厂规模庞大且耗电量惊人。为了寻求一种经济廉价地获得浓缩铀的新方法，人们一直在改进和探索各种分离途径，试图代替昂贵的气体扩散法。经过十五年左右的研究，气体离心法开始工业应用。此法的分离系数与同位素质量差有关，而与质量数本身无关，所以这种方法对铀同位素分离是有利的。并且与气体扩散法相比耗电量大为减少。但此法需要大量的离心机组合，所以需要的费用很高。后来人们又采用化学交换法和离子交换法。这两种方法的优点是能量消耗低和设备投资少。但它们的分离系数不高，并需要很长的平衡时间。20 世纪 70 年代，激光分离同位素技术的诞生，为铀同位素分离展现了美好的前景。其实早在第二次世界大战期间，美国人就在实验中用光化学法分离出了铀同位素，但当时缺乏较好的光源，分离系数很低。如今，具有良好特性的激光器为人们开展光化学分离同位素提供了有利的条件，因此光化学分离铀同位素方法又获得了新生，很多国家都投入大量的人力和物力竞相研究[32-36, 2, 41]。

激光分离铀同位素技术有可能成为获得浓缩铀的一种更为简单和廉价的途径。它主要有两个好处：第一，降低成本。激光法分离铀同位素具有很高的选择性，且分离系数较高，耗电量大为减少，装置等也大为缩小。在军事方面的好处尤为重要。第二，开发贫料铀。气体扩散等方法不能从天然铀中将铀-235 全部提取出来，因此会留下大约 1/3 的铀-235 贫料。而激光法浓缩铀几乎可将铀-235 全部回收。这对充分利用核资源是非常有意义的。

在具体进行激光分离铀同位素时，选择用气体状态的含铀分子体系，其与原子蒸气体系相比有两个好处：一是分子体系的挥发性比原子体系大很多，且不需要在很高的温度下便可获得铀化合物气体；二是由于分子振动态能量和原子内能相比是很小的，分子体系激发过程可采用光子能量较低的激光器。从目前来看，研究得较多的是 UF_6 分子体系[3, 2, 35, 36]。

UF_6 是一种理想的挥发性铀化合物，很早就被人们选作气体扩散法分离铀同位素的工作物质，在激光分离铀同位素中人们自然也会想到这一体系。UF_6 气体分子光谱带明显加宽，且重叠严重，因此同位素位移不易被分辨。为了解决这个难题，可以采取降温的方法来分辨 UF_6 气体分子的同位素位移。例如，美国洛斯阿莫斯国家实验室采用超声速喷嘴绝热膨胀的方法较好地分辨出了 UF_6 分子的同位素位移。UF_6 气体分子处在温度 50～100K 下，大多数分子处于振动基态，同位素位移容易分辨。先用一特定波长的红外激光器照射 UF_6 气体，选择性地激发 $^{235}UF_6$ 分子，使它处于激发态。再用紫外激光照射，使受激 $^{235}UF_6$ 分子分解除去一个氟原子，形成 $^{235}UF_5$ 分子，它以固态形式沉积在器壁上，从而被分离出来。这是一个理想过程，但由于紫外区 UF_6 气相分子只有较弱的吸收带，因此分裂态跃迁到连续态的截面较小，并且由碰撞引起的转移概率较大，给这种方法带来一定困难。

分子法还有其他途径来实现同位素分离，即直接通过化学反应法使受激分子发生反应。激光光化学反应分子法原理上节省能耗，一次分离系数较高，但如 1.6.4 节所述，其过程较复杂，是一个正在研究中的分离同位素方法[33, 34, 62]。

UF_6 是一种易挥发的铀化合物，它的三相点温度为 64.05℃，蒸气压为 $1.517\times10^5\,Pa$，临界点温度为 230.0℃。铀的其他氟化合物都不易挥发。这为同位素的分离与收集提供了很大的便利。另外，UF_6 可通过以下还原反应还原为低价氟化物[3, 33, 34, 62]：

$$UF_6 + H_2 \longrightarrow UF_4(固) + 2HF \tag{1.6.10}$$

$$UF_6 + 2HCl \longrightarrow UF_4(\text{固}) + 2HF + Cl_2 \tag{1.6.11}$$

$$UF_6 + 2CCl_4 \longrightarrow UF_4(\text{固}) + Cl_2 + 2CCl_3F \tag{1.6.12}$$

式（1.6.10）～式（1.6.12）反应在室温下都不会发生，需要升高温度（100～200℃下）来引发反应，即这些反应需要活化能。因为所需温度并不高，表明对反应物分子组的能量要求不是很高，反应的活化能不高，所以在极低温度下只需用光子能量很低的、谱宽度很窄的远红外激光对 UF_6 分子进行选择性激发［依据式（1.6.2）可使反应物分子组活化能降低一个光子的能量］，反应就会发生，从而实现铀同位素的分离。由于反应产物与反应物分别处于固相和气相，分离相对较容易。总之，利用化学反应分子法得到浓缩铀，在现有的激光技术下已是可能的，所以需给予必要的重视。此外，在原理上，这种方法也可用于回收贫化尾料中的 ^{235}U。

值得注意的是，在较低温度时，式（1.6.11）的反应速率虽然是相当小的，但在低气压时仍是不可忽视的，而且在光激发下，产物也可随之改变，具体可参见第 7 章。

1.7　激光化学法分离同位素的经济性分析和展望

本节介绍了激光浓缩铀同位素的原子法、分子法和低振动能态激发激光化学法，重点分析了低振动能态激发 UF_6 激光化学法浓缩铀同位素，分析了低振动能态激发化学法的物料关系、浓缩系数、贫化系数、价值函数、每千克供料量分离功、单位分离功成本等问题。以 CO 激光激发 UF_6 光化学反应浓缩铀同位素速率方程组和物料关系相结合具体计算了浓缩系数、贫化系数和每千克供料量分离功，计算还包括选用 CO 激光和 CO_2 激光同时激发的情况。采用 CO 激光选择激发 $^{235}UF_6$ 的光化学反应浓缩系数达 2.5 已在国际上被证实，国际上有关计算预言降低温度和选择特定反应物可大幅增加分离选择性。采用 CO 激光和 CO_2 激光同步激发也可提高选择性。当取浓缩系数和贫化系数均为 4～5 时，本节计算的每千克供料量分离功均接近 1，而在浓缩系数和贫化系数均为 2～3 时，其每千克供料量分离功约为 0.5。对于单位分离功成本的初步计算表明低振动能态激发 UF_6 光化学反应浓缩铀方法具有较低的成本，在利用 UF_6 分子浓缩铀的激光法中可具有较低的成本。

1.7.1　方法简述

1. 原子法

采用蒸发器系统产生的铀原子蒸气作原料，利用铜蒸气激光（或固体激光）泵浦染料获得可调谐染料激光输出，由输出波长为 600nm 附近的单色光子或双色光子或三色光子对原子蒸气进行选择性三步光电离，选择性主要发生在第一步或第一、二步，^{235}U 原子光电离后成为离子，并在电磁分离的电场或磁场作用下到达收集板，分离系数高。

2. 分子法

采用 UF_6 分子气体作原料，利用波长为16μm 的脉冲激光对经超声速喷嘴膨胀冷却的

低温 UF_6 气体进行选择性多光子离解，或再增加一紫外激光或红外激光进行双频激光离解，生成 $^{235}UF_5$ 和 F，以 H_2 清扫 F 原子，$^{235}UF_5$ 被收集。当用频率连续可调的仲氢受激拉曼激光器的三频率光照射超声喷流冷却（$T = 100K$）的 UF_6，浓缩系数可望达到 5。

3. 低振动能态激发激光化学法

采用较低温度的 UF_6 分子气体作原料并加反应剂，利用红外激光（如 CO 激光，或 CO_2 激光 + CO 激光）对 $^{235}UF_6$ 进行较低振动能态选择性激发，进而发生光化学反应，产物中含 ^{235}U 的分子得到浓缩[63-67, 2, 41]。红外激光系统成熟，光化学反应成本较低。

1.7.2 分离同位素方法的经济性比较

一些分离同位素方法的能耗列于表 1.7.1，几种浓缩铀技术的经济指标列于表 1.7.2。

表 1.7.1 同位素分离方法的能耗比较[2, 42]

分离方法	能耗/(eV/原子)
电磁分离法	10^6～10^7
气体扩散法（^{235}U-^{238}U）	3×10^6
气体离心法（^{235}U-^{238}U）	4.5×10^5
蒸馏法（^{10}B-^{11}B）	10^3
化学交换法（^{10}B-^{11}B）	10^2
红外光分解法（激光效率 5%～10%）	10^2～10^3
可见光或紫外光原子电离法（激光效率 0.5%～1.1%）	10^3

表 1.7.2 几种浓缩铀技术的经济性比较[42]

方法	分离系数	耗电量/(MeV/原子)	成本/(美元/SWU*)	占地面积/亩**
激光法	10	0.24	195	8
离心法	1.026	0.30	233	20
扩散法	1.0042	3.0	388	60

* 一千克分离功单位（1kgSWU 或者 SWU）。

** 1 亩≈666.7m^2。

1.7.3 低振动能态激发激光化学法分离铀同位素的经济性分析[66]

1. 分离单元的物料平衡关系

对于一个激光分离单元，供料量 F 即进入反应腔的流量为 F mol，精料量 P 即光化学产物收集器收集的产物量为 P mol，贫料量 W 即尾料收集器收集的尾料为 W mol。以 c_F、c_P 和 c_W 分别表示供料丰度、精料丰度和贫料丰度。气体分子被选择性激发，进而经由化学反应生成目标同位素分子而被产物收集器收集，未经化学反应生成目标同位素分子的分子被尾料收集器收集。由物料平衡关系[41]，有

$$F = P + W \tag{1.7.1}$$

对其中任一成分，有

$$Fc_F = Pc_P + Wc_W \tag{1.7.2}$$

提取率为

$$\eta = \frac{Pc_P}{Fc_F} \tag{1.7.3}$$

设被考虑的元素有两种同位素，即 A_1 和 A_2，并视其为原子或分子体系，则有丰度关系

$$\begin{aligned} c_F(A_1) + c_F(A_2) &= 1 \\ c_P(A_1) + c_P(A_2) &= 1 \\ c_W(A_1) + c_W(A_2) &= 1 \end{aligned} \tag{1.7.4}$$

浓缩系数 β_1 和贫化系数 β_2 分别为

$$\beta_1 = \frac{c_P(A_1)}{c_P(A_2)}\left[\frac{c_F(A_1)}{c_F(A_2)}\right]^{-1} \tag{1.7.5}$$

$$\beta_2 = \frac{c_F(A_1)}{c_F(A_2)}\left[\frac{c_W(A_1)}{c_W(A_2)}\right]^{-1} \tag{1.7.6}$$

由式（1.7.5）得

$$\beta_1 = \frac{c_P(A_1)}{c_F(A_1)}\left[\frac{c_P(A_2)}{c_F(A_2)}\right]^{-1} = \frac{Pc_P(A_1)}{Fc_F(A_1)}\left[\frac{Pc_P(A_2)}{Fc_F(A_2)}\right]^{-1} = \frac{\eta_{A_1}}{\eta_{A_2}} \tag{1.7.7}$$

同样由式（1.7.6）得

$$\begin{aligned} \beta_2 &= \frac{Wc_W(A_2)}{Fc_F(A_2)}\left[\frac{Wc_W(A_1)}{Fc_F(A_1)}\right]^{-1} = \frac{Fc_F(A_2) - Pc_P(A_2)}{Fc_F(A_2)}\left[\frac{Fc_F(A_1) - Pc_p(A_1)}{Fc_F(A_1)}\right]^{-1} \\ &= \frac{1-\eta_{A_2}}{1-\eta_{A_1}} \end{aligned} \tag{1.7.8}$$

式中，η_{A_1} 为同位素 A_1 的提取率；η_{A_2} 称为剥取率。

β_1 的最大值就是选择性系数，即

$$\beta_{1\max} = S \tag{1.7.9}$$

$$\left(\frac{\eta_{A_1}}{\eta_{A_2}}\right)_{\max} = S \tag{1.7.10}$$

分离系数为

$$\alpha = \beta_1\beta_2 = \frac{\eta_{A_1}(1-\eta_{A_1})^{-1}}{\eta_{A_2}(1-\eta_{A_2})^{-1}} \tag{1.7.11}$$

2. 考虑存在热反应时的物料平衡关系

部分分子未经激光作用就经化学反应生成产物分子，这部分量可称为“过”流量 ϕ：

$$0 \leqslant \phi \leqslant 1 \tag{1.7.12}$$

为了分析方便，将激光作用区域按同位素 A_1 和 A_2 进行划分。存在热化学反应时，供料量不变，由激光作用的气体量发生变化，变为 $F(1-\phi)c_F$。而精料收集器收集的则是

“过”流量热化学反应和经激光作用引发的化学反应产生的产物量的总和。图 1.7.1 是激光分离单元的物料平衡流程图。表 1.7.3 列出了供料、精料和尾料表示式。

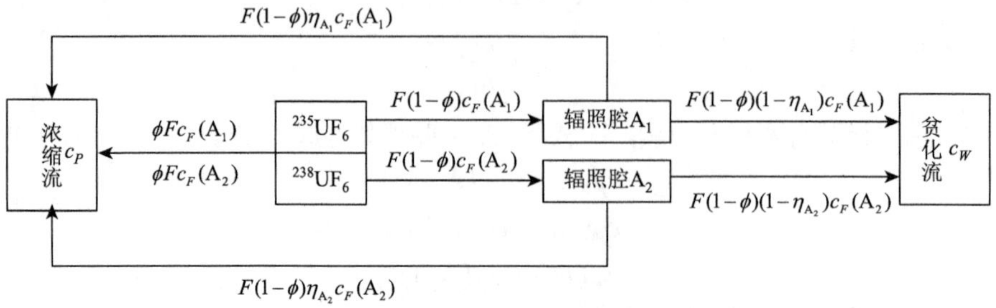

图 1.7.1　激光分离单元物料平衡流程图

表 1.7.3　存在热反应时同位素的供料、精料和尾料表示式

	供料	精料	尾料
同位素 A_1	$Fc_F(A_1)$	$Fc_F(A_1)[\eta_{A_1}+\phi(1-\eta_{A_1})]$	$Fc_F(A_1)[1-\eta_{A_1}-\phi(1-\eta_{A_1})]$
同位素 A_2	$Fc_F(A_2)$	$Fc_F(A_2)[\eta_{A_2}+\phi(1-\eta_{A_2})]$	$Fc_F(A_2)[1-\eta_{A_2}-\phi(1-\eta_{A_2})]$

浓缩系数为

$$\beta_1=\frac{\dfrac{Fc_F(A_1)\left[\eta_{A_1}+\phi(1-\eta_{A_1})\right]}{Fc_F(A_1)}}{\dfrac{Fc_F(A_2)[\eta_{A_2}+\phi(1-\eta_{A_2})]}{Fc_F(A_2)}}=\frac{\eta_{A_1}+\phi(1-\eta_{A_1})}{\eta_{A_2}+\phi(1-\eta_{A_2})} \tag{1.7.13}$$

贫化系数为

$$\beta_2=\frac{\dfrac{Fc_F(A_1)}{Fc_F(A_1)[1-\eta_{A_1}-\phi(1-\eta_{A_1})]}}{\dfrac{Fc_F(A_2)}{Fc_F(A_2)[1-\eta_{A_2}-\phi(1-\eta_{A_2})]}}=\frac{1-\eta_{A_2}-\phi(1-\eta_{A_2})}{1-\eta_{A_1}-\phi(1-\eta_{A_1})}=\frac{1-\eta_{A_2}}{1-\eta_{A_1}} \tag{1.7.14}$$

式（1.7.14）与式（1.7.8）相同，说明贫化系数 β_2 与热反应无关。

分离系数为

$$\alpha=\beta_1\beta_2=\frac{\eta_{A_1}(1-\eta_{A_1})^{-1}+\phi}{\eta_{A_2}(1-\eta_{A_2})^{-1}+\phi} \tag{1.7.15}$$

在下面将求得物料平衡关系中各量之间的关系。据表 1.7.3 可知精料量和贫料量分别是

$$Pc_P(A_1)=Fc_F(A_1)\left[\eta_{A_1}+\phi(1-\eta_{A_1})\right] \tag{1.7.16}$$

$$Wc_W(A_1)=Fc_F(A_1)\left[1-\eta_{A_1}-\phi(1-\eta_{A_1})\right] \tag{1.7.17}$$

于是由式（1.7.16）可得提取率：

$$\eta_{A_1}=\frac{Pc_P(A_1)-\phi Fc_F(A_1)}{Fc_F(A_1)(1-\phi)} \tag{1.7.18}$$

由式（1.7.13）可得剥取率：

$$\eta_{A_2}=\frac{\eta_{A_1}+\phi(1-\eta_{A_1})-\phi\beta_1}{\beta_1(1-\phi)} \tag{1.7.19}$$

又由于存在热反应时剥取率还可以表示为

$$\eta_{A_2}=\frac{Pc_P(A_2)}{Fc_F(A_2)(1-\phi)}=\frac{P[1-c_P(A_1)]}{F[1-c_F(A_1)](1-\phi)} \tag{1.7.20}$$

于是由式（1.7.19）、式（1.7.20）得

$$P=\frac{F[1-c_F(A_1)][\eta_{A_1}+\phi(1-\eta_{A_1})-\phi\beta_1]}{\beta_1[1-c_P(A_1)]} \tag{1.7.21}$$

当ϕ很小时，式（1.7.19）、式（1.7.21）中β_1也可由S代替。

依据式（1.7.13）～式（1.7.15），当对η_{A_1}、η_{A_2}、ϕ进行限制后，则可求出β_1、β_2、α；当对η_{A_1}和η_{A_2}进行限制后，β_1、β_2、α的计算值随ϕ的取值而改变，当η_{A_2}、ϕ被限制后，β_1、β_2、α的计算值随η_{A_1}的取值而改变，η_{A_1}的取值越高，则β_1、β_2、α也升高；当η_{A_1}取值极高时，η_{A_2}、ϕ均取值极低，则计算的β_1、β_2、α都达到极高。计算值列于表 1.7.4。

表 1.7.4 存在热反应时的有关计算结果

η_{A_1}	η_{A_2}	ϕ	β_1	β_2	α	η_{A_1}	η_{A_2}	ϕ	β_1	β_2	α
0.3	0.3	0.3	1	1	1	0.5	0.2	0.2	1.666	1.6	2.666
0.4	0.4	0	1	1	1	0.6	0.2	0.2	2	2	4
0.3	0.2	0.3	1.159	1.142	1.323	0.7	0.2	0.2	2.111	2.666	5.629
0.3	0.2	0.2	1.222	1.142	1.396	0.8	0.1	0.1	4.315	4.5	19.417
0.4	0.2	0.2	1.444	1.333	1.925						

3. 利用 CO 激光选择性激发 UF_6 分离铀同位素

由于有下列过程：

$$^{235}UF_6+HCl\xrightarrow{k_a}{}^{235}UF_5+Cl_2$$

$$^{238}UF_6+HCl\xrightarrow{k_b}{}^{238}UF_5+Cl_2$$

$$UF_6+HCl\xrightarrow{k_T}UF_5+Cl_2$$

我们给出一组速率方程：

$$\dot{N}_{A_1}(g)=-k_a N_{A_1}(g)+\alpha^*_{A_1}N_{A_1} \tag{1.7.22.1}$$

$$\dot{N}_{A_2}(g)=-k_b N_{A_2}(g)+\alpha^*_{A_2}N_{A_2} \tag{1.7.22.2}$$

$$\dot{N}_{A_1}(3\nu_3)=k_a N_{A_1}(g)-N_{A_1}(3\nu_3)[k_{V\text{-}V}N_{A_2}+k_{V\text{-}M}N_B+k_{L_1}N_B+k_a] \tag{1.7.22.3}$$

$$\dot{N}_{A_2}(3\nu_3)=k_b N_{A_2}(g)-N_{A_2}(3\nu_3)[k_{V\text{-}V}N_{A_2}+k_{V\text{-}M}N_B+k_{L_2}N_B+k_b] \tag{1.7.22.4}$$

$$\dot{N}_{A_1}\approx -K_{L_1}N_{A_1}(3\nu_3)-K_T N_{A_1}\approx -K_{L_{1T}}N_{A_1} \tag{1.7.22.5a}$$

实验表明，光化学反应速率较大或大大高于热化学反应速率，而且在光化学反应时，

激光不仅将位于基态的分子激发到较高的激发能态，也能将较低能态的分子激发到较高的能态，同时，由于在我们关注的温度范围（200～300K）处于ν_3能级以下的分子所占的比例不超过 30%，大部分分子仍处于较高热带。由于粒子数分布律仍然起作用，设在这个过程中处于$3\nu_3$能级的粒子的光化学反应和粒子的热化学反应是N_{A_1}消耗的两个主要通道，则应该有

$$K_{L_{1T}} \approx K_{L_1} + K_T \tag{1.7.22.5b}$$

同理

$$\dot{N}_{A_2} \approx -K_{L_2} N_{A_2}(3\nu_3) - K_T N_{A_2} \approx -K_{L_{2T}} N_{A_2} \tag{1.7.22.6a}$$

$$K_{L_{2T}} \approx K_{L_2} + K_T \tag{1.7.22.6b}$$

式（1.7.22.1）～式（1.7.22.6）中，N_{A_1}、N_{A_2}、N_B分别为$^{235}UF_6$、$^{238}UF_6$、HCl气体的粒子数密度；g 为基态；ν_3、$3\nu_3$分别为ν_3模第一、第三振动能级；k_a、k_b为选择性激发速率常数；$k_{V\text{-}V}$、$k_{V\text{-}M}$和k_{L_1}、k_{L_2}分别为振动-振动能量转移、碰撞能量转移和光化学反应速率常数；k_T为热反应速率常数；$K_{L_1} = k_{L_1} N_B$、$K_{L_2} = k_{L_2} N_B$和$K_T = k_T N_B$为单位是s^{-1}的光化学反应速率常数和热反应速率常数。由于$N_{A_2} \gg N_{A_1}$，因此式（1.7.22.4）中的共振转移主要发生在同类分子之间。由式（1.7.22.5）、式（1.7.22.6）得

$$N_{A_1} = N_{A_1}^0 e^{-K_{L_{1T}} t} \tag{1.7.23}$$

$$N_{A_2} = N_{A_2}^0 e^{-K_{L_{2T}} t} \tag{1.7.24}$$

由于在热平衡时，对于能级ν_h（$h = 1, 2, 3, \cdots, 6$，或组合带、热带）的粒子数密度为

$$N_{A_1}(\nu_h) \approx N_{A_1} \exp\left(-\frac{h\nu_h}{kT}\right)$$

所以化学反应时

$$N_{A_i}(\nu_h) \approx N_{A_i}^0 \exp\left[-\left(\frac{h\nu_h}{kT} + K_T t\right)\right], \quad i = 1,2 \tag{1.7.25}$$

当$T >$ 200K 时，处于ν_h能级上的粒子数所占的比例是较大的，这些粒子一方面由于热平衡而维持光激发和反应时$N_A(g)$的变化趋于平衡分布，另一方面要参加热化学反应。

由式（1.7.22.1）、式（1.7.23）得

$$\dot{N}_{A_1}(g) = -k_a N_{A_1}(g) + \alpha_{A_1}^* N_{A_1}^0 e^{-K_{L_{1T}} t} \tag{1.7.26}$$

所以

$$N_{A_1}(g) = \left[N_{A_1}^0(g) - \frac{\alpha_{A_1}^* N_{A_1}^0}{k_a - K_{L_{1T}}}\right] e^{-k_a t} + \frac{\alpha_{A_1}^* N_{A_1}^0}{k_a - K_{L_{1T}}} e^{-K_{L_{1T}} t} \tag{1.7.27}$$

当$k_a > 0$，$t = 1/K_{L_{1T}}$时，由式（1.7.23）可知，此时$N_{A_1} = e^{-1} N_{A_1}^0$，在碰撞作用下，振动弛豫应该能够维持粒子数平衡分布，所以也应该有

$$N_{A_1}(g) = e^{-1} N_{A_1}^0(g) \tag{1.7.28}$$

由式（1.7.27）、式（1.7.28）可得

$$\alpha_{A_1}^{*}(g) = \frac{(k_a - K_{L_{1T}})N_{A_1}^0(g)}{N_{A_1}^0} \tag{1.7.29}$$

由式（1.7.27）、式（1.7.29）可得

$$N_{A_1}(g) = N_{A_1}^0(g)e^{-K_{L_{1T}}t} \tag{1.7.30}$$

同理有

$$N_{A_2}(g) = N_{A_2}^0(g)e^{-K_{L_{2T}}t} \tag{1.7.31}$$

由于 UF_6 和 HCl 的光化学反应中使用的是连续波激光，因此该光化学反应过程基本上是稳定的，所以由式（1.7.22.3）、式（1.7.22.4）、式（1.7.23）、式（1.7.24）、式（1.7.30）和式（1.7.31）可得

$$N_{A_1}(3\nu_3) = \frac{k_a N_{A_1}^0(g)e^{-K_{L_{1T}}t}}{k_{V\text{-}V}N_{A_2}^0 e^{-K_{L_{2T}}t} + K_{V\text{-}M} + K_{L_1} + k_a} \tag{1.7.32}$$

$$N_{A_2}(3\nu_3) = \frac{k_b N_{A_2}^0(g)e^{-K_{L_{2T}}t}}{k_{V\text{-}V}N_{A_2}^0 e^{-K_{L_{2T}}t} + K_{V\text{-}M} + K_{L_2} + k_b} \tag{1.7.33}$$

设 $K_{L_1} = K_{L_2} = K_L$，$k_{V\text{-}V}N_{A_2}^0 = K_{V\text{-}V}$，并考虑到式（1.7.25）所引起的热反应，则 $^{235}UF_5$ 和 $^{238}UF_5$ 的产率 Y_{A_1} 和 Y_{A_2} 为

$$Y_{A_1} = K_L N_{A_1}(3\nu_3) + K_T N_{A_1} \tag{1.7.34}$$

$$Y_{A_2} = K_L N_{A_2}(3\nu_3) + K_T N_{A_2} \tag{1.7.35}$$

上述分析属于光照区和反应区一致的情况。设光照区体积为 V_{in}，非光照区体积为 V_{out}，反应池（室）总空间体积为 V，反应物分子处于池内各点的概率相等。若设 $V = V_{in}$ 时测得的光照反应速率常数为 K_{L_T}，而测得的热反应速率常数为 K_T，则我们近似地取 $K_{L_T} = K_L + K_T$，这里 K_L 为纯粹因光照改变分子内能而引起的反应速率常数。当 $V > V_{in}$，可测得在局部光照下的反应速率常数为 $K_{L_\tau} = 1/\tau$，它小于 K_{L_T}，N_{A_i} 随 $e^{-K_{L_\tau}t}$ 变化。在反应时间 τ 内，由于反应物分子在光照和非光照区的概率分别为 V_{in}/V、V_{out}/V，因此总的来说，此反应池内的反应在很大程度上相当于在 V_{in} 内的光照反应及热反应和 V_{out} 内的热反应，其反应速率近似为这两个区域的求和，即 K_{L_τ} 就近似为 $(V_{in}K_{L_T} + V_{out}K_T)/V$。如前文所述，我们定义一个无量纲的“过”流量 ϕ，完全属于光照改变分子内能引发的光化学反应产物所占比例为 $1-\phi$，故有

$$\frac{V_{in}}{V}\frac{K_L}{K_L + K_T} = 1 - \phi$$

则

$$\phi = 1 - \frac{V_{in}}{V}\frac{K_{L_T} - K_T}{K_{L_T}} \tag{1.7.36}$$

属于光化学反应的粒子数密度为$(1-\phi)N_{A_i}^0(g)e^{-K_{L_T}t}$，而属于热化学反应的粒子数密度为$\phi N_{A_i}^0 e^{-K_{L_T}t}$。故铀浓缩系数可表示为

$$\beta_1(t)=\frac{\dfrac{Y_{A_1}}{Y_{A_2}}}{\dfrac{N_{A_1}^0}{N_{A_2}^0}}\approx\frac{\dfrac{(1-\phi)K_L k_a \dfrac{N_{A_1}^0(g)}{N_{A_1}^0}e^{-K^*t}}{K_{V\text{-}V}e^{-K^*t}+K_{V\text{-}M}+K_L+k_a}+\phi K_T\exp(-K^*t)}{\dfrac{(1-\phi)K_L k_b \dfrac{N_{A_2}^0(g)}{N_{A_2}^0}e^{-K^*t}}{K_{V\text{-}V}e^{-K^*t}+K_{V\text{-}M}+K_L+k_b}+\phi K_T\exp(-K^*t)} \tag{1.7.37}$$

式中，当$V=V_{in}$时，$K^*=K_{L_T}=K_L+K_T$；当$V>V_{in}$时，$K^*=K_{L_\tau}=1/\tau$，τ为局部光照下测得的反应池内的反应时间。

在第 8 章和第 11 章用近似方法依据测得的局部光照下的反应的τ^{-1}（或记为τ_L^{-1}）、V_{in}/V和K_T可将K_L计算出。为方便，常设光照能覆盖反应池内部空间，取在k_a、k_b不为 0 时$K^*=K_L+K_T$，ϕ越小则式中K^*越准确。式中，$k_a={}^{235}\sigma_{CO}I_{CO}/h\nu_{CO}$，$k_b={}^{238}\sigma_{CO}I_{CO}/h\nu_{CO}$，${}^{235}\sigma_{CO}$、${}^{238}\sigma_{CO}$分别为$^{235}UF_6$、$^{238}UF_6$对 CO 激光的吸收截面，CO 激光的波数为 $1876cm^{-1}$，即$h\nu_{CO}=3.7262988\times10^{-20}J$，量纲$[K_L]=[k_L][N]=cm^3/(s\cdot cm^3)=s^{-1}$，$K_{V\text{-}V}$、$K_{V\text{-}M}$也与其相同。

由于

$$\frac{N_{A_1}^0(g)}{N_{A_1}^0}=\frac{N_{A_2}^0(g)}{N_{A_2}^0},\quad K_{L_{1T}}=K_{L_{2T}}=K_{L_T}$$

并设

$$a^*=\frac{N_{A_1}^0(g)}{N_{A_1}^0 h\nu}K_L e^{-K_{L_T}t},\ b^*=K_{V\text{-}V}e^{-K_{L_T}t}+K_{V\text{-}M}+K_L,\ c^*=K_T\exp[-K_{L_T}t]$$

则式（1.7.37）变成

$$\beta_1(t)=\frac{\dfrac{a^{*\,235}\sigma I}{b^*+\dfrac{^{235}\sigma I}{h\nu}}+c^*}{\dfrac{a^{*\,238}\sigma I}{b^*+\dfrac{^{238}\sigma I}{h\nu}}+c^*} \tag{1.7.38}$$

由式（1.7.38）中$d\beta_1(t)/dI=0$，可得β为极值时的光强I为

$$I_{CO}=b^*\sqrt{\frac{c^* h\nu_{CO}}{\left(a^*+\dfrac{c^*}{h\nu_{CO}}\right)^{235}\sigma_{CO}\,^{238}\sigma_{CO}}} \tag{1.7.39}$$

利用式（1.7.37）及有关数据，计算得到的浓缩系数值列于表 1.7.5 中。表 1.7.5 中I_{CO}、$K_{V\text{-}V}$、$K_{V\text{-}M}$是假设的，反应速率常数主要参考了以 HCl 为反应剂的实验整理数据，截面和粒子布居概率可参见第 10 章。浓缩系数β_1的计算结果表明在条件优化后可以达到 2，这意味着经两个单元的激光光化学反应可以达到核反应堆所需^{235}U的 3%的浓度。如

果采用 CO_2 和 CO 双红外激光激发[64]，则浓缩系数可能达到 4，这意味着经一个单元的光化学反应即可达 3%浓度的 ^{235}U 含量。

表 1.7.5　$V_{in}=V$ 时浓缩系数 β_1 的计算值

$\frac{N^0_{A_1}(g)}{N^0_{A_1}}$, $\frac{N^0_{A_2}(g)}{N^0_{A_2}}$	T/K	I_{CO}/(W/cm^2)	$^{235}\sigma$/($\times10^{-22}$cm^2)	$^{238}\sigma$/($\times10^{-22}$cm^2)	K_T/s^{-1}	K_L/s^{-1}	$K_{V\text{-}V}$/s^{-1}	$K_{V\text{-}M}$/s^{-1}	$\beta_1(t=1s)$	$\beta_1(t=5s)$
0.04	200	100	4	1	0.015	0.12	0.06	0.015	1.268	1.245
0.04	200	200	4	1	0.015	0.12	0.06	0.015	1.157	1.142
0.04	200	50	4	1	0.015	0.12	0.06	0.015	1.401	1.377
0.04	200	20	4	1	0.015	0.12	0.06	0.015	1.507	1.503

注：当采用 CO_2 激光和 CO 激光同时激发时，浓缩系数 β_1 可达到 4。

4. *价值函数和分离功率*

价值函数 $V(c)$ 和分离功率 δU 是同位素分离中两个重要的物理量，前者是同位素丰度 c 的函数，后者是一定量的待分离物质经过一个分离单元后内能变化的量度，后者也称分离本领。单位时间内一定量待分离物质经过一个分离单元之后的总价值增量等于在单位时间内对此物质所做的“功”，即分离单元的分离功率，对双组分混合物可表示为

$$\delta U = PV(c_P) + WV(c_W) - FV(c_F) \tag{1.7.40}$$

式中，价值函数 $V(c)$ 一般为负值［参见式（1.7.52a）］，因此第三项为正，第一、二项为负。式中精料量 P 的同位素分子丰度 $c_P(A_1)$ 越高，越有利于提高 δU，但是贫料量 W 的丰度 $c_W(A_1)$ 越低，效果才越好，因此第一、二、三项应综合在一起考虑而由式（1.7.53）或式（1.7.54）来计算 δU。

当进料流量为 F，经过一分离单元，产生精料流和贫料流，设分流系数为 θ，则精料流量可表示为 θF，贫料流量为 $(1-\theta)F$，并且有下述物料平衡关系

$$\theta F + (1-\theta)F = F \tag{1.7.41}$$

$$\theta c_P + (1-\theta)c_W = c_F \tag{1.7.42}$$

则分离单元的分离功率表达式为

$$\delta U = \theta FV(c_P) + (1-\theta)FV(c_W) - FV(c_F) \tag{1.7.43}$$

在弱浓缩情况下，价值函数 $V(c_P)$ 和 $V(c_W)$ 可以在 c_F 附近展开成泰勒级数，并忽略三次项及更高次项，则有

$$V(c_P) \approx V(c_F) + V'(c_F)(c_P - c_F) + \frac{1}{2}V''(c_F)(c_P - c_F)^2 \tag{1.7.44}$$

$$V(c_W) \approx V(c_F) + V'(c_F)(c_W - c_F) + \frac{1}{2}V''(c_F)(c_W - c_F)^2 \tag{1.7.45}$$

将式（1.7.42）代入式（1.7.44）和式（1.7.45），将式（1.7.44）和式（1.7.45）代入式（1.7.43），则得

$$\delta U = FV''(c_F)\left[\frac{1}{2}\theta(c_P - c_F)^2 + \frac{1}{2}(1-\theta)(c_W - c_F)^2\right] \tag{1.7.46}$$

由式（1.7.42）可知

$$\theta = \frac{c_F - c_W}{c_P - c_W} \tag{1.7.47}$$

$$1-\theta = \frac{c_P - c_F}{c_P - c_W} \tag{1.7.48}$$

利用式（1.7.47）、式（1.7.48）可将式（1.7.46）化为

$$\delta U \approx \frac{F}{2}\theta(1-\theta)(c_P - c_W)^2 V''(c_F) \tag{1.7.49}$$

经过进一步简化（并做一定近似），可将式（1.7.49）化为

$$\delta U \approx \frac{F}{2}\theta(1-\theta)g^2[c_F(1-c_F)]^2 \frac{\mathrm{d}^2 V(c_F)}{\mathrm{d}c_F^2} \tag{1.7.50}$$

式中，$g=(R'-R'')/R''$，$R=\dfrac{c_F}{1-c_F}$，$R'=\dfrac{c_P}{1-c_P}$，$R''=\dfrac{c_W}{1-c_W}$，R、R'、R'' 分别为进料、精料、贫料的相对丰度。

可以看出，式（1.7.50）中含有丰度 c_F，但一个单元的分离功率或分离本领与混合物的同位素组分无关[65, 66]，因此式（1.7.50）中混合物组分项最终应不出现（该项应为 1），即

$$\frac{\mathrm{d}^2 V(c)}{\mathrm{d}c^2} = \frac{1}{[c(1-c)]^2} \tag{1.7.51}$$

式（1.7.51）的解为

$$V(c) = (1-2c)\ln\frac{c}{1-c} \tag{1.7.52a}$$

式（1.7.52a）是在弱浓缩情况下及分离功率与混合物的同位素组分无关的条件下的解。经过修正，式（1.7.52a）修正为[2]

$$V(c) = (1-2c)\ln\frac{1-c}{c} = (2c-1)\ln\frac{c}{1-c} \tag{1.7.52b}$$

将式（1.7.52b）代入式（1.7.43），于是分离功率为[41]

$$\begin{aligned}\delta U &\approx F\left[\theta(2c_P-1)\ln\frac{c_P}{1-c_P} + (1-\theta)(2c_W-1)\ln\frac{c_W}{1-c_W} - (2c_F-1)\ln\frac{c_F}{1-c_F}\right] \\ &= F\left[\frac{(\alpha-\beta_1)\ln\beta_1 - (\beta_1-1)\ln\beta_2}{\alpha-1}c_F + \frac{(\alpha-\beta_2)\ln\beta_2 - (\beta_2-1)\ln\beta_1}{\alpha-1}(1-c_F)\right]\end{aligned} \tag{1.7.53}$$

当 $c_F \ll 1$ 时，式（1.7.53）化为

$$\delta U = F\left(\frac{\alpha-\beta_2}{\alpha-1}\ln\beta_2 - \frac{\beta_2-1}{\alpha-1}\ln\beta_1\right) \tag{1.7.54}$$

由于 $\theta F = P$，式（1.7.54）也可表示为

$$\delta U = P\frac{1}{\theta}\left(\frac{\alpha-\beta_2}{\alpha-1}\ln\beta_2 - \frac{\beta_2-1}{\alpha-1}\ln\beta_1\right) \tag{1.7.55}$$

分离功率的定义式、式（1.7.54）、式（1.7.55）均表明分离功率具有质量流量量纲，即 mol/s 或者 kg/s。

用单位供料量的分离功表示，并以 $\beta_1\beta_2$ 代替 α，则由式（1.7.54）得

$$\frac{\delta U}{F}=\frac{\beta_2(\beta_1-1)\ln\beta_2-(\beta_2-1)\ln\beta_1}{\beta_1\beta_2-1} \tag{1.7.56}$$

式中，$\delta U/F$ 为单位供料量分离功，采用供料量单位为千克，于是 $\delta U/F$ 为每千克供料量分离功，即在铀同位素分离中 $\delta U/F$ 为每千克铀供料量分离功。若用 SWU 作为铀同位素分离功单位，即式（1.7.56）左侧用 $\mathrm{SWU}/\mathrm{kg}F$ 表示（此值大为好），则我们在式右得到的是一千克铀供料的分离功（1kgSWU 或 SWU）的表示式。

由 F、P、W、θ 的关系和式（1.7.55），也可定义每千克产品分离功 $\delta U/P$：

$$\frac{\delta U}{P}=\left(1+\frac{W}{P}\right)\frac{\beta_2(\beta_1-1)\ln\beta_2-(\beta_2-1)\ln\beta_1}{\beta_1\beta_2-1} \tag{1.7.57}$$

之所以确定每千克产品分离功，考虑到的是在实际使用时，必须规定用什么作为铀同位素分离功单位（SWU）。在铀同位素的浓缩中，分离功通常取的是产品的数量，这个数量用质量单位 kg 来度量。这时分离功也采用同样的单位。一千克分离功单位，即 1kgSWU 或 SWU。值得注意的是，不能与从工厂取出的浓缩铀的重量相混淆，因为分离功单位是当工厂供入 F kg 丰度为 c_F 的混合物，产生丰度为 c_P 的 1kg 产品及丰度为 c_W 的 W kg 贫料时所需的分离功的度量。分离功率（分离本领）用一年完成的分离功来度量（SWU/a）。1000kg 分离功 = 1t 分离功，即 1000kgSWU = 1tSWU。1978 年，美国投资 50 亿美元开始建设有 25000 台离心机、总生产能力为 12000tSWU/a 的工厂[2]。

对于激光分离同位素，我们再回到每千克供料量分离功，由式（1.7.56）计算，部分计算结果列于表 1.7.6 中。

表 1.7.6　有关分离功的计算结果

β_2	β_1	$\frac{\mathrm{SWU}}{\mathrm{kg}F}$	β_2	β_1	$\frac{\mathrm{SWU}}{\mathrm{kg}F}$
2	1.1	0.036	3	3	0.549
2	1.5	0.143	3	4	0.646
2	2	0.231	4	4	0.831
2	3	0.334	5	4	0.978
2	4	0.396	6	4	1.10
3	2	0.381			

表 1.7.6 中 $\beta_1\approx\beta_2\approx4$ 时每千克供料量分离功与式（1.7.53）在 $c_F=0.0072$、$c_P=0.03$ 和 $c_W=0.002$ 时的结果一致，这表明要获得 ^{235}U 约 3%的浓度，分离单元的浓缩系数 β_1 和贫化系数 β_2 均应≥4。这也表明供入 ^{235}U 丰度为 0.7%的 1kg 铀（为方便，只计 UF_6 中 U 的含量），经过一个单元的分离得到 ^{235}U 丰度为 3%的产品铀 0.1785kg，得到 ^{235}U 丰度为 0.2%的贫料铀 0.8215kg。此时，每千克进料的分离功近似为 1。

由式（1.7.57）也可得每千克产品的分离功 $\delta U/P$。依据上面计算值换算可得，供入5.6022kg ^{235}U 丰度为 0.7%的铀，得到 ^{235}U 丰度为 3%的铀产品为 1kg，得到 ^{235}U 丰度为0.2%的贫料铀 4.6022kg，即得 1kg 产品需要 5.6002kg 进料。由式（1.7.57）得到 $\delta U/P$ 近似为 5.6。于是，结合这里的计算，一千克分离功单位（1kgSWU 或者 SWU）的分离功相当于从 5.6002kg 丰度为 0.7%的天然铀原料中得到 1kg 铀，其 ^{235}U 的丰度为 3%，而其贫料中 ^{235}U 的丰度为 0.2%。分离功率（分离本领）用一年内完成的分离功来度量（SWU/a）。

设一座发电能力为 1300MW 的核电厂每年要用 37t ^{235}U 浓度为 3%的铀。天然铀中 ^{235}U 和 ^{238}U 的浓度分别为 0.7%和 99.3%，相对丰度为 0.7/99.3。如果贫化材料中 ^{235}U 的含量为 0.2%，则该核电厂每年需 200t 天然铀。分离系数是判定某一分离法经济性的重要参数。下面表示分离单元特性的基本概念，并以轻水反应堆燃料供给系统的进料量为示例做出说明。

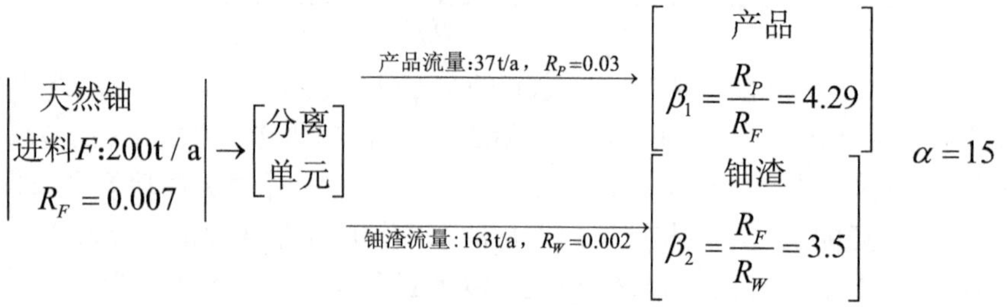

可以看出，β_1、β_2 和 α 分别与式（1.7.5）、式（1.7.6）、式（1.7.11）一致。依据式（1.7.54）和例中数据，注意式中 $F = 200\text{t}/\text{a}$，得分离功率：

$$\delta U = \frac{\text{铀分离功}}{\text{年份}} = 154000\text{kgSWU}/\text{a}$$

单位进料分离功为
$$\frac{\delta U}{F} = 0.77$$

我们看到，式中的 δU 和 F 都是很大的，但分别用 kgSWU 和 kg 得到的就是每千克进料分离功，其值也是 0.77。

如果贫料中 ^{235}U 的含量不能降到 0.2%，而为 0.3%，为得到每年要用的 37t ^{235}U 浓度为 3%的铀，则年供料量为 Ft，则

$$0.03 \times \frac{37}{\text{a}} + 0.003 \times \left(F - \frac{37}{\text{a}}\right) = 0.007F$$

得
$$F = 250\text{t/a}$$

并有
$$R_F = \frac{0.007}{0.993} = 0.0070,\ R_P = \frac{0.03}{0.97} = 0.0309,\ R_W = \frac{0.003}{0.993} = 0.0030$$

故有
$$\beta_1 = 4.41,\ \beta_2 = 2.33,\ \alpha = 10.29$$

故依式（1.7.54），得分离功率为

$$\delta U = 250000 \times 0.323 = 80750\text{kgSWU/a}$$

单位进料分离功为

$$\frac{\delta U}{F} = 0.323$$

由这两个方案的计算表明，由式（1.7.54）所确定的分离功率随 c_W 的变化是很显著的，c_W 越高，则系统的分离功率就越低，对分离功率随 c_P 的变化也可做出分析，c_P 越高，则系统的分离功率就越高。

5. 激光分离成本分析

分离方法是否被采用，主要是由效果和成本决定的。当分离方法能够达到核反应堆所需浓度标准时，则成本越低越可能被采用。成本是指单位分离功率的成本。单位分离功率的总成本包括分离器系统的成本和激光器系统的成本。设单位分离功率的总成本为 Σ，分离器系统成本为 Σ_{S}，激光器系统成本为 Σ_{L}，则可知单位分离功率的成本为

$$\frac{\Sigma}{\delta U}=\frac{\Sigma_{\mathrm{S}}}{\delta U}+\frac{\Sigma_{\mathrm{L}}}{\delta U} \tag{1.7.58}$$

式（1.7.58）可以写成

$$\frac{\Sigma}{\delta U}=\frac{\dfrac{\Sigma_{\mathrm{S}}}{F}}{\dfrac{\delta U}{F}}+\frac{\dfrac{\Sigma_{\mathrm{L}}}{F}}{\dfrac{\delta U}{F}}=\frac{\dfrac{\Sigma_{\mathrm{S}}}{F}}{\dfrac{\delta U}{F}}+\frac{\dfrac{\Sigma_{\mathrm{L}}}{\mathrm{MJ}}\left(\dfrac{\mathrm{MJ}}{F}\right)}{\dfrac{\delta U}{F}} \tag{1.7.59}$$

式中，$\Sigma_{\mathrm{L}}/\mathrm{MJ}$ 为激光器系统的兆焦耳成本。

1）激光器系统单位供料量的成本

可调谐 CO 激光器的效率为 5%～10%，一台 5W 输出的 CO 激光器的成本约 3 万美元，6 年维修维护等费用约 6 万美元，激光器被用于腔内光化学反应时，在用电参数大体不变的条件下，腔内单向功率可大于 20W，因此可认为激光器有大于 20%的效率。不过，在腔内放置光化学反应室后，损耗可使功率下降，但反应室内光化学反应使用的是腔内双向功率之和，实验表明 5W CO 激光器腔内双向可用功率之和可大于 20W。设激光器每天工作 8h，寿命为 6 年，每年近似按 360 天计，则总耗电量为 $(20\mathrm{W}/0.2)\times 17280\mathrm{h}=1728\mathrm{kW\cdot h}=6220.8\mathrm{MJ}$，电价为 0.1美元$/(\mathrm{kW\cdot h})$，总电费为 172.8 美元，加上激光器的成本、维修维护费共计 90172.8 美元，总输出激光能量为 0.2×6220.8MJ = 1244.16MJ，则 CO 激光的每兆焦耳总费用为 90172.8 美元/ 1244.16MJ = 72 美元/MJ。CO_2 激光器成本和消耗费用都很低。UF_6 分子 $3\nu_3$ 能级激发所用 CO 激光光子能量为 $3.7262988\times 10^{-20}\mathrm{J}$，或用 CO_2 激光和 CO 激光供 $4\nu_3+\nu_4+\nu_6$ 能级激发，激发能为 $5.6093112\times 10^{-20}\mathrm{J}$。选择性激发 1kg 供料量（这里只计铀）所需激光能为

$$\left(\frac{\mathrm{MJ}}{\mathrm{kg}F}\right)=\frac{1}{\eta_{\mathrm{c}}\varepsilon_1}h\nu_{\mathrm{L}}\frac{1\mathrm{kg}}{238\mathrm{g}}\times 6.02\times 10^{23}\times\left(0.0072+\frac{0.9928}{\mathrm{s}}\right)\times 10^{-6}\frac{\mathrm{MJ}}{\mathrm{kg}F}$$
$$=\begin{cases}\dfrac{0.158\mathrm{MJ}}{\mathrm{kg}F}(h\nu_{\mathrm{CO}},S=2)\\[2ex]\dfrac{0.120\mathrm{MJ}}{\mathrm{kg}F}(h\nu_{\mathrm{CO}}+h\nu_{\mathrm{CO_2}},S=4)\end{cases} \tag{1.7.60}$$

式中，0.0072 和 0.9928 分别为铀-235 和铀-238 的丰度；η_{c} 为激光光化学反应量子效率，取 0.5；ε_1 为激光利用率，腔内进行光化学反应时会出现散射、杂质吸收和腔外输出等的

损耗，总的来说利用率较高，因此取 $\varepsilon_1 = 0.6$；S 为选择性系数。故每千克供料量的激光器系统的成本为

$$\frac{\Sigma_{\mathrm{L}}}{\mathrm{kg}F} = \frac{72\text{美元}}{\mathrm{MJ}} \frac{0.158\mathrm{MJ}}{\mathrm{kg}F} = \frac{11.4\text{美元}}{\mathrm{kg}F} \tag{1.7.61}$$

或者

$$\frac{\Sigma_{\mathrm{L}}}{\mathrm{kg}F} = \frac{72\text{美元}}{\mathrm{MJ}} \frac{0.120\mathrm{MJ}}{\mathrm{kg}F} = \frac{8.7\text{美元}}{\mathrm{kg}F} \tag{1.7.62}$$

2）分离器系统单位供料量的成本

分离器系统包括两个部分：$^{235}UF_6$ 分子气体产生和供给部分，光化学反应室及产物收集。早期由精制的 U_2O_3 转换成 UF_6 的费用为每千克铀约 3 美元[66]，现在则约 60 美元，气体供给部分并不复杂，因此产生和供给部分的估计成本为每千克 65 美元。光化学反应室及产物收集部分估计成本为每千克 5 美元。即有

$$\frac{\Sigma_{\mathrm{S}}}{\mathrm{kg}F} = \frac{70\text{美元}}{\mathrm{kg}F} \tag{1.7.63}$$

3）总成本

每千克供料量分离功的总成本约为

$$\frac{\Sigma}{\mathrm{kg}F} = \frac{80\text{美元}}{\mathrm{kg}F} \tag{1.7.64}$$

可能这个 1kg 供料量分离功的成本（千克分离功成本，1kgSWU 成本）比实际的会低得多。如果要对一些方法的能耗进行比较，下面的数据有一定参考价值。UF_6 分子的活化能对应于 $2000\mathrm{cm}^{-1}$ 代表的激光能量，UF_6 分子的激发与离解需要 $35000\mathrm{cm}^{-1}$ 代表的激光能量，原子蒸气法同位素分离需要 $50000\mathrm{cm}^{-1}$ 代表的激光能量。但是，一种方法是否行得通，要受到多个环节的限制。

参 考 文 献

[1] 肖啸菴. 同位素分离[M]. 北京：原子能出版社，1999.

[2] 巴朗诺夫. 同位素[M]. 王立军，等译. 北京：清华大学出版社，2004.

[3] 宋文忠，古端. 六氟化铀低温红外光谱[J]. 核化学与放射化学，1990，12（3）：175-179.

[4] Hildenbrand D L，Lau K H. Cheminform abstract：redetermination of the thermochemistry of gaseous UF_5，UF_2，and UF[J]. Journal of Chemical Physics，1991，94（2）：1420-1425.

[5] Compton R N. On the formation of positive and negative ions in gaseous UF_6[J]. Journal of Chemical Physics，1977，66（10）：4478-4485.

[6] Hay P J，Wadt W R，Kahn L R，et al. *Ab initio* studies of the electronic structrue of UF_6，UF_6^+，and UF_6^- using relativistic effective core potentials[J]. Journal of Chemical Physics，1979，71（4）：1767-1779.

[7] Hay P J，Martin R L. Theoretical studies of the structures and vibrational frequencies of actinide compounds using relativistic effective core potentials with Hartree-Fock and density functional methods：UF_6，NPF_6，and PuF_6[J]. Journal of Chemical Physics，1998，109（10）：3875-3881.

[8] Xiao H，Li J. Benchmark calculations on the atomization enthalpy，geometry and vibrational frequencies of UF_6 with relativistic DFT methods[J].Chinese Journal of Structural Chemistry，2008，27（8）：967-974.

[9] Hu S W，Wang X Y，Chu W W，et al. Theoretical mechanism study of UF_6 hydrolysis in the gas phase（Ⅱ）[J]. Journal of

Chemical Physics A，2009，113（32）：9243-9248.

[10] Privalov T，Schimmelpfennig B，Wahlgren U，et al. Structure and thermodynamics of uranium（Ⅵ）complexes in the gas phase：a comparison of experimental and *ab initio* data[J]. Journal of Chemical Physics A，2010，106（46）：11277-11282.

[11] Han Y K，Hirao K. Density functional studies of UO_2^{2+} and AnF_6（An = U，Np，and Pu）using scalar-relativistic effective core potentials[J]. Journal of Chemical Physics，2000，113（17）：7345-7350.

[12] García-Hernández M，Lauterbach C，Krüger S，et al. Comparative study of relativistic density functional methods applied to actinide species AcO_2^{2+} and AcF_6 for Ac = U，Np. [J]. Journal of Computational Chemistry，2002，23（8）：834-846.

[13] Kovacs A，Konings R J M. Theoretical study of UX_6 and UO_2X_2（X = F，Cl，Br，I）[J]. Journal of Molecular Structure：Theochem，2004，684（1）：35-42.

[14] Batista E R，Martin R L，Hay P J，et al. Density functional investigations of the properties and thermochemistry of UF_6 and UF_5 using valence-electron and all-electron approaches[J]. Journal of Chemical Physics，2004，121（5）：2144-2150.

[15] Katz J J，Seaborg G T，Morss T R. The Chemistry of the Actinide Elements[M]. London：Chapman and Hall，1986.

[16] Girichev G V，Petrov V M，Giricheva N I，et al. An electron diffraction study of the structure of the uranium tetrafluoride molecule[J]. Journal of Structural Chemistry，1983，24（1）：61-65.

[17] Hildenbrand D L，Lau K H，Brittain R D. The entropies and probable symmetries of the gaseous thorium and uranium tetrahalides[J]. Journal of Chemical Physics，1991，94（12）：8270-8275.

[18] Konings R J M，Booij A S，Kovács A，et al. The infrared spectrum and molecular structure of gaseous UF_4[J]. Journal of Molecular Structure：Theochem，1996，378（2）：121-131.

[19] Dyke J M，Fayad N K，Morris A，et al. A study of the electronic structure of the actinide tetrahalides UF_4，ThF_4，UCl_4 and $ThCl_4$ using vacuum ultraviolet photoelectron spectroscopy and SCF-Xα scattered wave calculations[J]. Journal of Chemical Physics，1980，72（6）：3822-3827.

[20] Boerrigter P M，Snijders J G，Dyke J M. A reassignment of the gas-phase photoelectron spectra of the actinide tetrahalides UF_4，UCl_4，ThF_4 and $ThCl_4$ by relativistic Hartree-Fock-slater calculations[J]. Journal Electron Spectroscopy and Related Phenomena，1988，46（1）：43-53.

[21] Kunze K L，Hauge R H，Hamill D，et al. Infrared matrix study of reactions of UF_4 with fluorine[J]. Journal of Chemical Physics，1976，65（5）：2026-2027.

[22] Kunze K L，Hauge R H，Hamill D，et al. Studies of matrix isolated uranium tetrafluoride and its interactions with frozen gases[J]. Journal of Chemical Physics，1977，81（17）：1664-1667.

[23] Haaland A，Martinsen K J，Konings R J M. The gas electron diffraction data recorded for UCl_4 cannot be ascribed to the chloride oxide $UOCl_4$[J]. Journal of the Chemical Society，Dalton Transactions，1997，16（14）：2473-2474.

[24] 徐积仁. 激光分离同位素的进展[J]. 物理，1979，8（2）：97-102.

[25] 穆尔. 激光光化学与同位素分离[M]. 杨福明，周志宏，张先业，等译. 北京：原子能出版社，1988.

[26] 王连仲. 激光在化学领域中的应用（一）[J]. 河北化工，1980，（2）：75-83.

[27] 韩克利，孙本繁. 势能面与分子碰撞理论[M]. 长春：吉林大学出版社，2009.

[28] Eerkens J W. Reaction chemistry of the UF_6 lisosep process[J]. Optics Communications，1976，18（1）：32-33.

[29] Catalano E，Barletta R E. Infrared laser single photon absorption reaction chemistry in the solid state. Ⅰ. The system SiH_4-UF_6[J]. Journal of Chemical Physics，1979，70（7）：3291-3299.

[30] Jones L H，Ekberg S A. Photoinduced reaction of UF_6 with SiH_4 in a low temperature SiH_4 matrix[J]. Journal of Chemical Physics，1979，71（11）：4764-4765.

[31] Lyman J L，Laguna G J. Reactions of methyl and ethyl radicals with uranium hexafluoride[J]. Journal of Chemical Physics，1985，82（1）：183-187.

[32] 张健，吴念乐，赵钧，等. CO 激光激活化学反应分离铀同位素[J]. 激光技术，1996，20（2）：88-91.

[33] 徐葆裕，胡建勋，郑成法. 六氟化铀与卤化氢气体的反应动力学研究[J]. 化学学报，1997，55：979-982.

[34] 施义晋，刘慰仁，张士琛. 阈能反应分子法激光分离铀同位素[J]. 原子能科学技术，1999，33：397-403.

[35] Eerkens J W. Spectral considerations in the laser isotope separation of uranium hexafluoride[J]. Applied Physics，1976，10（1）：15-31.

[36] Eerkens J W. International Uranium Enrichment Conference Report[R]. Monterrey，1989：8.

[37] 林钧岫，于清旭. 一氧化碳分子激光器[M]. 大连：大连理工大学出版社，1998.

[38] 胡宗超. 激光分离同位素的发展及现状[J]. 自然杂志，1990，13（3）：140-144.

[39] Billings B H，Hitchcock W J，Zelikoff M. The photochemical separation of isotopes[J]. Journal of Chemical Physics，1953，21（10）：1762-1766.

[40] 吕百达，匡一中. 激光分离同位素[J]. 激光杂志，1986，7（5）：284-290.

[41] 王德武. 激光分离同位素理论及应用[M]. 北京：原子能出版社，1999.

[42] 陈达明. 激光分离同位素[M]. 北京：原子能出版社，1985.

[43] 四川大学激光物理、化学研究室. 激光分离硼、硫同位素[J]. 四川大学学报（自然科学版），1978，(2-3)：55-61.

[44] Lyman J L，Jansen R J. Laser driven chemical reactions of dinitrogen tetrafluoride with hydrogen and sulfur hexafluoride with hydrogen[J]. Journal of Physical Chemistry，1973，77（7）：883-888.

[45] Ambartzumian R V，Chekalin N V，Doljikov V S，et al. The visible luminescence kinetics of BCl_3 in the field of a high-power CO_2 laser[J]. Chemical Physics Letters，1974，25（4）：515-518.

[46] Aldridge J P，Brock E G，Filip H，et al. Measurement and analysis of the infrared-active stretching fundamental（ν_3）of UF_6[J]. Journal of Chemical Physics，1985，83（1）：34-48.

[47] 章若冰，王清月. 激光物理导论[M]. 天津：天津大学出版社，1988.

[48] Girard A. The effects of the insertion of a CW，low-pressure CO_2 laser into a TEA CO_2 laser cavity[J]. Optics Communications，1974，11（4）：346-351.

[49] Letokhov V S. Nonlinear Laser Chemistry[M]. Berlin：Springer-Verlag，1983.

[50] 潘道皑，赵成大，郑载兴. 物质结构[M]. 北京：高等教育出版社，1989.

[51] 徐亦庄. 分子光谱理论[M]. 北京：清华大学出版社，1988.

[52] 加特金娜. 分子轨道理论基础[M]. 朱龙根，译. 北京：人民教育出版社，1978.

[53] 肖慎修，孙泽民，刘洪霖，等. 量子化学中的离散变分 Xα 方法及计算程序[M]. 成都：四川大学出版社，1986.

[54] Wei F，Wu G S，Eugen Schwarz W H，et al. Excited states and absorption spectra of UF_6，A RASPT2 theoretical study with spin-orbit coupling[J]. Journal of Chemical Theory and Computation，2011，7（10）：3223-3231.

[55] Andersson K，Malmqvist P A，Roos B O，et al. Second-order perturbation theory with a CASSCF reference function[J]. Journal of Physical Chemistry，1990，94（14）：5483-5488.

[56] Andersson K，Malmquist P A，Roos B O. Second-order perturbation theory with a complete active space self-consistent field reference function[J]. Journal of Chemical Physics，1992，96：1218-1226.

[57] Vallet V，Macak P，Wahlgren U，et al. Actinide chemistry in solution，quantum chemical methods and models. Ⅰ[J]. Theoretical Chemistry Accounts，2006，115：145-160.

[58] Xiao H，Li J. Benchmark calculations on the atomization enthalpy，geometry and vibrational frequencies of UF_6 with relativistic DFT methods[J]. Chinese Journal of Structural Chemistry，2008，27（8）：967-974.

[59] Hay P J. *Ab initio* studies of excited states of polyatomic molecules including spin-orbit and multiplet effects：the electronic states of UF_6[J]. Journal of Chemical Physics，1983，79（11）：5469-5482.

[60] Xiao H，Hu H S，Schwarz W H E，et al. Theoretical investigations of geometry，electronic structure and stability of UO_6：octahedral uranium hexoxide and its isomers[J]. Journal of Physical Chemistry A，2010，114（33）：8837-8844.

[61] Cartwright D C，Trajmar S，Chutjian A，et al. Cross sections for electron impact excitation of electronic states in UF_6 at incident electron energies of 10，20，and 40eV[J]. Journal of Chemical Physics，1983，79（11）：5483-5493.

[62] 施义晋. 束流四维横向相空间密度函数的测量原理[J]. 强激光与粒子束，2000，12（2）：231-234.

[63] （a）Xu B Y，Liu Y，Dong W B，et al. Study of the CO laser-catalyzed photochemical reaction of UF_6 with HCl and its isotopic selectivity[J]. Chinese Journal of Lasers，1992，1（1）：57-60；（b）Xu B Y. International Uranium Enrichment Conference

Report[C]. Monterrey，1989.

[64] Li Y D，Zhang Y G，Kuang Y Z，et al. Study of uranium isotope separation using CO_2 laser and CO laser[J]. Optics Communications，2010，283：2575-2579.

[65] 维拉尼. 同位素分离[M]. 陈聿恕，过松如，瑞世庄，等译. 北京：原子能出版社，1983.

[66] 威廉尼. 铀浓缩[M]. 段存华，过松如，李正千，等译. 北京：原子能出版社，1986.

[67] 李育德. 低振动能态激发激光化学法浓缩铀同位素[C]. 反应堆燃料及材料重点实验室 2013 年学术交流会摘要文集，2013：14.

第2章　分子法激光分离同位素

2.1　分子法激光分离铀同位素的光谱依据和相关原理

分子法激光分离同位素的文献主要由巴朗诺夫、穆尔、Letokhov 总结[1,2]。较早的谱图仍可作为分析分子法分离同位素的基础。图 2.1.1 是室温下 $^{238}UF_6$ 的 ν_3（单位：cm^{-1}）带光谱和它的 PQR 结构[2]，在 $^{238}UF_6$ 的 ν_3 带光谱图下边是 $^{235}UF_6$ 的光谱。在宽带谱中包含许多独立跃迁，这些独立跃迁包括从基态到 ν_3 能级跃迁的 PQR 结构，也包括从具有与基态粒子数密度相近或更高粒子数密度的能级 $\nu_i(i=4,5,6)$ 的振转跃迁[3] $\nu_i \to \nu_i + \nu_3$，但在多普勒线宽内重叠而成为如图 2.1.1 所示的带宽为 20～30cm^{-1} 的一个近于平滑的轮廓。而又由于在 ν_3 带，$^{238}UF_6$ 与 $^{235}UF_6$ 之间的同位素位移仅约为[4] 0.65cm^{-1}，因此分子法在室温不会获得高选择性激发。图 2.1.2 是在温度 295K 和 230K 时测得的 $^{235}UF_6$ 和 $^{238}UF_6$ 的吸收截面随波长变化的吸收带谱图[4]，可基本看清在 ν_3 的 Q 支 $^{235}UF_6$ 和 $^{238}UF_6$ 谱线吸收位置分别约为 627.1cm^{-1} 和 626.4cm^{-1}。图 2.1.3 是膨胀冷却到 50K 时 UF_6 的吸收谱与室温下光谱对照图[2]。图 2.1.4 是膨胀冷却的 UF_6 气体光谱的细节分布，由图可知，在低温时 $^{238}UF_6$ 与 $^{235}UF_6$ 的谱线是可被清楚地分辨的，谱线的中心位置与图 2.1.2 略有差别，显现的同位素位移无明显差别，但有可能获得很高的激发选择性。我们注意到，虽然图 2.1.4 中峰 2、4、5 是 $^{238}UF_6$ 的谱线，但它们在面积上远远小于属于 $^{235}UF_6$ 的峰 3。根据 UF_6 的吸收光谱特点，可以在 ν_3 带选择振动能级 $\upsilon=0$ 至 $\upsilon=3$ 的四能级之间的连续选择性激发，再用一紫外激光光源进行第二步激发以达到光离解的结果；或选择四能级间的连续选择性激发，再用一红外强光源将受激分子进行多光子离解；或直接选用选择性激发的强激光源，在连续选择性激发基础上直接进行多光子离解，这三种情况如图 2.1.5 所示。在这三种情况下，$\upsilon=0\to\upsilon=1$，$\upsilon=1\to\upsilon=2$，$\upsilon=2\to\upsilon=3$，$\upsilon=3\to\upsilon=4$ 的激发都是共振的。前三步共振的原理已在 P—Q—R 补偿机制中表述，第四步则因 $\upsilon=4$ 位于振动能级的准连续区，只不过选择的激光频率受到 P—Q—R 补偿机制的限制，不一定都能达到理想情况。

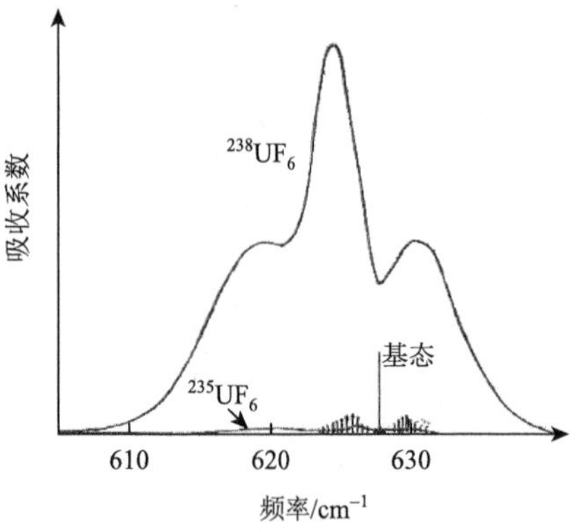

图 2.1.1　UF_6 光谱的 PQR 结构图

在多光子离解后，主要产物是 $^{235}UF_5$ 及由于选择性有限而产生的 $^{238}UF_5$，它们混在一起凝聚成微粒，形成 $(UF_5)_n$ 粉末被载气带至收集器，而与未被离解的 $^{238}UF_6$ 及残余的 $^{235}UF_6$ 气态物分开。离解产生的 F 由 H_2 清除。产物的浓缩系数、分离系数等均可依照第 1 章有关定义式求得。

使用连续可调的仲氢受激拉曼激光器，用其三个频率激光照射经超声喷流冷却（100K）的 UF_6 气体混合物，此分子法的选择性（浓缩），也即式（1.7.13）中的浓缩系数，可达到 5[1]。故该混合物粉末中 $^{235}UF_5$ 的浓度足以达到 3%，也即 ^{235}U 的浓度可达到核反应堆要求。

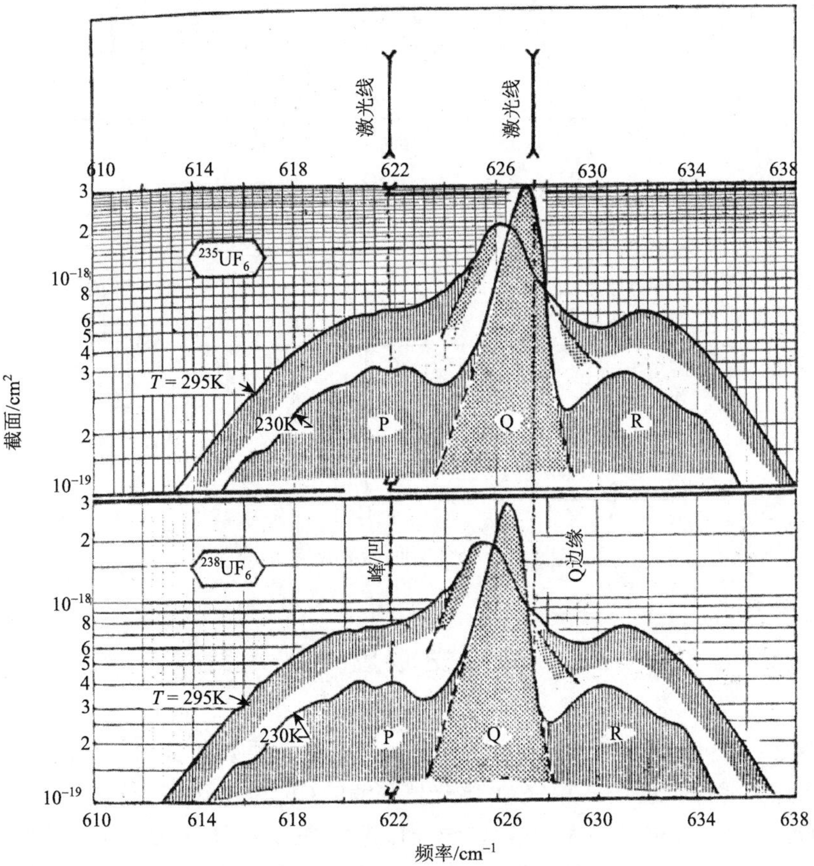

图 2.1.2　UF_6的 ν_3 模基态吸收谱

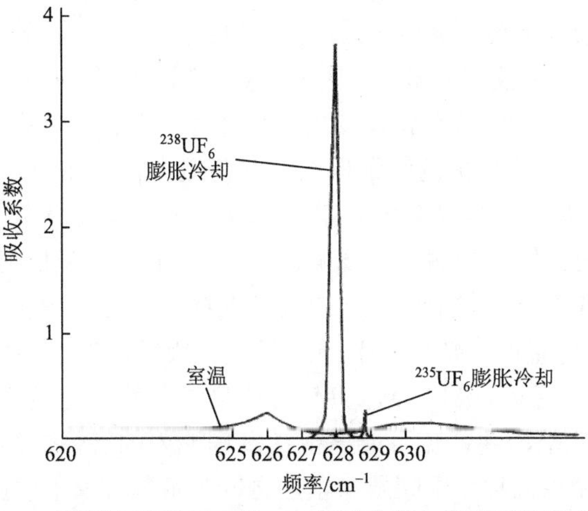

图 2.1.3　膨胀冷却到 50K 时 UF_6 的吸收谱与室温下光谱对照图

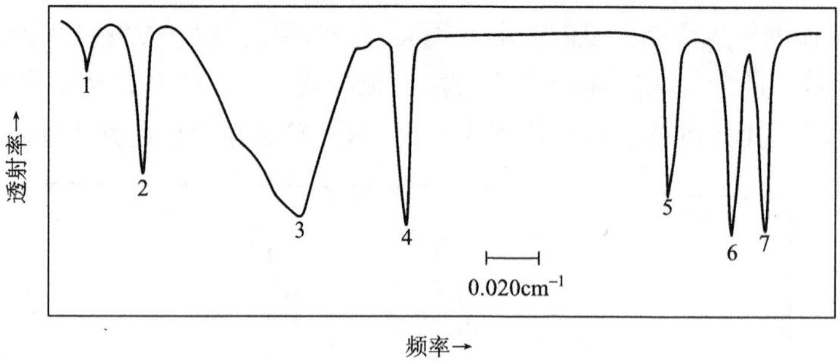

图 2.1.4　UF_6 冷流的复合光谱

2, 4, 5：$^{238}UF_6$；3：$^{235}UF_6$；1, 6, 7：参照

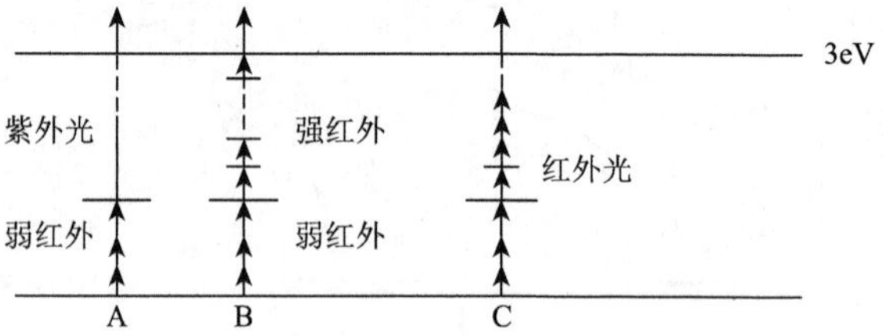

图 2.1.5　对 UF_6 的激光激发方式

2.2　仲氢受激拉曼激光器

依据图 2.1.3，UF_6 的强红外吸收位于16μm 波长处，要吸收 50 多个光子，其振动能量储备才会超过离解势能限（3eV）。CO_2 激光器泵浦的 CF_4 激光器[5]是最早用来进行 UF_6 光离解实验的激光器，其单脉冲最大能量达 250mJ，脉冲重复率为 50Hz，平均功率为 6W，但其最强线位于 $615cm^{-1}$，因此不适宜对 UF_6 的选择性激发，但可用于对受激分子进行离解。

CO_2 激光泵浦仲氢而产生的受激拉曼散射在16μm 波长附近有一个调整范围，而且这种受激拉曼激光器转换效率高，输出较强。目前为止，它仍然是分子法分离铀同位素的最合适的器件，这种转换效率较高的器件在国外已被研制[5-7]，国内也研制了这种激光器[8-10]。

仲氢受激拉曼激光器的组成可按图 2.2.1 来说明。图中，铜基底球面全反射镜 M_0 和金属基底平面闪耀光栅 G 构成振荡级谐振腔，振荡级内含约 80cm 长电极的横向脉冲放电室（TEA CO_2）和米长级连续放电 CO_2 低气压增益管（CW CO_2），于是可由光栅 G 的零级衍射获得单纵模输出。振荡级输出为线偏振光，经 M_1 平面镜反射进入位相延迟器 F，将线偏振光转变为圆偏振光。接着，经一准直扩束器（M_2 及配套元件），光束进入三级横向脉冲放电室放大，放电室可分别长1～1.2m。经放大级后，输出可达 4～6J，脉宽约 90ns。作为泵浦光的圆偏振光经 M_3、M_4、M_5、M_6 可改变进入仲氢拉曼多程池的光束模参数，以实现与多程池的模匹配，并避免可能出现在多程池内的气体击穿。多程池为三层管，外层与中间层间为真空保温层，中间层与里层之间为液氮层，里层圆筒内为约100K 温度的仲氢气体（约 $300\times133.32Pa$），多程池内管两端各置一全反射镜，镜间距 $L=3.77m$，两镜曲率半径约为镜间距的 1/2，如 2m，对10.6μm 波的反射率约为 97%。通过反射镜与内管端间的波纹管可适当调节镜间距，可改变入射光束在两镜间的往返程数 n ，如 $n=23$、25、27 等，在仲氢介质内传输的距离为 nL 。泵浦光束从入射端反射镜边缘处一入射窗进入，经过多程往返后从出射端反射镜边缘一出射窗出射。内层管内的仲氢是由含 75%的正氢（核自旋方向同向平行的两氢原子构成的 H_2 分子）和含 25%仲氢（核自旋方向反向平行的两氢原子构成的 H_2 分子）的氢气经位于数瓦制冷机（或其他冷却系统）内温度在19～20K 的含催化剂的管道后几乎全部转化为仲氢而注入多程池内管，并在约 100K 温度下保存的。氢分子的转动能态应满足分子对称性原理的要求，仲氢分子只能处于转动量子数 $J=2n$（n 为整数）的能态，而正氢分子只能处于 $J=2n+1$ 的能态。拉曼跃进的选择规则均为 $\Delta J=2$ 。仲氢和正氢的拉曼位移 $\tilde{\nu}_R$ 分别为 354.37cm^{-1} 和 587.03cm^{-1}。拉曼散射频率关系为

$$\tilde{\nu}_p=\tilde{\nu}_s+\tilde{\nu}_R \tag{2.2.1}$$

式中，$\tilde{\nu}_p$ 为泵光频率，而 $\tilde{\nu}_s$ 为我们想获得的一级斯托克斯光频率。当泵光波长约为10μm 时，我们可得到16μm 波长的斯托克斯光，而由正氢只能得到25μm 波长的斯托克斯光。利用 LiF 晶体透射剩余泵光，反射并输出 16μm 波长光波。激光器的能量转换效率和量子转换效率较高，如可达 13%、21%及更高的效率。

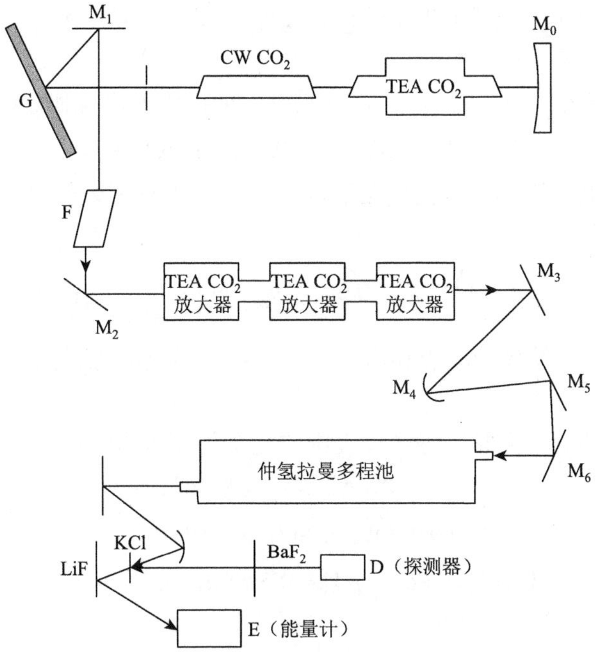

图 2.2.1　仲氢受激拉曼激光器简图

2.3　过冷 UF_6 的获取

为了理解流体的超声流动，可了解一下流体中一点受扰动后的情况。设位于某点的

扰动源相对于可压缩流体的流动是静止的，流体在该点受到的小扰动将相对于流体以声速 C 传播[11]，扰动在所有方向都以 C 传播，像扰动在静止流体中传播一样。但对于固定在扰动源的静止坐标系而言，小扰动在某个空间方向 $\boldsymbol{n}$ 上的传播速度为 $C\boldsymbol{n}$，扰动一方面相对于流体以 $C\boldsymbol{n}$ 在某个方向传播，另一方面还被气流以速度 $\boldsymbol{u}$ “携带”一道运动，各方向上扰动的传播速度就显示出差异，传播速度表示为 $\boldsymbol{u}+C\boldsymbol{n}$；对于 $|\boldsymbol{u}|<C$，流体属于亚声速流，$\boldsymbol{u}+C\boldsymbol{n}$ 随 $\boldsymbol{n}$ 而取遍空间所有方向，扰动波不仅能顺流传播，也能逆流传播；对于 $|\boldsymbol{u}|>C$，流体属于超声速流，当 $\boldsymbol{n}$ 取遍空间所有方向时，$\boldsymbol{u}+C\boldsymbol{n}$ 只能被限制在以 μ 为半顶角的圆锥内，且扰动波只在其内传播，$\sin\mu = C/u = 1/M$，圆锥面就是不同时刻波阵面的包络面，$|\boldsymbol{u}|\geqslant C$ 时扰动波只能顺流传播，不能逆流传播。

我们知道，理想流体是不可压缩的和没有黏滞性的，当它做稳定流动时，速度场不随时间改变（定常流动），如在重力场中做稳定流动。在一条细流管中，一小块流体由位置 1 运动到达位置 2，位置 1 处流体的压力为 p_1，流块截面积和长度分别为 ΔS_1 和 ΔL_1，流速为 u_1，离参考面高度为 h_1，而在位置 2 处则分别为 ΔS_2、ΔL_2、u_2、h_2，因流体不可压缩而各处的密度均为 ρ，于是从 1 到 2，小流块的动能改变、势能改变分别为 $0.5\rho(\Delta L_2\Delta S_2u_2^2-\Delta L_1\Delta S_1u_1^2)$ 和 $\rho g(\Delta L_2\Delta S_2h_2-\Delta L_1\Delta S_1h_1)$。由于流体的流动是稳定流动而空间各点的压力不随时间改变，中间段推力和阻力做功相消，故从位置 1 到位置 2 推力和阻力所做功的代数和为 $p_1\Delta S_1\Delta L_1-p_2\Delta S_2\Delta L_2$，并由此导致动能和势能的改变，故有

$$p_1V_1-p_2V_2=0.5\rho V_2u_2^2+\rho gh_2V_2-0.5\rho V_1u_1^2-\rho gh_1V_1 \tag{2.3.1}$$

式中，$V_1=\Delta S_1\Delta L_1$，$V_2=\Delta S_2\Delta L_2$。

由于流体不可压缩（$V_1=V_2$），从式（2.3.1）可得如下伯努利方程：

$$0.5\rho u_1^2+\rho gh_1+p_1=0.5\rho u_2^2+\rho gh_2+p_2 \tag{2.3.2}$$

于是流体在无黏、无热传导的定常流动中，单位质量流体的总能量沿同一条流线保持不变，即

$$0.5u_1^2+\varepsilon_1+gh_1+\frac{p_1}{\rho}+\psi_1=0.5u_2^2+\varepsilon_2+gh_2+\frac{p_2}{\rho}+\psi_2(\text{沿同一流线}) \tag{2.3.3}$$

式中，总能量不但包括流体的动能和内能（ε_1、ε_2），而且包括与压力及保守体积力有关的部分“势能”。

但是，对于内部处处无黏、绝热过程中的完全气体可压缩流，下式可以成立

$$V_1=\Delta S_1\Delta L_1\neq V_2=\Delta S_2\Delta L_2$$

于是，考虑到式（2.3.1）～式（2.3.3），可知有下式成立

$$0.5\rho V_1u_1^2+U_1+p_1V_1=0.5\rho V_2u_2^2+U_2+p_2V_2 \tag{2.3.4}$$

式中，U 为内能。

定义

$$H=U+pV=\rho V\left(\varepsilon+\frac{p}{\rho}\right) \tag{2.3.5}$$

或

$$H=U+pV=M(\varepsilon+pv) \tag{2.3.6}$$

式中，H 为焓。

定义

$$h=\varepsilon+\frac{p}{\rho} \tag{2.3.7}$$

或

$$h=\varepsilon+pv \tag{2.3.8}$$

式中，h 为比焓函数。

式（2.3.7）和式（2.3.8）为热力学关系式。在式（2.3.5）～式（2.3.8）中，若气体物质的单位为摩尔（mol），则 ε 和 p/ρ 均为每摩尔气体的量；ε 为当地单位质量流体的内能，即比内能；v 为当地单位质量流体的体积，即比体积。

热力学第一定律的微分形式为

$$\mathrm{d}U=\delta Q+\delta W \tag{2.3.9}$$

式中，δQ、δW 分别为微元变化阶段中所吸收的热量和外界所做的功。

如果过程是可逆的，则在式（2.3.9）中 $\delta W=-p\mathrm{d}V$，同时引进当地单位质量流体的比体积 v 和比内能 ε，则式（2.3.9）变为

$$\mathrm{d}\varepsilon=\delta q-p\mathrm{d}v \tag{2.3.10}$$

对等容过程 $\mathrm{d}V=0$，则 $\delta q=\mathrm{d}\varepsilon$，于是可得定容比热容

$$c_v=\lim_{\delta T\to 0}\left(\frac{\delta q}{\delta T}\right)_v=\left(\frac{\partial\varepsilon}{\partial T}\right)_v \tag{2.3.11}$$

式中，$\varepsilon=\varepsilon(T,V)$，第二等号前为定容比热容的定义式。

在等压过程中，由式（2.3.8）、式（2.3.10），有 $\mathrm{d}h=\mathrm{d}\varepsilon+p\mathrm{d}v=\delta q$，于是定压比热容为

$$c_p=\lim_{\delta T\to 0}\left(\frac{\delta q}{\delta T}\right)_p=\left(\frac{\partial h}{\partial T}\right)_p \tag{2.3.12}$$

由式（2.3.3）～式（2.3.8）［忽略式（2.3.3）中高度变化］并由 h_1、h_2 表示比焓，可知可压缩气体流满足

$$h_1+0.5u_1^2=h_2+0.5u_2^2=\text{常量（沿同一流线）} \tag{2.3.13}$$

确定了式（2.3.13）中这个常量，该式就便于使用。对于这个常量，人们采用多种表示方法，如用滞止焓 h_0 来表示。h_0 是指沿流线流动的速度绝热可逆地减少到零时流体所具有的热力学参量。

由式（2.3.12）这个 h 的偏微分式，可知

$$h=c_pT，\quad h_0=c_pT_0 \tag{2.3.14}$$

设

$$\gamma=\frac{c_p}{c_v}$$

则利用式（2.3.7）、式（2.3.11）、式（2.3.14）及 $pV=nRT$ 可知

$$c_p=\frac{\gamma R}{\gamma-1} \tag{2.3.15}$$

故

$$c_v = \frac{c_p}{\gamma} = \frac{R}{\gamma - 1} \tag{2.3.16}$$

根据式（2.3.13）～式（2.3.16），可将式（2.3.13）表示为

$$\frac{\gamma RT}{\gamma - 1} + 0.5Ma^2C^2 = h_0 = \frac{\gamma RT_0}{\gamma - 1} \tag{2.3.17}$$

式中，Ma(马赫数)$=u/C$，C 为声速。

下面分析声速的取值。为简单计，分析长管中原静止流体中小扰动的传播[12]。设其左端活塞向右以微小速度 $\mathrm{d}V$ 推压管内的静止气体（速度小扰动），在活塞面附近的一层流体被压缩，产生压力增量 $\mathrm{d}p$（压力小扰动），并以速度 $\mathrm{d}V$ 向右推移，从而压缩更右侧的流体，又产生压力增量 $\mathrm{d}p$ 和速度增量 $\mathrm{d}V$。以此及彼，产生的小扰动将以一定速度 C 向右传播，相当于一个以速度 C 向前推进的扰动面（波面）。将坐标系固接于扰动面，相当于扰动面固定而未受扰动的气体以声速 C 从右向左流动，而已扰动的气体则以 $C-\mathrm{d}V$ 的速度相对于波面向左运动。未被扰动的流体密度和压力分别为 ρ、p，扰动过的流体密度和压力分别为 $\rho+\mathrm{d}\rho$、$p+\mathrm{d}p$，于是，对于截面积为 A 的管，对扰动面前后侧面间体积为零的区域，因质量守恒而有

$$\rho AC = (\rho + \mathrm{d}\rho)A(C - \mathrm{d}V) \tag{2.3.18}$$

对扰动面前后侧面间体积为零的区域，因动量守恒而有

$$pA - (p + \mathrm{d}p)A + (\rho AC)C - \rho AC(C - \mathrm{d}V) = 0 \tag{2.3.19}$$

由式（2.3.18）、式（2.3.19）可得

$$C^2 = \frac{\mathrm{d}p}{\mathrm{d}\rho} \tag{2.3.20}$$

式中，$\dfrac{\mathrm{d}p}{\mathrm{d}\rho}$ 取决于流体在扰动中所经历的过程是等熵过程还是等温过程，实验表明按等熵过程确定的声速与实际相符。

本部分内容更多与热力学有关，故从热力学角度来了解系统的熵。当热源温度 T_2、T_1 确定之后，热机效率

$$\eta \leqslant 1 - \frac{T_1}{T_2}$$

热机从高温 T_2 热源吸热 Q_2 做功，将其余的热量 Q_1 传给低温物体，热机循环的效率又可表示为

$$\eta = 1 + \frac{Q_1}{Q_2}$$

因此

$$1 + \frac{Q_1}{Q_2} \leqslant 1 - \frac{T_1}{T_2}$$

式中等号“=”代表可循环，即有

$$\frac{Q_1}{T_1} + \frac{Q_2}{T_2} = 0 \tag{2.3.21}$$

对于微卡诺循环（微可逆循环），有

$$\frac{\delta Q_1}{T_1}+\frac{\delta Q_2}{T_2}=0 \tag{2.3.22}$$

式（2.3.22）表明卡诺循环过程的热温商之和等于 0。任意一个可逆循环可以用许多小卡诺循环的总和来近似。数学上将和式的极限定义为积分，并对任意可逆循环其热温商的环路积分为零，即

$$\oint\frac{\delta Q_{\mathrm{r}}}{T}=0$$

于是，可以断定 $\frac{\delta Q_{\mathrm{r}}}{T}$ 必是某个函数的全微分，这个函数即为熵[13]，并被令为 S 。故有

$$\mathrm{d}S=\frac{\delta Q_{\mathrm{r}}}{T} \tag{2.3.23}$$

熵的单位为 $\mathrm{J/K}$ 。当系统经可逆过程达到一个新状态时，此过程的熵变为

$$\Delta S=S_2-S_1=\int_1^2\frac{\delta Q_{\mathrm{r}}}{T} \tag{2.3.24}$$

式（2.3.24）表明可逆过程的热温商之和只与系统的初末态有关，系统存在一个状态函数，它在两状态间的差值可由可逆过程的热温商之和来度量。熵变等于可逆过程的热温商而大于不可逆过程的热温商，这是热力学第二定律的数学表达。热力学第三定律规定纯态完美晶体在 0K 温度时的熵值为零。而从统计力学角度看，熵是系统的微观状态数的函数。热力学熵和统计力学熵在实验误差范围内相符，如 N_2，两熵分别为 45.9cal*/(mol·K) 和 45.8cal/(mol·K)。

现在我们就来确定完全气体的熵表示。对于完全气体，焓仅是热力学温度的函数，即 $h=h(T)$ ，这样热力学第一定律可表示为

$$\mathrm{d}q=\mathrm{d}h-\frac{1}{\rho}\mathrm{d}p \tag{2.3.25}$$

于是有

$$\mathrm{d}S=\frac{\mathrm{d}h}{T}-\frac{\mathrm{d}p}{\rho T}=c_p\frac{\mathrm{d}T}{T}-R\frac{\mathrm{d}p}{p} \tag{2.3.26}$$

当比热容为常数时，则由式（2.3.26）得

$$S=c_p\ln T-R\ln p+c' \tag{2.3.27}$$

式中， c' 为常数。

对于式（2.3.27），由 $pV=\frac{MRT}{M_{\mathrm{r}}}$ 知，式中 $T=\frac{pM_{\mathrm{r}}}{\rho R}$ ，这里 M 和 M_{r} 分别为气体总质量和分子量，再利用式（2.3.15）可将其转化为

$$S=R\ln p^{\frac{1}{\gamma-1}}\rho^{-\frac{\gamma}{\gamma-1}}+c' \tag{2.3.28}$$

对于等熵过程，式（2.3.28）还应有一常数 c' ，即式中：

---

* 1cal = 4.184J。

$$p^{\frac{1}{\gamma-1}}\rho^{-\frac{\gamma}{\gamma-1}}=c' \tag{2.3.29}$$

由式（2.3.29）得

$$\frac{\mathrm{d}p}{\mathrm{d}\rho}=\frac{\gamma p}{\rho}=\gamma RT \tag{2.3.30}$$

将式（2.3.30）代入式（2.3.20），得

$$C^2=\gamma RT \tag{2.3.31}$$

将式（2.3.31）代入式（2.3.17），得

$$\frac{T_0}{T}=1+0.5(\gamma-1)Ma^2 \tag{2.3.32}$$

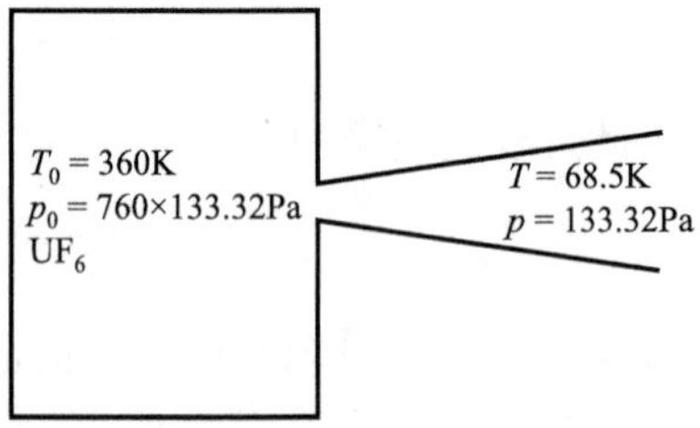

图 2.3.1　喷管出口得到超声速过冷气流

一种将收缩管和扩张管结合的管道称为拉瓦尔喷管，由它可以得到超声速气流，在这种喷管出口，当式（2.3.32）中 Ma 值较大时，气流的温度 T 可以很低，如图 2.3.1 所示。

由于系统与环境用绝热壁隔开，理想气体经绝热膨胀后，系统做功而使系统内能减少，温度便会降低，于是压力必然下降。所以系统所做的功一定等于系统内能的减少量，即[13]

$$W=-\Delta U \tag{2.3.33}$$

如果系统所做功即为体积功，则有

$$\mathrm{d}U=-p\mathrm{d}V \tag{2.3.34}$$

对理想气体，若视内能 $U=f(T,V)$，则

$$\mathrm{d}U=\left(\frac{\partial U}{\partial T}\right)_V\mathrm{d}T+\left(\frac{\partial U}{\partial V}\right)_T\mathrm{d}V \tag{2.3.35}$$

对理想气体，定容热容定义为

$$C_V=\left(\frac{\partial U}{\partial T}\right)_V \tag{2.3.36}$$

当 $\mathrm{d}U=\mathrm{d}T=0$，但对于膨胀过程 $\mathrm{d}V\neq0$，则由式（2.3.35）知

$$\left(\frac{\partial U}{\partial V}\right)_T=0 \tag{2.3.37}$$

若视内能 $U=f(T,p)$，则有

$$\mathrm{d}U=\left(\frac{\partial U}{\partial T}\right)_p\mathrm{d}T+\left(\frac{\partial U}{\partial p}\right)_T\mathrm{d}p$$

当 $\mathrm{d}U=\mathrm{d}T=0$，则有

$$\left(\frac{\partial U}{\partial p}\right)_T=0 \tag{2.3.38}$$

由式（2.3.37）和式（2.3.38）可见理想气体分子间没有相互作用，因而没有作用势

能，所以改变 V 或 p 不会影响它的能量，只有改变 T 时才能改变分子的动能。因此理想气体内能的全微分可表示为

$$dU = C_V dT \tag{2.3.39}$$

在式（2.3.5）和式（2.3.6）中 pV 虽然具有能量量纲，但并无物理意义，因此 H 本身没有确切物理意义。

理想气体的定压热容定义为

$$C_p = \left(\frac{\partial H}{\partial T}\right)_p \tag{2.3.40}$$

依据式（2.3.5）、式（2.3.6）、式（2.3.36）、式（2.3.40），则有

$$C_p - C_V = \left(\frac{\partial U}{\partial T}\right)_p + p\left(\frac{\partial V}{\partial T}\right)_p - \left(\frac{\partial U}{\partial T}\right)_V \tag{2.3.41}$$

针对式（2.3.41）右第一项，设

$$U = U(T,V)$$

则有

$$dU = \left(\frac{\partial U}{\partial T}\right)_V dT + \left(\frac{\partial U}{\partial V}\right)_T dV \tag{2.3.42}$$

在等压条件下，式（2.3.42）可写成

$$\left(\frac{\partial U}{\partial T}\right)_p = \left(\frac{\partial U}{\partial T}\right)_V + \left(\frac{\partial U}{\partial V}\right)_T \left(\frac{\partial V}{\partial T}\right)_p \tag{2.3.43}$$

将式（2.3.43）代入式（2.3.41），同时考虑到式（2.3.37）和理想气体状态方程，故知

$$C_p - C_V = \left[\left(\frac{\partial U}{\partial V}\right)_T + p\right]\left(\frac{\partial V}{\partial T}\right)_p = p\left(\frac{\partial V}{\partial T}\right)_p = nR \tag{2.3.44}$$

式中，R 为摩尔气体常量；n 为理想混合气体物质的量，$n = M_1/\mu_1 + M_2/\mu_2 + \cdots = M/\mu$，$M$ 为气体总质量，μ_i 为第 i 种气体的摩尔质量，μ 为理想混合气体的表观摩尔质量。式(2.3.44)适用于任何理想混合气系统。

我们知道

$$pV = nRT \tag{2.3.45}$$

由式（2.3.34）和式（2.3.36）得

$$C_V dT = -p dV \tag{2.3.46}$$

将式（2.3.45）代入式（2.3.46），即有

$$C_V dT = -\frac{nRT dV}{V} \tag{2.3.47}$$

利用式（2.3.44），由式（2.3.47）可知

$$d\ln T = \frac{(C_V - C_p) d\ln V}{C_V} \tag{2.3.48}$$

令 $\gamma = C_p / C_V$，依式（2.3.48），则在绝热过程的初末态之间有积分式

$$\int_{T_0}^{T} \mathrm{d}\ln T = \int_{V_0}^{V} (1-\gamma)\mathrm{d}\ln V \tag{2.3.49}$$

由式（2.3.49）可得

$$T = T_0\left(\frac{V_0}{V}\right)^{\gamma-1} \tag{2.3.50}$$

式（2.3.50）是绝热过程中气体的不同状态之间满足的过程方程。如果将理想气体状态方程代入式（2.3.50），可得

$$T = T_0\left(\frac{p_0}{p}\right)^{\frac{1-\gamma}{\gamma}} = T_0\left(\frac{p}{p_0}\right)^{\frac{\gamma-1}{\gamma}} \tag{2.3.51}$$

或

$$p = p_0\left(\frac{V_0}{V}\right)^{\gamma} \tag{2.3.52}$$

式（2.3.51）和式（2.3.52）也称为过程方程，只不过是用不同变量描述系统的状态。

我们可依据条件，由式（2.3.50）～式（2.3.52）和式（2.3.32）计算出所要求的低温 T 和相关量 T_0、V_0、V 及马赫数 Ma。由式（2.3.51）可知，当 $p_0 \gg p$ 时，可以得到 $T \ll T_0$ 的结果，即获得低温气体。由式（2.3.32）可知，当 $\gamma>1$，$T_0 \gg T$ 时，必然要求较大的马赫数 Ma。当 $\gamma=1.3333$，$u_0=0$，$T_0=360\mathrm{K}$，$p_0=760\mathrm{Torr}$（$760\times133.32\mathrm{Pa}$），由式（2.3.51）计算得超声速喷嘴喷出后的 UF_6 气体温度可达约 68.5K，压力为 $p=1\mathrm{Torr}$；由式（2.3.32）计算得马赫数 $Ma=5.05$（即喷口气流流速 $u=1.6\times10^5\mathrm{cm/s}$）。实际上需要喷口有一定长度，而且使用大量氩气（载气）和适当比例的 UF_6 气体的混合气[这时才有 $\gamma>\gamma(UF_6)=1.07$]，温度可控制在 50～100K，在 70K 或 50K 时 UF_6 分子的吸收谱线宽被压缩到 $2\mathrm{cm}^{-1}$ 左右，$^{235}UF_6$ 和 $^{238}UF_6$ 吸收谱线不重叠[1, 2]。

2.4　分子法激光分离铀同位素

分子法可以经过一级分离就将丰度为 0.7%的 $^{235}UF_6$ 浓缩到反应堆用铀 3%的丰度，分离系数可达 5～10。这一方法在技术上是较为复杂的，若技术不能得到很好的解决，可能要经过几步才能浓缩到 3.3%。

用于选择激发的激光波长和激光器已如 2.1 节和 2.2 节所述，为增大选择性而采用过冷 UF_6 气体的原理技术如 2.3 节所述。在“惰性气体（如氩）- UF_6”混合物膨胀时温度降到 50K，UF_6 的粒子数密度可达 $10^{16}\mathrm{cm}^{-3}$，$^{235}UF_6$ 的为 $10^{14}\mathrm{cm}^{-3}$。如果射流方向流速为 $5\times10^{14}\mathrm{cm/s}$，射流方向上的激发区长 2cm，这时要求使用脉冲重复频率为 25kHz。采用 1m 宽的缝隙式喷嘴，铀的年处理能力可达 100t。

然而，由于分子法采用的是选择性离解 $^{235}UF_6$ 同位素分子为 $^{235}UF_5$ 分子的方法，故必然使用脉冲激光器，而且必有离解阈能要求。UF_6 的同位素位移仅约为 $0.65\mathrm{cm}^{-1}$，但在第 1 章我们能看到在类似分子 SF_6 气体的多光子离解阈能下，激光功率展宽已达 $0.6\mathrm{cm}^{-1}$，因此选择性会因功率展宽而受到限制。$^{238}UF_6$ 谱线有一定宽度，因此 $^{238}UF_6$ 也在一定程度上

实现着 P—Q—R 补偿跃迁，而使离解产物中出现 $^{238}UF_5$。同位素浓缩系数、分离系数均受到产物中 $^{238}UF_5$ 分子含量的限制。关于分子法分离铀同位素，有如下路径。

2.4.1 单频红外多光子离解

单频红外多光子离解是分子法分离铀同位素的一种方法，但存有悬虑，原因分析如下。由图 2.1.3 的 UF_6 光谱对照图，可看出 ν_3 的同位素位移约为 0.65cm^{-1}，谱线线宽约为 2cm^{-1}。从第 5 章表 5.4.1 给出的 UF_6 的非谐性常数可得到 $x_3\nu_3 = X_{33} = 1.07\text{cm}^{-1}$，于是，从式（1.5.13）或式（1.5.17）可给出前三步的 P—Q—R 补偿跃迁频率为 $\nu_3 - 4X_{33} = \nu_3 - 4.28\text{cm}^{-1}$ 或 $\nu_3 - 6X_{33} = \nu_3 - 6.42\text{cm}^{-1}$，这相对于 ν_3 模的谐振频率“红移”了 4.28cm^{-1} 或 6.42cm^{-1}。考虑到补偿跃迁条件 $2BJ = 2X_{33}$，又由表 5.4.8 底部的注解可知 UF_6 的转动常数为 0.0412cm^{-1}，可见 J 的取值较大。由于“红移”大于同位素位移和线宽，尽管补偿跃迁机制存在并能实现在同一频率下的多光子离解，选择性和效率却不会高。

为了具体分析，这里稍重复地讨论一下。将 ν_3 模的谐振频率改写为 $\nu_{3(e)}$，据式（1.5.4）和式（1.5.9）～式（1.5.11），则前三步的 P—Q—R 补偿跃迁为

$$
\begin{aligned}
&d_3 = 1: \\
&\upsilon = 0 \to \upsilon = 1,\ \nu_P = \nu_{3(e)} - 2X_{33} - 2BJ \\
&\upsilon = 1 \to \upsilon = 2,\ \nu_Q = \nu_{3(e)} - 4X_{33} \\
&\upsilon = 2 \to \upsilon = 3,\ \nu_R = \nu_{3(e)} - 6X_{33} + 2BJ \quad (2BJ = 2X_{33})
\end{aligned}
\tag{2.4.1}
$$

然而，实测光谱的 Q 支吸收峰位于 $\upsilon = 0 \to \upsilon = 1$，$\Delta J = 0$ 的 $\nu_Q = \nu_{3(e)} - 2X_{33}$，故 P—Q—R 补偿跃迁的第一步激发频率 $\nu_{3(e)} - 4X_{33}$ 相对于 Q 峰位 $\nu_{3(e)} - 2X_{33}$ “红移”了 $2X_{33}$，即“红移” 2.14cm^{-1}；第二步激发正好与 $\nu_Q = \nu_{3(e)} - 4X_{33}$ 重合；第三步激发与 $\upsilon = 2 \to \upsilon = 3$，$J = X_{33}/B$ 的 R 支线重合，但 $\nu_{3(e)} - 4X_{33}$ 相对于 $\upsilon = 2 \to \upsilon = 3$，$\Delta J = 0$ 的 Q 峰位 $\nu_{3(e)} - 6X_{33}$ 却“紫移”了 2.14cm^{-1}。由于第一、第三步均偏移 Q 峰位 2.14cm^{-1}，均大于同位素位移和线宽，故选择性不会高。取 $d_3 = 3$ 得到相似的结果。取 $d_3 = 1$ 仅为方便和对比。

2.4.2 双频或多频红外多光子离解

1. 双频红外多光子离解

我们考虑第一频率的 Q—R 补偿跃迁。

$$
\begin{aligned}
&d_3 = 1: \\
&\upsilon = 0 \to \upsilon = 1,\ \nu_Q = \nu_{3(e)} - 2X_{33} + 0 \\
&\upsilon = 1 \to \upsilon = 2,\ \nu_R = \nu_{3(e)} - 4X_{33} + 2BJ \quad (2BJ = 2X_{33})
\end{aligned}
\tag{2.4.2}
$$

如“2.4.1 单频红外多光子离解”中所述，实测光谱的 Q 峰位于 $\nu_{3(e)} - 2X_{33}$，故第一频率的第一步激发是对准 Q 峰位的，第一频率的第二步激发正好与 $\upsilon = 1 \to \upsilon = 2$ 的 ν_R 重合，但 $J = X_{33}/B$，这个 R 支谱线并未在 $\upsilon = 1 \to \upsilon = 2$ 的 Q 峰位[$\nu_Q = \nu_{3(e)} - 4X_{33}$]，也偏移了 2.14cm^{-1}，跃迁概率也不会很高。

接着上述两步跃迁，输入较强的第二频率辐射，它是对准$\upsilon=2\rightarrow\upsilon=3$的 Q 支跃迁的，跃迁概率较大，频率较低，适合后续的多光子离解。

选择双频红外多光子离解，第二频率对准$\upsilon=2\rightarrow\upsilon=3$跃迁为好，这是因为$\upsilon=2\rightarrow\upsilon=3$更加偏离谐振频率。这从下面图 2.4.1 中的数据便可看出。

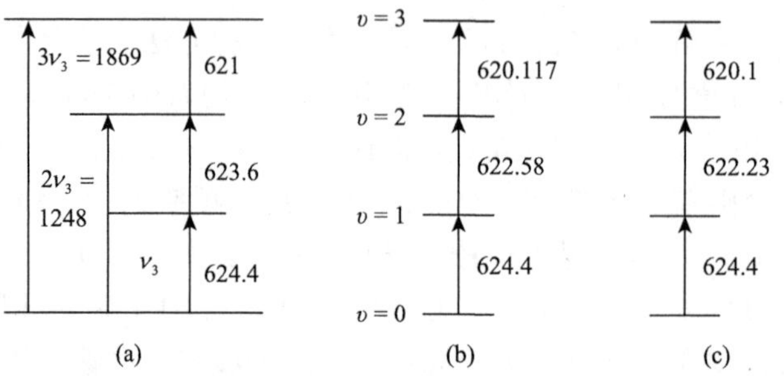

图 2.4.1　UF_6最低三个能级数据（数据单位为cm^{-1}）

（a）实测频率[15]；（b）设$\nu_{3(e)}=626.54$，$d_3=1$；（c）设$\nu_{3(e)}=626.54$，$d_3=3$

图 2.4.1（a）中的频率为第 5 章表 5.4.4 中同一组实测跃迁频率$2\nu_3$、$3\nu_3$和表 5.4.3 所给ν_3组成；图中（b）和（c）是据式（1.5.4）计算的。可看出，图 2.4.1（a）、（b）、（c）大体一致，明显地，$\upsilon=2\rightarrow\upsilon=3$偏离$\upsilon=0\rightarrow\upsilon=1$跃迁频率。图 2.4.1（b）和（c）与（a）在$2\nu_3$～$3\nu_3$有明显不同，原因之一是$X_{33}$取值未随能级而变。可看出，在多光子离解的实验中针对前三步跃迁频率对激发频率进行调整是不可避免的。

2. 三频红外多光子离解

上述分析（包括“2.4.1 单频红外多光子离解”）表明，单频和双频补偿跃迁多光子选择性离解都存在缺陷，因此，可以理解为选择三个红外频率的辐射来实现前三个能级的选择性激发和主要由其中频率最低、强度最强的第三频率辐射完成多光子离解是更好的。应该指出[1]，在以红外多光子离解UF_6分离 U 同位素时，只是在使用了多频激光（这里指三频）进行照射后才获得了对工业浓缩^{235}U有意义的选择性[14]。

针对前三步跃迁的三频红外多光子离解，不但频率对准前三步跃迁，而且都可选择为 Q 支，故不但选择性高，而且跃迁概率大，其效果自然好于前三步 P—Q—R 补偿的单频多光子离解。

2.4.3　低振动能态或振动能态的选择激发＋紫外光离解

我们可以只对UF_6分子的前三个低振动能级实行如“2.4.1 单频红外多光子离解”所述的单频红外光子 P—Q—R 补偿跃迁式选择激发，也可以双频或三频红外光子实行如“2.4.2 双频或多频红外多光子离解”所述的前三个低振动能态选择激发，还可以单频、双频或三频红外光子将UF_6分子选择性多光子激发到较高振动能态，$10^{-3}J/cm^2$的激光功率通量应能满足同位素选择性振动渡越的需要，对于脉冲宽度$10^{-7}s$，相应的脉冲强度则为

$10^4 W/cm^2$。在此选择性振动渡越的基础上，利用紫外激光达到离解 UF_6 分子的目的。UF_6 在 KrF 激光器的紫外激光波长处的吸收截面为$10^{-18}cm^2$，在其他现有的紫外激光更长波长处的吸收截面较小。对于生产工艺来讲，这个方法在 UF_6 分子对紫外激光的吸收截面、分子在无碰撞状态下的离解率及未选择激发的分子被离解等方面都需研究。

2.5　分子法激光分离同位素的相干激发理论

2.5.1　引言

从 2.1 节图 2.1.2 可知，在温度230K 时，$^{238}UF_6$ 的$\nu_3 \approx 626.4cm^{-1}$，$^{235}UF_6$ 的$\nu_3 \approx 627.1cm^{-1}$，而在近似相等的温度 235K 时由同一文献[4]给出 $^{238}UF_6$ 的 $3\nu_3 \approx 1870cm^{-1}$，而 $^{235}UF_6$ 的 $3\nu_3 \approx 1872cm^{-1}$。可以看出 $3\nu_3$ 的非谐性频移 $\Delta 3\nu_3 \approx 9.8cm^{-1}$，$3\nu_3$ 的同位素位移约$1.95cm^{-1}$。由图 2.1.1 可知，室温下 UF_6 的谱线宽度为$20\sim30cm^{-1}$，比同位素位移$0.65cm^{-1}$大得多。而图 2.1.3 表明低温下（50K）谱线宽度约 $2cm^{-1}$，$^{238}UF_6$ 与 $^{235}UF_6$ 吸收谱线不再重叠，故可使激发获得较高选择性。为便于叙述，本节取$\upsilon=1$为各模式最低振动能级。由于非谐性频移，UF_6 的 ν_3 模 $\upsilon=1\rightarrow\upsilon=2$，$\upsilon=2\rightarrow\upsilon=3$，$\upsilon=3\rightarrow\upsilon=4$ 的跃迁频率是逐渐减小的，而 $\upsilon=4\rightarrow\upsilon=5$ 的跃迁则进入ν_3 模振动能级的准连续分布区。故我们可选择$\upsilon=1\rightarrow\upsilon=2$，$\upsilon=2\rightarrow\upsilon=3$，$\upsilon=3\rightarrow\upsilon=4$，$\upsilon=4\rightarrow\upsilon=5$ 的分步选择性激发。但是，要达到更好的选择性激发效果，还应当考虑激发的相干性。考虑相干激发，可对系统激发的优化带来一些新的可能，如使能级粒子数反转和 n 光子共振的使用成为可能。不过，在原子法分离 U 同位素的相干激发研究中，遇到介质对光束的反作用，使光束发生延迟、脉冲形状和光束截面内强度改变等[1]；而分子法分离 U 同位素的相干激发却少有提及。在稀薄分子气体中，又仅考虑较低振动能态的相干激发，介质的光电离可忽略，故分子法中介质对光束的反作用会很弱。不过，要考虑一个五能级系统的相干激发，还是比较困难的。但选择两个频率的激光对一个三能级系统的相干激发还是可以实现的，也是有实际意义的。例如，对一个振动三能级系统进行同位素相干选择性激发，在三能级系统近似下找到最佳激发的效果和条件。在最佳条件激发的基础上再进行紫外光离解，这对于选择性激发 UF_6 分子分离 U 同位素是有意义的；或者，用两个频率略有不同的$3\nu_3$ 频率激光脉冲选择性相干激发 UF_6 分子，并以此导致与反应剂的光化学反应以达到分离 U 同位素的目的，是有实际意义的。

本节定义的三能级系统，指的是粒子只在这一段能级与场的频率发生共振，其他能级由于不与场发生共振，或者能级上无粒子，或者能级间跃迁是禁阻的等，可以不考虑[15]。显然，依据粒子的密度和它的能级布居，对光脉冲能量密度进行控制，可以使$\upsilon=1\rightarrow\upsilon=2$ 和$\upsilon=2\rightarrow\upsilon=3$ 的跃迁得到足够的激发光子数密度，而$\upsilon=3\rightarrow\upsilon=4$ 的跃迁因频率不适当和光子数密度不足而很少激发而被忽略。或者，用两个频率略有不同的$3\nu_3$ 频率激光脉冲可以使$\upsilon=1\rightarrow\upsilon=4$ 和$\upsilon=4\rightarrow\upsilon=7$ 的跃迁得到足够的激发，更高能级的跃迁因频率不适当和光子数密度不足而很少激发而被忽略。

本节将两能级系统相干选择性激发的理论[16]和等能级间隔三能级系统同位素相干选

择性激发的研究[17]推广应用到一般的三能级系统[18]，并使激光分离同位素的有效方法——多频场多光子共振选择激发，与超短脉冲相干激发相结合，从理论上证明获得激光分离同位素的高选择性系数、高分离系数、高激发速率、高产率的条件。

2.5.2　三能级系统布洛赫方程组

1. 三能级系统双光子共振相干相互作用模型

设介质的能级如图 2.5.1 所示。其波函数 $\phi = C_1(t)|1\rangle + C_2(t)|2\rangle + C_3(t)|3\rangle$（式中，$|1\rangle$、$|2\rangle$、$|3\rangle$ 是相应能态的波函数），从能级 3 漏逸到更高能级的速率相对很小，可以认为

$$|C_1(t)|^2 + |C_2(t)|^2 + |C_3(t)|^2 = 1 \tag{2.5.1}$$

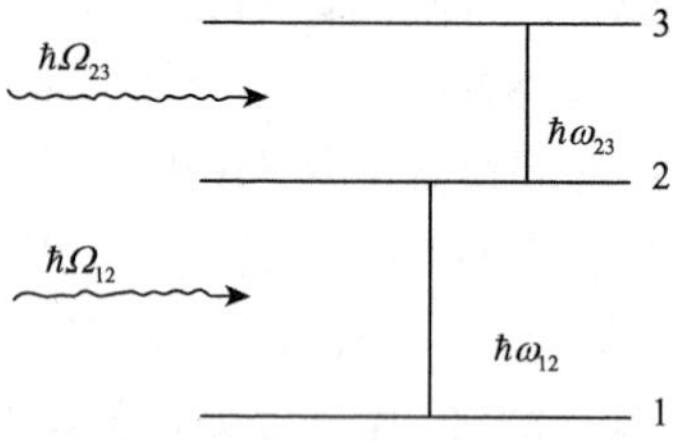

图 2.5.1　三能级系统双光子共振相干相互作用示意图

设有两个激光场

$$E_1 = \varepsilon_1 \exp[\mathrm{i}(\Omega_{12}t - k_{12}Z)] + C.C.$$

$$E_2 = \varepsilon_2 \exp[\mathrm{i}(\Omega_{23}t - k_{23}Z)] + C.C.$$

式中，Ω_{12}、Ω_{23} 分别为两个激光场的频率；$k_{12} = 2\pi/\lambda_{12}$、$k_{23} = 2\pi/\lambda_{23}$，$\lambda_{12}$、$\lambda_{23}$ 是相应的波长；$\varepsilon_1(t)$、$\varepsilon_2(t)$ 为相应的振幅且都是慢变包络。

假定 $\hbar\omega_{12} - \hbar\omega_{23}$ 远大于激光场 Ω_{12}、Ω_{23} 的谱线宽度，则 Ω_{12} 与能级 2～3、Ω_{23} 与能级 1～2 的相互作用可以忽略不计。UF_6 分子的 ν_3 模的 $\hbar\omega_{12} - \hbar\omega_{23}$ 满足这一条件。

设两个激光场的脉宽 τ_1、τ_2 远小于介质的横向弛豫时间 T_1、T_2，即 $\tau_1 \ll T_1$，$\tau_2 \ll T_2$，本节仅考虑在均匀加宽情况下，研究三能级系统双光子共振和离共振的相干相互作用。

设激光场 Ω_{12}、Ω_{23} 与三能级系统双光子共振相互作用，即

$$\left.\begin{aligned} (\Omega_{12} - \omega_{12}) + (\Omega_{23} - \omega_{23}) = 0 \\ \Omega_{12} - \omega_{12} = -\Delta,\ \Omega_{23} - \omega_{23} = \Delta \end{aligned}\right\} \tag{2.5.2}$$

式中，Δ 为失谐量。

2. 双光子共振相干相互作用方程组

三能级系统的波函数 $|\psi\rangle$ 满足薛定谔（Schrödinger）方程

$$\mathrm{i}\hbar\left(\frac{\partial|\psi\rangle}{\partial t}\right) = (H_0 + V)|\psi\rangle$$

式中，H_0 为无外场时系统的哈密顿量；V 为相互作用能量。

相应的密度矩阵满足布洛赫方程

$$\mathrm{i}\hbar\left(\frac{\partial\rho}{\partial t}\right) = [H, \rho]$$

$$H = \begin{pmatrix} E_1^0 & V_{12} & 0 \\ V_{21} & E_2^0 & V_{23} \\ 0 & V_{32} & E_3^0 \end{pmatrix}$$

式中，

$$V_{12} = -d_1\varepsilon_1\exp[\mathrm{i}(\Omega_{12}t - k_{12}z)]$$

$$V_{23} = -d_2\varepsilon_2\exp[\mathrm{i}(\Omega_{23}t - k_{23}z)]$$

$V_{ij}^* = V_{ji}, d_1$、d_2 为相应的电偶极矩。

设

$$\rho_{ij} = \tilde{\rho}_{ij}\exp[\mathrm{i}(\Omega_{ij}t - k_{ij}z)],\ u_{ij} = \tilde{\rho}_{ij} + \tilde{\rho}_{ji},\ \mathrm{i}\upsilon_{ij} = \tilde{\rho}_{ij} - \tilde{\rho}_{ji} \tag{2.5.3}$$

$$w_1 = \rho_{22} - \rho_{11},\quad w_2 = \frac{\rho_{22} + \rho_{11} - 2\rho_{33}}{\left(\frac{-1}{\sqrt{3}}\right)} \tag{2.5.4}$$

双光子共振下，布洛赫方程具有以下形式

$$\left.\begin{aligned}
\dot{u}_{12} &= \Delta\cdot\upsilon_{12} + \left(\frac{d_2\varepsilon_2}{\hbar}\right)\upsilon_{13}\\
\dot{u}_{23} &= -\Delta\cdot\upsilon_{23} - \left(\frac{d_1\varepsilon_1}{\hbar}\right)\upsilon_{13}\\
u_{13} &= -\left(\frac{d_1\varepsilon_1}{\hbar}\right)\upsilon_{23} + \left(\frac{d_2\varepsilon_2}{\hbar}\right)\upsilon_{12}\\
\dot{\upsilon}_{12} &= -\Delta\cdot u_{12} - \left(\frac{d_2\varepsilon_2}{\hbar}\right)u_{13} + 2\left(\frac{d_1\varepsilon_1}{\hbar}\right)\omega_1\\
\dot{\upsilon}_{23} &= -\Delta\cdot u_{23} + \left(\frac{d_1\varepsilon_1}{\hbar}\right)u_{13} - \left(\frac{d_2\varepsilon_2}{\hbar}\right)\omega_1 + \sqrt{3}\left(\frac{d_2\varepsilon_2}{\hbar}\right)\omega_2\\
\dot{\upsilon}_{13} &= \left(\frac{d_1\varepsilon_1}{\hbar}\right)u_{23} - \left(\frac{d_2\varepsilon_2}{\hbar}\right)u_{12}\\
\dot{w}_1 &= -2\left(\frac{d_1\varepsilon_1}{\hbar}\right)\upsilon_{12} + \left(\frac{d_2\varepsilon_2}{\hbar}\right)\upsilon_{23}, \dot{w}_2 = -\sqrt{3}\left(\frac{d_2\varepsilon_2}{\hbar}\right)\upsilon_{23}
\end{aligned}\right\} \tag{2.5.5}$$

2.5.3　双光子共振相干相互作用方程组的解

设两个激光场具有相同的脉冲波形[19]，其拉比（Rabi）频率可以表示为

$$\alpha = \alpha_0 f(t),\ \beta = \beta_0 f(t) \tag{2.5.6}$$

式（2.5.6）可以用调整入射激光场的波形来实现，但是在传播过程中一般波形是要改变的，因此，它是一个高度理想的条件，实际的三能级系统同位素相干选择激发的问题是更为复杂的。但是，当激光脉冲在三能级吸收介质系统相干传播满足 McCall 和 Hahn 的面积定理[20]时，仍不失为较好的近似，这已为两能级系统的同位素相干选择激发的数字解所间接证明[16]。当然，脉冲在传播过程中波形改变的影响是应该考虑的，这就需要求出布洛赫非线性微分方程组的数字解，这也是我们今后要进一步研究的问题。

从简化条件式（2.5.6），可以求得布洛赫方程的解析解，它可以提供关于三能级系统同位素相干选择激发许多有用的知识，如可以为获得高激发速率、高分离系数提供物理参数的选择原则。

三能级系统同位素相干选择激发布洛赫方程简单的解析解可以用来校对和选择更符合实际的、更精确的模型及其数字解，这一点是很有意义的。

引入下列线性变换

$$\left.\begin{aligned}
&U=\frac{(\alpha u_{12}+\beta u_{23})}{\sqrt{\alpha^2+\beta^2}},\ V=\frac{(-\alpha \upsilon_{12}+\beta \upsilon_{23})}{\sqrt{\alpha^2+\beta^2}}\\
&u=\frac{(\beta u_{12}-\alpha u_{23})}{\sqrt{\alpha^2+\beta^2}},\ \upsilon=\frac{(\beta \upsilon_{12}+\alpha \upsilon_{23})}{\sqrt{\alpha^2+\beta^2}}\\
&W=\frac{-(2\alpha^2+\beta^2)\omega_1+\sqrt{3}\beta^2\omega_2+2\alpha\beta u_{13}}{2(\alpha^2+\beta^2)}\\
&w=\frac{-\alpha\beta\omega_1-\sqrt{3}\alpha\beta\omega_2-(\alpha^2-\beta^2)u_{13}}{\alpha^2+\beta^2}\\
&\upsilon_{13}=\upsilon_{13}\\
&D=\frac{-\sqrt{3}\beta^2\omega_1+(2\alpha^2-\beta^2)\omega_2-2\sqrt{3}\alpha\beta u_{13}}{2(\alpha^2+\beta^2)}
\end{aligned}\right\}\tag{2.5.7}$$

并定义脉冲面积变量

$$\theta(z,t)=\int_{-\infty}^{t}\sqrt{\alpha^2+\beta^2}\,\mathrm{d}t'\tag{2.5.8}$$

则双光子共振布洛赫方程为

$$\left.\begin{aligned}
&\left(\frac{\partial U}{\partial\theta}\right)=-\eta V,\ \left(\frac{\partial V}{\partial\theta}\right)=\eta U+2W,\ \left(\frac{\partial W}{\partial\theta}\right)=-2V\\
&\left(\frac{\partial u}{\partial\theta}\right)=\eta\upsilon+\upsilon_{13},\ \left(\frac{\partial \upsilon}{\partial\theta}\right)=-\eta u-w,\ \left(\frac{\partial w}{\partial\theta}\right)=\upsilon\\
&\left(\frac{\partial \upsilon_{13}}{\partial\theta}\right)=-u,\quad D^2=\mathrm{const}
\end{aligned}\right\}\tag{2.5.9}$$

式中，$\eta=\dfrac{\Delta}{\sqrt{\alpha^2+\beta^2}}$。

选择初始条件（即 $t=-\infty$）

$$\rho_{11}=1,\ \rho_{22}=\rho_{33}=0\tag{2.5.10}$$

下面求解布洛赫方程。

1. 严格共振，即失谐量 $\Delta=0$

布洛赫方程（2.5.9）的解为

$$\left.\begin{aligned}&U=0,\ V=W(0)\sin2\theta,\ W=W(0)\cos2\theta\\&u=0,\ \upsilon=-w(0)\sin\theta,\ \upsilon_{13}=0\\&W(0)=\frac{\alpha_0^2}{\alpha_0^2+\beta_0^2},\ w(0)=\frac{2\alpha_0\beta_0}{\alpha_0^2+\beta_0^2}\end{aligned}\right\}\tag{2.5.11}$$

当拉比频率$\alpha=\beta$时，由式（2.5.11）容易求得能级集居数密度$\rho_{ii}(i=1,2,3)$及双光子共振激发分数$R\left(R=\frac{1}{2}\left|\frac{\rho_{33}-\rho_{11}}{\rho_{33}^0-\rho_{11}^0}-1\right|\right)$的表示式

$$\left.\begin{aligned}&\rho_{11}=\frac{3}{8}+\frac{\cos2\theta}{8}+\frac{\cos\theta}{2},\ \rho_{22}=\frac{1-\cos2\theta}{4}\\&\rho_{33}=\frac{3}{8}+\frac{\cos2\theta}{8}-\frac{\cos\theta}{2},\ R=\frac{1-\cos\theta}{2}\end{aligned}\right\}\tag{2.5.12}$$

显然对于π脉冲（$\theta=\pi$），由式（2.5.12）有

$$\rho_{11}(\pi)=\rho_{22}(\pi)=0,\quad \rho_{33}(\pi)=1,\quad R(\pi)=1\tag{2.5.13}$$

式（2.5.13）表明，在上述条件下，可以获得能级集居数完全反转和最大的激发，这就为三能级系统的同位素相干选择性激发提供了实现高激发效率、高选择性的物理参数的选择原则，即选择合适的激光功率、脉宽和波形、同位素样品的工作气压等以满足$\alpha=\beta$条件下的π脉冲相干激发。

2. 不是严格共振，即失谐量$\Delta\neq0$

由于我们最感兴趣的是激光分离重同位素的问题，它的同位素位移很小，为了保持高的同位素选择激发，失谐量应远小于同位素位移，所以，对于需要选择激发的同位素，离共振的失谐量Δ应是非常小的。选择合适的激光场强，使式（2.5.9）中的$\eta\ll1$，这时，我们用平均场$\overline{\varepsilon_1}=\frac{\int_{-\infty}^{\infty}\varepsilon_1\mathrm{d}t}{\tau_1}$和$\overline{\varepsilon_2}=\frac{\int_{-\infty}^{\infty}\varepsilon_2\mathrm{d}t}{\tau_2}$近似地代替式（2.5.9）中的$\varepsilon_1$和$\varepsilon_2$，于是得式（2.5.9）的解为

$$\begin{aligned}&U=\frac{2\eta W(0)}{4+\eta^2}\left(1-\cos\sqrt{4+\eta^2}\,\theta\right)\\&V=\frac{2W(0)}{\sqrt{4+\eta^2}}\sin\sqrt{4+\eta^2}\,\theta\\&W=W(0)-\frac{4W(0)}{4+\eta^2}\left(1-\cos\sqrt{4+\eta^2}\,\theta\right)\\&u=\frac{w(0)}{2\xi\eta}\left[\begin{aligned}&\left(\xi-\frac{\eta}{2}\right)\cos\left(\xi-\frac{\eta}{2}\right)\theta+\left(\xi+\frac{\eta}{2}\right)\cos\left(\xi+\frac{\eta}{2}\right)\theta\\&-\frac{\cos\left(\xi-\frac{\eta}{2}\right)\theta}{\xi-\frac{\eta}{2}}-\frac{\cos\left(\xi+\frac{\eta}{2}\right)\theta}{\xi+\frac{\eta}{2}}\end{aligned}\right]\end{aligned}$$

$$\left.\begin{aligned}
&\upsilon=-\frac{w(0)}{2\xi}\left[\sin\left(\xi-\frac{\eta}{2}\right)\theta+\sin\left(\xi+\frac{\eta}{2}\right)\theta\right]\\
&w=\frac{w(0)}{2\xi}\left\{\frac{\cos\left(\xi-\frac{\eta}{2}\right)\theta}{\xi-\frac{\eta}{2}}+\frac{\cos\left(\xi+\frac{\eta}{2}\right)\theta}{\xi+\frac{\eta}{2}}\right\}\\
&\upsilon_{13}=-\frac{w(0)}{2\xi\eta}\left[\begin{aligned}&\sin\left(\xi-\frac{\eta}{2}\right)\theta+\sin\left(\xi+\frac{\eta}{2}\right)\theta+\frac{\sin\left(\xi-\frac{\eta}{2}\right)\theta}{\left(\xi-\frac{\eta}{2}\right)^2}\\&+\frac{\sin\left(\xi+\frac{\eta}{2}\right)\theta}{\left(\xi+\frac{\eta}{2}\right)^2}\end{aligned}\right]\\
&\xi^2=1+\frac{\eta^2}{4}
\end{aligned}\right\}\tag{2.5.14}$$

式（2.5.14）是式（2.5.9）的解析解，从这个解析解容易求出能级集居数密度 ρ_{ii} 及激发分数 R:

$$\begin{aligned}
\rho_{11}=&\frac{1}{3}+\frac{\alpha_0^2}{\alpha_0^2+\beta_0^2}\left[\frac{2\alpha_0^4+9\alpha_0^2\beta_0^2-5\beta_0^4}{2\alpha_0^4+10\alpha_0^2\beta_0^2-4\beta_0^4}-\frac{1}{2}\right]\left[1-\frac{4}{4+\eta^2}\left(1-\cos\sqrt{4+\eta^2}\theta\right)\right]\\
&+\frac{2\alpha_0^2\beta_0^2}{2\alpha_0^4+10\alpha_0^2\beta_0^2-4\beta_0^4}\frac{1}{\sqrt{1+\frac{\eta^2}{4}}}\\
&\times\left[\frac{\cos\left(\sqrt{1+\frac{\eta^2}{4}}-\frac{\eta}{2}\right)\theta}{\sqrt{1+\frac{\eta^2}{4}}-\frac{\eta}{2}}+\frac{\cos\left(\sqrt{1+\frac{\eta^2}{4}}+\frac{\eta}{2}\right)\theta}{\sqrt{1+\frac{\eta^2}{4}}+\frac{\eta}{2}}\right]\\
&+\left[\frac{3\beta_0^2(3\alpha_0^2-\beta_0^2)}{2\alpha_0^4+10\alpha_0^2\beta_0^2-4\beta_0^4}-\frac{1}{2}\right]\left[\frac{2\beta_0^2-\alpha_0^2}{3(\alpha_0^2+\beta_0^2)}\right]\\
\rho_{22}=&\frac{1}{3}-\frac{\alpha_0^2}{2(\alpha_0^2+\beta_0^2)}\left[1-\frac{4}{4+\eta^2}\left(1-\cos\sqrt{4+\eta^2}\theta\right)\right]-\frac{2\beta_0^2-\alpha_0^2}{6(\alpha_0^2+\beta_0^2)}\\
\rho_{33}=&\frac{1}{3}+\frac{\alpha_0^2}{\alpha_0^2+\beta_0^2}\left[1-\frac{2\alpha_0^4+9\alpha_0^2\beta_0^2-5\beta_0^4}{2\alpha_0^4+10\alpha_0^2\beta_0^2-4\beta_0^4}\right]\left[1-\frac{4}{4+\eta^2}\left(1-\cos\sqrt{4+\eta^2}\theta\right)\right]\\
&-\frac{2\alpha_0^2\beta_0^2}{2\alpha_0^4+10\alpha_0^2\beta_0^2-4\beta_0^4}\frac{1}{\sqrt{1+\frac{\eta^2}{4}}}
\end{aligned}$$

$$
\left.\begin{aligned}
&\times\left\{\frac{\cos\left[\sqrt{1+\frac{\eta^2}{4}}-\frac{\eta}{2}\right]\theta}{\sqrt{1+\frac{\eta^2}{4}}-\frac{\eta}{2}}+\frac{\cos\left[\sqrt{1+\frac{\eta^2}{4}}+\frac{\eta}{2}\right]\theta}{\sqrt{1+\frac{\eta^2}{4}}+\frac{\eta}{2}}\right\} \\
&+\left[1-\frac{3\beta_0^2(3\alpha_0^2-\beta_0^2)}{2\alpha_0^4+10\alpha_0^2\beta_0^2-4\beta_0^4}\right]\left[\frac{2\beta_0^2-\alpha_0^2}{3(\alpha_0^2+\beta_0^2)}\right] \\
R=\frac{1}{4}&\left|\left[\frac{4(2\alpha_0^4+9\alpha_0^2\beta_0^2-5\beta_0^4)}{2\alpha_0^4+10\alpha_0^2\beta_0^2-4\beta_0^4}-3\right]\left(\frac{\alpha_0^2}{\alpha_0^2+\beta_0^2}\right)\left[1-\frac{4}{4+\eta^2}\left(1-\cos\sqrt{4+\eta^2}\,\theta\right)\right]\right. \\
&+\frac{8\alpha_0^2\beta_0^2}{2\alpha_0^4+10\alpha_0^2\beta_0^2-4\beta_0^4}\frac{1}{\sqrt{1+\frac{\eta^2}{4}}} \\
&\times\left\{\frac{\cos\left[\sqrt{1+\frac{\eta^2}{4}}-\frac{\eta}{2}\right]\theta}{\sqrt{1+\frac{\eta^2}{4}}-\frac{\eta}{2}}+\frac{\cos\left[\sqrt{1+\frac{\eta^2}{4}}+\frac{\eta}{2}\right]\theta}{\sqrt{1+\frac{\eta^2}{4}}+\frac{\eta}{2}}\right\} \\
&\left.+\frac{2\beta_0^2-\alpha_0^2}{\alpha_0^2+\beta_0^2}\left[\frac{4\beta_0^2(3\alpha_0^2-\beta_0^2)}{2\alpha_0^4+10\alpha_0^2\beta_0^2-4\beta_0^4}-1\right]-2\right|
\end{aligned}\right\} \tag{2.5.15}
$$

令

$$\alpha_0 = K\beta_0$$

当 $K=1$，即 $\alpha_0=\beta_0$ 时，η 取 0、0.1、0.5、1 四个值。作 ρ_{11}、ρ_{22}、ρ_{33}、R 与 θ 的函数依赖曲线，如图 2.5.2（a）所示。

值得注意的是，在图 2.5.2（a）中，$\eta=0.1$ 与 $\eta=0$（严格共振）的两组曲线几乎完全重合。这表明在 $\alpha=\beta$，$\eta\leqslant 0.1$ 的条件下，用 π 脉冲相干激发三能级系统，可达到能级集居数几乎完全反转和最大的激发。而这个结论是布洛赫方程在严格共振时（$\eta=0$），即未引入平均场近似条件下的解析解，是精确的结果。当然这也说明，采用平均场近似是可取的。

2.5.4 双光子离共振布洛赫方程及其解

当双光子离共振时，即

$$
\left.\begin{aligned}
(\Omega_{12}-\omega_{12})+(\Omega_{23}-\omega_{23}) &= 2\Delta_M \\
\Omega_{12}-\omega_{12}=\Delta_M,\ \Omega_{23}-\omega_{23} &= \Delta_M
\end{aligned}\right\} \tag{2.5.16}
$$

利用式（2.5.7）的线性变换，设 $\alpha=\beta$（这是用 π 脉冲双光子共振相干激发三能级系统能获得集居数完全反转的条件），则双光子离共振布洛赫方程具有以下形式

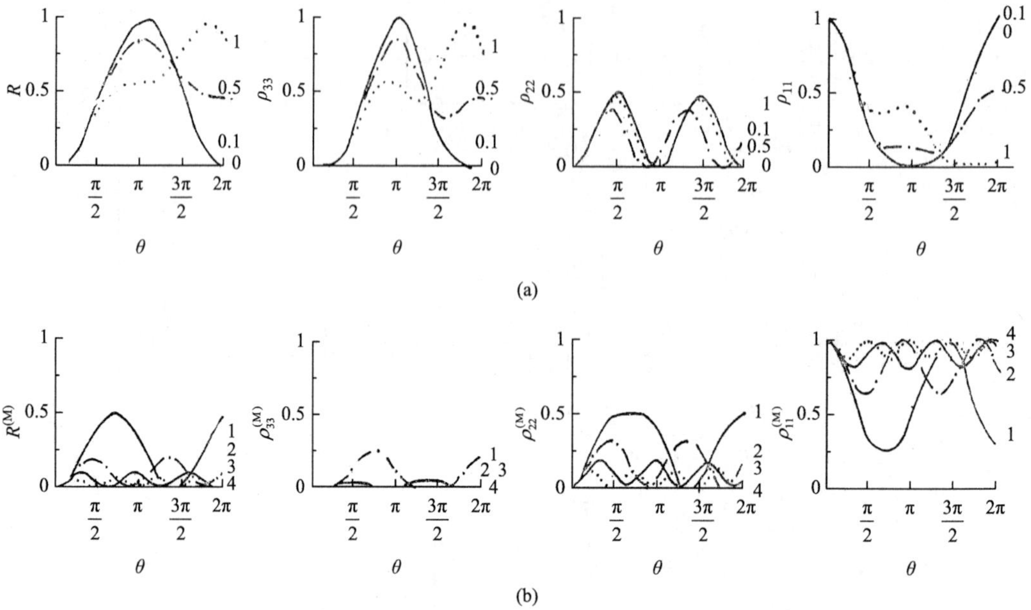

图 2.5.2　函数曲线图

（a）ρ_{ii} 和 R 对 θ 的函数曲线（$K=1$）；（b）$\rho_{ii}^{(M)}$ 和 $R^{(M)}$ 对 θ 的依赖曲线

$$\left.\begin{aligned}
&\frac{\partial U}{\partial \theta}=-\eta_{M}\upsilon,\ \frac{\partial V}{\partial \theta}=-\eta_{M}u+2W,\ \frac{\partial W}{\partial \theta}=-2V-\eta_{M}\upsilon_{13}\\
&\frac{\partial u}{\partial \theta}=\upsilon_{13}+\eta_{M}V,\ \frac{\partial \upsilon}{\partial \theta}=-w+\eta_{M}U,\ \frac{\partial w}{\partial \theta}=\upsilon\\
&\frac{\partial u_{3}}{\partial \theta}=-V-2\eta_{M}\upsilon_{13},\ \frac{\partial \upsilon_{13}}{\partial \theta}=-u+2\eta_{M}u_{13}
\end{aligned}\right\}\tag{2.5.17}$$

式中
$$\eta_{M}=\frac{\Delta_{M}}{\sqrt{\bar{\alpha}^{2}+\bar{\beta}^{2}}}$$

这组布洛赫方程[式（2.5.17）]满足初始条件（$t=-\infty$），$\rho_{11}=\rho_{22}=0$，$\rho_{33}=1$的解为

$$\begin{aligned}
U(\theta)&=\frac{\eta_{M}}{1+\eta_{M}^{2}}\left(1-\cos\sqrt{1+\eta_{M}^{2}}\,\theta\right)\\
V(\theta)&=\frac{1}{3(1+\eta_{M}^{2})}\left[2\sqrt{1+\eta_{M}^{2}}\sin 2\sqrt{1+\eta_{M}^{2}}\,\theta-\sqrt{1+\eta_{M}^{2}}\sin\sqrt{1+\eta_{M}^{2}}\,\theta\right]\\
&\quad-\frac{1+4\eta_{M}^{2}}{3(1+\eta_{M}^{2})}\left[\frac{\sin 2\sqrt{1+\eta_{M}^{2}}\,\theta}{2\sqrt{1+\eta_{M}^{2}}}-\frac{\sin\sqrt{1+\eta_{M}^{2}}\,\theta}{\sqrt{1+\eta_{M}^{2}}}\right]\\
W(\theta)&=-\frac{2+5\eta_{M}^{2}}{3(1+\eta_{M}^{2})}\left[\frac{\cos 2\sqrt{1+\eta_{M}^{2}}\,\theta}{4(1+\eta_{M}^{2})}-\frac{\cos\sqrt{1+\eta_{M}^{2}}\,\theta}{1+\eta_{M}^{2}}\right]\\
&\quad+\frac{2}{3(1+\eta_{M}^{2})}\left(\cos 2\sqrt{1+\eta_{M}^{2}}\,\theta-\cos\sqrt{1+\eta_{M}^{2}}\,\theta\right)+\left[\frac{1}{2}+\frac{3\eta_{M}-2(1+4\eta_{M}^{2})}{4(1+\eta_{M}^{2})^{2}}\right]
\end{aligned}$$

$$\left.\begin{aligned}
u(\theta)&=-\frac{2\eta_{\mathrm{M}}(1-2\eta_{\mathrm{M}}^{2})}{3(1+\eta_{\mathrm{M}}^{2})}\left[\frac{\cos 2\sqrt{1+\eta_{\mathrm{M}}^{2}}\theta}{4(1+\eta_{\mathrm{M}}^{2})}-\frac{\cos\sqrt{1+\eta_{\mathrm{M}}^{2}}\theta}{1+\eta_{\mathrm{M}}^{2}}\right]\\
&\quad-\frac{\eta_{\mathrm{M}}}{3(1+\eta_{\mathrm{M}}^{2})}\left(\cos 2\sqrt{1+\eta_{\mathrm{M}}^{2}}\theta-\cos\sqrt{1+\eta_{\mathrm{M}}^{2}}\theta\right)-\frac{\eta_{\mathrm{M}}(1-2\eta_{\mathrm{M}}^{2})}{2(1+\eta_{\mathrm{M}}^{2})^{2}}\\
\upsilon(\theta)&=-\frac{\sin\sqrt{1+\eta_{\mathrm{M}}^{2}}\theta}{\sqrt{1+\eta_{\mathrm{M}}^{2}}}\\
w(\theta)&=1-\frac{1}{1+\eta_{\mathrm{M}}^{2}}\left(1-\cos\sqrt{1+\eta_{\mathrm{M}}^{2}}\theta\right)\\
u_{13}(\theta)&=-\frac{(1-2\eta_{\mathrm{M}}^{2})}{3(1+\eta_{\mathrm{M}}^{2})}\left[\frac{\cos 2\sqrt{1+\eta_{\mathrm{M}}^{2}}\theta}{4(1+\eta_{\mathrm{M}}^{2})}-\frac{\cos\sqrt{1+\eta_{\mathrm{M}}^{2}}\theta}{1+\eta_{\mathrm{M}}^{2}}\right]\\
&\quad+\frac{1}{3(1+\eta_{\mathrm{M}}^{2})}\left(\cos 2\sqrt{1+\eta_{\mathrm{M}}^{2}}\theta-\cos\sqrt{1+\eta_{\mathrm{M}}^{2}}\theta\right)-\frac{(1-2\eta_{\mathrm{M}}^{2})}{4(1+\eta_{\mathrm{M}}^{2})^{2}}\\
\upsilon_{13}(\theta)&=\frac{\eta_{\mathrm{M}}}{1+\eta_{\mathrm{M}}^{2}}\left[\frac{\sin 2\sqrt{1+\eta_{\mathrm{M}}^{2}}\theta}{2\sqrt{1+\eta_{\mathrm{M}}^{2}}}-\frac{\sin\sqrt{1+\eta_{\mathrm{M}}^{2}}\theta}{\sqrt{1+\eta_{\mathrm{M}}^{2}}}\right]
\end{aligned}\right\}\tag{2.5.18}$$

从双光子离共振布洛赫方程的解析解(2.5.18)，可求出相应的能级集居数密度 $\rho_{ii}^{(\mathrm{M})}$ 和激发分数 $R^{(\mathrm{M})}$ 为

$$\left.\begin{aligned}
\rho_{11}^{(\mathrm{M})}&=1-\frac{1+4\eta_{\mathrm{M}}^{2}}{8(1+\eta_{\mathrm{M}}^{2})^{2}}+\frac{1}{6(1+\eta_{\mathrm{M}}^{2})}\left[\cos 2\sqrt{1+\eta_{\mathrm{M}}^{2}}\theta-\cos\sqrt{1+\eta_{\mathrm{M}}^{2}}\theta\right]\\
&\quad-\frac{1}{2(1+\eta_{\mathrm{M}}^{2})}\left[1-\cos\sqrt{1+\eta_{\mathrm{M}}^{2}}\theta\right]-\frac{1+4\eta_{\mathrm{M}}^{2}}{6(1+\eta_{\mathrm{M}}^{2})}\\
&\quad\times\left[\frac{\cos 2\sqrt{1+\eta_{\mathrm{M}}^{2}}\theta}{4(1+\eta_{\mathrm{M}}^{2})}-\frac{\cos\sqrt{1+\eta_{\mathrm{M}}^{2}}\theta}{1+\eta_{\mathrm{M}}^{2}}\right]\\
\rho_{22}^{(\mathrm{M})}&=\frac{1+4\eta_{\mathrm{M}}^{2}}{4(1+\eta_{\mathrm{M}}^{2})^{2}}-\frac{1}{3(1+\eta_{\mathrm{M}}^{2})}\left[\cos 2\sqrt{1+\eta_{\mathrm{M}}^{2}}\theta-\cos\sqrt{1+\eta_{\mathrm{M}}^{2}}\theta\right]\\
&\quad+\frac{1+4\eta_{\mathrm{M}}^{2}}{3(1+\eta_{\mathrm{M}}^{2})}\left[\frac{\cos 2\sqrt{1+\eta_{\mathrm{M}}^{2}}\theta}{4(1+\eta_{\mathrm{M}}^{2})}-\frac{\cos\sqrt{1+\eta_{\mathrm{M}}^{2}}\theta}{1+\eta_{\mathrm{M}}^{2}}\right]\\
\rho_{33}^{(\mathrm{M})}&=-\frac{1+4\eta_{\mathrm{M}}^{2}}{8(1+\eta_{\mathrm{M}}^{2})}-\frac{1}{6(1+\eta_{\mathrm{M}}^{2})}\left[\cos 2\sqrt{1+\eta_{\mathrm{M}}^{2}}\theta-\cos\sqrt{1+\eta_{\mathrm{M}}^{2}}\theta\right]\\
&\quad+\frac{1}{2(1+\eta_{\mathrm{M}}^{2})}\left(1-\cos\sqrt{1+\eta_{\mathrm{M}}^{2}}\theta\right)-\frac{1+4\eta_{\mathrm{M}}^{2}}{6(1+\eta_{\mathrm{M}}^{2})}\\
&\quad\times\left[\frac{\cos 2\sqrt{1+\eta_{\mathrm{M}}^{2}}\theta}{4(1+\eta_{\mathrm{M}}^{2})}-\frac{\cos\sqrt{1+\eta_{\mathrm{M}}^{2}}\theta}{1+\eta_{\mathrm{M}}^{2}}\right]\\
R^{(\mathrm{M})}&=\frac{1-\cos\sqrt{1+\eta_{\mathrm{M}}^{2}}\theta}{2(1+\eta_{\mathrm{M}}^{2})}
\end{aligned}\right\}\tag{2.5.19}$$

在式（2.5.18）中，如果令$\eta_M=0$，即$\Delta_M=0$，则式（2.5.18）与式（2.5.11）相同；当$\alpha=\beta$时，式（2.5.19）就与式（2.5.12）相同，这是必然的结果。因为当$\Delta_M=0$时，双光子离共振方程还原到双光子严格共振（$\Delta=0$）时的方程。

将η_M视作参数，可作出双光子离共振时能级集居数密度$\rho_{ii}^{(M)}(i=1,2,3)$和激发分数$R^{(M)}$对θ的函数依赖曲线，在以后的讨论中，Δ_M实际上是视作两种同位素的光谱位移。要获得高的同位素选择激发和分离系数，同位素位移Δ_M应远大于激光谱线宽度（包括功率加宽）和双光子共振激发的失谐量Δ（双光子共振激发需要提取的同位素，双光子离共振则对应不需要的同位素激发）。因此，选取参数η_M的值为1、2、3、4。这时，$\rho_{ii}^{(M)}$和$R^{(M)}$对θ的函数依赖曲线如图2.5.2（b）所示。

从图2.5.2（b）可以看出，用π脉冲与离共振同位素相干相互作用时，当$\eta_M=4$时，$\rho_{22}^{(M)}$、$\rho_{33}^{(M)}$、$R^{(M)}$几乎为零，而$\rho_{11}^{(M)}$很接近于1，这表明：离共振同位素几乎完全不激发，全部粒子仍集居在第一个能级上。这正是激光分离同位素获得高选择性、高分离系数所需要的最理想的结果。随着η_M减小（$\eta_M\leqslant1$），$\rho_{33}^{(M)}$和$R^{(M)}$增大，其物理原因是明显的，此时，激光谱线的功率加宽已经不再小于同位素位移。

2.5.5　同位素相干选择激发及分离系数的计算

激光分离同位素通常是一个双组分系统与辐射场相互作用的问题。假定需要提取的同位素I与辐射场的相互作用处于双光子共振相干选择激发，如图2.5.3（a）所示；而不需要的同位素M与辐射场的相互作用则是双光子离共振的情况，如图2.5.3（b）所示。图中Δ_M为两种同位素的光谱位移，它应远大于双光子共振激发的失谐度量，即$\Delta\ll\Delta_M$。

同位素I的双光子共振相干激发的能级集居数密度和激发分数由式（2.5.15）给出，它们对θ的函数依赖曲线如图2.5.2（a）所示。同位素M双光子离共振相干激发的能级集居数和激发分数由式（2.5.19）给出，它们对θ的函数依赖曲线如图2.5.2（b）所示。

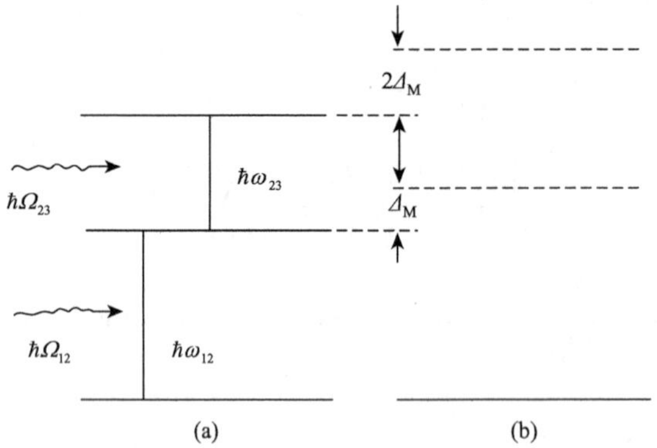

图2.5.3　（a）同位素I双光子共振相干激发$(\Omega_{12}-\omega_{12})+(\Omega_{23}-\omega_{23})=0$；（b）同位素M双光子离共振$(\Omega_{12}-\omega_{12}^{(M)})+(\Omega_{23}-\omega_{23}^{(M)})=2\Delta_M$

同位素分离系数按定义为

$$S\left(\frac{\mathrm{I}}{\mathrm{M}}\right)=\frac{R}{R^{(M)}} \tag{2.5.20}$$

当$\alpha_0 = \beta_0$时，将式（2.5.12）和式（2.5.19）代入式（2.5.20），即得分离系数的表示式

$$S(\eta_M, \theta) = \frac{(1+\eta_M^2)(1-\cos\theta)}{1-\cos\sqrt{1+\eta_M^2}\theta} \tag{2.5.21}$$

从式（2.5.21）可以明显看出，为了获得最大分离系数，要求

$$\theta(z, \infty) = \pi \tag{2.5.22}$$

$$\eta_M = \sqrt{4n^2 - 1} \quad (n = 1, 2, 3, \cdots) \tag{2.5.23}$$

这就是说，用π脉冲双光子共振相干激发需要提取的同位素($\varDelta \ll \bar{\alpha} = \bar{\beta}$)，同时，要适当地选择激光场振幅和脉冲形状、脉宽，使得$\eta_M = \varDelta_M / \sqrt{\bar{\alpha}^2 + \bar{\beta}^2}$满足式（2.5.23），就可以获得高选择性激发和高分离系数。

以上导出的条件式（2.5.22）和式（2.5.23），再加上双光子共振条件($\varDelta \ll \bar{\alpha}$)是一组使分离系数达到最大值的条件，它为激光分离同位素的重要参数如激光频率、线宽、脉冲形状、脉宽、激光能量等的最佳选择提供了理论依据。

参 考 文 献

[1] 巴朗诺夫. 同位素[M]. 王立军，等译. 北京：清华大学出版社，2004.

[2] 穆尔. 激光光化学与同位素分离[M]. 杨福明，周志宏，张先业，等译. 北京：原子能出版社，1988.

[3] Aldridge J P，BrocK E G，Filip H，et al. Measurement and analysis of the infrared-active stretching fundamental ν_3 of UF_6[J]. Journal of Chemical Physics，1985，83（1）：34-48.

[4] Eerkens J W. Spectral considerations in the laser isotope separation of uranium hexafluoride[J]. Applied Physics，1976，10（1）：15-31.

[5] Tiee J J，Wittig C. CF_4 and NOCl molecular lasers operating in the 16-μm region[J]. Applied Physics Letters，1977，30（8）：420-422.

[6] Rabinowitz P，Stein A，Brickman R，et al.Efficient tunable H_2 Raman laser[J]. Applied Physics Letters，1979，35（10）：739-741.

[7] Perry B，Brickman R O，Stein A，et al. Controllable pulse compression in a multiple-pass-cell Raman laser[J]. Optics Letters，1980，5（7）：288-290.

[8] 金春植，林太基，吴序华，等. 16μm 仲氢受激拉曼激光器[J]. 中国激光，1988，15（8）：462-466.

[9] 李黎. 多程反射室光路设计的简化及特性[J]. 中国激光，1983，10（6）：370-373.

[10] 蔡邦维，匡一中. 多程喇曼增益室及其腔镜反射率的测定[J]. 光学学报，1985，5（9）：855-857.

[11] 庄礼贤，尹协远，马晖扬. 流体力学[M]. 合肥：中国科学技术大学出版社，1991.

[12] 潘文全. 工程流体力学[M]. 北京：清华大学出版社，1988.

[13] 朱文涛. 物理化学（上册）[M]. 北京：清华大学出版社，1995.

[14] Takeuchi K，Tashiro H，Kato S，et al. Infrared multiphoton dissociation of UF_6 in supersonic nozzle reactor[J]. Journal of Nuclear Science and Technology，1989，26：301-303.

[15] 邹英华，孙驹亨. 激光物理学[M]. 北京：北京大学出版社，1991.

[16] Diels J C. Efficient selective optical excitation for isotope separation，using short laser pulses[J]. Physical Review A，1976，13（4）：1520-1527.

[17] 匡一中，戴特力. 光脉冲在三能级介质中的传播和短脉冲的同位素选择性激发[J]. 光学学报，1983.3（3）：207-214.

[18] 匡一中. 三能级系统同位素相干选择激发[J]. 光学学报，1985，5（9）：769-778.

[19] Eberly J H，Shore B W，Bialynickabirula Z，et al. Coherent dynamics of N-level atoms and molecules. Ⅰ. Numerical experiments[J]. Physical Review A，1977，16（5）：2038-2047.

[20] 李福利，Elgin J N. 激光与三能级系统的相干作用[J]. 中国激光，1983，10（8-9）：538.

第 3 章　分子光谱和分子碰撞基础理论

3.1　分子光谱基础理论

分子光谱学从本质上说就是一门分子物理学。分子的运动可划分为电子的运动、分子的振动和转动，因此分子光谱学也依据研究对象的不同，划分为电子光谱学、振动光谱学和转动光谱学。要从理论上研究分子光谱学，首先需要了解量子化学基础，因为量子化学是研究分子中电子运动的重要方法，然后还需要系统掌握分子振动和转动的理论。本节主要介绍分子振动和转动的基础知识。

3.1.1　分子的转动

1. 分子转动的经典力学理论

为了研究分子转动的量子力学结果，首先需要得到分子转动能的经典表达式。把分子当成是一刚体，其大小由对转动运动取平均来得到，因此涉及三维空间刚体转动的经典力学。在此对其做简要介绍[1-8]。

假设有 n 个质点（核）的集合，它们相互保持定的位置，但作为整体可自由转动。刚体绕任意轴 α 的转动惯量 I_α 定义为

$$I_\alpha = \sum_{i=1}^{N} m_i r_i^2 \tag{3.1.1}$$

式中，r_i 为从质点 i（质量为 m_i）到轴 α 的垂直距离。很显然，I_α 与 α 的选取有关，我们限制轴 α 都通过分子的质心。在每一个可能的 α 轴上，在质心两边量取一段距离，在数值上等于 $1/\sqrt{I_\alpha}$，这段距离的长短随 α 取向不同而改变，结果在三维空间中这些线段端点的集合便形成了曲面。这个曲面是一个椭球，中心在质心上，称为惯性椭球。这个椭球有三个相互垂直的主轴，分别用 I_a、I_b、I_c 表示。分子按其转动可分为三类：①球陀螺（$I_a = I_b = I_c$）；②对称陀螺（$I_a = I_b \neq I_c$ 或 $I_a \neq I_b = I_c$）；③非对称陀螺（$I_a \neq I_b \neq I_c$）。

接下来介绍刚体转动能经典表达式的推导过程。先假设刚体在任何时刻都是以角速度 $\boldsymbol{\omega}$ 绕某一轴在转动。$\boldsymbol{\omega}$ 是一向量，它的大小是绕转轴旋转角的时间变化率，其方向在转轴轴向。$\boldsymbol{\omega}$ 和第 i 质点的线速度 $\boldsymbol{v}_i$ 的关系为

$$\boldsymbol{v}_i = \boldsymbol{\omega} \times \boldsymbol{r}_i \tag{3.1.2}$$

式中，$\boldsymbol{r}_i$ 为向量，它是从转轴上任一点到质点 i 的向径。

质点系刚体转动动能 T_{rot} 可写为

$$T_{\mathrm{rot}} = \sum_i \frac{1}{2} m_i v_i^2 \tag{3.1.3}$$

其中 v_i^2 可改写成

$$v_i^2 = \boldsymbol{v}_i \cdot (\boldsymbol{\omega} \times \boldsymbol{r}_i) = \boldsymbol{\omega} \cdot (\boldsymbol{r}_i \times \boldsymbol{v}_i) \tag{3.1.4}$$

因此，式（3.1.3）也可写成

$$T_{\text{rot}} = \frac{1}{2}\boldsymbol{\omega} \cdot \left(\sum_i \boldsymbol{r}_i \times m_i \boldsymbol{v}_i\right) \tag{3.1.5}$$

由于质点系的转动角动量是

$$\boldsymbol{P} = \sum_i \boldsymbol{r}_i \times m_i \boldsymbol{v}_i \tag{3.1.6}$$

那么式（3.1.5）就变为

$$T_{\text{rot}} = \frac{1}{2}\boldsymbol{\omega} \cdot \boldsymbol{P} \tag{3.1.7}$$

而 $\boldsymbol{P}$ 同 $\boldsymbol{\omega}$ 的关系式为

$$\boldsymbol{P}_\alpha = \sum_\alpha I_\alpha \boldsymbol{\omega}_\alpha \tag{3.1.8}$$

所以式（3.1.3）最后可写成

$$T_{\text{rot}} = \frac{P_a^2}{2I_a} + \frac{P_b^2}{2I_b} + \frac{P_c^2}{2I_c} \tag{3.1.9}$$

2. 分子转动的量子力学理论

为了得到转动的量子力学结果，用算符 $\hat{P}_a$、$\hat{P}_b$、$\hat{P}_c$ 代替式（3.1.9）中的 P_a、P_b、P_c，可得到[1, 5]

$$\hat{H}_{\text{rot}} = \frac{\hat{P}_a^2}{2I_a} + \frac{\hat{P}_b^2}{2I_b} + \frac{\hat{P}_c^2}{2I_c} \tag{3.1.10}$$

式中，$\hat{P}_a$、$\hat{P}_b$、$\hat{P}_c$ 为角动量沿 a、b、c 轴分量的算符。

利用 $\hat{H}_{\text{rot}}$ 写出转动的薛定谔方程后，就可以直接求解。但为了简化计算，可以利用算符之间的对易性质来求解算符的本征值。对于任何类型的转子，下述关系式都成立[1, 5, 8]

$$\hat{H}\psi = E\psi \tag{3.1.11}$$

$$\hat{P}^2\psi = J(J+1)\hbar^2\psi, \quad J = 0,1,2,\cdots \tag{3.1.12}$$

$$\hat{P}_c\psi = K\hbar\psi, \quad K = 0,\pm1,\pm2,\cdots,\pm J \tag{3.1.13}$$

式中，$\sqrt{J(J+1)}\hbar$ 为转动角动量的大小；$K\hbar$ 为沿着坐标轴 c 轴的分量。

对于原点同样位于分子质心的空间坐标系（O-ξ-η-ζ），c 轴与 O-ζ 轴的夹角为 θ，c 轴在 O-ξ-η 面上的投影与 O-ξ 轴的夹角为 φ，转子绕 c 轴的转动角为[5] χ，空间坐标系（O-ξ-η-ζ）中转动角动量的三分量为 P_ξ、P_η、P_ζ，算符 $\hat{P}_\zeta$ 与前面的 $\hat{P}^2$、$\hat{P}_c$ 对易而有共同本征函数，$\hat{P}_\zeta$ 的本征函数为 $(2\pi)^{-1/2}\exp(\mathrm{i}M\varphi)$，$M = 0,\pm1,\pm2,\cdots,\pm J$，所以转子的本征函数的形式为

$$\psi = \frac{1}{\sqrt{2\pi}}F(\theta,\chi)\exp(\mathrm{i}M\varphi) \tag{3.1.14}$$

下面主要介绍球陀螺分子和对称陀螺分子的转动[1, 5, 8]。

球陀螺分子的转动能量算符为

$$\hat{H}=\frac{\hat{P}_a^2}{2I}+\frac{\hat{P}_b^2}{2I}+\frac{\hat{P}_c^2}{2I}=\frac{\hat{P}^2}{2I} \tag{3.1.15}$$

式中，I 为绕通过质心的任何转轴转动的惯性矩。

薛定谔方程为

$$\frac{\hat{P}^2}{2I}\psi=E\psi \tag{3.1.16}$$

于是根据式（3.1.12）可求出 $\hat{P}$ 的能量本征值为

$$\frac{J(J+1)}{2I}\hbar^2\psi=E\psi$$

$$E=\frac{J(J+1)\hbar^2}{2I},\quad J=0,1,2\cdots \tag{3.1.17}$$

根据式（3.1.13）可得到 $\hat{P}_c$ 的本征值为

$$K\hbar,\ K=0,\pm1,\cdots,\pm J \tag{3.1.18}$$

另外，由于球陀螺分子转动能量算符只含 $\hat{P}^2$，并与 $\hat{P}_c$ 对易，所以球陀螺分子转子的本征函数应包含 $\hat{P}_c$ 的本征函数。由式（3.1.13）可知 $\hat{P}_c$ 的本征函数为

$$\psi=\frac{1}{\sqrt{2\pi}}\mathrm{e}^{\mathrm{i}K\chi} \tag{3.1.19}$$

依式（3.1.14）和式（3.1.19），球陀螺分子转子的本征函数可表示为[5]

$$\psi=\frac{1}{2\pi}H_{JKM}(\theta)\mathrm{e}^{\mathrm{i}M\varphi}\mathrm{e}^{\mathrm{i}K\chi} \tag{3.1.20}$$

现在有三个量子数 J、K、M，但是能量只与 J 有关。因为 K、M 对每一个 J 值都有 $2J+1$ 个不同值，所以球陀螺分子的转动能级是 $(2J+1)^2$ 重兼并的。

对于对称陀螺分子的转动惯量，有 $I_a=I_b$ 或 $I_b=I_c$。假设 $I_a=I_b$，以主轴 c 为对称轴的转动能量算符为

$$\hat{H}=\frac{\hat{P}_a^2+\hat{P}_b^2}{2I_b}+\frac{\hat{P}_c^2}{2I_c}=\frac{\hat{P}^2-\hat{P}_c^2}{2I_b}+\frac{\hat{P}_c^2}{2I_c} \tag{3.1.21}$$

因 $\hat{P}_b$ 与 $\hat{P}^2$ 及 $\hat{P}_c^2$ 对易，所以对称陀螺分子的能量算符与 $\hat{P}_c$ 对易，而且能量本征函数可取为 $\hat{P}_c$ 的本征函数，所以有 $\hat{P}_c\psi=K\hbar\psi$。像球陀螺分子一样，有

$$\hat{P}_c^2\psi=\hat{P}_c(\hat{P}_c\psi)=K\hbar\hat{P}_c\psi=K^2\hbar^2\psi \tag{3.1.22}$$

于是很容易求出能量本征值为

$$E=\frac{J(J+1)\hbar^2}{2I_b}+K^2\hbar^2\left(\frac{1}{2I_c}-\frac{1}{2I_b}\right) \tag{3.1.23}$$

考虑到多原子分子三个转动常数的定义

$$A=\frac{h}{8\pi^2 I_a}\geqslant B=\frac{h}{8\pi^2 I_b}\geqslant C=\frac{h}{8\pi^2 I_c} \tag{3.1.24}$$

用转动常数来表示式（3.1.23），从而对称陀螺分子转动能量表示为

$$\frac{E}{h}=BJ(J+1)+(C-B)K^2 \text{（扁陀螺）} \tag{3.1.25}$$

$$\frac{E}{h}=BJ(J+1)+(A-B)K^2 \text{（长陀螺）} \tag{3.1.26}$$

$$J=0,1,2,\cdots,\quad K=0,\pm1,\pm2,\cdots,\pm J$$

与球陀螺类似，对称陀螺本征函数为 $\hat{P}^2$、$\hat{P}_c$、$\hat{P}_\zeta$ 的本征函数，具有形式为

$$\frac{1}{2\pi}G_{JKM}(\theta)\mathrm{e}^{\mathrm{i}M\varphi}\mathrm{e}^{\mathrm{i}K\chi} \tag{3.1.27}$$

对称陀螺分子转动能量与 J 和 K^2 有关。与 M 有关的简并度为 $2J+1$。此外，当 $K\neq0$，$|K|$ 及 $-|K|$ 都给出相同的 K^2 值，从而能量相等，所以对每一个 J 值都是二重简并的。由此可知对称陀螺的简并度：$K\neq0$ 时为 $2(2J+1)$，$K=0$ 时为 $2J+1$。

对多原子分子，有多种简正振动方式，它们各有其自身的振动量子数 ν_i。则对多原子分子有

$$B_{[\nu]}=B_\mathrm{e}-\sum_i\alpha_i^B\left(\nu_i+\frac{1}{2}\right) \tag{3.1.28}$$

式中，B_e 为平衡转动常数；$B_{[\nu]}$ 为一给定振动态的有效转动常数，式中求和遍及此分子的所有振动方式。对转动常数 A 及 C 有类似的表达式。对于多原子分子对称陀螺，必须包括与 J 及 K 有关的离心畸变项，从而式（3.1.25）变为

$$\frac{E}{h}=B_{[\nu]}J(J+1)+(C_{[\nu]}-B_{[\nu]})K^2-D_JJ^2(J+1)^2-D_{JK}J(J+1)K^2-D_KK^4 \tag{3.1.29}$$

式中，如用 A 代替 C，则得长对称陀螺的相似表达式。离心畸变常数 D_J、D_{JK}、D_K 同 B、C 相比是很小的。

3.1.2 分子的振动

1. 分子振动的经典力学理论

在用量子力学讨论振动波函数及能量之前，需要知道振动的经典力学哈密顿量。量子力学是按经典力学以一种特殊方式来形成哈密顿算符，而经典力学是更为普遍的量子力学理论的一种极限情况[1-8]。

设分子振动的模型是 N 个质点（即核）的集合，其中每一个质点都围绕其平衡位置做振动。振动运动由与分子一起平动和转动的三个主轴 a、b、c 来描述。令 a_α、b_α、c_α 为核在主轴坐标系中的坐标。令 $a_{\alpha,\mathrm{e}}$、$b_{\alpha,\mathrm{e}}$、$c_{\alpha,\mathrm{e}}$ 为这些坐标的平衡值。则量度每一核相对其平衡位置的 $3N$ 个直角位移坐标定义为

$$x_\alpha=a_\alpha-a_{\alpha,\mathrm{e}},\quad y_\alpha=b_\alpha-b_{\alpha,\mathrm{e}},\quad z_\alpha=c_\alpha-c_{\alpha,\mathrm{e}} \tag{3.1.30}$$

由于只有 $3N-6$ 或 $3N-5$ 个振动自由度，因此这些坐标并不是完全独立的。绕平衡位置振动的经典动能为

$$T=\frac{1}{2}\sum_{\alpha=1}^{N}m_\alpha\left[\left(\frac{\mathrm{d}x_\alpha}{\mathrm{d}t}\right)^2+\left(\frac{\mathrm{d}y_\alpha}{\mathrm{d}t}\right)^2+\left(\frac{\mathrm{d}z_\alpha}{\mathrm{d}t}\right)^2\right] \tag{3.1.31}$$

为了简化方程（3.1.31），定义质量权重的笛卡儿位移坐标 $q_1, q_2, \cdots, q_{3N}$

$$q_1 = m_1^{\frac{1}{2}} x_1,\ q_2 = m_1^{\frac{1}{2}} y_1,\ q_3 = m_1^{\frac{1}{2}} z_1,\ q_4 = m_2^{\frac{1}{2}} x_2, \cdots,\ q_{3N} = m_N^{\frac{1}{2}} z_N \tag{3.1.32}$$

则动能变为

$$T = \frac{1}{2}\sum_{i=1}^{3N}\left(\frac{\mathrm{d}q_i}{\mathrm{d}t}\right)^2 \tag{3.1.33}$$

分子的势能是核坐标的函数，因此也是 $q_1, q_2 \cdots, q_{3N}$ 的函数，可写为 $U(q_1, q_2, \cdots, q_{3N})$，按泰勒级数展开，结果为

$$U = U_{\mathrm{e}} + \sum_{i=1}^{3N}\left(\frac{\partial U}{\partial q_i}\right)_{\mathrm{e}} q_i + \frac{1}{2}\sum_{i=1}^{3N}\sum_{k=1}^{3N}\left(\frac{\partial^2 U}{\partial q_i \partial q_k}\right)_{\mathrm{e}} q_i q_k + \frac{1}{6}\sum_{i=1}^{3N}\sum_{j=1}^{3N}\sum_{k=1}^{3N}\left(\frac{\partial^3 U}{\partial q_i \partial q_j \partial q_k}\right)_{\mathrm{e}} q_i q_j q_k + \cdots \tag{3.1.34}$$

式中，U_{e} 为平衡位置的电子能量；e 表示它们是在平衡核构型求出的。

对于式（3.1.34），在平衡核构型时，势能极小，因此式中第二项为零。另外，如果振动很小，则忽略式中的第三项及更高次项不失为一种很好的近似。于是方程（3.1.34）就变为

$$U = U_{\mathrm{e}} + \frac{1}{2}\sum_{i=1}^{3N}\sum_{k=1}^{3N} u_{ik} q_i q_k \tag{3.1.35}$$

式中

$$u_{ik} = \left(\frac{\partial^2 U}{\partial q_i \partial q_k}\right)_{\mathrm{e}} \tag{3.1.36}$$

将式（3.1.35）改写成矩阵形式

$$\boldsymbol{U} = \boldsymbol{U}_{\mathrm{e}} + \frac{1}{2}\boldsymbol{q}^{+}\boldsymbol{U}\boldsymbol{q} \tag{3.1.37}$$

式中，$\boldsymbol{U}$ 的矩阵元为 u_{ik}，它是 $(m_i x_k)^{-\frac{1}{2}}$ 与力常数的乘积。

在式（3.1.37）中，令 $V = U - U_{\mathrm{e}}$，除去电子能 U_{e} 之后就是分子的振动势能。利用拉格朗日方程

$$\frac{\mathrm{d}}{\mathrm{d}t}\left(\frac{\partial T}{\partial \dot{q}_i}\right) + \frac{\partial V}{\partial q_j} = 0,\quad j = 1, 2 \cdots, 3N \tag{3.1.38}$$

可以得到振动的运动方程。把式（3.1.33）代入式（3.1.38），得到

$$\frac{\mathrm{d}^2 q_j}{\mathrm{d}t^2} + \frac{\partial V}{\partial q_j} = 0,\quad j = 1, 2, \cdots, 3N \tag{3.1.39}$$

方程（3.1.39）的求解过程非常复杂，为得到较简单的一系列微分方程，可利用变数变换。而所需要的变数变换是将式（3.1.39）中的双重求和变为对平方项的单次求和。双重求和是二次型的，变数变换是用 $\boldsymbol{U}$ 的本征矢量的方阵将其简化为平方项之和。令 $\boldsymbol{L}$ 为 $\boldsymbol{U}$ 的本征矢量矩阵。$\boldsymbol{U}$ 矩阵是实对称的矩阵（$u_{ij} = u_{ji}$），因此 $\boldsymbol{L}$ 可选为正交的，即 $\boldsymbol{L}\boldsymbol{L}' = \boldsymbol{E}$。故有

$$\boldsymbol{U}\boldsymbol{L} = \boldsymbol{L}\boldsymbol{\Lambda} \text{ 或 } \boldsymbol{L}'\boldsymbol{U}\boldsymbol{L} = \boldsymbol{\Lambda} \tag{3.1.40}$$

式中，$\boldsymbol{\Lambda}$ 为对角本征值矩阵。$\boldsymbol{U}$ 的本征值 λ_m 可从振动久期方程

$$\det(u_{jk} - \delta_{jk}\lambda_m) = 0 \tag{3.1.41}$$

求出。正交变换矩阵 $\boldsymbol{L}$ 由归一化本征向量 $\boldsymbol{L}^{(m)}$ 组成，$\boldsymbol{L}^{(m)}$ 则是由方程组

$$\begin{cases} (\boldsymbol{U} - \lambda_m \boldsymbol{E})\boldsymbol{L}^{(m)} = 0 \\ \sum_{k=1}^{3N} (u_{jk} - \delta_{jk}\lambda_m) l_{km} = 0, \quad j = 1, 2, \cdots, 3N \end{cases} \tag{3.1.42}$$

解得，其中 $\boldsymbol{E}$ 为单位矩阵。

定义简正坐标 Q_i 为质量计权位移坐标的线性组合

$$Q_i = \sum_{k}^{3N} l_{ki} q_k, \quad i = 1, \cdots, 3N \tag{3.1.43}$$

$$q_i = \sum_{k}^{3N} l_{ik} Q_k, \quad i = 1, \cdots, 3N \tag{3.1.44}$$

将式（3.1.43）和式（3.1.44）代入式（3.1.33）和式（3.1.35）可得

$$T = \frac{1}{2}\sum_{k=1}^{3N-6}\left(\frac{\mathrm{d}Q_k}{\mathrm{d}t}\right)^2, \quad V = \frac{1}{2}\sum_{k=1}^{3N-6} \lambda_k Q_k^2 \tag{3.1.45}$$

现在用新的坐标 Q_k 来表示式（3.1.39）的运动方程，可得

$$\frac{\mathrm{d}^2 Q_k}{\mathrm{d}t^2} + \frac{\partial V}{\partial Q_k} = 0, \quad k = 1, \cdots, 3N \tag{3.1.46}$$

$$\frac{\mathrm{d}^2 Q_k}{\mathrm{d}t^2} + \lambda_k Q_k = 0, \quad k = 1, \cdots, 3N \tag{3.1.47}$$

通过解这些方程，即得出

$$Q_k = B_k \sin\left(\lambda_k^{\frac{1}{2}} + b_k\right), \quad k = 1, \cdots, 3N \tag{3.1.48}$$

式中，B_k 和 b_k 为常数。

利用式（3.1.44）和式（3.1.48）求出质量权重直角坐标，有

$$q_i = \sum_{k=1}^{3N} A_{ik} \sin\left(\lambda_k^{\frac{1}{2}} t + b_k\right), \quad i = 1, \cdots, 3N \tag{3.1.49}$$

式中，$A_{ik} = l_{ik} B_k$。

让我们考察式（3.1.49）的物理意义。首先讨论除 $B_m \neq 0$ 外，所有的 $B_k = 0$ 的特殊情形。此时式（3.1.49）变为

$$q_i = A_{im} \sin\left(\lambda_m^{\frac{1}{2}} t + b_m\right), \quad i = 1, \cdots, 3N \tag{3.1.50}$$

在此情况中，每一原子的坐标都用同样的频率 ν_m 和相同的相位做振动运动。当式（3.1.50）中的 t 增加 $2\pi/\sqrt{\lambda_m}$，则此正弦函数经历一周，从而振动周期为 $2\pi/\sqrt{\lambda_m}$，并且频率为 $\sqrt{\lambda_m}/2\pi$。式（3.1.50）中的每一振动称为振动的简正方式。对每一简正方式，每一原子坐标的振幅 A_{im} 为一常数，但是，一般来讲，不同坐标的振幅是不同的。简正方式的性质与分子的几何形状、核的质量及力常数 u_{jk} 的值有关。$\boldsymbol{U}$ 的本征值 λ_m 决定振动的频率，因为 $A_{jm}/A_{im} = l_{jm}/l_{im}$，所以 $\boldsymbol{U}$ 的本征矢量决定每一简正方式中 q_i 的相对振幅。

2. 分子振动的量子力学理论

将式（3.1.33）和式（3.1.35）的动能和势能相加并用算符代替经典量，则得到多原子分子的近似量子力学哈密顿（忽略U_e）算符[1, 5]：

$$\hat{H}=\frac{1}{2}\sum_{k=1}^{3N-6}\left(\frac{\mathrm{d}\hat{Q}_k}{\mathrm{d}t}\right)^2+\frac{1}{2}\sum_{k=1}^{3N-6}\lambda_k\hat{Q}_k^2 \tag{3.1.51}$$

类似于动量算符$\hat{P}_x$与x的关系$\hat{P}_x=-\mathrm{i}\hbar\frac{\partial}{\partial x}$，算符$\frac{\mathrm{d}\hat{Q}_k}{\mathrm{d}t}$可写成

$$\frac{\mathrm{d}\hat{Q}_k}{\mathrm{d}t}=-\mathrm{i}\hbar\frac{\partial}{\partial\hat{Q}_k} \tag{3.1.52}$$

于是由式（3.1.51）和式（3.1.52）得到振动哈密顿算符为

$$\hat{H}=-\frac{\hbar^2}{2}\sum_{k=1}^{3N-6}\frac{\partial^2}{\partial Q_k^2}+\frac{1}{2}\sum_{k=1}^{3N-6}\lambda_kQ_k^2 \tag{3.1.53}$$

若把第k个简正坐标的哈密顿算符记为

$$\hat{H}_k=-\frac{\hbar^2}{2}\frac{\partial^3}{\partial Q_k^2}+\frac{1}{2}\lambda_kQ_k^2 \tag{3.1.54}$$

从而振动哈密顿算符可写为

$$\hat{H}_{\text{vib}}=\sum_{k=1}^{3N-6}\hat{H}_k \tag{3.1.55}$$

振动的薛定谔方程是

$$\hat{H}_{\text{vib}}\psi_{\text{vib}}=E_{\text{vib}}\psi_{\text{vib}} \tag{3.1.56}$$

由于振动哈密顿算符$\hat{H}_{\text{vib}}$具有式（3.1.55）的形式，方程式（3.1.56）就可以分离变量，振动波函数ψ_{vib}可写成各个波函数ψ_k的乘积，第k个ψ_k依赖于一个简正坐标Q_k：

$$\psi_{\text{vib}}=\prod_{k=1}^{3N-6}\psi_k(Q_k) \tag{3.1.57}$$

方程式（3.1.56）便可分解成$3N-6$个方程，本征值为E_k，

$$\hat{H}_k\psi_k(Q_k)=E_k\psi_k(Q_k),\quad k=1,2,\cdots,3N-6 \tag{3.1.58}$$

总的振动本征值是各个E_k的加和，即

$$E_{\text{vib}}=\sum_{k=1}^{3N-6}E_k \tag{3.1.59}$$

式（3.1.58）的每一个方程都具有如下形式

$$\frac{\partial^2\psi_k}{\partial Q_k^2}+\frac{2}{\hbar^2}\left(E_k-\frac{1}{2}\lambda_kQ_k^2\right)\psi_k^2=0 \tag{3.1.60}$$

这与一维谐振子薛定谔方程没有区别，可以直接引用其结果，方程（3.1.60）有本征函数

$$\psi_k=N_{v_k}\exp\left(-\frac{1}{2}\alpha_kQ_k^2\right)H_{v_k}\left(\alpha_k^{\frac{1}{2}}Q_k\right) \tag{3.1.61}$$

式中，$\alpha_k=2\pi\nu_k/\hbar=\sqrt{\lambda_k}/\hbar$，$N_{v_k}$为归一化常数，本征值为

$$E_k = \left(\upsilon_k + \frac{1}{2}\right)\hbar\nu_k, \quad \upsilon_k = 0,1,2\cdots \tag{3.1.62}$$

式中，ν_k 为第 k 个简正振动模式的简正频率；υ_k 为振动量子数，于是可以得到分子的振动能为

$$E = \sum_{k=1}^{3N-6}\left(\upsilon_k + \frac{1}{2}\right)\hbar\nu_k \tag{3.1.63}$$

式（3.1.61）中的 H_{ν_k} 为厄米多项式，为

$$H_\upsilon(\chi) = (2\chi)^\upsilon - \frac{\upsilon(\upsilon-1)}{1!}(2\chi)^{\upsilon-2} + \frac{\upsilon(\upsilon-1)(\upsilon-2)(\upsilon-3)}{2!}(2\chi)^{\upsilon-4} + \cdots \tag{3.1.64}$$

式中，$\chi = \alpha_k^{\frac{1}{2}} Q_k$。

3.2　分子碰撞基础理论

分子碰撞学科的创建者是 Eyring 和 Polanyi。分子碰撞的宏观反应往往会包含许多同时存在的分子碰撞的微观过程，当然宏观现象是微观现象统计综合后的结果。微观过程能提供基元过程的动力动态信息——激发态粒子的形成过程、传能过程、粒子数在能级布居反转的程度，从而寻找新的化学激光体系。分子碰撞理论是许多新兴学科建立与发展的理论基础，像大气化学、燃烧化学、激光化学、等离子体化学和生命科学等。两个分子的碰撞意味着它们在相互接近过程中发生了相互作用，如动量和能量传递等，甚至有时会改变分子的结构，发生反应产生新的产物。

分子碰撞理论研究主要分成两个方面：一是分子体系的结构计算，二是动力学理论计算问题。对于分子碰撞相互作用体系，可以利用玻恩近似，并考虑到电子运动要比核运动快得多，因此可以把核运动和电子运动分离。被固定的核的哈密顿算符可以用于建立量子化学，计算分子结构。有了势能面，利用碰撞散射理论就可以得到微分散射截面，然后利用宏观统计力学就可以获得宏观反应速率常数。对于双原子分子或三原子分子我们可以利用量子方法来计算，而对于 UF_6 等多原子分子则只能通过准经典或经典方法研究[9]。

3.2.1　碰撞机制

在碰撞过程中，碰撞分子间的相互作用是以能量的转换和传递为主要特征的，主要有两种碰撞机制。一类是一种分子的动能转换成另一种分子的内能的分子间产生能量转移的碰撞过程。具有一定动能的分子与处于基态的分子发生非弹性碰撞，前者部分动能转移给后者，并使后者跃迁到激发态，即如果相互碰撞的分子碰撞后总动能减少，这一部分动能使得有的分子内能增加，动能转换为激发能、电离能或离解能，这称为第一类碰撞。另外一类是分子间产生内能转移的碰撞过程。处在激发态或亚稳态的分子和处于基态的分子等在碰撞过程中，前者的内能转移给后者，并将它激励到激发态，而前者则

返回基态，即如果参加碰撞的分子在碰撞时释放出其内能，使得另一些粒子的内能升高或动能增大，这种过程称为第二类碰撞。在碰撞过程中，基态分子被激发到各个激发态的概率是不相等的，哪一个激发态和分子的激发态越相近，碰撞激发的概率就越大，分子间的这种内能转移过程也称为共振转移。非弹性碰撞实质上属于分子碰撞中最基本的非绝热跃迁过程，它在激光化学等领域有重要作用。

实验上研究碰撞主要有两种方法：一种是让两种分子在池中混合，利用核反冲、光解和激光突然激发其中某一种分子，并使其和另一种分子碰撞，然后观察总的效应，给出各种状态碰撞效应的统计平均结果；另一种是粒子束的方法，利用超声射流、原子分子束和可调谐激光制备特定状态的粒子。不但可以选择粒子束的方向和速度，而且其取向可以用偏振光或多极场控制，其电子态、振动态、转动态可以控制和检测，因此一个完全碰撞实验便可以实现了。

3.2.2　碰撞截面

一种运动中的分子和另一种静止分子碰撞时，如果在单位时间内通过垂直于运动方向单位面积上的运动分子数为 1，静止分子数也为 1，则单位时间发生碰撞的概率为碰撞截面，简称截面。截面的量纲和面积相同。截面的几何意义是：当两个分子碰撞时，如果把其中一个看作点，把碰撞时相互作用等效成某种极短程的接触作用，碰撞概率应正比于沿运动方向来看另一分子等效的几何截面，这个几何截面就是碰撞截面。

碰撞截面是入射能量的函数，主要描写分子跃迁强弱或分子对外信号响应强弱的参量。当需要考察对末态的运动参量加某种限制时的截面变化率，就产生微分截面的概念。像在弹性散射中，空间某特定方向的单位立体角内散射截面就是描写角分布的微分截面。当需要考察对末态进行不连续变化的分类截面时，就产生部分截面的概念。例如，在研究散射问题时，当把散射过程按碰撞角动量来分解，则截面就可表示成各种角动量对截面的贡献之和，这种给定角动量的截面就是一种部分截面。微分截面对相应的运动参量的积分以及部分截面按分类标准对所有可能的情形求和，都得截面，这时为明确区别常又称截面为总截面。其中只对末态中某个特定的分子进行测量而得到的截面称为单举截面；而只对末态中两个特定的分子进行测量得到的截面称为双举截面；如果对末态中所有分子都进行测量得到的截面称为遍举截面。

分子的类型、内部运动状态或数目有改变的碰撞过程称为反应过程，相应的截面称为反应截面或非弹性截面。碰撞分子的类型、内部运动状态和数目都未改变，称为弹性散射，相应的截面称为弹性截面。例如，当电子通过气体并和气体分子发生弹性碰撞时速度变化很小，并且只是方向的变化，这种现象就是弹性散射。电子与气体分子碰撞，在各个方向发生散射的概率称为碰撞的有效截面。实际上有效截面就是一个电子在单位路程中与气体分子碰撞的总次数，它与电子的速度有关，具有面积的量纲。统计力学的细致平衡原理指出：在平衡时，从能级 i 到能级 k 的碰撞截面 σ_{ik} 和从能级 k 到能级 i 的碰撞截面 σ_{ki} 有关系式：

$$\frac{\sigma_{ik}}{\sigma_{ki}}=\frac{g_k}{g_i}\exp\left(\frac{\Delta E}{kT}\right) \tag{3.2.1}$$

式中，g_i 和 g_k 分别为能级 i 和 k 的统计权重；ΔE 为能级分裂；k 为玻尔兹曼（Boltzmann）常量；T 为热力学温度。

3.2.3　分子间与分子内传能[9, 10-18]

分子传能是分子碰撞反应动力学的重要部分。要弄清化学反应机理，必然要研究分子传能，这是物理学家和化学家共同关心的问题。一般来说，能量传递既可以发生在平动与内部自由度之间，又可以出现在不同内部自由度之间。

1. 平动-平动传能

若分子碰撞时，只是动能发生交换，而不改变内能态，这是弹性散射过程。考虑 A 分子与静止的 B 分子的迎头碰撞，碰撞前后动量守恒与能量守恒为

$$\begin{cases} m_{\mathrm{A}}u'_{\mathrm{A}}+m_{\mathrm{B}}u'_{\mathrm{B}}=m_{\mathrm{A}}u_{\mathrm{A}} \\ \dfrac{1}{2}m_{\mathrm{A}}u'^2_{\mathrm{A}}+\dfrac{1}{2}m_{\mathrm{B}}u'^2_{\mathrm{B}}=\dfrac{1}{2}m_{\mathrm{A}}u^2_{\mathrm{A}} \end{cases} \tag{3.2.2}$$

式中，m_{A}、m_{B} 为分子的质量；u' 为碰撞后的速度。

由式（3.2.2）可解出

$$u'_{\mathrm{A}}=\frac{m_{\mathrm{A}}-m_{\mathrm{B}}}{m_{\mathrm{A}}+m_{\mathrm{B}}}u_{\mathrm{A}} \tag{3.2.3}$$

碰撞后 B 分子动能增加量为

$$\varepsilon_{\mathrm{B}}=-\Delta\varepsilon_{\mathrm{A}}=\frac{1}{2}m_{\mathrm{A}}(u^2_{\mathrm{A}}-u'^2_{\mathrm{A}})=\frac{4m_{\mathrm{A}}m_{\mathrm{B}}}{(m_{\mathrm{A}}+m_{\mathrm{B}})^2}\varepsilon_{\mathrm{A}} \tag{3.2.4}$$

对非迎头碰撞情况，式（3.2.4）可写成更普遍的形式

$$\varepsilon_{\mathrm{B}}=-\Delta\varepsilon_{\mathrm{A}}(x)=\frac{2m_{\mathrm{A}}m_{\mathrm{B}}}{(m_{\mathrm{A}}+m_{\mathrm{B}})^2}\varepsilon_{\mathrm{A}}(1-\cos x) \tag{3.2.5}$$

当 $x=\pi$ 时，即为迎头碰撞的反向散射情况。可见对于迎头碰撞，平动-平动传能最有效。

在束-气装置实验中，A 分子射入一个由 B 分子组成的气室，则单位时间内分子由于碰撞传能而引起的能量减少将正比于 B 分子的浓度，正比于 A 分子的能量，即

$$\frac{\mathrm{d}\varepsilon_{\mathrm{A}}}{\mathrm{d}t}=-\varepsilon_{\mathrm{A}}k_{\mathrm{e}}[\mathrm{B}] \tag{3.2.6}$$

式中，刚球模型下的速率常数 k_{e} 为

$$k_{\mathrm{e}}=\pi d^2\frac{2m_{\mathrm{A}}m_{\mathrm{B}}}{(m_{\mathrm{A}}+m_{\mathrm{B}})^2}u_{\mathrm{A}} \tag{3.2.7}$$

则式（3.2.6）变为

$$\frac{\mathrm{d}\varepsilon_{\mathrm{A}}}{\mathrm{d}t}=-\varepsilon_{\mathrm{A}}\left(\frac{2}{m_{\mathrm{A}}+m_{\mathrm{B}}}\frac{m_{\mathrm{A}}m_{\mathrm{B}}}{m_{\mathrm{A}}+m_{\mathrm{B}}}(\pi d^2u_{\mathrm{A}})[\mathrm{B}]\right) \tag{3.2.8}$$

2. 转动-平动传能与转动-转动传能

对于一个极端情况，双原子分子AB静止不动，粒子C与原子A迎头碰撞，并垂直于分子AB轴线，m_{A}、m_{B}、m_{C} 为原子质量，则由式（3.2.4）可得

$$\frac{1}{2}m_{\mathrm{A}}u_{\mathrm{A}}'^2=\frac{4m_{\mathrm{A}}m_{\mathrm{C}}}{(m_{\mathrm{A}}+m_{\mathrm{C}})^2}\frac{1}{2}m_{\mathrm{C}}u_{\mathrm{C}}'^2 \tag{3.2.9}$$

在碰撞瞬间，B原子不动，但分子质心速度为

$$u_{\mathrm{AB}}=\frac{m_{\mathrm{A}}}{m_{\mathrm{A}}+m_{\mathrm{B}}}u_{\mathrm{A}}' \tag{3.2.10}$$

所以AB分子转动能的增加量为

$$\Delta\varepsilon_{\mathrm{R}}=\frac{1}{2}m_{\mathrm{A}}u_{\mathrm{A}}'^2-\Delta\varepsilon_{\mathrm{T}}=\frac{4m_{\mathrm{A}}m_{\mathrm{B}}m_{\mathrm{C}}}{(m_{\mathrm{A}}+m_{\mathrm{B}})(m_{\mathrm{A}}+m_{\mathrm{C}})^2}\frac{1}{2}m_{\mathrm{C}}u_{\mathrm{C}}^2 \tag{3.2.11}$$

另外，假设C与A和C与B的碰撞概率相等，则式（3.2.11）应改写为

$$\Delta\varepsilon_{\mathrm{R}}=\frac{2m_{\mathrm{A}}m_{\mathrm{B}}m_{\mathrm{C}}}{(m_{\mathrm{A}}+m_{\mathrm{B}})}\left[\frac{1}{(m_{\mathrm{A}}+m_{\mathrm{C}})^2}+\frac{1}{(m_{\mathrm{B}}+m_{\mathrm{C}})^2}\right]\frac{1}{2}m_{\mathrm{C}}u_{\mathrm{C}}^2 \tag{3.2.12}$$

转动-转动传能可用经典轨线法来研究。如以下态-态过程

$$\mathrm{A}+\mathrm{BC}(i)\longrightarrow\mathrm{A}+\mathrm{BC}(j) \tag{3.2.13}$$

$i\to j$ 跃迁的微分截面为

$$\sigma_{ij}=2\pi bP_{ij}(b)\mathrm{d}b \tag{3.2.14}$$

非弹性跃迁的总截面为

$$S=S_j=\sum_{i\neq j}S_{ij}=2\pi\int_0^{\infty}b\sum_{i\neq j}P_{ij}(b)\mathrm{d}b \tag{3.2.15}$$

式中，$P_{ij}(b)$ 为对应冲击参量 b 的跃迁概率。

3. 振动-振动传能

振动传能对化学反应和激光化学等非常重要。以原子A与谐振子分子BC发生共线碰撞为例。设初始BC分子静止，则体系的动量和能量守恒：

$$\begin{cases}m_{\mathrm{A}}u_{\mathrm{A}}'+m_{\mathrm{B}}u_{\mathrm{B}}'=m_{\mathrm{A}}u_{\mathrm{A}}\\ \dfrac{1}{2}m_{\mathrm{A}}u_{\mathrm{A}}'^2+\dfrac{1}{2}m_{\mathrm{B}}u_{\mathrm{B}}'^2=\dfrac{1}{2}m_{\mathrm{A}}u_{\mathrm{A}}^2\end{cases} \tag{3.2.16}$$

$$u_{\mathrm{B}}'=\frac{2m_{\mathrm{A}}}{m_{\mathrm{A}}+m_{\mathrm{B}}}u_{\mathrm{A}} \tag{3.2.17}$$

因此，被传递的振动能为

$$\Delta\varepsilon_{\mathrm{B}}=\frac{1}{2}\frac{m_{\mathrm{B}}m_{\mathrm{C}}}{m_{\mathrm{B}}+m_{\mathrm{C}}}u_{\mathrm{B}}'^2=\frac{2m_{\mathrm{A}}^2m_{\mathrm{B}}m_{\mathrm{C}}}{(m_{\mathrm{B}}+m_{\mathrm{C}})(m_{\mathrm{A}}+m_{\mathrm{B}})^2}u_{\mathrm{A}}^2 \tag{3.2.18}$$

初始相对平动能

$$\varepsilon_{\mathrm{T}}=\frac{1}{2}\frac{m_{\mathrm{A}}(m_{\mathrm{B}}+m_{\mathrm{C}})}{m_{\mathrm{A}}+m_{\mathrm{B}}+m_{\mathrm{C}}}u_{\mathrm{A}}^2 \tag{3.2.19}$$

转变为振动能的分数为

$$\frac{\Delta\varepsilon_{\mathrm{V}}}{\varepsilon_{\mathrm{T}}}=\frac{4m_{\mathrm{A}}m_{\mathrm{B}}m_{\mathrm{C}}(m_{\mathrm{A}}+m_{\mathrm{B}}+m_{\mathrm{C}})}{(m_{\mathrm{A}}+m_{\mathrm{B}})^2(m_{\mathrm{B}}+m_{\mathrm{C}})^2}=4\cos^2\beta\sin^2\beta\leqslant 1 \tag{3.2.20}$$

式中，质量因子

$$\cos^2\beta=\frac{m_{\mathrm{A}}m_{\mathrm{C}}}{(m_{\mathrm{A}}+m_{\mathrm{B}})(m_{\mathrm{B}}+m_{\mathrm{C}})} \tag{3.2.21}$$

当三原子的质量相近时，

$$\frac{\Delta\varepsilon_{\mathrm{V}}}{\varepsilon_{\mathrm{T}}}\approx 0.75 \tag{3.2.22}$$

这是振动传能最大效率。

振动-振动传能既能出现在相同分子之间，又可出现在不同分子之间。分子碰撞直接发生的振动-振动传能，$\Delta\upsilon=\pm1$ 的跃迁概率最大，它与光学跃迁规则相同。$\Delta\upsilon>1$ 的多量子跃迁概率很小。另外，振动-转动传能常伴随振动-振动传能出现，但由于振动与转动能级的间隔很不匹配，因此振动-转动传能效率不高。

参 考 文 献

[1] 徐广智，张建中，李碧钦. 分子光谱学[M]. 北京：高等教育出版社，1985.

[2] Levine I N. Molecular Spectroscopy[M]. New York：John Wiley & Sons，Inc.，1975.

[3] 吴征铠，唐敖庆. 分子光谱学专论[M]. 济南：山东科学技术出版社，1999.

[4] 张耀宁. 原子和分子光谱学[M]. 武汉：华中理工大学出版社，1989.

[5] 张允武，陆庆正，刘玉申. 分子光谱学[M]. 合肥：中国科学技术大学出版社，1988.

[6] 钟立晨，丁海曙. 分子光谱与激光[M]. 北京：电子工业出版社，1987.

[7] 夏慧荣，王祖赓. 分子光谱学和激光光谱学导论[M]. 上海：华东师范大学出版社，1989.

[8] 徐亦庄. 分子光谱理论[M]. 北京：清华大学出版社，1988.

[9] 韩克利，孙本繁. 势能面与分子碰撞理论[M]. 长春：吉林大学出版社，2009.

[10] Taylor J R. Scatting Theory：The Quantum Theory on Nonrelativistic Collisions[M]. New York：John Wiley & Sons，Inc.，1972.

[11] Joachain C J. Quantum Collision Theory[M]. Amsterdam：North-Holland Publishing Co.，1975.

[12] Levine R D，Bernstein R B. Molecular Reaction Dynamics[M]. Oxford：Clarendon Press，1974.

[13] Child M S. Molecular Collision Theory[M]. London：Academic Press，1974.

[14] Miller W H. Dynamics of Molecular Collision[M]. New York：Plenum Press，1976.

[15] Bernstein R B. Atom-Molecule Collision Theory：A guide for the Experimentalist[M]. New York：Plenum Press，1979.

[16] Bowan J M. Molecular Collision Theory[M]. Berlin：Springer-Verlag，1983.

[17] Baer M. Theory of Chemical Reaction Dynamics[M]. Boca Raton：CRC Press，1985.

[18] Hirst D M. Potential Energy Surface：Molecular Structure & Reaction Dynamics[M]. London：Taylor & Francis，1985.

第 4 章　UX_y（X = F, Cl, Br, I; y = 4, 6）和 U_2F_6 分子光谱的理论分析

在本章中，先对 UX_y(X = F,Cl,Br,I; y = 4,6)分子的研究背景做了基本的介绍，包括 UX_y(X = F,Cl,Br,I; y = 4,6)分子的基本性质和研究进展。接着介绍了计算这些分子性质的计算方法，我们使用了相对论密度泛函方法。最后，详细讨论了计算结果。我们用 $DMol^3$ 程序中的GGA密度泛函（PBE、RPBE、BOP、BLYP、VWN-BP）计算了 UF_4 分子在四个对称性（T_d、C_{3v}、C_{2v}或D_{2d}）下的电子结构和振动频率，并证实了这个分子是一个规则的四面体结构；用ADF2007程序中的GGA密度泛函（BP、BLYP、PBE、RPBE）计算了 UX_y(X = F,Cl, Br,I; y = 4,6)分子的电子结构、键能和振动频率，结果显示采用RPBE泛函计算得到的结果与已有的光谱实验数据符合得最好；用ADF2007程序中的RPBE密度泛函方法预测出 U_2F_6 分子的存在，并发现 D_{3d} 比 D_{3h} 对称性更稳定，并得到了 D_{3d} 对称性的 U_2F_6 分子的键能和振动频率等性质。此外，还用相同的方法计算得到了 UF_6 和 U_2F_6 分子的同位素位移，并预测出 U_2F_6 分子是一种更有效的激光分离铀同位素的物质。

4.1　背 景 介 绍

4.1.1　UX_4（X = F, Cl, Br, I）分子的性质和研究进展

提到铀，我们都知道它是自然界中能够找到的最重的元素，在自然界中有三种同位素存在，均带有放射性。UF_4 是铀的最重要的化合物之一，呈翠绿色粉末。在空气中稳定，氧气氛中加热至 800℃时转变为 UF_6 和 UO_2F_2。 UF_4 的制备方法不同，其堆密度也不同，通常在 1.5～3.5cm^{-3} 范围内。它由 UO_2 与 HF 作用而成，也可利用六六六无效体与 UO_2 制得。UF_4 是生产金属铀和 UF_6 的原料，通过钙（镁）金属热还原法生产金属铀，通过 F_2 氟化生产 UF_6。UF_4 用于工业制备有干法和湿法两条途径，用以制备铀和 UF_6。UCl_4 也称氯化铀，深绿色晶体；有毒，具有放射性和强吸湿性；挥发性高，溶于极性溶剂。它在空气中易氧化，由 U_3Cl_8 和碳混合物在氯气中加热制得。也可用钾来还原 UCl_4 而获得金属铀。 UBr_4 是棕色晶体，也具有放射性，稳定性差；易溶于水，并发生强烈水解，也溶于极性溶剂，在 165℃由 UO_3 与 CBr_4 作用或在 300℃溴化 UBr_3 制得。 UI_4 为黑色固体，也具有吸湿性，易溶于水并强烈水解。氧气或干燥的空气在室温能将 UI_4 转化成 UO_2I_2，提高温度则转化为 U_3O_8。室温下， UI_4 能与氯气反应。对于制备 UI_4，可通过将化学计量的碘蒸馏到装有细粒铀的真空室中，保持一定的碘分压，加热制得。

四卤化铀在铀浓缩和再加工方面占据重要的角色[1]，人们在固态[2]和气态[3-17]方面已

经做了较多的实验研究。在过去的研究中 UI_4 占据更大的部分。早在 1958 年，Akishin 等第一次对 UI_4 分子做了电子衍射实验，他们认为 UI_4 分子为规则的四面体结构，即对称性为 T_d。然而此后很多人做了大量的实验研究，却认为四卤化铀分子并非规则的四面体结构，即对称性可能为 C_{3v}、C_{2v}或D_{2d}[3-7]。尤其 Hildenbrand 等提供的证据似乎是令人信服的[6, 7]，他们先假使 UF_4、UCl_4 和 UBr_4 分子是规则的四面体结构，然后从理论上推导出它们的熵，用来与从实验上得到的这些分子的熵进行比较，发现从实验得到的分子的熵要高出很多，所以他们认为 UI_4、UCl_4 和 UBr_4 分子并非规则的四面体结构。尽管如此，后来 Konings 等认为 Hildenbrand 等提供的证据是不正确的，因为在实验上测定的非四面体的 UF_4 和 UCl_4 分子的频率是比根据熵推导出的频率低很多的，即计算的熵和实验上测得的熵是不一致的[8, 9]。随后，还有很多人重新分析了以前出版的关于 UF_4 和 UCl_4 分子的电子衍射实验数据，证实了它们具有规则的四面体结构[10, 11]。

在实验上，Kunze 和 Bukhmarina 等对 UF_4 分子的红外光谱做了测量，他们在 101～540cm^{-1} 范围内观测了大量的吸收带并得到了关于 UF_4 分子具有不同对称性的结论[12-16]。但是 Konings 等通过矩阵点效应来解释其吸收带的多样性，而仍然认为 UF_4 分子为规则的四面体结构[9]。后来很多科研工作者都对 UF_4、UCl_4 和 UBr_4 分子的红外光谱的反对称伸缩振动和弯曲振动频率做了测量，根据红外选择定则，表明这些分子具有规则的四面体结构[17-20]。还有 UF_4 和 UCl_4 分子新的光谱数据和电子衍射实验数据的重新分析都表明它们具有规则的四面体结构，即具有 T_d 对称性。Konings 和 Hildenbrand 还推导出了 UBr_4 和 UI_4 分子的光谱参数[21]。另外，人们还在实验上研究了 UF_4、UCl_4 和 UBr_4 分子的熵[6, 7, 22]。总之，在实验上人们对四卤化铀有较多的研究，但在理论上却研究很少，因此我们将在本章中主要在理论上详细计算四卤化铀的分子结构、键能、光谱数据和热力学性质等。

4.1.2　UX_6（X = F, Cl, Br, I）分子的性质和研究进展

UF_6 是无色或淡黄色晶体，具有放射性。当温度升高或压力降低时很易升华成为气体。UF_6 化学性质活泼，与水发生剧烈反应，与大多数有机化合物发生氟化反应，化学腐蚀性强。它通常由 UO_2 与 HF 在 500℃时反应，先制得 UF_4，再与氟气在 300～350℃时反应制得。用氟气氟化 UF_4 是 UF_6 的最主要的工业制备方法，它消耗的氟气最少。UF_6 是目前铀化合物中唯一易挥发的化合物，为气体扩散法、超离心分离法、激光分离法富集 ^{235}U 和 ^{238}U 的最为适宜的工作介质，在原子能工业中具有非常重要的意义。UCl_6 是黑色或暗绿色晶体，具有放射性和挥发性；溶于 UCl_4，在湿空气中不稳定，与水发生强烈反应生成氯化铀酰；可在 350℃时由 UCl_4 与氯气反应制得。对于 UBr_6 和 UI_6 分子，它们在空气中不稳定，实验上也少有研究，在这里不做详细介绍。

六卤化铀在核技术方面占据重要的角色，所以它们在锕系化合物的物理和化学性质研究中有重要地位[1, 23]。由于六卤化铀的稀少性和放射性，在实验上研究这些化合物是非常困难的。所以我们知道的这些化合物的可利用的光谱常数等实验数据是非常稀少的。尽管如此，McDowell 等早在 1974 年就在实验上测量分析了 UF_6 分子的光谱数据[24]。对于 UF_6 分子，仅有反对称伸缩振动频率实验值被 Maier 等测量出[25, 26]，另外对 UF_6 的键能

也有很多实验研究[27-29]。但迄今为止，还没有关于 UBr_6 和 UI_6 分子的实验数据的任何报道。上面说到，对六卤化铀的实验研究是很困难的，因此在理论上用量子化学程序计算其物理化学性质就显得尤为重要。由于 UF_6 在核燃料浓缩方面的重要性和拥有充足的实验数据，它已经被作为测试计算锕类化合物分子结构和光谱数据的模型[30, 31]。关于 UF_6 分子的分子结构和振动频率有大量的理论研究，并与实验数据符合得都很好[32-44]。另外，也有很多科研工作者对 UCl_6 分子的电子结构和振动频率做了很多的理论研究[33, 35, 40, 42, 45, 46]，而对 UBr_6 和 UI_6 分子的结构和振动频率却鲜有研究。我们将在本章中详细计算这些分子的电子结构和振动频率等性质。

4.2 计算方法介绍

本节中，计算采用的是密度泛函方法，选用了广义梯度近似（GGA）泛函。密度泛函理论（density functional theory，DFT）是一种研究多电子体系电子结构的量子力学方法，在物理方面有广泛的应用。电子结构理论的经典方法，特别是 Hartree-Fock 方法，是基于复杂的多电子波函数的。密度泛函理论的主要目标就是用电子密度取代波函数作为研究的基本量。因为多电子波函数有 $3N$ 个变量（ N 为电子数，每个电子包含三个空间变量），而电子密度仅是三个变量的函数，所以更方便处理。密度泛函理论最普遍的应用是通过 Kohn-Sham 方法实现[47]。在这个方法中，最难处理的多体问题被简化成了一个没有相互作用的电子在有效势场中运动的问题。这个有效势场中包括了外部势场以及电子间库仑相互作用的影响，如交换和相关作用。自 1970 年以来，密度泛函理论在量化计算中得到广泛的应用。在多数情况下，与其他解决量子力学多体问题的方法相比，采用密度泛函理论给出了非常令人满意的结果，且要比用其他方法更节省时间。尽管如此，人们普遍认为它不能给出足够精确的结果，直到 20 世纪 90 年代，理论中所采用的近似被重新提炼成更好的交换相关作用模型。密度泛函理论是目前多个领域中电子结构计算的领先方法。本章中计算所用的量化程序是 $DMol^3$ 和 ADF2007 软件包[48-50]。下面我们就简单介绍密度泛函理论和这两种程序。

4.2.1 密度泛函理论

DFT 是一种用电子密度分布作为基本变量来研究多粒子体系基态性质的新理论。DFT 的建立最初起源于 1927 年 Thomas 和 Fermi 建立的 Thomas-Fermi 模型，即将原子体系的动能近似地表示为密度的泛函。后来在 1964 年，Hohenberg 和 Kohn 提出的两个定理奠定了密度泛函的理论基础，他们从理论上严格证明了多粒子量子力学体系的性质可由体系基态唯一决定，并且在泛函精确的条件下，就可以得到体系基态的精确解，但如何准确计算体系动能还不是很明确。不久，Kohn 和 Sham 又建立了 Kohn-Sham 方程，利用单电子轨道的框架来求解体系动能的主要部分，其余则归入交换相关能部分。基于 Slater 在量子化学方面的工作和 Hohenberg-Kohn 理论的基础，最终形成了现代 DFT。从此 DFT 开始被广泛用于实际体系的计算。

1. Hohenberg-Kohn 定理

单电子近似的现代理论是在密度泛函理论的基础上发展起来的，而密度泛函理论给出了将多电子问题简化为单电子问题的理论基础，其基本思想就是分子的基态物理性质可以用粒子数密度来描述。1964 年，Hohenberg 和 Kohn[51]提出了奠定密度泛函理论基础的两个定理[52]：①外部势 $V(r)$ 是电荷密度 $\rho(r)$ 的唯一泛函，即它们存在一一对应关系，也就是电荷密度 $\rho(r)$ 唯一确定了分子体系基态的能量和性质；②对于任何一个多电子分子体系，基态电荷密度对应体系的总能量泛函取最小值。因此，如果我们知道了分子体系的能量的密度泛函表示，便可以通过计算得到分子体系基态的能量等所有的物理量。当然，计算应采用量子力学变分原理求出最低能量，得到分子体系的电荷密度 $\rho(r)$，从而计算出它的其他基态性质。

首先，根据量子力学原理，对于一个由 N 个电子组成的多粒子分子体系，它的哈密顿算符为

$$\hat{H} = \hat{H}_{\text{int}} + V(r) \tag{4.2.1}$$

式中，$\hat{H}_{\text{int}}$ 为电子间的库仑相互作用；$V(r)$ 为外部势，即由原子核形成的势。它们的表达式为

$$\hat{H}_{\text{int}} = \hat{T} + v_{\text{c}} = \sum_i \frac{\hat{P}_i^2}{2m_{\text{e}}} + \frac{1}{2}\sum_{i \neq j} \frac{e^2}{|r_i - r_j|} \tag{4.2.2}$$

$$V(r) = \sum_i v(r_i) = -\sum_i \sum_I \frac{Z_I e^2}{|r_i - vecR_I|} \tag{4.2.3}$$

根据 Hohenberg-Kohn 定理，分子体系的基态能量表达式为

$$E(\rho) = T + v_{\text{c}} + \int V(r)\rho(r)\text{d}r \tag{4.2.4}$$

最后，根据上面所述，Hohenberg-Kohn 密度泛函理论只对分子体系的基态是成立的，其激发态的性质是不包含在密度泛函理论中的。

2. Kohn-Sham 方程

在 Hohenberg-Kohn 定理的基础上，Kohn 和 Sham 提出将多体问题用一个辅助函数来简化为单体问题。但在实际计算时有较大困难，因为在 Hohenberg-Kohn 方程中，能量泛函的所有未知量即难以处理的多体部分都被归结到一个交换相关项中，而剩下的部分为一个无相关作用的单体问题，就很容易了。总之，其结果的准确性完全取决于这个交换关联的函数[53]。

Kohn 和 Sham 提出了一个具体求解相互作用的非均匀电子气基态问题的理论方法。即用单电子波函数构造体系的电荷密度

$$\rho(r) = \sum_{i=1}^{N} \psi_i^*(r)\psi_i(r) \tag{4.2.5}$$

式中，$\psi_i(r)$ 为正交归一的基函数。

密度为 $\rho(r)$ 的无相互作用的电子的动能为

$$T_{\mathrm{e}}(\rho)=-\frac{1}{2}\sum_i\langle\psi_i|\nabla^2|\psi_i\rangle=\frac{1}{2}\sum_i|\nabla\psi_i|^2 \tag{4.2.6}$$

电子间直接库仑作用项为

$$E_{\mathrm{e}}(\rho)=\frac{1}{2}\int \mathrm{d}r\mathrm{d}r'\frac{\rho(r)\rho(r')}{|r-r'|} \tag{4.2.7}$$

在这里引入一个交换相关项 E_{xc}，于是分子体系的基态能量表达式变为

$$\begin{aligned}E(\rho)&=T_{\mathrm{e}}(\rho)+E_{\mathrm{e}}(\rho)+E_{\mathrm{xc}}+\int \mathrm{d}rV(r)\rho(r)\\&=\frac{1}{2}\sum_i|\nabla\psi_i|^2+\frac{1}{2}\int \mathrm{d}r\mathrm{d}r'\frac{\rho(r)\rho(r')}{|r-r'|}+E_{\mathrm{xc}}+\int \mathrm{d}rV(r)\rho(r)\end{aligned} \tag{4.2.8}$$

当然我们知道，Kohn-Sham 方程并没有做出多余的近似条件，原则上它是严格的，但由于交换相关项 E_{xc} 的具体形式是未知的，即无法精确得到，必须通过各种近似得到。通过对其变分可得到其近似[53]：

$$\left\{-\frac{1}{2}\nabla^2+V(r)+\int \mathrm{d}r\frac{\rho(r)}{|r-r'|}+\frac{\delta E_{\mathrm{xc}}[\rho(r)]}{\delta\rho}\right\}\psi_i(r)=E_i\psi_i(r) \tag{4.2.9}$$

3. 交换相关近似

交换相关主要有两种近似：局域密度近似（local density approximation，LDA）和广义梯度近似（general gradient approximation，GGA）。在此对这两种交换相关能量泛函进行简要介绍。

1）局域密度近似

LDA 是 Kohn 和 Sham 提出的一种密度泛函的近似，即在空间任一点处的交换相关能可用和该点有着相同电荷密度的均匀电子气的交换相关能代替[53]。在局域密度近似下，交换相关能的表达式为

$$E_{\mathrm{xc}}^{\mathrm{LDA}}(\rho)=\int\rho(r)\varepsilon_{\mathrm{xc}}[\rho(r)]\mathrm{d}r \tag{4.2.10}$$

式中，$\varepsilon_{\mathrm{xc}}[\rho(r)]$ 为密度为 $\rho(r)$ 的均匀无相互作用电子气中每个电子的交换相关能。

相应的交换相关势 $V_{\mathrm{xc}}(\rho)$ 和交换相关能 $E_{\mathrm{xc}}(\rho)$ 之间具有以下关系：

$$V_{\mathrm{xc}}(\rho)=\frac{\delta E_{\mathrm{xc}}(\rho)}{\delta\rho}=\varepsilon_{\mathrm{xc}}[\rho(r)]+\rho(r)\frac{\delta\varepsilon_{\mathrm{xc}}(\rho)}{\delta\rho} \tag{4.2.11}$$

由式（4.2.10）和式（4.2.11）可知，只要知道 $\varepsilon_{\mathrm{xc}}(\rho)$ 的具体形式，则交换相关能 $E_{\mathrm{xc}}(\rho)$ 与交换相关势 $V_{\mathrm{xc}}(\rho)$ 也就知道了。在局域密度近似下，常见的交换相关能密度 $\varepsilon_{\mathrm{xc}}(\rho)$ 有如下三种形式。

A. Kohn-Sham 形式[53]

$$\varepsilon_{\mathrm{xc}}(\rho)=-3\alpha\left(\frac{3\rho(r)}{8\pi}\right)^{\frac{1}{3}}\quad\left(\frac{2}{3}\leqslant\alpha\leqslant1\right) \tag{4.2.12}$$

B. Barth-Hedin 形式[54]

$$\varepsilon_{xc}(\rho) = -\left(\frac{3\rho(r)}{8\pi}\right)^{\frac{1}{3}} - \frac{9}{400}\ln\left(1+28\pi\rho(r)\right)^{\frac{1}{3}} \tag{4.2.13}$$

C. Gunnansson-Lunquist 形式[55]

$$\varepsilon_{xc}(\rho) = -\frac{C_{ks}}{r_{sl}} - C_p \ln\left(1+\frac{r_p}{r_{sl}}\right) \tag{4.2.14}$$

式中　$r_p = 21, \quad C_p = 0.0225, \quad C_{ks} = \left(\frac{9}{4\pi^2}\right)^{\frac{1}{3}}, \quad r_{sl} = \left(\frac{3}{4\pi\rho(r)}\right)^{\frac{1}{3}}$

上面的局域密度近似理论还推广到了具有自旋的情形，即局域自旋密度近似（LSDA），其交换相关能可以写为

$$E_{xc}^{LSDA}(\rho_\alpha, \rho_\beta) = \int \rho(r)\varepsilon_{xc}[\rho_\alpha(r), \rho_\beta(r)]dr \tag{4.2.15}$$

相应的交换相关势 $V_{xc}(\rho)$ 的表达式为

$$V_{xc}(\rho) = \varepsilon_{xc}[\rho(r)] + \frac{\rho(r)}{3}\frac{\delta\varepsilon_{xc}(\rho)}{\delta\rho} \tag{4.2.16}$$

式中，$\varepsilon_{xc}[\rho(r)]$ 的形式有 Kohn-Sham 、 Barth-Hedin 、 Caperley-Alder 等。

LDA 方法虽然简单，但它对许多体系都能给出很好的结果。例如，对由共价键、离子键或金属键结合的体系中，LDA 都可以很好地计算出这些分子体系的电子结构和振动频率等性质。但是，LDA 方法对于结合较弱的分子体系误差较大，不能给出很好的描述。因此，人们对 LDA 近似进行了改进和修正，如常见的广义梯度近似等。

2）广义梯度近似

分子体系的电子密度都是非均匀的，需要引入电子密度的梯度来校正均匀电子气模型，以提高准确性。最常用的就是广义梯度近似（GGA）。在 GGA 下，交换相关能是电子（自旋）密度及其梯度的泛函：

$$E_{xc}(\rho) = \int \rho(r)\varepsilon_{xc}[\rho(r)]dr + E_{xc}^{GGA}[\rho(r), |\nabla\rho(r)|] \tag{4.2.17}$$

GGA 有多种不同的形式，所用的 $DMol^3$ 和 ADF2007 程序包中，采用的是 Perdew-Burke-Enzerhof（PBE）泛函、修改的 PBE（RPBE）泛函、BOP（Becke's one parameter）泛函、BLYP（Becke exchange and Lee-Yang-Parr correlation）泛函和 VWN-BP［Becke-Perdew-Wang（BP）with the local correlation replaced by Vosko-Wilk-Nusair（VWN）］泛函[56-61]。

GGA 改善了分子体系键长、键角和振动频率等的计算。特别是 (R)PBE 交换相关泛函在处理原子和分子的结构等时，能得到与实验相比较好的结果[57]，因而其很好地描述了弱键分子体系的结构、频率和动力学性质等。这是因为 GGA 能使键拉长或弯曲，能够描述非均匀的电荷密度，在多数情况下能修正 LDA 的结果，但在有些情况下则过犹不及，因此 GGA 也并非总是优于 LDA 。

4.2.2 计算程序

1. DMol^3 程序

DMol^3 是一种独特的密度泛函理论量子力学软件，可以研究气相、溶液、表面和固体系统[61-63]。由于它独特的静电学近似，DMol^3 一直是最快的分子密度计算方法之一，使用非局域化的分子内坐标，可以快速优化分子的结构，从而得到分子的光谱常数等数据。但随着分子体系尺寸的增大，其结构也成倍地增大，这样导致其计算量仍然是很大的，所以需要和经验势、半经验等方法结合起来才能够大幅度提高计算效率。

其主要特点和功能如下。

1）计算任务

限制性或非限制性 DFT 计算，几何结构和能量预测，使用全部或部分 Hessians 的频率计算。

2）函数

局域 DFT 函数（PWC 和 VWN），GGA-DFT 函数（PW91、BLYP、BP、BOP、PBE 和 VWN-BP），快速计算的 Harris 函数。

3）基组

数值 AO 基组（Minimal、DN、DNP 和 DNP），相对论效应核心势（relativistic effective core potentials）及标量相对论（scalar relativistic）全电子计算。

4）任务控制和重启动选项

通过向量或密度的自恰场重启动，优化和频率计算重启动，CPU 数目选择，指定服务器进行计算，输出结果的监测和状态报告，模型几何结构的实时更新，通过 Material Visualizer 停止远程服务器上的任务。

5）性质

紫外-可见光谱（UV-Vis），Mulliken / Hirshfeld / ESP 电荷，静电极矩和 Fukui 指数，核电场梯度和键级分析，生成热、自由能、焓、熵、热容和 ZPVE。

6）其他选项

多重 k 点、实空间、对称性的利用，多种自恰场的选择。

2. ADF 程序

阿姆斯特丹密度泛函（ADF）软件包应用 DFT 进行电子结构的计算，被科研工作者广泛应用，在物理科学中占有重要的地位，特别适合重元素分子的结构和光谱等性质研究。

ADF 的主要优势如下。

1）任何类型分子的光谱学性质研究

ADF 在计算电子结构和光谱性质方面是非常普及而流行的软件，能够计算分子的多种性质。它也可以应用于过渡金属和重元素化合物，以及溶液中分子的计算。专门的交换相关函数用于提高 UV-Vis 和 NMR 的精确度，并在各种性质的计算中可以并行执行。ADF 能处理气态、表面和溶液等分子体系，并同样适用于周期体系的计算。

2）对过渡金属和重元素化合物的计算功能卓越

ADF 对复杂的开壳层过渡金属化合物经常能提供可收敛的计算结果，而其他 DFT 代码的计算经常不收敛。ADF 中所用的相关方法和基组可以使得它能处理含有重元素在内的分子。ADF 可以使用全电子和冻结核基组，贯穿整个周期表，不需要使用赝势，因此在描述核心性质时非常有优势。

3）准确性和快速性

ADF 有精确可调的积分方案和稳定的 SCF 收敛法则，可以使用现代的交换相关函数。基组可获得直到全电子的 4-zeta 基组，包括周期表 1～118 号元素。ADF 由于使用了线性缩放技术而使其计算速度非常快。

4）使用 Slater 型基组

Slater 基函数比 Gaussian 基函数更接近真实的原子轨道描述。Slaters 基函数能显示出正确的核尖峰和原子的渐近衰退，这样导致了在相同大小基组时 Slaters 基函数能更精确和直观地给出原子轨道描述。

4.3　理论结果介绍与分析

4.3.1　不同对称性的 UF_4 分子结构和振动频率

我们用 GGA 函数详细研究了气态 UF_4 分子的 T_d、C_{3v}、C_{2v} 和 D_{2d} 对称性的键长、总能量、电子结构、振动频率和布居分析。为了准确描述铀和氟原子的性质，我们在计算中采用了全电子相对论 DNP 基组。计算结果表明，所计算出的分子的振动频率同已有的实验值和理论参考值符合得很好。同时也发现 UF_4 分子的 T_d 对称性的能量在这四个对称性中是最低的，因此可以得出结论，UF_4 分子的 T_d 对称性是最稳定的结构，即 UF_4 分子的基态结构属于 T_d 对称性。

UF_4 在核浓缩和再加工方面有非常重要的作用[1]，人们对气态 UF_4 做了较多的实验研究[3-17]。在 20 世纪 50 年代，Akishin 等对 UF_4 分子做了电子衍射实验，他们认为它是一个规则的四面体结构，即对称性为 T_d。Kunze 和 Bukhmarina 等对 UF_4 分子的红外光谱做了测量，他们在 101～540cm^{-1} 范围内观测了大量的吸收带[12-16]。Konings 等[9]实验测得 UF_4 分子的红外光谱的反对称伸缩振动和弯曲振动频率分别为 $\nu_3 = 539cm^{-1}$ 和 $\nu_4 = 114cm^{-1}$。根据这些光谱实验数据，在红外选择定则下可证明这个分子是规则的四面体结构[17-20]。由上所述，我们知道在实验上人们对 UF_4 分子已经有较多的研究，但在理论上却研究很少。在本章中，我们便利用 DFT 中的 GGA 函数计算了 UF_4 分子可能存在的四个对称性（T_d、C_{3v}、C_{2v} 和 D_{2d}）的光谱常数等性质。

本节中对 UF_4 分子的结构和振动频率等性质研究都是用 $DMol^3$ 程序中的 GGA 函数来进行的。所用到的 GGA 函数有 PBE、RPBE、BOP、BLYP、VWN-BP[56-61]。在 $DMol^3$ 程序中，物理波函数用一个准确的数值基函数来扩展，矩阵元是通过快速收敛的三维数值积分来计算的。我们使用没有冻结核的全电子基组 DNP 来描述和计算 UF_4 分子的性质，DNP 基组的大小相当于 Gaussian 6-31G^{++}，但实际上在计算中 DNP 基组要比具有相同尺寸的 6-31G^{++} 基组更加准确[64]。另外我们在计算中也考虑了相对论效应，但在 DMol^3 程序中还不包括全相对论效应，只能用标量相对论来代替。在这个相对论方法中并不包括旋轨耦合效应，因为 UF_4 分子属于单重态，其旋轨耦合效应很小，可忽略不计，但其他主要的相对论效应，如质数效应和达尔文效应等都包括在其中。

1. UF_4 分子的结构和稳定性

包括铀和氟原子的全电子的 UF_4 分子的四个对称性的电子组态为

$$\begin{aligned}&T_d:\cdots(10a_1)^2(12t_2)^6(4e)^4(2t_1)^6(13t_2)^6(11a_1)^2\\&C_{3v}:\cdots(17e_1)^4(2a_2)^2(18e_1)^4(19e_1)^4(23a_1)^2(20e_1)^2\\&C_{2v}:\cdots(14b_2)^2(14b_1)^2(15b_2)^2(15b_1)^2(27a_1)^2(29a_1)^2\\&D_{2d}:\cdots(14a_1)^2(2a_2)^2(14e_1)^4(15e_1)^4(13b_2)^2(14b_2)^2\end{aligned} \tag{4.3.1}$$

由上可知，分子的每个对称性的最高占据分子轨道被写出。

我们用 PBE、BLYP、BOP、RPBE、VWN-BP 密度泛函计算了气态 UF_4 分子的四个对称性（图 4.3.1）的几何参数，其详细结果列于表 4.3.1 中。从这个表中我们发现在这四个对称性中 T_d 对称性的键长是最小的。UF_4 分子的 T_d 对称性的平衡键长被 Konings 等用电子衍射技术和红外光谱测量测出为 2.056Å[9]。我们的计算值与这个实验值对比的误差分别为：0.008(PBE)、0.033(BLYP)、0.035(BOP)、0.016(RPBE) 和 0.010(VWN-BP)。尽管所有的方法都给出了较好的结果，但其中用 PBE 方法计算出的结果误差最小。

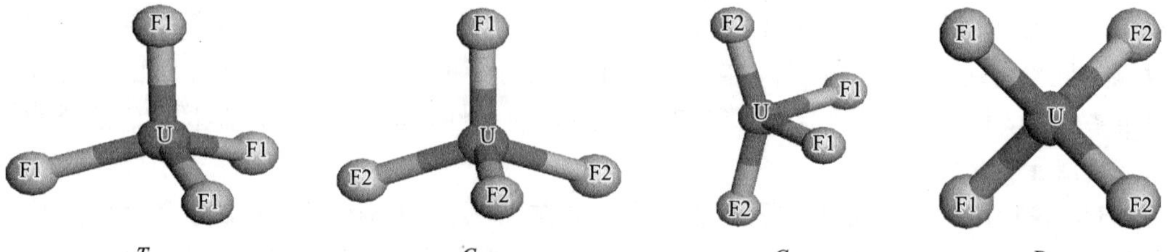

T_d C_{3v} C_{2v} D_{2d}

图 4.3.1 UF_4 分子的四个对称性（T_d、C_{3v}、C_{2v} 和 D_{2d}）的几何结构

表 4.3.1 UF_4 分子的四个对称性的键长和键角

对称性	参数	PBE	BLYP	BOP	RPBE	VWN-BP
T_d	r(F1—U)	2.064	2.089	2.091	2.072	2.066
	∠F1UF1	109.471	109.471	109.471	109.471	109.471
C_{3v}	r(F1—U)	2.062	2.084	2.086	2.074	2.063
	r(F2—U)	2.085	2.105	2.106	2.096	2.085
	∠F1UF2	106.047	106.301	106.460	106.319	106.131
	∠F2UF2	112.667	112.447	112.307	112.431	112.595

续表

对称性	参数	PBE	BLYP	BOP	RPBE	VWN-BP
C_{2v}	r(F1—U)	2.061	2.081	2.082	2.073	2.061
	r(F2—U)	2.080	2.102	2.103	2.093	2.081
	∠F1UF1	100.917	101.962	102.184	101.789	101.191
	∠F2UF2	160.060	156.005	155.213	157.232	158.963
	∠F1UF2	96.328	97.520	97.747	97.152	96.655
D_{2d}	r(F1—U) = r(F2—U)	2.081	2.099	2.100	2.090	2.079
	∠F1UF1 = ∠F2UF2	106.751	107.300	107.297	107.220	107.386
	∠F1UF2	110.848	110.568	110.569	110.609	110.524

注：表中键长数据单位为 10^{-1}nm，键角单位为（°）。

四个对称性各自的优化结构的总能量结果列于表 4.3.2 中，从这个表中可以发现在这四个对称性中 T_d 对称性的能量是最低的，当然所有的计算结果都是在对称性限制的条件下进行的。如果我们不限制其对称性，即使最初对称性为 C_{3v}、C_{2v}和D_{2d}，经过结构优化后其对称性也会变为 T_d。所以我们从计算结果得出一个结论：在这四个对称性中 T_d 对称性是最稳定的，即 UF_4 分子的基态结构属于 T_d 对称性。

表 4.3.2　UF_4 分子的四个对称性的总能量

对称性	能量/a.u.				
	PBE	BLYP	BOP	RPBE	VWN-BP
T_d	−30108.805086	−30110.078513	−30109.945137	−30109.626543	−30111.319126
C_{3v}	−30108.797856	−30110.069251	−30109.936193	−30109.617346	−30111.309627
C_{2v}	−30108.777802	−30110.048148	−30109.915076	−30109.598590	−30111.291281
D_{2d}	−30108.783624	−30110.054934	−30109.921846	−30109.604723	−30111.297317

我们计算了气态 UF_4 分子的波函数的布居分析，其结果列于表 4.3.3 中。根据密立根布居分析，由 PBE 函数计算的铀原子和氟原子的四个对称性（T_d、C_{3v}、C_{2v} 和 D_{2d}）的电子占据分别为 U(1.658;1.659;1.638;1.656)， F[−0.414;−0.418(F1),−0.406(F2);−0.411(F1),−0.408(F2); −0.414(F1),−0.414(F2)]，从表 4.3.3 中也能看到，UF_4 分子的 C_{2v} 对称性的铀原子的电离度是最小的。

表 4.3.3　UF_4 分子的四个对称性的波函数的布居分析

对称性	电子占据	PBE	BLYP	BOP	RPBE	VWN-BP
T_d	q(U)	1.658	1.700	1.711	1.685	1.686
	$q(F_1)$	−0.414	−0.425	−0.428	−0.421	−0.422

续表

对称性	电子占据	PBE	BLYP	BOP	RPBE	VWN-BP
	q(U)	1.659	1.701	1.713	1.689	1.687
C_{3v}	$q(F_1)$	–0.418	–0.428	–0.431	–0.425	–0.425
	$q(F_2)$	–0.406	–0.418	–0.421	–0.415	–0.413
	q(U)	1.638	1.686	1.700	1.673	1.668
C_{2v}	$q(F_1)$	–0.411	–0.424	–0.428	–0.420	–0.419
	$q(F_2)$	–0.408	–0.419	–0.422	–0.416	–0.416
	q(U)	1.656	1.701	1.715	1.692	1.674
D_{2d}	$q(F_1)$	–0.414	–0.425	–0.429	–0.423	–0.419
	$q(F_2)$	–0.414	–0.425	–0.429	–0.423	–0.419

2. UF_4 分子的振动频率

在实验上有很多科研工作者都对 UF_4 分子的红外光谱等性质做了很好的研究[9, 12-18]，但到目前为止还没有人从理论上对这个分子的四个对称性（T_d、C_{3v}、C_{2v} 和 D_{2d}）的振动频率做出研究。在本节中，我们用五个密度泛函（PBE、BLYP、BOP、RPBE、VWN-BP）分别计算了气态 UF_4 分子的四个对称性在各自几何优化结构下的振动频率，其结果列于表 4.3.4 和表 4.3.5 中，并且在这两个表中有实验值和理论参考值作为对比。

表 4.3.4　UF_4 分子的 T_d 对称性的振动频率

振动模式	振动频率/cm^{-1}					
	PBE	BLYP	BOP	RPBE	VMN-BP	实验值
$\nu_1(a_1)$	601.9	585.4	583.9	592.4	600.6	605[16]
$\nu_2(e)$	134.7	112.6	124.6	132.7	138.6	123[9]
$\nu_3(t_2)$	554.0	544.1	553.9	544.0	549.4	537[9]
$\nu_4(t_2)$	129.4	101.6	108.2	127.8	132.9	114[9]

表 4.3.5　UF_4 分子的 C_{3v} 、C_{2v} 和 D_{2d} 对称性的振动频率

对称性	振动模式	振动频率/cm^{-1}					
		PBE	BLYP	BOP	RPBE	VMN-BP	理论参考值[9]
	$\nu_1(a_1)$	611.2	591.4	588.6	597.4	611.9	625
	$\nu_2(a_1)$	575.5	556.4	553.2	562.2	576.9	554
	$\nu_3(a_1)$	118.0	106.6	109.3	106.8	113.5	127
C_{3v}	$\nu_4(e)$	557.3	536.3	532.3	542.2	552.9	529
	$\nu_5(e)$	117.2	104.7	107.0	106.1	111.8	116
	$\nu_6(e)$	87.5	89.7	85.2	86.8	85.9	110

续表

对称性	振动模式	振动频率/cm^{-1}					
		PBE	BLYP	BOP	RPBE	VMN-BP	理论参考值[9]
C_{2v}	$\nu_1(a_1)$	600.3	592.0	588.5	587.9	597.4	625
	$\nu_2(a_1)$	539.5	520.8	517.1	522.4	534.5	544
	$\nu_3(a_1)$	138.5	130.8	131.7	131.0	136.9	122
	$\nu_4(a_1)$	100.5	91.1	93.0	96.2	101.4	112
	$\nu_5(a_2)$	145.3	137.8	138.5	136.6	142.2	131
	$\nu_6(b_1)$	540.4	541.6	537.0	531.0	539.0	547
	$\nu_7(b_1)$	118.3	113.8	113.4	114.4	116.9	118
	$\nu_8(b_2)$	519.0	511.9	509.1	507.9	517.9	521
	$\nu_9(b_2)$	94.5	81.0	78.6	80.8	83.1	109
D_{2d}	$\nu_1(a_1)$	599.9	590.3	583.2	580.3	598.2	
	$\nu_2(a_1)$	141.4	127.1	129.8	132.4	142.0	
	$\nu_3(b_1)$	101.8	103.1	101.5	96.6	104.9	
	$\nu_4(b_2)$	555.0	539.4	531.7	533.8	553.4	
	$\nu_5(b_2)$	97.8	94.6	96.9	93.7	96.7	
	$\nu_6(e_1)$	544.1	537.6	547.5	546.4	541.5	
	$\nu_7(e_1)$	111.0	109.8	123.7	101.2	112.2	

一个规则的四面体结构的 UF_4 分子有四个振动模型：$T_{mol} = A_1 + E + 2F_2$。在这四种模型中只有 $F_2(\nu_3$和$\nu_4)$ 是红外活性的。ν_3 和 ν_4 分别对应反对称伸缩振动和弯曲振动模型。从表 4.3.4 中我们发现对于 ν_3 和 ν_4 模的频率，计算值和实验值相比，其最小的误差分别仅为 7.0cm^{-1}（RPBE）和 5.8cm^{-1}（BOP），因此可以认为我们的计算值和实验值符合得很好。

从表 4.3.5 中可以看到，C_{3v}、C_{2v}和D_{2d} 对称性拥有更多的红外活性的振动频率，这是因为当规则的四面体结构转化为 C_{3v}、C_{2v}和D_{2d} 对称性结构时会导致简并振动模型的分裂。此外，从这个表中也可看到 C_{3v}和C_{2v} 对称性结构的振动频率的计算值同 Konings 等的预测值符合得很好[9]。

在过去的几十年，很多科研工作者都对 UF_4 分子做了很好的实验研究。许多研究认为 UF_4 分子是一个歪曲的四面体结构，但这个结论是他们通过对比用最小二乘法拟合不同对称性得到的结果而获得的，但事实上最好的拟合结构并不代表是 UF_4 分子的基态结构，因此这个结论是不正确的。新的光谱数据和对以前的电子衍射数据重新分析证实 UF_4 分子是一个规则的四面体结构。另外，新的实验光谱数据同我们的 T_d 对称性的光谱数据的计算值也符合得很好，所以我们在理论上证明了 UF_4 分子是一个规则的四面体结构。当然此理论证据也是重要的。

3. 小结

我们用 GGA（PBE、BLYP、BOP、RPBE、VWN-BP）密度泛函和 DNP 基组计算了气态 UF_4 分子的四个对称性（T_d、C_{3v}、C_{2v}和D_{2d}）的基态总能量、键长、振动频率和布居分析。在这四个对称性中，T_d 对称性的总能量是最低的。T_d 对称性的平衡键长和光谱常数的计算值同新的实验数据也符合得很好。例如，反对称伸缩振动和弯曲振动模型的理论计算值的最小误差值仅为 7.0cm^{-1} 和 5.8cm^{-1}。另外，我们也获得了其他三个对称性（C_{3v}、C_{2v}和D_{2d}）的光谱常数等计算值。总而言之，我们从理论上证实了气态 UF_4 分子是一个规则的四面体结构。

4.3.2 UX_4（X = F, Cl, Br, I）分子的平衡结构和振动频率

我们用 ADF2007 程序中的 GGA 密度泛函（PB、BLYP、PBE、RPBE）和 TZP 基组计算了气相 UX_4(X = F, Cl, Br, I) 分子的平衡结构和振动频率等性质，其中铀原子和卤原子的相对论效应是通过 ZORA 方法引入狄拉克方程的。通过把这些分子的振动频率的理论计算值和实验值对比可以发现在所有的方法中用 RPBE 函数会得到最好的结果，即误差最小。正因如此，我们用 RPBE 方法计算获得了与实验值符合得很好的 UX_4(X = F, Cl, Br, I) 分子的键能。此外，我们还用相同的方法计算了 UX_4(X = F, Cl, Br, I) 分子在 600～1200K 并以 50K 为步的熵，其结果也是令人满意的。

虽然 UX_4(X = F, Cl, Br, I) 分子包含重元素，其电子结构很复杂并具有放射性，但过去几十年人们对它们已经做了较多的实验研究，其中 UF_4 占据更大的部分。其间有很多人研究认为四卤化铀分子属于歪曲的四面体结构，但都被后来的新的实验数据和重新分析的结果推翻，证实它们仍是一个规则的四面体结构。

在实验上，Kunze 等在 101～540cm^{-1} 范围内观测了大量的吸收带。后来很多科研工作者都对 UF_4、UCl_4、UBr_4 分子的红外光谱的反对称伸缩振动频率做了研究[12-16]。Konings 等根据 ENC 实验测得 UF_4 和 UCl_4 分子的弯曲频率分别为 114cm^{-1} 和 72cm^{-1}，并根据相关经验推导出了 UBr_4 和 UI_4 分子的光谱参数[17, 18]。Konings 和 Hildenbrand 等还在实验上获得了 UF_4、UCl_4、UBr_4 分子的键能和熵[9]。而到目前为止还没有关于 UI_4 分子的任何实验报道。

尽管有很多四卤化铀分子的电子衍射和分子光谱的实验研究，但在理论上似乎很少有关于它们的分子结构和振动频率的研究。在本节中我们所有的计算都是用 ADF 程序来完成的，其中密度泛函理论最普遍的应用是通过 Kohn-Sham 方法实现的。Kohn-Sham DFT 是一个很重要的关于第一性原理的计算方法，能够较准确地计算分子体系的物理化学性质并能很方便地分析和解释一些简单的化学项。Kohn-Sham DFT 方法要比 Hartree-Fock 方法和半经验方法更加准确，而且更加适合计算包含重元素原子的分子体系。在这个方法中的相

对论效应是通过 ZORA 方法引入狄拉克方程的，但旋轨耦合相对论效应是不包括在目前的计算中的。虽然旋轨耦合效应能够进一步降低分子体系的能量，但它对计算分子的结构等的影响可以忽略。由于铀原子和卤原子的电子数比较多，因此在计算中需要对它们采取冰冻核近似，当然冰冻核密度的相对论效应也是通过狄拉克方程来引入的。F、Cl、Br、I 和 U 原子的冰冻核电子分别为 F.1s、Cl.2p、Br.3p、I.4p和U.5d 。

ADF 有一种面向片段的方法：被计算的多原子体系在概念上由许多片段构成，用片段轨道的线性组合计算分子的单电子轨道[65-69]。最终的分析将依据片段的特性。片段可以是单个原子，或者更大的分子部分。当按照构成片段计算一个体系时，这些片段必须已在前面计算过，并且它们的特性必须传递给当前的计算。这通过添加含有必要信息的片段文件完成。片段文件仅仅是一个用 ADF 计算该片段的标准结果文件。很明显在计算中必须有一系列的不能定义为更小片段的基本片段。因此 ADF 有两种执行模式：使用片段的常规模式和产生基本片段的创建模式。这样产生的一个基本片段必然是一个单独的原子，它是球对称性的，且自旋限制（也就是说自旋 α 和自旋 β 轨道在空间上是相同的，它们的占据相同，必要的话使用分数占据，把电子平均分布在对称简并的轨道上）。用这样一个基本片段表示一个基本原子。基本原子是最小的结构单元，所有实际的计算都从这里开始。应当知道，这里的基本原子是为了方便计算的人为规定，并不要求能很好地再现真实原子。除了在创建模式中要构筑基本原子之外，体系是由片段以及运行中相应的片段文件来建立的。程序从片段分子轨道文件读入片段，它们用作分子计算的基函数。片段分子轨道称为片段轨道。片段轨道当然属于片段的一种对称表示，但对新分子的对称表示不是必需的。因此片段轨道组合为对称匹配的组合轨道，用作分子中的对称匹配基。这些组合可以包含来自相同片段或不同片段的一个或多个片段轨道。在后一种情况中，片段与分子中某个算符必须是对称匹配的。与对称有关的片段除了空间位置之外，显然必须是相同的：它们必须是相同的片段类型。自然地，片段轨道与所属片段的芯轨道正交，但不需要与其他片段的芯轨道正交。通过片段轨道的对称匹配组合与分子中所有芯函数的适当组合，我们得到芯正交化的对称匹配组合。在本节中我们便用上述片段方法，并以 X 和 UX_3 为基本片段计算得到了 UX_4 分子的 U—X 键的能量。

1. UX_4 分子结构

根据以前的实验研究，UX_4 分子有四种可能存在的结构（T_d、C_{3v}、C_{2v}和D_{2d}）[3-7]。在本节中，分别用 T_d、C_{3v}、C_{2v}和D_{2d} 四种对称性来分别优化各自的最稳定结构，即各自最低能量所对应的键长。计算结果表明 T_d 对称性对应的能量是这四种对称性中最低的。此外还在无对称性限制的情况下对其进行优化，结果发现不管先前是什么对称性，优化后的最终结构都是 T_d 对称性。所以由计算结果得出一个结论：T_d 对称性是 T_d、C_{3v}、C_{2v}和D_{2d} 四种对称性中最稳定的，即 UX_4 分子的基态稳定结构为正四面体结构。下面我们便详细分析一下具体结果。

人们通过电子衍射技术得到了 UF_4、UCl_4、UBr_4 分子的平衡键长，Konings 等还根据相关经验推导出了 UI_4 分子的平衡键长[9, 21, 70]。本节分别用 BP、BLYP、PBE 和 RPBE 泛函方法计算了UX_4分子基电子态的几何结构，结果列于表 4.3.6 中，有实验值作为对比。计算结果表明UX_4分子的基态是单重态。计算得到的结构数据都同实验值符合得很好，误差都小于 2%。例如，计算值和实验值的误差最大的是用 BLYP 方法计算出的UI_4分子的键长，其误差仅为 1.61%。UCl_4分子的键长的误差仅为：0.5%（BP）、0.8%（BLYP）、0.4%（PBE）、0.12%（RPBE）。此外我们也注意到四卤化铀的 U—X 键长的实验值依次增加：2.059Å（UF_4）＜2.506Å（UCl_4）＜2.693Å（UBr_4）＜2.85Å（UI_4）。

表 4.3.6　UX_4分子的平衡键长 r(U—X)

化学键	键长 r(U—X)/Å				
	BP	BLYP	PBE	RPBE	实验值
U—F	2.066	2.082	2.067	2.073	2.059[9]
U—Cl	2.494	2.526	2.496	2.509	2.506[9]
U—Br	2.658	2.679	2.668	2.676	2.693[70]
U—I	2.882	2.896	2.887	2.893	2.85[21]

2. UX_4分子的振动频率

正四面体结构的UX_4分子有四个振动模型：$T_{mol} = A_1 + E + 2F_2$。在这四种模型中只有F_2(ν_3和ν_4)是红外活性的，其中ν_3和ν_4分别对应反对称伸缩振动和弯曲振动模型。在实验上和理论上也有一些关于气态UX_4分子的振动频率的研究。例如，UF_4分子的红外光谱ν_3和ν_4振动频率分别为 539cm^{-1}和 114cm^{-1}。除此之外，人们还通过电子衍射等数据分析得到UF_4分子的另外两个频率的数值：$\nu_3 = 625\text{cm}^{-1}$和$\nu_4 = 123\text{cm}^{-1}$[9]。Haaland 等通过密度泛函理论计算得到了UCl_4分子的ν_1和ν_2振动频率，而ν_3和ν_4的振动频率也在实验上被测出[8]。Konings 和 Hildenbrand 还根据相关经验推导出了UBr_4和UI_4分子的光谱常数[21]。上述实验和计算值列于表 4.3.7 中。

表 4.3.7　UX_4分子的振动频率　　（单位：cm^{-1}）

UX_4分子	振动模式	振动频率/cm^{-1}				
		BP	BLYP	PBE	RPBE	实验值
UF_4	$\nu_1(a_1)$	629.212	606.437	619.449	615.712	625[9]
	$\nu_2(e)$	141.631	115.623	131.224	126.016	123[9]
	$\nu_3(t_2)$	559.917	546.212	551.238	542.812	539[9]
	$\nu_4(t_2)$	128.631	105.544	121.674	117.526	114[9]
	平均误差/%	14.598	10.404	8.422	4.911	
UCl_4	$\nu_1(a_1)$	342.007	321.749	336.592	331.027	327[8]
	$\nu_2(e)$	74.727	59.335	67.294	64.449	62[8]
	$\nu_3(t_2)$	357.026	343.435	348.982	335.007	337[8]

续表

UX_4 分子	振动模式	振动频率/cm^{-1}				
		BP	BLYP	PBE	RPBE	实验值
UCl_4	$\nu_4(t_2)$	81.127	66.832	77.713	74.727	72[8]
	平均误差/%	14.222	4.880	8.145	2.799	
UBr_4	$\nu_1(a_1)$	238.189	210.334	227.932	221.341	220[21]
	$\nu_2(e)$	57.089	46.985	54.346	47.089	50[21]
	$\nu_3(t_2)$	249.841	221.347	236.437	226.621	233[21]
	$\nu_4(t_2)$	53.820	41.652	49.569	46.820	45[21]
	平均误差/%	12.735	6.921	5.071	3.113	
UI_4	$\nu_1(a_1)$	184.024	159.939	170.327	163.024	150[21]
	$\nu_2(e)$	33.913	21.566	28.671	27.883	30[21]
	$\nu_3(t_2)$	159.357	132.732	141.742	136.357	150[21]
	$\nu_4(t_2)$	31.359	21.522	28.478	24.359	25[21]
	平均误差/%	13.413	9.779	8.348	7.356	

在本节，我们使用 BP、BLYP、PBE 和 RPBE 泛函计算出了 UX_4 分子的平衡结构所对应的振动频率，其结果也被列于表 4.3.7 中。从表 4.3.7 中可以看到用 BP 方法计算得到的频率是最高的，但其对应的键长（表 4.3.6）却是最小的。下段是关于计算结果详细的分析。

首先分析表 4.3.7 中由 BP 泛函计算得到的振动频率，其误差是所有的方法中最高的。例如，由 BP 泛函计算得到的 UF_4、UCl_4、UBr_4、UI_4 分子的 ν_3 频率分别是 559.917cm^{-1}、357.026cm^{-1}、249.841cm^{-1} 和 159.357cm^{-1}，而对应的实验值分别是 539cm^{-1}、337cm^{-1}、233cm^{-1} 和 150cm^{-1}。相比于 BP 泛函，用 BLYP、PBE 和 RPBE 密度泛函计算的振动频率与实验值符合得更好，即平均误差要小一些。用 BLYP 泛函计算的 UF_4 分子的 ν_3 和 ν_4 频率的误差分别是 1.34%和 7.42%。用 PBE 密度泛函计算的 ν_3 频率的误差为 2.27%，而用 RPBE 计算的 ν_4 的误差为 3.09%。对于 UCl_4 分子，用 BP、BLYP、PBE 和 RPBE 方法预测出的 ν_3 频率的误差分别为 5.94%、1.91%、3.56%和 0.59%，相对应的 ν_4 频率的误差分别为 12.68%、7.18%、7.93%和 3.79%。另外从此表中也可看到用 BLYP、PBE 和 RPBE 方法计算得到的 UBr_4 和 UI_4 分子的振动频率也和实验值符合得很好。但总的来说，用 RPBE 密度泛函得到的结果与实验值符合得最好。所以我们将用 RPBE 方法来计算 UX_4 分子的键能和热力学性质。

3. UX_4 分子的键能分析

我们用 ADF 程序并以 X 和 UX_3 为基本片段计算和分析了 UX_4 分子的 X—UX_3（即 U—X）键的分离能。X 和 UX_3 片段的正确的自旋和轨道电子占据数用输入关键词“unrestricted”和“fragoccupations”（具体 α 和 β 自旋分子轨道的不同空间性和占据数）来具体确定，且 UX_3 片段的对称性为 C_{3v}。

基于基本片段的键能 ΔE 可以划为两种组成成分：

$$\Delta E = \Delta E_{prep} + \Delta E_{int} \tag{4.3.2}$$

式中，ΔE_{prep} 为基本片段的平衡结构和变形结构的能量差，即

$$\Delta E_{prep} = E_{total}(\text{变形结构}) - E_{total}(\text{平衡结构}) \tag{4.3.3}$$

方程（4.3.2）中的 ΔE_{int} 为分子的两个片段的瞬间交换能，它由三部分组成：

$$\Delta E_{int} = \Delta E_{elstat} + \Delta E_{Pauli} + \Delta E_{orb} \tag{4.3.4}$$

式中，ΔE_{elstat} 为片段的静电交换能；ΔE_{Pauli} 为泡利排斥项；ΔE_{orb} 为基本片段的占据轨道和虚轨道的轨道交换能。ΔE_{orb} 能够通过分子点群不同的不可约表示来进一步划分贡献。上面所述方法已经成功应用到很多分子体系[71, 72]。

我们在本节中用上面所述方法详细分析了 UX_4 分子的成键机理。我们将采用 Kohn-Sham 分子轨道（键能）分析所得结果列于表 4.3.8 中。在表中有泡利排斥项 ΔE_{Pauli}、静电交换能 ΔE_{elstat}、轨道交换能 ΔE_{orb}、瞬间交换能 ΔE_{int} 和预备能量项 ΔE_{prep} 的所有计算值。这些数据都是通过 RPBE 泛函和 TZP 基函数计算得到的。在所有的四卤化铀分子中电子都会从 U 原子转移到 X_3 中，我们便用 VDD 和 Hirshfeld 方法计算得到 U 的正电荷数（表 4.3.8）[73, 74]。轨道交换能 ΔE_{orb} 由 ΔE_{A_1}、ΔE_{E}、ΔE_{T_1} 和 ΔE_{t_2} 组成。从表 4.3.8 中发现，所有的化合物的 ΔE_{T_2} 值比 ΔE_{A_1}、ΔE_{E}、ΔE_{T_1} 都大。它们的轨道交换能 ΔE_{E}、ΔE_{T_1} 和 ΔE_{T_2} 随 X = F 到 X = I 逐次减少，而 ΔE_{A_1} 交换能却不是。这是因为 UX_4（除 UF_4 外）分子的最低和最高的占据轨道是 a_1，所以轨道交换能并不是 U—X 的函数。UX_4 分子的轨道为

$$\begin{aligned}
&UF_4: (2t_2)^6(3t_2)^6(3a_1)^2(1e)^4(1t_1)^6(4t_2)^6(5t_2)^2\\
&UCl_4: (2a_1)^2(2t_2)^6(3a_1)^2(3t_2)^6(1e)^4(1t_1)^6(4t_2)^6(4a_1)^2\\
&UBr_4: (3a_1)^2(5t_2)^6(4a_1)^2(6t_2)^6(3e)^4(3t_1)^6(7t_2)^6(5a_1)^2\\
&UI_4: (3a_1)^2(5t_2)^6(4a_1)^2(6t_2)^6(3e)^4(7t_2)^6(3t_1)^6(5a_1)^2
\end{aligned} \tag{4.3.5}$$

表 4.3.8　UX_4 分子的 U—X 键能 ΔE 分析

X	ΔE_{A_1}	ΔE_{E}	ΔE_{T_1}	ΔE_{T_2}	ΔE_{orb}	ΔE_{Pauli}	ΔE_{elstat}	ΔE_{int}	ΔE_{prep}	ΔE (BDE)		Hirshfeld(U)	VDD(U)
										计算值	实验值[22]		
F	−9.834	−56.652	−41.524	−226.932	−334.942	260.572	−75.466	−149.836	0.28	−149.556	−146.989	1.036	0.363
Cl	−47.059	−45.220	−22.210	−134.725	−249.214	228.899	−82.673	−102.988	0.19	−102.798	−100.382	0.636	0.512
Br	−42.217	−39.258	−16.611	−113.578	−211.664	206.807	−83.365	−88.222	0.19	−88.032	−83.173	0.551	0.527
I	−39.135	−33.871	−11.890	−95.332	−180.228	191.184	−83.512	−72.556	0.25	−72.306	—	0.388	0.412

注：表中能项的单位均为 kcal/mol。

表 4.3.8 也显示了 X 和 UX_3 片段之间有很强的泡利排斥作用 ΔE_{Pauli}，其结果分别为 260.572kcal/mol（X = F）、228.899kcal/mol（X = Cl）、206.807kcal/mol（X = Br）、191.184kcal/mol（X = I）。所有分子的静电交换能 ΔE_{elstat} 的绝对值都比轨道交换能 ΔE_{orb} 的绝对值小。U—X 的键能的计算值分别为−149.556kcal/mol（X = F）、−102.798kcal/mol（X = Cl）、−88.032kcal/mol（X = Br）、−72.306kcal/mol（X = I），它们同实验值符合得还是很好的。显然，UX_4 分子 U—X 键能的大小顺序为 $UF_4 > UCl_4 > UBr_4 > UI_4$。

4. UX_4 分子的热力学性质分析

获得 UX_4 分子振动频率的同时也获得了它们的热力学参数。UF_4、UCl_4、UBr_4 分子还有一些实验值作为对比，它们同理论计算值一起被列于表 4.3.9 中。到目前为止还没有任何关于 UI_4 分子的熵的实验报道，主要是因为其升华过程性质的不稳定性导致人们在实验中难以测量。我们还用可获得最准确的振动频率的 RPBE 方法计算了 UX_4 分子在 600～1200K 并以 50K 为步的熵，并把它们同有限的实验值对比，发现误差很小，可见我们所使用的计算方法对于 UX_4 分子是非常适合的。

表 4.3.9　UX_4 分子的熵

T/K	UF_4 熵/[cal/(mol·K)]		UCl_4 熵/[cal/(mol·K)]		UBr_4 熵/[cal/(mol·K)]		UI_4 熵计算值/[cal/(mol·K)]
	计算值	实验值	计算值	实验值	计算值	实验值	
600	103.162		116.681		129.664		140.878
650	105.143		118.716	117.8±0.5[6]	131.719		142.938
700	106.988		120.605	120.0±0.5[7]	133.622	131.7±1.5[6] 130.7±1.9[7]	144.846
750	108.713		122.367		135.396		146.624
800	110.334		124.017		137.056		148.287
850	111.861		125.569		138.616		149.849
900	113.305		127.034		140.088		151.323
950	114.673		128.420		141.481		152.717
1000	115.975		129.737		142.802		154.04
1050	117.214	119.3±1[6] 117.8±0.7[9]	130.990		144.059		155.299
1100	118.398	120.5±0.5[7]	132.185		145.259		156.499
1150	119.531		133.328		146.405		157.646
1200	120.617		134.423		147.502		158.745

5. 小结

在本节中我们分别用 BP、BLYP、PBE 和 RPBE 密度泛函方法和 TZP 基组计算了 UX_4 分子的平衡电子结构和振动频率。用 BP 方法得到的最小的键长却对应着最大的频率。BLYP、PBE 和 RPBE 方法计算得到的键长和振动频率都与实验值和理论参考值符合得较好，其平均误差都比用 BP 方法得到的结果小。尽管如此，经过对比可知 RPBE 方法能够得到与实验值和理论参考值最匹配的理论计算值。例如，用 RPBE 泛函得到的 UF_4 分子的反对称伸缩振动和弯曲振动模型振动频率（ν_3 和 ν_4）的误差分别仅为 $3.812cm^{-1}$ 和 $3.526cm^{-1}$。

RPBE 方法计算 UX_4 分子振动频率的同时也获得了 UX_4 分子在 600～1200K 并以 50K 为步的熵。有限的实验值同理论计算值符合得很好。另外，我们还获得了 UX_4 分子的 U—X 键长，其结果是令人满意的。UX_4 分子的 U—X 键能随着其键长的增大而减小，即 $UF_4 > UCl_4 > UBr_4 > UI_4$。X 和 UX_3 片段之间有很强的泡利排斥作用 ΔE_{Pauli}，所有分子的静电交换能 ΔE_{elstat} 的绝对值都是比轨道交换能 ΔE_{orb} 的绝对值小。

4.3.3　UF_6 分子结构和振动频率

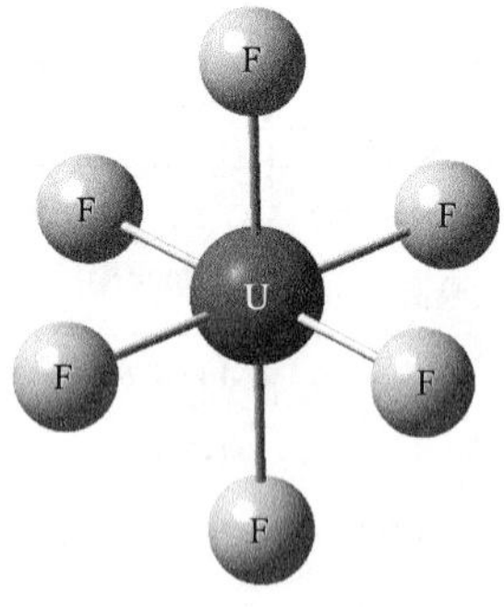

图 4.3.2　UF_6 分子 O_h 对称性的几何结构

UF_6 分子 O_h 对称性的几何结构如图 4.3.2 所示。本节中我们用两种密度泛函方法（LDA 和 GGA）并结合两种不同的相对论方法（标量和旋轨耦合相对论效应）计算了 UF_6 分子的平衡电子结构和振动频率。其中用标量相对论和自旋轨道耦合相对论得到的结果很相近。通过把用各种方法得到的振动频率同已有的实验值对比可知用 RPBE 泛函得到的光谱数据误差最小。我们也用 RPBE 方法计算了 UF_6 分子的键能，当然之所以要用 RPBE 泛函是因为这种方法能够得到最准确的光谱常数。旋轨耦合效应对 UF_6 分子的键能的贡献为−7.3741kcal/mol。

UF_6 是铀浓缩最重要的原料，在实验和理论方面都需要深入的研究[1, 23]。1974 年，McDoewll 等在实验上测量和分析了 UF_6 分子的红外光谱[24]。另外人们在很多实验上得到了 UF_6 分子的键能[27-29]。Hildenbrand 和 Lau 通过研究还原反应（$Ag + UF_6 \longrightarrow AgF + UF_5$）而获得了 UF_6 分子的 F—UF_5（即 U—F）键能为(−70±2)kcal/mol。Compton 等在碱性原子与 UF_6 分子快速碰撞而分离出 F^- 的过程中得到其键能为(−69±5)kcal/mol。Nikitin 和 Tsirel′nikov 也通过 UF_6 分子的热力学性质研究而得到其键能为−73kcal/mol。

在实验上研究 UF_6 分子是比较困难的，所以理论计算就显得尤为重要。在理论上用量化程序可以很详细地研究 UF_6 分子的物理和化学性质。由于 UF_6 分子在铀浓缩方面的重要性和丰富的实验值，它已经成为一个测试计算锕系化合物电子结构等的模型[30, 31]。过去的几十年有大量的关于 UF_6 分子的电子结构和振动频率的理论研究，并且理论值与实验值符合得都很好[32-44]。例如，Hay 和 Martin 用 LC-RECPs 方法计算了 UF_6 分子的平衡键长和谐性振动频率，发现用 B3LYP 密度泛函得到的振动频率的平均误差仅为 $14cm^{-1}$。另外，Batista 等也使用 HF 和三个密度泛函对 UF_6 分子的电子结构和光谱常数做了细致的研究。除了分子结构和光谱常数外，Batista 和 Peralta 等还在密度泛函理论下用相对论有效核势和全电子基组分别计算了 UF_6 和 $UF_5 + F$ 的能量差（键能）。后来他们还用全电子杂化密度泛函理论计算了 UF_6 分子的键能。

在本节中，我们分别使用 LDA 和 GGA（BP、BLYP和RPBE）泛函和 TZP 基组[50, 57]计算了 UF_6 分子的平衡键长和振动频率。在计算中还使用了两种相对论近似（标量和旋轨耦合效应）来分析它们在其电子结构和光谱方面的影响作用，当然标量和旋轨耦合相对论效应是通过 ZORA 方法引入狄拉克方程的[75-77]。此外，我们还用 RPBE 泛函并结合这两种相对论效应分别计算了 UF_6 分子的键能。我们的计算都是通过 ADF 程序来执行的，其中密度泛函理论是通过 Kohn-Sham 方法实现的。Kohn-Sham 密度泛函可以给出比 HF 和半经验方法更好的结果，并且它更加适合计算包含重元素的分子体系。此外我们在保证计算精确度的情况下对 F 和 U 原子采取冰冻核电子的方法，分别为：F.1s 和 U.5d。

ADF 有一种面向片段的方法：被计算的多原子体系在概念上由许多片段构成，用片段轨道的线性组合计算分子的单电子轨道。本节中 UF_6 分子的键能就是用这种方法得到的。片段可以是单个原子，或者更大的分子部分。ADF 以分子片段作为分析对象，这些片段既可以是最基本的原子，又可以是根据需要划分的基团结构。ADF 的分析结果将揭示各个片段之间的相互轨道作用，以及它们是如何构成整个分子体系的。借助于 Morokuma 键能分解方法，ADF 程序能够将传统意义的化学键分解为 Kohn-Sham 轨道，并由此计算各种理化参数，如静电交换能、泡利排斥或轨道之间的相互作用。在本节中我们以 F 和 UF_5 为基本片段计算得到 UF_6 分子的 U—F 键的能量。

1. UF_6 分子结构

对于八面体结构的 UF_6 分子，包括 U 和 F 原子的全电子的电子组态为

$$UF_6：(2t_{1u})^6(2e_g)^4(1t_{2g})^6(3t_{1u})^6(3a_{1g})^2(1t_{2u})^6(1t_{1g})^6(4t_{1u})^6 \tag{4.3.6}$$

式中，分子的最高占据分子轨道被写出。本节中，我们分别用 LDA 和 GGA（BP、BLYP 和 RPBE）方法计算 UF_6 分子的几何参数。计算结果表明，UF_6 分子属于单重态。我们主要对比了这四种方法在标量和旋轨耦合两种相对论效应下的计算结果。

UF_6 分子平衡键长的理论计算值和由电子衍射得到的实验值列于表 4.3.10 中。令人满意的是，用所有的方法计算的平衡键长都与实验值符合得很好。例如，BLYP 泛函给出的结果误差最大，但也仅有 0.0363Å 或 0.0319Å。LDA 泛函给出的平衡键长的误差小于 0.1%，是所有的方法中误差最小的。从表中可以看到，所有的方法分别在标量相对论和旋轨耦合相对论条件下计算的结果都很相近，因此旋轨耦合效应对 UF_6 分子的几何结构的影响是可以忽略不计的。

表 4.3.10　UF_6 分子的平衡键长 r(U—F)

	不同方法的计算值/Å				实验值/Å
	LDA	BP	BLYP	RPBE	
标量相对论法	1.9975	2.0151	2.0323	2.0272	1.996(8)[78]
旋轨耦合相对论法	1.9968	2.0138	2.0309	2.0258	1.999(3)[79]

2. UF_6 分子的振动频率

八面体结构的 UF_6 分子有六个振动模型：$T_{mol} = A_{1g} + E_g + 2T_{1u} + T_{2g} + T_{2u}$。在这六个模型中只有 T_{1u}（ν_3和ν_4）是红外活性的，其中 ν_3和ν_4 分别对应反对称伸缩振动和弯曲振动模型。McDowell 等分别在 1974 年和 1976 年在实验上测量出 UF_6 分子的光谱常数[24]。本节

中我们用两种密度泛函方法LDA和GGA（BP、BLYP和RPBE）并结合两种不同的相对论方法（标量和旋轨耦合相对论效应）计算了UF_6分子的振动频率，其结果列于表4.3.11中。

表4.3.11　UF_6分子的振动频率ν_i

	计算方法	ν_1/cm^{-1}	ν_2/cm^{-1}	ν_3/cm^{-1}	ν_4/cm^{-1}	ν_5/cm^{-1}	ν_6/cm^{-1}	平均误差/cm^{-1}
标量相对论法	LDA	696.1482	578.2926	649.3758	173.4284	185.4451	136.9640	21.6632
	BP	681.0371	554.0046	637.8682	176.9287	188.6464	137.0709	12.0440
	BLYP	672.0299	539.4155	629.3342	176.3054	187.8194	135.2047	7.2471
	RPBE	669.2797	533.8869	623.6415	181.4717	191.4623	139.7444	3.5123
旋轨耦合相对论法	LDA	695.4783	577.6189	650.2430	174.0717	185.8665	136.4623	21.4900
	BP	680.3829	553.3345	638.7293	177.5686	189.0660	136.5736	11.8733
	BLYP	671.3798	538.7555	630.1846	176.9351	188.2282	134.7178	7.0731
	RPBE	668.6199	533.2180	624.5020	182.1084	191.8735	139.2524	3.2776
实验值[24]		667	534	626	186	200	143	

从表4.3.11中可以看到，用标量相对论和旋轨耦合相对论方法计算的振动频率的结果差距很小。例如，用RPBE泛函和标量相对论方法计算的振动频率分别是：669.2797cm^{-1}，533.8869cm^{-1}、623.6415cm^{-1}、181.4717cm^{-1}、191.4623cm^{-1}和139.7444cm^{-1}，而用RPBE泛函和旋轨耦合相对论方法计算的振动频率分别是：668.6199cm^{-1}、533.2180cm^{-1}、624.5020cm^{-1}、182.1084cm^{-1}、191.8735cm^{-1}和139.2524cm^{-1}。可见旋轨耦合相对论效应对UF_6分子振动频率的影响也是很小的，基于这个原因我们在下面主要分析由标量相对论方法得出的结果。

UF_6分子的六个振动模型可以被分为三个伸展模型（ν_1、ν_2和ν_3）和三个弯曲模型（ν_4、ν_5和ν_6）。对于各种密度泛函来说，其计算的振动频率误差和平衡键长误差是密切相关的。例如，LDA方法预测出最小的平衡键长却计算出最大的振动频率，而RPBE预测出最大的平衡键长却计算出最小的振动频率。表4.3.11最后一列列出了振动频率的计算值和实验值的误差的绝对值，从中可知RPBE方法得到的光谱常数的误差最小。例如，UF_6分子的ν_3带的实验值为626cm^{-1}，而其RPBE方法的计算值为623.6415cm^{-1}，误差仅为0.38%。

3. UF_6分子的键能分析

ADF计算分子键能的方法是基于片段理论。这不仅应用于计算结束时的分析，也应用于程序的设置。从构成片段进行分子的计算需要三步，这反映在键能成分的分析中。首先，自由的、非张弛的片段位于它们在分子中各自的位置上。这意味着静电相互作用：每个片段的未扰动电荷密度在其他片段场中的库仑相互作用。其次，应用泡利不相容原理。即使不考虑自洽，组合片段的单电子轨道也不能代表一个正确的单行列式波函，因为不同片段的轨道之间彼此不正交。程序对占据片段轨道进行了标准正交化，以获得反对称乘积。这意味着分子总电荷密度从片段总和变为所谓正交片段总和。对应的（排斥）能项分别求值，称为交换排斥，也称为泡利排斥。泡利排斥和静电相互作用的总和称为空间相互作用。最后是自洽弛豫，当然是对随后的键能所做的贡献。

我们用 ADF 程序并以 F 和 UF_5 为基本片段计算和分析 UF_6 分子的 U—F 键的分离能。基于基本片段的键能 ΔE 可以划为两种组成成分：

$$\Delta E = \Delta E_{prep} + \Delta E_{int} = \Delta E_{prep} + \Delta E_{elstat} + \Delta E_{Pauli} + \Delta E_{orb} \tag{4.3.7}$$

式中，ΔE_{prep} 为基本片段的平衡结构和变形结构的能量差；ΔE_{int} 为分子的两个片段的瞬间交换能，它由三部分组成：片段的静电交换能 ΔE_{elstat}、泡利排斥项 ΔE_{Pauli}、基本片段的占据轨道和虚轨道的轨道交换能 ΔE_{orb}。另外，ΔE_{orb} 能够通过分子点群不同的不可约表示来进一步划分贡献。

我们在本节中详细分析了 UF_6 分子的成键机理，其键能分析结果列于表 4.3.12 中。

表 4.3.12　UF_6 分子的 U—F 键能 ΔE 分析

能项	标量相对论计算值/(kcal/mol)	旋轨耦合相对论计算值/(kcal/mol)
$\Delta E_{A_{1g}}$	−8.2551	−8.3082
$\Delta E_{A_{2g}}$	0	0
ΔE_{g}	−59.9767	−60.2825
$\Delta E_{T_{1g}}$	−19.7163	−19.7312
$\Delta E_{T_{2g}}$	−38.3578	−38.5710
$\Delta E_{A_{2u}}$	4.0714	4.0311
ΔE_{E_u}	0	0
$\Delta E_{T_{2u}}$	−13.5134	−13.7198
$\Delta E_{T_{1u}}$	−47.7108	−44.2339
$\Delta E_{spin\text{-}orbit}$	0	−7.3741
ΔE_{orb}	−183.4587	−188.1896
ΔE_{Pauli}	155.2688	156.7458
ΔE_{elstat}	−43.6483	−44.0424
ΔE_{int}	−71.8382	−75.4862
ΔE_{prep}	0.3812	0.4086
ΔE(BDE)		
计算值	−71.4570	−75.0776
实验值[27]	−70±2	−70±2
实验值[28]	−69±5	−69±5
实验值[29]	−73	−73
Hirshfeld（U）	0.99	0.99
VDD（U）	0.49	0.49

在表 4.3.12 中有泡利排斥项 ΔE_{Pauli}、静电交换能 ΔE_{elstat}、轨道交换能 ΔE_{orb}、瞬间交换能 ΔE_{int} 和预备能量项 ΔE_{prep} 的所有计算值。这些数据都是通过 RPBE 泛函和 TZP 基函数并结合标量和旋轨耦合两种相对论方法计算得到的。UF_6 分子中的电子都会从 U 原子转移

到F_5中，我们通过VDD和Hirshfeld方法计算得到U的正电荷数（表4.3.12）[73, 74]。根据分子点群的不可约表示理论，在标量相对论下轨道交换能ΔE_{orb}可由$\Delta E_{A_{1g}}$、ΔE_{g}、$\Delta E_{T_{1g}}$、$\Delta E_{T_{2g}}$、$\Delta E_{A_{2u}}$、$\Delta E_{T_{2u}}$和$\Delta E_{T_{1u}}$组成，而在旋轨耦合相对论下由$\Delta E_{A_{1g}}$、ΔE_{g}、$\Delta E_{T_{1g}}$、$\Delta E_{T_{2g}}$、$\Delta E_{A_{2u}}$、$\Delta E_{T_{2u}}$、$\Delta E_{T_{1u}}$和$\Delta E_{spin\text{-}orbit}$组成。从表4.3.12可知旋轨耦合效应对$UF_6$分子的键能的贡献为–7.3741kcal/mol。还可以看到静电交换能ΔE_{elstat}要比轨道交换能ΔE_{orb}小，U和UF_5之间有很强烈的泡利排斥作用。UF_6分子在标量和旋轨耦合两种相对论效应下U—F键能的计算值分别为–71.4570kcal/mol和–75.0776kcal/mol，它们与实验值符合得很好。

4. 小结

本节中我们在TZP基组下使用两种密度泛函（LDA和GGA）和两种相对论效应（标量和旋轨耦合相对论）计算了UF_6分子的平衡键长和振动频率。我们发现旋轨耦合效应对闭壳层结构的UF_6分子的键长和振动频率影响很小。用RBPE泛函得到的振动频率数据与实验值符合得最好。例如，用标量相对论方法得到的反对称伸缩振动和弯曲振动模型振动频率（ν_3和ν_4）与实验值的误差仅为2.3585cm^{-1}和4.5283cm^{-1}，而用旋轨耦合相对论方法得到的反对称伸缩振动和弯曲振动模型的振动频率与实验值的误差为1.498cm^{-1}和3.8916cm^{-1}。我们还用RPBE方法计算了UF_6分子的键能，其与实验值符合得很好。旋轨耦合效应对键能的贡献为–7.3741kcal/mol。

4.3.4 UCl_6分子结构和振动频率

过去几十年，一些科研工作者对UCl_6分子的结构和光谱等性质做了理论和实验上的一些研究。1983年Maier等在实验上测量了UCl_6分子的T_{2u}模型的反对称伸缩振动频率$\nu_3 = 358\text{cm}^{-1}$[25]，随后在1993年Hunt等也测出$\nu_3 = 358.2\text{cm}^{-1}$[26]。在理论上，很多人已经通过量化程序计算出了分子结构和光谱等数据。例如，Han就在2001年采用密度泛函和小核相对论有效核势方法计算出了UCl_6分子的平衡键长和振动频率[40]。此外，Peralta等还使用全电子杂化密度泛函理论计算了UCl_6分子的键能[46]。

在本节中，我们分别使用两种密度泛函（LDA和GGA）和两种相对论近似（标量和旋轨耦合效应）计算UCl_6分子的平衡键长和振动频率。在计算中我们在保证计算精确度的情况下对Cl和U原子采取冰冻核电子的方法，分别为：Cl.2p和U.5d，目的当然是节省计算时间。此外，我们还用RPBE泛函并结合这两种相对论效应分别计算了UCl_6分子的键能。本节中UCl_6分子的键能是用ADF程序中的片段方法计算得到的。ADF以分子片段作为分析对象，这些片段既可以是最基本的原子，又可以是根据需要划分的基团结构。ADF程序能够将传统意义的化学键分解为Kohn-Sham轨道，并由此计算各种理化参数，如静电交换能、泡利排斥或轨道之间的相互作用。在本节中我们便以Cl和UCl_5为基本片段计算得到了UCl_6分子的Cl—UCl_5（即U—Cl）键的能量和各种理化参数。

1. UCl_6分子结构

对于八面体结构的UCl_6分子，包括Cl和U原子的全电子的电子组态为

$$UCl_6:\ (1t_{1u})^6(2a_{1g})^2(1e_g)^4(2t_{1u})^6(2e_g)^4(3a_{1g})^2(1t_{2g})^6(3t_{1u})^6(1t_{2u})^6(4t_{1u})^6(1t_{1g})^6 \quad (4.3.8)$$

其中，分子的最高占据分子轨道被写出。本节中，我们分别用 LDA 和 GGA（BP、BLYP 和 RPBE）方法计算了 UCl_6 分子的平衡键长 r。我们主要对比了这四种方法在标量和旋轨耦合两种相对论效应下的计算结果。理论计算值和实验值列于表 4.3.13 中。用标量相对论计算的平衡键长的误差分别为：0.14%（LDA）、0.72%（BP）、1.96%（BLYP）和 1.09%（RPBE）；用旋轨耦合相对论计算的平衡键长的误差分别为：0.18%（LDA）、0.65%（BP）、1.91%（BLYP）和 1.03%（RPBE）。从表中还可以看到，标量和旋轨耦合相对论条件下计算的结果都很相近，所以旋轨耦合效应对 UCl_6 分子的几何结构的影响是可以忽略不计的。

表 4.3.13　UCl_6 分子的平衡键长 r(U—Cl)

	不同方法的计算值/Å				实验值/Å
	LDA	BP	BLYP	RPBE	
标量相对论法	2.4565	2.4776	2.5082	2.4869	2.46(1)[60]
旋轨耦合相对论法	2.4556	2.4761	2.5071	2.4854	

2. UCl_6 分子的振动频率

MaierII 等在 1983 年实验测量了 UCl_6 分子的反对称伸缩振动频率 ν_3 为 $358cm^{-1}$[25]，随后 Hunt 等在 1993 年也测出 $\nu_3 = 358.2cm^{-1}$[26]。本节中我们用两种密度泛函方法 LDA 和 GGA（BP、BLYP 和 RPBE）并结合两种不同的相对论方法（标量和旋轨耦合相对论效应）计算了 UCl_6 分子的振动频率，其结果列于表 4.3.14 中。从此表中可看到，用标量相对论和旋轨耦合相对论方法计算的振动频率的结果差距很小。例如，用 RPBE 泛函和标量相对论方法计算的振动频率分别是：$357.1037cm^{-1}$、$306.4201cm^{-1}$、$355.8038cm^{-1}$、$115.9756cm^{-1}$、$123.1640cm^{-1}$ 和 $81.0992cm^{-1}$，而用 RPBE 泛函和旋轨耦合相对论方法计算的振动频率分别是：$356.4014cm^{-1}$、$305.7435cm^{-1}$、$355.6639cm^{-1}$、$116.6319cm^{-1}$、$123.5953cm^{-1}$ 和 $80.5884cm^{-1}$。可见旋轨耦合相对论效应对 UCl_6 分子振动频率的影响也是很小的。另外从表中还可以看到，反对称伸缩振动模型 ν_3 频率的理论计算值和实验值符合得很好，其中用 RPBE 方法得到结果的误差最小。

表 4.3.14　UCl_6 分子的振动频率 ν_i

	方法	ν_1/cm^{-1}	ν_2/cm^{-1}	ν_3/cm^{-1}	ν_4/cm^{-1}	ν_5/cm^{-1}	ν_6/cm^{-1}
标量相对论法	LDA	387.5280	338.9911	386.6900	115.8429	123.2404	81.0991
	BP	369.8990	318.6868	368.6664	116.8649	123.7843	81.3351
	BLYP	363.0975	311.8369	363.9037	116.1836	122.5149	79.9801
	RPBE	357.1037	306.4201	355.8038	115.9756	123.1640	81.0992
旋轨耦合相对论法	LDA	386.8072	338.2958	387.5671	116.5046	123.6798	80.5764
	BP	369.1894	318.0060	367.5375	116.5227	124.2131	80.8162
	BLYP	362.3873	311.1470	361.7748	116.8293	122.9372	79.4765
	RPBE	356.4014	305.7435	355.6639	116.6319	123.5953	80.5884
实验值				358[25] 358.2[26]			

3. UCl_6分子的键能分析

我们用ADF程序并以Cl和UCl_5为基本片段计算和分析UCl_6分子的U—Cl键能。Cl和UCl_5片段的正确的自旋和轨道电子占据数用输入关键词“unrestricted”和“fragoccupations”(具体α和β自旋分子轨道的不同空间性和占据数)来具体确定。基于基本片段的键能ΔE可以划为两种组成成分：

$$\Delta E = \Delta E_{\text{prep}} + \Delta E_{\text{int}} = \Delta E_{\text{prep}} + \Delta E_{\text{elstat}} + \Delta E_{\text{Pauli}} + \Delta E_{\text{orb}} \quad (4.3.9)$$

式中，ΔE_{prep}为基本片段的平衡结构和变形结构的能量差；ΔE_{int}为分子的两个片段的瞬间交换能，它由三部分组成：片段的静电交换能ΔE_{elstat}、泡利排斥项ΔE_{Pauli}、基本片段的占据轨道和虚轨道的轨道交换能ΔE_{orb}。我们根据RPBE泛函和TZP基函数并结合标量和旋轨耦合两种相对论方法详细计算和分析了UCl_6分子的键能，结果列于表4.3.15中。另外我们还通过VDD和Hirshfeld方法计算得到U原子的正电荷数（表4.3.15）。

表4.3.15　UCl_6分子的U—Cl键能ΔE分析

能项	标量相对论计算值/(kcal/mol)	旋轨耦合相对论计算值/(kcal/mol)
$\Delta E_{A_{1g}}$	−10.2808	−10.4028
$\Delta E_{A_{2g}}$	0	0
ΔE_{g}	−49.1761	−49.5774
$\Delta E_{T_{1g}}$	−14.7351	−14.7373
$\Delta E_{T_{2g}}$	−31.9167	−32.3094
$\Delta E_{A_{2u}}$	3.9026	3.8419
ΔE_{E_u}	0	0
$\Delta E_{T_{2u}}$	−7.7789	−7.9376
$\Delta E_{T_{1u}}$	−32.2596	−28.7081
$\Delta E_{\text{spin-orbit}}$	0	−7.4203
ΔE_{orb}	−142.2446	−147.2510
ΔE_{Pauli}	140.8200	142.6983
ΔE_{elstat}	−48.8475	−49.4838
ΔE_{int}	−50.2721	−54.0366
ΔE_{prep}	0.4142	0.4345
ΔE(BDE)		
计算值	−49.8579	−53.6021
实验值	−50.4	−50.4
Hirshfeld（U）	0.48	0.48
VDD（U）	0.45	0.45

从表 4.3.15 可知，旋轨耦合效应对 UCl_6 分子的键能的贡献为–7.4203kcal/mol。还可以看到静电交换能 ΔE_{elstat} 的绝对值要比轨道交换能 ΔE_{orb} 的绝对值小，Cl 和 UCl_5 之间有很强烈的泡利排斥作用。UCl_6 分子在标量和旋轨耦合两种相对论效应下 U—Cl 键能的计算值分别为–49.8579kcal/mol 和–53.6021kcal/mol，它们与实验值–50.4kcal/mol 符合得很好。

4. 小结

本节中我们使用两种密度泛函（LDA 和 GGA）和两种相对论效应（标量和旋轨耦合相对论）计算了 UCl_6 分子的平衡键长和振动频率。可以发现用 RPBE 泛函得到的反对称伸缩振动频率数据与实验值符合得最好。我们还用 RPBE 方法计算了 UCl_6 分子的键能，其与实验值符合得很好。另外，旋轨耦合效应对 U—Cl 键能的贡献为–7.4203kcal/mol。总之，旋轨耦合效应对闭壳层结构的 UCl_6 分子的键长和振动频率影响很小。

4.3.5 UBr_6 分子结构和振动频率

到目前为止，还没有任何关于 UBr_6 分子的实验和理论研究报道。在本节中，分别使用两种密度泛函（LDA 和 GGA）和两种相对论近似（标量和旋轨耦合效应）计算 UBr_6 分子的结构和光谱常数，在此基础上对各种方法的结果做详细的对比并得到一些很有用的结论。在计算中为了节省计算时间对 Br 和 U 原子采取冰冻核电子的方法，分别为：Br.3d 和 U.5d 。我们用 ADF 程序中的 RPBE 泛函并结合标量和旋轨耦合相对论方法分别计算了 UBr_6 分子的键能。

ADF 程序将 UBr_6 分子的化学键分解为 Kohn-Sham 轨道，并由此计算出它的各种理化参数，如静电交换能、泡利排斥或轨道之间的相互作用。

1. UBr_6 分子结构

对于 UBr_6 分子，包括 Br 和 U 原子的全电子的电子组态为

$$UBr_6：(1t_{1u})^6(2a_{1g})^2(1e_g)^4(2t_{1u})^6(3a_{1g})^2(2e_g)^4(1t_{2g})^6(3t_{1u})^6(4t_{1u})^6(1t_{2u})^6(1t_{1g})^6 \quad (4.3.10)$$

其中，分子的最高占据分子轨道被写出。

本节中，我们分别用 LDA 和 GGA（BP、BLYP 和 RPBE）方法并结合标量和旋轨耦合两种相对论效应计算了 UBr_6 分子的平衡键长，其结果列于表 4.3.16 中。用标量相对论计算的平衡键长分别为：2.6498Å（LDA）、2.6665Å（BP）、2.6869Å（BLYP）和 2.6699Å（RPBE）；用旋轨耦合相对论计算的平衡键长分别为：2.6486Å（LDA）、2.6646Å（BP）、2.6852Å（BLYP）和 2.6684Å（RPBE）。从中可以看到，标量和旋轨耦合相对论条件下计算的结果都很相近，所以旋轨耦合效应对 UBr_6 分子的几何结构的影响是可以忽略不计的。

表 4.3.16 UBr_6 分子的平衡键长 r 的计算值

计算方法	LDA	BP	BLYP	RPBE
标量相对论计算值 r(U—Br)/Å	2.6498	2.6665	2.6869	2.6699
旋轨耦合相对论计算值 r(U—Br)/Å	2.6486	2.6646	2.6852	2.6684

2. UBr_6 分子的振动频率

本节中我们用两种密度泛函方法 LDA 和 GGA（BP、BLYP 和 RPBE）并结合标量和旋轨耦合相对论效应两种不同的相对论方法计算了 UBr_6 分子的振动频率，其结果列于表 4.3.17 中。从此表中可看到，用标量相对论和旋轨耦合相对论方法计算的振动频率的结果差距很小。可见旋轨耦合相对论效应对 UBr_6 分子振动频率的影响也是很小的。

表 4.3.17　UBr_6 分子振动频率 ν_i 的计算值

	方法	ν_1/cm^{-1}	ν_2/cm^{-1}	ν_3/cm^{-1}	ν_4/cm^{-1}	ν_5/cm^{-1}	ν_6/cm^{-1}
标量相对论法	LDA	249.7461	194.9723	221.0289	78.9217	82.9904	49.3734
	BP	232.1292	179.7578	204.5611	77.2754	81.4022	49.9711
	BLYP	229.2893	174.3493	199.8123	76.3713	80.8811	49.2584
	RPBE	219.5975	170.4607	194.9024	76.0921	81.0751	49.3996
旋轨耦合相对论法	LDA	248.9727	194.2212	221.9527	79.6362	83.5216	48.7660
	BP	231.3603	179.0154	205.465	77.9765	81.9309	49.3687
	BLYP	228.5294	173.6104	200.7225	77.0680	81.3994	48.6695
	RPBE	218.8393	169.7238	195.8048	76.7900	81.5954	48.8058

3. UBr_6 分子的键能分析

用 ADF 程序并以 Br 和 UBr_5 为基本片段计算和分析 UBr_6 分子的 Br—UBr_5（即 U—Br）键能。在计算中 Br 和 UBr_5 为片段的正确的自旋和轨道电子占据数需要具体确定。另外，基于基本片段的键能 ΔE 可以划为两种组成成分：

$$\Delta E = \Delta E_{prep} + \Delta E_{int} = \Delta E_{prep} + \Delta E_{elstat} + \Delta E_{Pauli} + \Delta E_{orb} \tag{4.3.11}$$

式中，ΔE_{prep} 为基本片段的平衡结构和变形结构的能量差；ΔE_{int} 为分子的两个片段的瞬间交换能；ΔE_{elstat} 为片段的静电交换能；ΔE_{Pauli} 为泡利排斥项；ΔE_{orb} 为基本片段的占据轨道和虚轨道的轨道交换能。我们在 RPBE 密度泛函下分别采用标量和旋轨耦合两种相对论方法计算了 UBr_6 分子的键能，结果列于表 4.3.18 中。从此表中可看到旋轨耦合效应对 UBr_6 分子的键能的贡献为–8.3218kcal/mol，还可以看到 UBr_6 分子片段的一些理化参数，如静电交换能、泡利排斥或轨道之间的相互作用。UBr_6 分子在标量和旋轨耦合两种相对论效应下 U—Br 键能的计算值分别为–44.3878kcal/mol 和–47.2836kcal/mol。另外我们还通过 VDD 和 Hirshfeld 方法计算得到了 U 原子的正电荷数（表 4.3.18）。

4. 小结

本节中我们使用两种密度泛函（LDA 和 GGA）和两种相对论效应（标量和旋轨耦合相对论）计算了 UBr_6 分子的平衡键长和振动频率。我们还用 GGA（RPBE）方法计算了 UBr_6 分子的键能，其在标量和旋轨耦合两种相对论效应下 U—Br 键能的计算值分别为–44.3878kcal/mol 和–47.2836kcal/mol。此外我们也发现静电交换能 ΔE_{elstat} 要比轨道交换能

ΔE_{orb} 小，Br 和 UBr_5 之间有很强烈的泡利排斥作用。旋轨耦合效应对 U—Br 键能的贡献为−8.3218kcal/mol。总之，旋轨耦合效应对闭壳层结构的 UBr_6 分子的键长和振动频率影响很小。

表 4.3.18　UBr_6 分子的 U—Br 键能 ΔE 分析

能项	标量相对论方法计算值/(kcal/mol)	旋轨耦合相对论方法计算值/(kcal/mol)
$\Delta E_{A_{1g}}$	−8.4351	−8.2701
$\Delta E_{A_{2g}}$	0	0
ΔE_{g}	−43.6699	−41.4644
$\Delta E_{T_{1g}}$	−13.6159	−13.3646
$\Delta E_{T_{2g}}$	−28.5791	−27.0930
$\Delta E_{A_{2u}}$	3.9812	3.7239
ΔE_{E_u}	0	0
$\Delta E_{T_{2u}}$	−5.8620	−5.3646
$\Delta E_{T_{1u}}$	−28.0825	−22.7307
$\Delta E_{spin\text{-}orbit}$	0	−8.3218
ΔE_{orb}	−124.2633	−122.8853
ΔE_{Pauli}	130.6332	122.8837
ΔE_{elstat}	−51.1853	−47.7517
ΔE_{int}	−44.8154	−47.7533
ΔE_{prep}	0.4276	0.4697
ΔE(BDE)	−44.3878	−47.2836
Hirshfeld（U）	0.34	0.37
VDD（U）	0.39	0.41

4.3.6　UI_6 分子结构和振动频率

在本节中，我们分别使用两种密度泛函（LDA 和 GGA）和两种相对论近似（标量和旋轨耦合效应）计算了 UI_6 分子的平衡键长和振动频率。在计算中我们对 I 和 U 原子采取冰冻核电子的方法，分别为：I.4d 和 U.5d 。我们也用 RPBE 泛函和两种相对论（标量和旋轨耦合）方法计算了 UI_6 分子的静电交换能、泡利排斥、轨道之间的相互作用和键能等性质。

1. UI_6分子结构

对于UI_6分子，包括I和U原子的全电子的电子组态为

$$UI_6: (1t_{1u})^6(2a_{1g})^2(1e_g)^4(2t_{1u})^6(3a_{1g})^2(2e_g)^4(1t_{2g})^6(3t_{1u})^6(4t_{1u})^6(1t_{2u})^6(1t_{1g})^6 \quad (4.3.12)$$

式中，分子的最高占据分子轨道被写出。本节中，我们分别用 LDF 和 GGA（BP、BLYP 和 RPBE）方法并结合标量和旋轨耦合两种相对论效应计算了UI_6分子的电子结构，其结果列于表 4.3.19 中。从中可以看到，标量和旋轨耦合相对论条件下计算的结果都很相近，所以旋轨耦合效应对UI_6分子的几何结构的影响也是可以忽略不计的。

表 4.3.19　UI_6分子的平衡键长 r 的计算值

计算方法	LDA	BP	BLYP	RPBE
标量相对论计算值 r(U—I)/Å	2.8987	2.9092	2.9294	2.9163
旋轨耦合相对论计算值 r(U—I)/Å	2.8972	2.9067	2.9278	2.9142

2. UI_6分子的振动频率

本节中我们用两种密度泛函方法 LDA 和 GGA（BP、BLYP 和 RPBE）并结合标量和旋轨耦合相对论效应两种不同的相对论方法计算了UI_6分子的振动频率，其结果列于表 4.3.20 中。

表 4.3.20　UI_6分子的振动频率 ν_i 的计算值

	计算方法	ν_1/cm^{-1}	ν_2/cm^{-1}	ν_3/cm^{-1}	ν_4/cm^{-1}	ν_5/cm^{-1}	ν_6/cm^{-1}
标量相对论法	LDA	189.8791	140.2647	151.9887	59.0224	63.8712	35.0985
	BP	177.9823	127.8792	139.3476	57.8210	62.6238	35.4562
	BLYP	175.2444	123.1544	136.3645	57.0128	62.2013	34.9782
	RPBE	168.8972	120.6521	131.9145	56.4988	62.3132	35.1107
旋轨耦合相对论法	LDA	188.8905	139.3724	153.2863	59.8547	64.5198	34.3666
	BP	177.0024	126.9978	140.5371	58.6469	62.9531	34.7304
	BLYP	174.2665	122.2736	137.5165	57.8317	62.8302	34.2604
	RPBE	167.9262	119.7732	133.0962	57.3198	62.9441	34.3860

从表 4.3.20 看出，用标量相对论和旋轨耦合相对论方法计算的振动频率的结果差距很小。如用 RPBE 方法并结合标量相对论方法计算的频率为：$\nu_1=168.8972cm^{-1}$、$\nu_2=120.6521cm^{-1}$、$\nu_3=131.9145cm^{-1}$、$\nu_4=56.4988cm^{-1}$、$\nu_5=62.3132cm^{-1}$和$\nu_6=35.1107cm^{-1}$；而用 RPBE 方法和旋轨耦合相对论方法计算的频率为：$\nu_1=167.9262cm^{-1}$、$\nu_2=119.7732cm^{-1}$、$\nu_3=133.0962cm^{-1}$、$\nu_4=57.3198cm^{-1}$、$\nu_5=62.9441cm^{-1}$和$\nu_6=34.3860cm^{-1}$。可见旋轨耦合相对论效应的影响也是很小的。

3. UI_6 分子的键能分析

我们用 ADF 程序并以 I 和 UI_5 为基本片段计算和分析了 UI_6 分子的 I—UI_5（即 U—I）键能。I 和 UI_5 片段的正确的自旋和轨道电子占据数用输入关键词“unrestricted”和“fragoccupations”（具体 α 和 β 自旋分子轨道的不同空间性和占据数）来具体确定。另外基于基本片段的键能 ΔE 可以划为两种组成成分 ΔE_{prep}（基本片段的平衡结构和变形结构的能量差）和 ΔE_{int}（分子的两个片段的瞬间交换能）。ΔE_{int} 由三部分组成：片段的静电交换能 ΔE_{elstat}、泡利排斥项 ΔE_{Pauli}、基本片段的占据轨道和虚轨道的轨道交换能 ΔE_{orb}。我们在 RPBE 密度泛函下分别采用标量和旋轨耦合两种相对论方法计算了 UI_6 分子的键能，结果列于表 4.3.21 中。从此表中可看到旋轨耦合效应对 UI_6 分子的键能的贡献为 −10.1818kcal/mol。UI_6 分子在标量和旋轨耦合两种相对论效应下 U—I 键能的计算值分别为−35.4343kcal/mol 和−40.4112kcal/mol。另外我们还通过 VDD 和 Hirshfeld 方法计算得到了 U 原子的正电荷数（表 4.3.21）。

表 4.3.21　UI_6 分子的 U—I 键能 ΔE 分析

能项	标量相对论方法计算值/(kcal/mol)	旋轨耦合相对论方法计算值/(kcal/mol)
$\Delta E_{A_{1g}}$	−7.9596	−7.7734
$\Delta E_{A_{2g}}$	0	0
ΔE_{g}	−36.4074	−36.0818
$\Delta E_{T_{1g}}$	−11.9655	−11.7644
$\Delta E_{T_{2g}}$	−23.5619	−23.3751
$\Delta E_{A_{2u}}$	3.7045	3.4021
ΔE_{E_u}	0	0
$\Delta E_{T_{2u}}$	−3.9422	−3.8507
$\Delta E_{T_{1u}}$	−22.7247	−17.9182
$\Delta E_{spin\text{-}orbit}$	0	−10.1818
ΔE_{orb}	−102.8568	−107.5433
ΔE_{Pauli}	115.3803	114.8590
ΔE_{elstat}	−48.4561	−48.2371
ΔE_{int}	−35.9326	−40.9214
ΔE_{prep}	0.4983	0.5102
ΔE(BDE)	−35.4343	−40.4112
Hirshfeld（U）	0.20	0.19
VDD（U）	0.22	0.22

4. 小结

本节中我们使用两种密度泛函（LDA 和 GGA）和两种相对论效应（标量和旋轨耦合相对论）计算了 UI_6 分子的平衡键长和振动频率。我们还用 RPBE 方法计算了 UI_6 分子的键能。另外旋轨耦合效应对 U—I 键能的贡献为 10.1818kcal/mol。UI_6 分子在标量和旋轨耦合两种相对论效应下 U—I 键能的计算值分别为 35.4343kcal/mol 和 40.4112kcal/mol。

4.3.7　特别计算的 UF_6 和 U_2F_6 分子的振动频率和同位素位移

UF_6 分子是铀浓缩的重要原料，它的分子光谱等性质在实验上和理论上已经有较多的研究。对于包含 U_2 的化合物有 U_2O_2 和 U_2H_4 等分子在实验上被探测到[80, 81]，而对于包含 U_2 的六氟化物却没有任何实验研究。在理论上 Gagliardi 和 Roos 等通过多组态量化方法研究了 U_2 分子中两个 U 原子的成键性质[82, 83]。他们发现 U_2 分子的化学键比其他所有可知的双原子分子都复杂，因为它是五重键。U 原子的基电子组态是 $(5f)^3(6d)^1(7s)^2$（即六个价电子）。U_2 分子中有三个正常的双电子键，四个电子存在于不同的键轨道和两个非成键电子导致形成一个五重键。根据这个性质，在理论上可以形成 U_2F_6 分子。本节中，我们首先用全电子密度泛函方法计算了 UF_6 分子的几何结构和振动频率，然后用相同的方法计算了 U_2F_6 分子的性质。结果表明，D_{3d} 对称的 U_2F_6 分子比 D_{3h} 更稳定，即 U_2F_6 分子的基态结构为 D_{3d} 对称性，因此我们在本节中计算了 U_2F_6 分子的 D_{3d} 对称性的光谱常数。此外我们还在本节中用相同的方法计算了 UF_6 和 U_2F_6 分子的同位素位移。

我们的计算都是通过 ADF 程序中的 RPBE 密度泛函方法进行的，密度泛函方法比 HF 和半经典方法更加准确，其更加适合计算包含重金属元素的分子。在我们对这两个分子的计算中只包含标量相对论效应，这是因为 UF_6 和 U_2F_6 分子的基态是单重态，旋轨耦合相对论效应对其结构等的影响可忽略不计。此外我们在保证计算精确度的情况下对 F 和 U 原子采取冰冻核电子的方法，分别为：F.1s 和 U.5d。

1. UF_6 和 U_2F_6 分子的结构

UF_6 分子的平衡键长早已被 Seip 和 Kimura 等用电子衍射实验测出，分别为 1.996Å[78] 和 1.999Å[79]。在本节中，我们用 RPBE 泛函和 TZP 基组[84]计算出 UF_6 分子的平衡键长为 2.027Å。令人满意的是我们的计算值和实验值符合得很好，误差仅仅为 1.553%和 1.401%。

U_2F_6 分子有 D_{3d} 和 D_{3h} 两种对称性结构，如图 4.3.3 所示。在限制对称性的条件下，初步计算表明 D_{3d} 对称性的能量比 D_{3h} 更低。当不限制其对称性时，不管它的最初结构是 D_{3d} 还是 D_{3h} 对称性，其最终优化结构都是 D_{3d} 对称性。所以说 D_{3d} 对称性比 D_{3h} 更加稳定，即 U_2F_6 分子的基态结构是 D_{3d} 对称性的。

我们用 RPBE 泛函和 TZP 基组对 D_{3d} 对称性的 U_2F_6 分子做了几何优化计算，发现其基电子态为单重态。U—U 键长、U—F 键长和 U—U—F 键角的计算值分别是 2.470Å、

2.068Å 和 120.0°。U_2F_6 分子中的 U 是 + 3 价，其 12 个价电子中有 6 个剩余而形成三重键。包括 U 和 F 原子所有电子的电子组态为

$$\cdots(2a_{1u})^2(2a_{2g})^2(18e_{1u})^4(18e_{1g})^4(20a_{2u})^2(19e_{1u})^4(21a_{1g})^2 \tag{4.3.13}$$

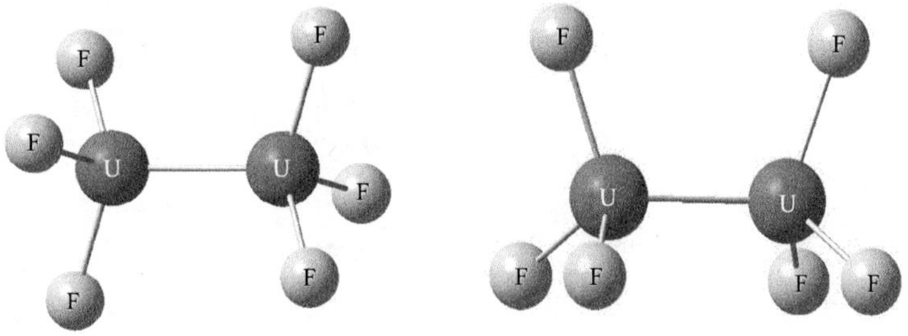

图 4.3.3　U_2F_6 分子的 D_{3d} 和 D_{3h} 对称性结构

此外，U_2F_6 分子的部分分子轨道、轨道能量和 SFO（对称化的片段轨道）布居分析也被计算出，其结果列于表 4.3.22 中。

表 4.3.22　U_2F_6 分子的轨道、轨道能量 E 和 SFO 布居分析

E/eV	电子占据数	分子轨道（MOs）	轨道占据比例/%	SFO	片段
−10.260	2	$2a_{1u}$	93.85	1P：x	3F
			6.05	2F：x	1U
−10.249	2	$2a_{2g}$	94.02	1P：x	3F
			5.67	2F：x	1U
−10.147	4	$18e_{1u}$	61.21	1P：z	3F
			16.48	1P：x	3F
			15.86	1P：y	3F
			3.66	2F：$z2x$	1U
−9.974	4	$18e_{1g}$	62.07	1P：z	3F
			19.60	1P：y	3F
			14.54	1P：x	3F
			2.14	5P：y	1U
−9.830	2	$20a_{2u}$	90.51	1P：x	3F
			4.99	5P：z	1U
			1.55	6P：z	1U
			1.48	7s	1U
			1.11	2F：y	1U
−5.875	4	$19e_{1u}$	74.93	2F：$z2y$	1U
			16.01	4D：yz	1U

续表

E/eV	电子占据数	分子轨道（MOs）	轨道占据比例/%	SFO	片段
			3.32	1P：z	3F
			1.71	1P：x	3F
			1.07	2F：z	1U
−5.860	2	$21a_{1g}$	64.24	2F：z3	1U
			19.10	7s	1U
			6.05	6P：z	1U
			3.25	4D：z2	1U
			2.77	3S	3F
			1.36	2F：y	1U
			1.35	1P：x	3F
			1.16	6D：z2	1U

2. UF_6和U_2F_6分子的振动频率

UF_6分子有六个振动模型：$T_{mol}=A_{1g}+E_g+2T_{1u}+T_{2g}+T_{2u}$。在这六个模型中只有$T_{1u}$（$\nu_3$和$\nu_4$）具有红外活性，其中$\nu_3$和$\nu_4$分别对应反对称伸缩振动和弯曲振动模型。本节中我们用 RPBE 泛函和 TZP 基组计算了UF_6分子的振动频率，其结果列于表 4.3.23 中。从表中可看到理论计算值与实验值符合得很好。例如，ν_3带的实验值为 626cm^{-1}，而其计算值为 623.642cm^{-1}，误差仅为 0.38%。

表 4.3.23　UF_6分子的振动频率、偶极矩和红外强度

振动模式	对称性	振动频率/cm^{-1}		偶极矩/D	红外强度/(km/mol)
		计算值	实验值[24]		
ν_1	A_{1g}	669.279	667	0	0
ν_2	E_g	533.887	534	0	0
ν_3	T_{1u}	623.642	626	1196.889	191.027
ν_4	T_{1u}	181.472	186	202.442	10.326
ν_5	T_{2g}	191.462	200	0	0
ν_6	T_{2u}	139.744	143	0	0

我们同样用 RPBE 泛函和 TZP 基组计算了U_2F_6分子的振动频率、偶极距和红外活性，其结果列于表 4.3.24 中。到目前为止还没有任何关于U_2F_6分子的实验值作为对比。U_2F_6分子有 12 个振动模型：$T_{mol}=3A_{1g}+A_{1u}+2A_{2u}+3E_{1g}+3E_{1u}$，在表 4.3.24 中对所有的振动

模型的对称性分布做了详细的描述，在这 12 种模型中只有 A_{2u}（ν_6 和 ν_7）和 E_{1u}（ν_1、ν_{11} 和 ν_{12}）具有红外活性，五种振动模式 ν_1、ν_6、ν_7、ν_{11}、ν_{12} 分别对应于对称伸缩、变形对称伸缩、反对称伸缩、变形反对称伸缩和弯曲模型。此外 $E_{1u}(\nu_1)$ 和 $A_{2u}(\nu_7)$ 模型对应的红外活性最强，红外强度分别为 230.683km/mol 和 373.885km/mol。

表 4.3.24　U_2F_6 分子的振动频率、偶极矩和红外强度

振动模式	对称性	振动频率/cm^{-1}	偶极矩/D	红外强度/(km/mol)
ν_1	E_{1u}	544.953	1688.799	230.683
ν_2	A_{1g}	247.541	0.000	0.000
ν_3	E_{1g}	125.366	0.000	0.000
ν_4	A_{1u}	19.906	0.000	0.000
ν_5	E_{1g}	542.022	0.000	0.000
ν_6	A_{2u}	151.024	218.977	8.289
ν_7	A_{2u}	587.019	2541.022	373.885
ν_8	A_{1g}	140.613	0.000	0.000
ν_9	E_{1g}	47.508	0.000	0.000
ν_{10}	A_{1g}	611.816	0.000	0.000
ν_{11}	E_{1u}	127.863	247.926	7.946
ν_{12}	E_{1u}	25.121	1586.907	9.992

3. UF_6 和 U_2F_6 分子的同位素位移

大多数分子的光谱是复杂的，同位素对振动光谱的影响最大。多原子分子有多个振型，核通常参加几个振型的振动，其同位素位移分布于几个振型，按 Redlich-Teller 法则，不同振型的同位素彼此不独立。对于 UF_6 分子来说，中心原子不参加其他振型的振动，只有 T_{1u} 模型频率拥有同位素位移。对于 U_2F_6 分子来说，只有 A_{2u} 和 E_{1u} 模型频率拥有同位素位移。不同的同位素分子有稍微不同的转动常数，从而有不同的振转跃迁频率，产生附加的同位素位移，但 UF_6 分子不存在此效应。分子同位素相对位移与分子的质量差成正比，与分子的质量成反比。分子的质量越大，其相对位移量越小。同时还说明质量大的同位素分子比质量小的同位素分子频率小。在自然界中 U 原子主要有两个稳定的同位素 ^{238}U 和 ^{235}U。在实验上人们也测量出了 $^{238}UF_6$ 和 $^{235}UF_6$ 同位素分子的位移。在本节中，我们重点分析 UF_6 和 U_2F_6 分子的各自最大的同位素位移。对于 UF_6 分子，反对称伸缩频率 ν_3 的同位素位移是 $\Delta\nu(^{235}UF_6 - {}^{238}UF_6) = 0.738cm^{-1}$，且与实验值符合得较好。$U_2F_6$ 分子的反对称伸缩频率 ν_7 的同位素位移为 $\Delta\nu(^{235}UF_6 - {}^{238}UF_6) = 1.684cm^{-1}$。很明显 U_2F_6 分子的同位素位移要比 UF_6 分子大得多，而同位素位移的大小对激光分离同位素有至关重要的作用。所以我们根据计算结果预测出 U_2F_6 分子有可能是比 UF_6 分子更加适合的激光分离同位素的原料。当然这还需要人们对其进行更深入的研究。

4. 小结

本节中我们首先使用 RPBE 泛函和TZP 基函数计算了 UF_6 分子的平衡几何结构和振动频率，其结果与实验值符合得很好。接着我们又用相同的方法计算预测出 U_2F_6 分子的基态结构为 D_{3d} 对称性，并在此基础上计算出了这个分子的基态结构的振动频率。最后我们还分析了 UF_6 和 U_2F_6 分子的各自最大的同位素位移，且发现 U_2F_6 分子的同位素位移要比 UF_6 分子大。因此得到一个重要的结论：U_2F_6 分子可能是比 UF_6 分子更加适合的激光分离同位素的原料。

本章对研究方法和研究结果的总结、论述也可参考[18]、[85]～[87]。

参 考 文 献

[1] Katz J J，Seaborg G T，Morss T R. The Chemistry of the Actinide Elements[M]. 2nd ed. London：Chapman and Hall，1986.

[2] Teterin A Y，Teterin Y A，Maslakov K I，et al. Electronic structure of solid uranium tetrafluoride UF_4[J]. Physical Review B，2006，74（4）：5101-1-5101-9.

[3] Hildenbrand D L. Thermochemistry of gaseous UF_5 and UF_4[J]. Journal of Chemical Physics，1977，66：4788-4794.

[4] Petrov V M. Authors Abstract of Candidate Dissertation[G]. Ivanovo：Ivanovo Institute of Chemical Technology，1978.

[5] Girichev G V，Petrov V M，Giricheva N I，et al. An electron diffraction study of the structure of the uranium tetrafluoride molecule[J]. Journal of Structural Chemistry，1983，24：61-65.

[6] Hildenbrand D L. Equilibrium measurements as a source of entropies and molecular constant information[J]. Pure and Applied Chemistry，1988，60：303-307.

[7] Hildenbrand D L，Lau K H，Brittain R D. The entropies and probable symmetries of the gaseous thorium and uranium tetrahalides[J]. Journal of Chemical Physics，1991，94：8270-8275.

[8] Haaland A，Martinsen K J，Konings R J M. The gas electron diffraction data recorded for UCl_4 cannot be ascribed to the chloride oxide $UOCl_4$[J]. Journal of the Chemical Society：Dalton Transactions，1997，(14)：2473-2474.

[9] Konings R J M，Booij A S，Kovacs A，et al. The infrared spectrum and molecular structure of gaseous UF_4[J]. Journal of Molecular Structure：Theochem，1996，378（2）：121-131.

[10] Dyke J M，Fayad N K，Morris A，et al. A study of the electronic structure of the actinide tetrahalides UF_4，ThF_4，UCl_4 and $ThCl_4$ using vacuum ultraviolet photoelectron spectroscopy and SCF-Xα scattered wave calculations[J]. Journal of Chemical Physics，1980，72：3822-3827.

[11] Boerrigter P M，Snijders J G，Dyke J M. A reassignment of the gas-phase photoelectron spectra of the actinide tetrahalides UF_4，UCl_4，ThF_4 and $ThCl_4$ by relativistic Hartree-Fock-Slater calculations[J]. Journal of Electron Spectroscopy and Related Phenomena，1988，46：43-53.

[12] Kunze K L，Hauge R H，Hamill D，et al. Infrared matrix study of reactions of UF_4 with fluorine[J]. Journal of Chemical Physics，1976，65：2026-2027.

[13] Kunze K L，Hauge R H，Hamill D，et al. Studies of matrix isolated uranium tetrafluoride and its interactions with frozen gases[J]. Journal of Physical Chemistry，1977，81：1664-1667.

[14] Bukhmarina V N，Predtechenskii Y B，Shklyarik V G. IR and Raman spectra of UF_4 molecules in inert matrices[J]. Optics and Spectroscopy（USSR），1987，62（5）：700-701.

[15] Bukhmarina V N，Gerasimov A Y，Predtechenskii Y B，et al. Orientation of the UF_4 molecule in low-temperature matrices[J]. Optics and Spectroscopy（USSR），1987，62：710-711.

[16] Bukhmarina V N，Predtechenskii Y B，Shklyarik V G. Jahn-Teller effect in the vibrational-spectra of UF_4 isolated in rare-gas matrices[J]. Journal of Molecular Structure：Theochem，1990，218：33-38.

[17] Haaland A，Martinsen K J，Swang O，et al. Molecular structure of monomeric uranium tetrachloride determined by gas electron diffraction at 900K，gas phase infrared spectroscopy and quantum-chemical density-functional calculations[J]. Journal of the Chemical Society：Dalton Transactions，1995，(2)：185-190.

[18] Zhang Y G, Li Y D, Cao Y. A relativistic DFT study of the structure and vibrational frequencies of the gaseous UF_4[J]. Journal of Molecular Structure: THEOCHEM，2008，864（1-3）：85-88.

[19] Hildenbrand D L，Gurvich L V，Yungman V S. The Chemical Thermodynamics of Actinide Elements and Compounds，Part 13：The Gaseous Actinide Ions[M]. Vienna：IAEA，1985.

[20] Kovba V M，Chikh I V. IR-spectra of vapors over UF_4，UCl_4，UBr_4，and in the UCl_4-Cl_2 system[J]. Journal of Structural Chemistry，1983，24（2）：326-327.

[21] Konings R J M，Hildenbrand D L J. The vibrational frequencies，molecular geometry and thermodynamic properties of the actinide tetrahalides[J]. Journal of Alloys and Compounds，1998，271：583-586.

[22] Hildenbrand D L，Lan K H. Trends and anomalies in the thermodynamics of gaseous thorium and uranium halides[J]. Pure and Applied Chemistry，1992，64：87-92.

[23] Fuger J，Brown D. Thermodynamics of the actinoid elements. Part Ⅴ. Enthalpies and Gibbs energies of formation of some protactinium-（Ⅳ）and -（Ⅴ）halides[J]. Journal of the Chemical Society：Dalton Transactions，1975，(21)：2256-2263.

[24] McDowell R S，Asprey L B，Paine R T. Vibrational-spectrum and force-field of uranium hexafluoride[J]. Journal of Chemical Physics，1974，61：3571-3580.

[25] Maier W B，Beattie W H，Holland R F. Spectral studies of cold UF_6 solutions[J]. Journal of Chemical Physics，1983，79(10)：4794-4804.

[26] Hunt R D，Andrews L，Toth L M. Matrix infrared study on the fluorination and chlorination of UCl_4[J]. Radiochimica Acta，1993，60：17-20.

[27] Hildenbrand D L，Lau K H. ChemInform abstract：redetermination of the thermochemistry of gaseous UF_5，UF_2，and UF[J]. Journal of Chemical Physics，1991，94：1420-1425.

[28] Compton R N. On the formation of positive and negative ions in gaseous UF_6[J]. Journal of Chemical Physics，1977，66：4478-4485.

[29] Nikitin M I，Kosinova N M，Tsirelnikov V I. Mass-spectrometric study of the thermodynamic properties of gaseous lowest titanium iodides[J]. High Temperature，1992，30（4）：564-572.

[30] Hay P J，Wadt W R，Kahn L R，et al. *Ab initio* studies of the electronic structrue of UF_6，UF_6^+，and UF_6^- using relativistic effective core potentials[J]. Journal of Chemical Physics，1979，71：1767-1779.

[31] Case D A，Yang C Y. Relativistic scattered wave calculations on UF_6[J]. Journal of Physical Chemistry，1980，72：3443-3448.

[32] Hay P J，Martin R L. Theoretical studies of the structures and vibrational frequencies of actinide compounds using relativistic effective core potentials with Hartree-Fock and density functional methods：UF_6，NPF_6，and PuF_6[J]. Journal of Chemical Physics，1998，109：3875-3881.

[33] Schreckenbach G，Hay P J，Martin R L. Density functional calculations on actinide compounds：survey of recent progress and application to $[UO_2X_4]^{2-}$（X = F，Cl，OH）and AnF_6（An = U，Np，Pu）[J]. Journal of Computational Chemistry，1999，20：70-90.

[34] Kaltsoyannis N，Bursten B E. Electronic structure of f^1 actinide complexes.1. Nonrelativistic and relativistic calculations of the optical transition energies of AnX_6^{q-} complexes[J]. Inorganic Chemistry，1995，34：2735-2774.

[35] Schrechkenbach G. Mixed uranium chloride fluorides $UF_{6-n}Cl_n$ and methoxyuranium fluorides $UF_{6-n}(OCH_3)_n$：a theoretical study of equilibrium geometries，vibrational frequencies，and the role of the f orbitals[J]. Inorganic Chemistry，2000，39：1265-1274.

[36] Privalov T，Schimmelpfennig B，Wahlgren U. Structure and thermodynamics of uranium（Ⅵ）complexes in the gas phase：a comparison of experimental and *ab initio* data[J]. Journal of Physical Chemistry A，2002，106：11277-11282.

[37] de Jong W A，Nieuwpoort W C. Relativity and the chemistry of UF_6：a molecular Dirac-Hartree-Fock-CI study[J].

International Journal of Quantum Chemistry，1996，58：203-216.

[38] Gagliardi L，Willetts A，Skylaris C K，et al. A relativistic density functional study on the uranium hexafluoride and plutonium hexafluoride monomer and dimer species[J]. Journal of the American Chemical Society，1998，120：11727-11731.

[39] Han Y K，Hirao K. Density functional studies of UO_2^{2+} and AnF_6（An = U，Np，and Pu）using scalar-relativistic effective core potentials[J]. Journal of Chemical Physics，2000，113：7345-7350.

[40] Han Y K. Density functional studies of AnF_6（An = U，Np，and Pu）and $UF_{6-n}Cl_n$（n = 1～6）using hybrid functionals: geometries and vibrational frequencies[J]. Journal of Computational Chemistry，2001，22：2010-2017.

[41] Garcia-Hernandez M，Lauterbach C，Krüger S，et al. Comparative study of relativistic density functional methods applied to actinide species AcO_2^{2+} and AcF_6 for Ac = U，Np[J]. Journal of Computational Chemistry，2002，23：834-846.

[42] Straka M，Patzschke M，Pyykko P. Why are hexavalent uranium cyanides rare while U—F and U—O bonds are common and short?[J]. Theoretical Chemistry Accounts，2003，109（6）：332-340.

[43] Kovacs A，Konings R J M. Theoretical study of UX_6 and UO_2X_2（X = F，Cl，Br，I）[J]. Journal of Molecular Structure: Theochem，2004，684：35-42.

[44] Batista E R，Martin R L，Hay P J，et al. Density functional investigations of the properties and thermochemistry of UF_6 and UF_5 using valence-electron and all-electron approaches[J]. Journal of Chemical Physics，2004，121：2144-2150.

[45] Malli G L. *Ab initio* all-electron fully relativistic Dirac-Fock self-consistent field calculations for UCl_6[J]. Molecular Physics，2003，101：287-294.

[46] Peralta J E，Batista E R，Scuseria G E，et al. All-electron hybrid density functional calculations on UF_n and UCl_n（n = 1～6）[J]. Journal of Chemical Theory and Computation，2005，1（4）：612-616.

[47] Velde G T E，Bickelhaupt F M，Baerends E J，et al. Chemistry with ADF[J]. Journal of Computational Chemistry，2001，22（9）：931-967.

[48] Perdew J P. Unified theory of exchange and correlation beyond the local density approximation//Ziesche P，Eschrig H. Electronic Structure of Solids'91[M]. Berlin：Akademie-Verlag，1991：11-20.

[49] Perdew J P，Burke K，Wang Y. Generalized gradient approximation for the exchange-correlation hole of a many-electron system[J]. Physical Review B：Condensed Matter and Materials Physics，1996，54（23）：16533-16539.

[50] Perdew J P，Burke K，Ernzerhof M. Generalized gradient approximation made simple[J]. Physical Review Letters，1996，77：3865.

[51] Hohenberg P，Kohn W. Inhomogeneous electron gas[J]. Physical Review，1964，136（3B）：B864-B871.

[52] Buhl M，Kaupp M，Malkina O L. The DFT route to NMR chemical shifts[J]. Journal of Computational Chemistry，1999，20（1）：91-105.

[53] Kohn W，Sham L J. Self-consistent equations including exchange and correlation effects[J]. Physical Review A，1965，140（4A）：1133-1138.

[54] 毛华平，王红艳，倪羽. Au_n（n = 2～9）团簇的几何结构和电子特性[J]. 物理学报，2004，53（6）：1766-1771.

[55] Valeri G. Structural and energetic properties of nickel clusters：2≤N≤150[J]. Physical Review B，2004，70（20）：205415.

[56] Malli G L，Styszynski J. *Ab initio* all-electron Dirac-Fock-Breit calculations for UF_6[J]. Journal of Chemical Physics，1996，104（3）：1012-1017.

[57] Hammer B，Hansen L B，Norskov J K. Improved adsorption energetics within density-functional theory using revised Perdew-Burke-Ernzerhof functionals[J]. Physical Review B，1999，59（11）：7413-7421.

[58] Tsuneda T，Suzumura T，Hirao K. A new one-parameter progressive Colle-Salvetti-type correlation functional[J]. Journal of Chemical Physics，1999，110（22）：10664-10678.

[59] Lee C，Yang W，Parr R G. Development of the Colle-Salvetti correlation-energy formula into a functional of the electron density[J]. Physical Review B，1988，37（2）：785-789.

[60] Perdew J P，Burke K，Ernzerhof M. Generalized gradient approximation made simple[J]. Physical Review Letters，1996，77（18）：3865-3868.

[61] Delley B. An all-electron numerical method for solving the local density functional for polyatomic molecules[J]. Journal of Chemical Physics，1990，92（1）：508-517.

[62] Matsuzawa N，Seto J，Dixon B. Density functional theory predictions of second-order hyperpolarizabilities of metallocenes[J]. Journal of Physical Chemistry A，1997，101（49）：9391-9398.

[63] Delly B. Fast calculation of electrostatics in crystals and large molecules[J]. Journal of Physical Chemistry，1996，100（15）：6107-6110.

[64] Hehre W J，Radom L，Schlyer P V R，et al. *Ab Initio* Molecular Orbital Theory[M]. New York：Wiley，1986.

[65] Morokuma K. Molecular orbital studies of hydrogen bonds. Ⅲ. C═O···H—O hydrogen bond in $H_2CO\cdots H_2O$ and $H_2CO\cdots 2H_2O$[J]. Journal of Chemical Physics，1971，55：1236-1244.

[66] Morokuma K. Why do molecules interact? The origin of electron donor-acceptor complexes，hydrogen bonding and proton affinity[J]. Accounts of Chemical Research，1977，10：294-300.

[67] Ziegler T，Rauk A. On the calculation of bonding energies by the Hartree Fock Slater method[J]. Theoretica Chimica Acta，1977，46（1）：1-10.

[68] Ziegler T，Rauk A. A theoretical study of the ethylene-metal bond in complexes between Cu^+，Ag^+，Au^+，Pt^0，or Pt^{2+} and ethylene，based on the Hartree-Fock-Slater transition-state method[J]. Inorganic Chemistry，1979，18（10）：1558-1565.

[69] Ziegler T，Rauk A. CO，CS，N_2，PF_3，and $CNCH_3$ as σ donors and π acceptors. A theoretical study by the Hartree-Fock-Slater transition-state method [J].Inorganic Chemistry，1979，18：1755.

[70] Ezhov Y S，Bazhanov V I，Komarov S A，et al. Electron diffraction study of the structure of uranium tetraiodide molecule[J]. Vysokochistye Veshchestva，1989，5：197-200.

[71] Rayon V M，Frenking G. Structures，bond energies，heats of formation，and quantitative bonding analysis of main-group metallocenes $[E(Cp)_2]$（E = Be-Ba，Zn，Si-Pb）and [E(Cp)]（E = Li-Cs，B-Tl）[J]. Chemistry：A European Journal，2002，8（20）：4693-4707.

[72] Poleshchuk O K，Shevchenko E L，Branchadell V，et al. Energy analysis of the chemical bond in group Ⅳ and Ⅴ complexes：a density functional theory study[J]. International Journal of Quantum Chemistry，2005，101（6）：869-877.

[73] Bickelhaupt F M，van EikemaHommes N J R，Guerra C F，et al. The carbon-lithium electron pair bond in$(CH_3Li)_n$（n = 1，2，4）[J]. Organometallics，1996，15（13）：2923-2931.

[74] Guerra C F，Bickelhaupt F M，Snijders J G，et al. The nature of the hydrogen bond in DNA base pairs：the role of charge transfer and resonance assistance[J]. Chemistry：A European Journal，1999，5（12）：3581-3594.

[75] van Lenthe E，Baerends E J，Snijders J G. Relativistic regular two-component Hamiltonians[J]. Journal of Chemical Physics，1993，99（6）：4597-4610.

[76] van Lenthe E，Baerends E J，Snijders J G. Relativistic total energy using regular approximations[J]. Journal of Chemical Physics，1994，101（11）：9783-9792.

[77] van Lenthe E，Baerends E J，Ehlers A. Geometry optimizations in the zero order regular approximation for relativistic effects[J]. Journal of Chemical Physics，1999，110（18）：8943-8953.

[78] Seip H M. Studies on the failure of the first born approximation in electron diffraction. Ⅰ. Uranium hexafluoride[J]. Acta Chemica Scandinavica，1965，19：1955-1968.

[79] Kimura M，Schomaker V，Smith D W，et al. Electron-diffraction investigation of the hexafluorides of tungsten，osmium，iridium，uranium，neptunium，and plutonium[J]. Journal of Chemical Physics，1968，48（9）：4001-4012.

[80] Gorokhov L N，Emelyanov A M，Khodeev Y S. Mass-spectroscopic investigation of stability of gaseous molecules of U_2O_2 and U_2[J]. High Temperature，1974，12（6）：1156-1158.

[81] Souter P F，Kushto G P，Andrews L，et al. Experimental and theoretical evidence for the formation of several uranium hydride molecules[J]. Journal of the American Chemical Society，1997，119：1682-1687.

[82] Gagliardi L，Roos B O. Quantum chemical calculations show that the uranium molecule U_2 has a quintuple bond[J]. Nature，2005，36：848-851.

[83] Roos B O, Malmqvist P A, Gagliardi L. Exploring the actinide-actinide bond: theoretical studies of the chemical bond in Ac_2, Th_2, Pa_2, and U_2[J]. Journal of the American Chemical Society, 2006, 128: 17000.

[84] Lee L, Yang W, Parr R G. Development of the Colle-Salvetti correlation-energy formula into a functional of the electron density[J]. Physical Review B, 1988, 37: 785-789.

[85] Zhang Y G, Li Y D, Hao C. A relativistic density functional study of gaseous uranium tetrahalides[J]. Molecular Physics, 2008, 106: 1907-1912.

[86] Zhang Y G, Li Y D. Relativistic density functional investigation of UX_6 (X = F, Cl, Br and I) [J]. Chinese Physics B, 2010, 19 (3): 033302.

[87] Zhang Y G, Zha X W. Calculations of the vibrational frequency and isotopic shift of UF_6 and U_2F_6[J]. Chinese Physics B, 2012, 21: 073301.

第 5 章　UF_6分子的简正振动和振动跃迁

5.1　分 子 点 群

如果某一系统在某一变换下不改变，则该系统具有该变换所对应的对称性。分子结构具有一定的对称性，如对称平面、对称中心、对称轴等对称元素和与这些元素对应的对称操作下的不变性[1-12]。对称操作 R 是指使分子中的诸核排列图形保持不变的操作，如反演、绕轴旋转、平面反映等。相应于分子对称元素的全部对称操作 R 及保持分子诸核排列图形不变的恒等操作 E 组成一个群，即每一操作都是这个群的元素，相继进行的任意两操作必等于另一操作，对称操作的逆操作 R^{-1} 也是对称操作，并有 $R^{-1}R=RR^{-1}=E$，相继进行的对称操作 R_1、R_2、R_3 服从结合律 $(R_3R_2)R_1=R_3(R_2R_1)$。在这些对称操作下分子的图形中至少有一点是保持不动的，这种群称为分子点群。不管分子的具体结构如何，只要对称元素相同，对称操作群就属于同一分子点群。

多原子分子可能有的对称元素及相应的使分子中诸核排列的图形保持不变的对称操作如下。

（1）对称中心及相应的对中心的反演操作，均记为 i。

（2）n 度对称轴及绕此轴旋转 360°/n 的对称操作，均记为 C_n，绕此轴旋转整数倍角 360°k/n 也是对称操作，记为 C_n^k。

（3）对称平面及对平面反映的操作均记为 σ。

（4）n 度转动反映轴及 n 度反映操作，即绕此轴旋转 360°/n，接着对垂直于该轴的平面做反映操作将自己变为自己，此轴及操作均记为 S_n。

（5）保持分子诸核排列图形不变的恒等操作，记为 E。

5.2　UF_6分子的对称元素及对称操作群

5.2.1　O_h 群的群元素

UF_6 分子的构成如图 5.2.1 所示[1-3]。对称元素有三个相互垂直的四重轴（四重轴对称元素），记为 C_4，绕轴旋转 360°/4，分子自己变为自己，这一操作也记为 C_4。这三个轴在图中标为 X、Y、Z 轴，对应有六个对称操作，即有六个群元素：

$$C_4^{(1)},\ C_4^{3(1)}[C_4^{3(1)}=(C_4^{(1)})^3],\ C_4^{(2)},\ C_4^{3(2)},\ C_4^{(3)},\ C_4^{3(3)}$$

式中，(1)、(2)、(3) 分别对应于 X 轴、Y 轴、Z 轴，其前的数为旋转角倍数，并有 $C_4^3=C_4^{-1}$，−1 表示反方向转 90°，与正方向旋转 270°等价。

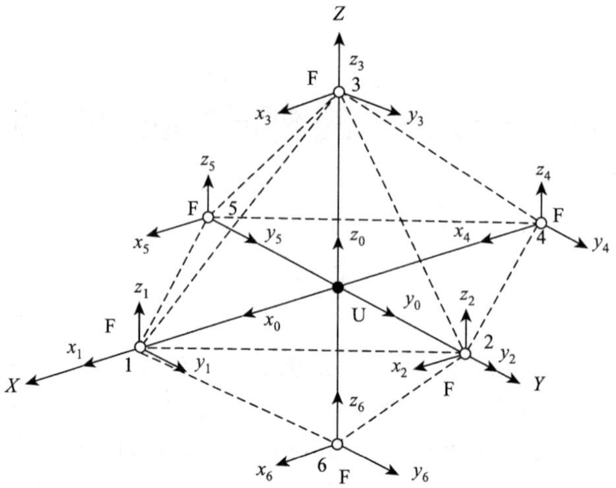

图 5.2.1　直角坐标系下的 UF_6 分子

四重轴同时也是二重轴，对应这三个二重轴有三个群元素：$C_2^{(1)}(=C_4^{2(1)})$、$C_2^{(2)}(=C_4^{2(2)})$、$C_2^{(3)}(=C_4^{2(3)})$，并有 $C_4^2=C_2$。

还有六个二重轴，它们分别是 XY、YZ 和 ZX 平面上的两条角平分线，用 C_2' 表示，故有六个群元素：$C_2'^{(1)}$、$C_2'^{(2)}$、$C_2'^{(3)}$、$C_2'^{(4)}$、$C_2'^{(5)}$、$C_2'^{(6)}$，这里（1）、（2）、（3）、（4）、（5）、（6）是其编号。

还有四个三重轴，即过正八面体四对相对三角形面中心点的四根轴线，如图 5.2.1 中 F 原子 1、2、3 所在三角形面与 4、5、6 所在三角形面的中心连线。故有八个群元素：$C_3^{(1)}$、$C_3^{2(1)}$、$C_3^{(2)}$、$C_3^{2(2)}$、$C_3^{(3)}$、$C_3^{2(3)}$、$C_3^{(4)}$、$C_3^{2(4)}$。

还有一个对称中心记为 i，具有对称中心的分子经一相应的对称操作 i，即对中心做一反演，它自己变为自己。

对称元素还有三个垂直于四重轴的对称面 σ_h，对对称面 σ_h 进行反映操作，分子位形不变，操作也记为 σ_h。故有三个群元素：$\sigma_h^{(1)}$、$\sigma_h^{(2)}$、$\sigma_h^{(3)}$。

还有六个对称面 σ_d，分别过 XY 平面上两角平分线及 Z 轴、YZ 平面上两角平分线及 X 轴和 ZX 平面上两角平分线及 Y 轴的六个对称面。对这六个对称面 σ_d 的反映操作，也为群的六个元素；$\sigma_d^{(1)}$，$\sigma_d^{(2)}$，…，$\sigma_d^{(6)}$。

还有六个四重旋转反映轴 S_4，即分别绕三个四重轴旋转 90°，接着对垂直于该轴的一平面做反映将自己变为自己，或旋转 270°再做反映将自己变为自己，这便总共给出六个四重旋转反映轴。相应的六个对称操作是对 C_4 进行再操作：$iC_4=S_4$ 或 $\sigma_h C_4=S_4$。所以有六个群元素：$S_4^{(1)}(\sigma_h^{(1)}C_4^{(1)})$，$S_4^{(2)}(\sigma_h^{(1)}C_4^{3(1)})$，$S_4^{(3)}(\sigma_h^{(2)}C_4^{(2)})$，$S_4^{(4)}(\sigma_h^{(2)}C_4^{3(2)})$，$S_4^{(5)}(\sigma_h^{(3)}C_4^{(3)})$，$S_4^{(6)}(\sigma_h^{(3)}C_4^{3(3)})$。

还有八个六重旋转反映轴 S_6。对应四个三重轴有八个 C_3 操作加反演，即操作 $iC_3=S_6^5$，这里 $S_6^5=(S_6)^5$，也就形成了八个 S_6 操作，即 $8C_3\to 8S_6$，即有 $iC_3^{(1)}=S_6^{5(1)}$，$iC_3^{2(1)}=S_6^{(1)}$，$iC_3^{(2)}=S_6^{5(2)}$，$iC_3^{2(2)}=S_6^{(2)}$，$iC_3^{(3)}=S_6^{5(3)}$，$iC_3^{2(3)}=S_6^{(3)}$，$iC_3^{(4)}=S_6^{5(4)}$，$iC_3^{2(4)}=S_6^{(4)}$。

上面所述群元素，加上一个单位元素，即恒等操作 E，共计 48 个元素，于是得到关于 UF_6 这类八面体分子的对称操作点群 O_h。正立方体的对称操作群也为点群 O_h。

5.2.2　O_h 群元素分类

如果在群中能找到一个元素 a，使群中元素 b 与 c 满足条件 $a^{-1}ba=c$，我们称元素 b 与 c 共轭，a^{-1} 为 a 的逆元素。可以证明，如果 b 与 c 共轭，c 与 d 共轭，则 b 与 d 也共轭。群中所有互相共轭的元素组成的集称为类。从一个元素出发可以找到在群中与它全部共轭的元素，但它们中有一些可能是相同的，用这个方法可以得到一个类。从不属于已得到类的一元素出发又可以得到一个类。可以把群分解为不同的类。单位元素 E 自成一类。

O_h 群 48 个元素分成以下 10 类。

（1）E。

（2）$C_2^{(1)}\equiv C_4^{2(1)}$，$C_2^{(2)}\equiv C_4^{2(2)}$，$C_2^{(3)}\equiv C_4^{2(3)}$，记为 $3C_4^2\equiv 3C_2$。

（3）$C_4^{(1)}$，$C_4^{3(1)}$，$C_4^{(2)}$，$C_4^{3(2)}$，$C_4^{(3)}$，$C_4^{3(3)}$，记为 $6C_4$。

（4）$C_3^{(1)}$，$C_3^{2(1)}$，$C_3^{(2)}$，$C_3^{2(2)}$，$C_3^{(3)}$，$C_3^{2(3)}$，$C_3^{(4)}$，$C_3^{2(4)}$，记为 $8C_3$。

（5）$C_2'^{(1)}$，$C_2'^{(2)}$，$C_2'^{(3)}$，$C_2'^{(4)}$，$C_2'^{(5)}$，$C_2'^{(6)}$，记为 $6C_2$。

（6）i。

（7）$\sigma_h^{(1)}$，$\sigma_h^{(2)}$，$\sigma_h^{(3)}$，记为 $3\sigma_h$。

（8）$\sigma_d^{(1)}$，$\sigma_d^{(2)}$，$\sigma_d^{(3)}$，$\sigma_d^{(4)}$，$\sigma_d^{(5)}$，$\sigma_d^{(6)}$，记为 $6\sigma_d$。

（9）$S_4^{(1)}$，$S_4^{(2)}$，$S_4^{(3)}$，$S_4^{(4)}$，$S_4^{(5)}$，$S_4^{(6)}$，记为 $6S_4$。

（10）$S_6^{5(1)}$，$S_6^{(1)}$，$S_6^{5(2)}$，$S_6^{(2)}$，$S_6^{5(3)}$，$S_6^{(3)}$，$S_6^{5(4)}$，$S_6^{(4)}$，记为 $8S_6$。

可见，对称操作群元素的分类与对称元素相对应。

5.2.3　群的子群、商群和直接乘积

设 H 是群 G 的一个子集，对 G 的乘法运算构成一个群，则称 H 是群 G 的一个子群。在群 G 中取出一个不属于子群 H 的元素 a，从左边乘 H 的所有元素，即得 H 的一个左陪集 aH，H 与 aH 没有共同元素，若 H 及 aH 没有包括 G 的全部元素，则在余下的元素中取出 b 来做出左陪集 bH，它与 H 及 aH 没有共同元素，这样，就可以把 G 分解为 H 及它的左陪集。同理，可得右陪集 Ha、Hb，可以把 G 分解为 H 及它的右陪集。如果对于群 G 的任一元素 a，H 的左陪集 aH 与右陪集 Ha 所含元素相同，则可证 H 包含相互共轭的元素。事实上，由

$$ah_i=h_ja$$

可得

$$h_i=a^{-1}h_ja$$

此式表明 h_i 与 h_j 共轭。由于 a 为群 G 中任一元素，由 $a^{-1}h_ja$ 可得全部与 h_j 共轭的元素，即如果 H 包含元素 h_j，则它将包含在 G 中所有与 h_j 同类的元素，也即 H 包含 G 中含 h_j 的类，子群 H 称为群 G 的不变子群，这样，不变子群 H 可由 G 的几个类组成。上述也表明，不变子群 H 的左陪集 aH 与右陪集 Ha 是重合的。

群 O_h 的子集 $O \equiv \{E, C_3, C_2, C_4, C_2(C_4^2)\}$ 和 $C_i \equiv \{E, i\}$ 分别由 5 类和 2 类元素组成，两子集分别满足群的条件，分别组成 O_h 的子群。左陪集 iO 和右陪集 Oi 是重合的，i 属 O_h 而不属于 O，陪集都不属于 O：$iE = Ei = i$，$iC_4 = C_4 i = S_4$，$iC_4^2 = C_4^2 i = \sigma_h$，$iC_3 = C_3 i = S_6$，$iC_2 = C_2 i = \sigma_d$；即 $iO = Oi = \{i, S_6, \sigma_d, S_4, \sigma_h\}$，故可知 O 群是 O_h 群的不变子群。O_h 群可分解为 O，iO。

进行类似的处理可知 C_i 的左陪集和右陪集的元素相同，例如，$EC_i = C_i E = \{E, i\}$，$C_4 C_i = C_i C_4 = \{C_4, S_4\}$，$C_4^2 C_i = C_i C_4^2 = \{C_4^2, \sigma_h\}$，$C_3 C_i = C_i C_3 = \{C_3, S_6\}$，$C_2 C_i = C_i C_2 = \{C_2, \sigma_d\}$。

以上各式中，后四例给出的不属于子群 C_i 但属于 O_h 的 C_4 等都给出重合的左右陪集，故可知 C_i 也是 O_h 的不变子群。即 O_h 可分解为 C_i，$C_4 C_i$，$C_4^2 C_i$，$C_3 C_i$，$C_2 C_i$。

当两个群 H 与 K 只有一个共同元素，即单位元素 E，H 的元素 h_i 与 K 的元素 k_j 的乘积次序是可以对易的，这可以得到一个群 G，其元素 g_l 是 H 中每一元素 h_i 和 K 中每一元素 k_j 的乘积。此时，称群 G 为 H 与 K 的直积，记作

$$
\begin{aligned}
&G = H \otimes K \\
&H \equiv \{h_i = e, h_2, h_3, \cdots\} \\
&K \equiv \{k_j = e, k_2, k_3, \cdots\}
\end{aligned}
\tag{5.2.1}
$$

当 H 取为 O 群，K 取为 C_i 群时，由于它们的共同元素为单位元素 E，EO 和 OE 所含元素相同，左陪集 iO 与右陪集 Oi 的元素相同，故可知 O 的元素与 C_i 的元素的乘积次序是可以对易的，故可以得到一个群，其元素是 O 中每一元素和 C_i 中每一元素的乘积。这个群所含元素正是群 O_h 所含的元素，即有

$$
O_h = O \otimes C_i = \{E, 6C_4, 3C_4^2, 8C_3, 6C_2, i, 6S_4, 3\sigma_h, 8S_6, 6\sigma_d\} \tag{5.2.2}
$$

式中，按同类元素归类。同时我们以 O_h 群的不变子群 C_i 和 O 的直积得到 O_h 为例，说明了 H 与 K 都是 G 的不变子群。

设群 G 的不变子群 H 生成的陪集串为 $H, g_1 H, g_2 H, \cdots, g_i H \cdots$，假定陪集串穷尽了群 G，则两个陪集中元素相乘必属于另一个陪集，由于每一个陪集中元素的个数和 H 的都相同，两个陪集中元素相乘必得陪集串中另一个陪集。把陪集串中每一个陪集看成一个新的元素，定义新的元素间的乘法规则[4]，即

$$
\begin{array}{ccc}
\text{陪集串} & & \text{新元素} \\
H & \rightarrow & f_0 \\
g_1 H & \rightarrow & f_1 \\
g_2 H & \rightarrow & f_2 \\
\vdots & \vdots & \vdots \\
g_i H & \rightarrow & f_i \\
\vdots & \vdots & \vdots
\end{array}
\tag{5.2.3}
$$

乘法规则

$$
g_i h_\alpha g_j h_\beta = g_k h_\delta \rightarrow f_i f_j = f_k \tag{5.2.4}
$$

按式（5.2.3）、式（5.2.4）规则得到的群 $\{f_0, f_1, f_2, \cdots, f_i \cdots\}$ 称为不变子群 H 的商群，群 G 的不变子群 H 的商群记为 G/H。群 H 对应 G/H 的单位元素 f_0，每个陪集 $g_i H$ 对

应 G/H 的一个元素 f_i，陪集 g_iH 和陪集 g_jH 的乘积对应 f_i 和 f_j 的乘积。事实上，群 $\{f_0,f_1,f_2,\cdots,f_i\cdots\}$ 和群 $\{H,g_1H,g_2H,\cdots,g_iH\cdots\}$ 同构（参见 5.3.1 节）。

O 群的不变子群是 T 群，$T=\{E,4C_3,4C_3^2,3C_2\}$。利用 O 群元素 E 和 C_4^z ［即 $C_4^{(3)}$］得到由 T 群生成的陪集串为 T、C_4^zT。T 和 C_4^zT 包含了 O 群的全部对称操作群元素（参见 5.3.4 节），即群 T 和它的左陪集穷尽了整个 O 群，即群 O 任一元素被包含在 T 和左陪集中，而且没有相重合的元素，故群 O 的元素被分成 T 和它的左陪集。定义新的元素和乘法规则，即

$$\begin{aligned} T &\rightarrow f_0 \\ C_4^zT &\rightarrow f_1 \end{aligned} \tag{5.2.5}$$

乘法规则

$$f_0f_1=f_1 \tag{5.2.6}$$

按式（5.2.5）、式（5.2.6）规则得到的群 $\{f_0,f_1\}$ 是 O 群的不变子群 T 的商群，记为 O/T，群 T 对应 O/T 的单位元素 f_0，陪集 C_4^zT 对应商群 O/T 的元素 f_1，T 和陪集 C_4^zT 的乘积对应 f_0 和 f_1 的乘积，群 $\{f_0,f_1\}$ 与群 $\{T,C_4^zT\}$ 同构。

n 阶循环群 Z_n 是由元素 a 的幂 a^k 组成，$k=1,2,\cdots,n$，并且 $a^n=e$，e 为单位元素，记为 $Z_n=\{a,a^2,\cdots,a^n=e\}$。当 $a^2=e$，则由 a 生成二阶循环群 $Z_2=\{a^2=1,a=-1\}$。将 O 群的 T、C_4^zT 分别映射到二阶循环群的 1 和–1，并满足相应乘法规则，则 O 群的不变子群 T 的商群 O/T 的元素与二阶循环群的元素一一对应。

5.3　O_h 群的表示

5.3.1　群的表示

两个群：G 与 K。G 与 K 的元素间可以建立或存在对应关系，这种对应关系也可称为彼此间存在映射。把 G 的元素映为 K 的元素或把 K 的元素映为 G 的元素，称为群间映射，后者称为逆映射[4]。若从群 G 到群 K 上，存在一一对应的满映射，而且满映射保持群的基本运算规律（乘法）不变，即群 G 中两个元素乘积的映射，等于两个元素映射的乘积，则称 G 和 K 同构。同构映射将 G 映为 K，逆映射将 K 映为 G。前者记为 $G\cong K$，后者为 $K\cong G$。

若从群 G 到群 K 上虽存在满映射并且保持群的基本运算规律（乘法）不变，但是满映射不是一一对应的，则称群 G 与群 K 同态，记为 $G\sim K$，同态是单向的。

设 V 是数域（实数域或复数域）上定义有内积的线性空间（也称向量空间），是定义在数域上的向量集合。n 维线性空间可选 n 个线性独立向量作为 V 的基或基矢，基 $(\boldsymbol{e}_1,\boldsymbol{e}_2,\cdots,\boldsymbol{e}_n)$ 也称为坐标系。对应一个对称操作 g，一个坐标矢量 $\boldsymbol{r}$ 将变成 $\boldsymbol{r}'$，即

$$\boldsymbol{r}'=\boldsymbol{D}(g)\boldsymbol{r}$$

式中，$\boldsymbol{D}(g)$ 为一个 $n\times n$ 矩阵，$\boldsymbol{r}$ 变成 $\boldsymbol{D}(g)\boldsymbol{r}$ 是一个线性变换，即 V 上的线性变换可用 $n\times n$ 矩阵表示。例如，$n=3$，引入 $\boldsymbol{r}$ 的三个分量 (x,y,z)，表示成列矢量间的关系，即有

$$\begin{pmatrix} x' \\ y' \\ z' \end{pmatrix}=\boldsymbol{D}(g)\begin{pmatrix} x \\ y \\ z \end{pmatrix}=\begin{pmatrix} D_{11}(g) & D_{12}(g) & D_{13}(g) \\ D_{21}(g) & D_{22}(g) & D_{23}(g) \\ D_{31}(g) & D_{32}(g) & D_{33}(g) \end{pmatrix}\begin{pmatrix} x \\ y \\ z \end{pmatrix}$$

对称操作组成的群 G 在表示空间 V 的表示，可定义为 G 到 $n\times n$ 矩阵群的同态映射，$n\times n$ 矩阵群就称为群 G 的表示（或表象），也为群 G 的线性表示，如果映射不仅同态，而且同构，则称 $n\times n$ 矩阵群为群 G 的忠实表示。

对每个群元素 $g\in G$，对应一个在有限维向量空间 V 中的用 $n\times n$ 矩阵 $\boldsymbol{D}(g)$ 表示的线性变换，并且对于 g_1、$g_2\in G$ 有

$$\boldsymbol{D}(g_2)\boldsymbol{D}(g_1)=\boldsymbol{D}(g_2g_1) \tag{5.3.1}$$

集合 $D=\{\boldsymbol{D}(g),g\in G\}$ 就称为群 G 的表示，而 V 称为表示空间。

显然有

$$\boldsymbol{D}(g_0)=\boldsymbol{I},\ \boldsymbol{D}(g^{-1})=\boldsymbol{D}(g)^{-1},\ \det\boldsymbol{D}(g)\neq 0 \tag{5.3.2}$$

式中，g_0 为单位元素；$\boldsymbol{I}$ 为单位矩阵；$\det\boldsymbol{D}(g)$ 为 $\boldsymbol{D}(g)$ 的行列式。

一个表示，它的所有矩阵都是么正矩阵，则称为么正表示。若方阵 $\boldsymbol{D}(g)$ 的复数共轭方阵 $\tilde{\boldsymbol{D}}(g)=\boldsymbol{D}(g)^{-1}$，则 $\boldsymbol{D}(g)$ 为么正方阵；若 $\boldsymbol{D}(g)$ 只含实数元并有 $\tilde{\boldsymbol{D}}(g)=\boldsymbol{D}(g)^{-1}$，则为正交方阵，正交方阵是么正方阵的特例。欧氏空间的线性变换也即指该空间的正交变换，该空间是专对实数域上线性空间而讨论的，欧氏空间的任一组标准正交基下的矩阵是正交矩阵。酉空间是复数域上的欧氏空间，而酉空间在标准基下的矩阵为酉矩阵，酉表示是群 G 到 V 上么正变换群的同态映射。在本章，我们在实数域上的线性空间讨论。

设 $V_1,V_2,V_3,\cdots,V_m$ 是线性空间的子空间，则任意元素 $\boldsymbol{x}\in V$ 可唯一地分解为

$$\boldsymbol{x}=\boldsymbol{x}_1+\boldsymbol{x}_2+\cdots+\boldsymbol{x}_m,\ \boldsymbol{x}_i\in V_i$$

当 V 的任一 n_i 维子空间 V_i 中任一向量 $\boldsymbol{x}(\in V_i)$ 在变换 $\boldsymbol{D}(g)(\in D)$ 之下仍变为 V_i 中的向量，则称 V_i 为对 D 的不变子空间，则称 V 是 $V_1,V_2,V_3,\cdots,V_m$ 的直和，记为

$$V=V_1\oplus V_2\oplus V_3\cdots\oplus V_m \tag{5.3.3}$$

如果 V 除了 V 本身和 $V=0$ 以外没有其他不变子空间，表示 D 成为不可约的，否则，就是可约的。显然，不可约表示只存在于不变子空间。

表示 D 是完全可约表示，是指：V 是 $V_1,V_2,\cdots,V_j,\cdots,V_m$ 的直和，$V_1,V_2,\cdots,V_j,\cdots,V_m$ 是对 D 的不变子空间，所有基元素的全体构成 V 的基，在这组基中，对矩阵群 D 中所有矩阵都取如下的形式

$$\boldsymbol{D}(g)=\begin{bmatrix}[\boldsymbol{D}_1(g)] & & & & & \\ & [\boldsymbol{D}_2(g)] & & & 0 & \\ & & \cdots & & & \\ & & & [\boldsymbol{D}_j(g)] & & \\ & 0 & & & \cdots & \\ & & & & & [\boldsymbol{D}_m(g)]\end{bmatrix} \tag{5.3.4a}$$

式中，主对角线上 $[\boldsymbol{D}_j(g)]$（即 $\boldsymbol{D}_j(g)$）是作用于不变子空间 V_j 的，属于不可约表示 D_j 的变换矩阵 $[\boldsymbol{D}_j(g)\in D_j=\{\boldsymbol{D}_j(g),g\in G\},j=1,2,3,\cdots,m]$；而主对角线外其他元素均为 0；式中，$\boldsymbol{D}_j(g)$ 可出现 m_j 或 a_j 次。

完全可约表示一般可写成不可约表示的直和：

$$D=\sum_j\oplus m_jD_j \tag{5.3.4b}$$

或记为

$$\Gamma = \sum_j \oplus a_j \Gamma_j \tag{5.3.4c}$$

式中，m_j 或 a_j 称为重复度。

不可约表示 $D_j = \{\boldsymbol{D}_j(g), g \in G\}$ 或 $\Gamma_j = \{\boldsymbol{\Gamma}_j(g), g \in G\}$ 是矩阵群表示，它虽然只作用于不变子空间 V_j，显然，它与 $G(g)$ 同构而为 $G(g)$ 的表示。

对式（5.3.4a）进行如下说明。例如，设式（5.3.4a）为如下一个小而方便的形式

$$\boldsymbol{D}(g) = \begin{bmatrix} [\boldsymbol{D}_1(g)] & & 0 \\ & [\boldsymbol{D}_2(g)] & \\ 0 & & [\boldsymbol{D}_3(g)] \end{bmatrix}$$

对 $\boldsymbol{D}(g_i)$ 有

$$\boldsymbol{D}_1(g_i) = a_1(g_i)\text{，} \quad \boldsymbol{D}_2(g_i) = \begin{pmatrix} b_1(g_i) & b_2(g_i) \\ b_3(g_i) & b_4(g_i) \end{pmatrix}\text{，} \quad \boldsymbol{D}_3(g_i) = \begin{pmatrix} c_1(g_i) & c_2(g_i) & c_3(g_i) \\ c_4(g_i) & c_5(g_i) & c_6(g_i) \\ c_7(g_i) & c_8(g_i) & c_9(g_i) \end{pmatrix}$$

将式中 g_i 换成 g_j，并有 $g_i g_j = g_k$； $g_i, g_j, g_k \in G$，可得

$$\boldsymbol{D}(g_i)\boldsymbol{D}(g_j) = \begin{pmatrix} [\boldsymbol{D}_1^*] & & 0 \\ & [\boldsymbol{D}_2^*] & \\ 0 & & [\boldsymbol{D}_3^*] \end{pmatrix} = \begin{pmatrix} a_1(g_i)a_1(g_j) & & 0 \\ & \boldsymbol{D}_2(g_i)\boldsymbol{D}_2(g_j) & \\ 0 & & \boldsymbol{D}_3(g_i)\boldsymbol{D}_3(g_j) \end{pmatrix}$$

由表示的定义，有

$$\boldsymbol{D}(g_i)\boldsymbol{D}(g_j) = \boldsymbol{D}(g_k)$$

$$\boldsymbol{D}(g_i), \boldsymbol{D}(g_j), \boldsymbol{D}(g_k) \in D = \{\boldsymbol{D}(g), g \in G\}$$

因此有

$$\boldsymbol{D}_1(g_i)\boldsymbol{D}_1(g_j) = a_1(g_i)a_1(g_j) = \boldsymbol{D}_1(g_i g_j) = \boldsymbol{D}_1(g_k)$$

$$\boldsymbol{D}_2(g_i)\boldsymbol{D}_2(g_j) = \boldsymbol{D}_2(g_k)$$

$$\boldsymbol{D}_3(g_i)\boldsymbol{D}_3(g_j) = \boldsymbol{D}_3(g_k)$$

于是，可知矩阵集合 $D_1 = \{\boldsymbol{D}_1(g), g \in G\}$， $D_2 = \{\boldsymbol{D}_2(g), g \in G\}$， $D_3 = \{\boldsymbol{D}_3(g), g \in G\}$，在大矩阵的乘法运算下分别都与 G 的元素有一一对应的同构关系并保持乘法运算。

5.3.2　群表示的个数

根据群表示理论的 Burside 定理，有限群的所有不等价不可约表示维数（l_i）的平方和等于群元素的总和（阶 h），即[4]

$$\sum l_i^2 = l_1^2 + l_2^2 + \cdots = h \tag{5.3.5}$$

对于 O_h 群有 $1^2 + 1^2 + 1^2 + 1^2 + 2^2 + 2^2 + 3^2 + 3^2 + 3^2 + 3^2 = 48$，因此 O_h 群有四个一维不可约表示、两个二维不可约表示和四个三维不可约表示。不可约表示的总个数（10）正好等于群元素的类数。

5.3.3 以简正坐标为基的完全已约表示

正如3.1.2节所述，简正坐标 Q_i 是质量计权位移坐标的线性组合。使用简正坐标 Q_i 后，N 原子分子核振动互关联核运动方程分离为 $3N$ 个独立的简正坐标 $Q_i(i=1,2,3,\cdots,3N)$ 的运动方程，简正坐标 Q_i 的值按圆频率周期变化代表着简正振动，一个简正坐标 $Q_i(i=1,2,3,\cdots,3N)$ 对应于一个简正振动[5]，圆频率不为零的简正振动有 $3N-6$ 或 $3N-5$ 个，圆频率为零的振动对应于平动和转动，简正振动依其对称性分为不同的对称种类（对称组态）或简正振动模式，不同的对称种类或简正振动模式含有一个或数个简正振动，简正坐标组对应多于一个振动的对称组态的振动。

以 $Q_1Q_2Q_3$、$Q_4Q_5Q_6$、$Q_7Q_8Q_9$、$Q_{10}Q_{11}Q_{12}$、$Q_{13}Q_{14}Q_{15}$ 表示对称操作属于 O_h 群的 XY_6 分子 6 个简正振动模式的简正坐标或坐标组，$O_{16}O_{17}O_{18}$、$O_{19}O_{20}O_{21}$ 表示平动和转动简正坐标组，于是有

$$
\begin{pmatrix} Q_1' \\ Q_2' \\ \vdots \\ Q_{10}' \\ \vdots \\ Q_{21}' \end{pmatrix} = \boldsymbol{D}(R_k)\begin{pmatrix} Q_1 \\ Q_2 \\ \vdots \\ Q_{10} \\ \vdots \\ Q_{21} \end{pmatrix}
$$

$$
= \begin{pmatrix}
\alpha_{1R_k} & & & & & & & & \\
 & \begin{matrix} a_{1R_k} & b_{1R_k} \\ c_{1R_k} & d_{1R_k} \end{matrix} & & & & & 0 & & \\
 & & \begin{matrix} e_{1R_k} & f_{1R_k} & g_{1R_k} \\ h_{1R_k} & i_{1R_k} & j_{1R_k} \\ k_{1R_k} & l_{1R_k} & m_{1R_k} \end{matrix} & & & & & & \\
 & & & \begin{matrix} e_{2R_k} & f_{2R_k} & g_{2R_k} \\ h_{2R_k} & i_{2R_k} & j_{2R_k} \\ k_{2R_k} & l_{2R_k} & m_{2R_k} \end{matrix} & & & & & \\
 & & & & \begin{matrix} e_{3R_k} & f_{3R_k} & g_{3R_k} \\ h_{3R_k} & i_{3R_k} & j_{3R_k} \\ k_{3R_k} & l_{3R_k} & m_{3R_k} \end{matrix} & & & & \\
 & & 0 & & & \begin{matrix} e_{4R_k} & f_{4R_k} & g_{4R_k} \\ h_{4R_k} & i_{4R_k} & j_{4R_k} \\ k_{4R_k} & l_{4R_k} & m_{4R_k} \end{matrix} & & & \\
 & & & & & & \begin{matrix} e_{5R_k} & f_{5R_k} & g_{5R_k} \\ h_{5R_k} & i_{5R_k} & j_{5R_k} \\ k_{5R_k} & l_{5R_k} & m_{5R_k} \end{matrix} & & \\
 & & & & & & & \begin{matrix} e_{6R_k} & f_{6R_k} & g_{6R_k} \\ h_{6R_k} & i_{6R_k} & j_{6R_k} \\ k_{6R_k} & l_{6R_k} & m_{6R_k} \end{matrix} &
\end{pmatrix}
\begin{pmatrix} Q_1 \\ Q_2 \\ \vdots \\ Q_{10} \\ \vdots \\ Q_{21} \end{pmatrix}
\tag{5.3.6}
$$

式中，$\boldsymbol{D}(R_k)$为群元素R_k的矩阵；R_k为O_h群的 48 个群元素之一。如果R_k为元素C_3，则矩阵$\boldsymbol{D}(C_3)$仍和$\boldsymbol{D}(\sigma_h)$有一样的准对角格式。因为所有的简正坐标可以按不同频率分组，组与组之间在点群的对称操作下都不会发生混合，所以全部操作都不超出一确定的准对角形矩阵格式。由于实数值的简并简正坐标总有对称操作使它们混合，因此限于实表象而言，上述准对角形矩阵的格式已无法再通过坐标变换来进一步化简。对称操作群这样的实表象称为完全已约的实表象。因为按频率分开的简正坐标组彼此不会发生混合，所以各组坐标可以独立作为基来给出对称操作的表象。21 个简正坐标分为 8 个组，由此对所有操作给出 8 组表示。

其中，矩阵集$\alpha_{1R_k}:\alpha_{1E},\alpha_{1C_2'},\alpha_{1C_4},\alpha_{1C_3},\alpha_{1C_2},\alpha_{1i},\alpha_{1\sigma_h},\alpha_{1\sigma_d},\alpha_{1S_4},\alpha_{1S_6}$是由只有一个矩阵元的矩阵组成的矩阵集合（此集合是矩阵群），除α_{1E}仅为一个矩阵外，每一符号代表一类群元素的数个矩阵，这个矩阵集合（矩阵群）是O_h的一个矩阵表示，是一个不可约一维表示。

矩阵集$\begin{bmatrix} a_{1R_k} & b_{1R_k} \\ c_{1R_k} & d_{1R_k} \end{bmatrix}:\begin{bmatrix} a_{1E} & b_{1E} \\ c_{1E} & d_{1E} \end{bmatrix},\cdots,\begin{bmatrix} a_{1S_6} & b_{1S_6} \\ c_{1S_6} & d_{1S_6} \end{bmatrix}$是$O_h$群的一个不可约二维表示。矩阵集中$\begin{bmatrix} a_{1E} & b_{1E} \\ c_{1E} & d_{1E} \end{bmatrix}=\begin{bmatrix} 1 & 0 \\ 0 & 1 \end{bmatrix}$，除它外，其他均代表同类元素的数个矩阵。

矩阵集$\begin{bmatrix} e_{iR_k} & f_{iR_k} & g_{iR_k} \\ h_{iR_k} & i_{iR_k} & j_{iR_k} \\ k_{iR_k} & l_{iR_k} & m_{iR_k} \end{bmatrix},i=1,2,3,4,5,6$，是$O_h$群的不可约三维表示。

值得特别注意的是，其中有的矩阵集（矩阵群）是针对分子整体转动和分子整体微小平移运动的。如式（5.3.6）所示，按其中顺序编号，Q_1为全对称键伸缩振动简正坐标，是非简并的；Q_2和Q_3是二重简并键伸缩振动的简正坐标组；Q_4、Q_5和Q_6是三重简并反对称键伸缩振动的简正坐标组；Q_7、Q_8和Q_9，Q_{10}、Q_{11}和Q_{12}，Q_{13}、Q_{14}和Q_{15}分别是三重简并弯曲振动简正坐标组；Q_{16}、Q_{17}和Q_{18}，Q_{19}、Q_{20}和Q_{21}是三个平动和三个转动简正坐标组。还值得注意的是，在完全已约表示中，同样的不可约表示，或者说同一组态，可能重复出现m次，不同的简正坐标或简正坐标组可能有相同的组态，如平动简正坐标组与振动简正坐标组就可能有相同的组态。

上述矩阵表示很容易转化成由矩阵的特征标作为工具来进行研究。当选用变换矩阵群来作对称操作群的表示时，无疑会存在许多满足对称操作群群元素间乘积关系的矩阵集合，因为我们可以用同阶的一个矩阵$\boldsymbol{C}$及其逆矩阵$\boldsymbol{C}^{-1}$对矩阵集合中每一矩阵$\boldsymbol{D}(R_k)$做相似变换$\boldsymbol{C}^{-1}\boldsymbol{D}(R_k)\boldsymbol{C}$，这样得到的新的矩阵集合仍然是对群的表示。具体说来，设$\boldsymbol{e}_1,\boldsymbol{e}_2,\cdots,\boldsymbol{e}_n$与$\boldsymbol{\eta}_1,\boldsymbol{\eta}_2,\cdots,\boldsymbol{\eta}_n$是$n$维线性空间$V$的两组基，$\boldsymbol{A}$、$\boldsymbol{B}$是两组基下同一变换的矩阵，$(\boldsymbol{e}_1',\boldsymbol{e}_2',\cdots,\boldsymbol{e}_n')=(\boldsymbol{e}_1,\boldsymbol{e}_2,\cdots,\boldsymbol{e}_n)\boldsymbol{A}$，$(\boldsymbol{\eta}_1',\boldsymbol{\eta}_2',\cdots,\boldsymbol{\eta}_n')=(\boldsymbol{\eta}_1,\boldsymbol{\eta}_2,\cdots,\boldsymbol{\eta}_n)\boldsymbol{B}$，$(\boldsymbol{\eta}_1,\boldsymbol{\eta}_2,\cdots,\boldsymbol{\eta}_n)=(\boldsymbol{e}_1,\boldsymbol{e}_2,\cdots,\boldsymbol{e}_n)\boldsymbol{C}$，$\boldsymbol{C}$为两组基间过渡矩阵，则$\boldsymbol{B}=\boldsymbol{C}^{-1}\boldsymbol{A}\boldsymbol{C}$，即同一线性变换在不同基下的矩阵相似，故存在$V$的规范正交基使得在该基下矩阵是准对角形矩阵。但是相似矩阵有一个共同点，即它们的对角元素的加和是相同的，这个加和称为矩阵的特征标。同时我们寻求其特征标时，不一定非选用简正坐标作为基矢不可，当选用其他基矢时也可以最终

化为完全已约实表象。这样一来，人们便可以用矩阵集合的矩阵的特征标，而不用相应的矩阵来研究群的表示，不但有效，而且重要，还与表示空间基的选择无关。

我们研究群的矩阵表示就是研究不等价的表示［各不等价矩阵表示中，或对应同一群元素的矩阵特征标不同，或特征标分布（随群元素的变化）不同］。应当给出全部不等价表示，而且是不可约表示，即用于不可约表示的矩阵集合 D_j 的矩阵都不具有 $(m+n)$ 行 $(m+n)$ 列的 $\begin{pmatrix} \overset{m列}{c_a} & \overset{n列}{N_a} \\ O & B_a \end{pmatrix}\begin{matrix} m行 \\ n行 \end{matrix}$ 形式，当然更不具有准对角形式 $\begin{pmatrix} \overset{m列}{c(g_a)} & \overset{n列}{O} \\ O & B(g_a) \end{pmatrix}\begin{matrix} m行 \\ n行 \end{matrix}$。

5.3.4 O_{h} 群特征标表

特征标表主要是指群的各个不可约表示矩阵群的矩阵的特征标随群元素类别而变化的一个表，同时应在表中给出各不可约表示的基。在式（5.3.4）中 $\boldsymbol{D}_j(g)$ 或 $\boldsymbol{\Gamma}_j(g)(g \in G)$ 的对角线上矩阵元的和为其特征标，它随群元素类别而变化，故群的特征标表的第一行可依次列出群元素的类别；第一列可列出 Γ_j，即 $\Gamma_j, j=1,2,\cdots,n$，n 为群元素类的数目，以 Γ_j 代表矩阵群不可约表示的名称或符号，也是不同对称组态或不同对称种类（类型）的符号，但若从不变子空间基函数的个数或维数来考虑，则可知简正振动的简并度及对称操作下对称性与简并度的关联，故群的特征标表（表 5.3.5）的第一列也可列出与不可约表示的维数及对称性有关的相应符号。就特征标表的某一行而言，记录的正是某一不可约表示 $\Gamma_j=\{\boldsymbol{\Gamma}_j(g), g \in G\}$ 的特征标随群元素类别的变化。

用 A、B 代表一维表示，若一简正坐标（基函数）对点群的所有对称操作都是不变的（特征标为 1），则称其属于全对称的（A），对绕主轴 C_n 转动 $2\pi/n$ 时，对称的一维表示 $[\chi(C_n)=1]$ 用 A 标记，反对称的 $[\chi(C_n)=-1]$ 用 B 标记；用 E 代表二维表示，简并的两个简正振动在实数域对称变换下则发生混合，形成二重（标为 E）简并对称组态；用 T 或 F 代表三维表示，简并的三个简正振动在实数域对称变换下则发生混合，形成三重（标为 T 或 F）简并对称组态。第一列符号的下标 1 和 2（这里主要针对表 5.3.3～表 5.3.5）分别表示对于主轴 C_n（n 值最大）是对称（特征标为 1）或反对称（特征标为–1）的，下标 g 和 u 分别表示对反演操作 i 的特征标为正值与负值。

1. O_{h} 群的不可约表示特征标表的获取

下面我们来具体了解 O_{h} 群的不可约表示特征标（或品格）表的获取和分析。可利用基函数获得特征标表，利用直积由简单群的特征标表获得较大群的特征标表。

两个群在下述条件下可由其直积获得一较大的群，群 G_1 和 G_2 为

$$G_1=\{E, A_1A_2\cdots A_i\cdots A_m\},\ G_2=\{E, B_1B_2\cdots B_j\cdots B_k\} \tag{5.3.7}$$

它们的元素彼此相乘的意义是明确的，并且还满足对易性

$$A_iB_j=B_jA_i \tag{5.3.8}$$

则可定义一个更大的群 G 为 G_1 和 G_2 的直积，表示为

$$G=G_1\otimes G_2=\{E, A_1, A_2, \cdots, A_i\cdots, A_m\}\otimes\{E, B_1, B_2, \cdots B_j, \cdots, B_k\} \tag{5.3.9}$$

式中，G 中的每一个元素都可以唯一地写成 A_iB_j，A_i、B_j 分别取遍两个群的所有元素，G 的阶 $h=h_1\times h_2$，G_1 和 G_2 有唯一共同元素，即单位元素 E，G_1 和 G_2 都是 G 的不变子群，并称其为直因子。直积的定义可以推广到多个直因子的情况。

为了顺利得到 O_h 的特征标表，对 O_h 群做一分析。如 5.2.3 节所述，O_h 群有两个不变子群，分别是 O 群和 C_i 群：

$$O=\{E,C_3,C_2,C_4,C_2(C_4^2)\}\equiv\{o_1=E,o_2,o_3,o_4,o_5\} \tag{5.3.10}$$

$$C_i=\{E,i\}\equiv\{c_1=E,c_2\} \tag{5.3.11}$$

O_h 的元素是 O 的每一元素 o_i 与 C_i 的每一元素 c_j 的乘积，乘积与两元素的次序无关，群 O 与 C_i 只有一个共同的元素 E，即满足式（5.3.7）、式（5.3.8）及其余条件。因此群 O_h 为 O 与 C_i 的直积：

$$O_h=O\otimes C_i \tag{5.3.12}$$

令

$$O_h=\{g_1=E,g_2,\cdots\}$$

在 O 群、C_i 群和 O_h 群的不可约表示中，对应于 O 群、C_i 群、O_h 群的元素 o_i、c_j、g_r 的特征标分别为 $x^{(\alpha)}(o_i)$、$x^{(\beta)}(c_j)$ 和 $x^{(\gamma)}(g_r)$，当 $g_r=o_ic_j$ 时[5]，

$$\chi_\gamma^{(O_h)}(g_r)=\chi_\alpha^{(O)}(o_i)\chi_\beta^{(C_i)}(c_j) \tag{5.3.13}$$

式中，α、β、γ 对应于相应的不可约表示。

于是我们应该先知道 O 群和 C_i 群的表示。结合图形来考虑由对称操作构成的群是方便的。事实上存在这样的图形：考虑它的部分对称元素，它们所对应的对称操作构成一个群；考虑它的另一部分对称元素，它们所对应的对称操作构成另一个群；而这两个群的直积所得对称操作构成的群则正是这个图形所有对称元素为基础的对称操作群。正立方体和正八面体正是这样的图形。作为第一步，考虑到正立方体由 6 个正方形面相交构成，连接对面中心的直线为 C_4 轴，共 3 个；连接对边中点的直线为 C_2 轴，共 6 个；连接对顶角的直线为 C_3 轴，共 4 个。再加上恒等操作，共可得 24 个对称操作，分为 5 类：$E;C_2(6);C_3$及$C_3^2(8);C_4C_4^3(6);C_4^2(3)$，即 $E;6C_2';8C_3;6C_4;3C_2$。这 5 类操作构成的群正是前面提到的 O 群。也正如 5.2.1 节所述，当不考虑正八面体对称中心时，对称元素有：3 根互相垂直的四重轴（四重轴同时又是二重轴），4 根三重轴，以及 6 根二重轴，这些对称元素记为 C_4、C_2''、C_3 和 C_2；与这些对称元素相应的对称操作群元素分别有 6 个（$6C_4$）、3 个（$3C_2''$）、8 个（$8C_3$）、6 个（$6C_2$），补充一恒等操作 E，也同样构成 5 类 24 个元素的 O 群。作为第二步，考虑前面没有考虑的正立方体和正八面体的对称中心这一对称元素 i，由恒等操作 E 和反演操作 i 构成的群正是前面提到的 C_i 群：$\{E,i\}$。联系到 5.2.2 节对 O_h 群元素的分类，我们正是利用前 5 类组成了 O 群，现在用其第 6 类及恒等操作组成 C_i 群，并想由这两个群的特征标表经式（5.3.13）来得到整个 O_h 群的特征标表。下面，先分别考虑 O 群和 C_i 群的表示，再考虑 O_h 群的表示。

对于 O 群，因有 $1^2+1^2+2^2+3^2+3^2=24$，所以有 2 个一维不可约表示、1 个二维不可约表示和 2 个三维不可约表示。

为明确含义，下面的符号比 5.2.1 节的符号更为具体。令 C_4^z 为绕四重轴 Z 轴的转动操作（逆时针方向），令 C_4^x、C_4^y 为绕四重轴 X 轴、Y 轴的转动操作，而逆转动操作记为

$\overline{C}_4^z=(C_4^z)^3,\overline{C}_4^x=(C_4^x)^3,\overline{C}_4^y=(C_4^y)^3$。令 C_3^{xyz} 为绕穿过八面体的与 X 轴、Y 轴、Z 轴相交的三角形面和对面的三角形面中心的三重轴的转动操作。相应交于 X 轴、$-Y$ 轴、$-Z$ 轴的三角形面及对面中心连线的转动操作记为 $C_3^{x\bar{y}\bar{z}}$（“–”被标在 y、z 的正上方），相应的还有 $C_3^{\bar{x}y\bar{z}}$、$C_3^{\bar{x}\bar{y}z}$，而逆转动操作记为 $\overline{C}_3^{xyz}$、$\overline{C}_3^{x\bar{y}\bar{z}}$、$\overline{C}_3^{\bar{x}y\bar{z}}$ 和 $\overline{C}_3^{\bar{x}\bar{y}z}$，分别表示 $(C_3^{xyz})^2$、$(C_3^{x\bar{y}\bar{z}})^2$、$(C_3^{\bar{x}y\bar{z}})^2$、$(C_3^{\bar{x}\bar{y}z})^2$，即逆时针方向转 240°的操作。令 C_2^x、C_2^y、C_2^z 分别为绕二重轴 X 轴、Y 轴、Z 轴的转动操作。令 C_2^{xy} 为绕 X 和 Y 轴间角平分线这一二重轴的转动操作，$C_2^{x\bar{y}}$ 为绕 X 轴和 $-Y$ 轴间角平分线二重轴的转动操作，相应地还有 C_2^{yz}、$C_2^{y\bar{z}}$、C_2^{zx}、$C_2^{z\bar{x}}$。

在 O 群的元素中，E；C_2^x，C_2^y，C_2^z；C_3^{xyz}，$C_3^{x\bar{y}\bar{z}}$，$C_3^{\bar{x}y\bar{z}}$，$C_3^{\bar{x}\bar{y}z}$，$\overline{C}_3^{xyz}$，$\overline{C}_3^{x\bar{y}\bar{z}}$，$\overline{C}_3^{\bar{x}y\bar{z}}$，$\overline{C}_3^{\bar{x}\bar{y}z}$ 正好组成一个群，称其为 T 群。T 群是仅考虑八面体（或正立方体）中与 O 群有关的那些对称元素的部分元素为基础的对称操作所组成的群，即在 3 根互相垂直的四重轴（四重轴同时又是二重轴），4 根三重轴，以及 6 根二重轴这些对称元素中只取（同时为四重轴的）3 根二重轴及 4 根三重轴（对正立方体则是：连接正立方体对面中心的 3 个 C_2 轴，连接对顶角的 4 个 C_3 轴），以这些元素为基础的对称操作所组成的群为 T 群。所以 T 群由 12 个对称操作组成，分为四类：E；$3C_2$；$4C_3$；$4C_3^2$。

T 群与 C_4^zT 之间的关系列入表 5.3.1 中。

表 5.3.1　T 群与 C_4^zT 之间的关系

T	E	C_2^x	C_2^y	C_2^z	C_3^{xyz}	$C_3^{x\bar{y}\bar{z}}$	$C_3^{\bar{x}y\bar{z}}$	$C_3^{\bar{x}\bar{y}z}$	$\overline{C}_3^{xyz}$	$\overline{C}_3^{x\bar{y}\bar{z}}$	$\overline{C}_3^{\bar{x}y\bar{z}}$	$\overline{C}_3^{\bar{x}\bar{y}z}$
C_4^zT	C_4^z	C_2^{xy}	$C_2^{x\bar{y}}$	$\overline{C}_4^z$	C_2^{yz}	C_4^x	$C_4^{\bar{x}}$	$C_2^{y\bar{z}}$	$\overline{C}_4^{\bar{y}}$	$C_2^{z\bar{x}}$	C_2^{zx}	C_4^y

表 5.3.1 中，第 1 行的 T 群和 C_4^zT 的元素分别位于其右，而且 T 和 C_4^zT 的所有元素均为 O 群的元素并包括了 O 群的所有元素，因此 T 和 C_4^zT 的元素合起来即构成 O 群，T 群是 O 群的子群且可证明是其不变子群，而 C_4^zT 为这一子群的陪集。

下面分别求得 O 群和 C_i 群的特征标表。

1）求 O 群的一维表示

由于特征标与所选基无关，以 $x^2+y^2+z^2$ 为基[7]，则有

$$o_i(x^2+y^2+z^2)=[1]\,(x^2+y^2+z^2),\ o_i\in O$$

式中，o_i 为属于 O 群的元素，其作用结果都等于矩阵[1]作用于所选基 $x^2+y^2+z^2$，其特征标都为 1，为一维恒等表示。

以 A 表示一维表示，以 A_1 表示一维恒等表示。任何群 $G=\{g_\alpha\}$，恒与 1（一阶单位矩阵）同态，因此 1 是任何群 G 的表示，称为一维恒等表示或显然表示。

由于 O 群含不变子群 T：$E,4C_3,4C_3^2,3C_2(=C_4^2)$，以及含 T 群的陪集 C_4^zT：$6C_2$，$6C_4$，形成陪集串 T,C_4^zT。于是 O 群除有一维恒等表示 A_1 外，还有另一个一维表示，即 O 群的不变子群 T 的商群到二阶循环群 $z_2=\{-1,(-1)^2=1\}$ 的一一映射（见 5.2.3 节），也即有映射

$$\{E,4C_3,4C_3^2,3C_2(C_4^2)\}\rightarrow 1$$

$$\{6C_2,6C_4\}\rightarrow -1$$

特征标 $\chi(C_4^z T)=-1$， $\chi(T)=1$。这个一维表示以 A_2 表示。

2）求 O 群的二维表示

因为每一类元素的变换矩阵的特征标相等，所以只需将一类元素中任取一元素作为代表即可。我们取 E，$C_2^x(=(C_4^x)^2), C_3^{xyz}, C_2^{xy}, C_4^z$。

以 $X_1=2z^2-x^2-y^2$， $X_2=x^2-y^2$ 为基，由于

$$\begin{pmatrix}x'\\y'\\z'\end{pmatrix}=E\begin{pmatrix}x\\y\\z\end{pmatrix}=\begin{pmatrix}x\\y\\z\end{pmatrix},\begin{pmatrix}x'\\y'\\z'\end{pmatrix}=C_2^x\begin{pmatrix}x\\y\\z\end{pmatrix}=\begin{pmatrix}x\\-y\\-z\end{pmatrix},\begin{pmatrix}x'\\y'\\z'\end{pmatrix}=C_3^{xyz}\begin{pmatrix}x\\y\\z\end{pmatrix}=\begin{pmatrix}y\\z\\x\end{pmatrix},$$

$$\begin{pmatrix}x'\\y'\\z'\end{pmatrix}=C_2^{xy}\begin{pmatrix}x\\y\\z\end{pmatrix}=\begin{pmatrix}y\\x\\-z\end{pmatrix},\begin{pmatrix}x'\\y'\\z'\end{pmatrix}=C_4^z\begin{pmatrix}x\\y\\z\end{pmatrix}=\begin{pmatrix}y\\-x\\z\end{pmatrix} \tag{5.3.14}$$

所以有

$$\begin{pmatrix}X_1'\\X_2'\end{pmatrix}=\boldsymbol{D}(E)\begin{pmatrix}X_1\\X_2\end{pmatrix}=\begin{bmatrix}1&0\\0&1\end{bmatrix}\begin{pmatrix}X_1\\X_2\end{pmatrix} \tag{5.3.15}$$

$$\begin{pmatrix}X_1'\\X_2'\end{pmatrix}=\boldsymbol{D}(C_2^x)\begin{pmatrix}X_1\\X_2\end{pmatrix}=\begin{bmatrix}1&0\\0&1\end{bmatrix}\begin{pmatrix}X_1\\X_2\end{pmatrix} \tag{5.3.16}$$

对操作 C_3^{xyz}，由基 X_1、X_2 和式（5.3.14）有

$$\begin{cases}X_1'=2x^2-y^2-z^2\\X_2'=y^2-z^2\end{cases}$$

所以

$$\begin{pmatrix}X_1'\\X_2'\end{pmatrix}=\boldsymbol{D}(C_3^{xyz})\begin{pmatrix}X_1\\X_2\end{pmatrix}=\begin{pmatrix}-\dfrac{1}{2}&\dfrac{3}{2}\\-\dfrac{1}{2}&-\dfrac{1}{2}\end{pmatrix}\begin{pmatrix}X_1\\X_2\end{pmatrix} \tag{5.3.17}$$

对操作 C_2^{xy} 有

$$\begin{cases}X_1'=2z^2-y^2-x^2\\X_2'=y^2-x^2=-(x^2-y^2)\end{cases}$$

所以

$$\begin{pmatrix}X_1'\\X_2'\end{pmatrix}=\boldsymbol{D}(C_2^{xy})\begin{pmatrix}X_1\\X_2\end{pmatrix}=\begin{pmatrix}1&0\\0&-1\end{pmatrix}\begin{pmatrix}X_1\\X_2\end{pmatrix} \tag{5.3.18}$$

对操作 C_4^z 有

$$\begin{cases}X_1'=2z^2-y^2-x^2\\X_2'=y^2-x^2=-(x^2-y^2)\end{cases}$$

所以

$$\begin{pmatrix} X_1' \\ X_2' \end{pmatrix} = \boldsymbol{D}(C_4^z)\begin{pmatrix} X_1 \\ X_2 \end{pmatrix} = \begin{pmatrix} 1 & 0 \\ 0 & -1 \end{pmatrix}\begin{pmatrix} X_1 \\ X_2 \end{pmatrix} \tag{5.3.19}$$

于是得到二维表示的特征标表表 5.3.2，二维表示以 E 表示。

表 5.3.2　O 群的二维表示特征标表

	E	$3C_2(C_4^2)$	$8C_3$	$6C_4$	$6C_2$
E	2	2	–1	0	0

3）求 O 群的三维表示

以 x、y、z 为基，为了得到 O 群的第一个三维表示（以 T 或 F 表示），仍以上面所取元素为代表。因有式（5.3.14），所以

$$\begin{pmatrix} x' \\ y' \\ z' \end{pmatrix} = \boldsymbol{D}(E)\begin{pmatrix} x \\ y \\ z \end{pmatrix} = \begin{pmatrix} 1 & 0 & 0 \\ 0 & 1 & 0 \\ 0 & 0 & 1 \end{pmatrix}\begin{pmatrix} x \\ y \\ z \end{pmatrix}, \quad \begin{pmatrix} x' \\ y' \\ z' \end{pmatrix} = \boldsymbol{D}(C_2^x)\begin{pmatrix} x \\ y \\ z \end{pmatrix} = \begin{pmatrix} 1 & 0 & 0 \\ 0 & -1 & 0 \\ 0 & 0 & -1 \end{pmatrix}\begin{pmatrix} x \\ y \\ z \end{pmatrix}$$

$$\begin{pmatrix} x' \\ y' \\ z' \end{pmatrix} = \boldsymbol{D}(C_3^{xyz})\begin{pmatrix} x \\ y \\ z \end{pmatrix} = \begin{pmatrix} 0 & 1 & 0 \\ 0 & 0 & 1 \\ 1 & 0 & 0 \end{pmatrix}\begin{pmatrix} x \\ y \\ z \end{pmatrix} \tag{5.3.20}$$

$$\begin{pmatrix} x' \\ y' \\ z' \end{pmatrix} = \boldsymbol{D}(C_2^{xy})\begin{pmatrix} x \\ y \\ z \end{pmatrix} = \begin{pmatrix} 0 & 1 & 0 \\ 1 & 0 & 0 \\ 0 & 0 & -1 \end{pmatrix}\begin{pmatrix} x \\ y \\ z \end{pmatrix}, \begin{pmatrix} x' \\ y' \\ z' \end{pmatrix} = \boldsymbol{D}(C_4^z)\begin{pmatrix} x \\ y \\ z \end{pmatrix} = \begin{pmatrix} 0 & 1 & 0 \\ -1 & 0 & 0 \\ 0 & 0 & 1 \end{pmatrix}\begin{pmatrix} x \\ y \\ z \end{pmatrix}$$

于是可得到第一个三维表示 T_1 的特征标。以 yz、xz、xy 为基可得到第二个三维表示 T_2 的特征标。最后得到 O 群的三维表示特征标表，见表 5.3.3。

表 5.3.3　O 群的三维表示特征标表

O	E	$6C_4$	$3C_2$	$8C_3$	$6C_2'$	
A_1	1	1	1	1	1	$x^2+y^2+z^2$
A_2	1	–1	1	1	–1	
E	2	0	2	–1	0	$2z^2-x^2-y^2, x^2-y^2$
T_1	3	1	–1	0	–1	x, y, z, R_x, R_y, R_z
T_2	3	–1	–1	0	1	xy, xz, yz

4）群 C_i 的特征标表

群 C_i 的特征标表如表 5.3.4 所示。因为 $1^2+1^2=2$，所以 C_i 有两个一维表示。如果以 x^2（或 y^2, z^2, xy, yz, zx）为基，则有

$$\boldsymbol{D}(E)x^2 = x^2, \quad \boldsymbol{D}(i)x^2 = x^2$$

则特征标均为 + 1，故以 A_g 标出，g 表示对反演变换是对称的。

表 5.3.4　C_i 的特征标表

C_i	E	i	
A_g	1	1	$x^2, y^2, z^2, xy, yz, zx$
A_u	1	−1	x, y, z

如果以 x 为基，则有

$$\boldsymbol{D}(E)x = x,\ \boldsymbol{D}(i)x = -x$$

则特征标分别为 +1 和−1，故为反对称一维表示，以 A_u 表示，u 表示对反演变换是反对称的。

5）O_h 的特征标表

利用 $\chi_\gamma^{(O_h)}(g_r) = \chi_\alpha^{(O)}(o_i)\chi_\beta^{(C_i)}(c_j)$ 即可得出 O_h 的特征标表，即用表 5.3.4 中 C_i 群各特征标分别乘表 5.3.3 中 O 群的各特征标，便得到 O_h 的特征标表，如表 5.3.5 所示。

表 5.3.5　O_h 的特征标表

O_h	$E\times E=E$	$6C_4\times E=6C_4$	$3C_4^2\times E=3C_2$	$8C_3\times E=8C_3$	$6C_2\times E=6C_2$	$E\times i=i$	$6C_4\times i=6S_4$	$3C_4^2\times i=3\sigma_h$	$8C_3\times i=8S_6$	$6C_2\times i=6\sigma_d$
A_{1g}	1×1=1	1×1=1	1×1=1	1×1=1	1×1=1	1×1=1	1×1=1	1×1=1	1×1=1	1×1=1
A_{2g}	1×1=1	−1×1=−1	1×1=1	1×1=1	−1×1=−1	1×1=1	−1×1=−1	1×1=1	1×1=1	−1×1=−1
E_g	2	0	2	−1	0	2	0	2	−1	0
F_{1g}	3	1	−1	0	−1	3	1	−1	0	−1
F_{2g}	3	−1	−1	0	1	3	−1	−1	0	1
A_{1u}	1	1	1	1	1	−1	−1	−1	−1	−1
A_{2u}	1	−1	1	1	−1	−1	1	−1	−1	1
E_u	2	0	2	−1	0	−2	0	−2	1	0
F_{1u}	3	1	−1	0	−1	−3	−1	1	0	1
F_{2u}	3	−1	−1	0	1	−3	1	1	0	−1

注：表中群元素排列顺序与其他文献有所不同；F_{1u} 所在行右端应有基函数(x, y, z)，与平动坐标共组态的简正振动都有红外光谱；其余基函数及所处位置与表 5.3.3 中 O 群的特征标表一致。

表的乘法顺序是：首先以群 C_i 的元素 E 和 i 先后乘群 O 的五类元素，获得 O_h 的十类元素，这十类元素列在表 5.3.5 的顶行；再用 C_i 的特征标表中 A_g 所在的第一行 E 的特征标分别乘 O 的特征标表各类元素所在的 5 行、5 列上的特征标，并保持行列不变，得到 O_h 特征标表的头五行、头五列；再用 C_i 的 A_g 所在的第一行的 i 的特征标，分别乘 O 特征标表各类元素所在 5 行、5 列上的特征标，得 O_h 特征标表的头五行后五列的各个值；类似地，再用 C_i 的 A_u 所在的第二行的 E 的特征标乘 O 特征标表各类元素在各行各列的特征标，得 O_h 特征标表的后五行头五列的各个值；最后用 C_i 的 A_u 所在第二行的 i 的特征标乘 O 特征标表各行各列上的值，得 O_h 特征标表后五行后五列的各个值。表中 F 同 T 一样都为三维表示。由于 O_h 群特征标表头五行均是 O 的特征标表乘 C_i 的全对称表示 A_g 所在行的值而得到的，而 O_h 表的后五行均是 O 的特征标表乘 C_i 的反对称表示 A_u 所在行的值而得到的，所以 O_h 头五行表示的下标均标以 g，而后五行表示的下标均标以 u，下标 1 和 2 仍保留。O_h 的不可约表示，可依据不可约表示直积规则[1]：

$$A\otimes A=A, A\otimes B=B, A\otimes E=E, A\otimes F=F, \mathrm{g}\times\mathrm{g}=\mathrm{g}, \mathrm{u}\times\mathrm{u}=\mathrm{g}, \mathrm{u}\times\mathrm{g}=\mathrm{u},\cdots$$

2. 特征标表的正交归一性

1）行的正交归一

$$\frac{1}{h}\sum_{R_k} n_k\chi_i(R_k)\chi_j(R_k)=\delta_{ij} \tag{5.3.21}$$

式中，i,j 代表行；n_k 为同类群元素个数。

归一：如对表 5.3.5 的 A_{1g}、E_g 所在的行，分别有

$$A_{1g}:\frac{1}{48}[1\times1^2+6\times1^2+3\times1^2+\cdots]=1,\quad E_g:\frac{1}{48}[1\times2^2+6\times0^2+3\times2^2+\cdots]=1$$

正交：如表 5.3.5 的 A_{1g}、E_g 所在的行是正交的

$$\frac{1}{48}[1\times1\times2+6\times1\times0+3\times1\times2+8\times1\times(-1)+\cdots]=0$$

2）列的正交归一

$$\frac{1}{h}\sum_{r} n_k\chi_r(R_k)\chi_r(R_j)=\delta_{kj} \tag{5.3.22}$$

式中，行的编号为 r，列的编号为 k,j。

3. O_h 群特征标表分析

（1）表 5.3.5 是 O_h 的不等价不可约表示特征标表，每一行代表对称变换（对称操作）群 O_h 的一个不可约表示（符号位于最左），每一行上与 O_h 群各类元素对应的特征标是这个不可约表示在该元素的矩阵的特征标。

（2）表中群 O_h 的不同矩阵表示的特征标在行上的分布是不同的，也即一个矩阵群表示只有一个特征标的分布。各行的特征标对应的矩阵群中矩阵的阶可以不同，一个 $n\times n$ 矩阵群则代表一个 n 维表示，这个维数和单位矩阵的特征标相同，故各行上与 E 对应的特征标显示了表示的维数。

（3）由 O 群与 C_i 群的直积在特征标表中给出了 O_h 群的 4 个一维表示、2 个二维表示和 4 个三维表示，这和前面定理式（5.3.5）给出的结果完全一致。于是，选择了 4 个 1×1 矩阵群、2 个 2×2 矩阵群和 4 个 3×3 矩阵群来表示对称变换群 O_h，它们是不等价的，也是不能再化简的。

（4）只有从全部不等价的表示出发，才能给出对 O_h 群及相应事物的认识。在以简正坐标为基的表示空间 V 中，V 是各个不变子空间 V_j 的直接和，并且在 V_j 上诱导出的矩阵群表示是不可约的。正立方体和八面体的对称变换群均为 O_h 群，因此，以 UF_6 或 AB_6 八面体分子的简正坐标作为基矢的表示，其子空间表示必然包含于 O_h 表给出的 10 个不可约表示的范围。具体说来，某个维度表示的重复度 m_j 或 a_j 示于式（5.3.4b，c）和式（5.3.52），可以为零（即特征标表中有的可能不出现），也可以大于 1。例如，这可表现在式（5.3.6）

三维表示中出现有相同特征标分布（相同对称组态）[式（5.3.58)]，出现在式（5.3.4b，c）则为重复度 m_j 或 $a_j > 1$。

（5）上面（1）～（4）是从 O_h 特征标表的行来看的。如果从表的每一列来看，第一列中的符号是 10 个不可约表示的符号，也是用于表示的矩阵群的符号，也是不同对称组态符号，对称组态即对称类型，是指该符号所在行的特征标分布所代表的对称特性。从其余列所看到的是同一类对称变换元素在各行对应的变换矩阵的特征标。

（6）表 5.3.5 中，这 10 个表示矩阵群的矩阵对 YX_6 分子而言并不都能以 $a_j \neq 0$ 出现在如式（5.3.4a）及式（5.3.6）所示的大矩阵的对角线上，a_j 的取值既与所在行表示的特征标的行分布（表 5.3.5）有关，又与扣除转动、平动特征标贡献的简正振动特征标的行分布（表 5.3.6）有关。但是，式（5.3.6）的大矩阵与式（5.3.4a）的矩阵是有区别的，在式（5.3.6）中有了具体的简正坐标或简正坐标组的限制，式（5.3.6）中只列出了属于式（5.3.4）中 $a_j \neq 0$ 的项，并将 $a_j > 1$ 的项按简正坐标组安排，如 $a_j = 2$ 安排为 1 和 1 以分别适应两个简正坐标组，重复度为 2 的两个不可约表示具有相同的对称类。

4. O_h 群特征标表与不可约表示的联系

由式（5.3.4a）和特征标表的联系 [参见式（5.3.52)] 可以得到各不可约表示出现的次数。由于分子的运动包含振动、转动和平动，如何将简正振动与其整体运动分开，以便了解振动的问题，便是一个仅靠 O_h 特征标表或式（5.3.4a）难以解决的问题，式（5.3.6）也不是具体的结果。依据式（5.3.4a）和特征标表的联系式（5.3.52）可知，如果选取八面体分子所有原子的直角坐标为基来得到 O_h 群的矩阵表示，然后选取八面体分子在三个方向做微小平动的简正坐标为基来得到 O_h 群的矩阵表示，再选取分子做转动的简正坐标为基来得到 O_h 群的矩阵表示，我们就可以把与平动、转动有关的不可约表示分离出来，便可以确定频率不为零的振动的简正坐标为基的不可约表示，在下面进行详细的讨论。

5.3.5　以直角位移坐标为基的特征标计算

分子中各原子在平衡位置有位移，位移由其位移坐标确定。分子中原子 α 的位移坐标可表示为

$$\begin{aligned} x_\alpha &= a_\alpha - a_{\alpha e} \\ y_\alpha &= b_\alpha - b_{\alpha e} \\ z_\alpha &= c_\alpha - c_{\alpha e} \end{aligned} \tag{5.3.23}$$

式中，原子 α 的位置坐标 $(a_\alpha, b_\alpha, c_\alpha)$ 和平衡位置坐标 $(a_{\alpha e}, b_{\alpha e}, c_{\alpha e})$ 是主轴坐标系下的值，故在绕 z 轴逆时针转动 θ 角的对称操作后，这些值的编号应做替换及替换后做逆时针转动 θ 角的变换。

如果以 UF_6 分子（图 5.2.1）的 $3N$ 个直角位移坐标为基做群的表示，并把表示分解成其不可约的组分，这些不可约表示的基必定是简正坐标，而且相同的不可约表示出现的次数必定等于该不可约表示所代表的对称性相同的组态数。由于 $3N$ 个（21 个）直角位移坐标中包括了 6 个对应于整个分子的平动和转动的坐标，而描述分子整体沿 x、y、z 轴做

微小平动有其自己的简正坐标并有以此为基的不可约表示，描述分子整体转动也有相应的简正坐标和以此为基的不可约表示。因此要从分解所得的不可约组分中扣除属于分子整体运动的不可约组分后才能得到属于分子的简正振动的不可约表示。由于采用矩阵群来作为群的表示，其等价表示具有相等的特征标而与基的选择无关。因此，在以 $3N$ 个直角位移坐标为基的矩阵表示中，通过扣除整体平动与转动对相应表示的特征标贡献的方法也可达到扣除相应不可约表示的目的，是扣除属于分子整体运动的不可约组分的简便方法。

以图 5.2.1 所示的 UF_6 分子的 21 个直角位移坐标为基可写出各个对称操作的矩阵表示。由于 O_h 群的元素所代表的对称操作 R 均为绕轴转动，有些代表真转动，有些则为非真转动，因此考虑转动变换便可分析 O_h 群的特征标表。并且这种方法也适合处理其他分子点群。考虑纯转动 C_n^-，即逆时针方向旋转一角度。首先考虑 U 原子位移坐标 (x_0, y_0, z_0) 与在分子绕 z 轴逆时针转动 θ 角后的位移坐标 (x_0', y_0', z_0')，这两组坐标之间的关系为

$$\begin{pmatrix} x_0' \\ y_0' \\ z_0' \end{pmatrix} = C_\theta^- \begin{pmatrix} x_0 \\ y_0 \\ z_0 \end{pmatrix} = \begin{pmatrix} \cos\theta & -\sin\theta & 0 \\ \sin\theta & \cos\theta & 0 \\ 0 & 0 & 1 \end{pmatrix} \begin{pmatrix} x_0 \\ y_0 \\ z_0 \end{pmatrix} = \boldsymbol{A} \begin{pmatrix} x_0 \\ y_0 \\ z_0 \end{pmatrix} \tag{5.3.24}$$

式中，矩阵的特征标为

$$\chi(C_\theta^-) = 1 + 2\cos\theta \tag{5.3.25}$$

$$\boldsymbol{C}_\theta^- \begin{pmatrix} x_0 \\ y_0 \\ z_0 \\ x_1 \\ y_1 \\ z_1 \\ x_2 \\ y_2 \\ z_2 \\ x_3 \\ y_3 \\ z_3 \\ x_4 \\ y_4 \\ z_4 \\ x_5 \\ y_5 \\ z_5 \\ x_6 \\ y_6 \\ z_6 \end{pmatrix} = \begin{pmatrix} \boldsymbol{A} & 0 & 0 & 0 & 0 & 0 & 0 \\ 0 & 0 & \boldsymbol{A} & 0 & 0 & 0 & 0 \\ 0 & 0 & 0 & 0 & \boldsymbol{A} & 0 & 0 \\ 0 & 0 & 0 & \boldsymbol{A} & 0 & 0 & 0 \\ 0 & 0 & 0 & 0 & 0 & \boldsymbol{A} & 0 \\ 0 & \boldsymbol{A} & 0 & 0 & 0 & 0 & 0 \\ 0 & 0 & 0 & 0 & 0 & 0 & \boldsymbol{A} \end{pmatrix} \begin{pmatrix} x_0 \\ y_0 \\ z_0 \\ x_1 \\ y_1 \\ z_1 \\ x_2 \\ y_2 \\ z_2 \\ x_3 \\ y_3 \\ z_3 \\ x_4 \\ y_4 \\ z_4 \\ x_5 \\ y_5 \\ z_5 \\ x_6 \\ y_6 \\ z_6 \end{pmatrix} \tag{5.3.26}$$

对于顺时针转动，$\chi(C_\theta^+)$ 与式（5.3.25）有相同的结果。

参照图 5.2.1，将绕 Z 轴逆时针转动的对称操作，即 θ 满足一定条件的转动操作，作用到 UF_6 分子的所有位移坐标，其结果是由式（5.3.26）给出的。式中，$\boldsymbol{A}$ 代表由式（5.3.24）给出的变换矩阵。

由式（5.3.26）可看出，对处于振动状态的分子来说，对称操作的作用就相当于先替换位移坐标再变换位移坐标。值得注意的是，在式（5.3.26）中，只有在对称操作中核平衡位置保持不变时矩阵 $\boldsymbol{A}$ 才作为矩阵的对角元出现。因此对绕轴转动 θ 角的对称操作，矩阵表示的特征标计算式的一般形式是

$$\chi(R) = N_R(1+2\cos\theta) \tag{5.3.27}$$

式中，N_R 为不被对称操作 R 改变平衡位置的核的数目。

绕图 5.2.1 中△123 和△456 中心轴逆时针旋转 120°，此时仅 U 原子核不被改变平衡位置，故 $N_R=1$，因此只关注旋转对 x_0、y_0、z_0 的影响。注意△123 中 1、2、3 的替换，有

$$\begin{pmatrix} x_0' \\ y_0' \\ z_0' \end{pmatrix} = C_3^- \begin{pmatrix} x_0 \\ y_0 \\ z_0 \end{pmatrix} = \begin{pmatrix} 0 & 1 & 0 \\ 0 & 0 & 1 \\ 1 & 0 & 0 \end{pmatrix} \begin{pmatrix} x_0 \\ y_0 \\ z_0 \end{pmatrix}$$

所以

$$\chi(C_3^-) = 0 \tag{5.3.28}$$

式中，结果与 $\theta=120°$ 时由式（5.3.27）计算的结果相同，结果对于所有三重轴都成立。

类似地，绕二重轴的 C_2^- 旋转，我们有

$$\begin{pmatrix} x_0' \\ y_0' \\ z_0' \end{pmatrix} = C_2^- \begin{pmatrix} x_0 \\ y_0 \\ z_0 \end{pmatrix} = \begin{pmatrix} 0 & 1 & 0 \\ 1 & 0 & 0 \\ 0 & 0 & -1 \end{pmatrix} \begin{pmatrix} x_0 \\ y_0 \\ z_0 \end{pmatrix}$$

所以

$$\chi(C_2^-) = -1 \tag{5.3.29}$$

式中结果与 $N_R=1$ 和 $\theta=180°$ 时由式（5.3.27）计算的结果相同。

上面讨论的是真转动，下面讨论非真转动情形。

把对平面的反映 σ_h 看作是 $\sigma_h = iC_2$，因此式（5.3.24）在此时有形式

$$\begin{pmatrix} x' \\ y' \\ z' \end{pmatrix} = \begin{pmatrix} -1 & 0 & 0 \\ 0 & -1 & 0 \\ 0 & 0 & -1 \end{pmatrix} \begin{pmatrix} \cos\theta & -\sin\theta & 0 \\ \sin\theta & \cos\theta & 0 \\ 0 & 0 & 1 \end{pmatrix} \begin{pmatrix} x \\ y \\ z \end{pmatrix} = \begin{pmatrix} -\cos\theta & \sin\theta & 0 \\ -\sin\theta & -\cos\theta & 0 \\ 0 & 0 & -1 \end{pmatrix} \begin{pmatrix} x \\ y \\ z \end{pmatrix}$$

所以

$$\chi(\sigma_h) = -(1+2\cos\theta) \tag{5.3.30}$$

对于 σ_d 也有与式（5.3.30）同样的结果。如果不动的总原子核数为 N_R，则对 σ_h 或 σ_d 等这样的非真转动操作有

$$\chi(R) = -N_R(1+2\cos\theta) \tag{5.3.31}$$

在利用式（5.3.31）计算特征标时，非真转动操作，如 i 和 S_n 这样的操作，可看作是

$$
\begin{aligned}
&i = iE && \theta = 0^\circ \\
&S_4 = iC_4 && \theta = 90^\circ \\
&S_6 = iC_3 && \theta = 120^\circ
\end{aligned}
\tag{5.3.32}
$$

下面分析分子的平动简正坐标的变换矩阵特征标。正如 3.1.2 节“1. 分子振动的经典力学理论”所述，简正坐标 Q_i 为质量计权位移坐标的线性组合。分子在无整体平动时有

$$\sum_\alpha m_\alpha a_{\alpha e} = 0,\ \sum_\alpha m_\alpha b_{\alpha e} = 0,\ \sum_\alpha m_\alpha c_{\alpha e} = 0 \tag{5.3.33}$$

分子的平动是指分子在三个方向做微小平动，微小平动的简正坐标按定义分别表示为质量计权位移坐标的线性组合：

$$T_x = \frac{1}{\sqrt{M}}\sum_{\alpha=0}^{N-1} m_\alpha x_\alpha,\quad T_y = \frac{1}{\sqrt{M}}\sum_{\alpha=0}^{N-1} m_\alpha y_\alpha,\quad T_z = \frac{1}{\sqrt{M}}\sum_{\alpha=0}^{N-1} m_\alpha z_\alpha \tag{5.3.34}$$

式中，M 为分子质量；m_α 为原子质量；位移坐标依据式（5.3.23）。对于 UF_6 分子，$N = 7$；M 为 UF_6 分子质量。

依据图 5.2.1，m_0 为 U 原子的质量，$m_1, \cdots, m_6$ 均为 F 原子质量 m_F 。依据式（5.3.24）、式（5.3.26）并注意后一式中 $\boldsymbol{A}$ 作用下 x_α 的变换，则绕 z 轴逆时针转动 θ 角形成 T_x 到 T'_x 的变换

$$T'_x = \frac{1}{\sqrt{M}}\begin{bmatrix} m_0(x_0\cos\theta - y_0\sin\theta + 0z_0) + m_1(x_2\cos\theta - y_2\sin\theta + 0z_2) \\ +m_2(x_4\cos\theta - y_4\sin\theta + 0z_4) + m_3(x_3\cos\theta - y_3\sin\theta + 0z_3) \\ +m_4(x_5\cos\theta - y_5\sin\theta + 0z_5) + m_5(x_1\cos\theta - y_1\sin\theta + 0z_1) \\ +m_6(x_6\cos\theta - y_6\sin\theta + 0z_6) \end{bmatrix} \tag{5.3.35}$$

因为 $m_1 = m_2 = \cdots = m_6$ ，所以

$$\begin{aligned} T'_x &= \frac{1}{\sqrt{M}}\begin{bmatrix} m_0(x_0\cos\theta - y_0\sin\theta + 0z_0) + m_1(x_1\cos\theta - y_1\sin\theta + 0z_1) \\ +m_2(x_2\cos\theta - y_2\sin\theta + 0z_2) + \cdots + m_6(x_6\cos\theta - y_6\sin\theta + 0z_6) \end{bmatrix} \\ &= \frac{1}{\sqrt{M}}\left[\sum_{\alpha=0}^{6} m_\alpha x_\alpha \cos\theta - \sum_{\alpha=0}^{6} m_\alpha y_\alpha \sin\theta\right] = T_x\cos\theta - T_y\sin\theta \end{aligned} \tag{5.3.36}$$

同理得到

$$T'_y = T_x\sin\theta + T_y\cos\theta \tag{5.3.37}$$

$$T'_z = T_z \tag{5.3.38}$$

所以有

$$\begin{pmatrix} T'_x \\ T'_y \\ T'_z \end{pmatrix} = C_\theta^- \begin{pmatrix} T_x \\ T_y \\ T_z \end{pmatrix} = \begin{pmatrix} \cos\theta & -\sin\theta & 0 \\ \sin\theta & \cos\theta & 0 \\ 0 & 0 & 1 \end{pmatrix}\begin{pmatrix} T_x \\ T_y \\ T_z \end{pmatrix} \tag{5.3.39}$$

从式（5.3.39）可知，对于平移简正坐标的变换矩阵，特征标为

$$\chi_t(R) = 1 + 2\cos\theta \tag{5.3.40}$$

当 R 为 i 和 S_n 等这样的非真转动操作时，对于平移简正坐标的变换矩阵，特征标为

$$\chi_t(R) = -(1 + 2\cos\theta) \tag{5.3.41}$$

绕 z 轴顺时针转动 (C_θ^+) 形成 T_x、T_y、T_z 到 T_x'、T_y'、T_z' 的变换和非真转动，分别得到与式（5.3.40）、式（5.3.41）同样的结果。

下面分析分子转动简正坐标的变换矩阵特征标。设 x、y、z 为沿分子三个惯量主轴的坐标轴，并设主轴转动惯量为 I_x、I_y、I_z。依简正坐标的定义，微小转动的简正坐标为

$$
\begin{aligned}
R_x &= \frac{1}{\sqrt{I_x}}\sum_{\alpha=0}^{N-1} m_\alpha (b_{\alpha e} z_\alpha - c_{\alpha e} y_\alpha) \\
R_y &= \frac{1}{\sqrt{I_y}}\sum_{\alpha=0}^{N-1} m_\alpha (c_{\alpha e} x_\alpha - a_{\alpha e} z_\alpha) \\
R_z &= \frac{1}{\sqrt{I_z}}\sum_{\alpha=0}^{N-1} m_\alpha (a_{\alpha e} y_\alpha - b_{\alpha e} x_\alpha)
\end{aligned} \tag{5.3.42}
$$

绕 z 轴逆时针转动 θ 角将使 $(a_{\alpha e}, b_{\alpha e}, c_{\alpha e})$ 和 $(x_\alpha, y_\alpha, z_\alpha)$ 均按式（5.3.24）、式（5.3.26）改变，注意到对称等效组内原子质量相同，则有

$$
\begin{aligned}
R_x' &= \frac{1}{\sqrt{I_x}}\sum_{\alpha=0}^{N-1} m_\alpha [(a_{\alpha e}\sin\theta + b_{\alpha e}\cos\theta) z_\alpha - c_{\alpha e}(x_\alpha \sin\theta + y_\alpha\cos\theta)] \\
&= R_x\cos\theta - \frac{1}{\sqrt{I_x}}\sum_{\alpha=0}^{N-1} m_\alpha (c_{\alpha e} x_\alpha - a_{\alpha e} z_\alpha)\sin\theta
\end{aligned} \tag{5.3.43}
$$

在式（5.3.43）中，设 $\theta = \dfrac{2\pi k}{n}$，当 $n>2$ 时，必有 $I_x = I_y$；如果 $n=1,2$，式中后项为零，所以，式中 I_x 可用 I_y 代替，并将第二项与式（5.3.42）对比，故得

$$
R_x' = R_x\cos\theta - R_y\sin\theta \tag{5.3.44}
$$

同理可得

$$
R_y' = R_x\sin\theta + R_y\cos\theta \tag{5.3.45}
$$

$$
R_z' = R_z \tag{5.3.46}
$$

于是转动的简正坐标与绕 Z 轴转动 θ 角的对称操作有关：

$$
C_\theta^- \begin{pmatrix} R_x \\ R_y \\ R_z \end{pmatrix} = \begin{pmatrix} \cos\theta & -\sin\theta & 0 \\ \sin\theta & \cos\theta & 0 \\ 0 & 0 & 1 \end{pmatrix} \begin{pmatrix} R_x \\ R_y \\ R_z \end{pmatrix} \tag{5.3.47}
$$

对于非真转动 iC_θ^-，在 R_x' 表达式中 z_α 和 $(a_{\alpha e}\sin\theta + b_{\alpha e}\cos\theta)$ 前，$c_{\alpha e}$ 和 $(x_\alpha\sin\theta + y_\alpha\cos\theta)$ 前，均有“−”号，故 R_x' 与真转动相同。同理可得 R_y'、R_z' 与真转动的相同。

绕 z 轴顺时针转动 θ 角，结果与式（5.3.47）结果相同，且非真转动 iC_θ^+ 结果也相同，因此转动简正坐标的变换矩阵的特征标可表示为

$$
\chi_{\mathrm{r}}(R) = 1 + 2\cos\theta \tag{5.3.48}
$$

绕 x、y 轴转动的结果与式（5.3.48）相同。相应于对称操作 R，分子旋转 θ 角，其变换矩阵的特征标既包含振动，又包含平移和转动变换矩阵的特征标，依式（5.3.27）、式（5.3.31）、式（5.3.40）、式（5.3.41）和式（5.3.48）可知，振动简正坐标的变换矩阵的特征标为

$$
\chi_\upsilon(R) = \pm N_R(1+2\cos\theta) - [\pm(1+2\cos\theta)] - (1+2\cos\theta) \tag{5.3.49}
$$

式中，“+”“−”分别对应真转动和非真转动对称操作，于是有特征标表 5.3.6。

表 5.3.6 八面体分子平移、转动、振动简正坐标变换矩阵特征标表

对称操作	E	$8C_3$	$6C_2$	$6C_4$	$3C_4^2 \equiv 3C_2$	i	$6S_4$	$8S_6$	$3\sigma_h$	$6\sigma_d$
	真转动“+”					非真转动“−”				
θ	0°	120°	180°	90°	180°	0°	90°	120°	180°	180°
N_R	7	1	1	3	3	1	1	1	5	3
$\chi, \pm N_R(1+2\cos\theta)$	21	0	−1	3	−3	−3	−1	0	5	3
$\chi_t, \pm(1+2\cos\theta)$	3	0	−1	1	−1	−3	−1	0	1	1
$\chi_r, 1+2\cos\theta$	3	0	−1	1	−1	3	1	0	−1	−1
$\chi_\upsilon, \chi-\chi_t-\chi_r$	15	0	1	1	−1	−3	−1	0	5	3

5.3.6 简正振动及平动、转动对称类的确定

由特征标表 5.3.5 的求解过程可看出复杂矩阵群特征标表可由简单矩阵群特征标表得到，但是要在一组复杂基下直接得到完全已约实表象准对角形矩阵格式中各方块矩阵的特征标及相应基组［如式（5.3.6）］下的不可约表示是难的。下面是利用群 O_h 的特征标表给出的不可约表示、特征标表性质、完全已约实表象准对角形矩阵特征标和它们的关系来对分子整体的平动、转动和简正振动对称类进行确定，即对式（5.3.4a）中 $\boldsymbol{D}_j(g)$ 对应的不可约表示 $D_j=\{\boldsymbol{D}_j(g), g\in G\}$ 的对称类和出现的次数［对比式（5.3.6）］进行确定。式（5.3.6）是 XY_6 分子简正坐标为基的完全已约表示的格式，8 个组的表示是不能再分解的，但同样的不可约表示可能重复出现几次，就简正坐标而言，不同的简正坐标组可能有相同的对称组态的不可约表示。在式（5.3.4a）的基础上，将坐标限定为简正坐标时，$a_j\neq 0, a_j>1$ 时，如 $a_j=2$，按单个 D_j 分别对应相应坐标组放在准对角形矩阵对角线上，准对角形矩阵就成为式（5.3.6）的形式。其本质在于，此时式（5.3.4a）和式（5.3.6）的准对角形矩阵表示针对了同一对象。当用于 XY_6 分子时，对同一 R_k（或 g）两式的准对角形矩阵具有相同特征标。为了便于求解，式（5.3.4a）的不可约表示 $D_j=\{\boldsymbol{D}_j(R_k), R_k\in O_h\}$ 可由简正坐标为基得到，也可由直角位移坐标为基而得到。上述分析表明，式（5.3.4a）与式（5.3.6）具有一致性，式（5.3.4a）准对角形矩阵的特征标 $\chi(R_k)$ 可表示为

$$\chi(R_k)=\sum_j a_j\chi_j(R_k) \tag{5.3.50}$$

式中，$\chi_j(R_k)$ 为 $\boldsymbol{D}_j(R_k)$ 的特征标；a_j 为 $\boldsymbol{D}_j(R_k)$ 在准对角形矩阵中出现的次数。

注意到特征标表 5.3.5 中行间有正交归一关系式式（5.3.21），式中，h 为 O_h 元素的总和，于是由 $n_k\chi_i(R_k)$ 乘式（5.3.50）并对对称操作求和可得

$$\sum_{R_k} n_k\chi_i(R_k)\chi(R_k)=\sum_{R_k}\sum_j n_k\chi_i(R_k)a_j\chi_j(R_k)=\sum_j a_j h\delta_{ij} \tag{5.3.51}$$

当式（5.3.51）中$i=j$时，可得

$$a_j=\frac{1}{h}\sum_{R_k}n_k\chi_j(R_k)\chi(R_k) \tag{5.3.52}$$

式中求和时$\chi_j(R_k)$和$\chi(R_k)$分别沿O_h群特征标表表 5.3.5 的行和特征标表表 5.3.6 的行进行取值，注意取值应对应同一元素R_k，a_j代表O_h群特征标表表 5.3.5 中该行所对应的对称组态出现的次数。

对简正振动，$\chi_\upsilon(R)$按表 5.3.6 最后一行，$\chi_j(R_k)$按表 5.3.5 中$A_{1g},A_{1u},A_{2g},A_{2u},E_g$, $E_u,F_{1g},F_{1u},F_{2g},F_{2u}$所在的行取值，

$$a_j(A_{1g})=\frac{1}{48}\begin{bmatrix}1\times15\times1+8\times0\times1+6\times1\times1+6\times1\times1+3\times(-1)\times1\\+1\times(-3)\times1+6\times(-1)\times1+8\times0\times1+3\times5\times1+6\times3\times1\end{bmatrix}=1 \tag{5.3.53}$$

$$a_j(A_{1u})=0 \tag{5.3.54}$$

还可得 $a_j(A_{2g}),a_j(A_{2u}),a_j(E_g),a_j(E_u),a_j(F_{1g}),a_j(F_{1u}),a_j(F_{2g}),a_j(F_{2u})$，于是对简正振动可得

$$\chi_\upsilon=\chi_{A_{1g}}+\chi_{E_g}+2\chi_{F_{1u}}+\chi_{F_{2g}}+\chi_{F_{2u}} \tag{5.3.55}$$

同理，对平动可得 $$a_j(F_{1u})=1,\ \chi_t=\chi_{F_{1u}} \tag{5.3.56}$$

对转动可得 $$a_j(F_{1g})=1,\ \chi_r=\chi_{F_{1g}} \tag{5.3.57}$$

最后总的有 $$\chi=\chi_{F_{1g}}+\chi_{A_{1g}}+\chi_{E_g}+3\chi_{F_{1u}}+\chi_{F_{2g}}+\chi_{F_{2u}} \tag{5.3.58}$$

由式（5.3.55）可看到有两个简正振动模式具有相同的组态，即不可约表示F_{1u}出现了两次，具体情况见 5.3.7 节。

5.3.7 简正振动的描述

在前面虽然获得了 UF$_6$ 分子简正振动的种类和对称性质，但我们对其振动的具体物理形态并无清楚的图像及了解。如果我们以键长和键角的增量这类内坐标来表示振动的动能和体系的势能，则不但相应的常数要比用直角坐标表示有更明确的物理含义，而且其振动形态直接表现为键伸缩和键角变形这样的物理形态或特征。分子有$3N-6$个简正振动，所以内坐标的数目必须等于或大于$3N-6$（或$3N-5$）才有可能确定全部的简正振动。一般情况下所选的内坐标数目会大于$3N-6$（或$3N-5$），因此这些坐标不是相互独立的。将八面体分子 XY$_6$的 6 个键长增量内坐标$\Delta r_1,\Delta r_2,\cdots,\Delta r_6$和 4 个键角增量内坐标$\Delta\alpha_{13},\Delta\alpha_{34},\Delta\alpha_{46},\Delta\alpha_{61}$示于图 5.3.1，注意图中另外两个面内的共 8 个键角增量未标出。每个面内的 4 个键角变形的和应为零，即有如下关系

$$\begin{cases}\Delta\alpha_{13}+\Delta\alpha_{34}+\Delta\alpha_{46}+\Delta\alpha_{61}=0\\\Delta\alpha_{15}+\Delta\alpha_{51}+\Delta\alpha_{42}+\Delta\alpha_{21}=0\\\Delta\alpha_{23}+\Delta\alpha_{35}+\Delta\alpha_{56}+\Delta\alpha_{62}=0\end{cases} \tag{5.3.59}$$

关系式（5.3.59）称为多余条件。

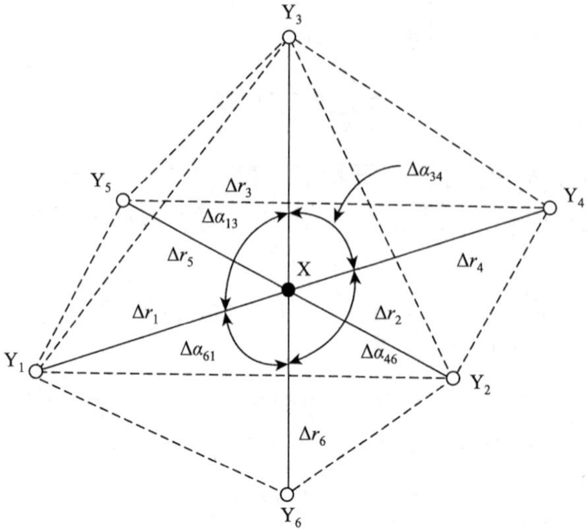

图 5.3.1　由内坐标描述的 XY_6 分子

使用内坐标时，表示的特征标仅仅由不为各对称操作所改变的内坐标的数目所决定，而且无需考虑分子的平动和转动，即特征标不再进行扣除平动和转动对应的特征标，而被考虑的将是多余条件所属的对称类。然而，多余条件属于的对称种类却是一个要谨慎处理的问题。不过，与我们前面用直角坐标系所得结果进行对比，便很容易得到结果。依据分子 XY_6 内坐标，由不被对称操作改变的内坐标键长增量和键角增量所确定的特征标 $\chi^r(R)$ 和 $\chi^\alpha(R)$ 由表 5.3.7 给出。

表 5.3.7　八面体分子 XY_6 内坐标变换特征标表

	E	$6C_4$	$3C_4^2$	$8C_3$	$6C_2$	$S_2=i$	$6S_4$	$3\sigma_h$	$8S_6$	$6\sigma_d$
$\chi^r(R)$	6	2	2	0	0	0	0	4	0	2
$\chi^\alpha(R)$	12	0	0	0	2	0	0	4	0	2

例如，表 5.3.7 中的 $6C_2$，C_2 是绕以 X 原子所在的点为坐标原点的三个坐标平面的 6 个角平分线之一的 180°旋转，此时 $\Delta r_1,\Delta r_2,\cdots,\Delta r_6$ 都发生改变，而被角平分线直接平分的两对顶角却未改变，如图 5.3.1 中 $\Delta\alpha_{13}$ 和 $\Delta\alpha_{46}$ 两对顶角在绕其公共角平分线旋转 180°时是未改变的，因此本征值 $\chi^r(C_2)=0$，$\chi^\alpha(C_2)=2$。再如，对于 $3\sigma_h$，σ_h 是分别绕分子的三个主轴之一旋转 $180°(C_4^2)$ 再做一次反演的操作，如对 6 和 3 所在轴的 σ_h 操作，显然除 Δr_3、Δr_6 改变外，其余键伸缩内坐标未改变，而键角内坐标仅有位于 1、2、4、5 所在面的四个键角内坐标未改变，故有 $\chi^r(\sigma_h)=4$，$\chi^\alpha(\sigma_h)=4$。利用表 5.3.7、表 5.3.5 及式（5.3.53）的求法可得，对键伸缩内坐标有

$$a_j(A_{1g})=\frac{1}{48}\begin{bmatrix}1\times6\times1+6\times2\times1+3\times2\times1+8\times0\times1+6\times0\times1\\+1\times0\times1+6\times0\times1+3\times4\times1+8\times0\times1+6\times2\times1\end{bmatrix}=1$$

$$a_j(E_g)=1,\ a_j(F_{1u})=1$$

对键角内坐标有

$$a_j(A_{1g})=\frac{1}{48}\begin{bmatrix}1\times12\times1+6\times0\times1+3\times0\times1+8\times0\times1+6\times2\times1\\+1\times0\times1+6\times0\times1+3\times4\times1+8\times0\times1+6\times2\times1\end{bmatrix}=1$$

$$a_j(E_g)=1,\ a_j(F_{1u})=1,\ a_j(F_{2g})=1,\ a_j(F_{2u})=1$$

于是表 5.3.7 中的特征标被分解成

$$\begin{aligned}\chi^r(R)&=\chi_{A_{1g}}+\chi_{E_g}+\chi_{F_{1u}}\\\chi^\alpha(R)&=\chi_{A_{1g}}+\chi_{E_g}+\chi_{F_{1u}}+\chi_{F_{2g}}+\chi_{F_{2u}}\end{aligned}\tag{5.3.60}$$

将式（5.3.60）这一结果与直角坐标系下所得简正振动特征标分解结果式（5.3.55）进行比较，并注意到这里的键伸缩内坐标无多余条件，故$\chi^r(R)$为纯伸缩振动的；继而可知在式（5.3.55）中除去$\chi^r(R)$的三项后仅剩$\chi_{F_{1u}}$、$\chi_{F_{2g}}$和$\chi_{F_{2u}}$，属于$\chi^\alpha(R)$中的简正振动，而$\chi^\alpha(R)$的其余两项与多余条件有关，可看出弯曲振动中包含了式（5.3.59）的三个多余条件，一个属于A_{1g}，另外两个属于E_g，因此纯弯曲振动的$\chi^\alpha(R)$则为

$$\chi^\alpha(R)=\chi_{F_{1u}}+\chi_{F_{2g}}+\chi_{F_{2u}}\tag{5.3.61}$$

于是，由式（5.3.60）第一式和式（5.3.61）可得出结论，分子有 6 个伸缩振动和 9 个弯曲振动。6 个伸缩振动分别是$\nu_1(A_{1g})$、$\nu_2(E_g)$（二重简并）、$\nu_3(F_{1u})$（三重简并）；9 个弯曲振动分别是均为三重简并的$\nu_4(F_{1u})$、$\nu_5(F_{2g})$、$\nu_6(F_{2u})$。虽然ν_3的三重简并伸缩振动与ν_4的三重简并弯曲振动同属F_{1u}对称类而出现重复度 2，但它们具体的振动却是不同的。因此，由采用内坐标的方法可确定出其 15 个简正振动的物理形态或特征，它们分别示于图 5.3.2 中。从图中可以看出，ν_1振动模式是全对称振动，6 个键伸缩振动相对于中心是对称的；ν_2振动模式也是键伸缩振动，伸缩为面内伸缩；ν_3、ν_4振动，4 个角上的

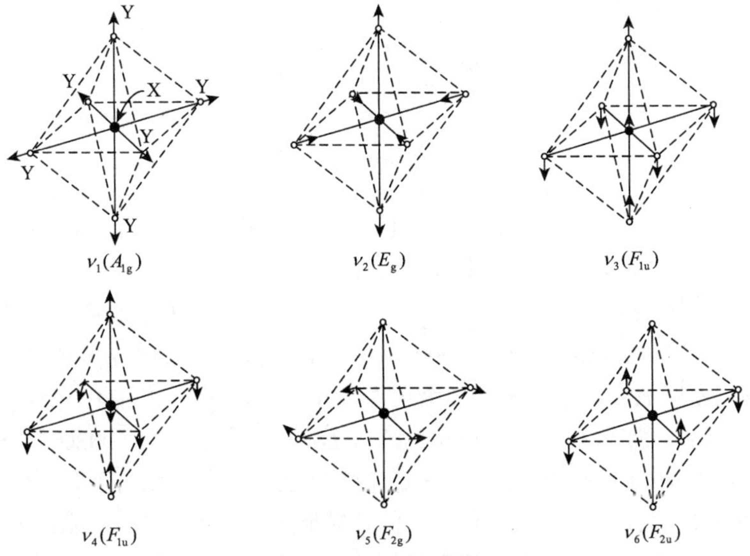

图 5.3.2　XY_6分子的简正振动

原子与轴上 3 个原子在平衡位置的运动如图 5.3.2 所示，ν_3、ν_4 的振动模式不是中心对称的，在分子的平衡位置附近偶极矩发生变化，因此是红外活性的，出现红外光谱；不难看出，ν_1、ν_2、ν_5、ν_6 振动模式是中心对称的，这样，分子的偶极矩便不发生变化，其极化率在分子平衡位置附近有单调变化，振动光谱出现在拉曼光谱中。

5.4　UF_6 分子的振动跃迁

5.4.1　振动能级和波函数

利用简正坐标，并不考虑平衡位置势能，分子总的振动能量为

$$E_\upsilon = \frac{1}{2}\sum_i \dot{Q}_i^2 + \frac{1}{2}\sum_i \lambda_i Q_i^2,\ i = 1,2,\cdots,3N-6 \tag{5.4.1}$$

式中，第一项为动能；第二项为势能；$\sqrt{\lambda_i}$ 为简正振动圆频率。

依 3.1.2 节“分子振动的量子力学理论”，得振动波函数 ψ_{vib}（或 ψ_{v}）

$$\psi_{\text{vib}} = \prod_i \psi_i(Q_i) \tag{5.4.2}$$

式中，第 i 个 $\psi_i(Q_i)$ 依赖[8]于一个简正坐标 Q_i。

$$\psi_i = N_{\upsilon_i} \exp\left(-\frac{\alpha_i Q_i^2}{2}\right) H_{\upsilon_i}(\sqrt{\alpha_i} Q_i) \tag{5.4.3}$$

式中，$\alpha_i = \dfrac{2\pi\nu_i}{\hbar} = \dfrac{\sqrt{\lambda_i}}{\hbar}$；$N_{\upsilon_i}$ 为归一化常数；H_{υ_i} 为厄米多项式，以 υ、x 分别表示 υ_i 及 $\sqrt{\alpha_i} Q_i$，其形式为

$$H_\upsilon(x) = (2x)^\upsilon - \frac{\upsilon(\upsilon-1)}{1!}(2x)^{\upsilon-2} + \frac{\upsilon(\upsilon-1)(\upsilon-2)(\upsilon-3)}{2!}(2x)^{\upsilon-4} + \cdots \tag{5.4.4}$$

总的振动本征值为

$$E_\upsilon = \sum_i E_i,\ i = 1,2,\cdots,3N-6 \tag{5.4.5}$$

$$E_i = \left(\upsilon_i + \frac{1}{2}\right) h\nu_i,\ \upsilon_i = 0,1,2\cdots \tag{5.4.6}$$

用符号 (υ_1、υ_2、υ_3、υ_4、υ_5、υ_6) 表示 UF_6 分子的振动能级，υ_1 为 ν_1 振动模的振动量子数，υ_2 为二重简并的 ν_2 振动模的振动量子数，υ_3、υ_4、υ_5、υ_6 分别为三重简并的振动模 ν_3、ν_4、ν_5、ν_6 的振动量子数，ν_1、ν_2、ν_3、ν_4、ν_5、ν_6 也表示频率，在不同条件下单位取 Hz 或 cm^{-1}；振动基态能级记为（000000）；当振动量子数之一 $\upsilon_\beta = 1, \beta = 1,2,\cdots,6$，其他都为 0，称为基频能级，如 ν_3 基频能级记为（001000）或 ν_3；当有一个 $\upsilon_\beta > 1$ 而其他都为 0，称为泛频能级，如 ν_3 模的第一泛频、第二泛频能级分别记为（002000）和（003000），或者 $2\nu_3$ 和 $3\nu_3$；当有两个或两个以上 $\upsilon_\beta \neq 0$，称为合频（或组频）能级，如 ν_5 与 ν_6 的合频能级记为（000011）或 $\nu_5 + \nu_6$，ν_3、ν_4、ν_6 的合频能级记为（001101）或 $\nu_3 + \nu_4 + \nu_6$。由于 UF_6 分子除 ν_1 振动模外其他五个振动模都是简并的，因此有这五个简正模之一或数个的量子数不为 0 的能级都是简并的。如果简正模的简并度为 d_β，则这个模的 υ_β 振动能级简并度为

$$g=\frac{(\upsilon_\beta+d_\beta-1)!}{(d_\beta-1)!\upsilon_\beta!} \tag{5.4.7}$$

则 UF$_6$ 分子振动能级的总简并度为

$$g=\prod_\beta\frac{(\upsilon_\beta+d_\beta-1)!}{(d_\beta-1)!\upsilon_\beta!} \tag{5.4.8}$$

对简并模，如 ν_3 振动模，有 $\upsilon_a+\upsilon_b+\upsilon_c=\upsilon_3$，于是 $(00\upsilon_3000)$ 能级的谐振子近似为

$$\begin{aligned}E(\upsilon)=&h\nu_1\left(0+\frac{1}{2}\right)+h\nu_2\left(0+\frac{1}{2}\right)+h\nu_2\left(0+\frac{1}{2}\right)+h\nu_3\left(\upsilon_{3a}+\frac{1}{2}\right)+h\nu_3\left(\upsilon_{3b}+\frac{1}{2}\right)\\&+h\nu_3\left(\upsilon_{3c}+\frac{1}{2}\right)+h\nu_4\left(0+\frac{1}{2}\right)+h\nu_4\left(0+\frac{1}{2}\right)+h\nu_4\left(0+\frac{1}{2}\right)+h\nu_5\left(0+\frac{1}{2}\right)+h\nu_5\left(0+\frac{1}{2}\right)\\&+h\nu_5\left(0+\frac{1}{2}\right)+h\nu_6\left(0+\frac{1}{2}\right)+h\nu_6\left(0+\frac{1}{2}\right)+h\nu_6\left(0+\frac{1}{2}\right)=\frac{1}{2}h\nu_1+h\nu_2+\left(\upsilon_3+\frac{3}{2}\right)h\nu_3\\&+\frac{3}{2}h(\nu_4+\nu_5+\nu_6)\end{aligned} \tag{5.4.9}$$

分子的振动能量

$$E_\upsilon=\sum_\beta h\nu_\beta\left(\upsilon_\beta+\frac{d_\beta}{2}\right) \tag{5.4.10}$$

式中，d_β 为模式简并度。

考虑到非谐性修正，分子的振动能为

$$E_\upsilon=\sum_\beta h\nu_\beta\left(\upsilon_\beta+\frac{d_\beta}{2}\right)+\sum_\beta\sum_{j\geqslant\beta}hx_{\beta j}\left(\upsilon_\beta+\frac{d_\beta}{2}\right)\left(\upsilon_j+\frac{d_j}{2}\right)+\sum_\beta\sum_{j\geqslant\beta}hg_{\beta j}l_\beta l_j \tag{5.4.11a}$$

式（5.4.11a）适用于包含非简并模和二重简并模振动，式中 $x_{\beta j}$ 和 $g_{\beta j}$ 为非谐性常数，$g_{\beta j}$ 是对简并模而言的；d_β 只是第 β 个振动模的简并度；l_β 为二重简并模的振动角动量量子数，$l_\beta=\upsilon_\beta,\upsilon_\beta-2,\upsilon_\beta-4,\cdots,1$ 或 0。对于非简并振动，$l_\beta=0$ 和 $g_{\beta j}=0$。非谐性常数大多是负的，使能级有所降低，并使能级简并度部分消除。对多原子分子，可使用下式[11]进行计算

$$E_\upsilon=\sum_\beta h\nu_\beta\left[\left(\upsilon_\beta+\frac{d_\beta}{2}\right)-x_\beta\left(\upsilon_\beta+\frac{d_\beta}{2}\right)^2\right] \tag{5.4.11b}$$

式中，相关数据可由表 5.4.1 给出。

表 5.4.1　分子数据[11]

分子 XY_6	简正振动非谐性常数						简正振动偶极电荷		
	x_1	x_2	x_3	x_4	x_5	x_6	$z_1=z_2=z_5=z_6$	z_3	z_4
SF_6	0.00216	0.00512	0.00293	0.00184	0.00181	0.00119	0	3.6809	3.2735
SeT_6	0.00266	0.00500	0.00375	0.00196	0.00226	0.00145	0	3.5549	4.0109
TeF_6	0.00251	0.00720	0.00340	0.00139	0.00163	0.00103	0	3.5711	4.4020

续表

分子 XY_6	简正振动非谐性常数						简正振动偶极电荷		
	x_1	x_2	x_3	x_4	x_5	x_6	$z_1=z_2=z_5=z_6$	z_3	z_4
MoF_6	0.00191	0.00497	0.00227	0.00079	0.00107	0.00080	0	3.8232	4.1521
WF_6	0.00198	0.00519	0.00215	0.00074	0.00107	0.00072	0	4.3047	5.7200
UF_6	0.00157	0.00375	0.00171	0.00050	0.00060	0.00043	0	3.2599	4.3192

注：表中常数是对 $\upsilon_\beta=1$ 计算的。

5.4.2　振动基态波函数

当所有振动量子数 $\upsilon_i=0$，由式（5.4.4）可知厄米多项式为 1，由式（5.4.2）～式（5.4.4）得振动基态波函数为

$$\psi_0=N_0\exp\left[-\frac{1}{2}(\alpha_1Q_1^2+\cdots+\alpha_{3N-6}Q_{3N-6}^2)\right] \tag{5.4.12}$$

当所有振动模都是非简并的，对分子进行对称操作后，有的核的位置和位移方向改变了，但整个分子的各键角、核间距并无改变，因而势能 V 无改变，同时也不影响分子动能 T 和振动频率，而只是使一些原子与另一些等效原子的动能互相取代。即有 $Q_i\to Q_i'$ 及

$$2T=\dot{Q}_1^2+\dot{Q}_2^2+\cdots+\dot{Q}_{3N-6}^2=\dot{Q}_1'^2+\dot{Q}_2'^2+\cdots+\dot{Q}_{3N-6}'^2 \tag{5.4.13}$$

$$\begin{aligned}2V&=\lambda_1Q_1^2+\lambda_2Q_2^2+\cdots+\lambda_{3N-6}Q_{3N-6}^2\\&=\lambda_1Q_1'^2+\lambda_2Q_2'^2+\cdots+\lambda_{3N-6}Q_{3N-6}'^2\end{aligned} \tag{5.4.14}$$

显然，在非简并情况下，$Q_i'=\pm Q_i$ 会满足式（5.4.13）和式（5.4.14）。因此，当所有振动为非简并时，基态波函数 ψ_0 在所有操作下都保持不变，属全对称类。

当存在简并振动时，如 UF_6 分子的情况。此时

$$\begin{aligned}&\lambda_1Q_1^2+\lambda_2(Q_{2a}^2+Q_{2b}^2)+\sum_{\beta=3}^{6}\lambda_\beta(Q_{\beta a}^2+Q_{\beta b}^2+Q_{\beta c}^2)\\&=\lambda_1Q_1'^2+\lambda_2(Q_{2a}'^2+Q_{2b}'^2)+\sum_{\beta=3}^{6}\lambda_\beta(Q_{\beta a}'^2+Q_{\beta b}'^2+Q_{\beta c}'^2)\end{aligned} \tag{5.4.15}$$

因为 $\lambda_1\neq\lambda_2\neq\lambda_3\neq\lambda_4\neq\lambda_5\neq\lambda_6$，对称操作只是使同一频率的简并简正坐标发生混合，因此为了使式（5.4.15）成立，对应不同的 λ 分别有

$$Q_1'^2=Q_1^2 \tag{5.4.16}$$

$$Q_{2a}'^2+Q_{2b}'^2=Q_{2a}^2+Q_{2b}^2 \tag{5.4.17}$$

$$Q_{\beta a}'^2+Q_{\beta b}'^2+Q_{\beta c}'^2=Q_{\beta a}^2+Q_{\beta b}^2+Q_{\beta c}^2,\quad \beta=3,4,5,6 \tag{5.4.18}$$

因为

$$R\begin{pmatrix}Q_{2a}\\Q_{2b}\end{pmatrix}=\begin{pmatrix}Q_{2a}'\\Q_{2b}'\end{pmatrix}=\begin{pmatrix}D(R)_{11}&D(R)_{12}\\D(R)_{21}&D(R)_{22}\end{pmatrix}\begin{pmatrix}Q_{2a}\\Q_{2b}\end{pmatrix} \tag{5.4.19}$$

所以

$$\begin{aligned}Q_{2a}'^2+Q_{2b}'^2=&[D(R)_{11}^2+D(R)_{21}^2]Q_{2a}^2+[D(R)_{12}^2+D(R)_{22}^2]Q_{2b}^2\\&+2[D(R)_{11}D(R)_{12}+D(R)_{21}D(R)_{22}]Q_{2a}Q_{2b}\end{aligned} \tag{5.4.20}$$

由于

$$R\begin{pmatrix} Q_{\beta a} \\ Q_{\beta b} \\ Q_{\beta c} \end{pmatrix} = \begin{pmatrix} Q'_{\beta a} \\ Q'_{\beta b} \\ Q'_{\beta c} \end{pmatrix} = \begin{pmatrix} D(R)_{aa\beta} & D(R)_{ab\beta} & D(R)_{ac\beta} \\ D(R)_{ba\beta} & D(R)_{bb\beta} & D(R)_{bc\beta} \\ D(R)_{ca\beta} & D(R)_{cb\beta} & D(R)_{cc\beta} \end{pmatrix} \begin{pmatrix} Q_{\beta a} \\ Q_{\beta b} \\ Q_{\beta c} \end{pmatrix}, \ \beta = 3,4,5,6 \quad (5.4.21)$$

有

$$\begin{aligned} Q'^2_{\beta a} &= D(R)^2_{aa\beta} Q^2_{\beta a} + D(R)^2_{ab\beta} Q^2_{\beta b} + D(R)^2_{ac\beta} Q^2_{\beta c} \\ &\quad + 2D(R)_{aa\beta} D(R)_{ab\beta} Q_{\beta a} Q_{\beta b} + 2D(R)_{aa\beta} D(R)_{ac\beta} Q_{\beta a} Q_{\beta c} \\ &\quad + 2D(R)_{ab\beta} D(R)_{ac\beta} Q_{\beta b} Q_{\beta c} \end{aligned} \quad (5.4.22)$$

同理可得 $Q'^2_{\beta b}$ 和 $Q'^2_{\beta c}$，继而可得

$$\begin{aligned} Q'^2_{\beta a} + Q'^2_{\beta b} + Q'^2_{\beta c} &= [D(R)^2_{aa\beta} + D(R)^2_{ba\beta} + D(R)^2_{ca\beta}]Q^2_{\beta a} + [D(R)^2_{ab\beta} + D(R)^2_{bb\beta} + D(R)^2_{cb\beta}]Q^2_{\beta b} \\ &\quad + [D(R)^2_{ac\beta} + D(R)^2_{bc\beta} + D(R)^2_{cc\beta}]Q^2_{\beta c} \\ &\quad + 2[D(R)_{aa\beta} D(R)_{ab\beta} + D(R)_{ba\beta} D(R)_{bb\beta} + D(R)_{ca\beta} D(R)_{cb\beta}]Q_{\beta a} Q_{\beta b} \\ &\quad + 2[D(R)_{aa\beta} D(R)_{ac\beta} + D(R)_{ba\beta} D(R)_{bc\beta} + D(R)_{ca\beta} D(R)_{cc\beta}]Q_{\beta a} Q_{\beta c} \\ &\quad + 2[D(R)_{ab\beta} D(R)_{ac\beta} + D(R)_{bb\beta} D(R)_{bc\beta} + D(R)_{cb\beta} D(R)_{cc\beta}]Q_{\beta b} Q_{\beta c} \end{aligned}$$

(5.4.23)

欲使势能保持不变，在式（5.4.20）和式（5.4.23）中平方项前面的系数均为 1，而交叉项的系数均为 0，因此满足式（5.4.16）～式（5.4.18）是合理的，故 UF$_6$ 分子基态波函数可以表示成

$$\psi_0 = N_0 \exp\left\{-\frac{1}{2}\begin{bmatrix} \alpha_1 Q_1^2 + \alpha_2(Q^2_{2a} + Q^2_{2b}) + \alpha_3(Q^2_{3a} + Q^2_{3b} + Q^2_{3c}) \\ +\alpha_4(Q^2_{4a} + Q^2_{4b} + Q^2_{4c}) + \alpha_5(Q^2_{5a} + Q^2_{5b} + Q^2_{5c}) \\ +\alpha_6(Q^2_{6a} + Q^2_{6b} + Q^2_{6c}) \end{bmatrix}\right\} \equiv N_0 \psi_{(0)} \quad (5.4.24)$$

式（5.4.24）在对称操作下保持不变而属全对称类。

5.4.3　振动基频波函数

只有一个振动量子数 $\upsilon_i = 1, i = 1,2\cdots$，而其余的均为 0，依式（5.4.2）和式（5.4.3），分子的基频波函数为

$$\psi_1 = 2\sqrt{\alpha_i} Q_i N_1 \exp\left[-\frac{1}{2}(\alpha_1 Q_1^2 + \cdots + \alpha_{3N-6} Q^2_{3N-6})\right] \quad (5.4.25)$$

在非简并情况，对称操作 R 的作用仅使 $Q'^2_i = Q^2_i$，如果 Q_i 是全对称的，则 ψ_1 是全对称的，若对称操作使 Q_i 反号，ψ_1 也反号，即 ψ_1 与简正模式有相同的对称类。在二重简并情况下，如 Q_{ia} 和 Q_{ib} 二重简并，基频能级 $\upsilon_i = 1$ 可有两种状态 $\upsilon_{ia} = 1, \upsilon_{ib} = 0$，或者 $\upsilon_{ia} = 0, \upsilon_{ib} = 1$。在三重简并情况下，基频能级 $\upsilon_i = 1$，可有三种状态 $\upsilon_{ia} = 1, \upsilon_{ib} = \upsilon_{ic} = 0$，$\upsilon_{ib} = 1, \upsilon_{ia} = \upsilon_{ic} = 0$，或者 $\upsilon_{ic} = 1, \upsilon_{ia} = \upsilon_{ib} = 0$。

以 UF$_6$ 分子三重简并基频能级 ν_3 的波函数为例说明波函数的对称性。相应于 υ_{ia}、υ_{ib}、υ_{ic} 的三种状态，ν_3 基频能级的波函数有三个，依据式（5.4.2）、式（5.4.3）、式（5.4.24）和

式（5.4.25），三个振动波函数是

$$\psi_{3a} = 2\sqrt{\alpha_3}Q_{3a}N\psi_{(0)} \tag{5.4.26}$$

$$\psi_{3b} = 2\sqrt{\alpha_3}Q_{3b}N\psi_{(0)} \tag{5.4.27}$$

$$\psi_{3c} = 2\sqrt{\alpha_3}Q_{3c}N\psi_{(0)} \tag{5.4.28}$$

设简正坐标Q_{3a}、Q_{3b}和Q_{3c}在操作R作用下的变换关系为式（5.4.21），利用式（5.4.21）将对称操作后的Q'_{3a}、Q'_{3b}和Q'_{3c}代入经对称操作后的式（5.4.26）～式（5.4.28），并再利用式（5.4.26）～式（5.4.28），得

$$\begin{aligned}\psi'_{3a} &= D(R)_{aa3}\psi_{3a} + D(R)_{ab3}\psi_{3b} + D(R)_{ac3}\psi_{3c}\\ \psi'_{3b} &= D(R)_{ba3}\psi_{3a} + D(R)_{bb3}\psi_{3b} + D(R)_{bc3}\psi_{3c}\\ \psi'_{3c} &= D(R)_{ca3}\psi_{3a} + D(R)_{cb3}\psi_{3b} + D(R)_{cc3}\psi_{3c}\end{aligned} \tag{5.4.29}$$

我们可以清楚地看到，以ψ_{3a}、ψ_{3b}、ψ_{3c}为函数空间基函数的变换与式（5.4.21）简正坐标为基的变换完全相同，因为基函数仅仅是在Q_{3a}、Q_{3b}和Q_{3c}之前乘了全对称的因子而已。综上而论，基频能级的振动波函数与简正模式本身有相同的对称类。

5.4.4 泛频波函数

1. 非简并模的泛频能级（$\upsilon_i>1$）的波函数

非简并模的泛频能级（$\upsilon_i>1$）的波函数可表示为

$$\psi_{\upsilon_i} = H_{\upsilon_i}(\sqrt{\alpha_i}Q_i)N_{\upsilon_i}\exp\left[-\frac{1}{2}(\alpha_1 Q_1^2+\cdots+\alpha_{3N-6}Q_{3N-6}^2)\right] \tag{5.4.30}$$

式（5.4.30）表示只有Q_i模的振动处于泛频能级，式中厄米多项式的具体形式为

$$\begin{aligned}&H_0(\sqrt{\alpha_i}Q_i)=1, H_1(\sqrt{\alpha_i}Q_i)=2\sqrt{\alpha_i}Q_i, H_2(\sqrt{\alpha_i}Q_i)=4(\sqrt{\alpha_i}Q_i)^2-2,\\ &H_3(\sqrt{\alpha_i}Q_i)=8(\sqrt{\alpha_i}Q_i)^3-12\sqrt{\alpha_i}Q_i,\\ &H_4(\sqrt{\alpha_i}Q_i)=16(\sqrt{\alpha_i}Q_i)^4-48(\sqrt{\alpha_i}Q_i)^2+12,\cdots\end{aligned} \tag{5.4.31}$$

由于当$Q_i \xrightarrow{R} \chi_R^{(i)}Q_i$时有$\chi_R^{(i)}=\pm1$，因此由式（5.4.30）和式（5.4.31）可知，当υ_i为偶数时

$$R\psi_{\upsilon_i} \to \psi_{\upsilon_i}$$

当υ_i为奇数时

$$R\psi_{\upsilon_i} \to \chi_R^{(i)}\psi_{\upsilon_i}$$

即偶泛频能级波函数是全对称的，而奇泛频能级波函数的对称性与基频能级的一样。

2. 简并模的泛频能级波函数

简并模的泛频能级波函数的对称性的确定较为复杂。二重简并模的泛频能级是(υ_i+1)重简并的，三重简并模的泛频能级是$\frac{1}{2}(\upsilon_i+1)(\upsilon_i+2)$重简并的。

当用n个简正坐标$(Q_1,Q_2,\cdots,Q_n)$构成一个n维空间，则此空间的一点P就对应于这n个简正坐标的一组取值。考虑在分子点群的一个对称操作R作用下，简正坐标由一组值

$(Q_1,Q_2,\cdots,Q_n)$变换到另一组$(Q_1',Q_2',\cdots,Q_n')$，相当于空间中由P点变换到P'点，分子振动波函数$\psi(Q_1,Q_2,\cdots,Q_n)=\psi(P)$变换为$\psi'(P')$。显然，仅仅是由于对称操作引起的波函数的变化，函数ψ'在P'点的值应等于ψ在P点的值[8, 9]，即

$$\psi'(P')=\psi(P) \tag{5.4.32}$$

式中，ψ'形式是ψ经对称操作变换而来的。

由于对称操作不改变体系的势能和动能，即不改变体系的哈密顿量，也即算符$\hat{R}$与哈密顿算符$\hat{H}$可对易，故

$$\hat{R}\hat{H}\psi=\hat{H}\hat{R}\psi=E\hat{R}\psi \tag{5.4.33}$$

即

$$\hat{H}\psi'=E\psi' \tag{5.4.34}$$

即经对称操作作用后的函数ψ'与原来的函数有相同的本征值。因此可用点群的不可约表示来表征分子的波函数和能级。具有相同本征值的简并能级的波函数可表示为与简并度相同数目的正交波函数的线性组合。

设简正坐标Q_{3a}、Q_{3b}和Q_{3c}在操作R作用下变换关系为$Q'=RQ$，R矩阵如式(5.4.21)所示。因其是一正交矩阵，所以其反变换为

$$\begin{aligned}Q_{3a}&=D(R)_{aa}Q_{3a}'+D(R)_{ba}Q_{3b}'+D(R)_{ca}Q_{3c}'\\Q_{3b}&=D(R)_{ab}Q_{3a}'+D(R)_{bb}Q_{3b}'+D(R)_{cb}Q_{3c}'\\Q_{3c}&=D(R)_{ac}Q_{3a}'+D(R)_{bc}Q_{3b}'+D(R)_{cc}Q_{3c}'\end{aligned} \tag{5.4.35}$$

式中省略了矩阵元脚标中的β标记。

三重简并模的基频能级是三重简并的$\left[\frac{1}{2}(1+1)(1+2)=3\right]$，即有三种状态：$\upsilon_{3a}=1,\upsilon_{3b}=\upsilon_{3c}=0$；$\upsilon_{3b}=1,\upsilon_{3a}=\upsilon_{3c}=0$；$\upsilon_{3c}=1,\upsilon_{3a}=\upsilon_{3b}=0$。依式(5.4.2)、式(5.4.3)、式(5.4.24)和式（5.4.25)，波函数为

$$\begin{aligned}\psi_{100}&=2\sqrt{\alpha_3}Q_{3a}N_{100}\psi_{(0)}\\\psi_{010}&=2\sqrt{\alpha_3}Q_{3b}N_{010}\psi_{(0)}\\\psi_{001}&=2\sqrt{\alpha_3}Q_{3c}N_{001}\psi_{(0)}\end{aligned} \tag{5.4.36}$$

依式（5.4.21）和式（5.4.32)，将式（5.4.35）代入式（5.4.36）并将变量上的一撇去掉，得

$$\psi_{100}'=2\sqrt{\alpha_3}[D(R)_{aa}Q_{3a}+D(R)_{ba}Q_{3b}+D(R)_{ca}Q_{3c}]N_{100}\psi_{(0)} \tag{5.4.37}$$

$$\psi_{010}'=2\sqrt{\alpha_3}[D(R)_{ab}Q_{3a}+D(R)_{bb}Q_{3b}+D(R)_{cb}Q_{3c}]N_{010}\psi_{(0)} \tag{5.4.38}$$

$$\psi_{001}'=2\sqrt{\alpha_3}[D(R)_{ac}Q_{3a}+D(R)_{bc}Q_{3b}+D(R)_{cc}Q_{3c}]N_{001}\psi_{(0)} \tag{5.4.39}$$

式（5.4.37）～式（5.4.39）中ψ_{100}'、ψ_{010}'和ψ_{001}'可由ψ_{100}、ψ_{010}和ψ_{001}的线性组合表示

$$(\psi_{100}'\psi_{010}'\psi_{001}')=(\psi_{100}\psi_{010}\psi_{001})\begin{pmatrix}R_{11}&R_{12}&R_{13}\\R_{21}&R_{22}&R_{23}\\R_{31}&R_{32}&R_{33}\end{pmatrix} \tag{5.4.40}$$

可得

$$\psi_{100}'=R_{11}\psi_{100}+R_{21}\psi_{010}+R_{31}\psi_{001} \tag{5.4.41}$$

将式（5.4.36）代入式（5.4.41）并同式（5.4.37）比较，可得 R_{11}，同理得 R_{22}、R_{33}，即有

$$R_{11} = D(R)_{aa},\ R_{22} = D(R)_{bb},\ R_{33} = D(R)_{cc} \tag{5.4.42}$$

由式（5.4.40）和式（5.4.42）可知特征标为

$$D(R)_{aa} + D(R)_{bb} + D(R)_{cc} = \chi(R) \tag{5.4.43}$$

三重简并模的第一泛频能级是六重简并的，即有 6 种状态：

$$\upsilon_{3a} = 2, \upsilon_{3b} = \upsilon_{3c} = 0;\ \upsilon_{3a} = 1, \upsilon_{3b} = 1, \upsilon_{3c} = 0;\ \upsilon_{3a} = 1, \upsilon_{3b} = 0, \upsilon_{3c} = 1;$$
$$\upsilon_{3a} = 0, \upsilon_{3b} = \upsilon_{3c} = 1;\ \upsilon_{3a} = 0, \upsilon_{3b} = 2, \upsilon_{3c} = 0;\ \upsilon_{3a} = \upsilon_{3b} = 0, \upsilon_{3c} = 2$$

波函数为

$$\begin{aligned}
\psi_{200} &= (4\alpha_3 Q_{3a}^2 - 2) N_{200} \psi_{(0)} \\
\psi_{110} &= 4\alpha_3 Q_{3a} Q_{3b} N_{110} \psi_{(0)} \\
\psi_{101} &= 4\alpha_3 Q_{3a} Q_{3c} N_{101} \psi_{(0)} \\
\psi_{011} &= 4\alpha_3 Q_{3b} Q_{3c} N_{011} \psi_{(0)} \\
\psi_{020} &= (4\alpha_3 Q_{3b}^2 - 2) N_{020} \psi_{(0)} \\
\psi_{002} &= (4\alpha_3 Q_{3c}^2 - 2) N_{002} \psi_{(0)}
\end{aligned} \tag{5.4.44}$$

将式（5.4.35）代入式（5.4.44）并去掉变量上的一撇，则有

$$\begin{aligned}
\psi'_{200} &= \{4\alpha_3[D(R)_{aa} Q_{3a} + D(R)_{ba} Q_{3b} + D(R)_{ca} Q_{3c}]^2 - 2\} N_{200} \psi_{(0)} \\
\psi'_{110} &= 4\alpha_3[D(R)_{aa} Q_{3a} + D(R)_{ba} Q_{3b} + D(R)_{ca} Q_{3c}][D(R)_{ab} Q_{3a} + D(R)_{bb} Q_{3b} + D(R)_{cb} Q_{3c}] N_{110} \psi_{(0)} \\
\psi'_{101} &= 4\alpha_3[D(R)_{aa} Q_{3a} + D(R)_{ba} Q_{3b} + D(R)_{ca} Q_{3c}][D(R)_{ac} Q_{3a} + D(R)_{bc} Q_{3b} + D(R)_{cc} Q_{3c}] N_{101} \psi_{(0)} \\
\psi'_{011} &= 4\alpha_3[D(R)_{ab} Q_{3a} + D(R)_{bb} Q_{3b} + D(R)_{cb} Q_{3c}][D(R)_{ac} Q_{3a} + D(R)_{bc} Q_{3b} + D(R)_{cc} Q_{3c}] N_{011} \psi_{(0)} \\
\psi'_{020} &= \{4\alpha_3[D(R)_{ab} Q_{3a} + D(R)_{bb} Q_{3b} + D(R)_{cb} Q_{3c}]^2 - 2\} N_{020} \psi_{(0)} \\
\psi'_{002} &= \{4\alpha_3[D(R)_{ac} Q_{3a} + D(R)_{bc} Q_{3b} + D(R)_{cc} Q_{3c}]^2 - 2\} N_{002} \psi_{(0)}
\end{aligned} \tag{5.4.45}$$

式中，ψ'_{200}、ψ'_{110}、ψ'_{101}、ψ'_{011}、ψ'_{020}、ψ'_{002} 可由 ψ_{200}、ψ_{110}、ψ_{101}、ψ_{011}、ψ_{020}、ψ_{002} 的线性组合表示，其矩阵写法如下：

$$\begin{aligned}
&(\psi'_{200}, \psi'_{110}, \psi'_{101}, \psi'_{011}, \psi'_{020}, \psi'_{002}) \\
&= (\psi_{200}, \psi_{110}, \psi_{101}, \psi_{011}, \psi_{020}, \psi_{002}) \begin{pmatrix} R_{11} & R_{12} & R_{13} & R_{14} & R_{15} & R_{16} \\ R_{21} & R_{22} & R_{23} & R_{24} & R_{25} & R_{26} \\ \vdots & \vdots & \vdots & \vdots & \vdots & \vdots \\ R_{61} & R_{62} & R_{63} & R_{64} & R_{65} & R_{66} \end{pmatrix}
\end{aligned} \tag{5.4.46}$$

因此

$$\psi'_{200} = R_{11}\psi_{200} + R_{21}\psi_{110} + R_{31}\psi_{101} + R_{41}\psi_{011} + R_{51}\psi_{020} + R_{61}\psi_{002} \tag{5.4.47}$$

式中与矩阵特征标有关的是含 R_{11} 的第一项，将式（5.4.44）和式（5.4.45）中 ψ_{200} 和 ψ'_{200} 代入式（5.4.47），等式左右 Q_{3a}^2 系数相等，则

$$R_{11} = D(R)_{aa}^2 \tag{5.4.48}$$

同理可得

$$
\begin{aligned}
R_{22} &= D(R)_{aa}D(R)_{bb} + D(R)_{ab}D(R)_{ba} \\
R_{33} &= D(R)_{aa}D(R)_{cc} + D(R)_{ac}D(R)_{ca} \\
R_{44} &= D(R)_{bb}D(R)_{cc} + D(R)_{bc}D(R)_{cb} \\
R_{55} &= D(R)_{bb}^2 \\
R_{66} &= D(R)_{cc}^2
\end{aligned}
\tag{5.4.49}
$$

即得特征标

$$\chi_2(R) = R_{11} + R_{22} + R_{33} + R_{44} + R_{55} + R_{66} \tag{5.4.50}$$

由式（5.4.49）和式（5.4.50）可知式（5.4.50）中含 $D(R)_{ab}$、$D(R)_{ba}$ 等非对角元，为此需将 $\chi_2(R)$ 改写。

由式（5.4.43）给出

$$\chi(R)^2 = D(R)_{aa}^2 + D(R)_{bb}^2 + D(R)_{cc}^2 + 2D(R)_{aa}D(R)_{bb} + 2D(R)_{aa}D(R)_{cc} + 2D(R)_{bb}D(R)_{cc} \tag{5.4.51}$$

由对称操作 R^2（依次操作两次，仍是点群的一个对称操作）给出特征标，即由式（5.4.21）R 矩阵自乘给出特征标

$$\chi(R^2) = D_{aa}^2 + D_{bb}^2 + D_{cc}^2 + 2D_{ab}D_{ba} + 2D_{ac}D_{ca} + 2D_{bc}D_{cb} \tag{5.4.52}$$

利用式（5.4.49）～式（5.4.52），将式（5.4.50）整理成只含 $\chi(R)^2$ 和 $\chi(R^2)$ 的项，得到

$$\chi_2(R) = \frac{1}{3}\left\{2\chi(R)^2 + \frac{1}{2}[\chi(R^2) - \chi(R)^2] + \chi(R^2)\right\} \tag{5.4.53}$$

考虑 UF$_6$ 分子三重简并振动模 ν_3 的第二泛频。$\upsilon_3 = 3$ 有 10 种状态：

$\upsilon_{3a} = 3, \upsilon_{3b} = \upsilon_{3c} = 0$; $\upsilon_{3a} = 2, \upsilon_{3b} = 1, \upsilon_{3c} = 0$; $\upsilon_{3a} = 2, \upsilon_{3b} = 0, \upsilon_{3c} = 1$;

$\upsilon_{3a} = 1, \upsilon_{3b} = 2, \upsilon_{3c} = 0$; $\upsilon_{3a} = 1, \upsilon_{3b} = 0, \upsilon_{3c} = 2$; $\upsilon_{3a} = 0, \upsilon_{3b} = 2, \upsilon_{3c} = 1$;

$\upsilon_{3a} = 0, \upsilon_{3b} = 1, \upsilon_{3c} = 2$; $\upsilon_{3a} = 0, \upsilon_{3b} = 3, \upsilon_{3c} = 0$; $\upsilon_{3a} = 0, \upsilon_{3b} = 0, \upsilon_{3c} = 3$;

$\upsilon_{3a} = 1, \upsilon_{3b} = 1, \upsilon_{3c} = 1$

依据式（5.4.2）、式（5.4.3）、式（5.4.24），波函数为

$$
\begin{aligned}
\psi_{300} &= (8\sqrt{\alpha_3^3}Q_{3a}^3 - 12\sqrt{\alpha_3}Q_{3a})N_{300}\psi_{(0)} \\
\psi_{210} &= 2\sqrt{\alpha_3}(4\alpha_3 Q_{3a}^2 - 2)Q_{3b}N_{210}\psi_{(0)} \\
\psi_{201} &= 2\sqrt{\alpha_3}(4\alpha_3 Q_{3a}^2 - 2)Q_{3c}N_{201}\psi_{(0)} \\
\psi_{120} &= 2\sqrt{\alpha_3}(4\alpha_3 Q_{3b}^2 - 2)Q_{3a}N_{120}\psi_{(0)} \\
\psi_{102} &= 2\sqrt{\alpha_3}(4\alpha_3 Q_{3c}^2 - 2)Q_{3a}N_{102}\psi_{(0)} \\
\psi_{021} &= 2\sqrt{\alpha_3}(4\alpha_3 Q_{3b}^2 - 2)Q_{3c}N_{021}\psi_{(0)} \\
\psi_{012} &= 2\sqrt{\alpha_3}(4\alpha_3 Q_{3c}^2 - 2)Q_{3b}N_{012}\psi_{(0)} \\
\psi_{030} &= (8\sqrt{\alpha_3^3}Q_{3b}^3 - 12\sqrt{\alpha_3}Q_{3b})N_{030}\psi_{(0)} \\
\psi_{003} &= (8\sqrt{\alpha_3^3}Q_{3c}^3 - 12\sqrt{\alpha_3}Q_{3c})N_{003}\psi_{(0)} \\
\psi_{111} &= 8\sqrt{\alpha_3^3}Q_{3a}Q_{3b}Q_{3c}N_{111}\psi_{(0)}
\end{aligned}
\tag{5.4.54}
$$

$\psi'_{300},\psi'_{210},\cdots,\psi'_{111}$ 可由 $(\psi_{300},\psi_{210},\cdots,\psi_{111})$ 为基的线性组合来表示。对于对称操作 R，其变换关系为

$$(\psi'_{300},\psi'_{210},\cdots,\psi'_{111})=(\psi_{300},\psi_{210},\cdots,\psi_{111})\begin{pmatrix} R_{11}R_{12}R_{13}\cdots R_{110} \\ R_{21}R_{22}R_{23}\cdots R_{210} \\ \vdots \\ R_{101}R_{102}R_{103}\cdots R_{1010} \end{pmatrix} \tag{5.4.55}$$

式中矩阵是 10×10 矩阵。

只要知道式（5.4.55）10×10 矩阵的特征标，即操作 R 的矩阵对角元之和，则我们可得到以 $(\psi_{300},\psi_{210},\cdots,\psi_{111})$ 为基的可约表示中所包含的对称类。依式（5.4.55）有

$$\psi'_{300}=R_{11}\psi_{300}+R_{21}\psi_{210}+\cdots+R_{101}\psi_{111} \tag{5.4.56}$$

式中，与矩阵特征标有关的项是含 R_{11} 的第一项。

用式（5.4.54）可使式（5.4.56）化为

$$\psi'_{300}=R_{11}\psi_{300}+\cdots=(8\sqrt{\alpha_3^3}Q_{3a}^3-12\sqrt{\alpha_3}Q_{3a})R_{11}N_{300}\psi_{(0)}+\cdots \tag{5.4.57}$$

另外将式（5.4.35）第一式代入式（5.4.54）第一式并去掉变量上的一撇，则得式（5.4.56）或式（5.4.57）左，比较式左右 Q_{3a}^3 的系数，得 R_{11}。同理得 $R_{22},\cdots,R_{1010}$。于是有

$$\begin{aligned}
R_{11}&=D(R)_{aa}^3\\
R_{22}&=D(R)_{aa}^2D(R)_{bb}+2D(R)_{aa}D(R)_{ba}D(R)_{ab}\\
R_{33}&=D(R)_{aa}^2D(R)_{cc}+2D(R)_{aa}D(R)_{ca}D(R)_{ac}\\
R_{44}&=D(R)_{bb}^2D(R)_{aa}+2D(R)_{ab}D(R)_{ba}D(R)_{bb}\\
R_{55}&=D(R)_{cc}^2D(R)_{aa}+2D(R)_{ac}D(R)_{cc}D(R)_{ca}\\
R_{66}&=D(R)_{bb}^2D(R)_{cc}+2D(R)_{bb}D(R)_{cb}D(R)_{bc}\\
R_{77}&=D(R)_{cc}^2D(R)_{bb}+2D(R)_{bc}D(R)_{cc}D(R)_{cb}\\
R_{88}&=D(R)_{bb}^3\\
R_{99}&=D(R)_{cc}^3\\
R_{1010}&=D(R)_{aa}D(R)_{bb}D(R)_{cc}+D(R)_{ab}D(R)_{ba}D(R)_{cc}+D(R)_{ab}D(R)_{bc}D(R)_{ca}\\
&\quad+D(R)_{aa}D(R)_{bc}D(R)_{cb}+D(R)_{ac}D(R)_{ba}D(R)_{cb}+D(R)_{ac}D(R)_{bb}D(R)_{ca}
\end{aligned} \tag{5.4.58}$$

于是由式（5.4.58）可得

$$\chi_3(R)=R_{11}+R_{22}+\cdots+R_{1010}$$

式中各项直接由式（5.4.58）各项代入后，再经整理化简后得到

$$\chi_3(R)=\frac{1}{3}\left\{2\chi(R)\chi_2(R)+\frac{1}{2}[\chi(R^2)-\chi(R)^2]\chi(R)+\chi(R^3)\right\} \tag{5.4.59}$$

关于三重简并模的振动量子数为 υ 的泛频能级波函数变换矩阵的特征标为[1]

$$\chi_\upsilon(R)=\frac{1}{3}\left\{2\chi(R)\chi_{\upsilon-1}(R)+\frac{1}{2}[\chi(R^2)-\chi(R)^2]\chi_{\upsilon-2}(R)+\chi(R^\upsilon)\right\} \tag{5.4.60}$$

当 $\upsilon=2$，有

$$\chi_{2-1}(R)=\chi(R),\ \chi_{2-2}(R)=\chi_0(R)=1$$

将 $\chi(R)^2$ 和 $\chi(R^2)$ 代入式(5.4.60)，的确与直接推得的 $\chi_2(R)$ 相等。当 $\upsilon=3$，可得式(5.4.59)。$\chi(R),\chi(R^2),\chi(R^3),\chi(R^4),\chi_2(R),\chi_3(R),\chi_4(R)$ 的计算值列于表 5.4.2 中。在表 5.4.2 中

$$\chi_4(R)=\frac{1}{3}\left\{2\chi(R)\chi_3(R)+\frac{1}{2}[\chi(R^2)-\chi(R)^2]\chi_2(R)+\chi(R^4)\right\} \tag{5.4.61}$$

表 5.4.2　O_h 群 F_{1u} 组态的泛频能级的对称性

R	E	$6C_4$	$3C_2$	$8C_3$	$6C_2$	i	$6S_4$	$3\sigma_h$	$8S_6$	$6\sigma_d$	
R^2	E	C_2	E	C_3	E	E	C_2	E	C_3	E	
R^3	E	C_4	C_2	E	C_2	I	S_4	σ_h	S_6	σ_d	
R^4	E	E	E	C_3	E	E	E	E	C_3	E	
$\chi(R)$	3	1	−1	0	−1	−3	−1	1	0	1	F_{1u}
$\chi(R^2)$	3	−1	3	0	3	3	−1	3	0	3	
$\chi(R^3)$	3	1	−1	3	−1	−3	−1	1	0	1	
$\chi(R^4)$	3	3	3	0	3	3	3	3	0	3	
$\chi_2(R)$	6	0	2	0	2	6	0	2	0	2	$A_{1g}+E_g+F_{2g}$
$\chi_3(R)$	10	0	−2	1	−2	−10	0	2	0	2	$A_2+2F_{1u}+F_{2u}$
$\chi_4(R)$	15	1	3	0	3	15	1	3	0	3	$2A_{1g}+2E_g+F_{1g}+2F_{2g}$

注意：表 5.4.2 内对 A_2 有［式（5.3.53）］：$A_2=a_m(A_{2g})+a_m(A_{2u})=\frac{8}{48}+\frac{40}{48}=1$。

经利用表 5.4.2 所计算出的特征标 $\chi_2(R)$、$\chi_3(R)$ 和 $\chi_4(R)$，再利用 O_h 群的特征标表，并利用式（5.3.52）计算 a_j（或 a_m），从而可以确定泛频能级的对称性所包含的类型，它们均列在表 5.4.2 中最后一栏。这些结果也由利用相关的乘法规则得到。

5.4.5　合频波函数

合频能级至少有两个振动量子数不为零，依据式（5.4.2），UF$_6$ 分子的振动波函数可表示为

$$\psi=\psi_1(Q_1)\psi_2(Q_2)\psi_3(Q_3)\psi_4(Q_4)\psi_5(Q_5)\psi_6(Q_6) \tag{5.4.62}$$

式中，$Q_1,Q_2,\cdots,Q_6$ 分别表示六个简正振动模；六个基振动频率相应依次是 $\nu_1,\nu_2,\cdots,\nu_6$，ν_1 是非简并模基频，ν_2 是二重简并模基频，其余都是三重简并模基频，$Q_1,Q_2,\cdots,Q_6$ 分别代表 Q_1，Q_{2a} 和 Q_{2b}，Q_{3a} 和 Q_{3b} 及 Q_{3c}，…，Q_{6a} 和 Q_{6b} 及 Q_{6c}。

下面考虑基频组合合频能级 $\nu_1+\nu_3$，参考式（5.4.24）和式（5.4.25），其波函数可表示为

$$\psi_\upsilon=N_{(1)}N_{(3)}Q_1Q_3\psi_{(0)} \tag{5.4.63}$$

由于 ν_3 是三重简并的，ν_1 是非简并的，因此合频能级 $\nu_1+\nu_3$ 的波函数为

$$\psi_a = N_{(1)}N_{(3)}Q_1Q_{3a}\psi_{(0)}, \quad \psi_b = N_{(1)}N_{(3)}Q_1Q_{3b}\psi_{(0)}, \quad \psi_c = N_{(1)}N_{(3)}Q_1Q_{3c}\psi_{(0)} \tag{5.4.64}$$

当经操作 R 后，如式（5.4.21），有

$$\begin{aligned} Q_{3a} &\xrightarrow{R} D(R)_{aa3}Q_{3a} + D(R)_{ab3}Q_{3b} + D(R)_{ac3}Q_{3c} \\ Q_{3b} &\xrightarrow{R} D(R)_{ba3}Q_{3a} + D(R)_{bb3}Q_{3b} + D(R)_{bc3}Q_{3c} \\ Q_{3c} &\xrightarrow{R} D(R)_{ca3}Q_{3a} + D(R)_{cb3}Q_{3b} + D(R)_{cc3}Q_{3c} \\ Q_1 &\xrightarrow{R} \chi_R^{(1)}Q_1 \end{aligned} \tag{5.4.65}$$

式中，$\chi_R^{(1)}$ 是 Q_1 的变换品格。

将式（5.4.65）中四式分别代入式（5.4.64）中 ψ_a,ψ_b,ψ_c 后，有

$$\begin{aligned} \psi_a &\xrightarrow{R} D(R)_{aa3}\chi_R^{(1)}\psi_a + D(R)_{ab3}\chi_R^{(1)}\psi_b + D(R)_{ac3}\chi_R^{(1)}\psi_c \\ \psi_b &\xrightarrow{R} D(R)_{ba3}\chi_R^{(1)}\psi_a + D(R)_{bb3}\chi_R^{(1)}\psi_b + D(R)_{bc3}\chi_R^{(1)}\psi_c \\ \psi_c &\xrightarrow{R} D(R)_{ca3}\chi_R^{(1)}\psi_a + D(R)_{cb3}\chi_R^{(1)}\psi_b + D(R)_{cc3}\chi_R^{(1)}\psi_c \end{aligned} \tag{5.4.66}$$

式（5.4.66）所示的变换，也可写成

$$\begin{pmatrix} \psi'_a \\ \psi'_b \\ \psi'_c \end{pmatrix} = R\begin{pmatrix} \psi_a \\ \psi_b \\ \psi_c \end{pmatrix} = \begin{pmatrix} D(R)_{aa3}\chi_R^{(1)} & D(R)_{ab3}\chi_R^{(1)} & D(R)_{ac3}\chi_R^{(1)} \\ D(R)_{ba3}\chi_R^{(1)} & D(R)_{bb3}\chi_R^{(1)} & D(R)_{bc3}\chi_R^{(1)} \\ D(R)_{ca3}\chi_R^{(1)} & D(R)_{cb3}\chi_R^{(1)} & D(R)_{cc3}\chi_R^{(1)} \end{pmatrix}\begin{pmatrix} \psi_a \\ \psi_b \\ \psi_c \end{pmatrix} \tag{5.4.67}$$

式（5.4.67）所示变换矩阵的品格（特征标）是

$$[D(R)_{aa3} + D(R)_{bb3} + D(R)_{cc3}]\chi_R^{(1)} = \chi_R^{(3)}\chi_R^{(1)} \tag{5.4.68}$$

式中，$\chi_R^{(3)}$ 是 Q_{3a},Q_{3b},Q_{3c} 的变换矩阵[式（5.4.21）]的品格。

利用式（5.4.67）变换矩阵随对称操作 R 而改变的特征标、O_h 群的特征标表和式（5.3.52）可计算出合频能级波函数的变换矩阵群所包含的对称类型，即确定了合频能级波函数在所有对称操作下包含的对称类型。式（5.4.68）对于两者都是简并的情况也成立。能级所属波函数的对称性，也被称为能级的对称性。

正如前面所述，特征标表第一列的符号代表群的不同表示，同时也是不同对称组态的符号，对称组态也代表对称类型。特征标 $\chi_R^{(3)}\chi_R^{(1)}$ 对应的组态 Γ 是各因子对应的组态 $\Gamma^{(3)}$ 与 $\Gamma^{(1)}$ 的直积。为了简化，后面均用 $\times$ 代替 $\otimes$ 来表示直积。

$$\Gamma = \Gamma^{(3)} \times \Gamma^{(1)} \tag{5.4.69}$$

设 $\Gamma^{(3)}$ 是 ν_3 振动模的对称组态，由表 5.3.5 知其是 F_{1u}，而 ν_1 模的对称组态是 A_{1g}，故

$$\Gamma = F_{1u} \times A_{1g} = F_{1u}, \quad g \times u = u \tag{5.4.70}$$

另外，$\chi_R^{(3)}\chi_R^{(1)}$ 随 R 变化的取值也即表 5.3.5 中 F_{1u} 所在行的值，利用此行的值由式（5.3.52）可得 $a_j(F_{1u})=1$，这也说明了 $\Gamma = F_{1u}$。

而对于多个基频的合频能级，组态为

$$\Gamma = \Gamma^{(k)} \times \Gamma^{(l)} \times \Gamma^{(m)} \times \cdots \tag{5.4.71}$$

例如，UF_6 分子的合频能级 $\nu_3 + \nu_4 + \nu_6$ 的组态为

$$\Gamma = \Gamma^{(3)} \times \Gamma^{(4)} \times \Gamma^{(6)} = F_{1u} \times F_{1u} \times F_{2u} \tag{5.4.72}$$

此式的结果在后面 5.4.7 节“2.(001101)→(004101)等跃迁分析”给出。

对于多原子分子最一般的情形，一般能级的对称性为[1]

$$\Gamma = (\Gamma^{(1)})^{\upsilon_1} \times (\Gamma^{(2)})^{\upsilon_2} \times \cdots \times (\Gamma^{(f)})^{\upsilon_f} \tag{5.4.73}$$

式中，f 为不同基频的编号；υ_f 为振动量子数，如 $\upsilon_f = 2,3,4,\cdots$。例如，$UF_6$分子的合频能级 $4\nu_3+\nu_4+\nu_6$ 的对称组态为

$$\Gamma = (\Gamma^{(3)})^4 \times \Gamma^{(4)} \times \Gamma^{(6)} = (F_{1u})^4 \times F_{1u} \times F_{2u} \tag{5.4.74}$$

此式的结果在后面 5.4.7 节给出。

5.4.6　选择定则

1. 一般选择定则

红外光谱的强度由下列三个振动跃迁矩分量决定

$$\int \psi_{\upsilon'}^* d_x \psi_{\upsilon''} \mathrm{d}\tau,\ \int \psi_{\upsilon'}^* d_y \psi_{\upsilon''} \mathrm{d}\tau,\ \int \psi_{\upsilon'}^* d_z \psi_{\upsilon''} \mathrm{d}\tau \tag{5.4.75}$$

式中，d_x、d_y 和 d_z 为分子电偶极矩 d 的三个分量。

同一电子态内，分子电偶极矩 $d = \int \psi_{\mathrm{el}}^* \hat{d} \psi_{\mathrm{el}} \mathrm{d}\tau_{\mathrm{el}}$，$\psi_{\mathrm{el}}$ 为电子态波函数；$d = d_x \boldsymbol{e}_x + d_y \boldsymbol{e}_y + d_z \boldsymbol{e}_z$，$\boldsymbol{e}_x$、$\boldsymbol{e}_y$ 和 $\boldsymbol{e}_z$ 为沿坐标轴的单位矢量。电偶极矩分量 d_x、d_y、d_z 在点群对称操作下分别与平动分量 T_x、T_y、T_z 对称类相同。υ'、υ'' 代表一组量子数。由于 $\psi_{\upsilon'}$ 是实函数，故 $\psi_{\upsilon'}^* = \psi_{\upsilon'}$。当 $\psi_{\upsilon''}$ 是基态波函数时，它对于所有简正模都是全对称的，因此，只要基频能级的对称类与电偶极矩的至少一个分量的对称类相同（即与 T_x、T_y、T_z 至少一个相同），振动跃迁分量就不为零，就是红外活性的。

合频能级的对称组态所包含的对称类中如果包含了至少一个平动分量所属的对称类，就是红外活性的。

泛频跃迁的下能级也是振动基态，因此泛频跃迁的一般选择定则是：只要泛频能级的对称类包含有至少一个平动分量的对称类，就是红外活性的。

如果下能级不是振动基态，则跃迁为热带跃迁。在这种情况要考虑 $\psi_{\upsilon'} d_i \psi_{\upsilon''}$（$i = x, y, z$）的对称性，先求出 $\psi_{\upsilon'}$ 和 $\psi_{\upsilon''}$ 的直积表示，若包含了至少一个平动分量所属的对称类，则是红外活性的，否则是非红外活性的。

也有这样的跃迁，即一个振动模的量子数增加，如 $\upsilon_i = 0 \rightarrow \upsilon_i = 1$，但同时另一振动模的量子数减少，如 $\upsilon_j = 1 \rightarrow \upsilon_j = 0$，吸收跃迁的频率则为 $\nu_i - \nu_j$，称其为差频跃迁，并必然满足 $\nu_i > \nu_j$。复杂的差频跃迁，如 $n\nu_i - \nu_j$ 等。差频跃迁的选择定则与相应的合频跃迁选择定则相同。

2. 有限选择定则

$$\Delta\upsilon_k = \pm 1;\ \Delta\upsilon_j = 0, j \neq k;\ k, j = 1,2,\cdots,3N-6 \tag{5.4.76}$$

式（5.4.76）表明，只有第 k 个模式的振动量子数变化一个单位而其余振动量子数不变时，才能发生红外跃迁。除振动量子数变化的定则式（5.4.76）外，同时要求电偶极矩分量偏导数至少有一个不为零，即多原子分子发生跃迁并不要求分子具有永久电偶极矩，而要求在所给定的模式中电偶极矩随给定的简正坐标的变化不为零。然而，所给的两个

条件，一个是采用谐振子近似所得出的，另一个则是在电偶极矩的展开式中省略了高次项的近似所得出的。当这两个条件不严格满足时，符合一般选择定则但不符合有限选择定则的跃迁成为可能，虽然跃迁较弱，但在激光的强辐照下这种跃迁也会产生重要结果。

发射（或吸收）跃迁频率为 $\nu_{mn}=(E_{\upsilon_m}-E_{\upsilon_n})/h$ (单位：Hz)；$\nu_{mn}=(E_{\upsilon_m}-E_{\upsilon_n})/hc$ (单位：cm^{-1})。式中，E_υ 由式（5.4.11b）给出；m、n 分别为上、下能级。

5.4.7 基频、合频、泛频、差频跃迁，(001101)→(004101)等跃迁分析和能级分裂

1. 实验观察到的基频、合频、泛频、差频跃迁

1）基频跃迁

由实验观察到的 SF_6 和 UF_6 的基频振动频率列于表 5.4.3 中。

表 5.4.3 基频振动频率[2, 13]

频率名称	活性	频率/cm^{-1}	
		SF_6	UF_6
$\nu_1(1)$	拉曼	774	667.1，666.2
$\nu_2(2)$	拉曼	642	532.5，533.4
$\nu_3(3)$	红外	939	624.4，626.0
$\nu_4(3)$	红外	614	186.2，186.2
$\nu_5(3)$	拉曼	523	202，200.4
$\nu_6(3)$	无红外、拉曼	（347）	137，143

注：表中（1）、（2）、（3）为简并度。ν_6 振动，三重简并，是红外和拉曼都无活性的，它的频率是推算出来的。

2）合频、泛频、差频跃迁

由实验观察到的 UF_6 蒸气的红外合频、泛频、差频跃迁频率列于表 5.4.4 中（个别基频也列入了）。

表 5.4.4 UF_6 蒸气的红外合频、泛频、差频跃迁频率

频率名称	测得频率[16]/cm^{-1}	频率名称	测得频率[14]/cm^{-1}	频率名称	测得频率[15, 16]/cm^{-1}
$2\nu_1+\nu_3$	1955±3	$\nu_2-\nu_6$	394.5	$\nu_2+\nu_6$	677.5，670
$3\nu_3$	1875.4～1875.6[17]	ν_3 P Q R	621.0 626.0 630.8	$\nu_4+2\nu_5$	585±5
$\nu_1+\nu_2+\nu_3$	1821±2	$\nu_2+\nu_6$	670.0，675.7	$\nu_3+2\nu_6$	905±2
$2\nu_2+\nu_3$	1687.5±2	$\nu_2+\nu_4$	716.3，718.4	$3\nu_4$	546±2
$2\nu_1+\nu_4$	1519±2	$\nu_1+\nu_3-\nu_2$	754.0	$2\nu_4+\nu_6$	519.5±2
$\nu_1+\nu_3+\nu_5$	1486.5±2	$\nu_3+\nu_5$	819.5，827.2	$\nu_3+\nu_5$	821，827

续表

频率名称	测得频率[16]/cm^{-1}	频率名称	测得频率[14]/cm^{-1}	频率名称	测得频率[15, 16]/cm^{-1}
$2\nu_3+\nu_4$ $2\nu_2+\nu_6$ $2\nu_3-\nu_6$	1434±2 1211±2 1106±3	$\nu_1+\nu_4\begin{cases}P\\Q\\R\end{cases}$	847.3 852.5 856.5	$\nu_1+\nu_4$	852.8±0.5
$\nu_1+\nu_2-\nu_6$ $\nu_1+\nu_4+\nu_5$	1054±3	$\nu_2+\nu_3\begin{cases}P\\Q\\R\end{cases}$	1148.7 1155.6 1161.3	$\nu_2+\nu_3$	1156.9±0.5
$\nu_1+\nu_3$	1290.9±0.5	$\nu_1+\nu_3\begin{cases}P\\Q\\R\end{cases}$	1284.4 1290.3 1295.3	$\nu_1+\nu_3$	1290.9±0.5
$\nu_2+\nu_3$	1156.9±0.5	$\nu_1+\nu_2+\nu_6$	1336.0	$\nu_1+\nu_2+\nu_6$	1341，1335
		$2\nu_2+\nu_3$	1682.0	$2\nu_3+\nu_6$ $\nu_1+\nu_2+\nu_4$	1386±2
$\nu_2+\nu_4+\nu_5$	922±2	$\nu_1+\nu_2+\nu_3$	1819.0	$\nu_1-\nu_4$	480.8±1
$\nu_1+\nu_3-\nu_2$	757.6±0.5	$3\nu_3$	1876.2	$2\nu_2-\nu_3$	440.5±1
$\nu_1+\nu_4$	719.1±0.5			$3\nu_6$	419±2

从基态能级跃迁到合频能级为合频跃迁，而跃迁到泛频能级为泛频跃迁；对于差频跃迁，还有在组频中出现从一基频能级（如$\upsilon_4=1$）到合频能级（如$\upsilon_1=\upsilon_3=1$）间的差频热带跃迁，出现频率$\nu_1+\nu_3-\nu_4$。

2. (001101)→(004101)等跃迁分析

1）热带跃迁

如果下能级不是振动基态，则上、下能级间发生所谓的热带跃迁。在这种情况下需要考虑乘积$\psi_{\upsilon'}d_i\psi_{\upsilon''}$的对称性，先求出$\psi_{\upsilon'}$和$\psi_{\upsilon''}$的直积表示，如果包含至少一个平动分量所属的对称类，就是红外活性的，否则就是非红外活性的。考虑从能级(001101)（$\upsilon_3=\upsilon_4=\upsilon_6=1$）到能级（004101）（$\upsilon_3=4,\upsilon_4=\upsilon_6=1$）的跃迁是否符合一般选择定则。

振动能级$\nu_3+\nu_4+\nu_6$波函数的对称组态和振动能级$4\nu_3+\nu_4+\nu_6$波函数的对称组态分别如式（5.4.72）和式（5.4.74）所示，因此波函数$\psi_{(4\nu_3+\nu_4+\nu_6)}$的对称组态和波函数$\psi_{(\nu_3+\nu_4+\nu_6)}$的对称组态的直积为

$$\Gamma=\Gamma_1^{(\upsilon')}\times\Gamma_2^{(\upsilon'')}=[(F_{1u})^4\times F_{1u}\times F_{2u}]\times(F_{1u}\times F_{1u}\times F_{2u}) \tag{5.4.77}$$

对于不可约表示的直积，对O、O_h群有[1]

$$\begin{aligned}&E\times F_1=E\times F_2=F_1+F_2\\&F_1\times F_1=F_2\times F_2=A_1+E+F_1+F_2\\&F_1\times F_2=A_2+E+F_1+F_2\end{aligned} \tag{5.4.78}$$

又因为，当υ为偶数时，令

$$\frac{\upsilon}{2}=6p+q,\ p=0,1,2,\cdots,\ q=0,1,2,3,4,5$$

则有

$$\begin{aligned}&(F_1)^{\upsilon}=p\Gamma+p(3p+q-3)\Gamma'(+\Gamma_q,q\neq 0)\\&\Gamma=7A_1+3A_2+9E+9F_1+12F_2\\&\Gamma'=A_1+A_2+2E+3F_1+3F_2\\&\Gamma_1=A_1+E+F_2\\&\Gamma_2=2A_1+2E+F_1+2F_2\end{aligned}\tag{5.4.79}$$

于是，我们取$\upsilon=4$，则$2=6p+q$，则有$p=0$，$q=2$，从而有

$$(F_1)^4=0\Gamma+0\Gamma'+\Gamma_2=2A_1+2E+F_1+2F_2\tag{5.4.80}$$

考虑到$g\times g=g$，$u\times u=g$，$u\times g=u$，$(g)^{\upsilon}=g$，$(u)^{\upsilon}=g$（υ为偶数），$(u)^{\upsilon}=u$（υ为奇数），则

$$(F_{1u})^4=2A_{1g}+2E_g+F_{1g}+2F_{2g}\tag{5.4.81}$$

利用式（5.4.78）和式（5.4.81），得

$$(F_{1u})^4\times F_{1u}\times F_{2u}=5A_{1g}+7A_{2g}+12E_g+15F_{1g}+18F_{2g}\tag{5.4.82}$$

$$F_{1u}\times F_{1u}\times F_{2u}=3F_{1u}+4F_{2u}+A_{1u}+2E_u+A_{2u}\tag{5.4.83}$$

由式（5.4.82）和式（5.4.83），有

$$(F_{1u})^4\times F_{1u}\times F_{2u}\times F_{1u}\times F_{1u}\times F_{2u}=447F_{1u}+465F_{2u}+129A_{1u}+\cdots\tag{5.4.84}$$

式中含与平动对称类相同的F_{1u}，跃迁符合一般选择定则，所以热带跃迁(001101)→(004101)是存在的。

另外，由式（5.4.73），将式（5.4.68）扩展到一般情况进行使用，则与式（5.4.84）组态相对应的特征标可表示为

$$\chi_{(4\nu_3+\nu_4+\nu_6)(\nu_3+\nu_4+\nu_6)}=\chi_{4\nu_3}(R)\chi_{F_{1u}}(R)\chi_{F_{2u}}(R)\chi_{F_{1u}}(R)\chi_{F_{1u}}(R)\chi_{F_{2u}}(R)\tag{5.4.85}$$

式中，F_{1u}为ν_3能级和ν_4能级的对称类；F_{2u}为ν_6能级的对称类；而$\chi_{4\nu_3}$为与ν_3模第三泛频能级对称组态相对应的特征标，即表5.4.2中$\chi_4(R)$。利用$\chi_4(R)$和表5.3.5中F_{1u}和F_{2u}对称组态对应的特征标，计算出的式（5.4.85）的特征标χ如表5.4.5所示。

表 5.4.5 关于跃迁(001101)→(004101)的计算

R	E	$6C_4$	$3C_4^2$	$8C_3$	$6C_2$	i	$6S_4$	$3\sigma_h$	$8S_6$	$6\sigma_d$	
χ	3645	1	−3	0	−3	−3645	−1	3	0	3	$F_{1u}+F_{2u}+\cdots$

利用表5.3.5、表5.4.5及式（5.3.52），可得F_{1u}和F_{2u}出现的次数分别为$a_j(F_{1u})=457$，$a_j(F_{2u})=455$，二者分别与式（5.4.84）结果近似相等。

2）泛频跃迁

例如，跃迁$(000000)\to(003000)$，其对称组态的直积为

$$\Gamma=\Gamma_{(3\nu_3)}\times\Gamma_{(000000)}=\Gamma_{(3\nu_3)}\times A_{1g}=\Gamma_{(3\nu_3)}\tag{5.4.86}$$

其对称组态相对应的特征标可表示为

$$\chi = \chi_{(003000)}\chi_{(000000)} = \chi_{(003000)} = \chi_3(R) \tag{5.4.87}$$

式中，$\chi_3(R)$ 的值列于表 5.4.2 中，包含的对称类型为 $A_2 + 2F_{1u} + F_{2u}$ 也列于该表，式中 F_{1u} 与平动对称类相同，符合一般选择定则。

3）合频跃迁

例如，跃迁 $(000000) \to (001101)$，其对称组态的直积为

$$\begin{aligned}\Gamma &= \Gamma_{(\nu_3+\nu_4+\nu_6)} \times \Gamma_{(000000)} = \Gamma^{(3)} \times \Gamma^{(4)} \times \Gamma^{(6)} = F_{1u} \times F_{1u} \times F_{2u} \\ &= F_{1u} \times (A_{2g} + E_g + F_{1g} + F_{2g}) = 4F_{1u} + 3F_{2u} + A_{1u} + A_{2u} + 2E_u\end{aligned} \tag{5.4.88}$$

对称组态含与平动对称类相同的 F_{1u}，所以 $(000000) \to (001101)$ 跃迁符合一般选择定则。如果依特征标计算，则有

$$\chi = \chi_{F_{1u}}(R)\chi_{F_{1u}}(R)\chi_{F_{2u}}(R) \tag{5.4.89}$$

计算值列于表 5.4.6 中。

表 5.4.6　关于跃迁(000000)→(001101)的计算

R	E	$6C_4$	$3C_4^2$	$8C_3$	$6C_2$	i	$6S_4$	$3\sigma_h$	$8S_6$	$6\sigma_d$	
χ	27	−1	−1	0	1	−27	1	1	0	−1	$F_{1u} + F_{2u} + \cdots$

经计算得到

$$a_j(F_{1u}) = 3,\ a_j(F_{2u}) = 4,\ a_j(E_u) = 2,\ a_j(A_{1u}) = 1,\ a_j(A_{2u}) = 1$$

它们分别与式（5.4.88）的结果近似相等。

3. 能级分裂

本节把对称陀螺分子和球陀螺分子放在一起对比着叙述。

对于对称陀螺分子[1, 5, 8, 11, 18]，常以 I_B 表示两个相等的主转动惯量 I_x 和 I_y，以 I_A 表示第三个主转动惯量 I_z，我们应该在求出转动惯量后再决定分子的三个主轴 x、y、z 轴。在分子坐标系 $(o\text{-}xyz)$ 中，分子系统角动量的三个分量为 p_x、p_y、p_z。在空间坐标系 $(o\text{-}\xi\eta\zeta)$ 中，角动量的三个分量为 p_ξ、p_η、p_ζ。根据对称陀螺分子转动的经典能量，其哈密顿算符为（已省去算符标记及具体表示）

$$H = \frac{1}{2I_B}P^2 + \left(\frac{1}{2I_A} - \frac{1}{2I_B}\right)P_z^2 \tag{5.4.90}$$

式中，总角动量算符 $P^2 = P_\xi^2 + P_\eta^2 + P_\zeta^2 = P_x^2 + P_y^2 + P_z^2$。由于 P^2 与 P_ξ、P_η、P_ζ 对易，又与 P_x、P_y、P_z 对易，同时 P_ζ 与 P_x、P_y、P_z 对易，因此最多只有三个力学量算符可以有同时本征函数，如 P^2、P_ζ、P_z 可有同时本征函数 ψ_{JKM}。

P^2 的本征值为　　$J(J+1)\hbar^2,\ J = 0,1,2,\cdots$　　(5.4.91)

P_z 的本征值为　　$K\hbar,\ K = -J,-J+1,\cdots,J$　　(5.4.92)

P_ζ 的本征值为　　$M\hbar,\ M = -J,-J+1,\cdots,J$　　(5.4.93)

因此对称陀螺分子的转动能级和光谱项分别为

$$E(J,K)=\frac{\hbar^2}{2I_B}J(J+1)+\frac{\hbar^2}{2}\left(\frac{1}{I_A}-\frac{1}{I_B}\right)K^2 \tag{5.4.94}$$

$$F(J,K)=BJ(J+1)+(A-B)K^2 \tag{5.4.95}$$

其中

$$A=\frac{h}{8\pi^2 cI_A},\ B=\frac{h}{8\pi^2 cI_B} \tag{5.4.96}$$

式中，c 为光速。当 $K\neq 0$，ψ_{JKM} 与 $\psi_{J(-K)M}$ 对应同一能级，M 可取 $2J+1$ 个值，故能级简并度为 $2(2J+1)$，当 $K=0$，简并度为 $2J+1$。

对于球陀螺分子 XY_6，$I_A=I_B=I_C=I$，故有

$$E(J)=\frac{\hbar^2}{2I}J(J+1) \tag{5.4.97}$$

$$F(J)=BJ(J+1) \tag{5.4.98}$$

由于波函数仍为 ψ_{JKM}，能级与 K 无关，但 K 和 M 都有 $2J+1$ 个值，所以能级简并度为 $(2J+1)^2$。

对称陀螺分子振动转动的总能量近似为振动能量和刚性转子转动能量之和。由于转动常数与振动量子数有关，因此可将转动常数修改为

$$B_{[\upsilon]}=B_e-\sum_\beta \alpha_\beta^B\left(\upsilon_\beta+\frac{d_\beta}{2}\right) \tag{5.4.99}$$

$$A_{[\upsilon]}=A_e-\sum_\beta \alpha_\beta^A\left(\upsilon_\beta+\frac{d_\beta}{2}\right) \tag{5.4.100}$$

对称陀螺分子的振动转动光谱项为

$$F=G(\upsilon_1,\upsilon_2,\cdots)+F_{[\upsilon]}(J,K)=G(\upsilon_1,\upsilon_2,\cdots)+B_{[\upsilon]}J(J+1)+(A_{[\upsilon]}-B_{[\upsilon]})K^2 \tag{5.4.101}$$

对于简并的振动 υ_β，由于科里奥利力（科里奥利常数表示为 $\zeta,\zeta_\beta,\zeta_m,\zeta_i$）对简并振动态具有很强的作用，式（5.4.101）中需要加一修正项[11]：

$$-2A_{[\upsilon]}\sum(\pm l_{\beta_i}\zeta_\beta),\ 0\leqslant|\zeta_\beta|\leqslant 1, l_{\beta_1}=\upsilon_\beta, l_{\beta_2}=\upsilon_\beta-2, l_{\beta_3}=\upsilon_\beta-4,\cdots,1\text{或}0$$

于是有

$$F=G(\upsilon_1,\upsilon_2,\cdots)+B_{[\upsilon]}J(J+1)+(A_{[\upsilon]}-B_{[\upsilon]})K^2-2A_{[\upsilon]}|K|\sum_\beta(\pm l_{\beta_i}\zeta_\beta)$$

式中，“−”表示振动角动量与转动角动量取相同方向；“+”表示振动角动量与转动角动量取相反方向。对于单个简并简正振动，则为

$$F=G(\upsilon_1,\upsilon_2,\cdots)+B_{[\upsilon]}J(J+1)+(A_{[\upsilon]}-B_{[\upsilon]})K^2\mp 2A_{[\upsilon]}|K|\zeta_\beta$$

当为球陀螺时，此时

$$A_{[\upsilon]}=B_{[\upsilon]}=B_e-\sum_\beta\alpha_\beta\left(\upsilon_\beta+\frac{d_\beta}{2}\right)$$

于是有

$$F=G(\upsilon_1,\upsilon_2,\cdots)+B_{[\upsilon]}J(J+1)\mp 2B_{[\upsilon]}|K|\zeta_\beta \tag{5.4.102}$$

在三重简并振动时，如属于点群 T_d 的球陀螺四面体分子 XY_4，对于三重简并的 F_2 振

动，由考虑ν_3振动可看出，对于绕 z 轴旋转，ν_{3a}组元激发，则科里奥利力促成ν_{3c}激发，ν_{3b}不受影响而具有原频率，ν_{3a}与ν_{3c}线性组合成不能相互转变的顺时针方向和反时针方向的两个圆振动，引起能级分裂[18]，导致三重简并振动的振转三光谱项[1, 5, 11]。

球陀螺分子三重简并振动因科里奥利作用引起转动能级分裂，得三光谱项：

$$F^{(+)} = G(\upsilon_1,\upsilon_2,\cdots)+B_{[\upsilon]}J(J+1)+2B_{[\upsilon]}\zeta_i(J+1) = G(\upsilon_1,\upsilon_2,\cdots)+B_{[\upsilon]}(J+2\zeta_i)(J+1) \tag{5.4.103}$$

$$F^{(0)} = G(\upsilon_1,\upsilon_2,\cdots)+B_{[\upsilon]}J(J+1) \tag{5.4.104}$$

$$F^{(-)} = G(\upsilon_1,\upsilon_2,\cdots)+B_{[\upsilon]}J(J+1)-2B_{[\upsilon]}\zeta_i J = G(\upsilon_1,\upsilon_2,\cdots)+B_{[\upsilon]}J(J+1-2\zeta_i) \tag{5.4.105}$$

在三重简并振动态$(F)_{\text{vib}}$和非简并基态$(A)_{\text{vib}}$之间的振转跃迁应遵守[11]：

$$J_{(F)_{\text{vib}}}-J_{(A)_{\text{vib}}}=+1,\ (-)\leftrightarrow(0)$$

$$J_{(F)_{\text{vib}}}-J_{(A)_{\text{vib}}}=0,\ (0)\leftrightarrow(0)$$

$$J_{(F)_{\text{vib}}}-J_{(A)_{\text{vib}}}=-1,\ (+)\leftrightarrow(0)$$

式中，F 和 A 为对称类型；例如，文献[1]中指出在四面体分子 XY$_4$ 的 F_2 振动态与无科里奥利分裂的基态间，对于 $\Delta J=+1$，只有 $F^{(-)}$ 能级与基态相联合实现跃迁，即符合 $(-)\leftrightarrow(0)$ 规则形成 R 支；对于 $\Delta J=0$，只有 $F^{(0)}$ 能级与基态联合，即符合 $(0)\leftrightarrow(0)$ 规则形成 Q 支；对于 $\Delta J=-1$，只有 $F^{(+)}$ 能级与基态联合，即符合 $(+)\leftrightarrow(0)$ 规则形成 P 支。设高能态 $B_{[\upsilon]}=B'_{[\upsilon]}$，转动量子数为 J'，低能态 $B_{[\upsilon]}=B''_{[\upsilon]}$，转动量子数为 J''，因此 P、Q、R 支的光谱为

$$\nu_{\text{P}}(J)=F^{(+)}(J'=J-1)-F^{(0)}(J''=J) = \nu_0-(B'_{[\upsilon]}+B''_{[\upsilon]}-2B'_{[\upsilon]}\zeta_i)J+(B'_{[\upsilon]}-B''_{[\upsilon]})J^2 \quad (\text{cm}^{-1}) \tag{5.4.106a}$$

$$\nu_{\text{Q}}(J)=\nu_0+F^{(0)}(J')-F^{(0)}(J'')=\nu_0+(B'_{[\upsilon]}-B''_{[\upsilon]})J(J+1) \quad (\text{cm}^{-1}) \tag{5.4.107a}$$

$$\begin{aligned}\nu_{\text{R}}(J)&=\nu_0+F^{(-)}(J'=J+1)-F^{(0)}(J''=J)\\&=\nu_0+B'_{[\upsilon]}(J+1)(J+2)-2B'_{[\upsilon]}\zeta_i(J+1)-B''_{[\upsilon]}J(J+1)\\&=\nu_0+2B'_{[\upsilon]}(1-\zeta_i)+(3B'_{[\upsilon]}-B''_{[\upsilon]}-2B'_{[\upsilon]}\zeta_i)J+(B'_{[\upsilon]}-B''_{[\upsilon]})J^2 \quad (\text{cm}^{-1})\end{aligned} \tag{5.4.108a}$$

或

$$\nu_{\text{P}}(J)=\nu_0-(\nu_{B'_{[\upsilon]}}+\nu_{B''_{[\upsilon]}}-2\nu_{B'_{[\upsilon]}}\zeta_i)J+(\nu_{B'_{[\upsilon]}}-\nu_{B''_{[\upsilon]}})J^2 \quad (\text{cm}^{-1}) \tag{5.4.106b}$$

$$\nu_{\text{Q}}(J)=\nu_0+(\nu_{B'_{[\upsilon]}}-\nu_{B''_{[\upsilon]}})J(J+1) \quad (\text{cm}^{-1}) \tag{5.4.107b}$$

$$\nu_{\text{R}}(J)=\nu_0+2\nu_{B'_{[\upsilon]}}(1-\zeta_i)+(3\nu_{B'_{[\upsilon]}}-\nu_{B''_{[\upsilon]}}-2\nu_{B'_{[\upsilon]}}\zeta_i)J+(\nu_{B'_{[\upsilon]}}-\nu_{B''_{[\upsilon]}})J^2(\text{cm}^{-1}) \tag{5.4.108b}$$

式中，$\nu_{B_{[\upsilon]}}=B_{[\upsilon]}$。

四面体分子 XY$_4$$[\nu_1(A_1),\nu_2(E),\nu_3(F_2),\nu_4(F_2)]$，仅$\nu_1$是非简并的，$\nu_3$和$\nu_4$是红外活性的；八面体分子 XY$_6$ 的六个振动模中仅ν_1是非简并的，ν_3和ν_4是红外活性的。它们有$\zeta_1=0$，$\zeta_3+\zeta_4=0.5$；对$\nu_\upsilon=\upsilon_1\nu_1$有$\zeta=\zeta_1=0$，对组频带$\nu_\upsilon=\nu_3+\upsilon_1\nu_1$有$\zeta=\zeta_3$，对$\nu_\upsilon=\nu_3+\upsilon_2\nu_2$近似有$\zeta=\zeta_3$，对$\nu_\upsilon=\nu_4+\upsilon_1\nu_1$有$\zeta=\zeta_4$，对$\nu_\upsilon=\nu_4+\upsilon_2\nu_2$近似有$\zeta=\zeta_4$，对$\nu_\upsilon=2\nu_3$近似有$\zeta=-\zeta_3$，对$\nu_\upsilon=2\nu_4$近似有$\zeta=-\zeta_4$，对$\nu_\upsilon=\nu_3+\nu_4$近似有$\zeta=-0.5(\zeta_3+\zeta_4)=-0.25$。

对于 XY_4，科里奥利常数有近似关系[11]

$$\zeta_3 = \frac{4M_Y}{3M_X + 4M_Y} \tag{5.4.109}$$

$$\zeta_4 = \frac{3M_X - 4M_Y}{2(3M_X + 4M_Y)} \tag{5.4.110}$$

式中，M_X 和 M_Y 分别为原子 X 和 Y 的质量。

由于 XY_6 也是球陀螺分子，其三重简并振动态 $(F)_{vib}$ 和非简并的振动基态 $(A)_{vib}$ 之间也与四面体分子有相同的联合关系。并且类似有

$$\zeta_3 = \frac{6M_Y}{2M_X + 6M_Y} \tag{5.4.111}$$

$$\zeta_4 = \frac{2M_X - 6M_Y}{2(2M_X + 6M_Y)} \tag{5.4.112}$$

对 UF_6，转动常数 $B = 0.041\text{cm}^{-1}$；依式（5.4.111）有 $\zeta_3 = 0.1932$，实验值为 $\zeta_3 = 0.24$；依式（5.4.112）有 $\zeta_4 = 0.3068$。对 XY_4 和 XY_6 已被证明的关系还有 $\zeta_2 = 0$。

与式（5.4.106）～式（5.4.108）的基频振转跃迁不同，我们来考虑球陀螺分子上振转能态 m 与下振转能态 n 之间的跃迁。取 $B'_{[\upsilon]} = B_m$，$B''_{[\upsilon]} = B_n$，并因球陀螺分子的转动常数如式（5.4.99）所示，为了方便，则可取[11]

$$\nu_B = \frac{1}{2}(B_m + B_n) \tag{5.4.113}$$

$$\Delta\nu_B = (B_n - B_m) \tag{5.4.114}$$

$$\xi_B = \frac{\Delta\nu_B}{\nu_B} = \frac{1}{\nu_B}\sum_\beta \alpha_\beta^B\left(\upsilon_{\beta_m} + \frac{d_{\beta_m}}{2} - \upsilon_{\beta_n} - \frac{d_{\beta_n}}{2}\right) \tag{5.4.115}$$

对于 UF_6 而言，式（5.4.115）中 α_β^B 可由表 5.4.8 得到，其单位与 ν_B 相同，则振动跃迁的频率为 $\nu_{mn}^{(h)}$

$$\nu_{mn}^{(h)} = \nu_{mn} - \varDelta_h \tag{5.4.116}$$

其中，

$$\nu_{mn} = \sum_\beta\left\{(\upsilon_{\beta_m} - \upsilon_{\beta_n}) - \chi_\beta\left[\left(\upsilon_{\beta_m} + \frac{d_\beta}{2}\right)^2 - \left(\upsilon_{\beta_n} + \frac{d_\beta}{2}\right)^2\right]\right\}\nu_\beta \quad (\text{cm}^{-1})$$

或

$$\nu_{mn} = \sum_\beta(\upsilon_{\beta_m} - \upsilon_{\beta_n})\nu_\beta \quad (\text{cm}^{-1})$$

式中，ν_{mn} 为上、下能态 m、n 之间冷带（不考虑热带影响）跃迁频率，式（5.4.116）中 $\varDelta_h$ 为 5.4.8 节式（5.4.124）所示的非谐性频移。

将式（5.4.106）和式（5.4.108）中 J 的一次项系数取 $B'_{[\upsilon]} = B''_{[\upsilon]}$，并注意到式（5.4.113）～式（5.4.115），则从低能态 n 到高能态 m 的吸收振转跃迁有

$$(\nu_J^{(h)})_P = \nu_{mn}^{(h)} - \nu_B[2(1-\zeta)J + \xi_B J^2] \quad (\text{cm}^{-1}) \tag{5.4.117}$$

$$(\nu_J^{(h)})_R = \nu_{mn}^{(h)} + \nu_B[2(1-\zeta)(J+1) - \xi_B J^2] \quad (\text{cm}^{-1}) \tag{5.4.118}$$

$$(\nu_J^{(h)})_Q = \nu_{mn} - \Delta_h \quad (\text{cm}^{-1}) \tag{5.4.119a}$$

或

$$(\nu_J^{(h)})_Q = \nu_{mn}^{(h)} - \Delta\nu_B J(J+1) \simeq \nu_{mn}^{(h)} - \nu_B \xi_B J^2 \quad (\text{cm}^{-1}) \tag{5.4.119b}$$

由式（5.4.117）～式（5.4.119），可见Q支跃迁频率位于P支和R支跃迁谱之间，Q支几乎重合为一线，频率较低的一侧是P支跃迁谱，频率较高的一侧是R支跃迁谱。科里奥利力的影响包含于式中。

对 UF$_6$的 $\nu_\upsilon = \nu_3 + \upsilon_1\nu_1$ 有 $\zeta = \zeta_3 = 0.193$，对 $\nu_\upsilon = 2\nu_3$ 近似有 $\zeta = -\zeta_3 = -0.193$。

5.4.8　分子的热态集居概率和热带频移

UF$_6$ 分子的热态集居概率 P_h 与所在的热带能级 $\nu_h(\text{cm}^{-1})$、振动 β 在热带能级的统计权重 $W(\upsilon_{\beta_h})$ 及振动配分函数 Z_υ 的关系由下式给出[13]

$$P_h = P(\nu_h) = Z_\upsilon^{-1}\left[\prod_{\beta=1}^{6} W(\upsilon_{\beta_h})\right]\exp\left(-\frac{hc\nu_h}{kT}\right) \tag{5.4.120}$$

其中

$$\begin{aligned}\nu_h &= \sum_\beta \upsilon_{\beta_h}\nu_\beta \\ &= \upsilon_{1_h}\nu_1 + \upsilon_{2_h}\nu_2 + \upsilon_{3_h}\nu_3 + \upsilon_{4_h}\nu_4 + \upsilon_{5_h}\nu_5 + \upsilon_{6_h}\nu_6\end{aligned} \tag{5.4.121}$$

$$Z_\upsilon = \prod_{\beta=1}^{6}\left\{1 - \exp\left[-\frac{1.439\nu_\beta(\text{cm}^{-1})}{T(\text{K})}\right]\right\}^{-d_\beta} \tag{5.4.122}$$

式中，Z_υ 为振动配分函数，当 $T = 295\text{K}$ 时，$Z_\upsilon = 241$；$W(\upsilon_{\beta_h}) = W_{\beta_h}$，为振动 β 在热带能级 υ_{β_h} 的统计权重，当 $\upsilon_{\beta_h} = \upsilon_\beta$，$d_\beta = 1,2,3,$ 则统计权重分别如下

$$W_{\beta_h} = 1,\ \upsilon_\beta + 1,\ \frac{1}{2}(\upsilon_\beta + 1)(\upsilon_\beta + 2) \tag{5.4.123}$$

式（5.4.123）与式（5.4.7）一致。

UF$_6$分子部分热态能级集居概率 P_h 的计算值列于表 5.4.7。

表 5.4.7　235K 时部分热态能级 ν_h 上 UF$_6$分子集居概率 P_h 的计算值

ν_h	$\prod W_{\beta_h}$	P_h	ν_h	$\prod W_{\beta_h}$	P_h
0	1	0.018	ν_3	3	0.0012
ν_6	3	0.025	$\nu_3+\nu_4+\nu_6$	27	0.0015
$2\nu_6$	6	0.022	$2\nu_3$	6	0.00005

每一个热带在频率上相对于冷带（$\Delta_h = 0$的带）是向下移动的，此非谐性频移为

$$\Delta_h = 2\sum_\alpha\sum_\beta \sqrt{\nu_\alpha\nu_\beta\chi_\alpha\chi_\beta}(\upsilon_{\alpha_m} - \upsilon_{\alpha_n})\upsilon_{\beta_h} \quad (\text{cm}^{-1}) \tag{5.4.124}$$

热带的中心频率为

$$\nu_{mn}^{(h)} = \nu_{mn} - \varDelta_h \quad (\mathrm{cm}^{-1})$$

式（5.4.124）中的α、β均是简正振动模编号；χ_β为简正振动β的非谐性常数，列于表 5.4.1；υ_{α_m}和υ_{α_n}的下标m、n分别表示吸收带的高能态和低能态。

例如，对于$\nu_3+\nu_4+\nu_6$带：当热能态为$\nu_h=0$，即当$\upsilon_{1_h}=\upsilon_{2_h}=\upsilon_{3_h}=\upsilon_{4_h}=\upsilon_{5_h}=\upsilon_{6_h}=0$时，上能态为$\upsilon_{1_m}=\upsilon_{2_m}=\upsilon_{5_m}=0$，$\upsilon_{3_m}=\upsilon_{4_m}=\upsilon_{6_m}=1$，下能态为$\upsilon_{1_n}=\upsilon_{2_n}=\upsilon_{3_n}=\upsilon_{4_n}=\upsilon_{5_n}=\upsilon_{6_n}=0$，此时跃迁(000000)$\to$(001101)有$\varDelta_h=0$，$\nu_{mn}^{(h)}=\nu_{mn}$。当热能态为$\nu_h=\nu_3$，其跃迁为(001000)$\to$(002101)时，则

$$\upsilon_{1_h}=\upsilon_{2_h}=\upsilon_{4_h}=\upsilon_{5_h}=\upsilon_{6_h}=0, \upsilon_{3_h}=1$$

$$\upsilon_{1_m}=\upsilon_{2_m}=\upsilon_{5_m}=0, \upsilon_{4_m}=\upsilon_{6_m}=1, \upsilon_{3_m}=2$$

$$\upsilon_{1_n}=\upsilon_{2_n}=\upsilon_{4_n}=\upsilon_{5_n}=\upsilon_{6_n}=0, \upsilon_{3_n}=1$$

计算得$\varDelta_h=3.3731\mathrm{cm}^{-1}$，依式（5.4.116）和表 5.4.1 和表 5.4.8，得

$$\nu_{mn}=\nu_3+\nu_4+\nu_6-\chi_3\left[\left(2+\frac{3}{2}\right)^2-\left(1+\frac{3}{2}\right)^2\right]\nu_3-\chi_4\left[\left(1+\frac{3}{2}\right)^2-\left(0+\frac{3}{2}\right)^2\right]\nu_4$$

$$-\chi_6\left[\left(1+\frac{3}{2}\right)^2-\left(0+\frac{3}{2}\right)^2\right]\nu_6=947.6-7.0143=940.585(\mathrm{cm}^{-1})$$

$$\nu_{mn}^{(h)}=\nu_{mn}-\varDelta_h=937.21\ (\mathrm{cm}^{-1})$$

对于$3\nu_3$带：当热能态$\nu_h=0$，有$\upsilon_{1_m}=\upsilon_{2_m}=\upsilon_{4_m}=\upsilon_{5_m}=\upsilon_{6_m}=0$，$\upsilon_{3_m}=3$，$\upsilon_{1_n}=\upsilon_{2_n}=\upsilon_{3_n}=\upsilon_{4_n}=\upsilon_{5_n}=\upsilon_{6_n}=0$，此时跃迁(000000)$\to$(003000)被定为$3\nu_3$的冷带频率（$\varDelta_h=0$）。关于$3\nu_3$带的热带频移的一些计算值列于表 10.4.1。

从式（5.4.124）可以看出，组合带的级次越高，$\varDelta_h$就越大。从式（5.4.117）～式（5.4.119）可看出每一个热带有位于中心的密实的 Q 支和分布在两边的疏松结构的 P 支和 R 支。

5.4.9　热态加宽的红外激活带的光子吸收截面

在一定温度下，如$T=200\mathrm{K}$、235K、253K、295K 时，UF_6气体分子处于基态的并不多，大多数处于热激发态，从低能态到高能态的振动跃迁谱被加宽了。谱被热态加宽的UF_6气体分子红外光子吸收截面随频率的分布是进行光激发分析的基础。

在上能态m和下能态n之间，先来看上能态m和下能态n之间的自发辐射跃迁，然后来分析热态加宽的红外激活带的光子吸收截面的问题。按照量子力学，在偶极辐射的情形中，自发辐射跃迁概率A_{mn}和跃迁矩阵元R^{mn}有如下关系

$$A_{mn}=\frac{1}{\tau_{mn}}=\frac{64\pi^3\nu_{mn}^3}{3h}|R^{mn}|^2 \tag{5.4.125}$$

式中，τ_{mn}为衰减常数；ν_{mn}为以cm^{-1}为单位的频率。

当上、下能级简并度分别为W_m与W_n的能级之间发生跃迁时，

$$A_{mn}=\frac{64\pi^3\nu_{mn}^3}{3h}\frac{\sum|R^{m_i n_k}|^2}{W_m} \tag{5.4.126}$$

受激发射系数 B_{mn} 和受激吸收系数 B_{nm} 及简并度 W_m 与 W_n 之间存在关系：

$$B_{mn}W_m = B_{nm}W_n \tag{5.4.127}$$

同时还有关系

$$\frac{A_{mn}}{B_{mn}} = \frac{8\pi h\nu_{mn}^3}{c^3} \tag{5.4.128}$$

考虑到式（5.4.126）～式（5.4.128），我们可以通过吸收与发射的关系来考虑吸收。引入吸收截面并得其表示式为

$$\sigma_{nm}(\nu) = \frac{h\nu_{mn}}{c}B_{nm} = \frac{h\nu_{mn}}{c}\frac{W_m}{W_n}B_{mn} = \frac{8\pi^3 c^2\nu_{mn}}{3h}\frac{\sum|R^{m_i n_k}|^2}{W_n} \tag{5.4.129}$$

式中，m、n 分别为光发射的上能级和下能级；$\sum|R^{m_i n_k}|^2$ 为电偶极跃迁强度，可用符号 S_{mn} 表示，当电子能级无改变时，则为振动电偶极跃迁强度（为方便，这里的相关符号与 5.4.6 节有所不同）。后面的讨论大多与由上能级 m 到下能级 n 的发射有关。

以符号 $(S_{mn})_{\text{vib}}$ 表示振动电偶极跃迁强度，则[11]

$$\begin{aligned}(S_{mn})_{\text{vib}} &= \sum\left|\iiint\psi_{\text{e}}^{+}\psi_{\upsilon_n}^{+}\psi_{J_n}^{+}\boldsymbol{r}_{\text{vib}}\psi_{\text{e}}\psi_{\upsilon_m}\psi_{J_m}\,\mathrm{d}\tau\right|^2\\ &= \frac{\sum\limits_{i,k}\left|\int\psi_{J_{nk}}^{+}\psi_{J_{mi}}\,\mathrm{d}\tau\right|^2\sum\limits_{i,k}\left|\int\psi_{\upsilon_{n_k}}^{+}\boldsymbol{r}_{\text{vib}}\psi_{\upsilon_{m_i}}\,\mathrm{d}\tau\right|^2}{W_{\text{r}_m}(J_m)W_{\upsilon_m}(\upsilon_m)}\\ &= \frac{{}^{0}c_{mn}^{\text{rot}}}{W_{\text{r}_m}(J_m)}\frac{c_{mn}^{\text{vib}}}{W_{\upsilon_m}(\upsilon_m)}R_{mn(\text{vib})}^2 \quad (\text{cm}^2)\end{aligned} \tag{5.4.130}$$

式中，$W_{\upsilon_m}(\upsilon_m)$、$W_{\text{r}_m}(J_m)$ 为简并度；$R_{mn(\text{vib})}$ 为跃迁矩阵元；${}^{0}c_{mn}^{\text{rot}}$ 在式（5.4.142）给出，还有

$$c_{mn}^{\text{vib}} = \frac{\sum\limits_{i,k}\left|\int\psi_{\upsilon_{n_k}}^{+}\boldsymbol{r}_{\text{vib}}\psi_{\upsilon_{m_i}}\,\mathrm{d}\tau\right|^2}{\left|\int\psi_{\upsilon_{n_{k'}}}^{+}\boldsymbol{r}_{\text{vib}}\psi_{\upsilon_{m_{i'}}}\,\mathrm{d}\tau\right|_{i'\to k'}^2} \tag{5.4.131}$$

$$R_{mn(\text{vib})}^2 = \left|\int\psi_{\upsilon_{n_{k'}}}^{+}\boldsymbol{r}_{\text{vib}}\psi_{\upsilon_{m_{i'}}}\,\mathrm{d}\tau\right|_{i'\to k'}^2 \tag{5.4.132}$$

式中，$i'\to k'$ 为参考跃迁。

这里，我们需先讨论一下线型分子。对于线型分子，在子能级 (υ_m, J_m) 发现粒子的概率是

$$\begin{aligned}f_{\upsilon_m,J_m} &= \frac{N_{(\upsilon_m,J_m)}}{N_{\text{tot}}} = \frac{W_{\upsilon_m}\exp\left[-\dfrac{hc\sum\limits_{\alpha}\upsilon_{\alpha_m}\nu_\alpha}{kT}\right]}{Z_\upsilon}\frac{W_{\text{r}_m}\exp\left[-\dfrac{hcJ_m(J_m+1)\nu_B}{kT}\right]}{Z_{\text{r}}}\\ &= f_{\upsilon_m}f_{J_m}\end{aligned} \tag{5.4.133}$$

式中，N_{tot} 为分子总数；$N_{(\upsilon_m,J_m)}$ 为位于激发能级 (υ_m, J_m) 的分子数；ν_α 为简正振动模 α 的基频；υ_{α_m} 为振动模 α 的上能级振动量子数；W_{υ_m} 和 W_{r_m} 分别为上振动能级权重和转动能级权重；Z_υ、Z_{r} 分别为振动和转动配分函数。

式（5.4.133）可表示为

$$N_{(\upsilon_m,J_m)} = N_{\text{tot}}f_{\upsilon_m}f_{J_m} = N_m f_{J_m} \tag{5.4.134}$$

由式（5.4.126）并考虑到式（5.4.133）或式（5.4.134）所示的分子处于激发能态(υ_m, J_m)的概率$f_{\upsilon_m} f_{J_m}$，对于平衡的线型分子气体，有跃迁概率

$$
\begin{aligned}
A_{\begin{pmatrix}\upsilon_m\to\upsilon_n\\ J_m\to J_n\end{pmatrix}} &= \frac{64\pi^4 \nu_{mn}^3}{3h} \frac{\sum |R^{m_i n_k}|^2}{W_m} f_{\upsilon_m} f_{J_m} \\
&= \frac{64\pi^4 \nu_{mn}^3}{3hW_m} R_{mn(\text{vib})}^2 \frac{{}^0c_{mn}^{\text{rot}}}{W_{\text{r}_m}(J_m)} \frac{c_{mn}^{\text{vib}}}{W_{\upsilon_m}(\upsilon_m)} f_{\upsilon_m} f_{J_m} \\
&= A_{mn}^0 \frac{{}^0c_{mn}^{\text{rot}}}{W_{\text{r}_m}(J_m)} f_{\upsilon_m} f_{J_m}
\end{aligned} \tag{5.4.135}
$$

式中

$$
A_{mn}^0 = \frac{64\pi^4 \nu_{mn}^3}{3hW_m} \frac{c_{mn}^{\text{vib}}}{W_{\upsilon_m}(\upsilon_m)} R_{mn(\text{vib})}^2 \tag{5.4.136}
$$

由式（5.4.130）并考虑到式（5.4.135），可将平衡的线型分子气体振转辐射的振动电偶极跃迁强度表示为

$$
(S_{mn})_{\text{vib}} = \frac{{}^0c_{mn}^{\text{rot}}}{W_{\text{r}_m}(J_m)} \frac{c_{mn}^{\text{vib}}}{W_{\upsilon_m}(\upsilon_m)} f_{\upsilon_m} f_{J_m} R_{mn(\text{vib})}^2 \quad (\text{cm}^2) \tag{5.4.137}
$$

考虑当分子从能级$\upsilon_m \to \upsilon_n$振动辐射衰减时，处于$\upsilon_m$能级上的$N_m$个粒子经过$J_m \to J_n$的自发辐射，并考虑到式（5.4.135）及式（5.4.134），其辐射的速率为

$$
\frac{\mathrm{d}N_\phi}{\mathrm{d}t}\bigg|_{\begin{pmatrix}\upsilon_m\to\upsilon_n\\ J_m\to J_n\end{pmatrix}} = N_m A_{mn}^0 \frac{{}^0c_{mn}^{\text{rot}}}{W_{\text{r}_m}(J_m)} f_{J_m} \tag{5.4.138}
$$

式（5.4.138）代表从能级J_m每秒辐射的光子数。那么，所有粒子（即N_m个粒子）每秒辐射的光子总数为$N_m A_{mn}^0$，它必是在所有能级$J_m(J_m = 0 \to \infty)$上每秒辐射的光子数的总和，即有

$$
N_m A_{mn}^0 = \sum_{J_m=0}^{\infty} \frac{\mathrm{d}N_\phi(J_m)}{\mathrm{d}t}
$$

此式右侧即为式（5.4.138）对$J_m(J_m = 0 \to \infty)$求和，即有

$$
N_m A_{mn}^0 = A_{mn}^0 \sum_{J_m=0}^{\infty} N_m \frac{{}^0c_{mn}^{\text{rot}}}{W_{\text{r}_m}(J_m)} f_{J_m} \tag{5.4.139}
$$

因为

$$
\sum_{J_m=0}^{\infty} f_{J_m} = 1 \tag{5.4.140}
$$

所以有

$$
\frac{{}^0c_{mn}^{\text{rot}}}{W_{\text{r}_m}(J_m)} = 1 \tag{5.4.141}
$$

或者

$$
{}^0c_{mn}^{\text{rot}} = W_{\text{r}_m}(J_m) \tag{5.4.142}
$$

于是，由式（5.4.137）和式（5.4.141）得纯振动跃迁强度

$$
(S_{mn})_{\text{vib}} = \frac{c_{mn}^{\text{vib}}}{W_{\upsilon_m}(\upsilon_m)} f_{\upsilon_m} R_{mn(\text{vib})}^2 = c_{mn} f_{\upsilon_m} R_{mn(\text{vib})}^2 \quad (\text{cm}^2) \tag{5.4.143}
$$

式中

$$c_{mn}=\frac{\sum_{i,k}\left|\int\psi_{\upsilon_{n_k}}^{+}\boldsymbol{r}_{\mathrm{vib}}\psi_{\upsilon_{m_i}}\mathrm{d}\tau\right|^2}{W_{\upsilon_m}(\upsilon_m)\left|\int\psi_{\upsilon_{n_{k'}}}^{+}\boldsymbol{r}_{\mathrm{vib}}\psi_{\upsilon_{m_{i'}}}\mathrm{d}\tau\right|_{i'\to k'}^2} \tag{5.4.144}$$

式（5.4.144）为上、下能级间跃迁的连接因子。因上、下能级的简并度分别是W_m和W_n，则上、下能级间的跃迁连接方式可有W_mW_n个，若每个跃迁的连接方式可等概率产生跃迁，则

$$c_{mn}=W_mW_n \tag{5.4.145}$$

在一些实际应用中，也认为$c_{mn}\sim W_mW_n$，即它们为同一个量级[11]。但实际上可能不是等概率的。

另外，根据热力学平衡下的玻尔兹曼定律，在分子振动能级$(\upsilon_\alpha,\upsilon_\beta,\cdots)$和转动能级$J$的分子数为

$$N_{\upsilon,J}=N_0f_\upsilon f_J=N_\upsilon f_J \tag{5.4.146}$$

式中，N_0为分子总数，并且

$$f_\upsilon=\frac{W_\upsilon\exp\left(-\dfrac{E^{\mathrm{vib}}}{kT}\right)}{Z_\upsilon}=\frac{W_\upsilon}{Z_\upsilon}\exp\left(-\sum_\alpha\frac{\upsilon_\alpha hc\nu_\alpha}{kT}\right) \tag{5.4.147}$$

$$f_J=\frac{W_{\mathrm{r}}\exp\left(-\dfrac{E_0^{\mathrm{rot}}}{kT}\right)}{Z_{\mathrm{r}}}=\frac{2J+1}{Z_{\mathrm{r}}}\exp\left(-\frac{J(J+1)hc\nu_B}{kT}\right) \tag{5.4.148}$$

式（5.4.148）的现有形式不能用于非线型分子。式（5.4.147）中总的振动权重是

$$W_\upsilon=\sum_\alpha W_\alpha=\sum_\alpha\left[\delta(d_\alpha-1)+(\upsilon_\alpha+1)\delta(d_\alpha-2)+\frac{1}{2}(\upsilon_\alpha+1)(\upsilon_\alpha+2)\delta(d_\alpha-3)\right] \tag{5.4.149}$$

式中，如果简并度$\alpha=1,2$，$d_1=1$，$d_2=2$，则$W_\upsilon=W_1+W_2=1+\upsilon_2+1$，即式中取$\delta(0)=1$。

线型的或非线型的多原子分子，振动配分函数为

$$Z_\upsilon=\prod_\alpha\left(1-\exp\frac{hc\nu_\alpha}{kT}\right)^{-d_\alpha} \tag{5.4.150}$$

由于式（5.4.150）适合线型的或非线型的多原子分子，因此式（5.4.147）也适合这两种分子，将式（5.4.150）代入式（5.4.147），有

$$f_\upsilon==\frac{1}{Z_\upsilon}\sum_\alpha W_\alpha\exp\left(-\sum_\alpha\frac{\upsilon_\alpha hc\nu_\alpha}{kT}\right)=\sum_\alpha Z_\upsilon^{-1}W_\alpha\exp\left(-\sum_\alpha\frac{\upsilon_\alpha hc\nu_\alpha}{kT}\right)=\sum P_\alpha \tag{5.4.151}$$

$$P_\alpha=Z_\upsilon^{-1}W_\alpha\exp\left(-\sum_\alpha\frac{\upsilon_\alpha hc\nu_\alpha}{kT}\right) \tag{5.4.152}$$

当式（5.4.152）中

$$\sum_\alpha\upsilon_\alpha\nu_\alpha=\sum_\beta\upsilon_{\beta_h}\nu_\beta=\nu_h \tag{5.4.153}$$

则有

$$W_\alpha=W_h$$

$$P_\alpha=P_h(\nu_h)=Z_\upsilon^{-1}W_h\exp\left(-\sum_\beta\frac{\upsilon_{\beta_h}hc\nu_\beta}{kT}\right) \tag{5.4.154}$$

式中，P_h 为分子的热态集居概率。

在上述基础上考虑到式（5.4.125）～式（5.4.129），等式中中心频率为 $\nu_{mn}^{(h)}$；谱线宽度为 $\Delta\nu_{mn}$；振动跃迁的谱线线型函数（轮廓函数）为 $g_\nu(\nu,\nu_{mn}^{(h)},\Delta\nu_{mn})$，将式（5.4.143）、式（5.4.145）、式（5.4.151）及式（5.4.154）和谱线线型函数 g_ν 代入式（5.4.129），则 UF_6 分子热态加宽的振动跃迁吸收截面可表示为

$$\begin{aligned}\sigma_{nm}(\nu) &= \frac{e^2}{c^3}\frac{8\pi^3c^2\nu_{mn}}{3h}\frac{(S_{mn})_{\text{vib}}}{W_n} = \frac{8\pi^3c^2\nu_{mn}}{3hc}\frac{W_mW_nR^2_{mn(\text{vib})}f_\upsilon}{W_n} \\ &= 0.096W_m\nu_{mn}(R^2_{mn})_{(\text{vib})}\sum_h P_h g_\nu(\nu,\nu_{mn},\Delta\nu_{mn}) \quad (\text{cm}^2)\end{aligned} \tag{5.4.155}$$

式中，e 为电子电荷；P_h 如式（5.4.154）所示；f_υ 所含 Z_υ 如式（5.4.150），而其他项为

$$\begin{aligned}\nu_{mn} &= \sum_\beta(\upsilon_{\beta_m}-\upsilon_{\beta_n})\nu_\beta \quad (\text{cm}^{-1}) \\ \nu_{mn}^{(h)} &= \nu_{mn}-\varDelta_h \\ W_m &= \prod_{\beta=1}^{6}W_{\beta_m} \\ W_n &= \prod_{\beta=1}^{6}W_{\beta_n}\end{aligned} \tag{5.4.156}$$

式中，$W_{\beta_\gamma}(\gamma=m,n,h)$ 见式（5.4.123），并与式（5.4.7）一致。

首先可看到式（5.4.150）、式（5.4.154）、式（5.4.156）与5.4.8节相关公式一致，而式（5.4.155）中 $R^2_{mn(\text{vib})}$ 和轮廓函数 $g_\nu(\nu,\nu_{mn}^{(h)},\Delta\nu_{mn})$ 及 $\Delta\nu_{mn}$ 需在下面加以说明。

对于多原子分子组合带跃迁，由于它与简正振动 $\beta=1,2,3,\cdots$ 同时发生，因此 R^2_{mn} 可以写成[11]

$$\begin{aligned}(R^2_{mn})_{\text{vib}} &= \left|\int_{-\infty}^{\infty}\left[\prod_\beta(\psi_\beta^+)_n\right][(z_\beta\boldsymbol{y}_\beta+z_{\beta-1}\boldsymbol{y}_{\beta-1}+\cdots+z_1\boldsymbol{y}_1)\mathrm{d}y_\beta\mathrm{d}y_{\beta-1}\cdots\mathrm{d}y_1]\prod_\beta(\psi_\beta)_m\right|^2 \\ &= \frac{hz^2_{mn}}{8\pi^2\nu_{mn}M_{mn}x_{mn}}\prod_\beta\left[\frac{x_\beta^{|\upsilon_{\beta_m}-\upsilon_{\beta_n}|}}{(|\upsilon_{\beta_m}-\upsilon_{\beta_n}|+1)^2}\left(\frac{\upsilon_{\beta_m}!}{\upsilon_{\beta_n}!}\right)^{\delta_\beta}\right] \quad (\text{cm}^2)\end{aligned} \tag{5.4.157}$$

式中，如果 $\upsilon_{\beta_m}>\upsilon_{\beta_n}$，则 $\delta_\beta=1$；如果 $\upsilon_{\beta_m}<\upsilon_{\beta_n}$，则 $\delta_\beta=-1$；还有

$$\nu_{mn}=\sum_\beta(\upsilon_{\beta_m}-\upsilon_{\beta_n})\nu_\beta$$

$$M_{mn}=\left[\sum_\beta\frac{|\upsilon_{\beta_m}-\upsilon_{\beta_n}|}{\sqrt{M_\beta}}\right]^{-2}$$

$$x_{mn}=\left[\sum_\beta\frac{|\upsilon_{\beta_m}-\upsilon_{\beta_n}|}{\sqrt{x_\beta}}\right]^{-2}$$

$$z_{mn}=\sqrt{\nu_{mn}M_{mn}x_{mn}}\left|\sum_\beta\frac{(|\upsilon_{\beta_m}-\upsilon_{\beta_n}|+1)z_\beta\boldsymbol{e}_\beta}{\sqrt{M_\beta\nu_\beta x_\beta}\,|\upsilon_{\beta_m}-\upsilon_{\beta_n}|}\right|$$

式中，与 UF_6 分子有关的数据见表 5.4.8；e_β 为单位向量；z_β 为导出偶极子电荷。式(5.4.157)有更好但更复杂的修改式，可参见文献[11]。

表 5.4.8　UF_6振动参数表[11]

简正振动β	频率 ν_β/cm^{-1}		非谐性常数 χ_β		振动质量常数 M_β/u	导出偶极子电荷 z_β	简并度 d_β	振动对转动的拉伸效应 α_β^B/ν_B	科里奥利常数 ζ_β
1	667.1	666.2	0.00157	0.00045	19	0	1	3×10^{-3}	0
2	532.5	533.4	0.00375	0.00056	19	0	2	3.7×10^{-3}	0
3	624.4	626.0	0.00171	0.00160	119.88	3.26	3	3.5×10^{-3}	0.193
4	186.2	186.2	0.00050	—	1321.46	4.32	3	2.6×10^{-3}	0.307
5	202	200.4	0.00060	—	19	0	3	4.5×10^{-3}	−0.5
6	137	143	0.00063	—	19	0	3	-2×10^{-3}	−0.5

注：$\nu_B\approx0.0412cm^{-1}$，$\alpha_\beta^B/\nu_B=\xi_B(\Delta\upsilon_\beta=1)$，$\nu_3$ 同位素位移（$^{235}UF_6, ^{238}UF_6$）为 $(\Delta\nu_3)_{i.s}=0.65cm^{-1}$，$\nu_4$ 同位素位移 $(\Delta\nu_4)_{i.s}=0.16cm^{-1}$；$1u=1.66054\times10^{-27}kg$。

关于轮廓函数，设分子从 J_m 到 $J_n=J_m+1$ 进行 P 支跃迁的概率为 P_P，从 J_m 到 $J_n=J_m$ 进行 Q 支跃迁的概率为 P_Q，从 J_m 到 $J_n=J_m-1$ 进行 R 支跃迁的概率为 P_R。于是对线型分子，有

$$P_P(J_m,J_n=J_m+1)=\frac{P_P}{P_P+P_Q+P_R}=\frac{2(J_m+1)+1}{3(2J_m+1)} \tag{5.4.158}$$

$$P_Q(J_m,J_n=J_m)=\frac{P_Q}{P_P+P_Q+P_R}=\frac{2J_m+1}{3(2J_m+1)}=\frac{1}{3} \tag{5.4.159}$$

$$P_R(J_m,J_n=J_m-1)=\frac{P_R}{P_P+P_Q+P_R}=\frac{2J_m-1}{3(2J_m+1)} \tag{5.4.160}$$

并有

$$P_P+P_Q+P_R=1$$

而对球陀螺分子（UF_6 等），转动能级简并度为 $(2J+1)^2$，于是有

$$P_P(J_m,J_n=J_m+1)=\frac{(2J_m+3)^2}{3(2J_m+1)^2+8} \tag{5.4.161}$$

$$P_Q(J_m,J_n=J_m)=\frac{(2J_m+1)^2}{3(2J_m+1)^2+8} \tag{5.4.162}$$

$$P_R(J_m,J_n=J_m-1)=\frac{(2J_m-1)^2}{3(2J_m+1)^2+8} \tag{5.4.163}$$

式中，$P_P+P_Q+P_R=1$，故有 $P_P\approx P_Q\approx P_R=\frac{1}{3}$。

显然式（5.4.161）～式（5.4.163）的分子之和即为分母。对式（5.4.138）两边同除以 $N_mA_{mn}^0$，并考虑到式（5.4.148）、式（5.4.141），注意到式（5.4.148）中对球陀螺分子 $W_r=(2J_m+1)^2$，以及三支跃迁的跃迁概率之和为 $P_P+P_Q+P_R$，则有

$$\frac{1}{N_mA_{mn}^0}\frac{dN_\phi}{dt}=(P_P+P_Q+P_R)\frac{(2J_m+1)^2}{Z_r}\exp\left[-\frac{J_m(J_m+1)hc\nu_B}{kT}\right] \tag{5.4.164}$$

将式（5.4.164）记为 $G_{mn}^{\text{vib}}(J_m)$。当将其按 P、Q、R 支跃迁进行研究时，则应考虑做各支跃迁的概率，即应考虑式（5.4.161）～式（5.4.163）。同时，考虑到平均核自旋权重因子 f_I 对概率的影响，并因此而将 Z_{r} 改为 Z_{r}'。则对球陀螺分子有

$$G_{mn\text{P}}^{\text{vib}}(J_m, J_n = J_m + 1) = f_I \frac{(2J_m + 3)^2}{3Z_{\text{r}}'} \exp\left[-\frac{J_m(J_m + 1)hc\nu_B}{kT} \right] \tag{5.4.165}$$

$$G_{mn\text{Q}}^{\text{vib}}(J_m, J_n = J_m) = f_I \frac{(2J_m + 1)^2}{3Z_{\text{r}}'} \exp\left[-\frac{J_m(J_m + 1)hc\nu_B}{kT} \right] \tag{5.4.166}$$

$$G_{mn\text{R}}^{\text{vib}}(J_m, J_n = J_m - 1) = f_I \frac{(2J_m - 1)^2}{3Z_{\text{r}}'} \exp\left[-\frac{J_m(J_m + 1)hc\nu_B}{kT} \right] \tag{5.4.167}$$

式（5.4.165）～式（5.4.167）中 $G_{mn\text{P}}^{\text{vib}}$、$G_{mn\text{Q}}^{\text{vib}}$、$G_{mn\text{R}}^{\text{vib}}$ 实质上给出了辐射线 J_m 在三个分支的分数强度。对于 $G_{mn}^{\text{vib}}(J_m)$，因 J_m 和 ν 相联系而成为频率 ν 的函数，近似地视 G_{mn}^{vib} 对频率的分布为连续分布，以便于我们表示在 ν 处单位频率间隔的跃迁强度，规定在频率 ν 处每单位频率间隔的分数强度 $g_\nu(J_m)$ 为式（5.4.165）～式（5.4.167）分别与单位频率间隔的谱线数的乘积

$$g_\nu(J_m) = G_{mn}^{\text{vib}}(J_m)\left|\frac{\mathrm{d}J_m}{\mathrm{d}\nu}\right| \tag{5.4.168}$$

将式（5.4.117）～式（5.4.119）对 ν 微分，可得

$$\left|\left(\frac{\mathrm{d}J_m}{\mathrm{d}\nu}\right)\right|_{\text{P}} = \left|\left(\frac{\mathrm{d}J_m}{\mathrm{d}\nu}\right)\right|_{\text{R}} = \frac{1}{2(1-\zeta_m)\nu_B} \quad (\text{线}/\text{cm}^{-1}) \tag{5.4.169}$$

$$\left|\left(\frac{\mathrm{d}J_m}{\mathrm{d}\nu}\right)\right|_{\text{Q}} = \frac{1}{2(J+1)\Delta\nu_B} \quad (\text{线}/\text{cm}^{-1}) \tag{5.4.170}$$

由球陀螺分子的光谱项表示式式（5.4.103）～式（5.4.105）可知 $hcF^{(+)}$ 和 $hcF^{(-)}$ 是因科里奥利分裂而成的，能级分别改变 $+2hc\nu_B\zeta_i(J+1)$ 和 $-2hc\nu_B\zeta_i J$，为此我们可对式（5.4.165）和式（5.4.167）指数函数分别做相应改变，再利用式（5.4.165）～式（5.4.170），于是有

$$g_\nu^{\text{P}}(J_m) = f_I \frac{(2J_m + 3)^2}{6(1-\zeta_m)\nu_B Z_{\text{r}}'} \exp\left[-\frac{(J_m + 1)(J_m + 2\zeta_m)hc\nu_{B_m}}{kT} \right] \quad (1/\text{cm}^{-1}) \tag{5.4.171}$$

$$g_\nu^{\text{Q}}(J_m) = f_I \frac{(2J_m + 1)^2}{6(J_m + 1)\Delta\nu_B Z_{\text{r}}'} \exp\left[-\frac{J_m(J_m + 1)hc\nu_{B_m}}{kT} \right] \quad (1/\text{cm}^{-1}) \tag{5.4.172}$$

$$g_\nu^{\text{R}}(J_m) = f_I \frac{(2J_m - 1)^2}{6(1-\zeta_m)\nu_B Z_{\text{r}}'} \exp\left[-\frac{J_m(J_m + 1 - 2\zeta_m)hc\nu_{B_m}}{kT} \right] \quad (1/\text{cm}^{-1}) \tag{5.4.173}$$

从式（5.4.171）～式（5.4.173）可得 Z_{r}'：

$$Z_{\text{r}}' = \int_{\nu=0}^{\infty} Z_{\text{r}}'[g_\nu^{\text{P}}(J) + g_\nu^{\text{Q}}(J) + g_\nu^{\text{R}}(J)]\mathrm{d}\nu \tag{5.4.174}$$

由式（5.4.168）有

$$g_\nu(J)|\mathrm{d}\nu| = G_{mn}^{\text{vib}}(J)|\mathrm{d}J| \tag{5.4.175}$$

依据式（5.4.175）对式（5.4.174）三项做相应取代后再将式（5.4.165）～式（5.4.167）

代入，并注意到取$|\mathrm{d}J|=\mathrm{d}J$和$|\mathrm{d}\nu|=\mathrm{d}\nu$可避免积分中的符号问题，并将所有含$J$的多次项仅取$J^2$项，可得

$$Z_{\mathrm{r}}'=\frac{f_I}{3}\int_{J=0}^{\infty}\left[12J^2\exp\left(-\frac{J^2hc\nu_{B_m}}{kT}\right)\right]\mathrm{d}J=f_I\sqrt{\pi\left(\frac{kT}{hc\nu_B}\right)^3} \tag{5.4.176}$$

利用式（5.4.117）～式（5.4.119）、式（5.4.115）和式（5.4.176），在式（5.4.117）和式（5.4.118）中忽略含ξ_B和$\Delta\nu_B$的较小项，而在式（5.4.171）～式（5.4.173）中保留J_m^2项，可将$g_{(\nu)}(J_m)$转换为$g_\nu(\nu)$，即可得到P支、R支和Q支的线型函数。

由式（5.4.117）（P支）得

$$\nu-\nu_{mn}=-2(1-\zeta)\nu_BJ+\nu_B\xi_BJ^2,\quad 0\leqslant\nu\leqslant\nu_{mn}$$

再由式（5.4.115）得知$\nu_B\xi_B=\Delta\nu_B$，由于ξ_B和$\Delta\nu_B$是较小量，于是可得

$$J=\frac{\nu-\nu_{mn}}{-2(1-\zeta)\nu_B},\quad J^2=\frac{(\nu-\nu_{mn})^2}{4(1-\zeta)^2\nu_B^2}$$

故式（5.4.171）的近似式为

$$g_\nu^{\mathrm{P}}(J_m)=f_I\frac{(2J_m)^2}{6(1-\zeta_m)\nu_BZ_{\mathrm{r}}'}\exp\left[-\frac{J_m^2hc\nu_{B_m}}{kT}\right]\quad(1/\mathrm{cm}^{-1})$$

此式中，将J^2与$(\nu-\nu_{mn})^2$的关系式和式（5.4.176）代入，即得

$$g_\nu^{\mathrm{P}}(J)=g_\nu^{\mathrm{P}}(\nu)=\frac{(\nu-\nu_{mn})^2}{6(1-\zeta_m)^3\sqrt{\pi\left(\frac{kT\nu_B}{hc}\right)^3}}\exp\left[-\frac{hc(\nu-\nu_{mn})^2}{4(1-\zeta_m)^2\nu_BkT}\right]\ (1/\mathrm{cm}^{-1}),\ 0\leqslant\nu\leqslant\nu_{mn}$$

同理可得

$$g_\nu^{\mathrm{R}}(J)=g_\nu^{\mathrm{R}}(\nu)=\frac{(\nu-\nu_{mn})^2}{6(1-\zeta_m)^3\sqrt{\pi\left(\frac{kT\nu_B}{hc}\right)^3}}\exp\left[-\frac{hc(\nu-\nu_{mn})^2}{4(1-\zeta_m)^2\nu_BkT}\right]\ (1/\mathrm{cm}^{-1}),\ \nu_{mn}\leqslant\nu\leqslant\infty$$

将$g_\nu^{\mathrm{P}}(\nu)$和$g_\nu^{\mathrm{R}}(\nu)$连接起来并记为$g_\nu^{\mathrm{PR}}(\nu)$，则有

$$g_\nu^{\mathrm{PR}}(\nu)=\frac{(\nu-\nu_{mn})^2}{6(1-\zeta_m)^3\sqrt{\pi\left(\frac{kT\nu_B}{hc}\right)^3}}\exp\left[-\frac{hc(\nu-\nu_{mn})^2}{4(1-\zeta_m)^2\nu_BkT}\right](\ 1/\mathrm{cm}^{-1}),\ 0\leqslant\nu\leqslant\infty \tag{5.4.177}$$

同理可得

$$g_\nu^{\mathrm{Q}}(\nu)=\frac{4\sqrt{|\nu-\nu_{mn}|}}{6\sqrt{\pi\left(\frac{\xi_BkT}{hc}\right)^3}}\exp\left[-\frac{hc|\nu-\nu_{mn}|^2}{\xi_BkT}\right]\ (1/\mathrm{cm}^{-1}) \tag{5.4.178}$$

$$\Delta\nu_B>0:\nu_{mn}>\nu\leqslant0;\ \Delta\nu_B<0:\nu_{mn}\leqslant\nu\leqslant\infty$$

由式（5.4.177）可以看出，轮廓函数$g_\nu^{\mathrm{PR}}(\nu)$在中心频率ν_{mn}左右有近似相同的分布，但实际上，低于ν_{mn}的P支比高于ν_{mn}的R支要强一些［式（5.4.171）、式（5.4.173）］，而式（5.4.178）Q支也具有同一中心频率，但很密实。

取带宽为

$$\Delta\nu_{mn}=\sqrt{\frac{4(1-\zeta_m)^2\nu_B kT}{hc}}\quad(\text{cm}^{-1})\tag{5.4.179}$$

定义无量纲线型函数为

$$b(\nu,\nu_{mn},\Delta\nu_{mn})=(\Delta\nu_{mn})g(\nu,\nu_{mn},\Delta\nu_{mn})\tag{5.4.180}$$

则由式（5.4.177）和式（5.4.178）可得

$$b_\nu^{\text{PR}}(\nu)=\frac{4(\nu-\nu_{mn})^2}{3\sqrt{\pi}(\Delta\nu_{mn})^2}\exp\left(-\frac{\nu-\nu_{mn}}{\Delta\nu_{mn}}\right)^2,\ 0\leqslant\nu<\infty\tag{5.4.181}$$

·

$$b_\nu^{\text{Q}}(\nu,\nu_{mn},\Delta\nu_{mn})=\frac{16(1-\zeta_m)^2\sqrt{\nu_B^3\,|\nu_{mn}-\nu|}}{3(\Delta\nu_{mn})^2\sqrt{\pi\xi_B^3}}\exp\left[-\frac{4(1-\zeta_m)^2\nu_B\,|\nu-\nu_{mn}|}{\xi_B(\Delta\nu_{mn})^2}\right]\tag{5.4.182}$$

$$\Delta\nu_B>0:0\leqslant\nu\leqslant\nu_{mn};\quad \Delta\nu_B<0:\nu_{mn}\leqslant\nu<\infty$$

或

$$\begin{aligned}b_\nu^{\text{Q}}(\nu,\nu_{mn},\Delta\nu_{mn})&=\sqrt{\frac{4(1-\zeta_m)^2\nu_B kT}{hc}}g_\nu^{\text{Q}}(\nu)\\&=\frac{4(1-\zeta_m)}{3\sqrt{\pi}}\frac{hc}{|\xi_B|kT}\sqrt{\frac{\nu_B(\nu_{mn}-\nu)}{\xi_B}}\exp\left[-\frac{hc(\nu_{mn}-\nu)}{\xi_B kT}\right]\end{aligned}\tag{5.4.183}$$

用于组合带或泛频带计算时，式（5.4.183）改写为

$$b_\nu^{\text{Q}}(\nu,\nu_{mn}^{(h)},\Delta\nu_{mn})=\frac{4(1-\zeta_m)hc}{3\sqrt{\pi}\,|\xi_B|\,kT}\sqrt{\frac{\nu_B(\nu_{mn}^{(h)}-\nu)}{\xi_B}}\exp\left[-\frac{hc(\nu_{mn}^{(h)}-\nu)}{\xi_B kT}\right]\tag{5.4.184}$$

式中，若 $\xi_B>0$，则 $\nu<\nu_{mn}^{(h)}$；若 $\xi_B<0$，则 $\nu>\nu_{mn}^{(h)}$。

而用于计算吸收截面的式（5.4.155）中的线型函数则可表示为

$$g_\upsilon(\nu,\nu_{mn}^{(h)},\Delta\nu_{mn})=\frac{b_\nu(\nu,\nu_{mn}^{(h)},\Delta\nu_{mn})}{\Delta\nu_{mn}}=\frac{b_\nu^{\text{PR}}(\nu,\nu_{mn}^{(h)},\Delta\nu_{mn})+b_\nu^{\text{Q}}(\nu,\nu_{mn}^{(h)},\Delta\nu_{mn})}{\Delta\nu_{\text{mn}}}\quad(1/\text{cm}^{-1})\tag{5.4.185}$$

由式（5.4.181）仅仅能给出 P 支和 R 支的轮廓，细致的带型才能给出中心频率为 $\nu_{mn}^{(h)}$ 的组合带或者泛频带的振转线结构。将 Z_{r}' 分别代入式（5.4.171）和式（5.4.173），并以带宽函数式（5.4.179）乘此二式，可得含 J 的无量纲谱线带型函数，若再乘以每根振转线的无量纲线型函数 $\Delta\nu_{\text{c}}g_J$（$\Delta\nu_{\text{c}}$ 为碰撞加宽线型线宽）或 $\Delta\nu_{\text{D}}g_J$（$\Delta\nu_{\text{D}}$ 为非均匀加宽线型线宽），则可得到含振转线结构的细致带型函数。

$$b^{\text{P}}(\nu,\nu_{mn}^{(h)},\Delta\nu_{mn})=\frac{(2J+3)^2hc\nu_B}{3\sqrt{\pi}kT}\left[\exp\left(-\frac{hc(J+1)(J+2\zeta_m)\nu_B}{kT}\right)\right]b_x(\nu,\nu_J^{(h)},\Delta\nu_J)\tag{5.4.186}$$

$$b^{\text{R}}(\nu,\nu_{mn}^{(h)},\Delta\nu_{mn})=\frac{(2J-1)^2hc\nu_B}{3\sqrt{\pi}kT}\left[\exp\text{-}\left(-\frac{hcJ(J+1-2\zeta_m)\nu_B}{kT}\right)\right]b_x(\nu,\nu_J^{(h)},\Delta\nu_J)\tag{5.4.187}$$

$$(\nu_J^{(h)})_{\text{P}}=\nu_{mn}^{(h)}-\nu_B[2(1-\zeta_m)J+\xi_B J^2]\tag{5.4.188}$$

$$(\nu_J^{(h)})_{\mathrm{R}} = \nu_{mn}^{(h)} + \nu_B[2(1-\zeta_m)J - \xi_B J^2] \tag{5.4.189}$$

式（5.4.189）忽略了式（5.4.118）的小项。对于上述式（5.4.186）和式（5.4.187），若碰撞加宽为主，则二式尾部有

$$b_x(\nu,\nu_J^{(h)},\Delta\nu_J) = b_{\mathrm{c}}(\nu,\nu_J^{(h)},\Delta\nu_{\mathrm{c}}) = \Delta\nu_{\mathrm{c}}\cdot g_J(\nu,\nu_J^{(h)},\Delta\nu_J=\Delta\nu_{\mathrm{c}}) = \frac{\left(\dfrac{\Delta\nu_{\mathrm{c}}}{\pi}\right)^2}{(\nu-\nu_J^{(h)})^2+\left(\dfrac{\Delta\nu_{\mathrm{c}}}{\pi}\right)^2} \tag{5.4.190}$$

若非均匀加宽为主，则

$$b_x(\nu,\nu_J^{(h)},\Delta\nu_J) = b_{\mathrm{D}}(\nu,\nu_J^{(h)},\Delta\nu_{\mathrm{D}}) = \Delta\nu_{\mathrm{D}}\cdot g_J(\nu,\nu_J^{(h)},\Delta\nu_J=\Delta\nu_{\mathrm{D}}) = \exp\left(-\frac{\sqrt{\pi}(\nu-\nu_J^{(h)})}{\Delta\nu_{\mathrm{D}}}\right) \tag{5.4.191}$$

式中，若$\Delta\nu_J$为振转谱线线宽，当谱线可以分辨时，谱线线宽应不大于谱线间隔，即$\Delta\nu_J \leqslant 2(1-\zeta_m)\nu_B$。当$\Delta\nu_J \approx 2(1-\zeta_m)\nu_B$时，有

$$b_x(\nu,\nu_J^{(h)},\Delta\nu_J) = 2(1-\zeta_m)\nu_B\cdot g_J(\nu,\nu_J^{(h)},\Delta\nu_J = 2(1-\zeta_m)\nu_B) \tag{5.4.192}$$

参 考 文 献

[1] 王国文. 原子与分子光谱导论[M]. 北京：北京大学出版社，1984.

[2] 中本一雄. 无机和配位化合物的红外和拉曼光谱[M]. 黄德如，汪仁庆，译. 北京：化学工业出版社，1986.

[3] 潘道皑，赵成大，郑载兴. 物质结构[M]. 北京：高等教育出版社，1982.

[4] 韩其智，孙洪洲. 群论[M]. 北京：北京大学出版社，1985.

[5] 徐亦庄. 分子光谱理论[M]. 北京：清华大学出版社，1988.

[6] 封继康. 基础量子化学原理[M]. 北京：高等教育出版社，1987.

[7] 黎乐民，王德民，许振华，等. 量子化学：基本原理和从头计算法题解[M]. 北京：科学出版社，1987.

[8] 张允武，陆庆正，刘玉中. 分子光谱学[M]. 合肥：中国科学技术大学出版社，1988.

[9] 梁映秋，赵文运. 分子振动和振动光谱[M]. 北京：北京大学出版社，1990.

[10] 科顿. 群论在化学中的应用[M]. 刘春万，游效曾，赖伍江，译. 北京：科学出版社，1975.

[11] Eerkens J W. Rocket Radiation Handbook. Vo1.2. Mode Equations for Photon Emission Rates and Absorption Cross-Sections[M]. 1973.

[12] Hollas J M. Modern Spectroscopy[M]. 2nd ed. Chichester：John Wiley and Sons，1992.

[13] Eenrkens J W. Spectral consideration in the laser isotope separation of uranium hexafluoride[J]. Applied Physics，1976，10（1）：15-31.

[14] Bar-Ziv E，Freiberg M，Weiss S. The infrared spectrum of UF$_6$[J]. Spectrochimica Acta，1972，28A：2025-2028.

[15] Berezin A G，Malyugin S L，Nadezhdinskii A I，et al. UF$_6$ enrichment measurements using TDLS techniques[J]. Spectrochimica Acta Part A，2007，66：796-802.

[16] McDowell R S，Asprey L B，Paine R T. Vibrational spectrum and force field of uranium hexafluoride[J]. Journal of Chemical Physics，1974，61（9）：3571-3580.

[17] Laguna G A，Kzm K C，Patterson C W，et al. The 3 ν_3 overtone band in UF$_6$[J]. Chemical Physics Letters，1980，75（2）：357-359.

[18] Herzberg G. Molecular Spectra and Molecular Structure. Ⅱ. Infrared and Raman Spectra of Polyatomic Molecular[M]. New York：D. Van Nostrand，1945.

第 6 章　UF_6 振动激发态分子的振动-振动弛豫

我们采用准经典计算方法建立 $^{235}UF_6$ 和 $^{238}UF_6$ 同位素分子的碰撞理论和进行相关计算。将较成熟的振动态能量碰撞转移长程力理论应用到大质量分子体系 UF_6，对 $^{235}UF_6$ 和 $^{238}UF_6$ 同位素分子间 ν_3 振动能量共振碰撞转移过程进行了研究，得到了共振转移概率和转移速率随温度变化的曲线。

6.1　引　　言

分子间能量转移过程的研究是光化学的核心问题。分子间能量转移是分子动力学的主要研究对象。寻找分子振动模式能量转移过程的特异性，将有助于了解和探索化学反应通道。分子传能是分子反应动力学的重要部分，要弄清化学反应机理，必然要研究分子传能，这是物理家和化学家共同关心的问题。一般说来，能量传递既可以发生在平动与内部自由度之间（振动和转动），又可以出现在不同内部自由度之间。它可以分为：平动-平动传能 (T-T)，平动-转动传能 (T-R)，转动-转动传能 (R-R)，振动-平动/转动传能 (V-T/R) 和振动-振动传能 (V-V) [1]。

分子间会产生内能转移的碰撞过程。处在激发态的分子和处于基态的分子在碰撞过程中，前者的能量转移给后者，并把它激励到激发态，而自己返回基态，即如果参加碰撞的粒子在碰撞时释放出其内能，使得另一些粒子的内能升高或动能增大，这种过程为非弹性碰撞。在碰撞过程中，基态分子被激发到各个高能态的概率不等，哪一个高能态和分子的激发态越相近，碰撞激发的概率就越大，粒子间的这种内能转移过程也称为共振转移，这种振动传能对化学反应和激光化学等非常重要[1-3]。

化学反应速率可以借助于反应物分子的振动激发而大大地加快。1963 年 Gibert 建议将振动激发作为同位素分离的一种方法。后来也有人设想用红外激光源来实现铀同位素的分离。在化学反应中，通常是一种反应物分子的键破坏，新的键形成，从而生成反应产物。显然可以预料这种要破坏的键的振动激发会使反应更快地进行。如果放热反应的大部分能量用于反应产物的振动激发，那么逆反应（吸热反应）的速率将由于振动激发而大大加快。对于原子-双原子反应的反应速率与振动激发的依赖关系，已用好几种体系做了详细的实验研究和分析，另外也报道了许多非常有趣的激光驱动多原子分子化学反应。在某些情况下，已清楚地证明反应是由振动态的非平衡激发引起的。在所有情况下，解释激光激发、振动-振动能量转移、振动弛豫和化学反应之间的复杂竞争过程是十分困难的[1]。

分子间的能量转移在光化学中极为重要。它和分子内能量转移的不同在于，不要求始态与终态的内能相同，过剩的能量可转化为分子的平动能，不足的可以由碰撞能给予补足。分子间的能量转移主要有辐射能量转移机理、近程能量转移机理、长程能量转移机理。其中长程能量转移是激发态时能量供体与受体通过远程偶极-偶极、偶极-四极、多极-多极等耦合作用发生的非辐射能量转移过程[4-6]。共振能量转移的效率与以下三个因素有关：碰撞分子光谱的重叠程度、碰撞分子间的距离、碰撞分子极矩的相对取向。关于偶极-四极相互作用，其能量转移速率常数和给体与受体间距离的八次方成反比。随着距离增大而加快的衰减速度比偶极-偶极相互作用快得多，因此在一般情况下，可只考虑偶极-偶极相互作用。至于多极-多极相互作用在一般情况下均可以忽略不计。本章主要对 $^{235}UF_6$ 和 $^{238}UF_6$ 分子间振动-振动能量转移过程做了研究。

激光选择性光化学反应法分离铀同位素的关键问题之一是要控制 $^{235}UF_6$ 和 $^{238}UF_6$ 同位素分子间振动-振动转移引起的选择性损失过程，保证分离的化学反应速率大于振动-振动转移速率 $(K_L > K_{V\text{-}V})$，或者说反应物与 UF_6 分子的接触时间小于 $(K_{V\text{-}V})^{-1}$，由于 $K_{V\text{-}V}$ 的重要性，从理论和实验两个方面研究确定 $K_{V\text{-}V}$ 的数值，就成为激光选择性光化学反应分离铀同位素方法可行性论证的核心问题。在本章中，我们采用分子振动能量碰撞转移的长程力理论对在激光分子法分离铀同位素工作中有重要意义的 UF_6 同位素分子间 ν_3 振动能量共振碰撞转移过程进行了研究，得到一些有用的结论，为实际分离铀同位素提供了参考。

6.2　UF_6同位素分子振动-振动能量转移

我们将较成熟的振动态能量碰撞转移长程力理论应用到大质量分子体系，对 $^{235}UF_6$ 和 $^{238}UF_6$ 同位素分子间 ν_3 振动能量共振碰撞转移过程进行了研究。为了简明地建立碰撞理论和进行计算，我们采用准经典计算方法，即对于分子的振动和转动采取量子理论处理而对于分子的平动则按经典理论处理（即采用入射参数近似）。而采用入射参数近似必须满足以下两个条件[6]。

（1）在分子碰撞中，如果分子平动波包没有明显扩展，则对分子的平动按经典理论处理是一种很好的近似，即轨道角动量 $L = Mbv/\hbar \gg 1$，其中 M 为碰撞系统的约化质量；b 为入射参数；v 为分子间相对速度；$\hbar$ 为约化普朗克常量。

（2）分子间相互作用范围 d 应远大于波包的扩展 $1/k = \hbar/Mv$，即 $kd = Mvd/\hbar \gg 1$，也可以说把分子看成质点。

对于 $^{235}UF_6$-$^{238}UF_6$ 碰撞体系，L 和 kd 均为 10 的一次方量级时满足上述两个条件。此外在计算振转能量转移概率时，我们采用一级玻恩近似，这是因为碰撞体系满足下面两个条件。

（1）在碰撞过程中所考虑的长程力作用所引起的势能变化与这两个同位素分子的运动动能相比是很小的。

（2）振转能量的转移概率是很小的。

所以在只考虑一级玻恩近似的情况下，碰撞体系从初态 $|n_1 j_1 m_1; n_2 j_2 m_2\rangle$ 跃迁至末态 $\langle n_1' j_1' m_1'; n_2' j_2' m_2'|$ 的概率表达式为[7]

$$\begin{aligned}P&=\frac{1}{h^2}\left|\int_{-\infty}^{+\infty}\exp(\mathrm{i}\omega t)\langle f'|V|f\rangle\mathrm{d}t\right|^2\\&=\frac{1}{h^2}\left|\int_{-\infty}^{+\infty}\exp(\mathrm{i}\omega t)\langle n_1'j_1'm_1';n_2'j_2'm_2'|V|n_1j_1m_1;n_2j_2m_2\rangle\mathrm{d}t\right|^2\end{aligned} \tag{6.2.1}$$

式中，$\omega=|E_\mathrm{f}-E_\mathrm{i}|/\hbar$，$E_\mathrm{i}$ 和 E_f 分别为初态和末态的能量；n、j、m 则分别为振动量子数、转动量子数和磁量子数。

两分子间的相互作用势用 $V(t)$ 来表示，它是时间的函数，如果忽略磁交换，它可以表示为

$$V(t)=\sum_{a,b}\left[\frac{e_a\times e_b}{r_{ab}(t)}\right] \tag{6.2.2}$$

式中，e_a 和 e_b 分别为两个同位素分子的粒子 a 和 b 对应的电量；r_{ab} 为粒子 a 和 b 之间的距离。在长程力作用模型下，对轴对称不相重叠电荷分布按照多级扩展开，其分子间的相互作用势 $V(t)$ 变为

$$V(t)=4\pi\sum_{l_1,l_2,m}Q_{l_1}^{(1)}Q_{l_2}^{(2)}\varepsilon_{l_1l_2}[\boldsymbol{R}(t)]\times T_{l_1+l_2,m}(\Omega_1,\Omega_2)Y_{l_1+l_2,m}^*(\Omega)\,[m=l_1+l_2,\cdots,-(l_1+l_2)] \tag{6.2.3}$$

式中，$Q_{l_i}^{(i)}$ 为分子 i 的第 l_i 个多极矩，表达式为

$$Q_l^{(i)}=\sum_a e_a r_a^l P_l(\Omega_a,\boldsymbol{\Omega}_i) \tag{6.2.4}$$

而 $\varepsilon_{l_1l_2}$ 的表达式为

$$\varepsilon_{l_1l_2}(\boldsymbol{R})=\frac{(-1)^{l_2}}{(2l_1+2l_2+1)}\left[\frac{4\pi(2l_1+2l_2+1)}{(2l_1+1)!(2l_2+1)!}\right]^{\frac{1}{2}}(\boldsymbol{R}^{l_1+l_2+1})^{-1} \tag{6.2.5}$$

式中，r_a 为从分子 i 的质心到粒子 a 的矢径；$\boldsymbol{\Omega}_i$ 为分子 i 的内禀坐标取向；$\boldsymbol{R}$ 为分子 1 的质心到分子 2 的质心的向量。函数 T_{lm} 的表达式定义为

$$T_{lm}(\Omega_{m_1,m_2})=\sum_{m_1,m_2}C(l_1l_2l;m_1m_2)Y_{l_1}^{m_1}(\Omega_1)Y_{l_2}^{m_2}(\Omega_2) \tag{6.2.6}$$

式中，$C(l_1l_2l;m_1m_2)$ 是 Clebsch-Gordan 系数。

具体确定了分子间的相互作用势 $V(t)$ 后，我们需要知道分子碰撞中的入射轨线 $R(t)$ 来获得共振能量转移概率 P。假设由分子的刚球势场决定的碰撞分子 1 的分子直径为 d，而碰撞分子 2 相对于碰撞分子 1 的入射参数为 b。当 $b\geqslant d$ 时，由于库仑作用较弱，两碰撞分子的相对平动轨迹呈一条直线，当然也需要碰撞分子的相对平动能远大于碰撞转移能量，但此时共振能量转移的概率并不等于零。另外在将相互作用哈密顿量做多极展开后，相应的共振能量转移概率 P 是各阶多极距相互作用之和，并且偶极-偶极相互作用随 r^{-3} 减小，而偶极-四极相互作用随 r^{-4} 减小，偶极-八极和四极-四极相互作用随 r^{-5} 减小。按照 Gray 和 Kranendonk 提出的对入射参数求积分[5]，对初态磁量子数 m_1 和 m_2 求平均，对末态 m_1' 和 m_2' 求和，得到

$$\begin{aligned}P_{l_1l_2}(b,\omega,v)=&\frac{4(2l_1+2l_2)!}{(2l_1+1)!(2l_2+1)!}G_{l_1+l_2}(\omega\tau)\frac{|\langle n_1'|Q_{l_1}^{(1)}|n_1\rangle|^2|\langle n_2'|Q_{l_2}^{(2)}|n_2\rangle|^2}{h^2v^2b^{2(l_1+l_2)}}\\&\times C^2(j_1l_1j_1';00)C^2(j_2l_2j_2';00)\end{aligned} \tag{6.2.7}$$

式中，$P_{l_1 l_2}$ 对应于 2^{l_1} 阶多极距与 2^{l_2} 阶多极矩相互作用的能量转移概率；v 为两个分子的相对运动速度；$\tau = b/v$ 为近似碰撞持续时间；$|\langle n_1' | Q_{l_1}^{(1)} | n_1 \rangle|$ 和 $|\langle n_2' | Q_{l_2}^{(2)} | n_2 \rangle|$ 分别为 2^{l_1} 和 2^{l_2} 阶多阶矩的振动矩阵元；$G_{l_1+l_2}(\omega\tau)$ 的表达式为[6]

$$G_{l_1+l_2}(\omega\tau) = \sum_{\mu=-(l_1+l_2)}^{l_1+l_2} [(l_1+l_2+\mu)!(l_1+l_2-\mu)!]^{-1}(\omega\tau)^2 K_\mu^2(\omega\tau) \tag{6.2.8}$$

相应的总的跃迁概率 $\bar{P}$ 是各阶多极矩相互作用之和

$$\bar{P} = \sum_{l_1 l_2} P_{l_1 l_2} \tag{6.2.9}$$

总之，式（6.2.7）有以下两个特点。

（1）跃迁概率的形成是由于存在各种多极矩的相互作用。

（2）跃迁概率的分母中包含碰撞分子的相对运动速度的平方。

因为平均速度同 $T^{1/2}$ 成正比，所以碰撞分子的共振能量转移概率同温度 T 成反比。用速度的麦克斯韦-玻尔兹曼分布求 $\bar{P}$ 的平均得到[6]

$$P_{av}(b,\omega,T) = \frac{\int_0^\infty \bar{P}(b,\omega,v)v^3 \exp\left(\frac{-Mv^2}{2kT}\right)dv}{\int_0^\infty v^3 \exp\left(\frac{-Mv^2}{2kT}\right)dv} = 2\left(\frac{M}{2kT}\right)^2 \int_0^\infty \bar{P}v^3 \exp\left(\frac{-Mv^2}{2kT}\right)dv \tag{6.2.10}$$

式中，M 为碰撞分子的约化质量。

因为 $G_{l_1+l_2}(\omega\tau)$ 无法对速度进行积分，所以采用最小二乘法近似得到其表达式为

$$G_{l_1+l_2} = e^{-\frac{2\omega b}{v}}[A_{l_1+l_2} + B_{l_1+l_2}(\omega\tau) + C_{l_1+l_2}(\omega\tau)^2 + \cdots] \tag{6.2.11}$$

式（6.2.11）代入式（6.2.10）得到与速度有关的部分可写为

$$\begin{aligned} & 2\left(\frac{M}{2kT}\right)^2 \int_0^\infty G_{l_1+l_2}\left(\frac{\omega b}{v}\right)\exp\left(-\frac{M}{2kT}v^2\right)v dv \\ &= 2\left(\frac{M}{2kT}\right)^2 \int_0^\infty \left[\exp\left(-\frac{2\omega b}{v} - \frac{M}{2kT}v^2\right)\right]\left[A_{l_1+l_2} + B_{l_1+l_2} \times \left(\frac{\omega b}{v}\right) + \cdots\right] v dv \\ &= 2\left(\frac{M}{2kT}\right) I_{l_1+l_2}(b,\omega,T) \end{aligned} \tag{6.2.12}$$

于是对速度求平均的共振能量转移概率表示为

$$\begin{aligned} \langle P_{l_1 l_2}(b,\omega,T)\rangle_{av} &= \frac{8[2(l_1+l_2)]!}{(2l_1+1)!(2l_1+1)!} \frac{M}{2kTh^2 b^{2(l_1+l_2)}} I_{l_1+l_2}(b,\omega,T) \\ &\quad \times |\langle n_1' | Q_{l_1}^{(1)} | n_1\rangle|^2 |\langle n_2' | Q_{l_2}^{(2)} | n_2 \rangle|^2 C^2(j_1 l_1 j_1;00)(j_2 l_2 j_2;00) \end{aligned} \tag{6.2.13}$$

接下来需要对碰撞参数 b 求平均，但首先要知道 $b=0$ 时的跃迁概率。通过与上面类似的推导可知，只需将 d 代替 b 和 $J_{l_1+l_7}^2(\omega\tau)$ 代替 $G_{l_1+l_2}(\omega\tau)$ 即可，而 $J_{l_1+l_2}(\omega\tau)$ 的表达式为[6]

$$J_{(2l_1+2l_2+p)} = [(2l_1+2l_2+p)!]^{-1}\left\{\left[\sum_{k=0}^{l_1+l_2-1}(2l_1+2l_2+p-2k-1)(i\omega\tau_1)^{2k}\right] + (i\omega\tau_1)^{2l_1+2l_2} J_p(\omega\tau_1)\right\} \tag{6.2.14}$$

其中

$$J_0(\omega\tau) = -Si(\omega\tau)\sin(\omega\tau) - Ci(\omega\tau)\cos(\omega\tau) \tag{6.2.15}$$

$$J_1(\omega\tau) = 1 - \omega\tau[Ci(\omega\tau)\sin(\omega\tau) - Si(\omega\tau)\cos(\omega\tau)] \tag{6.2.16}$$

在文献[6]中列出了 $J_2^2(\omega\tau)$ 和 $J_3^2(\omega\tau)$ 的近似值为

$$J_2^2(\omega\tau) \cong \mathrm{e}^{-\frac{\omega\tau}{2}}[0.2500 + 0.0977(\omega\tau) + 0.0208(\omega\tau)^2 + 0.0022(\omega\tau)^3] \tag{6.2.17}$$

$$J_3^2(\omega\tau) \cong \mathrm{e}^{-\frac{\omega\tau}{2}}[0.1100 + 0.0392(\omega\tau) - 0.0295(\omega\tau)^2 + 0.0064(\omega\tau)^3 - 0.0006(\omega\tau)^4] \tag{6.2.18}$$

所以对入射参数进行平均可得

$$P_{\mathrm{av}} = 2\pi\int_0^\infty P_{\mathrm{av}}(b)\frac{b}{\pi d^2}\mathrm{d}b = \frac{2}{d^2}\left(\int_0^d P_{\mathrm{av}}(b \leqslant d)b\mathrm{d}b + \int_d^\infty P_{\mathrm{av}}(b \geqslant d)b\mathrm{d}b\right) \tag{6.2.19}$$

很显然我们需要知道 $P_{\mathrm{av}}(b \leqslant d)$ 和 $P_{\mathrm{av}}(b \geqslant d)$ 的表达式，首先我们可通过内插法得到 $0 \leqslant b \leqslant d$ 时的跃迁概率[5, 6, 8]，即

$$P_{\mathrm{av}}(b \leqslant d) = P_{\mathrm{av}}(0) + \frac{b^2}{d^2}[P_{\mathrm{av}}(d) - P_{\mathrm{av}}(0)] \tag{6.2.20}$$

而当 $b \geqslant d$ 时，$P_{\mathrm{av}}(b \geqslant d)$ 和 $b^{-2(l_1+l_2)}$ 成正比。$P_{\mathrm{av}}(b \geqslant d)$ 可以近似表示为

$$P_{\mathrm{av}}(b \geqslant d) = \left(\frac{d}{b}\right)^{2(l_1+l_2)} P(b = d) \tag{6.2.21}$$

于是式（6.2.19）变为

$$P_{\mathrm{av}} = \frac{1}{2}\left[P_{\mathrm{av}}(0) + P_{\mathrm{av}}(d) \times \left(1 + \frac{2}{l_1 + l_2 - 1}\right)\right] \tag{6.2.22}$$

最后将式（6.2.22）对分子的转动量子数的分布平均得到

$$\overline{P}_{\mathrm{av}} = \frac{1}{2}\sum_{j_1, j_2; j_1', j_2'}\left[P_{\mathrm{av}}(b = 0; j_1 j_2 \to j_1' j_2') + P_{\mathrm{av}}(b = d; j_1 j_2 \to j_1' j_2')\left(1 + \frac{2}{l_1 + l_2 - 1}\right)\right] \times n_{j_1}^{(1)} n_{j_2}^{(2)} \tag{6.2.23}$$

式中，$n_{j_1}^{(1)}$ 和 $n_{j_2}^{(2)}$ 为分子 1 和 2 在转动量子数为 j_1 和 j_2 时的概率。

上述方法已经被应用到了许多分子的共振能量转移过程中[8, 9]。

接下来我们具体考虑 $^{235}UF_6$ 和 $^{238}UF_6$ 分子的共振能量转移情况。我们知道在长程力作用下，偶极-偶极相互作用随 r^{-3} 减小，偶极-四极相互作用随 r^{-4} 减小，偶极-八极和四极-四极相互作用随 r^{-5} 减小（r 为碰撞分子的相互作用距离）。虽然偶极-四极、偶极-八极和四极-四极相互作用会产生更多的能量转换，但是考虑到以下几个方面：①$^{235}UF_6$ 和 $^{238}UF_6$ 同位素分子间 ν_3 振转态同位素位移很小；②温度不太低时 $^{235}UF_6$ 和 $^{238}UF_6$ 同位素分子的振动态都是转动高激发的；③转动常数只比同位素位移小一个量级。所以在研究 $^{235}UF_6$ 和 $^{238}UF_6$ 同位素分子共振能量转移时，只考虑两分子间的偶极矩相互作用，即：$l_1 = l_2 = 1$。于是式（6.2.13）和式（6.2.23）分别变为

$$\begin{aligned}\langle P_{l_1 l_2}(b, \omega, T)\rangle_{\mathrm{av}} = &\frac{8M}{3kT\hbar^2 b^4} I_2(b, \omega, T) |\langle n_1' | Q_{l_1}^{(1)} | n_1\rangle|^2 |\langle n_2' | Q_{l_2}^{(2)} | n_2\rangle|^2 \\ &\times C^2(j_1 l_1 j_1'; 00) C^2(j_2 l_2 j_2'; 00)\end{aligned} \tag{6.2.24}$$

$$\overline{P}_{av} = \sum_{j_1,j_2;j_1',j_2'} \left[\frac{1}{2} P_{av}(b=0; j_1 j_2 \to j_1' j_2') + \frac{3}{2} P_{av}(b=d; j_1 j_2 \to j_1' j_2') \right] n_{j_1}^{(1)} n_{j_2}^{(2)} \qquad (6.2.25)$$

按照文献[9]中提供的近似表达式

$$P_{av}(b \leqslant d) = P_{av}(d) \qquad (6.2.26)$$

为了简化计算，式（6.2.25）可近似为

$$\overline{P}_{av} = 2 \sum_{j_1,j_2;j_1',j_2'} [2P_{av}(b=d; j_1 j_2 \to j_1' j_2')] \times n_{j_1}^{(1)} n_{j_2}^{(2)} \qquad (6.2.27)$$

将式（6.2.24）代入式（6.2.27），可得

$$\begin{aligned} \overline{P}_{av} = 16 \frac{8M}{3kT\hbar^2 b^4} |\langle 0 | Q_{l_1}^{(1)} | 1 \rangle|^2 |\langle 1 | Q_{l_2}^{(2)} | 0 \rangle|^2 \sum_{j_1,j_2;j_1',j_2'} [I_2(d,\omega,T)] C^2(j_1 1 j_1'; 00) \\ \times C^2(j_2 1 j_2'; 00) n_{j_1}^{(1)} n_{j_2}^{(2)} \end{aligned} \qquad (6.2.28)$$

式中，
$$k = 1.3806505 \times 10^{-23}\ \mathrm{J/K},\ \hbar = 1.05457266 \times 10^{-34}\ \mathrm{J \cdot s} \qquad (6.2.29)$$

由刚球势场决定的 UF_6 分子的碰撞直径为[10]

$$d = 8.3 \times 10^{-10}\ \mathrm{m} \qquad (6.2.30)$$

根据 UF_6 分子 ν_3 振动态的自发辐射寿命可求得

$$|\langle 0 | Q_{l_1}^{(1)} | 1 \rangle|^2 = |\langle 1 | Q_{l_2}^{(2)} | 0 \rangle|^2 = 1.22 \times 10^{-50} (\mathrm{J \cdot m^3}) \qquad (6.2.31)$$

碰撞系统 $^{235}UF_6$-$^{238}UF_6$ 的约化质量是

$$M = \frac{M_{^{235}UF_6} M_{^{238}UF_6}}{M_{^{235}UF_6} + M_{^{238}UF_6}} = 175.26(\mathrm{u}) \qquad (6.2.32)$$

分子的初态取转动量子数 j_i 的概率表达式为

$$n_{j_i}^{(i)} = \frac{(2j_i+1)^2}{\sum_{j=1}^{\infty} (2j+1)^2 \exp\left[-Bj(j+1)\frac{hc}{kT}\right]} \exp\left[-Bj(j+1)\frac{hc}{kT}\right] \qquad (6.2.33)$$

共振函数 $I_2(d,\omega,T)$ 的表达式为[9]

$$\begin{aligned} I_2(d,\omega,T) = \exp(-x)(0.45708 + 0.35334x - 0.0605x^2 + 0.01975x^3 - 0.002x^4) \\ + 1.297 \times 10^{-4} x^5 - 7.1788 \times 10^{-7} x^6 \end{aligned} \qquad (6.2.34)$$

式中，$x = \omega d (M/2kT)^{\frac{1}{2}}$，$\omega = 2\pi c \Delta\nu$。

另外根据 Zare 的推导可知，Clebsch-Gordan 系数 A_J 正好等于 Honl-London 因子的平方 $C^2(j_i 1 j_i'; 00)$，即有如下关系：

$$A_J = C^2(j_i 1 j_i'; 00) = \begin{cases} \dfrac{j_i+1}{2j_i+1} & \Delta j_i = +1 \\ 0 & \Delta j_i = 0 \\ \dfrac{j_i}{2j_i+1} & \Delta j_i = -1 \end{cases} \qquad (6.2.35)$$

我们首先来分析共振函数 $I_2(d,\omega,T)$ 随能量差 $\Delta\nu$ 的变化关系，我们用 Mathematica7.0 程序计算并画出它在不同温度下随 $\Delta\nu$ 变化的曲线，结果列于图 6.2.1 中。

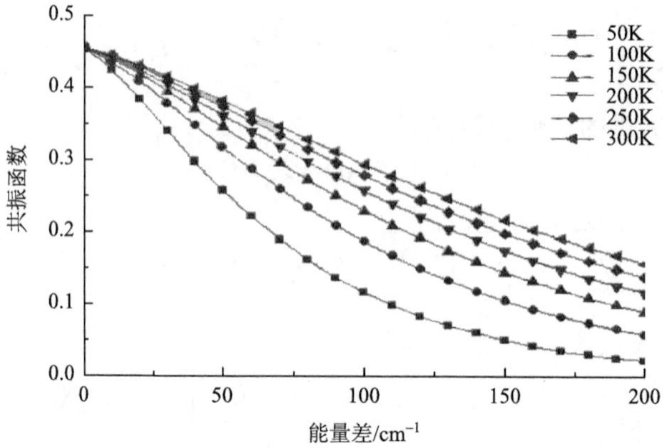

图 6.2.1　不同温度下共振函数随能量差的变化曲线

共振函数的宽度 $\Delta\omega$ 与碰撞持续时间 Δt 相关 $(\Delta\omega\times\Delta t\approx 1)$。碰撞持续时间越短，共振函数的宽度越大，允许的平动能和转动能的改变度也就越大。从图 6.2.1 中可看到共振函数的宽度随温度的增大而增大，这主要是由于：①温度越高，碰撞分子 $^{235}UF_6$ 和 $^{238}UF_6$ 的相对运动速度越大，从而碰撞持续时间 Δt 就越短；②根据 $x=\omega d(M/2kT)^{1/2}$ 和 $\omega=2\pi c\Delta\nu$，当 x 值不变时，温度 T 越大，共振函数的宽度 $\Delta\omega$ 越大。当然 $x=0$ 时例外，此时共振函数的宽度不随温度的变化而变化。

根据式（6.2.28），对 $\Delta j_1=\pm 1$ 和 $\Delta j_2=\pm 1$ 求和，计算出了 UF_6 同位素分子共振转移概率随温度的变化曲线，如图 6.2.2 所示。

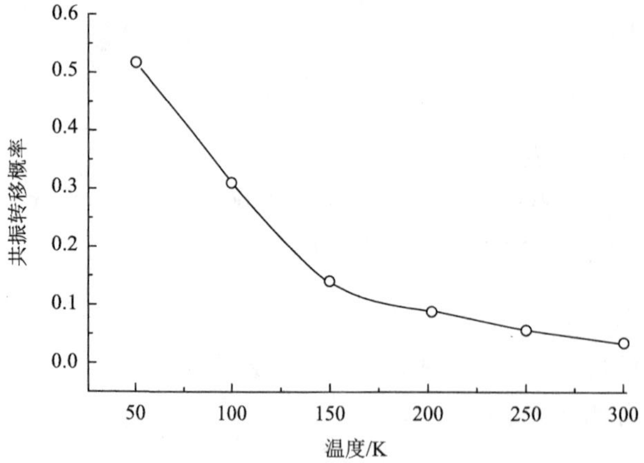

图 6.2.2　共振转移概率随温度的变化曲线

从图 6.2.2 中可看到，$^{235}UF_6$ 和 $^{238}UF_6$ 同位素分子共振转移概率随温度的增大而减小，可见碰撞分子的平动会降低其共振转移概率。此外我们还分别计算了 $\Delta j_1+\Delta j_2=0,2,-2$ 的共振转移概率，结果列于图 6.2.3 中。发现当温度相同时，$\Delta j_1+\Delta j_2=0$ 的共振转移概率最大，而 $\Delta j_1+\Delta j_2=2$ 时的共振转移概率最小，它们同样也是随温度的增大而减小。

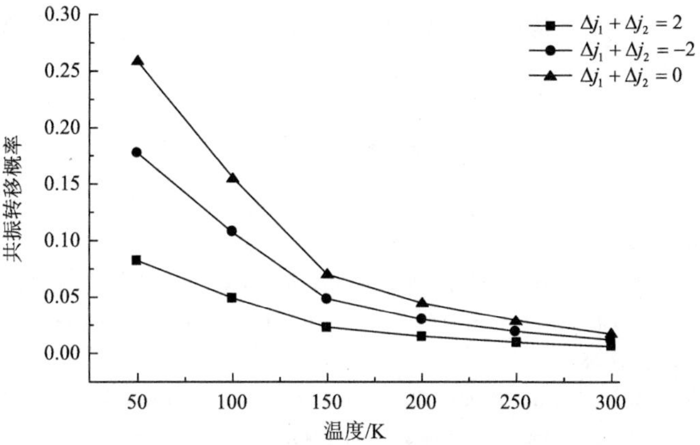

图 6.2.3　$\Delta j_1+\Delta j_2=0,2,-2$ 的共振转移概率随温度的变化曲线

计算得到 $\overline{P}_{av}$ 后，可据下式得到 $^{235}UF_6$ 和 $^{238}UF_6$ 同位素分子的 ν_3 振动态转移速率

$$K_{V\text{-}V}=P_c\overline{P}_{av}=\sigma\overline{v}_r n\overline{P}_{av}=\sigma\sqrt{2}\overline{v}n\overline{P}_{av}=\pi d^2\sqrt{2}\overline{v}p\overline{P}_{av}(kT)^{-1} \tag{6.2.36}$$

式中，P_c 和 $\overline{v}_r$ 分别为 $^{235}UF_6$ 和 $^{238}UF_6$ 同位素分子间的碰撞概率和相对平均速度；$\overline{v}$ 为 $^{235}UF_6$ 和 $^{238}UF_6$ 分子的平均速度；n 和 σ 分别为粒子数密度和碰撞截面。

我们根据式（6.2.28）和式（6.2.36）计算得到了 $^{235}UF_6$ 和 $^{238}UF_6$ 同位素分子 ν_3 振动态共振转移速率随温度变化的曲线，见图 6.2.4。

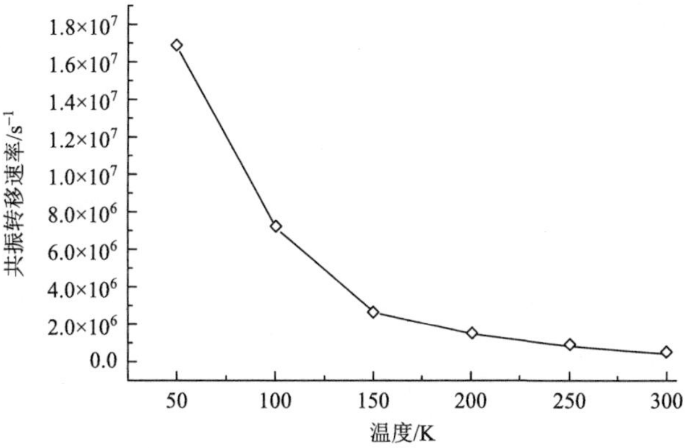

图 6.2.4　共振转移速率随温度的变化曲线

6.3　小　　结

我们采用准经典计算方法（即对于分子的振动和转动采取量子理论处理而对于分子的平动则按经典理论处理）建立了 $^{235}UF_6$ 和 $^{238}UF_6$ 同位素分子的碰撞理论。用较成熟的振动态能量碰撞转移长程力理论对 $^{235}UF_6$ 和 $^{238}UF_6$ 同位素间分子间 ν_3 振动能量共振碰撞转移过程进行了研究。首先得到了不同温度下共振函数 $I_2(d,\omega,T)$ 随能量差 $\Delta\nu$ 的变化关

系，接着计算得到了共振转移概率和转移速率随温度变化的曲线，发现它们随温度的增大而减小。

参 考 文 献

[1] 韩克利，孙本繁. 势能面与分子碰撞理论[M]. 长春：吉林大学出版社，2009.

[2] 陈达明. 激光分离同位素[M]. 北京：原子能出版社，1985.

[3] 穆尔. 激光光化学与同位素分离[M]. 杨福明，周志宏，张先业，等译. 北京：原子能出版社，1988.

[4] Cross R J，Gordon R G. Long-range scattering from anisotropic potentials：dipole-dipole scattering[J]. Journal of Chemical Physics，1966，45：3571-3582.

[5] Gray C G，van Kranendonk J. Calculation of the pressure broadening of rotational Raman lines due to multipolar and dispersion interaction[J]. Canadian Journal of Physics，1966，44：2411-2430.

[6] Sharma R D，Brau C A. Energy transfer in near-resonant molecular collisions due to long-range forces with application to transfer of vibrational energy from ν_3 mode of CO_2 to N_2[J]. Journal of Chemical Physics，1969，50：924-930.

[7] Landau L D，Lifschitz E M. Quantum Mechanics[M]. Reading：Addison-Wesley，1965.

[8] Sharma R D. Near-resonant vibrational energy transfer among isotopes of CO_2[J]. Physical Review，1969，177：102-107.

[9] Burtt K D，Sharma R D. Near-resonant energy transfer from highly vibrationally excited OH to N_2[J]. Journal of Chemical Physics，2008，128：124311.

[10] Barton L. Gmelin Handbook of Inorganic and Organometallic Chemistry[M]. Berlin：Springer-Verlag，1994.

第 7 章　热化学反应

7.1　化学反应及反应动力学基础

7.1.1　基本概念

化学反应动力学与化学反应热力学分别从运动的绝对性与静止的相对性角度出发探讨化学反应的规律[1, 2]。

化学热力学解决了化学反应及有关物理过程中的能量转换、过程的方向、限度及各种平衡性质的计算问题。

化学反应动力学研究的主要对象为化学反应的速率和机理，研究其总包反应，也研究其基元反应。例如，溴化氢的合成，其总包反应为

$$H_2 + Br_2 \longrightarrow 2HBr \tag{7.1.1}$$

它由一些基元反应构成：

$$Br_2 + M \longrightarrow 2Br + M \tag{7.1.2a}$$

$$Br + H_2 \longrightarrow HBr + H \tag{7.1.2b}$$

$$H + Br_2 \longrightarrow HBr + Br \tag{7.1.2c}$$

$$H + HBr \longrightarrow H_2 + Br \tag{7.1.2d}$$

$$Br + Br + M \longrightarrow Br_2 + M \tag{7.1.2e}$$

式（7.1.2a）～式（7.1.2e）中每一基元反应又由较多的微观态-态反应构成。同一基元反应中的不同态-态反应，参与反应和生成的化学粒子在宏观性质上是分别相同的。从分子水平、量子态出发研究态-态反应，可用量子理论处理；从统计平均的角度出发可从态-态反应探讨基元反应的宏观动力学行为；从基元反应动力学行为出发来研究总包反应的动力学行为，其理论具有宏观及唯象的性质；从总包反应动力学行为出发来研究化学反应与流动、传质等物理过程的相互作用，属于宏观动力学的内容。

基元反应的集合为总包反应，只包含一种基元反应的总包反应为简单反应或一步反应，而包含不止一种基元反应的总包反应为复杂反应或复合反应。化学反应动力学研究化学反应的发生、发展、结果。从量上研究反应的速率 r ，从质上研究反应的机理，构成总包反应的动力学主要内容。例如，式（7.1.1）中， H_2 与 HBr 的反应速率分别为

$$r_{H_2} = \frac{1}{V}\frac{dN_{H_2}}{dt} \tag{7.1.3a}$$

$$r_{HBr} = \frac{1}{V}\frac{dN_{HBr}}{dt} \tag{7.1.3b}$$

式中， V 为反应体积； N_{H_2} 与 N_{HBr} 分别为 H_2 与 HBr 的分子数目，定容下可由单位为 mol/m^3

的浓度$[H_2]$[或$c(H_2)$]和[HBr][或$c(\text{HBr})$]表示为

$$r_{H_2}=\frac{d[H_2]}{dt} \tag{7.1.4a}$$

$$r_{\text{HBr}}=\frac{d[\text{HBr}]}{dt} \tag{7.1.4b}$$

式中，r的单位为$\text{mol}/(\text{m}^3\cdot\text{s})$。

在一定温度下，反应速率往往可以表示为反应体系中各组元浓度的某种函数关系，这种关系式称为反应速率方程。

长期的实验结果表明，对于任意基元反应，如$a\text{A}+b\text{B}\longrightarrow c\text{C}$，反应速率方程为

$$r=k[\text{A}]^a[\text{B}]^b \tag{7.1.5}$$

各浓度的方次恰是反应式中相应物质计量数（a、b等）的绝对值，k称为速率常数。

式（7.1.5）所示的基元反应的这个定律称为质量作用定律。此定律也可表示为：一基元反应对其有关诸反应物组元来说，其反应级次与构成该基元反应的反应分子数相等，而对于其他组元来说均为零级。a、b是反应对于物质A、B的分级数，它们分别代表各物质的浓度对反应速率的影响程度，反应级数为$n=a+b$。但是质量作用定律不能直接用于复合反应。

$$a\text{A}+b\text{B}\longrightarrow c\text{C}+d\text{D} \tag{7.1.6}$$

若式（7.1.6）为复合反应，其反应速率方程为

$$r=k[\text{A}]^\alpha[\text{B}]^\beta \tag{7.1.7}$$

其反应级数不是计量数a与b之和，而为

$$n=\alpha+\beta \tag{7.1.8}$$

各种总包反应的速率方程是各式各样的，只有简单反应才与基元反应的相同。由于绝大多数反应的机理至今不清，习惯上令速率方程具有形式

$$r=k[\text{A}]^\alpha[\text{B}]^\beta[\text{C}]^\gamma\cdots \tag{7.1.9}$$

由实验确定式中α,β,γ等分级数，化学反应的总级数n由其和决定，简称反应级数，它可以是整数、分数、正数、负数或零。

能按式（7.1.9）确定级次的反应为具有简单级次的化学反应。速率常数为

$$k=\frac{r}{[\text{A}]^\alpha[\text{B}]^\beta[\text{C}]^\gamma\cdots} \tag{7.1.10}$$

对于一级反应，k的单位为s^{-1}，二级反应为$\text{m}^3/(\text{mol}\cdot\text{s})$。

气相合成碘化氢的总包反应为

$$H_2+I_2\longrightarrow 2\text{HI} \tag{7.1.11}$$

其机理由两步构成：

$$I_2\rightleftharpoons 2\text{I} \tag{7.1.12a, b}$$

$$2\text{I}+H_2\longrightarrow 2\text{HI} \tag{7.1.12c}$$

速率方程为

$$r=k[H_2][I_2] \tag{7.1.13}$$

而气相合成氯化氢的总包反应为

$$H_2 + Cl_2 \longrightarrow 2HCl \tag{7.1.14}$$

其速率方程为

$$r = k[H_2][Cl_2]^{0.5} \tag{7.1.15}$$

式（7.1.13）、式（7.1.14）能按式（7.1.9）确定级次，称相应的反应式（7.1.11）、式（7.1.14）为具有简单级数的化学反应。

而式（7.1.1）的产物速率方程为

$$r = k\frac{[H][Br_2]^{0.5}}{1 + k'\dfrac{[HBr]}{[Br_2]}} \tag{7.1.16}$$

它无反应级数，式中 k、k' 也不为速率常数，它便不是具有简单级数的化学反应。

物质的分解、原子蜕变、异构化等表现为一级反应 $A \longrightarrow P$。速率方程为

$$r = -\frac{d[A]}{dt} = k[A] \tag{7.1.17}$$

由式（7.1.17）可得

$$\ln[A] = -kt + \ln[A]_0 \tag{7.1.18}$$

式中，$[A]_0$ 为反应物 A 的起始浓度。

对于二级反应可有反应物计量数不相同的情况，如

$$aA + bB \longrightarrow P \tag{7.1.19}$$

速率方程可能为

$$r = k[A][B] \tag{7.1.20}$$

或

$$r = k[A]^2, \ r = k[B]^2 \tag{7.1.21}$$

第一种类型式（7.1.20）是反应对反应物各为一级，第二种类型式（7.1.21）是反应对一个反应物为二级。当 A 和 B 的计量数相同，即 $a = b$，则有简单情况

$$A + B \longrightarrow P \tag{7.1.22}$$

则

$$r = \frac{d[P]}{dt} = k([A]_0 - [P])([B]_0 - [P]) \tag{7.1.23}$$

式中，$[A]_0$、$[B]_0$ 为初始浓度；$[P]$ 为 P 在 t 时刻的浓度，同时 $[P]$ 也为 t 时刻 A 和 B 减小的浓度。

由式（7.1.23）即有

$$\frac{d[P]}{([A]_0 - [P])([B]_0 - [P])} = kdt \tag{7.1.24}$$

当 $[A]_0 \neq [B]_0$，式（7.1.24）的解为

$$\ln\frac{[A]_0 - [P]}{[B]_0 - [P]} = ([A]_0 - [B]_0)kt + \ln\frac{[A]_0}{[B]_0} \tag{7.1.25}$$

式中，$[A]_0 - [P]$ 和 $[B]_0 - [P]$ 分别为反应过程中任意时刻 A 和 B 的浓度 $[A]$ 与 $[B]$，所以式中 $\ln([A]/[B])$ - t 呈直线，直线的斜率为 $([A]_0 - [B]_0)k$。

而当$[A]_0=[B]_0$时，由式（7.1.24）积分可得

$$\frac{1}{[A]_0-[P]}=\frac{1}{[A]}=kt+\frac{1}{[A]_0} \tag{7.1.26}$$

或

$$\frac{1}{[B]}=kt+\frac{1}{[B]_0} \tag{7.1.27}$$

即反应物浓度的倒数与时间呈线性关系。

7.1.2　反应特性、活化能和温度对反应速率常数的决定性影响

1889 年，Arrhenius 在总结大量实验结果的基础上，提出如下公式

$$k=A\exp\left(-\frac{E}{RT}\right) \tag{7.1.28}$$

此公式称为 Arrhenius 公式。式中，A 和 E（或 E_a）为表征反应特性的常数；R 为摩尔气体常量。A 为指前因子，与反应速率常数 k 单位相同；E 为反应的活化能，单位为 J/mol；T 为反应温度，单位为 K。可认为 A 是升高温度时 k 的极限值。E 和 A 实际上是两个经验常数，这两个化学反应动力学参量在动力学中起着重要作用[3]，求取其值并对其进行理论解释是很重要的。Arrhenius 公式给出了反应速率常数与反应温度的定量关系，但必须确定了 E 和 A 才能具体确定这一关系。

由式（7.1.28）给出的活化能的定义式为

$$E=RT^2\frac{\mathrm{d}\ln k}{\mathrm{d}T} \tag{7.1.29}$$

对于指前因子 A，如在一般情况下 H_2 与 N_2 不反应，显然可能指前因子 $A=0$ 或 E 极大；而 HCl 和 UF_6 能反应，显然 $A_{(HCl+UF_6)}>0$，而 HBr 和 UF_6 能更迅速地反应[4]，显然也有 $A_{(HBr+UF_6)}>0$；应依反应物的特性来分析比较 $A_{(HCl+UF_6)}$ 和 $A_{(HBr+UF_6)}$。当我们选择了指前因子 A 后，活化能、温度和与温度直接相关的碰撞就是我们很关心的问题。

7.1.3　活化能

基元反应是由反应粒子直接碰撞而发生的一次化学行为。例如，基元反应 $A+B\longrightarrow P$，发生碰撞的各组 A、B 分子中，一般说来它们的能量不同，而且只有少数能量较大的分子组碰撞后才可能发生化学反应。这种能量高的分子组称为活化态的分子或者活化分子。

为分析活化能的内禀含义，考虑如下双原子分子和原子的基元反应

$$AB+C\longrightarrow AC+B \tag{7.1.30}$$

对于组成基元反应的态-态反应来说，反应物分子 AB 和生成物 AC 都可以处于不同的状态，态-态反应表示为

$$AB(\alpha)+C\longrightarrow AC(\beta)+B \tag{7.1.31}$$

这里 α 和 β 分别指 AB 和 AC 的振动态和转动态，相应于这样的态-态反应的速率为

$$r_{\alpha\beta} = k_{\alpha\beta}[\mathrm{AB}(\alpha)][\mathrm{C}] \tag{7.1.32}$$

式中，态-态反应速率常数 $k_{\alpha\beta}$ 仅由微观状态 (α,β) 确定，而与温度无关。

基元反应式（7.1.30）的表观速率可表示为

$$r = \frac{\mathrm{d}[\mathrm{AC}]}{\mathrm{d}t} = -\frac{\mathrm{d}[\mathrm{AB}]}{\mathrm{d}t} = \sum_{\alpha}\sum_{\beta} r_{\alpha\beta} = \sum_{\alpha}\sum_{\beta} k_{\alpha\beta}[\mathrm{AB}(\alpha)][\mathrm{C}] \tag{7.1.33}$$

式（7.1.33）中的 $\mathrm{AB}(\alpha)$ 消耗总反应速率为[2]

$$r_{\alpha} = \sum_{\beta} r_{\alpha\beta} = \sum_{\beta} k_{\alpha\beta}[\mathrm{AB}(\alpha)][\mathrm{C}] = k_{\alpha}[\mathrm{AB}(\alpha)][\mathrm{C}] \tag{7.1.34}$$

式中，$k_{\alpha} \neq 0$。

由于式（7.1.34）中 k_{α} 只与 AB 所处的微观状态 α 有关，而与温度和 AC 所处微观状态无关，故式（7.1.33）可表示为

$$r = \sum_{\alpha} r_{\alpha} = \sum_{\alpha} k_{\alpha}[\mathrm{AB}(\alpha)][\mathrm{C}] \tag{7.1.35}$$

我们也可以将式（7.1.30）的反应速率唯象地写成

$$r = k(T)[\mathrm{AB}][\mathrm{C}] \tag{7.1.36}$$

由式（7.1.35）、式（7.1.36）可知唯象定义的反应速率常数为

$$k(T) = \frac{\sum_{\alpha} k_{\alpha}[\mathrm{AB}(\alpha)][\mathrm{C}]}{[\mathrm{AB}][\mathrm{C}]} = \sum_{\alpha} k_{\alpha}\frac{[\mathrm{AB}(\alpha)]}{[\mathrm{AB}]} \tag{7.1.37}$$

我们知道，在温度 T 时，分子的碰撞使反应系统达到平衡，其平衡不仅是分子 AB、C 的平动能的分布分别满足玻尔兹曼分布，而且分子 AB 的振动能、转动能的微观分布也达到平衡，并均满足玻尔兹曼分布，所以 $[\mathrm{AB}(\alpha)]$ 是与温度有关的量，并且因为转动能级对反应的影响很小，在此予以忽略。所以有

$$\frac{[\mathrm{AB}(\alpha)]}{[\mathrm{AB}]} = \frac{1}{Q_{\mathrm{AB}}}\exp\left(-\frac{E_{\alpha}}{RT}\right) \tag{7.1.38}$$

$$Q_{\mathrm{AB}} = \sum_{\alpha}\exp\left(-\frac{E_{\alpha}}{RT}\right) \tag{7.1.39}$$

式中，Q_{AB} 为 AB 的振动配分函数[5]，对 α 求和后便与 α 无关，能量以摩尔能量为基准对于计算和应用较为方便。

将式（7.1.38）代入式（7.1.37），于是有

$$k(T) = \frac{\sum_{\alpha} k_{\alpha}\exp\left(-\frac{E_{\alpha}}{RT}\right)}{\sum_{\alpha}\exp\left(-\frac{E_{\alpha}}{RT}\right)} \tag{7.1.40}$$

将式（7.1.40）代入式（7.1.29）可得

$$E = \frac{\sum_{\alpha} k_{\alpha}E_{\alpha}\exp\left(-\frac{E_{\alpha}}{RT}\right)}{\sum_{\alpha} k_{\alpha}\exp\left(-\frac{E_{\alpha}}{RT}\right)} - \frac{\sum_{\alpha} E_{\alpha}\exp\left(-\frac{E_{\alpha}}{RT}\right)}{\sum_{\alpha}\exp\left(-\frac{E_{\alpha}}{RT}\right)} = \langle E'\rangle - \langle E\rangle \tag{7.1.41}$$

式中，$\langle E' \rangle$ 为能量上允许起反应的活化分子组 $(k_\alpha \neq 0)$ 的以 k_α 为权重因子的平均值；而 $\langle E \rangle$ 为普通反应物分子组的平均能量。活化分子组也称为活化分子。

正如 Tolman 所指出：基元反应的活化能量是指 1mol 活化分子的平均能量比普通分子的平均能量的超出值，即

$$E = (\varepsilon^{\neq} - \varepsilon_R) N_0 \tag{7.1.42}$$

式中，$\varepsilon^{\neq}$、ε_R 分别为一组活化态分子的平均能量和一组普通反应物分子的平均能量；N_0 为阿伏伽德罗（Avogadro）常量。

活化能是一个统计量，同时可看出 E 相当于（仅仅相当于）处在反应物与产物之间的能垒（反应能垒的存在是活化能这个物理量出现的实质），只有那些能够越过这个能垒的反应物分子才有条件发生反应。那些平均能量高于普通反应物分子组（对两分子也可称分子对）平均能量的分子对才有条件越过这个能垒，但不排除那些低于普通反应物分子组平均能量的分子对也可由于量子隧道效应而有一定穿越能垒的概率。

显然，只有对那些一步反应来说，其活化能的物理含义才与上述的一致。对于复合反应，如

$$H_2 + I_2 \longrightarrow 2HI \tag{7.1.43}$$

其机理为

$$I_2 \underset{k_{-1}}{\overset{k_1}{\rightleftharpoons}} 2I(快)$$

$$H_2 + 2I \longrightarrow 2HI(慢)$$

第一步快速可逆步骤近似维持动态平衡，即

$$k_1[I_2] = k_{-1}[I]^2 \tag{7.1.44}$$

第二步慢反应的速率为

$$\frac{1}{2}\frac{d[HI]}{dt} = k_2[H_2][I]^2 \tag{7.1.45}$$

由式（7.1.44）、式（7.1.45）可知

$$\frac{1}{2}\frac{d[HI]}{dt} = \frac{k_1}{k_{-1}}k_2[H_2][I_2] = k[H_2][I_2] \tag{7.1.46}$$

由实验测得的速率方程与式（7.1.46）相同，测得的反应速率常数为 k，说明测定的表观速率常数是由各基元反应速率常数决定的。由 Arrhenius 定理可知式（7.1.46）中有

$$k = \frac{k_1 k_2}{k_{-1}} = A\exp\left(-\frac{E}{RT}\right) \tag{7.1.47}$$

$$k_i = A_i \exp\left(-\frac{E_i}{RT}\right), \quad i = 1, -1, 2 \tag{7.1.48}$$

将式（7.1.48）代入式（7.1.47），即得

$$A = \frac{A_1 A_2}{A_{-1}}, \quad E = E_1 + E_2 - E_{-1} \tag{7.1.49}$$

由此可见，Arrhenius 公式中的复合反应活化能是表观活化能，不再是反应物与产物之间的能垒，甚至会是负值，此时表明速率随温度升高而下降。

活化能主要靠实验测定，由 Arrhenius 定理有

$$\ln k=-\frac{E}{RT}+\ln A \tag{7.1.50}$$

测定 T_1、T_2 两温度下的速率常数 k_1、k_2，即得

$$\ln\frac{k_2}{k_1}=-\frac{E}{R}\left(\frac{1}{T_1}-\frac{1}{T_2}\right) \tag{7.1.51}$$

由此可得 E；测多组 k-T 数据，以 $\ln k$ 为纵轴，以 $1/T$ 为横轴，给出各组数据的交点，这些交点一般能紧靠一直线，依式（7.1.50），其斜率为 $-E/R$，由此可较准确地得到 E。要注意的是，式（7.1.50）中 k 与 A（单位相同）是不带单位的数。

可以由键能估算反应的活化能。对于基元反应

$$A_2+B_2 \longrightarrow 2AB \tag{7.1.52}$$

需断开 A—A 键和 B—B 键，它们的键能分别为 ε_A 和 ε_B，由经验规则给出的这类基元反应的活化能约等于键能之和的 30%，即

$$E\approx 0.3(\varepsilon_A+\varepsilon_B) \tag{7.1.53}$$

对于由一自由基 A 与分子 BC 作用生成一分子 AB 和新自由基 C· 的反应，反应活化能约为断开化学键键能的 5.5%。对自由基的化合反应，无需破坏化学键，反应活化能为 0。对于复合反应，由于不直接断开反应物的化学键，故不能以上述方法简单估算，而可由式（7.1.50）或式（7.1.51）的实验测定法确定。

7.1.4 碰撞、阈能

两个分子的碰撞，一是弹性碰撞，碰撞后又重新分开，分子内部运动不发生变化；二是非弹性碰撞，分子的一部分动能在碰撞时转化为分子的内能，分子的转动和振动加剧，但分子本身的组成及结构均未发生变化，但是这种碰撞为部分态-态反应[6]做好了准备，因此可称为反应的准备性碰撞；三是反应碰撞，通过碰撞使原子重新排列，其结果是碰撞分子本身发生变化进而形成新的分子，它包括处于振动基态的分子反应，也包括处于振动激发态的分子反应，后者可具有更高的态-态反应速率。

按气体分子运动理论，在温度 T 时，平衡态下气体分子数占比按相对平动能的分布如图 7.1.1 所示[7]，E_e 为平均能量，E_c 为阈能，通常把二者的差值 E_a（或 E）定为反应活化能的值。高于 E_c 的分子数占比位于阴影部分。许多反应有阈值现象，相对平动能低于阈能的碰撞是非反应性的，这是因为分子间发生反应，分子必须尽量靠近，进入化学键力的作用范围，分子轨道发生重叠，才有可能形成新键。能量高于 E_c 的分子很少。

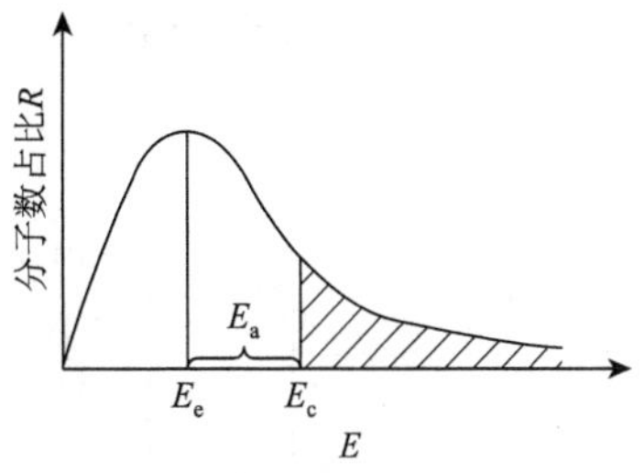

图 7.1.1　平衡态气体分子平动能分布图

设式（7.1.30）所示的反应中，温度为 0K 时的键能之差为

$$\Delta D_0=D_0(AB)-D_0(AC) \tag{7.1.54}$$

$\Delta D_0 > 0$ 为吸能反应，$\Delta D_0 < 0$ 为放能反应。

从经典观点看，吸能反应的阈能为

$$E_c = \Delta D_0 + E_b + \frac{E_t b^2}{r^2} \approx \Delta D_0 + E_b \tag{7.1.55}$$

式中，E_b、E_t 分别为势垒高度和平动能；r 为两碰撞刚球分子半径之和；b 为两分子质心在垂直于相对速度方向的距离，$b \leqslant r$。因为作为冲击参数或反应性散射的 b 很小而在式（7.1.55）中忽略了第三项。势垒高度 E_b 是指沿反应坐标（反应途径）反应分子体系须克服的势能值，是从过渡状态的势能到反应物势能阱底部势能的差值，在数值上与阈能或临界能相近，阈能与活化能在数值上相近或小于活化能［式（7.1.64）］。阈能与活化能及势垒高度在概念上关系十分密切，但阈能由碰撞理论提出，指碰撞双分子在其连心线上的相对平动能大于一临界值，它是微观的分子水平的量，同一基元反应的不同态-态反应有不同的阈能值。对于需要克服势垒的反应来说，势垒的存在决定了活化能和阈能的存在。

式（7.1.55）表明，吸能（$\Delta D_0 > 0$）反应必有阈能存在，阈能用于 A—B 键的断开和克服势垒 E_b，而放能反应则可能存在或不存在阈能。

一般情况下，在势能面上，吸能反应的过渡态偏向于产物区，当反应分子 AB 内振动能（E_υ）比其相对平动能（E_t）大得多时，即当 $E_\upsilon \gg E_t$ 时，式（7.1.30）较易实现；而放能反应的过渡态偏向于反应物区，当 $E_t \gg E_\upsilon$，反应较易实现。可见，吸能反应中内能较易转化为反应过程中的吸能，而产物分子有较大的相对平动能。由于红外激光可对分子的某些振动模进行选择性激发，合适的吸能反应分子是有利于振动激发光化学反应的。

在反应性碰撞讨论中常引入总资用能的概念。对放能反应体系，总资用能是

$$E = E_{int} + E_t - \Delta D_0 = E'_{int} + E'_t \tag{7.1.56}$$

式中，E_{int}、E_t、E'_{int}、E'_t 分别为反应分子体系内能与相对平动能、产物分子的内能与相对平动能；$-\Delta D_0$ 为放能能量。

式（7.1.56）的关系示于图 7.1.2，图中的曲线为沿反应坐标（7.1.7 节）的势能曲线，图左能量轴 E 描述总资用能的大小，图左与能量轴 E 平行的竖线上的三段线从上到下依次表示式（7.1.56）左的 E_t、E_{int}、$-\Delta D_0$ 的大小，图中部的 ΔE_0 为量子能垒，E_b 为势垒高

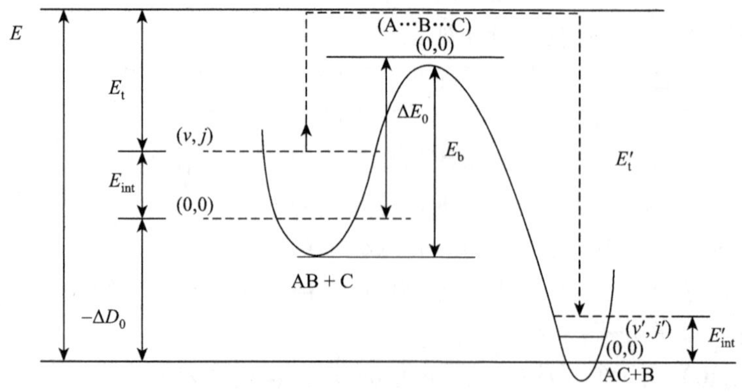

图 7.1.2　反应能级图

度，图右的 E_t'、E_{int}' 分别是单箭头线表示的产物分子的相对平动能和双箭头线表示的产物分子的内能［即式（7.1.56）右］。具有内能 (v,j) 及相对平动能 E_t 的分子 AB 经与 C 碰撞达到过渡态 $(A\cdots B\cdots C)$，继而前行达到 AC+B，并具内能 E_{int}' 和平动能 E_t'。

由式（7.1.56）看出，当碰撞放能 $\Delta E_t = E_t' - E_t = 0$，反应放能（$-\Delta D_0$）全部用于增加内激发能（$\Delta E_{int} = E_{int}' - E_{int}$）；当 $\Delta E_t > 0$，则 $-\Delta D_0 > \Delta E_{int}$，反应放出的能量部分作为分子激发能；显然 $\Delta E_t > 0$ 为多数情况。当 $E_t' = E$，则 $E_{int}' = 0$，即产物内能态处于基态。当 $\Delta E_t < 0$，则 $\Delta E_{int} > -\Delta D_0$，不仅反应放能，而且反应分子部分平动能也转化为产物分子内能。当 $E_t' \approx 0$，则总资用能进入产物分子内自由度，即分子处于内激发态。

设 d_A、d_B 分别是分子 A、B 的有效直径；$d_{AB} = 0.5(d_A + d_B)$，为两种分子有效半径之和；A、B 分子的粒子数密度分别为 N_A、N_B，单位为 m^{-3}；v_r 是 A 和 B 分子的相对运动速度。在单位时间单位体积中分子的互碰次数，即互碰频率为

$$Z_{AB} = N_A N_B \pi d_{AB}^2 v_r$$

任意两个分子的运动可能同向、反向，也可成为任意角度，平均而言，可以认为分子以 90°角相互碰撞，则有

$$\overline{v}_r = \sqrt{\overline{v}_A^2 + \overline{v}_B^2} = \sqrt{\frac{8kT}{\pi m_A} + \frac{8kT}{\pi m_B}} = \sqrt{\frac{8kT}{\pi \mu}} = \sqrt{\frac{8RT}{\pi M_A} + \frac{8RT}{\pi M_B}} = \sqrt{\frac{8RT}{\pi M}} \tag{7.1.57}$$

式中，m_A、m_B 分别为 A、B 的分子质量；$\mu = m_A m_B / (m_A + m_B)$；$M_A$、$M_B$ 分别为 A、B 的摩尔质量；$M = M_A M_B / (M_A + M_B)$ 为约化质量或约化摩尔质量，单位均为 kg/mol。于是

$$Z_{AB} = N_A N_B d_{AB}^2 \sqrt{\frac{8\pi RT}{M}} \tag{7.1.58}$$

对于同种气体 A 分子碰撞，$M = 0.5M_A$，在上述处理中势必将同一次碰撞计算成了两次，于是可得

$$Z_{AA} = 2N_A^2 d_A^2 \sqrt{\frac{\pi RT}{M_A}} \tag{7.1.59}$$

总的互碰频率为

$$Z = Z_{AA} + Z_{AB} \tag{7.1.60}$$

A 分子与 A 分子、B 分子的碰撞频率分别为

$$2Z_{AA} / N_A = 4N_A d_A^2 \sqrt{\frac{\pi RT}{M_A}}$$

$$Z_{AB} / N_A = N_B d_{AB}^2 \sqrt{\frac{8\pi RT}{M}}$$

平均自由程为

$$\overline{\lambda}_A = \frac{\sqrt{\dfrac{8RT}{\pi M_A}}}{4N_A d_A^2 \sqrt{\dfrac{\pi RT}{M_A}} + N_B d_{AB}^2 \sqrt{\dfrac{8\pi RT}{M}}} \tag{7.1.61}$$

7.1.5 碰撞理论对 Arrhenius 公式特性常数 *A* 的部分解释

由麦克斯韦（Maxwell）速率分布律，可知动能在 $E\sim(E+\mathrm{d}E)$ 区间内的运动分子数占总分子数的比例为[1]

$$\frac{1}{RT}\exp\left(-\frac{E}{RT}\right)\mathrm{d}E$$

设双分子反应系统中相互碰撞反应物分子对总数为 N，其中相对平动能大于临界能 E_c 的分子对数为 N^*，于是

$$\frac{N^*}{N}=\int_{E_c}^{\infty}\frac{1}{RT}\exp\left(-\frac{E}{RT}\right)\mathrm{d}E=\exp\left(-\frac{E_c}{RT}\right)$$

故每秒大于临界能的碰撞次数为[6] $Z_{AB}\exp\left(-\frac{E_c}{RT}\right)$，设每一次大于临界能的碰撞应产生一个产物分子，故 $1\mathrm{m}^3$ 体积内产生的分子的摩尔数，也即反应速率为

$$r=\frac{Z_{AB}}{N_0}\exp\left(-\frac{E_c}{RT}\right)$$

式中，$N_0=6.022\times10^{23}\,\mathrm{mol}^{-1}$，为阿伏伽德罗常量。

又因为 $N_A=c_AN_0$，$N_B=c_BN_0$，c_A、c_B 为浓度，所以经式（7.1.58）可得

$$r=N_0d_{AB}^2\sqrt{\frac{8\pi RT}{M}}\exp\left(-\frac{E_c}{RT}\right)c_Ac_B \tag{7.1.62}$$

由质量作用定律可知 $\mathrm{A}+\mathrm{B}\longrightarrow\mathrm{P}$ 的反应速率为 $r=k[\mathrm{A}][\mathrm{B}]$ 或 $r=kc_Ac_B$，对比式（7.1.62），故知式（7.1.62）反应速率常数为

$$k=N_0d_{AB}^2\sqrt{\frac{8\pi RT}{M}}\exp\left(-\frac{E_c}{RT}\right) \tag{7.1.63}$$

故有

$$\ln k=\ln\left(N_0d_{AB}^2\sqrt{\frac{8\pi R}{M}}\right)+\frac{1}{2}\ln T-\frac{E_c}{RT}$$

即

$$\frac{\mathrm{d}\ln k}{\mathrm{d}T}=\frac{E_c+\frac{1}{2}RT}{RT^2}$$

将此式代入活化能的定义式式（7.1.29），得

$$E=E_c+\frac{1}{2}RT \tag{7.1.64}$$

式（7.1.64）表明活化能与温度有关，同时也表明了临界能 E_c 与活化能的关系，提供了求临界能的方法，即

$$E_c=E-\frac{1}{2}RT$$

在温度不太高时，$E_c \approx E$。

由碰撞理论计算出的 k 值，除个别反应外，都比实验值大得多，为此引入碰撞方位校正因子[1] $P = 1\sim10^{-9}$，故式（7.1.63）改写为

$$k = PN_0 d_{AB}^2 \sqrt{\frac{8\pi RT}{M}} \exp\left(-\frac{E_c}{RT}\right) \tag{7.1.65}$$

式中，P 小于 1，表明依据玻尔兹曼分布定律计算的有效碰撞分数大于实际的有效碰撞分数，即有些相对平动能高于阈能 E_c 的碰撞实际上并不发生反应，因此反应分子的相对平动能并不是发生反应的唯一判据。

将式（7.1.65）与 Arrhenius 公式式（7.1.28）比较，表明 Arrhenius 公式的指前因子 A 与本式指数函数前的因子位置相同，即碰撞理论指出了 Arrhenius 公式中的 A 应与 d_{AB}、P、T 等有关，部分解释了 A 的物理意义。但无法解释和从数量级上预测 P。我们可以从式（7.1.65）指前因子看出，它未包含反应分子内部的电荷分布、场分布等，这些应是反应特性常数 A 的决定性影响因素。利用过渡态理论能对这一问题做出一定分析。

7.1.6　化学反应中同种分子的碰撞和碰撞抑制

在分子 A 和 B 的混合气中，粒子数密度分别为 N_A、N_B。如何降低 A 与 A 碰撞的机会是一个值得考虑的问题。为使考虑有用，考虑混合气压在 $10\times133.32\sim100\times133.32$Pa 范围的情况。在这个气压范围，25℃时，如 O_2 的平均自由程为 $1.6\times10^{-4}\sim1.6\times10^{-3}$cm，即使如此，这个自由程相比 O_2 分子的直径（约为 2.4×10^{-8}cm）来说仍是巨大的。因此，在这个气压范围，分子 A 与 A 的互碰频率仍为 Z_{AA}，分子 A 与 B 的互碰频率仍为 Z_{AB}，而总的互碰频率仍为 $Z = Z_{AA} + Z_{AB}$。当然，在分子 A 的浓度较低时，在容许气压范围内相对地增大 B 分子的浓度可增加 Z_{AB}，从而可减小 A 分子的平均自由程，相对地降低 A-A 碰撞占总碰撞的比例

$$r = \frac{Z_{AA}}{Z_{AA} + Z_{AB}}$$

当 $Z_{AB} \gg Z_{AA}$，则有 $r = Z_{AA} / Z_{AB}$。但是，这里并没有降低 A-A 碰撞的频率，其原因在于平均自由程的减少只是增加了 A 分子行进路径的曲折度，但这对计算 Z_{AA} 的影响是可忽略的。在 $10\times133.32\sim100\times133.32$Pa 条件下并没有让 B 对 A-A 碰撞形成有效的抑制或隔离作用。要想使 B 能减少 A-A 碰撞，只要 B 成为 A 的接收者即可，即当 A 碰撞 B 时就被 B 收集了，这个 A 分子就没有与其他 A 分子碰撞的机会了。当 A 被 B 收集本身是一件有意义的事情，而 A-A 碰撞又对这个事情有不良影响时，则用 B 收集 A 而避免 A-A 碰撞或减少 A-A 碰撞就成为有用的和可行的事情。实际上，B 仅能以较大的概率来收集 A，如 B 与 A 的化学反应或光化学反应即可。因此，当 B 与 A 之间存在有效的化学反应，并且避免 A-A 碰撞就是为了进行这个化学反应或者这个特殊化学反应时，在允许气压条件下增加 B 的浓度，从而增加 Z_{AB}，增强 B 对 A 的吸纳效果（选择合适的 B，以便有更快的化学反应），确实是避免 A-A 碰撞的方法。

假定，A 与 B 分子碰撞一次被 B 分子接收的概率为 P，难以避免的 A-A 碰撞所占有

的比例为

$$r^* \approx \frac{Z_{AA}}{PZ_{AB} + Z_{AA}} \tag{7.1.66}$$

显然，$P=0$，则难以避免的A-A碰撞所占比例为1，即对于每一个A分子A-A碰撞必然发生，故$P=0$时式（7.1.66）是成立的；当$P=1$则$r^*=r$，而r是弹性碰撞条件下Z_{AA}所占比例，显然这时r^*在A被B接收的情况下被高估了。因此，式（7.1.66）在P接近零时是较真实的，而在P较大时是被高估的。一般说来P是极小的，但为了使r^*较小，可增大N_B，故我们可以近似用此式来计算r^*，以r^*作为我们的控制值。为了将比例控制在r^*，则对N_A与N_B的比例必有一定要求。

将Z_{AB}和Z_{AA}的表示式代入式（7.1.66），则得

$$N_B = \left(\frac{1}{r^*} - 1\right)\left(\frac{d_A}{d_{AB}}\right)^2 \sqrt{\frac{M_B}{2(M_A + M_B)}} \frac{N_A}{P} \tag{7.1.67}$$

假定

$$r^* = 0.1$$

则有

$$N_B = 9P^{-1}\left(\frac{d_A}{d_{AB}}\right)^2 \sqrt{\frac{M_B}{2(M_A + M_B)}} N_A$$

当A为大分子，而B为小分子时，$d_{AB} \approx d_A$，$M_A + M_B \approx M_A$，则

$$N_B \approx 9P^{-1}\sqrt{\frac{M_B}{2M_A}} N_A \tag{7.1.68}$$

依据式（7.1.68），当$M_B \approx 0.1M_A$，则有$N_B \approx 2P^{-1}N_A$，故有$P=0.1$，则$N_B \approx 20N_A$；$P=0.05$，则$N_B \approx 40N_A$。因此选择$P > 0.05$的反应物B，A-A碰撞便成为一个不是很重要的问题。但是，P一般是很小的，线型分子与非线型分子碰撞反应的概率因子P约为10^{-4} [2]，而非线型分子间碰撞反应的概率因子P约为10^{-5}，原子与分子反应的P为10^{-1}～10^{-2}。考虑HCl与UF_6的反应属于线型分子与非线型分子的碰撞反应，如果再考虑光化学反应概率比热化学反应概率高一个量级，则反应概率P约为10^{-3}。但是，HBr与UF_6的反应速率比HCl与UF_6的反应速率高出约两个半量级[4]，故概率因子P也应高出相应的量级。表7.1.1是依据式（7.1.67）关于A-A碰撞所占比例r^*的计算值（P是设的，其中10^{-3}～10^{-4}接近文献[2]对一般线型分子与非线型分子的碰撞反应估值）。

表 7.1.1　A-A 碰撞占有比 r^* 的计算值

$N_B : N_A$	$d_{AB} : d_A$	$M_B : M_A$	$P \times 10^2$	r^*
19	1	0.1	10	0.1
38	1	0.1	5	0.1
180	1	0.1	1	0.1
133	1.2	0.1	1	0.1
1135	1.3	0.1	0.1	0.1
505	1.3	0.1	0.1	0.2
395	1.3	0.1	10	0.001

续表

$N_B:N_A$	$d_{AB}:d_A$	$M_B:M_A$	$P\times10^2$	r^*
2943	1.3	0.1	0.01	0.3
1261	1.3	0.1	0.01	0.5
841	1.3	0.1	0.01	0.6
540	1.3	0.1	0.01	0.7

在表 7.1.1 中，当 $M_B \approx 0.1M_A$，$d_{AB} = 1.3d_A$ 时，较接近 B 为 HCl（或 HBr），A 为 UF_6 的情况。

A 分子的密度 N_A 会因化学反应而降低，N_A 随时间变化，于是由式（7.1.59）得

$$Z_{AA} = 2N_A^2(t)d_A^2\sqrt{\frac{\pi RT}{M_A}} \tag{7.1.69}$$

式中，$N_A(t)$ 由下式求出

$$\frac{dN_A}{dt} = -k_{AB}N_A N_B \tag{7.1.70}$$

式中，k_{AB} 是化学反应速率常数。

设 $k_{AB}N_B = K_{AB}$，则式（7.1.70）的解为

$$N_A = N_A^0 \exp(-K_{AB}t) \tag{7.1.71}$$

式中，忽略了 N_B 的改变，当 $N_B \gg N_A$ 时这是成立的；在热化学反应中 $K_{AB} = K_T$，在光化学反应中 $K_{AB} = K_L$，在第 11 章有 $UF_6 + HCl$ 的 K_T和K_L 实验值。

7.1.7　过渡态势能面和反应途径

过渡态理论以化学反应系统的势能面[2]为基础。例如，分子 AB 和原子 C 的三原子系统反应

$$C + AB \longrightarrow AC + B \tag{7.1.72}$$

三个原子的相对位置可按 C、A、B 顺序用三角形△CAB 来描写，A 与 B、A 与 C 间的连接线及核间距均用 r_{AB}、r_{AC} 表示，两者夹角为 φ。以 r_{AB}、r_{AC} 为构型坐标，C 与 A 间有键的生成，A 与 B 间有键的断裂，系统的势能 $E_P = f(r_{AB}, r_{AC}, \varphi)$。当 $\varphi = \pi$ 时，这是一个 CAB 线性三原子系统，$E_P = f(r_{AB}, r_{AC})$，以 r_{AB}、r_{AC} 为变量的势能取值分布可以用三维空间的曲面来表示，曲面为势能面，即以 r_{AB}、r_{AC} 为坐标轴上的取值，并将坐标轴定名为 r_{AB}、r_{AC}，则坐标平面上每一点既对应一组 (r_{AB}, r_{AC}) 的取值，又都对应曲面上的一个势能取值，与坐标平面上所有点对应的势能取值点在坐标平面上方构成一个势能面。为方便，将势能面上一系列等势能线投影到坐标平面上，构成一个平面图，也称势能面，如图 7.1.3 所示。或者说，将坐标平面上取相同势能取值的点连接起来，坐标平面上这些有标值的等势能曲线就构成了势能面。平面图上的等势能曲线旁标出的值为相对势能值，值越高则势能越高，等势能曲线的密度代表势能面变化的陡度。由于 r_{AB}、r_{AC} 均大于 0，因此图

面限定在这个条件限下。近似地沿与两轴等角方向来看，势能沿该方向呈现马鞍形变化，鞍点标为T。

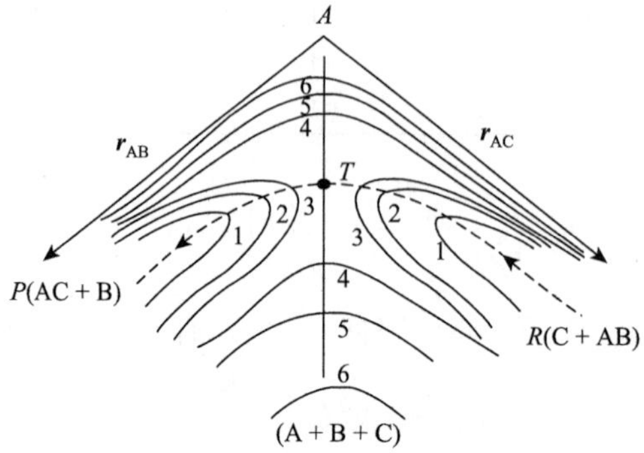

图 7.1.3　势能面

当近似地沿与两轴等角方向同步偏离鞍点T而使r_{AB}、r_{AC}取值同步增大或同步减小时，相应的等势能曲线的值都将同步增大。在轴r_{AC}内侧，当r_{AC}较大，而r_{AB}为其 AB 分子的正常核间距时，势能值为最低，这是反应物R(C + AB)所处的势能起点；在该起点附近，随r_{AB}减小或增加，等势能曲线的值增加，形成一个在轴r_{AC}内侧的势能深谷。相似的情况出现在轴r_{AB}内侧，当r_{AC}为 AC 分子的核间距时势能值为最低，这是产物P(AC + B)所处的势能点。因为 A、B、C 三个原子为分离状态时势能处于高值区［图中（A + B + C）］，所以C + AB⟶AC + B 的反应过程不是分离状态下先破坏 A—B 键再形成A—C键。由反应物R(C + AB)起点到变为产物P(AC + B)点的反应途径，无疑应是一条耗能最小的途径。这一途径（反应坐标）在图 7.1.3 中以虚线表示，起于点R，经由轴r_{AC}内侧势能深谷并沿r_{AC}缓慢减小、r_{AB}缓慢增加的方向，逐步到达鞍点，然后渡过鞍点并逐步进入轴r_{AB}内侧势能深谷，沿r_{AB}缓慢增加、r_{AC}缓慢减小方向行进，最后 A—B 键断裂， A—C 键形成，到达产物P(AC + B)点。因为鞍点是位于反应物和产物所处的两个势能深谷之间的高势能区的最低点，所以鞍点T是反应坐标的必经点，也正因为如此，马鞍形势能面在T处的两侧（沿反应坐标方向）才得以形成。由于鞍点处于反应途径的势能顶点，因此反应坐标上存在一个势垒E_b。C + AB 的反应途径可记为

$$\mathrm{C+A{-}B \longrightarrow C\cdots A\cdots B \longrightarrow C{-}A+B} \tag{7.1.73}$$

C…A…B 是 A—B 键即将断裂而 A—C 键即将生成的过渡态，也就是位于势垒顶点的不稳定的过渡态分子。过渡态理论选择一个界面（图中为一直线）把势能面分为反应物区和产物区，过渡态分子越过此界面则均变成产物，并假定反应物及过渡态分子服从玻尔兹曼分布。

7.1.8　过渡态处理方法

我们知道，任意化学反应可表示为

$$aR_1 + bR_2 + \cdots = eP_1 + fP_2 + \cdots \quad (7.1.74)$$

式中，$a,b,\cdots$ 为反应物 $R_1,R_2,\cdots$ 的系数；$e,f,\cdots$ 为产物 $P_1,P_2,\cdots$ 的系数。

若用B代表式（7.1.74）中物质B，ν_B 是其化学计量数，ν_B 对于反应物为负，对产物为正，则式（7.1.74）可简写成

$$0 = \sum_B \nu_B B \quad (7.1.75)$$

设反应开始前B物质的量为 n_{B_0}，反应进行到某时刻为 n_B，则增量为 $\Delta n_B = n_B - n_{B_0}$，其与系数 ν_B 的符号相同。比值

$$\frac{\Delta n_B}{\nu_B} = \xi \quad (7.1.76)$$

式中，比值与B无关，称 ξ 为化学反应进度，单位为mol。

当式（7.1.76）中 $\Delta n_B = \nu_B \mathrm{mol}$ 时，$\xi = 1\mathrm{mol}$，则系统中发生了1mol的反应。设 μ_B 为B的化学势，则对于反应 $0 = \sum_B \nu_B B$，其化学平衡条件为

$$\sum_B \nu_B \mu_B = 0 \quad (7.1.77)$$

式（7.1.77）所示化学平衡条件，即产物与反应物的化学势的代数和为零。若代数和小于零或大于零，则反应会正向或者逆向进行。

实际气体混合物中B的化学势表示为

$$\mu_B = \mu_B^{\ominus} + RT\ln a_B \quad (7.1.78)$$

式中，$\mu_B^{\ominus}$ 为标准压力时气体B的化学势，只是温度的函数；a_B 为气体B的活度

$$a_B = \frac{f_B}{p^{\ominus}} \quad (7.1.79)$$

式中，$p^{\ominus}$ 为标准压力（$p^{\ominus} = 101325\mathrm{Pa}$）；$f_B$ 为其逸度。

对实际气体混合物，有

$$f_B = \gamma_B p_B = \gamma_B p \chi_B \quad (7.1.80)$$

式中，γ_B 为B的逸度系数；p 为混合气体压力；χ_B 为B物质的量分数。

在单一的理想气体B中逸度系数 $\gamma_B = 1$，$f_B = p_B = p$，故 f_B 是为了实际气体 μ_B 的修正而出现的。

将式（7.1.78）代入式（7.1.77），有

$$\sum_B \nu_B \mu_B^{\ominus} + RT\sum_B \nu_B \ln a_B = 0 \quad (7.1.81)$$

式中，$\sum_B \nu_B \mu_B^{\ominus}$ 为系统中各物质均处于标准态时的化学势的代数和。

我们还知道，在热力学第一定律和第二定律中，最常遇到的 8 个主要状态函数为 T、p、V、U、H、S、A、G。其中温度 T、压力 p、体积 V、内能 U、熵 S 是有物理意义的基本函数，而 H、A、G 是导出函数，其中有[1]

$$A = U - TS \quad (7.1.82)$$

$$G = U + pV - TS \quad (7.1.83)$$

$$G = A + pV \quad (7.1.84)$$

式中，A 为 Helmholtz 函数；G 为 Gibbs 函数，单位均为 J 或 kJ。

对于封闭系统，若过程可逆且不做非体积功，则由于热力学第一定律和第二定律可得其联合表达式

$$dU = TdS - pdV \tag{7.1.85}$$

对式（7.1.82）取微分，得

$$dA = dU - TdS - SdT \tag{7.1.86}$$

对式（7.1.84）取微分，得

$$dG = dA + pdV + Vdp \tag{7.1.87}$$

将式（7.1.86）、式（7.1.85）先后代入式（7.1.87），得

$$dG = -SdT + Vdp \tag{7.1.88}$$

式（7.1.86）～式（7.1.88）适用于只发生简单物理变化的封闭系统，其组成不变，而不适用于敞开系统或有实际相变、混合和化学反应的封闭系统。敞开系统是质点数目可变的系统，$dn_{\mathrm{B}} \neq 0$。封闭系统通过相变而使物质 B 在两相中的质点数发生改变，可认为是由环境进入或传送给环境而成为敞开系统；通过化学变化引起的质点数改变也可做同样的理解而成为敞开系统。

在化学反应的研究中，定义化学势为

$$\mu_{\mathrm{B}} = \left(\frac{\partial G}{\partial n_{\mathrm{B}}}\right)_{T,p,n_{\mathrm{C}},\cdots} \tag{7.1.89}$$

它是等温等压且仅物质的量 n_{B} 变化条件下，向一巨大均相系统中加入 1mol 物质 B 时，系统的 Gibbs 函数的变化。μ_{B} 是 T、p 和浓度的函数，即

$$\mu_{\mathrm{B}} = \mu_{\mathrm{B}}(T, p, \chi_{\mathrm{B}}, \chi_{\mathrm{C}}, \cdots) \tag{7.1.90}$$

在压力和温度一定的条件下，化学势的集合公式为

$$G = \sum_{\mathrm{B}} n_{\mathrm{B}} \left(\frac{\partial G}{\partial n_{\mathrm{B}}}\right)_{T,p,n_{\mathrm{C}},\cdots} = \sum_{\mathrm{B}} n_{\mathrm{B}}\mu_{\mathrm{B}} \tag{7.1.91}$$

式中，$n_{\mathrm{B}}\mu_{\mathrm{B}}$ 为混合物中物质 B 对于 G 的贡献。每一种物质对于 G 的贡献不等于它单独存在时的贡献 $\mu_{\mathrm{B}}^{\ominus}$。

对于多组分均相系统这样的敞开系统或组成变化的封闭系统，G 是 T、p、n_{B}、$n_{\mathrm{C}},\cdots$ 的函数，即

$$G = G(T, p, n_{\mathrm{B}}, n_{\mathrm{C}}, \cdots) \tag{7.1.92}$$

式（7.1.92）的全微分式为

$$dG = \left(\frac{\partial G}{\partial T}\right)_{p,n_{\mathrm{B}},n_{\mathrm{C}},\cdots} dT + \left(\frac{\partial G}{\partial p}\right)_{T,n_{\mathrm{B}},n_{\mathrm{C}},\cdots} dp + \sum_{\mathrm{B}} \mu_{\mathrm{B}} dn_{\mathrm{B}} \tag{7.1.93}$$

式中，前两项仅描述简单物理变化，第三项为组成的变化所引起的 G 的改变。

利用式（7.1.83）、式（7.1.84）分别对 T 和 p 求偏微分，并将式（7.1.93）与式（7.1.88）对比，于是有

$$dG = -SdT + Vdp + \sum_{\mathrm{B}} \mu_{\mathrm{B}} dn_{\mathrm{B}} \tag{7.1.94}$$

化学反应系统在多数情况下的温度和压力是恒定的。假设在一个巨大的反应混合物系统中发生了 1mol 的式（7.1.75）反应，则可以认为此过程中各物质的化学势不变化，依照式（7.1.94），系统由T到T、由p到p和由$n_{\mathrm{B},1}$到$n_{\mathrm{B},2}$（发生 1mol 反应）引起系统的 Gibbs 函数变为

$$\Delta G=\int_T^T -S\mathrm{d}T+\int_p^p V\mathrm{d}p+\sum_{\mathrm{B}}\int_{n_{\mathrm{B},1}}^{n_{\mathrm{B},2}}\mu_{\mathrm{B}}\mathrm{d}n_{\mathrm{B}}=\sum_{\mathrm{B}}\mu_{\mathrm{B}}\Delta n_{\mathrm{B}},\quad \Delta n_{\mathrm{B}}=n_{\mathrm{B},2}-n_{\mathrm{B},1} \tag{7.1.95}$$

由式（7.1.76）及其说明可知此时式（7.1.95）中$\Delta n_{\mathrm{B}}=\xi\nu_{\mathrm{B}}=\nu_{\mathrm{B}}$，于是将式（7.1.95）记为

$$\Delta_{\mathrm{r}}G_{\mathrm{m}}=\sum_{\mathrm{B}}\nu_{\mathrm{B}}\mu_{\mathrm{B}} \tag{7.1.96}$$

在式（7.1.96）基础上，可定义

$$\sum_{\mathrm{B}}\nu_{\mathrm{B}}\mu_{\mathrm{B}}^{\ominus}=\Delta_{\mathrm{r}}G_{\mathrm{m}}^{\ominus} \tag{7.1.97}$$

式中，$\Delta_{\mathrm{r}}G_{\mathrm{m}}^{\ominus}$称为化学反应的标准摩尔 Gibbs 函数变，其值只取决于温度。

于是式（7.1.81）可写为

$$\Delta_{\mathrm{r}}G_{\mathrm{m}}^{\ominus}=-RT\ln\left(\prod_{\mathrm{B}}a_{\mathrm{B}}^{\nu_{\mathrm{B}}}\right) \tag{7.1.98}$$

即

$$\exp\left(\frac{-\Delta_{\mathrm{r}}G_{\mathrm{m}}^{\ominus}}{RT}\right)=\prod_{\mathrm{B}}a_{\mathrm{B}}^{\nu_{\mathrm{B}}}$$

定义平衡常数

$$K^{\ominus}=\exp\left(\frac{-\Delta_{\mathrm{r}}G_{\mathrm{m}}^{\ominus}}{RT}\right) \tag{7.1.99}$$

于是式（7.1.98）也可写成

$$\Delta_{\mathrm{r}}G_{\mathrm{m}}^{\ominus}=-RT\ln K^{\ominus} \tag{7.1.100}$$

利用式（7.1.100），可将式（7.1.97）写成

$$\sum_{\mathrm{B}}\nu_{\mathrm{B}}\mu_{\mathrm{B}}^{\ominus}=-RT\ln K^{\ominus} \tag{7.1.101}$$

另外，由于[1]

$$U=NkT^2\left(\frac{\partial\ln q}{\partial T}\right)_{V,N} \tag{7.1.102}$$

$$S=k\ln\frac{q^N}{N!}+NkT\left(\frac{\partial\ln q}{\partial T}\right)_{V,N} \tag{7.1.103}$$

并将式（7.1.102）、式（7.1.103）代入式（7.1.82），有

$$A=-kT\ln\frac{q^N}{N!} \tag{7.1.104}$$

式中，q为配分函数；N为粒子总数。

将式（7.1.85）代入式（7.1.86）得$\mathrm{d}A$的一表示式；设$A=A(T,V)$，再求得A的一个全微分$\mathrm{d}A$的表示式，将这两个$\mathrm{d}A$的表示式进行对比，然后注意到式（7.1.104），可求得压力

$$p=-\left(\frac{\partial A}{\partial V}\right)_{T,N}=NkT\left(\frac{\partial \ln q}{\partial V}\right)_{T,N} \tag{7.1.105}$$

由式（7.1.82）、式（7.1.83）、式（7.1.102）～（7.1.105），可得

$$G=-kT\ln\frac{q^N}{N!}+NkTV\left(\frac{\partial \ln q}{\partial V}\right)_{T,N} \tag{7.1.106}$$

其中

$$q=q_{\mathrm{t}}q_{\upsilon}q_{\mathrm{r}}q_{\mathrm{e}}q_{\mathrm{n}} \tag{7.1.107}$$

式中，$q_{\mathrm{t}},q_{\upsilon},q_{\mathrm{r}},q_{\mathrm{e}},q_{\mathrm{n}}$ 分别为平动配分函数、振动配分函数、转动配分函数、电子运动配分函数和核运动配分函数[1]。

当振动基态能量定为零点后，相当于 υ 能级的能值 $\varepsilon_{\upsilon}=(\upsilon+1/2)h\nu$ 减去 $h\nu/2$ 并写成 $\varepsilon_{\upsilon}=\upsilon h\nu$，此时设振动配分函数为 q'_{υ}。当电子基态为电子态能量的零点，则电子运动配分函数设为 q'_{e}。类似地，核运动配分函数则设为 q'_{n}。

对双原子分子理想气体，m 为一个分子的质量，I 为转动惯量，异核双原子分子 $\sigma=1$，同核则 $\sigma=2$，V 和 T 分别为系统体积和温度。当温度较高时，常常是电子被激发前分子便已分解，所以 q_{e} 选择电子运动的基态，并以基态为能量零点，除少数分子外，其电子基态是非简并的。i_1、i_2 为核自旋量子数，$2i_1+1$、$2i_2+1$ 分别为两核量子态数，在一般过程中，不涉及核状态的变化，故在计算热力学量时略去核运动。于是，有以下各式

$$q'_{\upsilon}=\sum_{\upsilon=0}^{\infty}\exp\left(-\frac{\upsilon h\nu}{kT}\right)=\frac{1}{1-\exp\left(-\frac{h\nu}{kT}\right)}$$

$$q_{\upsilon}=\sum_{i=0}^{\infty}\exp\left(-\frac{\varepsilon_i}{kT}\right)=\frac{\exp\left(-\frac{h\nu}{2kT}\right)}{1-\exp\left(-\frac{h\nu}{kT}\right)},\ \varepsilon_0=\frac{1}{2}h\nu,\ \varepsilon_1=\frac{3}{2}h\nu,\ \varepsilon_2=\frac{5}{2}h\nu,\cdots$$

$$q_{\mathrm{t}}=\frac{(2\pi mkT)^{\frac{3}{2}}}{h^3}V \tag{7.1.108}$$

$$q_{\mathrm{r}}=\sum_{j=0}^{\infty}(2j+1)\exp\left(-\frac{j(j+1)}{8\pi^2 IkT}\right),\quad q_{\mathrm{r}}\approx\frac{8\pi^2 IkT}{\sigma h^2}$$

$$q_{\mathrm{e}}=\sum_{j}g_j^{\mathrm{e}}\exp\left(-\frac{\varepsilon_j^{\mathrm{e}}}{kT}\right)\approx g_0^{\mathrm{e}}\exp\left(-\frac{\varepsilon_0^{\mathrm{e}}}{kT}\right),\quad q'_{\mathrm{e}}\approx g_0^{\mathrm{e}}=1$$

$$q_{\mathrm{n}}=g_0^{\mathrm{n}}\exp\left(-\frac{\varepsilon_0^{\mathrm{n}}}{kT}\right),\quad g_0^{\mathrm{n}}=(2i_1+1)(2i_2+1),\quad q'_{\mathrm{n}}=g_0^{\mathrm{n}}=(2i_1+1)(2i_2+1)$$

考虑到能量零点的选择，式（7.1.102）左边的 U 应表示成 $U-U_0$，U_0 为理想气体内能，每个分子都处在最低平动、振动、转动、电子运动状态。经典理论给出的 1g 理想气体分子内能为 $(t+r+2s)RT/2$，t、r、s 分别为分子的平动自由度、转动自由度、振动自由度；而量子理论给出分子的单个模振动能、转动能分别正比于 $(\upsilon+1/2)$ 和 $J(J+1)$，$\upsilon=0,1,2,\cdots$；$J=0,1,2,\cdots$。因此，即使在 $T=0\mathrm{K}$，理想气体内能也不为 0。

考虑到零点能U_0和$\ln N! \approx N\ln N - N$，可将式（7.1.106）写成

$$G = -NkT\ln\frac{q'}{N} + U_0 \tag{7.1.109}$$

纯理想气体的化学势是由式（7.1.109）两端同除以物质的量n而确定的，即

$$G_{\mathrm{m}} = \frac{G}{n} = -RT\ln\frac{q'}{N} + U_{0,\mathrm{m}} \tag{7.1.110}$$

对在标准状态的理想气体B，即$\mathrm{B}(T, p^{\ominus})$，式（7.1.110）则为

$$G_{\mathrm{m,B}}^{\ominus} = -RT\ln\frac{q_{\mathrm{B}}'^{\ominus}}{N} + U_{\mathrm{m}}^{\ominus}(\mathrm{B,0K}) \tag{7.1.111}$$

式中，$q_{\mathrm{B}}'^{\ominus}$为标准状态下B分子的配分函数（标准配分函数）；$U_{\mathrm{m}}^{\ominus}(\mathrm{B,0K})$为温度为0K时1mol B的能量。

由于理想气体B的标准状态是$p^{\ominus}$下的纯B，因此依式（7.1.91）有

$$\mu_{\mathrm{B}}^{\ominus} = G_{\mathrm{m,B}}^{\ominus} \tag{7.1.112}$$

利用式（7.1.112），可将式（7.1.101）记为

$$\sum_{\mathrm{B}}\nu_{\mathrm{B}}G_{\mathrm{m,B}}^{\ominus} = -RT\ln K^{\ominus} \tag{7.1.113}$$

将式（7.1.111）代入式（7.1.113），得

$$K^{\ominus} = \prod_{\mathrm{B}}\left(\frac{q_{\mathrm{B}}'^{\ominus}}{N}\right)^{\nu_{\mathrm{B}}}\exp\left(-\frac{\Delta_{\mathrm{r}}U_{\mathrm{m}}^{\ominus}(0\mathrm{K})}{RT}\right) \tag{7.1.114}$$

式中，$\Delta_{\mathrm{r}}U_{\mathrm{m}}^{\ominus}(0K)$为0K时化学反应$0 = \sum_{\mathrm{B}}\nu_{\mathrm{B}}\mathrm{B}$的标准摩尔内能；标准配分函数$q_{\mathrm{B}}'^{\ominus}$中的体积是标准状态时B的体积，即

$$V = \frac{nRT}{p^{\ominus}} = \frac{NkT}{p^{\ominus}} \tag{7.1.115}$$

对双原子分子理想气体，则在式（7.1.114）中有

$$\frac{q_{\mathrm{B}}'^{\ominus}}{N} = \frac{(2\pi mk)^{\frac{3}{2}}}{h^3}\frac{kT}{p^{\ominus}}\frac{8\pi IkT}{\sigma h^2}\frac{1}{1-\exp\left(-\dfrac{h\nu}{kT}\right)} \tag{7.1.116}$$

现在我们回到过渡态，反应式（7.1.73）可表示为

$$\mathrm{C} + \mathrm{AB} \underset{k_2}{\overset{k_1}{\rightleftharpoons}} \mathrm{X}^{\neq}(\mathrm{C}\cdots\mathrm{A}\cdots\mathrm{B}) \xrightarrow{k_3} \mathrm{AC} + \mathrm{B} \tag{7.1.117}$$

式（7.1.117）中浓度$[\mathrm{X}^{\neq}]$虽然难以测定，但$[\mathrm{X}^{\neq}]$与反应物C+AB维持平衡

$$k_1[\mathrm{C}][\mathrm{AB}] = k_2[\mathrm{X}^{\neq}] \tag{7.1.118}$$

也即有

$$\frac{k_1}{k_2} = \frac{[\mathrm{X}^{\neq}]}{[\mathrm{C}][\mathrm{AB}]} \tag{7.1.119}$$

式（7.1.119）虽然由$\mathrm{C} + \mathrm{AB} \longrightarrow \mathrm{AC} + \mathrm{B}$导出，但它适用于含如下步骤的任何基元反应

$$\sum_i \alpha_i \mathrm{A}_i \underset{k_2}{\overset{k_1}{\rightleftharpoons}} \mathrm{X}^{\neq} \tag{7.1.120}$$

也即对于式（7.1.120）、式（7.1.119）为

$$\frac{k_1}{k_2}=\prod_{\mathrm{B}} C_{\mathrm{B}}^{\nu_{\mathrm{B}}} \tag{7.1.121}$$

式中，将物质B的浓度表示为C_{B}；ν_{B}为物质B的化学计量数。

设似平衡常数为

$$K_{\mathrm{f}}=\prod_{\mathrm{B}} C_{\mathrm{B}}^{\nu_{\mathrm{B}}}=\frac{[\mathrm{X}^{\neq}]}{\prod_i [\mathrm{A}_i]^{\alpha_i}}=\frac{\dfrac{N^{\neq}}{N_0 V}}{\prod_i\left(\dfrac{N_{\mathrm{A}_i}}{N_0 V}\right)^{\alpha_i}} \tag{7.1.122}$$

式中，出现N_0而将单位体积粒子个数（浓度）改为单位体积的摩尔数（摩尔浓度），N_0为阿伏伽德罗常量；V为体积；$N^{\neq}$、N_{A_i}为物质的分子总数。过渡态理论假设A_i及过渡态物$\mathrm{X}^{\neq}$服从玻尔兹曼分布，因此[3]

$$\frac{\langle N_{\mathrm{B},r}\rangle}{N_{\mathrm{B}}}=\frac{\mathrm{e}^{-\frac{\varepsilon_{\mathrm{B},r}}{k_{\mathrm{B}}T}}}{q_{\mathrm{B}}} \tag{7.1.123}$$

式中，$\langle N_{\mathrm{B},r}\rangle$为$\mathrm{A}_i$或$\mathrm{X}^{\neq}$处于$r$能级（一般将分子的能量近似写成平动能、转动能、振动能和电子能之和）的平均粒子数；N_{B}为物质A_i或$\mathrm{X}^{\neq}$的分子总数；物质B的配分函数q_{B}是按以基态能为能量零点而得出的。

为了计算N_{B}，在式（7.1.123）中取$\varepsilon_{\mathrm{B},0}=0$而得

$$N_{\mathrm{B}}=q_{\mathrm{B}}\langle N_{\mathrm{B},0}\rangle \tag{7.1.124}$$

玻尔兹曼分布律给出结果

$$\frac{\langle N_{\mathrm{B}_1,0}\rangle}{\langle N_{\mathrm{B}_2,0}\rangle}=\mathrm{e}^{-\frac{\varepsilon_{\mathrm{B}_1,0}-\varepsilon_{\mathrm{B}_2,0}}{kT}} \tag{7.1.125}$$

利用式（7.1.124）、式（7.1.125），式（7.1.122）成为

$$K_{\mathrm{f}}=\frac{\left(\dfrac{q_{\neq}}{N_0 V}\right)}{\prod_i\left(\dfrac{q_{\mathrm{A}_i}}{N_0 V}\right)^{\alpha_i}}\mathrm{e}^{-\frac{\Delta\varepsilon_0^{\neq}}{kT}} \tag{7.1.126}$$

$$\Delta\varepsilon_0^{\neq}=\varepsilon_{\neq,0}-\sum_i \alpha_i \varepsilon_{\mathrm{A}_i,0} \tag{7.1.127}$$

式中，$\Delta\varepsilon_0^{\neq}$为基态反应物与过渡态物之间能量的差值（即量子能垒）。将$\mathrm{X}^{\neq}$沿反应坐标的运动看作限制在长度δ范围内的自由粒子单维平动，不过，它是过渡态物内部的核彼此的相对运动。δ长度为过渡态物形成之初的临界面到产物刚刚形成的产物面的距离。其平均速度$\overline{V^{\neq}}$为自由粒子（当沿反应坐标势能为常数的一段）的单维平动平均速度，即

$$\overline{V^{\neq}}=\sqrt{\frac{k_{\mathrm{B}}T}{2\pi m_{\mathrm{rc}}}} \tag{7.1.128}$$

式中，m_{rc}为粒子有效质量；k_{B}为玻尔兹曼常量。

过渡态物的代表点通过该区域所需时间为

$$\overline{\tau_{\neq}}=\frac{\delta}{\overline{V^{\neq}}}=\sqrt{\frac{2\pi m_{\mathrm{rc}}}{k_{\mathrm{B}}T}}\delta \tag{7.1.129}$$

利用式（7.1.122），反应速率可表示为

$$r=\frac{[\mathrm{X}^{\neq}]}{\overline{\tau_{\neq}}}=\frac{\overline{V^{\neq}}}{\delta}K_{\mathrm{f}}\prod_{i}[\mathrm{A}_{i}]^{\alpha_{i}} \tag{7.1.130}$$

式（7.1.130）给出的反应速率常数为

$$k=\frac{r}{\prod_{i}[\mathrm{A}_{i}]^{\alpha_{i}}}=\frac{\overline{V^{\neq}}}{\delta}K_{\mathrm{f}} \tag{7.1.131}$$

将 $\mathrm{X}^{\neq}$ 沿反应坐标方向运动的配分函数 $q_{\neq}^{-}$ 与其他配分函数 $q_{\neq}^{+}$ 分离，即

$$q_{\neq}=q_{\neq}^{-}q_{\neq}^{+} \tag{7.1.132}$$

以 δ 为空间尺寸的一维平动配分函数［式（7.108）q_{t}］为

$$q_{\neq}^{-}=\sqrt{\frac{2\pi m_{\mathrm{rc}}k_{\mathrm{B}}T}{h^{2}}}\delta \tag{7.1.133}$$

将式（7.1.126）、式（7.1.128）、式（7.1.132）、式（7.1.133）代入式（7.1.131），得

$$k=\frac{k_{\mathrm{B}}T}{h}\frac{\dfrac{q_{\neq}^{+}}{N_{0}V}}{\prod_{i}\left(\dfrac{q_{i}}{N_{0}V}\right)^{\alpha_{i}}}\mathrm{e}^{\frac{-\Delta\varepsilon_{0}^{\neq}}{k_{\mathrm{B}}T}} \tag{7.1.134a}$$

此式可写为

$$k=\frac{k_{\mathrm{B}}T}{h}K^{\neq} \tag{7.1.134b}$$

式中，$K^{\neq}$ 为活化平衡常数，式（7.1.134b）即为 Eyring 公式。

值得注意的是，与一般分子不同，过渡态物配分函数 $q_{\neq}^{+}$ 中包括的振动配分函数，按照鞍点几何形状是非线性或线性而为 $3n^{\neq}-7$ 或 $3n^{\neq}-6$ 个振动模式配分函数的乘积，$n^{\neq}$ 为过渡态物分子的原子个数。

7.2　UF_6 的化学反应

7.2.1　UF_6 的物理化学特性[8]

在铀-氟体系中，氟化物有 UF_3、UF_4、U_4F_{17}、U_2F_9、UF_5 和 UF_6，它们的挥发性从不挥发的 UF_3 向挥发性很强的 UF_6 递增。

六氟化铀具有斜方晶体结构，晶格常数 $a=9.900\text{Å}$，$b=8.962\text{Å}$，$c=5.207\text{Å}$。晶胞中含有四个分子，晶胞密度为 5.09。在室温下，六氟化铀近乎白色固体，蒸气压高（112mmHg①）。

① 1mmHg = 1torr =133.32Pa。

用粉末状四氟化铀在约 300℃与氟气反应可大规模制备六氟化铀，反应式为

$$UF_4(固) + F_2 \longrightarrow UF_6(气) + 60kcal \quad (7.2.1)$$

美国从粗制 U_3O_8 浓缩物生产 UF_6，成本最低的制备流程是美国联合化学公司的氟化挥发法。

六氟化铀部分蒸气压值见表 7.2.1。

表 7.2.1 不同温度下六氟化铀的蒸气压值

温度/℃	−10	0	10	20	25	30	40	50	56.4（升华点）
蒸气压/mmHg	7.7	17.6	40	79	112	154	295.5	523	760

六氟化铀在一般条件下不与氧、氯、氮反应，与氢在 300℃以上才发生反应，甚至在 600℃时反应仍然很缓慢。但是，六氟化铀与水剧烈反应，生成 UO_2F_2 和 HF，并且释放大量热；对有机物如乙醇、乙醚、苯或烃类等的表现犹如强氟化剂，反应过程中生成 HF 及 UO_2F_2 或者 UF_4。

氯化氢在 250℃时或者溴化氢在 80℃时较容易将六氟化铀还原为 UF_4，氨甚至在 −78℃也能很快与六氟化铀反应生成 NH_4UF_5，而在 65℃时 UF_6 与 HBr 的反应则生成 UF_5。下面对 UF_6 可参与的部分化学反应进行一些具体的描述及分析。

7.2.2 UF_6 与 HBr 的反应[8]

$$2UF_6 + 2HBr \xrightarrow{65℃} 2UF_5(固) + 2HF + Br_2 \quad (7.2.2)$$

这是用 UF_6 与 HBr 制备 UF_5 的反应式，反应进行得很快，所得 UF_5 的纯度至少为 95%，对于 UF_5 而言，可将式（7.2.2）改写成

$$UF_6 + HBr \rightleftharpoons UF_5 + HF + \frac{1}{2}Br_2 \quad (7.2.3)$$

式（7.2.2）或式（7.2.3）的正向反应是关注产物 UF_5 的总包反应式。根据过渡态理论，UF_6 和 HBr 的反应，不可能是一个 U—F 键或者 H—Br 键先断开或者两者先断开，再组成产物分子，因为这不符合反应途径耗能最少的基本原理，因此两者的反应可能是先进行逐步靠拢，然后在势能面的鞍点处生成两分子极为靠拢的过渡态物，之后 H—Br 键和一个 U—F 键断开而一个 F—H 键和一个 U—Br 键形成。但是在较高的气压条件下，由 U—Br 键形成而产生的 UF_5Br，在与第三者或与反应器壁碰撞时形成 UF_5 和 Br_2，因此总包反应式（7.2.2）或式（7.2.3）获得成立。经证实[4]式（7.2.3）的正向反应是一个二级反应，反应的表观活化能为 $(4.18 \pm 0.04)kJ/mol$。不同温度下反应的速率常数 k（单位 $Pa^{-1} \cdot s^{-1}$）为：$253K: k = (5.18 \pm 0.05) \times 10^{-4}$；$263K: k = (5.60 \pm 0.06) \times 10^{-4}$；$273K: k = (5.85 \pm 0.06) \times 10^{-4}$；$286K: k = (6.43 \pm 0.06) \times 10^{-4}$；$297K: k = (6.83 \pm 0.07) \times 10^{-4}$。

7.2.3 UF_6 与 HCl 的反应

1. 反应式

UF_6 与 HCl 的热化学反应已经有不少的研究[4, 9, 10]。UF_6 与 HCl 的热化学反应如式（1.6.11）

所示：

$$UF_6 + 2HCl \xrightarrow{250℃} UF_4(固) + 2HF + Cl_2$$

已经知道 UF_6 与 HBr 和 HCl 分别在 80℃和 250℃易于将 UF_6 还原为 UF_4，而在 65℃时 HBr 与 UF_6 反应的产物则为 UF_5。由此不难推测在远低于 250℃的室温及以下温度时利用 HCl 与 UF_6 反应已不易于生成 UF_4。实验表明，UF_6 与 HCl 的化学反应在 250K 左右温度下虽然不易生成 UF_4，但化学反应仍可进行，仅仅是反应速率不高而已[4, 10]，这给选择性光化学反应带来一定困难。

文献[9]引述的资料表明：

$$\begin{aligned} UF_6^* + HCl &\longrightarrow UF_5\downarrow + HF + Cl \quad (-46kcal/mol) \\ Cl + Cl &\longrightarrow Cl_2 \quad (+57.16kcal/mol) \end{aligned} \tag{7.2.4}$$

式中，UF_6^*（$\nu_3+\nu_4+\nu_6$）是连续波 CO_2 激光（在 UF_6 吸收频率 $\nu_3+\nu_4+\nu_6$）激发的分子，此式成立的条件还应包括与第三种物质或反应室器壁的碰撞。

文献[9]更相信在 20torr（1torr = 1mmHg）总气压之下的反应为

$$UF_6^* + HCl \longrightarrow UF_5Cl + HF \quad [(+22.4\pm10)kcal/mol] \tag{7.2.5a}$$

$T = 295K$ 时，或为

$$\begin{aligned} &UF_6 + HCl(\upsilon=0, J=0,1) \longrightarrow UF_6HCl \\ &UF_6HCl + h\nu_L \longrightarrow UF_6HCl^* \longrightarrow UF_5Cl + HF \end{aligned} \tag{7.2.5b}$$

式中，UF_6HCl 为一个短寿命的亚稳态分子复合物。

可以认为在高的气压下式（7.2.5）是先于式（7.2.4）而存在的，然后再经历如下一个中间过程：

$$2UF_5Cl \longrightarrow 2UF_5\downarrow + Cl_2 \quad (-80.5kcal/mol) \tag{7.2.6}$$

而以式（7.2.4）作为结果的。

数据进一步表明式（7.2.5a）或式（7.2.5b）的进行，必须涉及一个具体振动的激发，即 UF_6 的 ν_3 振动或 UF_6HCl 的 ν_r 振动激发，也就是说式（7.2.5a）或式（7.2.5b）应写成

$$UF_6^*(\nu_3) + HCl \longrightarrow UF_5Cl + HF^*(\nu = 1或\nu = 2) \tag{7.2.5a$'$}$$

或

$$UF_6HCl^*(\nu_r) \longrightarrow UF_5Cl + HF^*(\nu = 1或\nu = 2) \tag{7.2.5b$'$}$$

式（7.2.4）表明，UF_6 与 HCl 的化学反应是 UF_6^*（$\nu_3+\nu_4+\nu_6$）与 HCl 的化学反应，产物是 UF_5，而式（7.2.5b）的第一式又表明 UF_6 与 HCl 在 295K 下是直接反应的，产物是短寿命的亚稳态分子复合物 UF_6HCl，最终产物也是 UF_5。这两种判断实际上都支持了室温或较低温度下式（7.2.4）可以代表 UF_6 与 HCl 的热化学反应。由第 10 章表 10.4.1 可见，在 295K 下有 90%以上的 UF_6 分子都处于 ν_3 或 $\nu_3+\nu_4+\nu_6$ 及以上能级，在 235K 有 70%～80%的 UF_6 分子都处于 ν_3 或 $\nu_3+\nu_4+\nu_6$ 及以上能级，它们都具有与 UF_6^*（$\nu_3+\nu_4+\nu_6$）相近或更高的与 HCl 的反应能力，而 UF_6^*（$\nu_3+\nu_4+\nu_6$）与 HCl 的反应受到关注应当是由于激光的注入使反应速率有较大的提高（或较快的激光光化学反应叠加于热化学反应）。

2. 热化学反应速率常数

由式（7.1.7）、式（7.2.4）可知，式（7.2.4）的速率方程可以表示为

$$-\frac{\mathrm{d}[UF_6]}{\mathrm{d}t}=k_{\alpha\beta}[UF_6]^{\alpha}[HCl]^{\beta} \tag{7.2.7}$$

由式（7.2.4）可知，反应物的化学计量系数均相同，若有 $\alpha=\beta=1$，反应级数 $n=2$，并有

$$-\frac{\mathrm{d}[UF_6]}{\mathrm{d}t}=k[UF_6][HCl] \tag{7.2.8}$$

在 $T=253\mathrm{K}$，$p_{UF_6}=2.82\mathrm{torr}=2.82\times133.32\mathrm{Pa}$，$p_{HCl}=20\sim30\mathrm{torr}$ 条件下，实验表明[10]其为二级反应，多个实验的速率常数的平均值为

$$\bar{k}=(2.97\pm0.96)\times10^{-4}\,\mathrm{torr}^{-1}\cdot\mathrm{s}^{-1}=(2.22\pm0.72)\times10^{-6}\,\mathrm{Pa}^{-1}\cdot\mathrm{s}^{-1}$$

若 $[HCl]\gg[UF_6]$，则 $[HCl]$ 在反应中的变化可以忽略，即 $k[HCl]$ 近似为一常数 k^*，故有

$$\frac{\mathrm{d}\lfloor UF_6\rfloor}{\mathrm{d}t}=-k^*[UF_6] \tag{7.2.9}$$

其解为

$$\ln\frac{[UF_6]_i}{[UF_6]_0}=-k^*t \tag{7.2.10}$$

式（7.2.9）在形式上和一级反应的速率方程相同，又包含 $[HCl]\gg[UF_6]$ 的条件，在初始浓度 $[UF_6]_0=266.66\mathrm{Pa}$ 和 $[HCl]_0=10.666\mathrm{kPa}$ 实验条件下被称为准一级动力学反应，即 $k^*=k[HCl]$，因此若将反应的速率常数表示为 $k=k^*/[HCl]$，并将 $[HCl]$ 用气压 p 表示，如在 $T=253\mathrm{K}$，有 $k=(0.0193\pm0.0004)\mathrm{s}^{-1}/10666\mathrm{Pa}=(1.809\pm0.037)\times10^{-6}\,\mathrm{Pa}^{-1}\cdot\mathrm{s}^{-1}$。部分速率常数如表 7.2.2 所示[4]。

表 7.2.2　UF_6 + HCl 反应的速率常数表[4]

T/K	$k^*/10^{-2}\mathrm{s}^{-1}$	$k/(10^{-6}\,\mathrm{Pa}^{-1}\cdot\mathrm{s}^{-1})\ (k=k^*/[HCl])$
253	1.93±0.04	1.81±0.037
263	2.20±0.04	2.06±0.037
286	2.48 + 0.05	2.32±0.046
304	2.97±0.06	2.78±0.056
323	3.52±0.07	3.30±0.065

注：表中计算值为用气压 p 代替[HCl]后而得。

由表 7.2.2 可看出，在 $T=253\mathrm{K}$ 时，$k=1.8\times10^{-6}\,\mathrm{Pa}^{-1}\cdot\mathrm{s}^{-1}$，这与式（7.2.8）按二级反应得到的 $T=253\mathrm{K}$ 时 $\bar{k}=2.22\times10^{-6}\,\mathrm{Pa}^{-1}\cdot\mathrm{s}^{-1}$ 是很接近的。这表明在所涉及的条件范围，按准一级动力学反应或二级反应处理所得结果很接近。明显地，依式（7.2.8），考虑[HCl]也就是视该反应为二级反应，而将[HCl]用气压 p 表示来求得的二级反应速率常数与按

式（7.2.9）或按式（7.1.10）求得的二级反应速率常数还差一个常量因子，当我们直接用浓度[HCl]时，则有（对温度 0℃）

$$[\mathrm{HCl}]=\frac{p}{760\mathrm{torr}}\frac{\mathrm{mol}}{22.4(0.1\mathrm{m})^3}=\frac{\mathrm{mol}}{17.024\mathrm{m}^3}\frac{p}{\mathrm{torr}} \tag{7.2.11}$$

于是

$$\begin{aligned} k&=\frac{k^*}{[\mathrm{HCl}]}=k^*\cdot 17.024\mathrm{m}^3\cdot\left(\frac{p}{133.32\mathrm{Pa}}\right)^{-1}\mathrm{mol}^{-1}\\ &=17.024\mathrm{m}^3\left(\frac{\mathrm{mol}}{133.32\mathrm{Pa}}\right)^{-1}k^*p^{-1}\end{aligned} \tag{7.2.12}$$

例如，在表 7.2.2 中，$T=263\mathrm{K}$(接近0℃)，$p_0=10.666\mathrm{kPa}$，则 $k=4.68\times10^{-3}\mathrm{m}^3/(\mathrm{mol}\cdot\mathrm{s})$，而在表中列出值为 $2.06\times10^{-6}\mathrm{Pa}^{-1}\cdot\mathrm{s}^{-1}$，此列出值也即为式（7.2.12）中 k^*p^{-1} 的值。

下面提供激光选择性活化化学反应法分离同位素项目实验早期同位素组的两组数据[10]。由 HCl 气体把 UF_6 蒸气从分样器（241K 或 253K）中带出，UF_6 + HCl 混合气的流速由调节器控制，混合气经预冷后进入 241K 或 253K 恒温液冷却的反应室，气压由收集器后的调节器控制。UF_6 + HCl 混合气经过一段时间 τ 反应后经反应室出口处固相分离器除去反应产物后分别收集于液氮冷却的三个不锈钢 U 形管冷阱收集器中，以备分析。在三个冷阱收集器后设有一安全阱。整个系统由一真空泵带动。泵后设立了含碱性溶液的尾气处理器。固相分离器中的样品由质谱仪测量（见第 8 章）。从 U 形管冷阱收集器中取得样品，对残余 UF_6 的水解产物 UO_2^{2+} 或 $UO_2(CO_3)_3^{4-}$，用光度法（方法 a）、容量法（方法 b）或 ICP 法（方法 c）进行定量分析；样品中 HCl 气体的中和物 Cl^- 用莫尔法进行定量分析。分析前应注意 U 形管腐蚀物、固液两相等处理。实验数据和分析结果列于表 7.2.3 和表 7.2.4 中，a 和 b 代表相应方法的结果。

表 7.2.3 和表 7.2.4 中，转化率由初始 HCl 分压与 UF_6 分压之比 $(\mathrm{Cl}:\mathrm{U})_0$ 和剩余物中 Cl^- 摩尔数与 U 摩尔数之比 $(\mathrm{Cl}:\mathrm{U})_\mathrm{f}$ 决定：

$$x=\frac{(\mathrm{Cl}:\mathrm{U})_0^{-1}-(\mathrm{Cl}:\mathrm{U})_\mathrm{f}^{-1}}{(\mathrm{Cl}:\mathrm{U})_0^{-1}}\times100\%$$

一级反应速率常数 k_1 可考虑成式（7.2.10）中的 k^*，若忽略反应引起的 HCl 量的变化，则可依式（7.2.10）知

$$k_1=\frac{1}{\tau}\ln\frac{1}{1-x}$$

而二级反应速率常数 k_2 即式（7.2.8）的 k 值，由分压替代式中相应的浓度可得

$$k_2=\frac{1}{\tau p_{\mathrm{HCl}}}\ln\frac{1}{1-x}$$

计算反应速率常数的平均值时，$T=241\mathrm{K}$ 时大部分转化率都较高，以转化率为权重因子；$T=253\mathrm{K}$ 时转化率都较低（或其他温度下的类似情况），以转化率与转化率平均值的比值为权重因子。

表 7.2.3　$UF_6 + HCl$ 体系 241K 温度下热反应实验数据表

编号	p/torr	p_{UF_6}/torr	p_{HCl}/torr	(Cl：U)$_0$	反应时间 τ/s	剩 U_a/mg	剩 U_b/mg	剩 Cl^-/mmol	剩(Cl：U)$_{f,a}$	剩(Cl：U)$_{f,b}$	转化率 x_a/%	转化率 x_b/%	$k_{1a}/10^{-2}s^{-1}$	$k_{1b}/10^{-2}s^{-1}$	$k_{2a}/(10^{-6}Pa^{-1}\cdot s^{-1})$	$k_{2b}/(10^{-6}Pa^{-1}\cdot s^{-1})$
1	66.0	0.80	65.2	81.5	91.3	1.72	1.41	17.9	2490	3020	96.7	97.3	3.74	3.96	4.30	4.55
2	41.4	0.86	40.5	47.1	71.9	1.90	2.05	11.8	1480	1370	96.8	96.6	4.79	4.70	8.85	8.70
3	21.0	0.92	20.1	21.8	39.5	42.0	43.0	20.8	118	115	81.5	81.0	4.27	4.20	15.9	15.6
4	35.0	0.81	34.2	42.2	75.3	1.58	1.20	11.7	1760	2320	97.6	98.2	4.95	5.34	10.8	11.7
5	37.0	0.90	36.1	40.1	87.1	1.16	0.86	12.8	2630	3550	98.5	98.9	4.82	5.18	10.0	10.7
6	54.0	0.98	53.0	54.1	151	3.67	2.18	6.70	434	731	87.5	92.6	1.38	1.72	1.95	2.43
7	59.4	0.90	58.5	65.0	161	0.35	0.63	10.7	7110	4060	99.1	98.4	2.93	2.57	3.75	3.29
8	17.4	1.18	16.2	13.7	54.7	55.6	65.6	7.59	32.5	27.5	57.8	50.2	1.58	1.27	7.30	5.90
9	13.6	1.54	12.1	7.86	42.9	71.0	79.8	6.80	22.8	20.3	65.5	61.3	2.48	2.21	15.3	13.7
10	59.2	0.90	58.3	64.8	150	3.98	4.11	18.0	1080	1040	94.0	93.8	1.88	1.85	2.41	2.38
11	38.4	1.54	36.9	24.0	74.7	62.7	64.7	12.8	48.6	47.1	50.6	49.0	0.944	0.901	1.92	1.83
12	44.8	0.83	44.0	53.0	94.8	4.13	3.98	10.1	582	604	90.0	91.2	2.53	2.56	4.31	4.37
13	40.2	1.02	39.2	38.4	127	1.68	2.59	6.52	924	519	95.8	93.6	2.50	2.16	4.77	4.14

表 7.2.4　UF_6 + HCl 体系 253K 温度下热反应实验数据表

编号	p/torr	p_{UF_6} /torr	p_{HCl} /torr	(Cl : U)$_0$	反应时间 τ/s	剩 U_a/mg	剩 U_b/mg	剩 Cl^-/mmol	剩(Cl : U)$_{f,a}$	剩(Cl : U)$_{f,b}$	转化率 x_a/%	转化率 x_b/%	$k_{1a}/10^{-2}s^{-1}$	$k_{1b}/10^{-2}s^{-1}$	k_{2a} / ($10^{-6}Pa^{-1}\cdot s^{-1}$)	k_{2b} / ($10^{-6}Pa^{-1}\cdot s^{-1}$)
1	19.0	2.82	16.2	5.74	43.8	72.6		4.24	13.9		58.7		2.02		9.37	
2	26.0	2.82	23.2	8.23	57.9	89.7		4.67	12.4		33.6		0.71		2.28	
3	23.6	2.82	20.8	7.38	29.2	169	198	5.97	8.41	7.18	12.2		0.44		1.60	
4	24.6	2.82	21.8	7.73	39.0	268	321	15.2	13.5	11.3	42.7	31.6	1.43	0.97	4.91	3.35
5	22.0	2.82	19.2	6.81	55.2	324	401	17.6	12.9	10.4	47.2	34.5	1.16	0.76	4.52	2.99
6	51.4	2.82	48.6	17.2	116	19.6	23.6	8.59	104	86.6	83.5	80.1	1.55	1.39	2.40	2.14
7	67.2	2.82	64.4	22.8	182	10.1	22.4	8.00	99.7	85.0	77.1	73.2	0.81	0.72	0.94	0.84
8	17.8	2.82	15.0	5.32	50.9	345	426	13.0	8.97	7.26	40.5	26.7	1.02	0.61	5.10	3.05
9	27.4	2.82	24.6	8.72	53.7	172	217	11.7	16.2	12.8	46.2	31.9	1.15	0.71	3.51	2.18
10	29.4	2.82	26.6	9.43	66.9	157	189	10.8	16.4	13.6	42.5	30.7	0.83	0.55	2.33	1.54
11	32.2	2.82	29.4	10.4	76.8	103	137	10.1	22.3	17.5	53.4	40.6	0.99	0.68	2.53	1.73

表 7.2.3 前 5 例一级反应速率常数平均值为 $\overline{k}_{1a} = 0.0427\text{s}^{-1}$；后 8 例一级反应速率常数平均值为 $\overline{k}_{1a} = 0.0168\text{s}^{-1}$，$\overline{k}_{1b}$ 很接近 $\overline{k}_{1a}$。之所以将前 5 例单独取平均，是因为这 5 例在实验时间上位于第一组全组（13 例）实验的开端部分，由于反应室钝化处理（先用 F_2 再用 UF_6 气体）不充分而引起反应室壁对 UF_6 气体的吸附，造成了表面上有较大热反应速率常数的情况，从第 6 例开始连续 8 例实验速率常数都是低而较平稳的，而且接下来的第二组实验（表 7.2.4 的连续 11 例）也没有再出现过第一组开始的情况。因此 241K 下 $UF_6 + HCl$ 体系热反应一级速率常数可近似取为

$$k = 0.0168\text{s}^{-1} \quad (241\text{K})$$

其二级反应速率常数平均值近似为

$$k = 5.23 \times 10^{-4}\,\text{torr}^{-1} \cdot \text{s}^{-1} = 3.923 \times 10^{-6}\,\text{Pa}^{-1} \cdot \text{s}^{-1} \quad (241\text{K})$$

由表 7.2.3 可见，多数情况下 HCl 气体分压为 40torr 左右，由二级反应速率常数平均值可得 40torr 时其速率常数 $k = 0.020\text{s}^{-1}$，与一级速率常数平均值很接近。

对表 7.2.4 的 11 例，其一级速率常数平均值可近似取为

$$k = 0.012\text{s}^{-1} \quad (253\text{K})$$

其二级反应速率常数平均值可近似取为

$$k = 4.97 \times 10^{-4}\,\text{torr}^{-1} \cdot \text{s}^{-1} = 3.728 \times 10^{-6}\,\text{Pa}^{-1} \cdot \text{s}^{-1} \quad (253\text{K})$$

表 7.2.4 中大多数情况下 HCl 气体分压都较低，当取平均 HCl 分压为较高的 40torr 时，由其二级速率常数可得 40torr 时的速率常数 $k = 0.019\text{s}^{-1}$。这个值比表 7.2.3（HCl 分压均接近平均的 40torr，241K）一级反应速率常数值 0.0168s^{-1} 要高一些，这是因为其温度高 12K，所以速率常数应高一些；而且这个值比 253K 时的一级反应速率常数平均值 0.012s^{-1} 要高。可见，对于表 7.2.4 中在较低气压下得到的速率常数，应该用其二级速率常数来计算 253K 时某一设计气压的速率常数，不宜直接用一级反应速率常数。也即在较低气压下，较低分压比的反应是二级反应。当分压比很高{如 HCl：UF_6[即$(Cl:U)_0$] = 40 左右}，目标物 UF_6 与反应剂 HCl 的反应速率随分压比的升高（反应剂分压也升高）是不明显的，此为准一级反应。由于实验例不多，又存在误差，用表 7.2.3 中的少数例来说明准一级反应是勉强的，例 6、例 12 和例 13，它们的平均分压比约为 48.5，其平均 k_{1a} 约为 0.0213s^{-1}，而例 7 和例 10，它们的平均分压比约为 64.9，其平均 k_{1a} 约为 0.02405s^{-1}，速率常数升高很少；虽然也有分压比较低而测出的速率常数偏高的情况，但这不是主体情况，而且有待进一步分析考察。

表 7.2.4 的情况与表 7.2.3 的不同，首先是反应温度不同，但更重要的不同在于两者在分压比和总压上差别都较大，分压比平均分别是 9.98 和 40.1（表 7.2.3 的后 8 例），总压平均分别是 31torr 和 41torr，目标物 UF_6 分压平均分别是 2.82torr 和 1.1torr，得到的一级反应速率常数分别是 0.012s^{-1} 和 0.0168s^{-1}，二级速率常数也是前者的小后者的大。显然，表 7.2.4 相对于表 7.2.3 在较高的温度、较高的目标物 UF_6 分压下得到了较低的速率常数，原则上同样可望的是在表 7.2.4 中分压比、总压和目标物 UF_6 分压下可以在较低温度下得到更低的速率常数。在选择性光化学反应中需要较低的热化学反应速率和较高的光化学反应速率。

3. 活化能

根据由 Arrhenius 经验公式式（7.1.28）得到的式（7.1.50）和式（7.1.51），由表 7.2.2 的数据可计算得出 UF_6 与 HCl 反应的活化能的平均值如下：

$$\overline{E}=\frac{R}{10}\left[\frac{\ln\frac{k_2}{k_1}}{\frac{1}{T_1}-\frac{1}{T_2}}+\cdots+\frac{\ln\frac{k_5}{k_1}}{\frac{1}{T_1}-\frac{1}{T_5}}+\frac{\ln\frac{k_3}{k_2}}{\frac{1}{T_2}-\frac{1}{T_3}}+\cdots+\frac{\ln\frac{k_5}{k_2}}{\frac{1}{T_2}-\frac{1}{T_5}}+\frac{\ln\frac{k_4}{k_3}}{\frac{1}{T_3}-\frac{1}{T_4}}+\frac{\ln\frac{k_5}{k_3}}{\frac{1}{T_3}-\frac{1}{T_5}}+\frac{\ln\frac{k_5}{k_4}}{\frac{1}{T_4}-\frac{1}{T_5}}\right]=5.849\pm0.15(\text{kJ/mol}) \tag{7.2.13}$$

式（7.2.13）的结果是 10 项的平均值，用 k 或 k^* 其结果相同。按平均值计算方法，UF_6 和 HBr 反应的表观活化能为 (3.87 ± 0.15)kJ/mol，与 7.2.2 节的 (4.18 ± 0.04)kJ/mol 接近。

根据 4.3.3 节的计算，F—UF_5 键能为 (293 ± 8)kJ/mol。Cl—H 键能为 (428.02 ± 0.42)kJ/mol。若视为两个双原子分子的反应，其活化能估计值则为两个键能和的 30%，即为 222.6kJ/mol。显然这个值远高于实验所得活化能，因此应对 UF_6 与 HCl 以及与 HBr 反应的活化能较低进行分析，分析如下。

1）反应处于吸、放能反应条件边缘

我们从能量的角度来分析这一反应过程。由分子碰撞—相互影响—旧键逐渐不稳定向新键过渡—两分子组合体并按放能或者吸能形成新键和旧键断裂发展，再向产物发展。由于所测速率常数是监测 UF_6 的光谱变化[4]而得的，因而监测是迅速的，于是可以认为所测速率常数是生成 UF_5Cl 的速率常数，而不是生成 UF_5 的速率常数；又可以认为 UF_5Cl 是最主要的生成物，也可以认为 UF_5Cl 是最主要生成物的代表符号，于是依据式（7.2.5a）和监测 UF_6 光谱变化所测速率常数而得到的活化能值较接近简单反应的值。依据式（7.1.54）和式（7.1.55），活化能与两分子间的反应是吸能还是放能密切相关，对于吸能反应过程，则需对两分子接触时的相对平动能有阈能需求，对放能反应过程则不一定有阈能需求。依据式（7.1.54）和式（7.1.55），我们可以从键能总和的差估算放能或者吸能。反应过程中各反应物断键能总和与各生成物成键能总和之差为正时，该反应为吸能反应，其差为负时，该反应为放能反应。依据前面的键能数据及 HF 的键能 (565 ± 4)kJ/mol，这一过程的总键能差为

$$\Delta D=428.02+293(\pm8)-565(\pm4)-210=-54\pm12(\text{kJ/mol}) \tag{7.2.14a}$$

或

$$\Delta D=428.02+293(\pm8)-565(\pm4)-148.1=7.92\pm12(\text{kJ/mol}) \tag{7.2.14b}$$

问题在于式（7.2.14a, b）中 Cl—UF_5 的键能分别是以第 4 章 Cl—UCl_5 和 I—UI_5 的值取代的。由于 Cl—UF_5 经碰撞即可成为 UF_5，故 Cl—UF_5 的键能不会太高，故式（7.2.14b）更合理，它与式（7.2.5a）相近，即反应仅有较少的吸能，这预示着阈能和活化能不会高。

2）极性分子和八面体分子的碰撞与反应有方位优势

在 HCl 分子中由于 H 原子和 Cl 原子外层的单个未成对电子自旋相反地运动，核间出现较大电子云密度，形成稳定的键，键的离子性约为 30%，负电中心偏向于负性大的 Cl 原子一方，核的正电中心相对负电中心偏向于 H 原子核，形成正负电中心不重合的极性共价键，类似地，还有 HF、HBr 和 HI，HF 极性最高。在电子基态下的 UF_6 分子中，中心原子 U 的外围电子层价电子数为 6，每个 F 原子的未配对电子数为 1，共形成 6 个 σ 键。σ 键即在沿键轴方向出现 U 原子和 F 原子的价电子轨道重叠，重叠区域主要出现于 U 与 F 原子之间。由于沿各键轴方向的电子分布主要集中于轴线附近，故这些区域相互作用使得整个分子为一个八面体，如图 7.2.1 所示。再有，HCl 和 HF 的键长分别为 127.4pm（$1\text{cm} = 10^{10}\text{pm}$）、91.8pm，U—F 键的长度为 199.79pm，在八面体上 F 原子相距 282.4pm，Cl 原子、F 原子和 H 原子的直径分别为 198pm、142pm、105.8pm，这些数据相差不是很大。注意到 UF_6 与 HCl 的反应式（7.2.5），从直观上看，UF_6 与 HCl 分子的碰撞，以 H—Cl 键轴和 UF_6 的 U—F 键轴夹角较小并且 H 与 F 原子迎面碰撞的情况会更有机会成为反应性碰撞，HCl 的 H 原子端因其正电荷特性有利于吸引对应的 U—F 键的 F 端的电子，进而使 U—F 键的 F 端的电子电荷分布向 HCl 中 H 原子端靠近，从而使对应的 U—F 键的价电子云交叠逐渐减弱而使 F 原子与 H 原子逐渐靠近并且逐渐形成价电子云交叠，与此同时，σ 键与 σ 键电荷分布相互作用会将该 F 原子向外推，继而 H 和 F 抱团，使得它们分别与 Cl 原子和 U 原子的相互作用减弱。伴随这一过程，HCl 的 Cl 原子获得取代原 F 原子的机会。因而在 UF_6 和 HCl 的碰撞接触条件下，经过一个短暂的过渡状态 UF_6HCl 后形成一个更加稳定的双原子分子 HF 和伴随形成 UF_5Cl 分子。

对于 HCl 与 UF_6 分子碰撞，不仅电性相互作用有利于反应物断键和生成物成键，而且重要的特点和优势是一偶极矩和电性互斥八面体的碰撞，对方位选择要求较低。假定图 7.2.1 中 A-U-B、C-U-D 和 E-U-G 为三个线型的三原子结构，选择线型极性分子 H—Cl 以 H 原子端碰撞 UF_6 分子为最佳方式，则平均而言线型分子 H—Cl 对 A-U-B、C-U-D 和 E-U-G 的碰撞是分别垂直地向它们中心碰撞。但是它沿纵向对 C-U-D 的垂直碰撞却成了对 A-U-B 的同轴碰撞，沿横向对 C-U-D 的垂直碰撞却成了对 E-U-G 的同轴碰撞。同理，它对 A-U-B、C-U-D 和 E-U-G 三者之一的垂直碰撞，都成了对其余二者之一的同轴碰撞。换言之，平均而言线型分子 H—Cl 对 UF_6 分子的碰撞，都是与 UF_6 分子的 σ 键的同轴碰撞。线型极性分子 H—Cl（及 HBr 等）具有与 UF_6 分子的 σ 键的同轴碰撞的极端条件，因而其阈能和活化能要么是高的，要么是低的，实验表明其是低的。

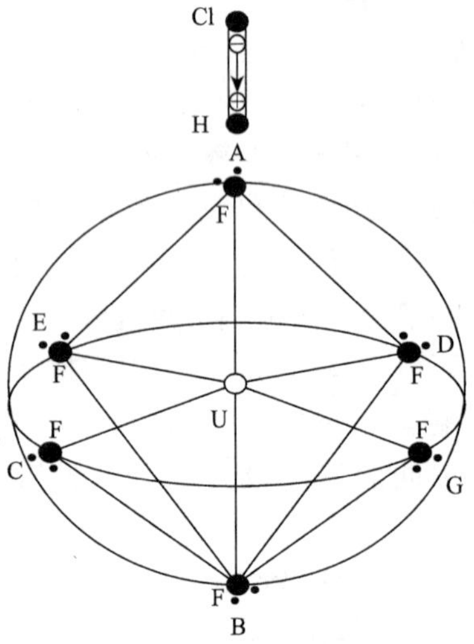

图 7.2.1　AX_6 型分子价层电子对互斥八面体和偶极矩的碰撞图

线型分子 H—Cl 垂直于 C-U-D 的碰撞即与 A-U-B 或 E-U-G 的同轴碰撞，A = B = C = D = E = G = F

4. 指前因子

设在 HCl、HBr 与 UF_6 分子的反应中速率常数分别是 k_{Cl} 和 k_{Br}，表观活化能分别是 E_{Cl} 和 E_{Br}，相应地我们设指前因子分别是 A_{Cl} 和 A_{Br}，则有

$$k_{Cl} = A_{Cl}\exp\left(-\frac{E_{Cl}}{RT}\right) \tag{7.2.15}$$

$$k_{Br} = A_{Br}\exp\left(-\frac{E_{Br}}{RT}\right) \tag{7.2.16}$$

则有

$$A_{Cl} = k_{Cl}\exp\left(\frac{E_{Cl}}{RT}\right) \tag{7.2.17}$$

$$A_{Br} = k_{Br}\exp\left(\frac{E_{Br}}{RT}\right) \tag{7.2.18}$$

$$\frac{A_{Cl}}{A_{Br}} = \frac{k_{Cl}}{k_{Br}}\exp\left(\frac{E_{Cl}-E_{Br}}{RT}\right) \tag{7.2.19}$$

取前面给出的 $E_{Cl}=5.849\text{kJ/mol}$，$E_{Br}=4.18\text{kJ/mol}$，并依据文献[4]和表 7.2.2 的相关数据及式（7.2.12）、式（7.2.15）～式（7.2.19），经计算近似得到的速率常数和指前因子列于表 7.2.5。

表 7.2.5 速率常数和指前因子比较表[$R=8.3128\text{J/(mol·K)}$]

T/K	k_{Cl}/[m^3/(mol·s)]	k_{Br}/[m^3/(mol·s)]	A_{Cl}/[m^3/(mol·s)]	A_{Br}/[m^3/(mol·s)]	$k_{Cl}:k_{Br}$	$A_{Cl}:A_{Br}$
253	4.097×10^{-3}	1.1754	6.625×10^{-2}	8.5771	0.0034856	0.007724
263	4.684×10^{-3}	1.2707	6.794×10^{-2}	8.5978	0.003686	0.007902
286	5.280×10^{-3}	1.4590	6.176×10^{-2}	8.4649	0.003619	0.007296

注：最后两列是依据本表中其他四列计算值而得的。

5. 反应速率常数的理论计算

依照式（7.1.134a）

$$k = \frac{k_B T}{h}\frac{\dfrac{q_{\neq}^{+}}{N_0 V}}{\prod\limits_i\left(\dfrac{q_i}{N_0 V}\right)^{\alpha_i}}\exp\left(\frac{-\Delta\varepsilon_0^{\neq}}{k_B T}\right)$$

及相关内容，我们对 UF_6 与 HCl 反应的速率做理论估算。按过渡态理论，反应式可写成

$$UF_6 + HCl \underset{k_2}{\overset{k_1}{\rightleftharpoons}} UF_6HCl \xrightarrow{k_3} UF_5Cl + HF \tag{7.2.20}$$

记 UF_6HCl 为 $X^{\neq}$。

一分子的配分函数，为核内运动、电子运动、平动运动、转动运动与振动运动的配分函数的乘积，在热化学反应过程中过渡态与反应物的核运动和电子运动在许多情况下可以完全或者大部分对消[2]，而剩余贡献不大，在我们的讨论中予以忽略。

1）平动配分函数

$$\mathrm{HCl}: q_{\mathrm{t}}=\left(\frac{2\pi m_{\mathrm{HCl}} k_{\mathrm{B}} T}{h^2}\right)^{\frac{3}{2}} V$$

$$\mathrm{UF}_6: q_{\mathrm{t}}=\left(\frac{2\pi m_{\mathrm{UF}_6} k_{\mathrm{B}} T}{h^2}\right)^{\frac{3}{2}} V$$

$$\mathrm{X}^{\neq}: q_{\mathrm{t}}=\left(\frac{2\pi m_{\neq} k_{\mathrm{B}} T}{h^2}\right)^{\frac{3}{2}} V，\ m_{\neq}=m_{\mathrm{HCl}}+m_{\mathrm{UF}_6}+\cdots$$

2）转动配分函数

$$\mathrm{HCl}: q_{\mathrm{r}}=\frac{8\pi^2 I_{\mathrm{HCl}} k_{\mathrm{B}} T}{h^2}，\ I_{\mathrm{HCl}}=\frac{m_{\mathrm{H}} m_{\mathrm{Cl}}}{m_{\mathrm{H}}+m_{\mathrm{Cl}}} r_0^2，\ m_{\mathrm{H}}=1.008\mathrm{g} C_0^{-1}，$$

$$m_{\mathrm{Cl}}=35.45\mathrm{g} C_0^{-1}，\ C_0=6.023\times 10^{23}，\ r_0(\text{核间距})=127.4\mathrm{pm}$$

$$\mathrm{UF}_6: q_{\mathrm{r}}=8\pi^2 \prod_{j=1}^{3}\left(\frac{2\pi^2 I_j k_{\mathrm{B}} T}{h^2}\right)^{1/2}=8\pi^2\left(\frac{2\pi^2 I_{\mathrm{UF}_6} k_{\mathrm{B}} T}{h^2}\right)^{3/2}，\ I_1=I_2=I_3=I_{\mathrm{UF}_6}，$$

$$I_{\mathrm{UF}_6}=4 m_{\mathrm{F}} r_{\mathrm{U-F}}^2，\ m_{\mathrm{F}}=19\mathrm{g} C_0^{-1}，\ m_{\mathrm{U}}=238\mathrm{g} C_0^{-1}，\ r_{\mathrm{U-F}}=199.9\mathrm{pm}$$

$$\mathrm{X}^{\neq}: q_{\mathrm{r}}=8\pi^2 \prod_{j=1}^{3}\left(\frac{2\pi^2 I_j^{\neq} k_{\mathrm{B}} T}{h^2}\right)^{1/2}$$

这里我们假定一个最简单的结构，即HCl的轴线与键U—F在一直线上，H与F靠近，设有一个F—H键的距离，这时质心沿U—F键向HCl一方移动39.4pm。

$$I_1^{\neq}=I_x^{\neq}，\ I_2^{\neq}=I_y^{\neq}，\ I_3^{\neq}=T_z^{\neq}=4 m_{\mathrm{F}} r_{\mathrm{U-F}}^2$$

$$\begin{aligned} I_x^{\neq}=I_y^{\neq} \approx\ & m_{\mathrm{F}}(r_{\mathrm{U-F}}+39.4\mathrm{pm})^2+(2 m_{\mathrm{F}}+m_{\mathrm{U}})(39.4\mathrm{pm})^2+2 m_{\mathrm{F}}[r_{\mathrm{U-F}}^2+(39.4\mathrm{pm})^2] \\ & +m_{\mathrm{F}}(r_{\mathrm{U-F}}-39.4\mathrm{pm})^2+m_{\mathrm{H}}(r_{\mathrm{H-F}}+r_{\mathrm{U-F}}-39.4\mathrm{pm})^2 \\ & +m_{\mathrm{Cl}}(r_{\mathrm{U-F}}+r_{\mathrm{F-H}}+r_{\mathrm{H-Cl}}-39.4\mathrm{pm})^2=1.360308\times 10^{-20}\mathrm{kg}\cdot\mathrm{pm}^2 \end{aligned}$$

$$r_{\mathrm{H-F}}=91.8\mathrm{pm},\ r_{\mathrm{H-Cl}}=r_0$$

3）振动配分函数

对于每一个振动自由度的配分函数，在以量子基态的能量作为参考零点时的贡献为 $\left(1-\mathrm{e}^{-\frac{h\nu_j}{k_{\mathrm{B}}T}}\right)^{-1}$，$\nu_j$ 为振动频率（Hz）。

$$\mathrm{HCl}: q_{\upsilon}=\left(14-\mathrm{e}^{-\frac{h\nu_{\mathrm{HCl}}}{k_{\mathrm{B}}T}}\right)^{-1}，\quad \nu_{\mathrm{HCl}}=2991\mathrm{cm}^{-1}(8.996792419\times 10^{13}\mathrm{Hz})$$

$$\mathrm{UF}_6: q_{\upsilon}=\left(1-\mathrm{e}^{-\frac{h\nu_1}{k_{\mathrm{B}}T}}\right)^{-1}\left(1-\mathrm{e}^{-\frac{h\nu_2}{k_{\mathrm{B}}T}}\right)^{-2}\left(1-\mathrm{e}^{-\frac{h\nu_3}{k_{\mathrm{B}}T}}\right)^{-3}\left(1-\mathrm{e}^{-\frac{h\nu_4}{k_{\mathrm{B}}T}}\right)^{-3}\left(1-\mathrm{e}^{-\frac{h\nu_5}{k_{\mathrm{B}}T}}\right)^{-3}\left(1-\mathrm{e}^{-\frac{h\nu_6}{k_{\mathrm{B}}T}}\right)^{-3}$$

式中，这些频率为

$$\nu_1 = 667\text{cm}^{-1},\quad 1.999615690\times10^{13}\,\text{Hz}$$
$$\nu_2 = 533\text{cm}^{-1},\quad 1.597393801\times10^{13}\,\text{Hz}$$
$$\nu_3 = 624\text{cm}^{-1},\quad 1.870704938\times10^{13}\,\text{Hz}$$
$$\nu_4 = 186\text{cm}^{-1},\quad 5.576139719\times10^{12}\,\text{Hz}$$
$$\nu_5 = 202\text{cm}^{-1},\quad 6.055807652\times10^{12}\,\text{Hz}$$
$$\nu_6 = 142\text{cm}^{-1},\quad 4.257052904\times10^{12}\,\text{Hz}$$

当 $T = 253\text{K}$ 时，得 $q_\upsilon = 81.80250227$ 。

$$\text{X}^{\neq}: q_{\upsilon(\text{X}^{\neq})} = \prod_{j=1}^{3n^{\neq}-7}\left(1-\mathrm{e}^{-\frac{h\nu_j}{k_\text{B}T}}\right)^{-1}$$

当做近似估算时，我们取

$$q_{\upsilon(\text{X}^{\neq})} \approx \left[\left(1-\mathrm{e}^{-\frac{h\nu}{k_\text{B}T}}\right)^{-1}\right]^{3n^{\neq}-7} = \left(1-\mathrm{e}^{-\frac{h\nu}{k_\text{B}T}}\right)^{-20}$$

式中，$n^{\neq}$ 为原子数，在具体模式不清楚的情况下，对 $q_{\upsilon(\text{X}^{\neq})}$ ，我们参考 HCl 和 UF_6 分子的频率 ν ，取为一平均值或者依据相关参数及实验结果给出一估计值。

在过渡状态，我们假定以下几个方面。

（1）反应物分子 A_1、A_2 的振动频率仍然近似地维持，或形式上维持而频率的所属模式有变化。

（2）由于两分子的充分接近，振动自由度增至 $3n^{\neq}-7$ （或 $3n^{\neq}-6$ ）个，新增振动自由度的振动与多原子分子的振动特征较接近，即它们的频率较低。

（3）准确地得到新增振动的频率是较困难的，当反应物 A_1、A_2 为多原子分子时新增振动频率的平均频率由下式得出

$$\bar{\nu}_\text{xin} = \frac{d_{\text{A}_{1,1}}\nu_{\text{A}_{1,1}} + d_{\text{A}_{1,2}}\nu_{\text{A}_{1,2}} + \cdots + d_{\text{A}_{2,n}}\nu_{\text{A}_{2,n}}}{3n^{\neq}-7} \tag{7.2.21}$$

式中，n 为振动模的编号；$d_{\text{A}_{1,1}}$ 等为简并度。

（4）当 A_1、A_2 中仅 A_1 为多原子分子时，新增振动频率则由具有 n_1 个原子的 A_1 的频率来决定，即

$$\bar{\nu}_\text{xin} = \frac{d_{\text{A}_{1,1}}\nu_{\text{A}_{1,1}} + d_{\text{A}_{1,2}}\nu_{\text{A}_{1,2}} + \cdots + d_{\text{A}_{1,n}}\nu_{\text{A}_{1,n}}}{3n_1-6} \tag{7.2.22}$$

于是，对于 $\text{X}^{\neq} = UF_6HCl$ ，它近似地具有原 UF_6 的 6 个振动模的 15 个振动和 HCl 的一个振动，还新增 4 个振动［据（2）］，新增振动的频率平均值取为

$$\bar{\nu}_{17\sim20} = \frac{\nu_1 + 2\nu_2 + 3(\nu_3+\nu_4+\nu_5+\nu_6)}{15} = 1.0382\times10^{13}\,(\text{Hz}) \tag{7.2.23}$$

式中，$\nu_1,\nu_2,\cdots,\nu_6$ 为 UF_6 的振动频率。

依据上述的平动、转动、振动配分函数，有

$$\frac{q_{\mathrm{HCl}}}{N_0V}=\frac{1}{N_0V}q_{\mathrm{t}}q_{\mathrm{r}}q_{\upsilon}=\frac{4\pi(2\pi k_{\mathrm{B}}T)^{2.5}\sqrt{m_{\mathrm{HCl}}}m_{\mathrm{H}}m_{\mathrm{Cl}}r_0^2}{N_0h^5\left(1-\mathrm{e}^{-\frac{h\nu_{\mathrm{HCl}}}{k_{\mathrm{B}}T}}\right)} \tag{7.2.24}$$

$$\frac{q_{\mathrm{UF_6}}}{N_0V}=\frac{2^9\pi^5(k_{\mathrm{B}}T)^3(m_{\mathrm{UF_6}}m_{\mathrm{F}})^{\frac{3}{2}}r_{\mathrm{U-F}}^3}{N_0h^6}q_{\upsilon}(\mathrm{UF_6}) \tag{7.2.25}$$

$$\frac{q_{\neq}^{+}}{N_0V}=\frac{4(2\pi)^5(k_{\mathrm{B}}T)^3\sqrt{m_{\mathrm{F}}}m_{\neq}^{\frac{3}{2}}r_{\mathrm{U-F}}I_{\mathrm{X}}^{\neq}q_{\upsilon(\mathrm{X}^{\neq})}}{N_0h^6} \tag{7.2.26}$$

由式（7.1.134a），有

$$\begin{aligned}k&=\frac{k_{\mathrm{B}}T}{h}\frac{\dfrac{q_{\neq}^{+}}{N_0V}}{\dfrac{q_{\mathrm{HCl}}}{N_0V}\dfrac{q_{\mathrm{UF_6}}}{N_0V}}\mathrm{e}^{\frac{-\Delta\varepsilon_0^{\neq}}{k_{\mathrm{B}}T}}\\&=\frac{N_0h^4m_{\neq}^{\frac{3}{2}}I_{\mathrm{X}}^{\neq}\left(1-\mathrm{e}^{-\frac{h\nu_{\mathrm{HCl}}}{k_{\mathrm{B}}T}}\right)q_{\upsilon(\mathrm{X}^{\neq})}\mathrm{e}^{-\frac{\Delta\varepsilon_0^{\neq}}{k_{\mathrm{B}}T}}}{8(2\pi)^{3.5}(k_{\mathrm{B}}T)^{1.5}m_{\mathrm{H}}m_{\mathrm{Cl}}m_{\mathrm{F}}\sqrt{m_{\mathrm{HCl}}}m_{\mathrm{UF_6}}^{\frac{3}{2}}r_0^2r_{\mathrm{U-F}}^2q_{\upsilon(\mathrm{UF_6})}}[\mathrm{m^3/(mol\cdot s)}]\end{aligned} \tag{7.2.27}$$

式中，$N_0=6.02\times10^{23}\,\mathrm{mol^{-1}}$，长度、质量、时间和能量的单位分别取 m，kg，s，J（$=\mathrm{kg\cdot m^2/s^2}$），$UF_6$ 的六个振动频率为已知，故各振动的零点振动能均可求取，HCl 的零点振动能也可得到。依假定（1）～（4），有近似计算式

$$q_{\upsilon(\mathrm{X}^{\neq})}\approx q_{\upsilon(\mathrm{UF_6})}q_{\upsilon(\mathrm{HCl})}q_{\upsilon(\mathrm{xin})},\quad q_{\upsilon(\mathrm{xin})}=\left(1-\mathrm{e}^{-\frac{h\nu_{17\sim20}}{kT}}\right)^{-4}$$

对于$\Delta\varepsilon_0^{\neq}$，单位按零点内能差来考虑，它是过渡态分子的零点内能与反应物分子零点内能之差。借助图 7.1.2 来考虑，对于双原子分子与原子的反应，若取振动自由度为 3×3–6，则

$$\Delta\varepsilon_0^{\neq}=\frac{1}{2}h\nu_{\neq1}+\frac{1}{2}h\nu_{\neq2}+\frac{1}{2}h\nu_{\neq3}+E_{\mathrm{b}}-\frac{1}{2}h\nu_{\mathrm{AB}}$$

式中，第四项为势垒高度。

例如，对于$\mathrm{D}+\mathrm{H_2}\longrightarrow\mathrm{DH_2}$，有

$$\Delta\varepsilon_0^{\neq}=\frac{1}{2}(h\nu_{\neq1}+h\nu_{\neq2}+h\nu_{\neq3}+E_{\mathrm{b}}-h\nu_{\mathrm{H_2}})$$

对于多原子分子与双原子分子的反应，情况就复杂些，但这个复杂性可以包含在 E_b 中。在我们的计算中 E_b 用活化能的实验值代替，于是

$$\Delta\varepsilon_0^{\neq}=\sum_{i=1}^{3n^{\neq}-7}\frac{1}{2}h\nu_{\neq i}+E-\sum_{i}\frac{1}{2}h\nu_{\mathrm{UF_6}}-\frac{1}{2}h\nu_{\mathrm{HCl}}=2h\overline{\nu}_{17\sim20}+E$$

式中，参照有关非线型过渡物的论述[2]对系统取振动数为 3×9–7 = 20。

利用式（7.2.27）计算速率常数，并利用式（7.2.27）、式（7.1.28）、式（7.1.65）比

较指数函数前的部分可分别计算出指前因子 A。

概率因子为 $P_{Cl}=A_{Cl}[N_0 d_{AB}^2\sqrt{8\pi RTM^{-1}}]^{-1}$，$P_{Br}=A_{Br}[N_0 d_{AB}^2\sqrt{8\pi RTM^{-1}}]^{-1}$。

计算结果列于表 7.2.6。由表 7.2.6 可知，本节所提供的过渡态处理方法所得计算结果与表 7.2.5 实验结果比较，UF_6+HBr 反应体系速率常数比实验结果高一个量级，这说明实验结果还有提升空间；UF_6+HCl 体系速率常数比实验结果高很多，这说明计算模型应有所改进，实验结果还有提升空间；概率因子与指前因子均与参考文献一致，说明计算模型的配分函数部分是基本合理的；量子能垒模型处理较为简单，借助经典能垒（实际用活化能测值）和多原子分子平均振动频率为过渡态物新增频率，虽不是理论性方法，也可提供一定参考。

表 7.2.6　速率常数、指前因子和概率因子计算结果比较表

T/K	UF_6+HCl 计算结果			UF_6+HBr 计算结果			线型分子与非线型分子反应	
	指前因子 A_{Cl}/[m^3/(mol·s)]	概率因子 P_{Cl}	速率常数 k/[m^3/(mol·s)]	指前因子 A_{Br}/[m^3/(mol·s)]	概率因子 P_{Br}	速率常数 k/[m^3/(mol·s)]	指前因子估值[2]	概率因子估值[2]
253	2.329×10^4	1.017×10^{-4}	2.811×10	1.245×10^4	7.659×10^{-5}	3.322×10		
263	2.409×10^4	1.032×10^{-4}	3.755×10	1.288×10^4	7.771×10^{-5}	4.305×10	10^4	10^{-4}
286	2.610×10^4	1.072×10^{-4}	6.841×10	1.395×10^4	8.073×10^{-5}	7.377×10		

参 考 文 献

[1] 朱文涛. 物理化学（上、下册）[M]. 北京：清华大学出版社，1995.

[2] 臧雅茹. 化学反应动力学[M]. 天津：南开大学出版社，1995.

[3] Levine I.N. 物理化学（下册）[M]. 李芝芬，张玉芬，褚德萤，译. 北京：北京大学出版社，1987.

[4] 徐葆裕，胡建勋，郑成法. 六氟化铀与卤化氢气体的反应动力学研究[J]. 化学学报，1997，55：979-982.

[5] 赫兹堡. 分子光谱与分子结构：第一卷. 双原子分子光谱[M]. 王鼎昌，译. 北京：科学出版社，1983.

[6] 蔡继业，周士康，李书涛. 激光与化学动力学[M]. 合肥：安徽教育出版社，1992.

[7] 孟庆珍，胡鼎文，程泉寿，等. 无机化学（上册）[M]. 北京：北京师范大学出版社，1987.

[8] 科德芬克. 铀化学[M].《核原料》编辑部《铀化学》翻译组，译. 北京：原子能出版社，1977.

[9] Eerkens J W. Reaction chemistry of the UF_6 lisosep process[J].Optics Communications，1976，18（1）：32-33.

[10] 胡宗超. UF_6+HCl 体系反应的动力学研究及激光铀同位素分离[D]. 成都：四川大学，1990.

第 8 章　光化学反应

8.1　光化学反应概念

光化学反应指吸收了紫外光、可见光或者红外光而引起的化学反应，靠吸收光子供给能量来活化相碰撞的分子，从而能克服化学反应活化能而发生反应。激光可对反应物进行强烈激发而产生很高的反应速率。在热化学反应中，靠加热产生相对运动能量较大的活化分子组，这些活化分子组能克服化学反应活化能而发生反应，同时，热运动分子碰撞将平动能转移为分子内能也能使分子克服反应活化能或有利于克服化学反应活化能，而发生反应。但是分子的平动能及分子的内能在分子的各自由度做玻尔兹曼分布，只有极少的分子组具有克服化学反应活化能的条件。光化学研究气、液、固体系的光化学效应，研究由于光将原子、分子等粒子激发到电子激发态或者振动激发态及转动激发态所引起的化学反应。由于与电子激发态相比，振动激发态所需光子能量较低，而且可引起较高速率的化学反应，更为重要的是，振动激发更容易实现选择性光化学反应，故振动激发光化学为本章的重点内容。

8.2　振动激发化学反应

热化学反应是在一定温度条件下两种或多种物质分子间的改变分子组成的反应，Arrhenius 公式是这类反应所遵循的一个基本公式。但由此公式难以直接引入光化学反应概念。光对化学反应进程的影响在实验上证实了光化学反应的存在，态-态反应理论为光化学反应提供了理论依据。态-态反应的总的双分子反应速率常数表示为[1]

$$k(T) = \sum_i f_i(T) k_i(T) \tag{8.2.1}$$

式中，$f_i(T)$ 为反应物在初态 i 的相对粒子数；$k_i(T)$ 为反应分子某态 i 转变为终态为 f 的产物的“态-态反应”速率常数：

$$k_i(T) = \sum_f k_{f_i}(T) \tag{8.2.2}$$

过渡态理论给出的结果是

$$k(T) = \frac{k_B T}{h}\left(\frac{Q_i^{\neq}}{Q_t Q_i}\right) e^{-\frac{E_0}{k_B T}} \tag{8.2.3}$$

式中，Q_t 为平动配分函数；Q_i 为内能配分函数；$Q_i^{\neq}$ 为过渡态内量子态的配分函数。

反应物分子总能量 E、相对运动的平动能 E_t 和过渡态内能 E_{int} 之间关系为

$$E = E_0 + E_{int} + E_t \tag{8.2.4}$$

式中，E_0 为过渡态的振动零点能。

把分子激发到较高的振动态，可克服化学反应活化能。传统的方法是通过加热来实现激发，这时由于分子间的碰撞，能量在分子的各自由度呈玻尔兹曼分布，只有少数的分子处于高振动激发态，而这些分子能以较高的速率进行化学反应。为了更好地区别光化学反应与热化学反应，有必要再对热化学反应进行一定的分析。Arrhenius 公式被广泛应用，我们的目标是将 Arrhenius 公式指数函数形式引入态-态反应速率的表示式并将指数函数变量扩展到包括平动能、振动能和转动能，求出包括这三种能的态-态反应表观活化能，在此基础上再引入光激发和光化学反应[2]。光化学反应是物质分子吸收了光子、改变了能态后的分子间的态-态反应。只有在高功率激光将分子的振动态充分激发后才能直接发生单分子反应。

考察式（7.1.30）的基元反应

$$\mathrm{AB+C\longrightarrow AC+B}$$

对组成基元反应式（7.1.30）的态-态反应式（7.1.31），将其诸态-态反应的能态扩展到既包括内能又包括分子的相对运动平动能，反应物分子和生成物分子都可以处于不同的平动动能和内能状态。为了表示粒子间态-态反应的差异，式（7.1.31）的态-态反应式可表示为

$$\mathrm{AB}(E_\mathrm{t},E_\upsilon,E_\mathrm{r})+\mathrm{C}\longrightarrow \mathrm{AC}(E'_\mathrm{t},E'_\upsilon,E'_\mathrm{r})+\mathrm{B} \tag{8.2.5}$$

式（8.2.5）可简写成

$$\mathrm{AB}(\alpha)+\mathrm{C}\longrightarrow \mathrm{AC}(\beta)+\mathrm{B}$$

式中，$E_\mathrm{t},E_\upsilon,E_\mathrm{r}$和$E'_\mathrm{t},E'_\upsilon,E'_\mathrm{r}$ 分别为反应物分子 AB 和产物分子 AC 的平动能、振动能和转动能。

式（8.2.5）的态-态反应速率为

$$r_{E_\mathrm{t},E_\upsilon,E_\mathrm{r},E'_\mathrm{t},E'_\upsilon,E'_\mathrm{r}}=k_{E_\mathrm{t},E_\upsilon,E_\mathrm{r},E'_\mathrm{t},E'_\upsilon,E'_\mathrm{r}}[\mathrm{AB}(E_\mathrm{t},E_\upsilon,E_\mathrm{r})][\mathrm{C}] \tag{8.2.6}$$

式（8.2.6）可简写成

$$r_{\alpha\beta}=k_{\alpha\beta}[\mathrm{AB}(\alpha)][\mathrm{C}]$$

式中，态-态反应速率常数$k_{\alpha\beta}$仅由状态(α,β)确定，而与温度无关。

基元反应式（7.1.30）的反应速率可表示为

$$r=\frac{\mathrm{d[AC]}}{\mathrm{d}t}=-\frac{\mathrm{d[AB]}}{\mathrm{d}t}=\sum_\alpha\sum_\beta r_{\alpha\beta}=\sum_\alpha\sum_\beta k_{\alpha\beta}[\mathrm{AB}(\alpha)][\mathrm{C}]$$

由式（7.1.34）可知，$\mathrm{AB}(\alpha)$的消耗总反应速率与$\mathrm{AC}(\beta)$的β无关，并为

$$r_\alpha=\sum_\beta r_{\alpha\beta}=\sum_\beta k_{\alpha\beta}[\mathrm{AB}(\alpha)][\mathrm{C}]=k_\alpha[\mathrm{AB}(\alpha)][\mathrm{C}]$$

式中，$k_\alpha\neq 0$。

r_α是$\mathrm{AB}(\alpha)$的消耗总反应速率。从反应产物收集的角度看，在一些情况下，只要产物基本是单一的就可以，并不考虑态-态反应产物（终态）的能态，特别地我们在使反应物低振动能级激发时，产物最主要终态一般也是处在低振动态或基态。在较低温度下重分子 UF_6 与 HCl 的反应产物 UF_5HCl 几乎都在与其他分子或反应器壁碰撞后变为固态 UF_5。

由于k_α只与 AB 所处的状态（α）有关，而与温度和 AC 所处的状态无关，故得基元反应式（7.1.30）的反应速率

$$r=\sum_{\alpha} r_{\alpha}=\sum_{\alpha} k_{\alpha}[\mathrm{AB}(\alpha)][\mathrm{C}]$$

我们也可以将基元反应式（7.1.30）的反应速率写成

$$r=k(T)[\mathrm{AB}][\mathrm{C}]$$

由基元反应式（7.1.30）的这两个速率式，可知唯象定义的反应速率常数

$$k(T)=\frac{\sum_{\alpha} k_{\alpha}[\mathrm{AB}(\alpha)][\mathrm{C}]}{[\mathrm{AB}][\mathrm{C}]}=\sum_{\alpha} k_{\alpha} \frac{[\mathrm{AB}(\alpha)]}{[\mathrm{AB}]}$$

我们知道，在温度T，由于分子的碰撞而使反应系统达到平衡，其平衡不但是分子AB相对于原子C的平动动能仍能满足玻尔兹曼分布（如7.1.5节所述），而且分子AB的振动能和转动能也达到平衡并满足玻尔兹曼分布，所以$[\mathrm{AB}(\alpha)]$是与温度有关并满足玻尔兹曼分布的量。我们有

$$\frac{[\mathrm{AB}(\alpha)]}{[\mathrm{AB}]}=\frac{([\mathrm{AB}] f(E_{\mathrm{t}})) \dfrac{f(E_{\upsilon}) f(E_{\mathrm{r}})}{Q_{\mathrm{AB}}(E_{\upsilon}, E_{\mathrm{r}})}}{[\mathrm{AB}]} \tag{8.2.7}$$

式中

$$f(E_{\upsilon})=\mathrm{e}^{-\frac{E_{\upsilon}}{kT}}, f(E_{\mathrm{r}})=(2J+1) \mathrm{e}^{-\frac{E_{\mathrm{r}}}{kT}} \tag{8.2.8}$$

$$Q_{\mathrm{AB}}(E_{\upsilon}, E_{\mathrm{r}})=Q_{\mathrm{AB}}(E_{\upsilon}) Q_{\mathrm{AB}}(E_{\mathrm{r}}), Q_{\mathrm{AB}}(E_{\upsilon})=\sum_{E_{\upsilon}} \mathrm{e}^{-\frac{E_{\upsilon}}{kT}}, Q_{\mathrm{AB}}(E_{\mathrm{r}})=\frac{kT}{hcB} \tag{8.2.9}$$

式中，B为转动常数；c为光速；$f(E_{\mathrm{t}})$的获得是由下述考虑得知的。

设相对速度为$V_{\mathrm{AB\text{-}C}}$，则$E_{\mathrm{t}}=\frac{1}{2}\mu V_{\mathrm{AB\text{-}C}}^{2}$，$\mu$为AB与C的折合质量，AB分子与原子C单位时间单位体积内气体动力学碰撞次数为

$$\begin{aligned}\Delta Z_{\mathrm{AB\text{-}C}} &=\pi(\sigma_{\mathrm{AB}}+\sigma_{\mathrm{C}})^{2} V_{\mathrm{AB-C}} \Delta n_{\mathrm{AB}} \Delta n_{\mathrm{C}} \\ &=\pi(\sigma_{\mathrm{AB}}+\sigma_{\mathrm{C}})^{2} V_{\mathrm{AB-C}} n_{\mathrm{AB}} \Delta n_{\mathrm{C}} \frac{2}{\sqrt{\pi}}\left(\frac{1}{kT}\right)^{\frac{3}{2}} \sqrt{E_{\mathrm{t}}} \exp\left(-\frac{E_{\mathrm{t}}}{kT}\right) \Delta E_{\mathrm{t}}\end{aligned} \tag{8.2.10}$$

在式（8.2.10）中，我们给出了

$$\Delta n_{\mathrm{AB}}=n_{\mathrm{AB}} \frac{2}{\sqrt{\pi}}\left(\frac{1}{kT}\right)^{\frac{3}{2}} \sqrt{E_{\mathrm{t}}} \exp\left(-\frac{E_{\mathrm{t}}}{kT}\right) \Delta E_{\mathrm{t}} \equiv n_{\mathrm{AB}} f(E_{\mathrm{t}}) \Delta E_{\mathrm{t}} \tag{8.2.11}$$

式中，$f(E_{\mathrm{t}})$为式左的相应部分；n_{AB}、n_{C}为粒子数密度；σ_{AB}、σ_{C}为粒子半径。

利用式（8.2.7）～式（8.2.9），并注意到式（8.2.7）中的$f(E_{\mathrm{t}})$是在式（8.2.11）中给出的，可得

$$k(T)=\frac{\sum_{\alpha} k_{\alpha} \dfrac{2hcB}{\sqrt{\pi}}\left(\dfrac{1}{kT}\right)^{\frac{5}{2}}(2J+1) \sqrt{E_{\mathrm{t}}} \exp\left(-\dfrac{E_{\mathrm{t}}+E_{\upsilon}+E_{\mathrm{r}}}{kT}\right)}{\sum_{E_{\upsilon}} \mathrm{e}^{-\frac{E_{\upsilon}}{kT}}} \tag{8.2.12}$$

将式（8.2.12）中的k改为R并且将式（8.2.12）代入活化能的定义式（7.1.29），可得

$$E = \frac{\sum_{\alpha} k_{\alpha}(E_{\mathrm{t}} + E_{\upsilon} + E_{\mathrm{r}})\sqrt{E_{\mathrm{t}}}\exp\left(-\frac{E_{\mathrm{t}} + E_{\upsilon} + E_{\mathrm{r}}}{RT}\right)}{\sum_{\alpha} k_{\alpha}\sqrt{E_{\mathrm{t}}}\exp\left(-\frac{E_{\mathrm{t}} + E_{\upsilon} + E_{\mathrm{r}}}{RT}\right)} - \left(\frac{5}{2}RT + \frac{\sum_{E_{\upsilon}} E_{\upsilon}\mathrm{e}^{\frac{-E_{\upsilon}}{RT}}}{\sum_{E_{\upsilon}} \mathrm{e}^{\frac{-E_{\upsilon}}{RT}}}\right) = \langle E_{\mathrm{t}} + E_{\upsilon} + E_{\mathrm{r}}\rangle - \left(\frac{5}{2}RT + \langle E_{\upsilon}\rangle\right) \tag{8.2.13}$$

式中，$\langle E_{\mathrm{t}} + E_{\upsilon} + E_{\mathrm{r}}\rangle$ 为能起反应的每摩尔活化分子 $(k_{\alpha} \neq 0, E_{\mathrm{r}} \neq 0)$ 的平均能量；而 $\frac{5}{2}RT + \langle E_{\upsilon}\rangle$ 为每摩尔反应物分子 AB 的平均能量；AB 的平动能是相对于 C 的，作为两原子分子的 AB，其每摩尔平均振动能及振动势能之和为

$$\langle E_{\upsilon}\rangle = RT$$

我们知道，分子 AB 有三个平动自由度和两个转动自由度，一个振动自由度，故在热平衡时每摩尔 AB 的平均总能量正好是式（8.2.13）中的第二项。由上述公式的导出过程和结果，即主要依据式（8.2.12）和式（8.2.13），可得出如下几点看法。

1. 碰撞分子对平动能不为零则反应速率不为零

由于大多数相碰撞的分子对的平动能 $E_{\mathrm{t}} > 0$，故速率常数 $k(T)$ 不为零，即原则上可以进行态-态反应，但部分热反应实验表明对平动能有阈值要求，这也与态-态反应所要求的 $E_{\mathrm{t}} > 0$ 是一致的。

2. 活化分子的能量内涵从 E_{t} 扩展到 $\langle E_{\mathrm{t}} + E_{\upsilon} + E_{\mathrm{r}}\rangle$

从态-态反应的角度来看，活化能是一个统计结果，即活化分子的能量平均值 $\langle E_{\mathrm{t}} + E_{\upsilon} + E_{\mathrm{r}}\rangle$ 与反应分子的平均能量值之差；在能量上对活化分子定义的内涵从 E_{t} 扩充到 $\langle E_{\mathrm{t}} + E_{\upsilon} + E_{\mathrm{r}}\rangle$，这表明在一些化学反应中可以不是直接要求分子的 E_{t} 达到一个阈值，而是可以要求 $\langle E_{\mathrm{t}} + E_{\upsilon} + E_{\mathrm{r}}\rangle$ 达到一定值即可。

3. 具体反应可允许不同具体情况

具体的反应可允许不同的具体情况，即 $k(T)$ 可能会因具体情况而对 E_{t} 提出阈值要求（吸能反应，以及某些放能反应），也可以没有阈值要求（部分放能反应）。

4. 反应速率常数依赖 $E_{\mathrm{t}}, E_{\upsilon}, E_{\mathrm{r}}$ 的组合

反应速率常数 $k(T)$ 既然依赖于 $E_{\mathrm{t}}, E_{\upsilon}, E_{\mathrm{r}}$ 的组合，因此可能会出现最佳情况、最差情况和一般情况，如组合是否合理与势能面上能垒出现的位置有关。

5. 活化能从激光激发前的 E 下降为 $E - h\nu$

当活化分子对的 $\langle E_{\mathrm{t}} + E_{\upsilon} + E_{\mathrm{r}}\rangle$ 作为一个客观要求时，它在热平衡时是不改变的，若在振动自由度上实现快速的非平衡分布，或者经过固定的机制使其出现非平衡分布，如

用适当波长的激光激发双原子分子 AB，则可使分子 AB 的平均总能量超过热平衡时的包括振动的平均总能量$\frac{7}{2}RT$，因此这时式（8.2.13）第二项平均对每一分子而言可表示为

$$\frac{5kT}{2}+\langle E_{\upsilon}'\rangle=\frac{5kT}{2}+\frac{2kT}{2}+h\nu=\frac{7kT}{2}+h\nu$$

此时活化能为

$$E'=\langle E_{\mathrm{t}}+E_{\upsilon}+E_{\mathrm{r}}\rangle-\left(\frac{7kT}{2}+h\nu\right)=E-h\nu \tag{8.2.14}$$

式中，活化能从激光激发前所需的E下降为$E-h\nu$，$h\nu$为光子能量。

6. 非线性振动激发反应速率常数与热反应速率常数之比

非线性振动激发下的反应速率常数$k(E')$与热反应速率常数之比为

$$\frac{k(E')}{k}=\frac{\exp\left(-\frac{E'}{kT}\right)}{\exp\left(-\frac{E}{kT}\right)}=\mathrm{e}^{\frac{h\nu}{kT}} \tag{8.2.15}$$

活化能E的值相当于产物分子与反应物分子间的能垒值。这个能垒是由分子内部结构决定的特性，因此它随温度变化较小或者可以说是不随温度而变的。为了克服这个能垒，碰撞理论对碰撞分子提出了阈能E_{c}的要求，$E_{\mathrm{c}}\approx E$。分子具有相对运动平动能E_{t}的粒子数分布正比于$\mathrm{e}^{-E_{\mathrm{t}}/RT}$，在温度一定的情况下，平动能$E_{\mathrm{t}}>E_{\mathrm{c}}$的分子对数目正比于$\mathrm{e}^{-E_{\mathrm{c}}/RT}$，显然$T$越高，$E_{\mathrm{t}}>E_{\mathrm{c}}$的分子数目就越多。同时，我们知道，分子的平动能$E_{\mathrm{t}}$会转化为分子的振动能，也即振动热激发，当反应物分子为双原子分子时，并且当$E_{\upsilon}=n_{\mathrm{c}}h\nu\approx E_{\mathrm{c}}$时，是否也可以认为能参与化学反应，是一个值得考虑的问题。当反应物分子同时具有$E_{\mathrm{t}}(E_{\mathrm{t}}>E_{\mathrm{c}})$和$E_{\upsilon}=n_{\mathrm{c}}h\nu(\geqslant E_{\mathrm{c}})$时，化学反应又将如何？从平动能出发或者从平动能和振动能及转动能之和出发，得到的速率表示均可具有或者相似于 Arrhenius 公式的形式，也即将式（8.2.13）直接代入式（7.1.28）后所具有的形式。实际上，一些化学反应中具有相对平动能$E_{\mathrm{t}}\approx E_{\mathrm{c}}$的振动基态分子参与化学反应的概率是很小的。实验已证明，钾与氯化氢的反应$\mathrm{K}+\mathrm{HCl}\longrightarrow\mathrm{KCl}+\mathrm{H}$，在$\mathrm{HCl}(\upsilon=1)$时的反应速率是$\mathrm{HCl}(\upsilon=0)$时的 130 倍，类似地，还有 HCl 与 O、H 等原子所引起的反应[3]。有关理论计算表明吸热反应的过渡态偏向于势能面出口，分子具有振动能对反应会更有效[1]。例如，HCl 与 Br 的反应是吸热反应，其反应速率常数在$\upsilon=2$时比$\upsilon=0$时快了 11 个数量级[1, 3]，并且实验发现大量吸热反应的过渡态一般都偏向于势能面出口一方。因此对较多的吸热反应［参见式（7.1.54）的吸能反应］，其阈能实质上是$\langle E_{\mathrm{t}}+E_{\upsilon}+E_{\mathrm{r}}\rangle\geqslant E_{\mathrm{c}}$，原则上只要$E_{\mathrm{t}}>0$，$E_{\upsilon}$的贡献往往更重要，特别是$E_{\upsilon}\geqslant E_{\mathrm{c}}$时，在$E_{\upsilon}\approx E_{\mathrm{c}}$会出现其振动能级的高度及其振动过程中势能值与势垒高度接近的情况。但是，在热反应中，平动能、振动能及转动能的玻尔兹曼分布是热平衡条件下的分布，是靠碰撞和能量弛豫而建立的，因而不是瞬间即可完成的，因此热反应的速率受到原理上的限制。

通过上述对活化能的分析，我们知道分子所处的能态可改变化学反应的进程，升高能态可提高化学反应速率。以此为据，光激发可以对化学反应产生重要影响，故光化学

得以产生并产生重要影响。用激光激发可对化学反应受反应分子能量的玻尔兹曼分布的限制和活化能的限制产生突破，对此我们将在下一节来分析。

8.3 低振动能态激光化学

8.3.1 低振动能态光化学与热化学反应速率常数比

有关高振动能态激光激发的光化学反应，特别是红外激光多光子离解分子系统及在振动激发基础上的经过电子激发态实现分子系统的光离解，已有较多论述[3-5]。如第 1 章所述，它们往往既需要低能密度的激光应用于选择激发，又需要高能密度的激光用于高振动能态的激发或分子的离解。对多原子分子低振动能态、高振动能态、电子能态的光谱和光化学反应的研究是人们都重视的[6-12]。

对多原子分子的低振动能态进行激发，使用功率较小的连续波红外激光器就可实现。或者将高功率红外波激光束扩束后对大体积反应物进行辐照也可实现低振动能态激发。使用连续波激光对分子最低的前几个振动能态激发并引导化学反应，具有能耗低、选择性高、连续运行、易于实现等若干重要优点，是逐渐发展的区别于高振动能态光化学、电子态光化学的重要领域。设分子的低振动能级激发截面 $\sigma \approx 10^{-16} \sim 10^{-22}\,\text{cm}^2$，受激辐射速率为 k_X，分子的振动能保留时间为 $t_p = 10\text{ps}$（这个数据为高振动态能量转移时间[3]），或者为 10^{-10}s（化学反应时间[3]），激光波长为 $10.61\mu\text{m}(942.5\text{cm}^{-1}, h\nu = 1.8721\times10^{-20}\,\text{J})$，光强 $I \approx 1000\,\text{W/cm}^2$，则每摩尔分子吸收的光子数为

$$N_0 k_X t_p = \frac{6.02\times10^{23}\sigma I}{h\nu\cdot\text{mol}} t_p \approx 3.2\times10^{20}\,\text{mol}^{-1} \tag{8.3.1}$$

式中，N_0 为阿伏伽德罗常量；$\sigma = 10^{-16}\,\text{cm}^2$；$t_p = 10^{-10}\,\text{s}$。

式（8.3.1）的计算结果表明在千瓦级以下的较低功率激光作用下，平均每个分子吸收的光子数不到 1，而一般分子往往要接收数十个光子才可能实现单分子反应。

为简单计，我们利用 8.2 节 HCl 与 K 的反应，从 HCl 分子低振动能态激光激发引发化学反应的例子来分析反应分子平均平动能和反应速率相对于热反应的变化情况。由 HCl 的键能（428.02kJ/mol）估计的热反应活化能 E 为 128.4kJ/mol。在温度 300K 热平衡下分子平均平动能 E_t 和分子间相对速度 $\bar{v}_r$ 关系为

$$E_t = \frac{1}{2}\mu\bar{v}_r^2 = \frac{4kT}{\pi} = 5.27\times10^{-21}\,\text{J}(T = 300\text{K})$$

一个 HCl 分子的总平均能量 $\dfrac{7kT}{2} = 1.4497\times10^{-20}\,\text{J}$，依据式（8.2.13）活化能可表示为（平均对一个分子而言）

$$E = \langle E_t + E_\upsilon + E_r\rangle - \frac{7kT}{2} = \langle E_t + E_\upsilon + E_r\rangle - 1.4497\times10^{-20}\,\text{J}(T = 300\text{K}) \tag{8.3.2}$$

式中，E_t 为相对运动平动能。当由激光（频率 $h\nu_{\text{HCl}}$）将 HCl 分子激发时，若平均每个分子吸收了一个光子的能量，则平均每个分子增加的能量为

$$h\nu_{\text{HCl}} = 5.94023310\times10^{-20}\,\text{J} \tag{8.3.3}$$

依据式（8.2.14），在这一激光激发条件下的活化能可表示为

$$E' = \langle E_{\mathrm{T}} + E_{\mathrm{v}} + E_{\mathrm{J}} \rangle - \left(\frac{7kT}{2} + h\nu \right) = E - h\nu = E - 5.94023310 \times 10^{-20}\,\mathrm{J} \tag{8.3.4}$$

式（8.3.2）与式（8.3.4）的差值是一个光子的能量。依据式（8.2.15），激光激发条件下的反应速率常数 $k(E')$ 与一般热反应的反应速率常数之比为

$$\frac{k(E')}{k} = \mathrm{e}^{\frac{h\nu}{kT}} = \mathrm{e}^{14.341} = 1.692 \times 10^6 \tag{8.3.5}$$

对于实际的双原子分子 + 原子的激光激发化学反应过程中，由于双原子分子振动能向平动能转移等损耗，仅有部分反应物分子处于振动激发态参加反应。因双原子分子振动能级间的能量转移而将另外的双原子分子激发到相应的能级 $(\upsilon_0+1)h\nu$ ，$\upsilon_0 = 0,1,2\cdots$ 是相应分子在未受碰撞前所处振动能级的量子数，这个过程不会明显造成反应速率的减小。由振动能向平动能转移的每次碰撞发生概率为 $10^{-2} \sim 10^{-7}$ [3]，依据式（7.1.59）在 HCl 为 2torr 时的粒子数密度为 $7 \times 10^{16}\,\mathrm{cm}^{-3}$ 、碰撞频率 $Z_{\mathrm{HCl\text{-}HCl}} = 7.5 \times 10^{22}\,\mathrm{cm}^{-3} \cdot \mathrm{s}^{-1}$，可见向平动能转移的发生概率可达 $7.5 \times 10^{15} \sim 7.5 \times 10^{20}\,\mathrm{cm}^{-3} \cdot \mathrm{s}^{-1}$ ，即在单位时间内的转移数密度与粒子数密度相比是更大或差不多的，可见要维持较高振动激发率才会有较高的有效振动激发率。设综合的有效振动激发率与完成反应率之积为有效振动激发反应率 $P_{\mathrm{V.A}}$ ，则近似有

$$\frac{k(E')}{k} = \frac{A P_{\mathrm{V.A}} \exp\left(-\dfrac{E - h\nu}{kT} \right)}{A \exp\left(-\dfrac{E}{kT} \right)} = P_{\mathrm{V.A}} \mathrm{e}^{\frac{h\nu}{kT}} \tag{8.3.6}$$

式中，A 仍为指前因子。视 $P_{\mathrm{V.A}}$ 为 1，则为理想情况。

对 HCl 与 K 的反应，设 $P_{\mathrm{V.A}} = 10^{-4}$ ，则得到

$$\frac{k(E')}{k} = 169.2 \tag{8.3.7}$$

式中结果与实验值的 130 倍基本一致[3]。具体的振动激发分子所占比例可由相应的速率方程组确定。

再如，对 $UF_6 + R_X$ 体系，除有振动能向平动能转移外，还有振动能向各振动模的转移，这两个过程都对光化学反应速率有重要影响。设 $h\nu = 3h\nu_3$ ，$T = 250\mathrm{K}$ ，$P_{\mathrm{V.A}} = 5 \times 10^{-5}$ ，则得到

$$\frac{k(E')}{k} = 2.37 \tag{8.3.8}$$

这也与实验值基本一致[7]。

8.3.2 激光光化学反应动力学

由于使用低功率激光，只能将分子激发到低的或较低振动能级。低振动能级间隔较大，分子内不同振动模间能量转移较慢，是同一振动模式内同位素位移能明显出现的能级区域，但对于含重原子的大分子而言，同时又是同位素分子之间能量共振转移严重的区域。维系和限制这个区域的选择激发与整个动力学过程的支持和制约是分不开的。

动力学过程可用如下形式表示：

$$\frac{\mathrm{d}N_k(\nu_i,\upsilon_i)}{\mathrm{d}t}=-k_{\upsilon_i T}N_k(\nu_i,\upsilon_i)(N+N_{\mathrm{M}})-\sum_{l,j}k_{\upsilon_i\upsilon_j}N_k(\nu_i,\upsilon_i)N_l(\nu_j,\upsilon_j)$$
$$+\left(\frac{\partial N_k(\nu_i,\upsilon_i)}{\partial t}\right)_{\mathrm{r}}-(k_{\mathrm{r}}+A)N_k(\nu_i,\upsilon_i)-k_{\mathrm{c}}N_k(\nu_i,\upsilon_i)N_{\mathrm{M}},\quad i,j,k,l=1,2,3\cdots \tag{8.3.9}$$

式中，$N_k(\nu_i,\upsilon_i)$［或 $N_l(\nu_j,\upsilon_j)$］为属于简正振动模 ν_i（或 ν_j）并位于振动能级 υ_i（或 υ_j）的第 k（或 l）种粒子（如同位素分子）的粒子数密度，$N_k(\nu_i,\upsilon_i)$ 随时间的变化率是由分子的 V-T 转移、振动能级间的 V-V 转移、激光激发［式中第三项，主要为基态到 (ν_i,υ_i) 的激发，如 $k_{\mathrm{r}}N_k(\upsilon_m=0,m=1,2,3,\cdots,i,\cdots)$］、受激辐射跃迁、自发辐射和化学反应决定的；$k_{\upsilon_i\mathrm{t}}$、$k_{\upsilon_i\upsilon_j}$、$k_{\mathrm{r}}$、$k_{\mathrm{c}}$ 分别为相应的速率常数；A 为自发辐射系数；N 为反应物分子数密度；N_{M} 为反应剂分子数密度。

由于 V-T 项及 V-V 项的存在，反应池温度（经碰撞）的平衡作用总是力图使分子数按能量满足玻尔兹曼分布，由于这个分布的趋势总是将非正常分布不断地向玻尔兹曼分布发展，玻尔兹曼分布得到一定程度的支持。当激发和化学反应分别主要针对基态分子和较高能态分子时，它们总是影响正常分布和使目标粒子数不断减少。但激发速率、反应速率是有限的，而碰撞则是频率极高的，V-T 转移、V-V 转移等总在进行，因此正常分布和非正常分布的机制会在不同实验条件下导致目标分子数在不断减少的渐变过程中趋向某种程度的平衡分布。但要定量处理，应依据具体情况给出方程（8.3.9），并具体求解。

8.4　腔内选择性激光化学的优势

8.4.1　光谱振腔的波场模式

模式是满足光腔边界条件而能够在腔内存在的驻波场分布，可等效理解为光波在腔镜间多次衍射传播而形成的稳定场分布。常将光波场的空间分布分解为沿腔轴方向的分布 $E(z)$ 和垂直于腔轴方向的横切面内的分布 $E(x,y)$，故光腔模式可分解为纵模和横模。用符号 TEM_{mn} 表示不同横模的光场分布，m、n 分别表示 x 和 y 方向光场通过零值的次数。TEM_{00} 称为基模，其他则为低阶模或高阶模。若采用极坐标描述的模式，则横模标记为 TEM_{pl}，p、l 分别是径向和角向光场通过零值的次数。

对应一种横模，可存在一系列纵模，即在腔轴方向可存在一系列不同的驻波场分布。在腔内稳定存在的驻波满足谐振条件

$$L=\frac{q\lambda_q}{2} \tag{8.4.1}$$

式中，L 为腔长；λ_q 为以整数 q 标记的纵模的光波长；q 为光场在轴向通过零值（驻波波节）的次数。

相邻两纵模的频率间隔为

$$\Delta\nu_q=\nu_{q+1}-\nu_q=\frac{c}{2L} \tag{8.4.2}$$

式中，c 为光速；ν_q 为纵模频率。

经限制腔长等可实现单纵模振荡和输出，如经选择腔长使纵模频率间隔 $\Delta\nu_q$ 大于激光介质的增益线宽便可获得单纵模激光。将横模和纵模结合起来表示为 TEM_{mnq}。

8.4.2　含激光介质和光化学反应物的谐振腔的振荡阈值条件

设一单色平面波在介质中沿 z 方向传播，在 z 处的光强为 $I(z)$，通过厚度为 $\mathrm{d}z$ 的薄层后光强的变化为

$$\mathrm{d}I = -aI(z)\mathrm{d}z \tag{8.4.3}$$

式中，$a>0$ 表示介质对光波起吸收作用，$a<0$ 则表示介质对光波起放大作用。

光强变化的原因为：处于基态的粒子（原子、分子或其他粒子）产生受激吸收使光减弱，处于激发态的粒子产生受激发射使光增强，而自发辐射对光强度变化的影响是可以忽略的。因而光强的改变量为

$$\begin{aligned}\mathrm{d}I &= h\nu\left[\left(\frac{\mathrm{d}N_1}{\mathrm{d}t}\right)_{\mathrm{st}} - \left(\frac{\mathrm{d}N_2}{\mathrm{d}t}\right)_{\mathrm{st}}\right]\mathrm{d}z = h\nu[-B_{12}\rho(\nu)N_1 - (-B_{21}\rho(\nu)N_2)]\mathrm{d}z \\ &= -\frac{h\nu}{c}(N_1B_{12} - N_2B_{21})I(z)\mathrm{d}z = -(\sigma_{12}N_1 - \sigma_{21}N_2)I(z)\mathrm{d}z = \sigma\Delta NI(z)\mathrm{d}z\end{aligned} \tag{8.4.4}$$

式中，$h\nu$ 为光子能量；N_1、N_2 分别为介质基态和激发态粒子数密度；$\left(\frac{\mathrm{d}N_1}{\mathrm{d}t}\right)_{\mathrm{st}}$ 和 $\left(\frac{\mathrm{d}N_2}{\mathrm{d}t}\right)_{\mathrm{st}}$ 分别为受激吸收的速率和受激发射的速率；$I = c\rho$，单位为 $\mathrm{W/cm^2}$；σ_{12} 和 σ_{21} 分别为吸收截面和受激发射截面，具有面积量纲；$B_{12} = B_{21}$，$\Delta N = N_2 - N_1$，B_{12} 和 B_{21} 分别为爱因斯坦受激吸收和受激发射系数。

比较式（8.4.3）和式（8.4.4），可知

$$a = -\frac{1}{I}\frac{\mathrm{d}I}{\mathrm{d}z} = -\sigma\Delta N \tag{8.4.5}$$

若上、下能级简并度为 g_2、g_1，则

$$\Delta N = N_2 - \frac{g_2N_1}{g_1} \tag{8.4.6}$$

当 $\Delta N<0$ 时，$a>0$，介质对频率为 ν 的光波主要起吸收作用。当介质为非激光介质或当激光介质未被激发时便属于这种情况。特别是对于腔内光化学反应物，它们不是激光介质，对频率为 ν 的光波更是主要起吸收作用。目标反应物受到较强的激发，激发分子处于高能级后便参与化学反应过程或通过碰撞将部分激发能转移并驱使反应物处于热平衡，也有部分激发分子通过受激辐射回到基态。仅当光化学反应成为粒子消失主要通道时才达到我们的目的，然而在处理这一问题时，又常依赖或利用热平衡这样一个近似成立的条件。

仅当入射光强度对能级上粒子数的变化无影响或影响甚小时，式（8.4.5）才能直接积分，于是对 $a>0$，我们有

$$I(z) = I(0)\mathrm{e}^{-az} \tag{8.4.7}$$

依式（8.4.7）光波幅度为

$$E(z)=\sqrt{I(0)}\mathrm{e}^{-\frac{az}{2}} \tag{8.4.8}$$

当激光介质受到泵浦满足 $\Delta N>0$ 时，激光介质的热平衡被打破，处于粒子数反转分布状态，也称"负温度"状态，此时吸收系数 $a<0$，表现为负吸收，将 $-a$ 定义为增益系数 G，由式（8.4.5）即有

$$G=\frac{1}{I}\frac{\mathrm{d}I}{\mathrm{d}z} \tag{8.4.9}$$

当入射光波的强度对反转分布时能级上粒子数的变化无影响或影响甚小时，式（8.4.9）直接积分可得

$$I(z)=I(0)\mathrm{e}^{Gz} \tag{8.4.10}$$

依式（8.4.10）光波幅度为

$$E(z)=\sqrt{I(0)}\mathrm{e}^{\frac{Gz}{2}} \tag{8.4.11}$$

当光波的频率位于激光增益介质跃迁谱内时，光波会被放大。激光振荡模型如图 8.4.1 所示，其中 E_0 可视为外界注入的静输入场信号或起始于 M_1 处的初始场信号。

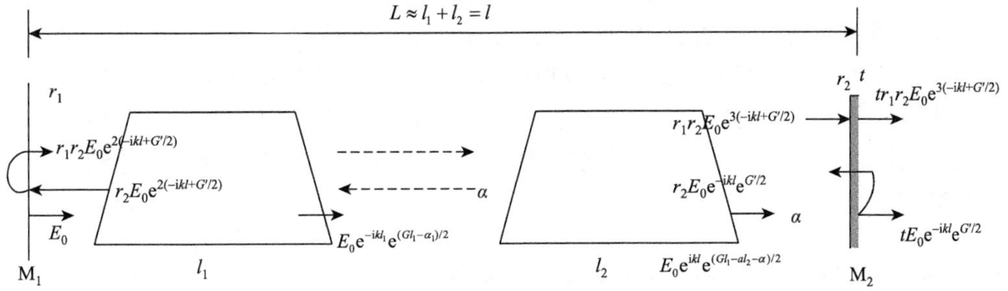

图 8.4.1　激光振荡模型

长度为 l_1 的气体激光介质区两端的布氏窗片会带来一定损耗，窗口的有限通光孔径会带来衍射损耗，这两种主要损耗及其他损耗之和与此段区域的长度之比就是此段区域的平均损耗系数，设这个损耗系数与 l_1 的积为 α_1，同理，设长度为 l_2 的光化学反应室的平均损耗系数与 l_2 的积为 α_2，$\alpha_1+\alpha_2=\alpha$，两镜的反射比分别为 r_1 和 r_2，反射率分别为 $R_1=r_1^2$，$R_2=r_2^2$，M_2 为输出镜，透射比为 t，透射率为 $T=t^2$，$L=l_1+l_2$，L 为腔长，反应室内反应物的吸收系数为 $a>0$，$k=\dfrac{2\pi}{\lambda}$，λ 为振荡波波长。则腔内单程净增益为

$$G'=Gl_1-al_2-(\alpha_1+\alpha_2) \tag{8.4.12}$$

在输出端，输出波是各分波的叠加[13]。

$$\begin{aligned} E_\mathrm{t} &= tE_0\mathrm{e}^{-\mathrm{i}kl+\frac{G'}{2}}\left[1+r_1r_2\mathrm{e}^{2\left(-\mathrm{i}kl+\frac{G'}{2}\right)}+r_1^2r_2^2\mathrm{e}^{4\left(-\mathrm{i}kl+\frac{G'}{2}\right)}+\cdots\right] \\ &= E_0\frac{t\mathrm{e}^{-\mathrm{i}kl}\mathrm{e}^{Gl_1-al_2-\alpha}}{1-r_1r_2\mathrm{e}^{-2\mathrm{i}kl}\mathrm{e}^{Gl_1-al_2-\alpha}},\quad l=L \end{aligned} \tag{8.4.13}$$

如果

$$r_1 r_2 e^{-2ikl} e^{Gl_1 - al_2 - \alpha} = 1 \tag{8.4.14}$$

则$|E_t / E_0|^2$的值变为无穷大，这就是E_0为零时仍有有限透射波E_t存在的振荡情形。

由式（8.4.14）可获得产生振荡的相位条件：

$$2kL = 2\pi q, \quad q = 1,2,3\cdots \tag{8.4.15}$$

这也就是式（8.4.1）。不过这里更需注意k或λ是介质中的值。

并由式（8.4.14）得到振荡的阈值条件为

$$r_1 r_2 e^{Gl_1 - al_2 - \alpha} = 1 \tag{8.4.16}$$

由式（8.4.16）得

$$G_t = \frac{al_2 + \alpha - \ln r_1 r_2}{l_1} = \frac{al_2 + \alpha - 0.5 \ln R_1 R_2}{l_1} \tag{8.4.17}$$

式中，G_t为激光器振荡的阈值增益系数。

于是，不含光化学反应物的谐振腔，就和常规腔一样，当满足阈值时，振荡频率位于激活介质跃迁线的线宽范围之内。当纵模间隔大于或等于这个线宽时，则只有一个纵模振荡，当为均匀增宽介质时，则单纵模频率位于谱线中心频率附近，而对于非均匀增宽介质，则单纵模的频率在线宽内飘移；当纵模间隔小于线宽时，则有两个或多个纵模振荡，形成多模振荡，当为均匀增宽介质，并在激光器稳态工作时，则因纵模间的竞争而常常是频率处于中心频率附近的单纵模输出，当为非均匀增宽介质时，则为多纵模输出。当含有光化学反应物时，则阈值增益系数发生显著改变，结合对式（8.4.17）的分析我们可得到腔内光化学反应的一些优势（如 8.4.3 节“3.有利于振荡频率调整到含量较低的目标分子跃迁线”）。

8.4.3 腔内选择性激光光化学反应的激发优势

1. 光化学反应室可以接收到更高的入射功率

腔内选择性激光光化学反应是将反应室置于谐振腔内的光化学反应。光化学反应室可以接收到更高的入射功率，这里以连续波均匀增宽单横模气体激光器为例来进行计算，给出结论。计算激光器输出功率可使用下式[14]：

$$P = 0.5ATI_s\left(\frac{2G_m l}{\delta + T} - 1\right) \tag{8.4.18}$$

式中，A为激光束的有效横截面面积；括号内第一项中l为放电管长度；T为输出镜透射率；I_s为饱和参量；G_m为中心频率处小信号增益系数；δ为光腔单程损耗：

$$\delta = \delta_{s_1} + \delta_{s_2} + \delta_i + \delta_a + \delta_d \tag{8.4.19}$$

式中，δ_{s_1}和δ_{s_2}为反射镜M_1和M_2的散射、吸收损耗；δ_i为腔内介质引起的损耗；δ_a为腔内元件引起的吸收等损耗；δ_d为衍射损耗。

由式（8.4.18），令$\frac{dP}{dT} = 0$，得最佳透射率为

$$T_m = \sqrt{2G_m l\delta} - \delta \tag{8.4.20}$$

输出镜具有最佳透射率时的输出功率为

$$P_m = 0.5AI_s(\sqrt{2G_m l} - \sqrt{\delta})^2 \tag{8.4.21}$$

以均匀增宽连续波 CO_2 激光器为例，取放电管直径 $d = 10mm$，$l = 850mm$，腔长 $L = 1140mm$，全反镜 M_1 的曲率半径 $R = 3.5m$，平行平面镜 M_2 的 $T = 0.22$，总气压为 20torr，$\delta_{s_1} + \delta_{s_2} = 0.03$，$\delta_i = 0$，$\delta_a = 0$，因 $N = d^2 / 4\lambda L \approx 2$ 而有 $\delta_d = 0.4\%$，即 $\delta \approx 0.04$，$I_s = \dfrac{72W}{d^2} = 0.72W/mm^2$，$A = 0.8\pi\left(\dfrac{d}{2}\right)^2 = 62.8mm^2$，$G_m = \dfrac{1.4\times10^{-2}}{d} = 1.4\times10^{-3}mm^{-1}$，可得 $P = 40W$，$T_m = 0.27$，$P_m = 41W$。M_1、M_2 处光束半径分别为 2.86mm 和 2.34mm。现在相同长度的商品 CO_2 激光器的输出功率正是处于这个水平或略高于此值。这就是说，若在腔外进行激光光化学反应，其注入功率即为 40W（米长级器件）。

现在，我们维持放电管长度 $l_1 = 850mm$ 不变，增长激光器的腔长为 $L = 5700mm$，增大放电管直径为 $d_1 = 14mm$，取 M_1 的曲率半径 $R = 17500mm$，输出镜为平行平面镜，$T = 0.05$, $\delta_{s_1} + \delta_{s_2} = 0.03$，$\delta_a = \alpha_1 + \alpha_2 = 0.04$，并有 $I_s = 0.367W/mm^2$，$G_m = 10^{-3}mm^{-1}$。反应池：取 $d_2 = 16mm$，长度 $l_2 = 4300mm$，池内吸收气体主要是 UF_6，300K 时气压近似为 3torr，$^{235}UF_6$ 和 $^{238}UF_6$ 的密度分别为 $N_{A_1} \approx 6.75\times10^{14}cm^{-3}, N_{A_2} \approx 9.58\times10^{16}cm^{-3}$，被冷却至 235K 的过程近似为等容过程，在 235K 时，它们对 CO_2 10μm 带的 P14 跃迁线的吸收截面分别为[15] $\sigma_{A_1} \approx 2\times10^{-23}cm^2, \sigma_{A_2} \approx 6.3\times10^{-24}cm^2$，其吸收损耗分别为 $\delta_{A_1} = \sigma_{A_1}N_{A_1}l_2 \approx 5.805\times10^{-6}, \delta_{A_2} \approx 2.595\times10^{-4}$，故 $\delta_i = \delta_{A_1} + \delta_{A_2} \approx 0.000265$。计算得 M_1、M_2 处光束半径分别为 6.4mm 和 5.2mm，取 $\delta_d \approx 0.025$，故 $\delta \approx 0.09526$。取 $A = 154mm^2$，最后计算得输出功率 $P = 15.116W$。但反应室在腔内，故单向注入功率为 $P_{in} = \dfrac{P}{T} = 302.32W$，并以 $2P_{in}$ 近似代表腔内光束双向传输功率之和。现将计算结果归纳入表 8.4.1。

表 8.4.1　腔外功率 P、腔内功率 P_{in} 计算结果

（$d_1 = 14mm, l_1 = 850mm, d_2 = 16mm, l_2 = 4300mm, L = 5700mm$）

T	δ	P / W	P_{in} / W	$2P_{in}$ / W
0.22	0.09526	27.295	124.070	248.140
0.05	0.09526	15.116	302.320	604.64
0.03	0.09526	10.6529	355.097	710.195
0.03	0.07768	12.8378	427.929	855.859

为了提高激光利用率，应当提高有用损耗 δ_i 占总损耗的比例 $\dfrac{\delta_i}{\delta + T}$。可得出结论：反应室设在腔内可获得较高注入功率。并且，当

$$T + \delta_{s_1} + \delta_{s_2} + \delta_a + \delta_d \approx 0$$

由式（8.4.18）可知腔内注入功率会很高，即有

$$2P_{in} \approx AI_s\left(\frac{2G_m l}{\delta_i} - 1\right) \tag{8.4.22}$$

我们还需对选频 CO 激光器做一介绍。CO 分子在 1～2eV 之间具有相当大的电子激发截面，它与电子碰撞后生成 CO^-离子，CO 将能量在内部的各个模上重新分布，CO 分子可高效率激发到 $\upsilon=1\sim8$ 的振动能级上。振动-振动能量交换一直被认为是 CO 激光器实现粒子数反转的重要机理。振动能级越低则相邻能级间距越大，处于较低振动能级 (υ) 的 CO 分子与处于能级相近的较高振动能级 (w) 的 CO 分子碰撞后，较低振动能级 (υ) 的分子跃迁到更低能级 $(\upsilon-1)$ 的速率和较高能级（w）的分子跃迁到更高能级（$w+1$）的速率都高于它们的相反过程的速率。这样一来，一旦电子碰撞使最低几个振动能级有一定粒子数分布，V-V 能量交换将不断使 CO 分子向高能级泵浦，同时低能级分子消激发，由此产生了粒子布居数反转。由上述 CO 激光器实现粒子数反转的重要机理可知，CO 与辅助气体的混合物应处于低温下才可具有较高的泵浦效率和光电转换效率。假定任一给定振动带 $(\upsilon\to\upsilon-1)$ 激光器只在一条振转谱线上振荡，在 $T=125\text{K}$ 时[16]，则在范围 $(\upsilon=4\to\upsilon=3)\sim(\upsilon=38\to\upsilon=37)$跃迁 P 支线都具有超过阈值增益（设阈值增益系数为 $2\times10^{-4}\text{cm}^{-1}$）的小信号增益系数，增益系数的最大区域在 $(\upsilon=8\to\upsilon=7)\sim(\upsilon=11\to\upsilon=10)$ 之间；液氮冷却下质量速率为 $0.02\text{g(CO)}/\text{s}$，$0.056\text{g(He)}/\text{s}$ 时，气体对流的两段对称放电管分别沿轴向 5～60cm 小信号增益系数约为 10^{-2}cm^{-1}，$P_{10\text{-}9}(11)$跃迁饱和增益系数约为 $4\times10^{-4}\text{cm}^{-1}$。在 $T=300\text{K}$ 情况下，超过阈值的小信号增益系数仅在 $\upsilon=10\sim\upsilon=20$ 之间，增益系数的最大区域移到 $\upsilon=13$ 附近。

设一外腔式液氮冷却对流选频 CO 激光器，如图 8.4.1 所示，由平面反射光栅 M_1 和凹面反射镜 M_2 组成谐振腔，腔长 $L=5\text{m}$。M_1 光栅刻线数为 150mm^{-1}，零级耦合率为 5%，M_2 曲率半径 $\rho_2=15\text{m}$，反射率为 98%。腔内放电管长 $l_1=1.2\text{m}$，管内径约 20mm，两端为 CaF_2 布儒斯特窗片，总气流量为 0.2L/s，电流为 2×18mA；腔内光化学反应室内径 20～25mm，长度 $l_2=2.7\text{m}$，两端封 CaF_2 布儒斯特窗片，$HCl+UF_6$ 气体从反应室一端上侧注入，从另一端下侧流出，流出处设固相分离器，之后有剩余物收集器等。设所选频率为 ν_j，M_1 处的入射光强为 I^+，反射方向的光强为 I^-，光栅的一级衍射率为 R_1，腔内光束横截面积为 A，则输出为

$$P_{\text{out}}=(1-R_1)AI_{\nu_j}^+$$

为了计算满足增益饱和的 $I_{\nu_j}^+$，注意到增益介质中光波是在光强 $I_{\nu_j}=I_{\nu_j}^++I_{\nu_j}^-$ 下达到饱和的，再注意到 $(1+R_1)(1+R_1)^{-1}=1$ 和 $R_1I_{\nu_j}^+=I_{\nu_j}^-$，可知

$$P_{\text{out}}=(1-R_1)(1+R_1)^{-1}AI_{\nu_j}$$

振荡的阈值增益系数应为式（8.4.17）所示。设放电管和反应室布儒斯特窗片的损耗为 α_1 和 α_2，腔内元件引起的衍射损耗为 δ_d，在式（8.4.17）中具体为

$$\alpha=\alpha_1+\alpha_2+\delta_\text{d}=0.03+0.004=0.034$$

若 UF_6 对 CO 激光（1876cm^{-1}）的吸收截面取表 11.2.1 中的值，即 ${}^{235}\sigma=2\times10^{-22}\text{cm}^2$ 和 ${}^{238}\sigma=(1/1.5)\,{}^{235}\sigma$，又当 UF_6 为 3torr 时，${}^{235}UF_6$ 和 ${}^{238}UF_6$ 的粒子数密度已在本节前面计算，于是可得式（8.4.17）中的

$$al_2=\delta_{\text{A}_1}+\delta_{\text{A}_1}=({}^{235}\sigma N_{\text{A}_1}+{}^{238}\sigma N_{\text{A}_2})\times270\text{cm}=3.485\times10^{-3}$$

所以阈值增益系数为

$$G_t = \frac{1}{120\text{cm}}[al_2 + \alpha - 0.5\ln(0.95 \times 0.98)] = 6.10 \times 10^{-4}\text{cm}^{-1}$$

但是，若只计算 $^{235}UF_6$ 引起的损耗，则 $G_t = 5.81 \times 10^{-4}\text{cm}^{-1}$。对比前面所述条件及小信号增益系数和饱和增益系数[16]，比 $P_{10\text{-}9}(11)$略强的 $P_{9\text{-}8}(15)$（1876cm^{-1}）跃迁可以实现输出。实验上，光栅的零级耦合输出在未注入 HCl + UF_6气体时达 5W，在注入 HCl + UF_6 气体时达1.6～2.6W，分别对应腔内功率 200W 和 60～100W 。显然，要增大腔内功率，主要方法是增大 CO 混合气在放电管的流量和加强混合气的冷却。

依所设外腔的条件，谐振腔的 g 参数为

$$g_1 = 1 - \frac{L}{\rho_1} = 1,\ g_2 = 1 - \frac{L}{\rho_2} = \frac{2}{3} \tag{8.4.23}$$

光束束腰位于 M_1 处，半径为 $w_1 = w_0$，位于 M_2 处的光束半径为 w_2，距 M_1 轴向距离 z 处光束半径为 $w(z)$，则有

$$w_1^2 = w_0^2 = \frac{L\lambda}{\pi}\left[\frac{g_2}{g_1(1-g_1g_2)}\right]^{\frac{1}{2}} \tag{8.4.24}$$

$$w_2^2 = \frac{L\lambda}{\pi}\left[\frac{g_1}{g_2(1-g_1g_2)}\right]^{\frac{1}{2}} \tag{8.4.25}$$

$$w(z) = w_0\sqrt{1+\left(\frac{z}{z_0}\right)^2} = w_0\sqrt{1+\left(\frac{z}{\frac{\pi w_0^2}{\lambda}}\right)^2} \tag{8.4.26}$$

式中，λ 为波长，可得 $w_1 = w_0 = 3.463\text{mm}$， $w_2 = 4.242\text{mm}$， $w(z = 3500\text{mm}) = 3.864\text{mm}$ 。

高斯光束横截面内半径 r_a 与 r_b 间面积内的能量 E_{ab} 正比于光的强度和面积，即有

$$E_{ab} \propto \pi(r_a^2 - r_b^2)\left[\exp - \frac{(r_a + r_b)^2}{4w(z)^2}\right]^2 \tag{8.4.27}$$

经计算，对于 $w(z = 3500\text{mm})$，光斑内 0～1mm、1～2mm、2～3mm、3～4mm、4～5mm、5～6mm 六个区域的能量分别占光斑内总能量的 0.137、0.309、0.309、0.183、0.046 和 0.013。设光束双向功率和为 100W，则六个区域的功率密度分别为 436W/cm^2、327W/cm^2、196W/cm^2、83.2W/cm^2、16.2W/cm^2、3.7W/cm^2。要有效地利用这样的功率密度分布，可采用流动气体反应池（管）（参见第 9 章）。

2. 特别适合泛频或组频激发激光光化学反应

通常情况下，振动辐射跃迁的选择定则为 $\Delta\upsilon = \pm 1$，即只能是跃迁到相邻的振动能级。但是，如 5.4.7 节所述，$\Delta\upsilon \geqslant 2$ 的泛频跃迁和一些组频跃迁在理论上和实验上都被证实，即使这些跃迁较弱或很弱。当辐射强度很高时，泛频激发的效果可以变得显著[3]，实际上一些组频激发的效果也可以变得显著[15]。符合定则 $\Delta\upsilon = \pm 1$ 的跃迁有较大激发截面，而泛频跃迁和组频跃迁具有较低的激发截面。例如，对 UF_6 分子，最大吸收峰为 $\nu_3(624.4\text{cm}^{-1})$，吸收截面 $\sigma = 2 \times 10^{-18}\text{cm}^2$，用于激发的激光波长为 16μm，而可被利用的另外两个吸收峰，

其一是$3\nu_3$吸收峰，吸收频率为1876cm^{-1}，吸收截面[15]为2×10^{-23}cm^2，另一个是$\nu_3+\nu_4+\nu_6$组合振动吸收带，其频率为948cm^{-1}，吸收截面为[15]10^{-22}cm^2，相应地可用于激发的激光分别为CO激光和CO_2激光。可见泛频及组频跃迁激发截面低于通常的振动辐射跃迁激发截面4～5个量级。由于常规辐射跃迁激发截面大和红外多光子吸收规律，常采用单频、双频甚至多频脉冲激光对其激发，以便实现直接的光离解。但是，通过泛频或组频跃迁，在一定的激光强度下也可实现较低能级的激发，从而加快化学反应速率，这一过程为低振动能级激发光化学反应过程。激发概率正比于吸收截面和光强的乘积［式（11.3.50）～式（11.3.53）］。从上面表8.4.1的例子和腔内外传输的激光功率的计算值，我们可以看到腔内往返激光功率$2P_{in}$和腔外功率P可以达到如下的倍数关系：

$$2P_{in}\approx10^3P\sim10^5P \tag{8.4.28}$$

故有

$$2P_{in}\sigma'\approx10^4P\sigma'\approx P\sigma \tag{8.4.29}$$

式中，σ'为分子的泛频或组频跃迁吸收截面；σ为常规跃迁吸收截面。

上面的分析表明，当满足跃迁规则$\Delta\upsilon=\pm1$的反应物放在腔外可进行光化学反应时，则该反应物满足泛频或组频跃迁规则的光化学反应就应当放在腔内进行，可得到对反应物的近似相等的激发。已有实验反复证明了腔内泛频或组频激发UF_6分离同位素的可行性和显著有效性。

3. 有利于振荡频率调整到含量较低的目标分子跃迁线

在选择性光化学反应中，一般都是选择性激发相对含量较低的那种反应物分子或同位素分子。例如，反应物为UF_6分子气体，反应剂为HCl等，我们对天然丰度仅约为0.7%的$^{235}UF_6$的选择激发很感兴趣，而对丰度约为99.3%的$^{238}UF_6$则要求激发得越少越好。由于对UF_6分子来说，$\nu_3+\nu_4+\nu_6$模组合振动带的同位素位移$\Delta\nu_{i.s}=0.90\text{cm}^{-1}$，$3\nu_3$带的同位素位移$\Delta\nu_{i.s}=1.95\text{cm}^{-1}$，若仅靠光栅来选频，我们能分辨的两振荡谱线的波长差为

$$\delta\lambda=\frac{\lambda}{kN} \tag{8.4.30}$$

式中，N为光栅面被照射的总刻槽数；k为衍射级次。

设闪耀光栅用一级（$k=1$）衍射作为闪耀级次，每毫米刻槽数为100，光栅被照射宽度近似取为20mm，则光栅被照射面的总刻槽数$N\approx2000$。于是对于CO激光和CO_2激光波段，可分辨的振荡谱线波长间距分别为$2.65\times10^{-3}\mu\text{m}$和$5.3\times10^{-3}\mu\text{m}$，分别相当于能分辨$\Delta\nu=0.94292\text{cm}^{-1}$和$\Delta\nu=0.47146\text{cm}^{-1}$，它们分别小于$UF_6$的$3\nu_3$（1876cm^{-1}）同位素位移1.95cm^{-1}和组频$\nu_3+\nu_4+\nu_6$同位素位移0.9cm^{-1}，能满足分辨要求。但是光栅的倾角是很难准确调整的，也很难稳定在某一个位置。

对于UF_6的$3\nu_3$泛频激发，有关的CO激光跃迁线为[15]：x-16（1872cm^{-1}），x-9（1874cm^{-1}），x-15（1876cm^{-1}），x-8（1878cm^{-1}）。x-15线对激发$^{235}UF_6$最有利，而x-9没有激发优势。实验中输出为：$P_{10\text{-}9}(10)$（1870.6274cm^{-1}），$P_{10\text{-}9}(9)$（1874.4493cm^{-1}），$P_{9\text{-}8}(15)$（1876.3134cm^{-1}），输出功率接近[16]。可见，相关的CO激光相邻谱线相距仅为2cm^{-1}，与UF_6在$3\nu_3$的同位素位移几乎相等。由此可以推测1874cm^{-1}线可以是对$^{238}UF_6$的吸收有利的位置。在实验

中，正是使用 1876cm^{-1} 线激发 $^{235}UF_6$，而 $^{238}UF_6$ 的吸收于 1874cm^{-1} 线处很有利。由于相邻线输出接近，谱线间距很小，如果光栅倾角有小变化，腔损耗略有变化，振荡线会移动到相邻线或从相邻线回复到振荡线，在监控下可能反复重复这个过程，在无监控时则可能移到稍远的谱线振荡。但是，若将反应池置于腔内，则情况就不同。由于丰度较高的 $^{238}UF_6$ 对 1874cm^{-1} 线有较大的吸收而对 1876cm^{-1} 有较小的吸收，$^{235}UF_6$ 因丰度很低而对两线吸收要小得多，故振荡谱线会自动倾向于光栅倾角对应的 $^{235}UF_6$ 的吸收峰值位置，仅需适当地精调、监控及稳定工作条件即可使光化学反应实验朝着有利的方向进行。显然，反应室较长时对于波长的控制力较强。增加反应室内 UF_6 的浓度虽可增加控制力，但浓度越高越易受激 $^{235}UF_6$ 分子的激发能向未被激发的 $^{238}UF_6$ 分子的近共振转移，同时在低温下 UF_6 的蒸气压一般是很低的。

如果在腔内再增加一个较短且气压稍高的纯 UF_6 吸收池[17]，固然会增加对振荡波长的控制力，但带入的损耗也是不可忽视的。

对于 UF_6 组频激发，与上述分析是类似的。

4. $UF_6 + HCl$ 体系的腔内激光光化学反应

本节提到的内容是在第 7 章 7.2.3 节用表 7.2.3 和表 7.2.4 总结的 $UF_6 + HCl$ 体系热化学反应内容的继续[18]。

由 1.7 节的公式

$$1-\phi=\frac{V_{\text{in}}}{V}\frac{K_{\text{L}}}{K_{\text{L}}+K_{\text{T}}} \tag{8.4.31}$$

和第 9 章式（9.2.8）

$$K_{\text{L}}=\frac{1}{P_{\text{in}}}\frac{1}{\tau_{\text{L}}}-\frac{P_{\text{out}}}{P_{\text{in}}}K_{\text{T}}$$

来看，静态时反应室内的粒子等概率地处于各处，处于光照区内外的概率 P_{in} 和 P_{out} 分别为区内外空间体积 V_{in} 和 V_{out} 与反应室内空间体积 V 之比。所以光照区的光化学反应速率常数 K_{L} 可由下式得到

$$K_{\text{L}}=\frac{V}{V_{\text{in}}}\frac{1}{\tau_{\text{L}}}-\frac{V_{\text{out}}}{V_{\text{in}}}K_{\text{T}} \tag{8.4.32}$$

为了便于得到实验 K_{L} 的平均值，也便于各例比较，我们取转化率均达到 $1-e^{-1}$ 的时间为 τ_{L}，但实验中是难以次次办到的。这里，采用如下比例关系由实测的 τ 近似得到 τ_{L}，即

$$\frac{\tau_{\text{L}}}{\tau}=\frac{1-e^{-1}}{x} \tag{8.4.33}$$

故有

$$\tau_{\text{L}}=\frac{1-e^{-1}}{x}\tau \tag{8.4.34}$$

本节第 1 部分所述选频 CO 激光器，即为本部分激光光化学反应实验所用器件，于是 $V_{\text{in}}=\pi(0.4\text{cm})^2 l_2$，$V=\pi(1\text{cm})^2 l_2$，$\frac{V_{\text{in}}}{V}=0.16$，$\frac{V_{\text{out}}}{V}=0.84$，实验数据及有关计算值列于表 8.4.2。

表 8.4.2　$UF_6 + HCl$ 体系激光光化学反应实验数据表

编号	温度/K	p / torr	p_{UF_6} / torr	p_{HCl} / torr	$(Cl:U)_0$	光化学反应时间 τ/s	剩余物中 U/mg	剩余物中 Cl^-/mmol	剩余物中 $(Cl:U)_f$	腔内激光功率*/W	转化率 x/%	k_1 / $10^{-2}s^{-1}$	k_2 / $10^{-3}torr^{-1}\cdot s^{-1}$	K_L / s^{-1}
1*	241	53.0	1.14	51.9	45.5	9.9	89.6	0.546	1.45	60	39.5	5.07	0.978	0.331
2*	241	53.0	1.14	51.9	45.5	15.6	120	2.89	5.73	60	51.4	4.62	0.891	0.262
1	253	10.0	2.82	7.18	2.55	9.2	479	6.99	3.47	100	26.5	3.30	4.66	0.212
2	253	12.0	2.82	9.18	3.26	13.3	196	7.10	8.62	100	62.2	7.31	7.97	0.399
3	253	18.0	2.66	15.3	5.75	13.0	281	8.16	6.91	90	16.8	1.41	0.925	0.064
4	253	44.0	2.66	41.3	15.5	35.6	85.9	7.14	19.8	60	21.7	0.68	0.166	0
5	253	75.0	2.66	72.3	27.2	87.1	3.81	2.31	144	90	81.1	1.91	0.265	0.029
6	253	43.0	2.66	40.3	15.2	62.4	30.9	3.72	28.7	100	47.0	1.017	0.252	0.011
7	253	11.0	1.70	9.30	5.47	12.2	796	21.5	6.43	70	14.9	1.32	1.42	0.057
8	253	13.0	0.90	12.1	13.4	21.5	62.4	12.7	48.4	80	72.3	5.91	4.94	0.269
9	253	18.6	2.82	15.8	5.60	16.3	633	18.7	7.03	80	20.3	1.39	0.881	0.060
10	253	17.0	2.82	14.2	5.04	17.0	472	16.2	8.17	70	38.3	2.84	2.00	0.159

*腔内激光功率为双向功率之和。

记表 8.4.2 中后 10 例的一、二级反应速率常数k_1和k_2的平均值为$\bar{k}_1$、$\bar{k}_2$，采用转化率与平均转化率比值作为权重因子，求得$T = 253\text{K}$的结果为：$\bar{k}_1 = 0.034\text{s}^{-1}$；对于腔内激光功率 90～100W，$\bar{k}_2 = 0.00286\text{torr}^{-1} \cdot \text{s}^{-1}$；对于腔内激光功率 60～80W，$\bar{k}_2 = 0.00284\text{torr}^{-1} \cdot \text{s}^{-1}$。

为计算表 8.4.2 中的K_L，取表 7.2.4 中 11 例热化学反应的一级反应速率常数平均值$k = 0.012\text{s}^{-1}$为K_T。利用表 8.4.2 后 10 例，可得到$\bar{K}_L = 0.126\text{s}^{-1}$。表 8.4.2 中 253K 温度下的 10 例中例 4 的光化学反应速率远低于平均值，用其他 9 例计算，得平均$\bar{\tau}_L = 42.91\text{s}$。

参 考 文 献

[1] 蔡继业，周士康，李书涛. 激光与化学动力学[M]. 合肥：安徽教育出版社，1992.

[2] Levine I N. 物理化学（下册）[M]. 李之芬，张玉芬，褚德萤，译. 北京：北京大学出版社，1987.

[3] 马兴孝，孔繁敖. 激光化学[M]. 合肥：中国科学技术大学出版社，1990.

[4] Moore C B. Chemical and Biochemical Applications of Lasers：V. Ⅲ [M]. New York：Academic Press，1979.

[5] Letokhov V S. Nonlinear Laser Chemistry[M]. New York：Springer-Verlag，1983.

[6] Zhang Y G，Zha X W. Calculations of the vibrational frequency and isotopic shift of UF_6 and U_2F_6[J]. Chinese Physics B，2012，21：073301.

[7] Xu B Y，Liu Y，Dong W B，et al. Study of the vibrational photochemical reaction of UF_6 + HCl and its isotopic selectivity[J]. Journal of Physical Chemistry，1992，96：3302-3305.

[8] Koh Y W，Westerman K，Manzhos S. A computational study of adsorption and vibrations of UF_6 on graphene derivatives：conditions for 2D enrichment[J]. Carbon，2015，81（1）：800-806.

[9] Kosterev A A，Makarov A A，Malinovsky A L，et al. Transition spectra in the vibrational quasicontinuum of polyatomic molecules，Raman spectra of highly excited UF_6 molecules[J]. Journal of Physical Chemistry A，2000，104：10259.

[10] Berezin A G，Malyugin S L，Nadezhdinskii A I，et al. UF_6 enrichment measurements using TDLS techniques[J]. Spectrochimica Acta Part A，2007，66：796.

[11] Dau P D，Su J，Liu H T，et al. Photoelectron spectroscopy and theoretical studies of UF_5^- and UF_6^- [J]. Journal of Chemical Physics，2012，136：194304.

[12] Peralta J E，Batista E R，Scuseria G E，et al. All-electron hybrid density functional calculations on UF_n and UCl_n（$n = 1$～6）[J]. Journal of Chemical Theory and Computation，2005，1（4）：612-616.

[13] Yariv A. Optical Electronics in Modern Communications[M]. 5th ed. New York：Oxford University Press，1997.

[14] 李适民，黄维玲，等. 激光器件原理与设计[M]. 北京：国防工业出版社，2001.

[15] Eerkens J W. Spectral considerations in the laser isotope separation of uranium hexafluoride[J]. Applied Physics，1976，10（1）：15-31.

[16] 于清旭. 纵向放电激励高功率一氧化碳激光器的研究[D]. 大连：大连理工大学，1990.

[17] Eerkens J W. Laser separation of isotopes[P]：AU-B-66607/81，537265. 1981.

[18] 胡宗超. UF_6 + HCl 体系反应的动力学研究及铀同位素分离[D]. 成都：四川大学，1990.

第 9 章　流动混合气体的选择性光化学反应

9.1　流动情况下的选择性光化学反应分析

9.1.1　基本考虑

本节我们在气体分子运动论、碰撞理论、流体力学、光化学反应、热化学反应及高斯光束理论[1-4]基础上建立位于激光器腔内外的反应池的设计尺寸及各相关参数与同位素产物的产率、同位素浓缩系数间的关系，并给出一些计算结果。

设 N_{A_1}、N_{A_2}、N_B 分别为 A 的同位素分子 A_1、A_2 和反应剂 B 的粒子数密度，并有 $N_B \gg N_{A_1} + N_{A_2} = N_A$。当选择激发速率、暗反应速率很小时，刚球碰撞理论基本成立，对于近似均匀稳恒态，则近似有 A 的平均自由程及 A 和 B 的平均速率分别为

$$\bar{\lambda}_A = \frac{1}{\pi\left[\sqrt{2}N_A d_A^2 + N_B\left(\frac{d_A + d_B}{2}\right)^2\sqrt{1+\frac{m_A}{m_B}}\right]} \tag{9.1.1}$$

$$\bar{v}_A = \sqrt{\frac{8kT}{\pi m_A}},\ \bar{v}_B = \sqrt{\frac{8kT}{\pi m_B}} \tag{9.1.2}$$

式（9.1.1）和式（9.1.2）中，d_A、d_B 为 A、B 的有效直径；m_A、m_B 为 A、B 的单个分子质量（忽略了 A_1、A_2 的质量差）；k 为玻尔兹曼常量；T 为热力学温度。

设圆管反应池半径为 R，激光束半径为 W，当 $R \geqslant 1.5W$ 时，光束通过反应池的衍射损耗 $\leqslant 1\%$。反应池内的光化学反应和热化学反应为[2, 3]

$$A_1 + \hbar\omega \xrightarrow{k_a} A_1^* \tag{9.1.3}$$

$$A_1^* + \hbar\omega \xrightarrow{k_a} A_1 \tag{9.1.4}$$

$$A_1^* + B \xrightarrow{k_{L_1}} A_1B \tag{9.1.5}$$

$$A_1^* + A_2 \xrightarrow{k_{V\text{-}V}} A_2^* + A_1 \tag{9.1.6}$$

$$A_1^* + M \xrightarrow{k_{V\text{-}M}} A_1 + M \tag{9.1.7}$$

$$A_2 + \hbar\omega \xrightarrow{k_b} A_2^* \tag{9.1.8}$$

$$A_2^* + \hbar\omega \xrightarrow{k_b} A_2 \tag{9.1.9}$$

$$A_2^* + B \xrightarrow{k_{L_2}} A_2B \tag{9.1.10}$$

$$A + B \xrightarrow{k_T} AB \tag{9.1.11}$$

式中，k_a、k_b, k_{L_1}、$k_{L_2}, k_{V\text{-}V}, k_{V\text{-}M}, k_T$ 分别为选择激发速率常数、光化学反应速率常数、振动-振动能量转移速率常数、碰撞能量转移速率常数、热化学反应速率常数；$\hbar\omega$ 为光子能量。

式（9.1.4）和式（9.1.9）表明当光波较强时，处于激发态的分子较多，因受激辐射

而跃迁到下能级不能被忽略。

欲获得好的分离结果，应有 $k_a > k_b, k_a > K_L > k_{V\text{-}V}N_{A_2} + k_{V\text{-}M}N_M, K_L > K_T$。$K_L$、$K_T$ 分别为光化学反应速率常数 k_L 和热化学反应速率常数 k_T 与反应剂粒子数密度的乘积，即 $K_L = k_LN_B$，$K_T = k_TN_B$，K_L 为 K_{L_1} 或 K_{L_2}，更多的说明可参见 1.7.3 节的"3.利用 CO 激光选择性激发 UF_6 分离铀同位素"。

9.1.2　反应池内流区分析

如图 9.1.1 所示，设激光器腔长为 L，反应池长为 L_0，光束束腰半径及光束在反应池入口、出口端的半径分别为 w_0、w_1、w_2，气体沿反应池轴向流动。当反应池位于激光器腔内，则设图中光束束腰位于平面反射光栅或平面反射镜处，光栅或平面反射镜曲率半径 $\rho_1 = \infty$，反应池入口端到束腰处距离为 $Z_1 = L_{w_1}$，出口端附近是曲率半径为 ρ_2 的凹面反射镜或凹面反射光栅，镜面尺寸均大于反应池管径 $D(2R)$，出口端到束腰处距离为 $Z_2 = L_{w_2}$，凹面反射镜或凹面反射光栅到束腰处距离为 Z_3，并有 $Z_3 = L$（含 ΔL_0）。当反应池位于激光器腔外左方，则设束腰 w_0 处为平面输出镜。在谐振腔、反应池参数及反应池入口、出口至 w_0 处距离保持相同时，腔内外两情况下 w_1、w_2 相同。在光束距离束腰 Z_m 处，光束半径 r_m 为 $w(Z_m)$，与 Z_m 和束腰半径 w_0 满足关系

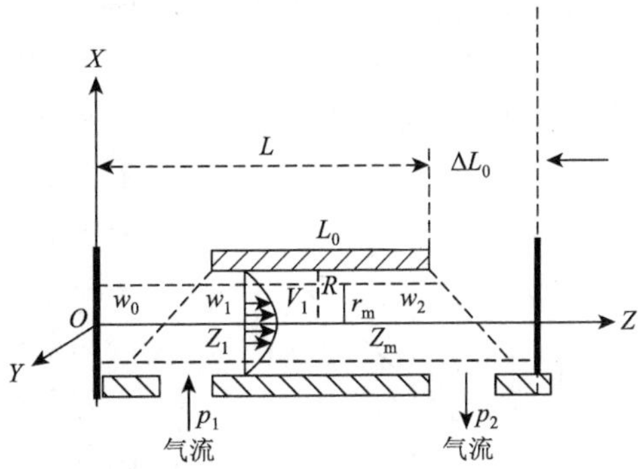

图 9.1.1　反应池轴向流动光化学反应分析图

$$r_m = w(Z_m) = w_0\sqrt{1+\left(\frac{\lambda Z_m}{\pi w_0^2}\right)^2} \tag{9.1.12}$$

当 w_0、Z_1、Z_2 确定后则可计算 w_1、w_2。气体在入口、出口处的压力分别为 p_1、p_2，管内气体在雷诺数 $R_0 = \rho\bar{V}R/\eta < 1000$ 时为层流，ρ 为气体质量密度；$\bar{V}$ 为平均速率；η 为黏性系数。当为层流时，气体沿径向分层，快的层与慢的层之间成对施加黏滞力 f 并正比于层间接触面积 ΔS，在半径 r 处的层流速度为 V_r，通过管横截面的体积流量为 Q，则它们分别满足[1]

$$f = \eta\frac{\mathrm{d}V_r}{\mathrm{d}r}\Delta S$$

$$V_r = \frac{(p_1 - p_2)(R^2 - r^2)}{4\eta L_0} \tag{9.1.13}$$

$$Q = \frac{\pi R^4(p_1 - p_2)}{8\eta L_0} \tag{9.1.14}$$

设平均速率为 $\bar{V}$，则由 $Q = \bar{V}\pi R^2$，与式（9.1.14）比较，得

$$\overline{V}=\frac{R^2(p_1-p_2)}{8\eta L_0} \tag{9.1.15}$$

利用式（9.1.13）得平均速率为

$$\overline{V}=\frac{1}{R}\int_0^R\frac{(p_1-p_2)(R^2-r^2)}{4\eta L_0}\mathrm{d}r=\frac{(p_1-p_2)R^2}{6\eta L_0} \tag{9.1.16}$$

同时，若定义t_{stop}为气体分子在管池内平均停留时间，则

$$\overline{V}=\frac{L_0}{t_{stop}} \tag{9.1.17}$$

设流动气体进入反应池前管壁各处温度相同，壁温恒定。由于反应池可以较长，当流动速度远小于分子热运动速度时，除去两端气体进、出口及附近外，我们近似认为管内绝大部分区域处于热平衡状态。流动气体进入反应池后一方面做流动，另一方面其大量分子又处于热运动中。由于热运动是混乱的，平均而言一个分子在三维空间三独立自由度的平均速率应该是相等的，为了确定这个粒子流动时在光束区的停留时间，我们可以认为它有 1/3 的概率以平均速率在某一坐标轴方向运动。但是，我们要讨论大量粒子，为简单计，我们将唯象地把粒子分为三群，它们分别在三个方向运动，以此来确定它们在光束区的停留时间。假定圆管池内壁光滑，壁本身（经钝化）的吸附作用很小，分子在管壁的碰撞为弹性碰撞。管内混合气体分子的热运动按径向、角向、轴向运动，如图 9.1.2 所示。速度方向取在角向的运动实为圆周运动。

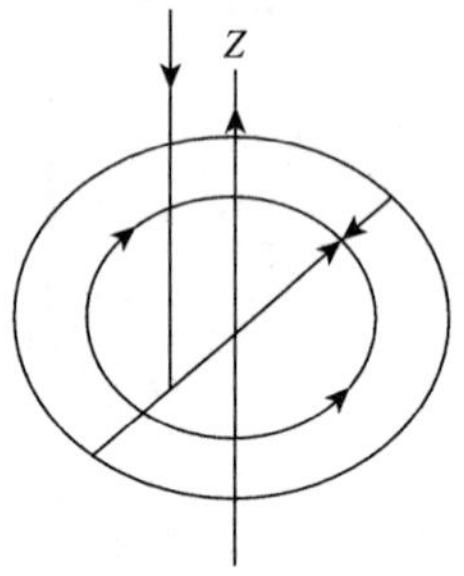

图 9.1.2　分子热运动分析示意图

首先看径向情况，即使温度在 230K，由式（9.1.2）计算得到的 UF_6 分子热运动速率也达 100m/s，不过，这是在理想气体条件得出的。它们离开或返回光束区都是较快的，当管径较大而光束又较小时，则径向运动粒子在光束区外的总停留时间较长，不利于光化学反应。令其在光束区内、外的总停留时间分别为t_{in}、t_{out}，则

$$\frac{t_{in}}{t_{stop}}\approx\frac{w_1+w_2}{2R} \tag{9.1.18}$$

$$t_{out}=t_{stop}-t_{in}=\left(1-\frac{w_1+w_2}{2R}\right)t_{stop} \tag{9.1.19}$$

总停留时间由流动速率决定，取$r=0.5R$处的流动速率为平均速率，由式（9.1.13）得

$$t_{stop}\approx\frac{16\eta L_0^2}{3(p_1-p_2)R^2} \tag{9.1.20}$$

用式（9.1.16）和式（9.1.17）来计算，则有

$$t_{stop}\approx\frac{6\eta L_0^2}{(p_1-p_2)R^2} \tag{9.1.21}$$

式（9.1.20）和式（9.1.21）的t_{stop}接近，但式（9.1.20）的速率代表点所在空间位置清楚，表明在$r\leqslant 0.5R$范围的中心区域粒子的流动速率都较大地高于靠近管壁区域的粒子的流动速率。

处于径向自由度的粒子均可在 t_{in} 内参与光化学反应，通过管截面的分子的体积流量 Q_r 为 $Q/3$，即

$$Q_r = \frac{\pi R^4 (p_1 - p_2)}{24\eta L_0} \tag{9.1.22}$$

则通过截面的被进行了光照的分子的体积流量为 $Q_r K_{\text{L}} t_{\text{in}}$。

对于做圆周运动的分子，在半径 w_1 以内的中心区的分子在时间 t_{w_1} 内参与光化学反应，由式（9.1.13），有

$$t_{w_1} = \frac{L_0}{\overline{V}_r} = \frac{w_1 L_0}{\int_0^{w_1} V_r \mathrm{d}r} = \frac{4\eta L_0^2}{(p_1 - p_2)\left(R^2 - \frac{1}{3}w_1^2\right)} \tag{9.1.23}$$

设其通过管截面的体积流量为 Q_{θ_1}，则

$$Q_{\theta_1} = \frac{1}{3}\int_0^{w_1} 2\pi r V_r \mathrm{d}r = \frac{\pi(p_1 - p_2)}{6\eta L_0}\left(\frac{1}{2}R^2 w_1^2 - \frac{1}{4}w_1^4\right) \tag{9.1.24}$$

做圆周运动的分子，在此中心区域外，从半径 w_1 到 w_2 区域光束区，分子在管内的平均停留时间（参与化学反应时间）为处于反应池内光束半径为平均值（简记为 $r_{0.5}$）处的代表性分子随气体流动到出口的时间，设其为 $t_{0.5}$，则由式（9.1.12）和式（9.1.13）有

$$\begin{gathered} r_{0.5} = 0.5(w_1 + w_2) \\ Z_{0.5} = \frac{\pi}{\lambda} w_0^2 \sqrt{0.25\left(\frac{w_1 + w_2}{w_0}\right)^2 - 1} \\ t_{0.5} \approx \frac{(L_{w_2} - Z_{0.5})4\eta L_0}{(p_1 - p_2)\left[R^2 - \frac{1}{4}(w_1 + w_2)^2\right]} \end{gathered} \tag{9.1.25}$$

式中，L_{w_2} 为反应池出口离光束束腰 w_0 处的距离；$Z_{0.5}$ 为光束半径为 $r_{0.5}$ 处离光束束腰 w_0 处的距离。

设从半径 w_1 到 w_2 区域光束区，做圆周运动的分子通过管截面的体积流量为 Q_{θ_2}，则

$$Q_{\theta_2} = \frac{1}{3}\int_{w_1}^{r_{\text{m}}} 2\pi r V_r \mathrm{d}r = \frac{\pi(p_1 - p_2)}{6\eta L_0}\left[\frac{1}{2}R^2(r_{\text{m}}^2 - w_1^2) - \frac{1}{4}(r_{\text{m}}^4 - w_1^4)\right] \tag{9.1.26}$$

为计算 Q_{θ_2}，令式（9.1.26）中 r_{m} 取代表值 $r_{\text{m}} = r_{0.5} = 0.5(w_1 + w_2)$。

忽略在 $r_{0.5} < r < R$ 范围的粒子的光化学反应，$r_{0.5}$ 的取值可依具体光强和反应条件情况适当按比例放大或缩小。

对于沿轴向热运动的分子参与光化学反应的体积流量和时间也分为两部分，流量分别与 Q_{θ_1} 和 Q_{θ_2} 相等，时间分别与 t_{w_1} 和 $t_{0.5}$ 相同。即

$$Q_Z = Q_{Z(1)} + Q_{Z(2)},\ Q_{Z(1)} = Q_{\theta_1},\ Q_{Z(2)} = Q_{\theta_2} \tag{9.1.27}$$

同时令

$$Q_{Z(1)} + Q_{\theta_1} = Q_{Z(1)+\theta_1},\ Q_{Z(2)} + Q_{\theta_2} = Q_{Z(2)+\theta_2} \tag{9.1.28}$$

Q_r、Q_Z、Q_θ 之和为 $Q = 3Q_r$。

若 $t_{\text{stop}} < \frac{1}{K_{\text{T}}}$，$t_{\text{stop}} < \frac{1}{K_{\text{L}}}$，$N_{\text{A}_1}$、$N_{\text{A}_2}$、$N_{\text{B}}$ 及产物分子密度将在反应池内随着流动而发

生变化，若产物为粉末，它们会沉积在反应池壁和出口附近。但当 $N_B \gg N_{A_1}, N_{A_2}$ 时，或者同时产物也为气体化合物时，出口压力相对于初始值变化不明显。

对于径向自由度的粒子，在反应池内停留时间近似取为 t_{stop}，在半径 w_1 以内的中心区，其粒子数密度 $N_{A_1(r)}$ 会随着流动因光化学反应和热化学反应而逐渐减小，为简单计，我们对停留时间求得平均值 $\bar{N}_{A_1(r)}$ 来代替它。依式（1.7.24），可有

$$\bar{N}_{A_1(r)} = \frac{1}{t_{stop}}\int_0^{t_{stop}} N_{A_1}^0 \exp(-K_{L_1T} t)\mathrm{d}t = \frac{N_{A_1}^0}{t_{stop}K_{L_1T}}[1-\exp(-K_{L_1T} t_{stop})] \tag{9.1.29}$$

对于做圆周运动的分子，在半径 w_1 以内的中心区的分子在时间 t_{w_1} 内，其平均值为

$$\bar{N}_{A_1(\theta_1)} = \frac{N_{A_1}^0}{t_{w_1}K_{L_1T}}[1-\exp(-K_{L_1T} t_{w_1})] \tag{9.1.30}$$

对于做圆周运动的分子，在半径 w_1～w_2 环形区以内的分子在时间 $t_{0.5}$ 内，其平均值近似为

$$\bar{N}_{A_1(\theta_2)} = \frac{N_{A_1}^0}{t_{0.5}K_{L_1T}}[1-\exp(-K_{L_1T} t_{0.5})] \tag{9.1.31}$$

对于做轴向运动的分子，在半径 w_1 以内的中心区的分子在时间 t_{w_1} 内，其平均值为

$$\bar{N}_{A_1Z(1)} = \bar{N}_{A_1(\theta_1)} \tag{9.1.32}$$

对于做轴向运动的分子，在半径 w_1～w_2 以内的分子在时间 $t_{0.5}$ 内其平均值为

$$\bar{N}_{A_1Z(2)} = \bar{N}_{A_1(\theta_2)} \tag{9.1.33}$$

9.1.3　参数选择、产率和浓缩系数

1. 产率、浓缩系数与参数选择的关系

设产物均能到达出口，在出口处 A_1B、A_2B 的产率 Y_{A_1}、Y_{A_2} 可分别近似表示为

$$\begin{aligned}Y_{A_1} =& \frac{k_a}{k_a + k_{V\text{-}V}N_{A_2} + k_{V\text{-}M}N_B + k_{L_1}N_B} K_{L_1}[\bar{N}_{A_1(r)}Q_r t_{in} + \bar{N}_{A_1(\theta_1)}Q_{Z(1)+\theta_1}t_{w_1} + \bar{N}_{A_1(\theta_2)}Q_{Z(2)+\theta_2}t_{0.5}] \\ &+ \left[N_{A_1}Qt_{stop} - \frac{k_a}{k_a + k_{V\text{-}V}N_{A_2} + k_{V\text{-}M}N_B + k_{L_1}N_B}(\bar{N}_{A_1(r)}Q_r t_{in} + \bar{N}_{A_1(\theta_1)}Q_{Z(1)+\theta_1}t_{w_1} + \bar{N}_{A_1(\theta_2)}Q_{Z(2)+\theta_2}t_{0.5})\right]K_T\end{aligned} \tag{9.1.34}$$

$$\begin{aligned}Y_{A_2} =& \frac{k_b}{k_b + k_{V\text{-}V}N_{A_2} + k_{V\text{-}M}N_B + k_{L_2}N_B} K_{L_2}[\bar{N}_{A_2(r)}Q_r t_{in} + \bar{N}_{A_2(\theta_1)}Q_{Z(1)+\theta_1}t_{w_1} + \bar{N}_{A_2(\theta_2)}Q_{Z(2)+\theta_2}t_{0.5}] \\ &+ \left[N_{A_2}Qt_{stop} - \frac{k_b}{k_b + k_{V\text{-}V}N_{A_2} + k_{V\text{-}M}N_B + k_{L_2}N_B}(\bar{N}_{A_2(r)}Q_r t_{in} + \bar{N}_{A_2(\theta_1)}Q_{Z(1)+\theta_1}t_{w_1} + \bar{N}_{A_2(\theta_2)}Q_{Z(2)+\theta_2}t_{0.5})\right]K_T\end{aligned} \tag{9.1.35}$$

式(9.1.34)、式(9.1.35)中，$k_a = \sigma_{A_1} I / h\nu$，$k_b = \sigma_{A_2} I / h\nu$，$I$ 为光强[J/(cm^2·s)]，σ_{A_1}、σ_{A_2} 为 A_1、A_2 的吸收跃迁截面；k_{L_1}、k_{L_2} 为光化学反应的速率常数，$k_{L_1}N_B = K_{L_1}$，$k_{L_2}N_B = K_{L_2}$，$k_T N_B = K_T$，式（9.1.34）、式（9.1.35）的第一项为光照区光化学反应的产率，第二项为热反应的产率，项中已扣除了在光照区的被激发了的那部分 A_1、A_2 分子。

浓缩系数表示为

$$\beta=\frac{Y_{\mathrm{A}_1}}{Y_{\mathrm{A}_2}}\left(\frac{N_{\mathrm{A}_1}^0}{N_{\mathrm{A}_2}^0}\right)^{-1}=\frac{Y_{\mathrm{A}_1}}{N_{\mathrm{A}_1}^0}\left(\frac{Y_{\mathrm{A}_2}}{N_{\mathrm{A}_2}^0}\right)^{-1}=\frac{Y_{\mathrm{A}_1}^*}{Y_{\mathrm{A}_2}^*} \tag{9.1.36}$$

式中，

$$\begin{aligned}\frac{Y_{\mathrm{A}_1}}{N_{\mathrm{A}_1}^0}=&\frac{(K_{\mathrm{L}_1}-K_{\mathrm{T}})k_{\mathrm{a}}}{k_{\mathrm{a}}+k_{\mathrm{V\text{-}V}}N_{\mathrm{A}_2}+k_{\mathrm{V\text{-}M}}N_{\mathrm{B}}+k_{\mathrm{L}_1}N_{\mathrm{B}}}\\&\times\left\{\begin{aligned}&\frac{\pi R^3(p_1-p_2)(w_1+w_2)}{48\eta L_0K_{\mathrm{L_{1T}}}}\left[1-\exp\left(-K_{\mathrm{L_{1T}}}\frac{6\eta L_0^2}{(p_1-p_2)R^2}\right)\right]\\&+\frac{2\pi(p_1-p_2)(0.5R^2w_1^2-0.25w_1^4)}{6\eta L_0K_{\mathrm{L_{1T}}}}\left[1-\exp\left(-K_{\mathrm{L_{1T}}}\frac{4\eta L_0^2}{(p_1-p_2)(R^2-0.25w_1^2)}\right)\right]\\&+\frac{2\pi(p_1-p_2)\{0.5R^2[0.25(w_1+w_2)^2-w_1^2]-0.25[0.5^4(w_1+w_2)^4-w_1^4]\}}{6\eta L_0K_{\mathrm{L_{1T}}}}\\&\times\left[1-\exp\left(-K_{\mathrm{L_{1T}}}\frac{4\eta L_0\left(L_{w_2}-\dfrac{\pi}{\lambda}w_0^2\sqrt{0.25\left(\dfrac{w_1+w_2}{w_0}\right)^2-1}\right)}{(p_1-p_2)[R^2-0.25(w_1+w_2)^2]}\right)\right]\end{aligned}\right\}\\&+\frac{\pi R^4(p_1-p_2)K_{\mathrm{T}}}{8\eta L_0K_{\mathrm{L_{1T}}}}\left[1-\exp\left(-K_{\mathrm{L_{1T}}}\frac{6\eta L_0^2}{(p_1-p_2)R^2}\right)\right]\end{aligned} \tag{9.1.37}$$

$$\begin{aligned}\frac{Y_{\mathrm{A}_2}}{N_{\mathrm{A}_2}^0}=&\frac{(K_{\mathrm{L}_2}-K_{\mathrm{T}})k_{\mathrm{b}}}{k_{\mathrm{b}}+k_{\mathrm{V\text{-}V}}N_{\mathrm{A}_2}+k_{\mathrm{V\text{-}M}}N_{\mathrm{B}}+k_{\mathrm{L}_2}N_{\mathrm{B}}}\\&\times\left\{\begin{aligned}&\frac{\pi R^3(p_1-p_2)(w_1+w_2)}{48\eta L_0K_{\mathrm{L_{2T}}}}\left[1-\exp\left(-K_{\mathrm{L_{2T}}}\frac{6\eta L_0^2}{(p_1-p_2)R^2}\right)\right]\\&+\frac{2\pi(p_1-p_2)(0.5R^2w_1^2-0.25w_1^4)}{6\eta L_0K_{\mathrm{L_{2T}}}}\left[1-\exp\left(-K_{\mathrm{L_{2T}}}\frac{4\eta L_0^2}{(p_1-p_2)(R^2-0.25w_1^2)}\right)\right]\\&+\frac{2\pi(p_1-p_2)\{0.5R^2[0.25(w_1+w_2)^2-w_1^2]-0.25[0.5^4(w_1+w_2)^4-w_1^4]\}}{6\eta L_0K_{\mathrm{L_{2T}}}}\\&\times\left[1-\exp\left(-K_{\mathrm{L_{2T}}}\frac{4\eta L_0\left(L_{w_2}-\dfrac{\pi}{\lambda}w_0^2\sqrt{0.25\left(\dfrac{w_1+w_2}{w_0}\right)^2-1}\right)}{(p_1-p_2)[R^2-0.25(w_1+w_2)^2]}\right)\right]\end{aligned}\right\}\\&+\frac{\pi R^4(p_1-p_2)K_{\mathrm{T}}}{8\eta L_0K_{\mathrm{L_{2T}}}}\left[1-\exp\left(-K_{\mathrm{L_{2T}}}\frac{6\eta L_0^2}{(p_1-p_2)R^2}\right)\right]\end{aligned}$$

也即，在式（9.1.36）中有

$$
\begin{aligned}
Y_{A_1}^* &= \frac{(K_{L_1}-K_T)k_a}{k_a+k_{V\text{-}V}N_{A_2}+k_{V\text{-}M}N_B+k_{L_1}N_B} \\
&\times\left\{\begin{array}{l}
R^3(w_1+w_2)\left[1-\exp\left(-K_{L_{1T}}\dfrac{6\eta L_0^2}{(p_1-p_2)R^2}\right)\right] \\
+16(0.5R^2w_1^2-0.25w_1^4)\left[1-\exp\left(-K_{L_{1T}}\dfrac{4\eta L_0^2}{(p_1-p_2)(R^2-0.25w_1^2)}\right)\right] \\
+16\{0.5R^2[0.25(w_1+w_2)^2-w_1^2]-0.25[0.5^4(w_1+w_2)^4-w_1^4]\} \\
\times\left[1-\exp\left(-K_{L_{1T}}\dfrac{4\eta L_0\left(L_{w_2}-\dfrac{\pi}{\lambda}w_0^2\sqrt{0.25\left(\dfrac{w_1+w_2}{w_0}\right)^2-1}\right)}{(p_1-p_2)[R^2-0.25(w_1+w_2)^2]}\right)\right]
\end{array}\right\} \\
&+6R^4K_T\left[1-\exp\left(-K_{L_{1T}}\frac{6\eta L_0^2}{(p_1-p_2)R^2}\right)\right]
\end{aligned}
\tag{9.1.38}
$$

$$
\begin{aligned}
Y_{A_2}^* &= \frac{(K_{L_2}-K_T)k_b}{k_b+k_{V\text{-}V}N_{A_2}+k_{V\text{-}M}N_B+k_{L_2}N_B} \\
&\times\left\{\begin{array}{l}
R^3(w_1+w_2)\left[1-\exp(-K_{L_{2T}}\dfrac{6\eta L_0^2}{(p_1-p_2)R^2})\right] \\
+16(0.5R^2w_1^2-0.25w_1^4)\left[1-\exp\left(-K_{L_{2T}}\dfrac{4\eta L_0^2}{(p_1-p_2)(R^2-0.25w_1^2)}\right)\right] \\
+16\{0.5R^2[0.25(w_1+w_2)^2-w_1^2]-0.25[0.5^4(w_1+w_2)^4-w_1^4]\} \\
\times\left[1-\exp\left(-K_{L_{2T}}\dfrac{4\eta L_0\left(L_{w_2}-\dfrac{\pi}{\lambda}w_0^2\sqrt{0.25\left(\dfrac{w_1+w_2}{w_0}\right)^2-1}\right)}{(p_1-p_2)[R^2-0.25(w_1+w_2)^2]}\right)\right]
\end{array}\right\} \\
&+6R^4K_T\left[1-\exp\left(-K_{L_{2T}}\frac{6\eta L_0^2}{(p_1-p_2)R^2}\right)\right]
\end{aligned}
$$

式中，已取或可取 $K_{L_1}=K_{L_2}=\mathrm{K}_L, K_{L_{1T}}=K_{L_{2T}}$，对 $^{235}UF_6$、$^{238}UF_6$ 来说，这是符合实际的。

例 9.1.1

参见图 8.4.1 和图 9.1.1，设 M_1 为平面反射光栅，M_2 为曲率半径为 $\rho_2=1500\text{cm}$ 的凹面全反射镜，$l_1=180\text{cm}$，$l_2=L_0=310\text{cm}$，$L=550\text{cm}$，反应池入口、出口离 M_1 的距离分

别为 $L_{w_1}=220\text{cm}$，$L_{w_2}=530\text{cm}$。CO 激光波长为 $\lambda=5.3\mu\text{m}$。光束腰半径为 w_0（位于 M_1 处），位于反应池入口、出口处的光束半径分别为 w_1、w_2。依式（8.4.23）～式（8.4.25），有

$$
\begin{aligned}
&g_1=1,\ g_2=1-\frac{L}{\rho_2}=0.63333333\\
&w_0=3.4919\text{mm}\\
&w_1=w_0\sqrt{1+\left(\frac{\lambda L_{w_1}}{\pi w_0^2}\right)^2}=3.650\text{mm}\\
&w_2=w_0\sqrt{1+\left(\frac{\lambda L_{w_2}}{\pi w_0^2}\right)^2}=4.330\text{mm}\\
&w_3=\sqrt{\frac{L\lambda}{\pi}}\left(\frac{g_1}{g_2(1-g_1g_2)}\right)^{\frac{1}{4}}=4.387\text{mm}
\end{aligned}
\tag{9.1.39}
$$

式中，w_3 为 M_2 处光束半径。

设 $^{235}UF_6$、$^{238}UF_6$ 从基态到 $3\nu_3$ 的吸收跃迁截面分别为 $^{235}\sigma=2\times10^{-22}\text{cm}^2$，$^{238}\sigma=0.2\,^{235}\sigma$，CO 激光光子吸收频率为 1876cm^{-1}，$I=100\text{W/cm}^2$，则对 $^{235}UF_6$、$^{238}UF_6$ 的激发速率常数分别为

$$
k_a=\frac{^{235}\sigma I}{h\nu_{CO}}=0.536725\text{s}^{-1},\ k_b=\frac{^{238}\sigma I}{h\nu_{CO}}=0.107345\text{s}^{-1}
\tag{9.1.40}
$$

设其余条件与表 11.2.2 的最后两行一致（除 ϕ 外），即有 $K_L=0.126\text{s}^{-1}$，$K_T=0.012\text{s}^{-1}$，$K_{L_T}=0.138\text{s}^{-1}$，$K_{V\text{-}V}=0.126\text{s}^{-1}$，$K_{V\text{-}M}=0.0126\text{s}^{-1}$，并取 $\eta=2.299\times10^{-4}\text{g}/(\text{cm}\cdot\text{s})$，$L_0=310\text{cm}$，$p_1-p_2=3\text{Pa}=30.00503\text{g}/(\text{s}\cdot\text{cm}^2)$，则有

$$
\begin{aligned}
&Y^*_{A_1}=0.076356863\text{s}^{-1}[0.425914999\text{cm}^4]+0.00952664\text{cm}^4/\text{s}\\
&Y^*_{A_2}=0.03290093\text{s}^{-1}[0.425914999\text{cm}^4]+0.00952664\text{cm}^4/\text{s}\\
&\beta=\frac{Y^*_{A_1}}{Y^*_{A_2}}=1.78629
\end{aligned}
\tag{9.1.41}
$$

由式（1.7.36），并取 $R=1.5w_2=6.5\text{mm}$，则有

$$
\phi=1-V_{in}V^{-1}K_L(K_L+K_T)^{-1}=\frac{1-0.5^2(w_1+w_2)^2}{R^2}\frac{0.126}{0.138}=0.6559
\tag{9.1.42}
$$

式中，V_{in} 的精确值为

$$
V_{in}=\int_{z_1}^{z_2}\pi w_0^2\left[1+\left(\frac{z}{\frac{\pi w_0^2}{\lambda}}\right)^2\right]dz=152537.9318\text{mm}^3
\tag{9.1.43}
$$

将式（9.1.43）代入式（9.1.42）可得ϕ的精确值

$$\phi = 0.66152 \tag{9.1.44}$$

例 9.1.2

取$R = 1.25w_2 = 5.4125\text{mm}$，其余的条件与例 9.1.1 相同。则有

$$\begin{aligned} &Y_{A_1}^* = 0.076356863\text{s}^{-1}[0.3157247025\text{cm}^4] + 0.00529940\text{cm}^4/\text{s} \\ &Y_{A_2}^* = 0.03290093\text{s}^{-1}[0.3157247025\text{cm}^4] + 0.00529940\text{cm}^4/\text{s} \\ &\beta = 1.87461 \end{aligned} \tag{9.1.45}$$

$$\phi = 0.50381 \tag{9.1.46}$$

其精确值为

$$\phi = 0.51184 \tag{9.1.47}$$

在例 9.1.1 中，$R = 1.5w_2 = 6.5\text{mm}$，谐振腔单程衍射损耗限制在 1%以下，这在实际中是较易办到的。在计算例 9.1.2 中，$R = 1.25w_2 = 5.4125\text{mm}$，谐振腔单程衍射损耗为1%～2.5%，这个损耗较高，但也可行。也就是说，在一般情况下，我们只能把ϕ降到0.5，也即光化学反应所占粒子数比例为$1-\phi = 0.5$左右，当然，考虑到激光束在界定半径外仍有光场的作用，这个占比可稍高一点。将例 9.1.1、例 9.1.2 与表 11.2.2 的倒数第3 行比较，可以认为因ϕ有较大降低（从 0.8539 降到 0.6559 或 0.50381）而使浓缩系数从 1.0068 上升到 1.78 或 1.87。同时因ϕ有较大降低而使用$K_{L_T} = K_T + K_L$，而不使用K_{L_r}（K_{L_r}适合于ϕ较大的情况）。将例 9.1.1、例 9.1.2 与表 11.2.2 的最后两行比较，由于最后两行的ϕ是在理想条件的值，极小或为 0，因此例 9.1.1、例 9.1.2 的浓缩系数低于或等于这两行的 1.53、1.87 都是正常的，但实际上却很接近或略高于这两个值，原因在于式（9.1.42）和式（9.1.46）是单按几何空间来考虑的，而式（9.1.36）和式（9.1.38）是考虑了气体流动的。在 9.1.4 节从几何空间的流量来考虑ϕ，还将使ϕ下降一半左右。于是，可以认为由式（9.1.36）和式（9.1.38）计算的值与由式（1.7.37）计算的值（表 11.2.2最后两行）是基本一致的或相当一致的。

2. 获得最佳浓缩系数的光强选择

由式（9.1.38）、式（9.1.41）、式（9.1.45），我们可将式（9.1.36）表示为

$$\beta = \frac{Y_{A_1}^*}{Y_{A_2}^*} = \frac{\dfrac{(K_{L_1} - K_T)\dfrac{{}^{235}\sigma}{h\nu}I}{\dfrac{{}^{235}\sigma}{h\nu}I + K_{V\text{-}V} + K_{V\text{-}M} + K_{L_1}}[C] + (C)}{\dfrac{(K_{L_1} - K_T)\dfrac{{}^{238}\sigma}{h\nu}I}{\dfrac{{}^{238}\sigma}{h\nu}I + K_{V\text{-}V} + K_{V\text{-}M} + K_{L_1}}[C] + (C)} \tag{9.1.48}$$

式中，[C]和（C）为处于相应位置的相应参量的计算值。

为求极值，应由式（9.1.48）求得

$$\frac{\mathrm{d}\beta}{\mathrm{d}I} = 0 \tag{9.1.49}$$

将式（9.1.48）代入式（9.1.49），可得

$$\begin{aligned}&\left\{\begin{aligned}&K_{\text{VVML}}(K_{\text{L}}-K_{\text{T}})^2\left[\frac{^{238}\sigma}{h\nu}\left(\frac{^{235}\sigma}{h\nu}\right)^2-\left(\frac{^{238}\sigma}{h\nu}\right)^2\frac{^{235}\sigma}{h\nu}\right][C]^2\\&+K_{\text{VVML}}(K_{\text{L}}-K_{\text{T}})\left[\left(\frac{^{238}\sigma}{h\nu}\right)^2\frac{^{235}\sigma}{h\nu}-\frac{^{238}\sigma}{h\nu}\left(\frac{^{235}\sigma}{h\nu}\right)^2\right][C](C)\\&+2K_{\text{VVML}}(K_{\text{L}}-K_{\text{T}})\left[\frac{^{238}\sigma}{h\nu}\left(\frac{^{235}\sigma}{h\nu}\right)^2-\left(\frac{^{238}\sigma}{h\nu}\right)^2\frac{^{235}\sigma}{h\nu}\right][C](C)\end{aligned}\right\}I^2\\&+\left\{\begin{aligned}&K_{\text{VVML}}^2(K_{\text{L}}-K_{\text{T}})\left[\left(\frac{^{238}\sigma}{h\nu}\right)^2-\left(\frac{^{235}\sigma}{h\nu}\right)^2\right][C](C)\\&+K_{\text{VVML}}^2(K_{\text{L}}-K_{\text{T}})\left[\left(\frac{^{235}\sigma}{h\nu}\right)^2-\left(\frac{^{238}\sigma}{h\nu}\right)^2\right][C](C)\end{aligned}\right\}I\\&+K_{\text{VVML}}^3(K_{\text{L}}-K_{\text{T}})\left[\frac{^{238}\sigma}{h\nu}-\frac{^{235}\sigma}{h\nu}\right][C](C)\\&=0\end{aligned}\tag{9.1.50}$$

式中，$K_{\text{VVML}}=K_{\text{V-V}}+K_{\text{V-M}}+K_{\text{L}}$，$K_{\text{L}}\approx K_{\text{L}_1}$或$K_{\text{L}_2}$。

式（9.1.50）可简化为

$$\left\{\begin{aligned}&(K_{\text{L}}-K_{\text{T}})\left[\frac{^{238}\sigma}{h\nu}\left(\frac{^{235}\sigma}{h\nu}\right)^2-\left(\frac{^{238}\sigma}{h\nu}\right)^2\frac{^{235}\sigma}{h\nu}\right]\frac{[C]}{(C)}\\&-\left[\left(\frac{^{238}\sigma}{h\nu}\right)^2\frac{^{235}\sigma}{h\nu}-\frac{^{238}\sigma}{h\nu}\left(\frac{^{235}\sigma}{h\nu}\right)^2\right]\end{aligned}\right\}I^2+K_{\text{VVML}}^2\left[\frac{^{238}\sigma}{h\nu}-\frac{^{235}\sigma}{h\nu}\right]=0\tag{9.1.51}$$

将计算例 9.1.1 的数据代入式（9.1.50）或式（9.1.51），其中$[C]=0.425914999\text{cm}^4$，$(C)=0.00952664\text{cm}^4/\text{s}$，得$I_{最佳}=45\text{W/cm}^2$。

显然，最佳光强是受各速率常数、截面、$[C]$、（C）所限制的，而$[C]$和（C）又是受光束参数和反应池参数限制的。

9.1.4　反应池和激光束参数对分离效果的影响及流动气体反应池的优势

1. 参数对分离效果的影响

为方便参考，依据式（9.1.21），针对不同反应池长度 L 及相关参数计算了 t_{stop}，部分计算值列入表 9.1.1。

表 9.1.1　流动气体在反应池（管）内停留时间部分计算值表

L_0 / cm	R / cm	(p_1-p_2) / Pa	$\eta_{HCl}\times10^4$ / [g / (cm·s)]	t_{stop} / s
100	1	5	2.299	0.245
100	0.5	3	2.299	1.634
100	0.7	1	2.299	2.502
150	1	5	2.299	0.551
150	0.7	3	2.299	1.876
200	0.7	5	2.299	2.001
200	0.7	3	2.299	3.336
300	0.7	3	2.299	7.506

在同种气体中，黏性系数由下式计算

$$\eta=\frac{5\sqrt{MRT}}{16\sqrt{\pi}N_0d^2} \tag{9.1.52}$$

式中，$M=N_0m$；$R=N_0k$；$N_0=6.02\times10^{23}\text{mol}^{-1}$，$m$ 为分子质量，k 为玻尔兹曼常量；d 为刚球分子的直径。当 $T=253\text{K}$ 时，$\eta_{HCl}=2.299\times10^{-4}\text{g/(cm}\cdot\text{s)}$，$\eta_{HBr}=3.397\times10^{-4}\text{g/(cm}\cdot\text{s)}$。当 UF_6 与 HCl 或 HBr 反应时，由于 HCl 或 HBr 浓度远大于 UF_6 分子的浓度，HCl 或 HBr 的黏性将对反应池内的流动特性起主要限制作用。表 9.1.1 中，使用 $T=253\text{K}$ 时的 η_{HCl}，p_1-p_2 经使用标准大气压定义，有如下关系

$$p_1-p_2=\frac{(p_1-p_2)\times1013250\text{dyn}^{①}}{760\times133.32\text{Pa}\cdot\text{cm}^2}=\frac{(p_1-p_2)\times10.0001776}{\text{Pa}}\frac{\text{g}}{\text{cm}\cdot\text{s}^2}$$

由式（9.1.36）～式（9.1.38）可以看出以下几点。

（1）当光激发强度为零或可以忽略时，浓缩系数 $\beta=1$，即无浓缩发生。

（2）在一般情况下，当速率常数 $K_{L_1}\approx K_{L_2}$ 时，激光激发导致的同位素浓缩的效果主要取决于激发速率常数 k_a 与 k_b 的差别，k_a 越大于 k_b，则浓缩效果越好。

（3）反应池参数对同位素浓缩系数的影响较大。

（ⅰ）当 $R\gg w_1,w_2,0.5(w_1+w_2)$ 时，式（9.1.18）表明光照区的占比小，故浓缩系数将接近于 1。

（ⅱ）由于腔内光化学反应采用的激光腔为长腔，虽然 $w_2>w_1$，容易做到 $w_1\approx w_2$，又由于为了减小反应池横向尺寸对谐振腔带来的衍射损耗，可取 $R\approx1.5w_2$，以使单程衍射损耗限制在 1%以下。当 $R=1.25w_2$，单程衍射损耗为 1%～2%。

2. 流动气体反应池的优势

1）实际的工业过程中气体应当是流动的

扩散法分离同位素和离心法分离同位素都是建立在工厂是连续运行基础上的，只有这样才可能获得足够的产量和经济效益。激光法分离同位素，或采用高重复频率的脉冲激光，或采用连续波激光，而气体的连续流动又是方便的，故采用流动方式运行是实际可行的。

① $1\text{dyn}=10^{-5}\text{N}$。

2）反应池（管）内气体流动有利于提高激光光化学反应的效率和选择性

（1）反应池（管）内气体中心区域流速大、边缘区域流速小，有利于高斯光束能量的有效利用。我们看到式（9.1.13）是一个抛物线方程，可表示为

$$V_r = V_0\left(1-\frac{r^2}{R^2}\right),\ V_0=\frac{p_1-p_2}{4\eta L_0}R^2$$

$$V_r=\begin{cases}V_0 & r=0\\ 0.75V_0 & r=0.5R\\ 0.1V_0 & r=0.95R\end{cases}\tag{9.1.53}$$

$$V_r=\begin{cases}V_0 & r=0\\ 0.84V_0 & r=0.5w,\ w=\dfrac{R}{1.25}\\ 0.36V_0 & r=w\end{cases}$$

式中，w 为光束半径。

在反应池管内，在横截面内半径 $r\sim r+\Delta r$ 的环形面，面积为 $\pi[(r+\Delta r)^2-r^2]=2\pi r\Delta r$，这个环形面上的体积流量为 $2\pi rV_r\Delta r$，单位面积的体积流量为 $2\pi rV_r\Delta r/2\pi r\Delta r$，因此 V_r 与 r 处单位面积的体积流量相同。考虑到粒子数密度，则 V_r 也代表 r 处单位面积的粒子流量。

我们再来看激光束横截面内的强度 I_r 的分布：

$$I_r=I_0\mathrm{e}^{-\frac{2r^2}{w^2}}=\begin{cases}I_0 & r=0\\ 0.606I_0 & r=0.5w\\ 0.13I_0 & r=w\end{cases}\tag{9.1.54}$$

比较式（9.1.53）和式（9.1.54），在管内柱形流体中心和光束中心分别具有最大单位面积的粒子流量和最大光强，在 $r=0.5w$ 处单位面积的粒子流量下降到最大值的 0.84 倍，而光强下降到最大值的 0.606 倍，$r=w$ 处分别下降到最大值的 0.36 倍和 0.13 倍，可见这两个分布曲线匹配得较好，在 $r=0\sim0.5w$ 范围匹配相当好。于是，光强强的地方对应着粒子流量大的地方，光强弱的地方对应着粒子流量较小的地方，其结果是整个反应池（管）内的粒子都可以得到充分、有效激发，有利于高斯光束能量的有效利用。显然，在这里，高斯光束的强度分布不需要整形成平顶分布了。

（2）能明显减小反应池（管）内不能参加光化学反应的粒子数的比例因子。

以 9.1.3 节计算例 9.1.1 为例，如式（9.1.39）所示，$w_1=3.65\text{mm}$，$w_2=4.33\text{mm}$，$R=1.5w_2=6.5\text{mm}$。我们在流体横截面 $r=0\sim6.5\text{mm}$ 范围按 0.5mm 步长划分 13 个区域，分别计算出粒子的流量（任意单位），然后分别计算出光束区内、外流量，再按比例因子 ϕ 的定义式求得它。第 1 区域的流量为 $s_0V_0=\pi(0.5\text{mm})^2(p_1-p_2)R^2/4\eta L_0$，第 2 区域的流量为 $s_1V_1=\pi(1^2-0.5^2)\text{mm}^2(p_1-p_2)R^2/4\eta L_0$，以此类推，第 13 区域的流量为 $s_{12}V_{12}=\pi(6.5^2-6^2)\text{mm}^2(p_1-p_2)R^2/4\eta L_0$，$w_2$（实取 4.5mm）以内为光照区，得

$$\phi=1-\frac{V_{\text{in}}}{V}\frac{K_{\text{L}}}{K_{\text{L}_\text{T}}}=1-\frac{680}{680+303}\frac{0.126}{0.138}=0.368\tag{9.1.55}$$

若取 $r=0.5(w_1+w_2)=3.99\text{mm}$ 以内的区域为光照区，则得

$$\phi = 1 - \frac{V_{in}}{V}\frac{K_L}{K_{L_T}} = 1 - \frac{569}{569 + 414}\frac{0.126}{0.138} = 0.471 \tag{9.1.56}$$

以 9.1.3 节计算例 9.1.2 为例，如式（9.1.39）所示，$w_1 = 3.65\text{mm}$，$w_2 = 4.33\text{mm}$，$R = 1.25w_2 = 5.41\text{mm}$。$w_2$（实取 4.5mm）以内为光照区，得

$$\phi = 0.29 \tag{9.1.57}$$

$0.5(w_1 + w_2) = 3.99\text{mm}$（实取 4mm）以内为光照区，得

$$\phi = 0.313 \tag{9.1.58}$$

式（9.1.55）～式（9.1.58）与式（9.1.42）、式（9.1.44）、式（9.1.46）和式（9.1.47）比较，可知ϕ有明显减小。在确定流动气体反应池的ϕ后，可直接利用式（1.7.37）来近似计算β。

9.2　静态选择性光化学反应

当图 9.1.1 中反应池内反应分子处于静态，即不流动状态时，式（9.1.34）和式（9.1.35）等则不便或不能使用。对静态光化学反应，分析如下。

1. 分子位于反应池中各点的概率相等

当反应池条件和光束参数确定后，假定每个分子位于反应池中各点的概率是相等的。也许反应池的两端与中间存在结构的差异，分子在两处的逗留时间会有所不同，但反应池的绝大部分是边界光滑的相同的圆筒形空间，对此绝大部分的各段空间的区别予以忽略。

2. 分子在光束区的概率或停留时间直接正比于光束区体积与反应池容积之比

由于有假定 1.，因此每个反应分子在光束区的概率或停留时间直接正比于光束区体积与反应池容积之比，即反应时间为 t，则参与光照区和暗区的反应时间分别为

$$t_{in} \approx \frac{\pi\left(\frac{w_1 + w_2}{2}\right)^2 L_0}{\pi R^2 L_0} t = \frac{1}{4}\frac{(w_1 + w_2)^2}{R^2} t \tag{9.2.1}$$

$$t_{out} \approx t - t_{in} = \left[1 - \frac{(w_1 + w_2)^2}{4R^2}\right] t \tag{9.2.2}$$

分子参与两区域的概率分别为

$$P_{in} = \frac{1}{4}\frac{(w_1 + w_2)^2}{R^2} \tag{9.2.3}$$

$$P_{out} = 1 - \frac{(w_1 + w_2)^2}{4R^2} \tag{9.2.4}$$

3. 产率是时间的函数

可以写出产率式，只不过 N_{A_1} 和 N_{A_2} 都是时间的函数，即 $N_{A_1}(t)$ 和 $N_{A_2}(t)$。当忽略光

照区的热反应时［不忽略时则见式（9.2.9）、式（9.2.10）］有

$$\frac{dN_A}{dt} \approx -K_L N_A P_{in} - K_T N_A P_{out} \tag{9.2.5}$$

由式（9.2.5）有

$$N_A = N_A^0 e^{-(P_{in}K_L + P_{out}K_T)t} \tag{9.2.6}$$

如果满足

$$t = \tau_L = (P_{in}K_L + P_{out}K_T)^{-1} \tag{9.2.7}$$

即认为反应完毕。

N_A^0 为 A 分子最初的粒子数密度，则当 K_T（无光照时测得的热反应速率常数）和 τ_L（w_1、w_2、R 确定，光照反应和热反应致使 N_A^0 降至 $e^{-1}N_A^0$ 所用的时间）分别准确测定后，可由式（9.2.7）得

$$K_L = \frac{1}{P_{in}}\frac{1}{\tau_L} - \frac{P_{out}}{P_{in}}K_T \tag{9.2.8}$$

式中，K_L 为光照区的值。

例 9.2.1

$w_1 + w_2 = R$，$K_T = 0.016s^{-1}$，$1/\tau_L = 0.036s^{-1}$，则 $K_L \approx 0.096s^{-1}$，$K_L / K_T \approx 6$。

例 9.2.2

$w_1 + w_2 = R/3$，则 $P_{in} = 1/36$，$P_{out} = 35/36$，如果由反应池测得 $K_T \approx 0.016s^{-1}$，$1/\tau_L = 0.036s^{-1}$，则由式（9.2.8）得 $K_L \approx 0.736s^{-1}$，则 $K_L / K_T \approx 46$。

4. 光照区内也存在热反应

当光照区的多原子分子存在多个振动模式的热激发态时，或双原子分子存在多个热激发态时，或原子、分子存在热运动时，则光照区内也存在热反应，在这里我们近似认为任一分子在全反应池内进行化学反应的速率为在全反应池内进行热化学反应的速率 $(P_{in} + P_{out})K_T$ 与仅在光照区进行光化学反应速率 $P_{in}K_L$ 之和，此时

$$N_A \approx N_A^0 e^{-(P_{in}K_L + K_T)t} \tag{9.2.9}$$

式（9.2.9）与式（9.2.6）稍有不同。

当式（9.2.9）中

$$t = \tau_L = (P_{in}K_L + K_T)^{-1} \tag{9.2.10}$$

即认为反应完毕。

当 K_T 和 τ_L 分别准确测定后，由式（9.2.10）得

$$K_L \approx \frac{1}{P_{in}}\left(\frac{1}{\tau_L} - K_T\right) \tag{9.2.11}$$

定义

$$K_{L_r} = \frac{1}{\tau_L} \tag{9.2.12}$$

则当 $P_{in} \approx 1$ 时，由式（9.2.11）和式（9.2.12）有

$$K_{L_r} \approx K_L + K_T \tag{9.2.13}$$

此时使用式（9.2.14）代替式（9.2.13）

$$
\begin{aligned}
&K_{L_T} \approx K_L + K_T \\
&K_{L_{iT}} \approx K_{L_i} + K_T, i = 1, 2\cdots
\end{aligned}
\tag{9.2.14}
$$

对于例 9.2.1，由式（9.2.11）计算则得 $K_L = 0.08\text{s}^{-1}$，$K_L / K_T \approx 5$，对于例 9.2.2，计算则得 $K_L = 0.72\text{s}^{-1}$，$K_L / K_T \approx 45$。静态情况下 $w_1 \approx w_2$，$R = 1.25 w_{1,2}$ 的速率方程，即近似地不考虑反应池横向条件的速率方程将安排在后面的有关章节讨论。

5. 反应分子的吸收对反应池长度的限制

设在 $z = 0$ 处初始的平行光束光强为 I_0，沿传播方向通过单位截面积的单位时间内的光子数为 $\dfrac{I_0}{h\nu}$，在 z 处则为 $\dfrac{I}{h\nu}$，气体分子有效吸收截面为 σ，分子的粒子数密度为 n，则通过气体介质 dz 后，$\dfrac{I}{h\nu}$ 的减少量为 $-\mathrm{d}\left(\dfrac{I}{h\nu}\right) = \dfrac{I}{h\nu} n\sigma \mathrm{d}z$，则 $\dfrac{I}{h\nu} = \left(\dfrac{I_0}{h\nu}\right)\mathrm{e}^{-n\sigma z}$，即

$$
I = I_0 \mathrm{e}^{-n\sigma z} \tag{9.2.15}
$$

设 $n = N_{A_1} \approx 6.9797\times10^{14}\text{cm}^{-3}$，（即静态，$T = 253\text{K}$，$p = 0.019738\text{torr}$），$\sigma_{A_1} \approx 2\times10^{-22}\text{cm}^2$，当 $z = 200\text{cm}$，则 $I = I_0\mathrm{e}^{-2.79188\times10^{-5}} = 0.99997 I_0$；当 $z = 1000\text{cm}$，则 $I = 0.9998 I_0$。

设 $n = N_{A_2} \approx 9.9013\times10^{16}\text{cm}^{-3}$，（即静态，$T = 253\text{K}$，$p = 2.8\text{torr}$），$\sigma_{A_2} \approx 4\times10^{-23}\text{cm}^2$，当 $z = 200\text{cm}$，则 $I = I_0\mathrm{e}^{-7.92104\times10^{-4}} = 0.99920 I_0$；当 $z = 1000\text{cm}$，则 $I = 0.9960 I_0$。

设 $T = 253\text{K}$，$N_{A_1} = 4\times6.9797\times10^{14}\text{cm}^{-3}$（即 $p_{A_1} \approx 0.078952\text{torr}$），$N_{A_2} \approx 4\times9.9013\times10^{16}\text{cm}^{-3}$（即 $p_{A_2} \approx 11.2\text{torr}$），$z = 270\text{cm}$，则对 A_1、A_2 分别有 $I = 0.99984 I_0$，$I = 0.9957 I_0$。

上述简单计算表明以下几点。

1）A_1、A_2（计算例刚好将它们设计为 $^{235}UF_6$ 和 $^{238}UF_6$）在吸收室的单程吸收较小

当将 A_2 作为激光腔内光波过滤介质时，应有较长的过滤器或反应池长度和较高的气压。Eerkens[5]指出过滤器内的 $^{238}UF_6$ 的温度可以近似采用 290K，而压力则在 0.1～10torr 之间取值。但同时也指出，以 200K 和 235K 取代 290K，并且将压力维持在 2torr 以下得到了浓缩效果更好的结果。

2）波长位于 $^{238}UF_6$ 吸收线的振荡不易发生

进行内腔激光光化学反应时，由于 $^{238}UF_6$ 所含比例约为 $^{235}UF_6$ 的 100 倍，因而其吸收比 $^{235}UF_6$ 高。因此波长位于 $^{238}UF_6$ 吸收线的振荡不易发生，而波长位于 $^{235}UF_6$ 吸收线的振荡容易发生，从而使 $^{235}UF_6$ 与反应剂有更快的反应。因而腔内光化学反应池可兼作波长过滤器使用[5]。但腔内 UF_6 的压力往往是限制在 2～3torr 或者以下，还有随着反应的进行，$^{238}UF_6$ 的绝对含量也会减小，这些都对其滤波效果产生影响。

3）UF_6 气体对激光输出产生明显的降低影响及腔损耗最佳化

在压力受限制的条件下，如果使激光束在腔内的单程损耗作为有用损耗而用于光激发化学反应，要使腔的总损耗最佳化，除有相应的理论计算外，还应参照有关实验给出的参考。例如，腔内长 270cm 的反应池内 2torr 的 UF_6 气体会对 CO 分子激光的输出产生明显的降低影响，在我们的实验中也观察到这样的情况。

参 考 文 献

[1]　庄礼贤，尹协远，马晖扬. 流体力学[M]. 合肥：中国科学技术大学出版社，1991.

[2]　马兴孝，孔繁敖. 激光化学[M]. 合肥：中国科学技术大学出版社，1990.

[3]　Moore C B. Chemical and Biochemical Applications of Lasers：V. Ⅲ [M]. New York：Academic Press，1979.

[4]　Letokhov V S. Nonlinear Laser Chemistry[M]. New York：Springer-Verlag，1983.

[5]　Eerkens J W. Laser separation of isotopes[P]：AU-B-66607/81，537265. 1981.

第10章 非等温低温混合气与光化学反应

10.1 气体的非等温混合

在一般情况下，目标气体分子和反应剂采用近似等温条件下的混合，而且主要靠反应池壁来确定气体混合物的温度。但是，当反应剂温度可较低而像 UF_6 这种目标物在较低温度下缺乏足够的蒸气压，而又不使用气体膨胀冷却技术时，可以使用较低的反应剂温度和反应池温度及相对较高的目标气体分子入口温度，使目标气体分子在混合过程降低温度。设反应剂入口和反应池温度分别为 T_1、T_3，而目标气体的入口温度为 T_2，且 $T_3 \leqslant T_1 < T_2$，较低温度的目标气体经冷却的反应剂带入反应池，则在反应池可维持所需浓度，而其池内温度 T_4 会因碰撞和热传导而向 T_3 靠近。例如，HCl、HBr 在标准大气压下的沸点分别为–85.1℃和–66.72℃，显然采用几十托蒸气压工作时，完全可以工作于 200K 以下某一环境温度；而冷冻设备的制冷使反应池工作于–50℃左右是可行的，采用某些气体的液化温度还可使反应池温度更低。反应剂气体温度 T_1、目标分子的入口温度 T_2 和反应池温度 T_3 可依已知条件或者相关条件进行设计。

对于两种气体的混合物[1]，气体分子的速度分布函数分别以 f_1 和 f_2 表示，在 t 时，在空间位置矢量 $\boldsymbol{r}$ 到 $\boldsymbol{r}+\mathrm{d}\boldsymbol{r}$ 的体积元 $\mathrm{d}\boldsymbol{r}$，速度矢量为 $\boldsymbol{\xi}_i$（或 $\boldsymbol{c}_i$）到 $\boldsymbol{\xi}_i+\mathrm{d}\boldsymbol{\xi}_i$（或 $\boldsymbol{c}_i+\mathrm{d}\boldsymbol{c}_i$）的速度空间元 $\mathrm{d}\boldsymbol{\xi}_i$（或 $\mathrm{d}\boldsymbol{c}_i$）里第 i 种分子（$i=1,2$）的可能数目是 $f_i(\boldsymbol{r},\boldsymbol{\xi}_i,t)\mathrm{d}\boldsymbol{r}\mathrm{d}\boldsymbol{\xi}_i$ [或 $f_i(\boldsymbol{r},\boldsymbol{c}_i,t)\mathrm{d}\boldsymbol{r}\mathrm{d}\boldsymbol{c}_i$]，分子的数密度 $n_i=f_i(\boldsymbol{r},\boldsymbol{\xi}_i,t)\mathrm{d}\boldsymbol{\xi}_i$ [或 $n_i=f_i(\boldsymbol{r},\boldsymbol{c}_i,t)\mathrm{d}\boldsymbol{c}_i$]，密度 $\rho_i=m_i n_i$，m_i 是第 i 种分子的分子量。后面，我们将为了方便随时使用 ξ_i（或 $\boldsymbol{c}_i$）表示同一速度矢量。物理量 φ 对第 i 种分子的平均值 $\overline{\varphi}_i$ 是

$$n_i\overline{\varphi}_i=\int f_i\varphi_i\mathrm{d}\xi_i \tag{10.1.1}$$

对两种气体的混合物的平均值 $\overline{\varphi}$ 是

$$n\overline{\varphi}=n_1\overline{\varphi}_1+n_2\overline{\varphi}_2=\int f_1\varphi_1\mathrm{d}\xi_1+\int f_2\varphi_2\mathrm{d}\xi_2 \tag{10.1.2}$$

气体的温度 T 是由分子的平均热运动动能所决定的。温度反映了大量分子无规则热运动的剧烈程度，气体分子的平均平动能为

$$\overline{W}=\frac{3kT}{2} \tag{10.1.3}$$

当两种或者几种气体混合储存在某一容器中，它们的温度相同，即各气体分子平均平动能相等：

$$\overline{W_1}=\overline{W_2}=\cdots=\overline{W} \tag{10.1.4}$$

由式（10.1.3）和式（10.1.4）可知两种气体混合物的分子平均平动能 $\overline{W}=3kT/2$。

当两种气体开始时分隔并且分别保持不同的温度时，则两分隔的气体分子各自有一

定的速率分布。当将它们瞬间混在一起时，即当瞬间用较低温度 T_1 的气体将较高温度 T_2 的气体带入较 T_1 更低的壁温为 T_3 的空反应池时，虽然经过冲击式流入的两种气体已经大体混合，但气体仍处在非平衡状态，不够均匀，且分子的速率不遵从平衡态分布。经过一段时间，气体分子通过相互碰撞并且通过与容器壁碰撞，经热传导、热扩散作用，在两种气体为理想气体和容器壁恒温的假定条件下，最后可达到平衡状态，出现新的温度下的平衡分布。因此碰撞、热传导、热扩散和分子与器壁的碰撞是达到新的平衡分布的几个决定因素。但是，当两种气体都不是理想气体时，则出现较复杂的情况。为简单计，我们设第一阶段这两种气体无光化学反应；还设第一种气体（T_1）为近似的理想气体，其理由是它的浓度相对较高但远低于其饱和蒸气压下的浓度，其浓度的小范围变化对实验效果无明显影响；还设第二种气体是相对难以控制的非理想气体，它处于随温度而变化的饱和蒸气压下，但其气压的变化并不影响第二阶段（光化学实验）的发展方向及不会明显地带来负面的效果，其在反应池的新的温度 T_4 却对第二阶段的实验效果产生明显的影响。举例来说明，混合气体中如果第二种气体在较低温度 T_4 时且在分压为 0.1～3torr 的第二阶段实验均会产生良好的反应效果，而第一种气体在 10～100torr 均对反应效果无明显负面影响时，则第一种气体被认为是近似的理想气体，而第二种气体虽然可能严重偏离理想状态，但却在第二阶段不偏离产生良好效果或者更接近良好效果的光化学反应方向。

两种气体混合在一起，一方面都做速率极快的热运动，同时又以极高的频率发生着碰撞。但是，气体分子的动能不会因分子间弹性碰撞而损失，偏高者会向偏低者转移。在热运动时，在相同时间内，从分子密度较大处转移到分子密度较小处的分子要比其逆过程的多，这就引起了客观上物质的迁移，从而发生同种分子从密度较大处向密度较小处扩散，在高频率碰撞下分子路径为迂回折线，分子会一步一步地向密度较小的地方迁移。同时，热运动会导致热传导，在碰撞条件下温度较高处的热运动能量会一步一步地经相邻分子的交换而部分向温度较低处迁移，也可由全体混合物内部迁移到温度较低的反应池壁。对于热传导的分析，我们可以在 e_0 处作垂直于热传导方向 $\boldsymbol{e}$ 的一分界面，分界面处的温度梯度为 $\left(\frac{\mathrm{d}T}{\mathrm{d}\boldsymbol{e}}\right)_{e_0}$。分界面与其前后面两个用于分析的考察面 d$s$ 相距平均自由程 $\bar{\lambda}$，则前后面间的温度差为

$$\mathrm{d}T = 2\bar{\lambda}\left(\frac{\mathrm{d}T}{\mathrm{d}\boldsymbol{e}}\right)_{e_0} \tag{10.1.5}$$

在 e_0 处以该处的 $\boldsymbol{e}$ 为一坐标轴方向建立坐标系即可求得由前面 ds 迁移到后面 ds 的总能量。设分子分成三组，分别沿三个坐标轴方向运动，则可求得沿 $\boldsymbol{e}$ 正方向迁移的热量为

$$\mathrm{d}Q_1 = \frac{1}{6}n_1\bar{v}_1\mathrm{d}s\mathrm{d}t\frac{t+r+2s}{2}k_1 2\bar{\lambda}_1\left(-\frac{\mathrm{d}T}{\mathrm{d}\boldsymbol{e}}\right)_{e_0} \tag{10.1.6}$$

$$\mathrm{d}Q_2 = \frac{1}{6}n_2\bar{v}_2\mathrm{d}s\mathrm{d}t\frac{t+r+2s}{2}k_2 2\bar{\lambda}_2\left(-\frac{\mathrm{d}T}{\mathrm{d}\boldsymbol{e}}\right)_{e_0} \tag{10.1.7}$$

式中，k_1 和 k_2 为导热系数；t、r、s 分别为平动、转动、振动自由度；n_1、$\bar{v}_1$、$\bar{\lambda}_1$ 分别为第一种气体分子的粒子数密度、平均速率、平均自由程，而 n_2、$\bar{v}_2$、$\bar{\lambda}_2$ 属于第二种气体分子。

$$\overline{v}_1 = \sqrt{\frac{8kT}{\pi m_1}},\ \overline{v}_2 = \sqrt{\frac{8kT}{\pi m_2}}$$

设 $m_1 \ll m_2$，$n_1 \gg n_2$，还由于在非平衡状态但温度相近时有 $\overline{v}_1 \gg \overline{v}_2$，因此 $dQ_1 \gg dQ_2$。例如，第一、二种气体分别是 HCl 和 UF_6，$n_1 = 24n_2$，其分子量 $m_1 = 36$，$m_2 = 352$，$m_0 = m_1 + m_2 = 388$，$t_1 + r_1 + 2s_1 = 7$，$t_2 + r_2 + 2s_2 = 36$，$T = 253K$，$k_1 = 9.7 \times 10^{-3} J/(m \cdot K \cdot s)$，$k_2 = 1.2 \times 10^{-3} J/(m \cdot K \cdot s)$（表 10.3.5），$\tau_1 = n_1(N_{11} + N_{12})^{-1}$，$\tau_2 = n_2(N_{22} + N_{12})^{-1}$，$\overline{\lambda}_1 = \overline{v}_1\tau_1$，$\overline{\lambda}_2 = \overline{v}_2\tau_2$（10.6 节），则有 dQ_1 比 dQ_2 约高两个数量级。当 $n_1 = 50n_2$ 时这个热量比达到很高，dQ_1 比 dQ_2 约高三个量级，因此第一种气体会顺利地将热量迁移到恒低温的容器壁并且被器壁带走，第二种气体由自身较难将其热量迁移到器壁。在这种状况下，第二种气体的降温主要依靠与第一种气体碰撞将能量转移给第一种气体分子并由其传递到器壁。

但是第二种气体总是可以到达器壁的，如果我们可以在其仅少量的分子扩散到达器壁时便开始第二阶段的实验，则原则上可以尽量减少其在过低温度的器壁处的黏附（若器壁温度远低于其固化温度）。因此，第二阶段的实验可以选择在非平衡状态向近似平衡状态过渡中的某一阶段进行，有可能满足第二种气体冷却以提高光谱分辨率和激发选择性，且一定程度达到在池壁黏附量少和气体热反应速率低的要求。尽管其密度和温度分布还不够均匀，但这两者对第二阶段的实验效果影响不大。

10.2 混合气体理论简述

10.2.1 混合气体的玻尔兹曼方程

热传导系数和扩散系数的确定是很难的，下面根据我们讨论问题的需要简化地分析和处理一些问题[1]。

分子速度为 $\boldsymbol{\xi}$，当一群分子越过一以流体速度 $\boldsymbol{v}$ 运动的面元 $d\boldsymbol{s}$，$d\boldsymbol{s}$ 的法向单位矢量为 $\boldsymbol{n}$，分子以随机速度 $\boldsymbol{C}$ 相对于 $d\boldsymbol{s}$ 运动，在可忽略碰撞的 dt 时间间隔中体积为 $(\boldsymbol{n} \cdot \boldsymbol{C})dsdt$ 的柱体中的分子可穿过 $d\boldsymbol{s}$。由于在 $\boldsymbol{C}$ 附近 $d\boldsymbol{C}$ 范围单位体积的分子数为 $fd\boldsymbol{C}$，f 为气体分子的速度分布函数，因此穿过的分子数为 $(\boldsymbol{n} \cdot \boldsymbol{C})fd\boldsymbol{C}dsdt$。每个穿过 $d\boldsymbol{s}$ 面的分子均具有质量、动量、能量和其他性质，则越过 $d\boldsymbol{s}$ 面输运的任意物理量 $\varphi(\boldsymbol{C})$ 是 $(\boldsymbol{n} \cdot \boldsymbol{C})\varphi fd\boldsymbol{C}dsdt$，越过 $d\boldsymbol{s}$ 面的净输运量为 $dsdt\int(\boldsymbol{n} \cdot \boldsymbol{C})\varphi fd\boldsymbol{C}$，也即 $dsdt\boldsymbol{n} \cdot \int \varphi f\boldsymbol{C}d\boldsymbol{C}$，因 $\boldsymbol{C} \equiv \boldsymbol{\xi} - \boldsymbol{v}$，或 $\boldsymbol{C} \equiv \boldsymbol{c} - \boldsymbol{v}$，故在 $\boldsymbol{v}$ 为常矢量时净输运量也为 $dsdt\boldsymbol{n} \cdot \int \varphi f\boldsymbol{C}d\boldsymbol{\xi}$，称 $\boldsymbol{\Phi} = \int \varphi f\boldsymbol{C}d\boldsymbol{\xi}$ 为流矢量（也称通量矢量）。令

$$\varphi(\boldsymbol{C}) = \frac{1}{2}mC^2$$

则可得热流矢量

$$\boldsymbol{q} = \frac{1}{2}m\int C^2 f\boldsymbol{C}d\boldsymbol{\xi} \tag{10.2.1}$$

由于热流矢量必然与温度梯度和分子的热扩散有关，也必然与热传导有关，因此我

们必须通过求热流矢量来求解热传导系数等。然而混合气体的分布函数和热流矢量的表示都更加复杂。

第 i 种气体分子的速度分布函数 f_i 是空间位置矢量 $\boldsymbol{r}$ 和分子速度矢量 $\boldsymbol{\xi}_i$ 及时间 t 的函数，$f_i(\boldsymbol{r},\xi_i,t)\mathrm{d}\boldsymbol{r}\mathrm{d}\boldsymbol{\xi}_i$ 表示 t 时刻位于体积元 $\mathrm{d}\boldsymbol{r}$ 中（即 $\boldsymbol{r}$ 处 $\mathrm{d}\boldsymbol{r}$ 中），分子的速度在速度空间元 $\mathrm{d}\boldsymbol{\xi}_i$ 中（即 $\boldsymbol{\xi}_i$ 附近的 $\mathrm{d}\boldsymbol{\xi}_i$ 中）的可能分子数。任一分子如在 $\mathrm{d}t$ 间隔中无碰撞，则分子的位置矢量由 $\boldsymbol{r}$ 变为 $\boldsymbol{r}+\xi_i\mathrm{d}t$，在无外力（或可忽略）作用的条件下 $\boldsymbol{\xi}_i$ 维持不变，原来在 t 时刻在 $\mathrm{d}\boldsymbol{r}\mathrm{d}\boldsymbol{\xi}_i$ 中的分子数 $f_i(\boldsymbol{r},\xi_i,t)\mathrm{d}\boldsymbol{r}\mathrm{d}\boldsymbol{\xi}_i$ 将无增减地变为 $f_i(\boldsymbol{r}+\xi_i\mathrm{d}t,\xi_i,t+\mathrm{d}t)\mathrm{d}\boldsymbol{r}\mathrm{d}\boldsymbol{\xi}_i$。但是碰撞实际上是存在的，因此有

$$f_i(\boldsymbol{r}+\xi_i\mathrm{d}t,\xi_i,t+\mathrm{d}t)\mathrm{d}\boldsymbol{r}\mathrm{d}\boldsymbol{\xi}_i=f_i(\boldsymbol{r},\xi_i,t)\mathrm{d}\boldsymbol{r}\mathrm{d}\boldsymbol{\xi}_i+\left(\frac{\partial f_i}{\partial t}\right)_{\mathrm{coll}}\mathrm{d}t\mathrm{d}\boldsymbol{r}\mathrm{d}\boldsymbol{\xi}_i \tag{10.2.2}$$

式中 $\left(\frac{\partial f_i}{\partial t}\right)_{\mathrm{coll}}\mathrm{d}t\mathrm{d}\boldsymbol{r}\mathrm{d}\boldsymbol{\xi}_i$ 是间隔 $\mathrm{d}t$ 中位于 $(\boldsymbol{r},\xi_i)$ 的 $\mathrm{d}\boldsymbol{r}\mathrm{d}\xi_i$ 中由于碰撞而可能产生的分子数的变化量。

式（10.2.2）右侧第一项左移并按微分定义可得

$$\frac{\partial f_i}{\partial t}+\xi_i\cdot\frac{\partial f_i}{\partial \boldsymbol{r}}=\left(\frac{\partial f_i}{\partial t}\right)_{\mathrm{coll}}$$

或者

$$\frac{\partial f_i}{\partial t}=-\boldsymbol{\xi}_i\cdot\frac{\partial f_i}{\partial \boldsymbol{r}}+\left(\frac{\partial f_i}{\partial t}\right)_{\mathrm{coll}} \tag{10.2.3}$$

式中，$\frac{\partial f_i}{\partial \boldsymbol{r}}$ 为 f_i 的梯度，注意式中的点乘。

式（10.2.3）表明速度分布函数 f_i 随时间的变化率 $\frac{\partial f_i}{\partial t}$，一部分是由于运动而增加的 $\left(-\xi_i\cdot\frac{\partial f_i}{\partial \boldsymbol{r}}\right)$，另一部分 $\left(\frac{\partial f_i}{\partial t}\right)_{\mathrm{coll}}$ 是由于碰撞而增加的部分。

设分子 1 和 2 的质量为 m_1 和 m_2，μ_1 和 μ_2 分别为

$$\mu_1=\frac{m_1}{m_1+m_2},\quad \mu_2=\frac{m_2}{m_1+m_2}$$

碰撞前速度分别为 ξ_1 和 ξ_2，碰撞后则为 ξ_1' 和 ξ_2'，碰撞前后两分子组成的系统的质心速度 $\boldsymbol{G}$ 不改变，$\boldsymbol{g}$ 和 $\boldsymbol{g}'$ 分别为碰撞前后分子 2 相对于分子 1 的速度，则有

$$\begin{aligned}\boldsymbol{g}&=\xi_2-\xi_1\\ \boldsymbol{g}'&=\xi_2'-\xi_1'\end{aligned} \tag{10.2.4}$$

容易证明（见后文）和理解两个分子的相对速度在碰撞前后只是改变方向而不改变大小，即在大小上

$$g=g' \tag{10.2.5}$$

设一条轴线，分子 1 禁止地位于轴线上的 o 点，分子 2 在初始面（如竖直平面）内与轴相距 b（入射参数）并且以速度 $\boldsymbol{g}$ 平行于轴线运动，与分子 1 碰撞后的分子 2 相对于分子 1 的相对速度为 $\boldsymbol{g}'$，$\boldsymbol{g}$ 和 $\boldsymbol{g}'$ 所在平面与初始面（竖直平面）的夹角为 α，$\boldsymbol{g}'$ 和 $\boldsymbol{g}$ 的

夹角为χ，设过o点的$\boldsymbol{g}'$的单位矢量为$\boldsymbol{\Omega}$（即$\boldsymbol{g}'/g$），以$\mathrm{d}\boldsymbol{\Omega}$表示$\boldsymbol{\Omega}$与轴线夹角从$\chi$到$\chi+\mathrm{d}\chi$而方位角从$\alpha$到$\alpha+\mathrm{d}\alpha$的立体角元，则有

$$\mathrm{d}\boldsymbol{\Omega}=\sin\chi\mathrm{d}\chi\mathrm{d}\alpha \tag{10.2.6}$$

设$\mathrm{d}b$为b的一个变化量，则在$\mathrm{d}t$时间内能到达面积$(\mathrm{d}b)(b\mathrm{d}\alpha)$上的分子数为处于体积为$(g\mathrm{d}t)(b\mathrm{d}\alpha)\mathrm{d}b$的空间内的分子数。在这个体积中，分子2处于$\boldsymbol{\xi}_2$附近的可能分子数为$f_2(\boldsymbol{r},\boldsymbol{\xi}_2,t)gb\mathrm{d}b\mathrm{d}\alpha\mathrm{d}t\mathrm{d}\boldsymbol{\xi}_2$，由于位于$\mathrm{d}\boldsymbol{\xi}_1$和$\mathrm{d}\boldsymbol{r}$中的分子 1 的分子数为$f_1(\boldsymbol{r},\boldsymbol{\xi}_1,t)\mathrm{d}\boldsymbol{\xi}_1\mathrm{d}\boldsymbol{r}$，因而在$\mathrm{d}\boldsymbol{\xi}_1$、$\mathrm{d}\boldsymbol{\xi}_2$、$\mathrm{d}\boldsymbol{r}$中及在$\mathrm{d}b$和$\mathrm{d}\alpha$中分子碰撞数为

$$f_1(\boldsymbol{r},\boldsymbol{\xi}_1,t)f_2(\boldsymbol{r},\boldsymbol{\xi}_2,t)gb\mathrm{d}b\mathrm{d}\alpha\mathrm{d}\boldsymbol{\xi}_1\mathrm{d}\boldsymbol{\xi}_2\mathrm{d}\boldsymbol{r}\mathrm{d}t \tag{10.2.7}$$

碰撞后分子1、分子2的速度分别从$\boldsymbol{\xi}_1$、$\boldsymbol{\xi}_2$变为$\boldsymbol{\xi}_1'$、$\boldsymbol{\xi}_2'$，而分子1、分子2不再处于碰撞前的$\mathrm{d}\boldsymbol{\xi}_1$和$\mathrm{d}\boldsymbol{\xi}_2$中，所以碰撞数也就是碰撞损失数，有$(\partial f_1/\partial t)_{\mathrm{coll}}^{-}\mathrm{d}\boldsymbol{r}\mathrm{d}\boldsymbol{\xi}_1\mathrm{d}t$的分子原先在$\boldsymbol{r}$、$\boldsymbol{\xi}_1$附近的$\mathrm{d}\boldsymbol{r}\mathrm{d}\boldsymbol{\xi}_1$中由于碰撞离开了这一区域。对式（10.2.7）完成对b、α、$\boldsymbol{\xi}_2$的积分即可得总的损失分子数，再除以$\mathrm{d}\boldsymbol{r}\mathrm{d}t$，即可得在$\boldsymbol{r}$处速度分布函数$f_1$的损失性变化率，即

$$\left(\frac{\mathrm{d}f_1}{\mathrm{d}t}\right)_{\mathrm{coll}}^{-}=\int\mathrm{d}\boldsymbol{\xi}_2\int\mathrm{d}\alpha\int\mathrm{d}bf_1(\boldsymbol{r},\boldsymbol{\xi}_1,t)f_2(\boldsymbol{r},\boldsymbol{\xi}_2,t)gb \tag{10.2.8}$$

令式（10.2.8）中

$$b\mathrm{d}b\mathrm{d}\alpha=\sigma_{12}\mathrm{d}\boldsymbol{\Omega}$$

则由式（10.2.6）得

$$\sigma_{12}=\frac{b\mathrm{d}b\mathrm{d}\alpha}{\sin\chi\mathrm{d}\chi\mathrm{d}\alpha}=\sigma_{12}(g,\chi) \tag{10.2.9}$$

则式（10.2.8）可表示为

$$\left(\frac{\mathrm{d}f_1}{\mathrm{d}t}\right)_{\mathrm{coll}}^{-}=\int\mathrm{d}\boldsymbol{\xi}_2\int\mathrm{d}\boldsymbol{\Omega}f_1(\boldsymbol{r},\boldsymbol{\xi}_1,t)f_2(\boldsymbol{r},\boldsymbol{\xi}_2,t)g\sigma_{12}(g,\chi) \tag{10.2.10}$$

式中，$\sigma_{12}(g,\chi)$为微分散射截面，它是g与χ的函数，而且与分子模型有关。由式（10.2.9）可知它具有面积量纲；由于在单位时间内以同一相对速度g垂直入射到单位面积的分子2 有一定强度I，即一定的入射分子数，故$I\sigma\mathrm{d}\boldsymbol{\Omega}$表示在单位时间内散射于$\boldsymbol{\Omega}$方向一个立体角范围$\mathrm{d}\boldsymbol{\Omega}$内的分子数，即$\sigma$为单位时间内被散射到$\boldsymbol{\Omega}$方向单位立体角内的分子数与入射强度$I$之比。

相反的情况也会发生。即碰撞前分子1、分子2的速度分别为$\boldsymbol{\xi}_1'$、$\boldsymbol{\xi}_2'$，分子2相对于分子1的相对速度为$\boldsymbol{g}'$，而碰撞后分别为$\boldsymbol{\xi}_1$、$\boldsymbol{\xi}_2$、$\boldsymbol{g}$。我们可以得到f_1在$\boldsymbol{r}$处的增加性变化率[1]

$$\left(\frac{\mathrm{d}f_1}{\mathrm{d}t}\right)_{\mathrm{coll}}^{+}=\int\mathrm{d}\boldsymbol{\xi}_2\int\mathrm{d}\boldsymbol{\Omega}f_1(\boldsymbol{r},\boldsymbol{\xi}_1',t)f_2(\boldsymbol{r},\boldsymbol{\xi}_2',t)g\sigma_{12}(g,\chi) \tag{10.2.11}$$

式中利用了$g'=g$。

$f_1(\boldsymbol{r},\boldsymbol{\xi}_1',t)$和$f_2(\boldsymbol{r},\boldsymbol{\xi}_2',t)$在以下的表示式中以$f_1'$、$f_2'$代替。将表示增、减性变化率的式（10.2.11）与式（10.2.10）之差作为式（10.2.3）的碰撞的增加项；同时，不但存在分子2对分子1的碰撞，也存在分子1对分子1的碰撞，经过上述相似的考虑，也可得一

碰撞的增加项。同理，存在分子 1 对分子 2 的碰撞，也存在分子 2 对分子 2 的碰撞，故分子 2 的速度分布函数 f_2 随时间的变化率也与 f_1 的相似。故对二组分混合气有如下方程组成立：

$$\begin{aligned}\frac{\partial f_1}{\partial t}+\boldsymbol{\xi}_1\cdot\frac{\partial f_1}{\partial \boldsymbol{r}}&=\iint(f_1'f_1'-f_1f_1)g\sigma_{11}\mathrm{d}\boldsymbol{\Omega}\mathrm{d}\xi_1+\iint(f_1'f_2'-f_1f_2)g\sigma_{12}\mathrm{d}\boldsymbol{\Omega}\mathrm{d}\boldsymbol{\xi}_2\\ \frac{\partial f_2}{\partial t}+\boldsymbol{\xi}_2\cdot\frac{\partial f_2}{\partial \boldsymbol{r}}&=\iint(f_2'f_1'-f_2f_1)g\sigma_{21}\mathrm{d}\boldsymbol{\Omega}\mathrm{d}\boldsymbol{\xi}_1+\iint(f_2'f_2'-f_2f_2)g\sigma_{22}\mathrm{d}\boldsymbol{\Omega}\mathrm{d}\boldsymbol{\xi}_2\end{aligned}\tag{10.2.12}$$

此方程组为二组分气体的玻尔兹曼方程。在式（10.2.12）的第一式取 $f_1=f$，$f_2=f_1$ 或在后式取 $f_2=f$，$f_1=f_1$，则两式均成为单组分气体的玻尔兹曼方程。

K 组分情况的玻尔兹曼方程为 K 个方程的联立方程组

$$\&f_i=\sum_{j=1}^{K}J(f_if_j),\quad i=1,2,\cdots,K\tag{10.2.13}$$

式中，

$$\&f_i=\frac{\partial f_i}{\partial t}+\boldsymbol{\xi}_i\cdot\frac{\partial f_i}{\partial \boldsymbol{r}}+\boldsymbol{X}_i\cdot\frac{\partial f_i}{\partial \boldsymbol{\xi}_i},\qquad J(f_if_j)=\iint(f_i'f_j'-f_if_j)g\sigma_{ij}\mathrm{d}\boldsymbol{\Omega}\mathrm{d}\xi_j$$

式中，$m_i\boldsymbol{X}_i$ 为作用在第 i 种气体每个分子上的外力（m_i 为分子质量）。

10.2.2　玻尔兹曼方程的零级和一级近似解

定义 τ 为速度分布函数 f_i 变化的时间尺度，L 为空间特征尺度，$\bar{\xi}$ 为分子平均速率，d 为分子直径，则由于 $\frac{\mathrm{d}f_i}{\mathrm{d}t}\sim\tau^{-1}f_i$，$\boldsymbol{\xi}\cdot\left(\frac{\partial f_i}{\partial \boldsymbol{r}}\right)\sim\bar{\xi}L^{-1}f_i$，$J(f_if_j)\sim n\bar{\xi}d^2f_i$，且平均自由程 $\bar{\lambda}\propto\frac{1}{d^2}$，所以有 $\frac{1}{J(f_if_j)}\boldsymbol{\xi}\cdot\left(\frac{\partial f}{\partial \boldsymbol{r}}\right)\sim\frac{\bar{\lambda}}{L}$，当 $\frac{\bar{\lambda}}{L}\to 0$ 时碰撞起主要作用。暂不考虑外力作用，比值 $\frac{1}{J(f_if_j)}\boldsymbol{\xi}\cdot\left(\frac{\partial f}{\partial \boldsymbol{r}}\right)$ 代表 K 组分玻尔兹曼方程式（10.2.13）的左边项与右边碰撞积分项的比，并表示为 ε。当这个比例很小时，为了表示式（10.2.13）物理量的量级，可将该式写成[1]

$$\&f_i=\frac{1}{\varepsilon}\sum_{j=1}^{K}J(f_if_j),\ i=1,2,\cdots,K\tag{10.2.14}$$

设

$$f_i=f_i^{(0)}+\varepsilon f_i^{(1)},\quad i=1,2,\cdots,K\tag{10.2.15}$$

式中，$\varepsilon f_i^{(1)}$ 前面的 ε 仅表明 $f_i^{(1)}$ 是一小量，或仅仅表明 $f_i^{(1)}$ 的量级，$f_i^{(0)}$ 是 f_i 的零级近似解，而式（10.2.15）为 f_i 的一级近似解。

于是宏观量也可写成

$$\varPhi=\varPhi^{(0)}+\varepsilon\varPhi^{(1)}\tag{10.2.16}$$

将 $\frac{\partial f_i}{\partial t}$ 展开则有

$$\frac{\partial f_i}{\partial t}=\frac{\partial_0 f_i^{(0)}}{\partial t}+\varepsilon\left[\frac{\partial_1 f_i^{(0)}}{\partial t}+\frac{\partial_0 f_i^{(1)}}{\partial t}\right],\quad i=1,2,\cdots,K \tag{10.2.17}$$

式中，右侧第二项为一量级为 ε 的微分修正量，其中 $\varepsilon\frac{\partial_0 f_i^{(1)}}{\partial t}$ 是由式（10.2.15）的第二项直接微分而得，故为其零级近似微分 $\frac{\partial_0}{\partial t}$，因 $f_i^{(1)}$ 已为一修正量，所以不再考虑进一步的修正，但对 $f_i^{(0)}$ 的微分却应包括其零级近似 $\frac{\partial_0 f_i^{(0)}}{\partial t}$ 和一量级为 ε 的一级微分修正值 $\frac{\partial_1 f_i^{(0)}}{\partial t}$。

式（10.2.13）左的展开式为

$$\begin{aligned}\&f_i&=(\&f_i)^{(0)}+\varepsilon(\&f_i)^{(1)}\\&=\left[\frac{\partial_0 f_i^{(0)}}{\partial t}+\boldsymbol{\xi}_i\cdot\frac{\partial f_i^{(0)}}{\partial \boldsymbol{r}}\right]+\varepsilon\left[\frac{\partial_1 f_i^{(0)}}{\partial t}+\frac{\partial_0 f_i^{(1)}}{\partial t}+\boldsymbol{\xi}_i\cdot\frac{\partial f_i^{(1)}}{\partial \boldsymbol{r}}\right],\ i=1,2,\cdots,K\end{aligned} \tag{10.2.18}$$

而式（10.2.13）右的展开式为

$$\begin{aligned}\sum_{j=1}^{K}J(f_if_j)&=\sum_{j=1}^{K}(J(f_if_j))^{(0)}+\varepsilon\sum_{j=1}^{K}(J(f_if_j))^{(1)}\\&\equiv\sum_{j=1}^{K}J(f_i^{(0)}f_j^{(0)})+\varepsilon\sum_{j=1}^{K}(J(f_i^{(0)}f_j^{(1)})+J(f_i^{(1)}f_j^{(0)})),\ i=1,2,\cdots,K\end{aligned} \tag{10.2.19}$$

将式（10.2.18）和式（10.2.19）代入式（10.2.14），并对同量级的量归并，得两式。对 ε^0 有

$$\sum_{j=1}^{K}J(f_i^{(0)}f_j^{(0)})=0,\quad i=1,2,\cdots,K \tag{10.2.20}$$

对 ε^1 有

$$\sum_{j=1}^{K}[J(f_i^{(0)}f_j^{(1)})+J(f_i^{(1)}f_j^{(0)})]=(\&f_i)^{(0)}=\frac{\partial_0 f_i^{(0)}}{\partial t}+\boldsymbol{\xi}_i\cdot\frac{\partial f_i^{(0)}}{\partial \boldsymbol{r}},\ i=1,2,\cdots,K \tag{10.2.21}$$

由式（10.2.20）可得 Maxwell 速度分布函数

$$f_i^{(0)}=n_i\left(\frac{m_i}{2\pi kT}\right)^{\frac{3}{2}}\exp\left(-\frac{m_iC_i^2}{2kT}\right),\ \boldsymbol{C}_i=\boldsymbol{\xi}_i-\boldsymbol{v},\ i=1,2\cdots,K \tag{10.2.22}$$

式中，$\boldsymbol{C}_i$ 为第 i 种分子的随机速度或热速度[1, 2]。

式（10.2.22）中 $\boldsymbol{v}$ 和 n_i 可以是 $\boldsymbol{r}$ 和 t 的函数，$\boldsymbol{v}$ 为混合气流体速度，$\boldsymbol{v}$ 由动量平均而得

$$\rho\boldsymbol{v}=\sum_i\rho_i\overline{\boldsymbol{\xi}_i}=\sum_i m_i\int f_i\boldsymbol{\xi}_i\mathrm{d}\boldsymbol{\xi}_i,\ i=1,2,\cdots,K \tag{10.2.23}$$

令

$$\phi_i^{(1)}=\frac{f_i^{(1)}}{f_i^{(0)}} \tag{10.2.24}$$

即取

$$f_i^{(1)}=f_i^{(0)}\phi_i^{(1)}$$

下面来求取 $\phi_i^{(1)}$。利用式（10.2.13）和式（10.2.24），则式（10.2.21）可为

$$\sum_{j=1}^{K}J(f_i^{(0)}f_j^{(1)})+\sum_{j=1}^{K}J(f_i^{(1)}f_j^{(0)})$$
$$=-\sum_{j=1}^{K}\iint f_i^{(0)}f_j^{(0)}(\phi_i^{(1)}+\phi_j^{(1)}-\phi_i^{(1)'}-\phi_j^{(1)'})g\sigma_{ij}\mathrm{d}\boldsymbol{\Omega}\mathrm{d}\boldsymbol{\xi}_j,\ i=1,2,\cdots,K \tag{10.2.25}$$

为了求解式（10.2.25）以及后面叙述的方便，这里要提一下积分算子和括号积分。气体混合物积分算子 $I_{ij}(F)$、括号积分 $[F,G]$ 分别定义为[1]

$$I_{ij}(F)=\frac{1}{n_in_j}\iint f_{M_i}f_{M_j}(F_i+F_j-F_i'-F_j')g\sigma_{ij}\mathrm{d}\boldsymbol{\Omega}\mathrm{d}\boldsymbol{\xi}_j=I_{ij,i}(F)+I_{ij,j}(F)$$

$$I_{ij,i}(F)=\frac{1}{n_in_j}\iint f_{M_i}f_{M_j}(F_i-F_i')g\sigma_{ij}\mathrm{d}\boldsymbol{\Omega}\mathrm{d}\boldsymbol{\xi}_j$$

$$I_{ij,j}(F)=\frac{1}{n_in_j}\iint f_{M_i}f_{M_j}(F_j-F_j')g\sigma_{ij}\mathrm{d}\boldsymbol{\Omega}\mathrm{d}\boldsymbol{\xi}_j$$

$$g=|\boldsymbol{\xi}_i-\boldsymbol{\xi}_j|$$

$$[F,G]=\sum_{i,j}\frac{n_in_j}{n^2}([F,G]_{ij}'+[F,G]_{ij}'') \tag{10.2.26}$$

$$[F,G]_{ij}'=\int G_iI_{ij,i}(F)\mathrm{d}\boldsymbol{\xi}_i=\frac{1}{2n_in_j}\iiint f_{M_i}f_{M_j}(G_i-G_i')(F_i-F_i')g\sigma_{ij}\mathrm{d}\boldsymbol{\Omega}\mathrm{d}\boldsymbol{\xi}_i\mathrm{d}\boldsymbol{\xi}_j$$

$$[F,G]_{ij}''=\int G_iI_{ij,j}(F)\mathrm{d}\boldsymbol{\xi}_i=\frac{1}{2n_in_j}\iiint f_{M_i}f_{M_j}(G_i-G_i')(F_j-F_j')g\sigma_{ij}\mathrm{d}\boldsymbol{\Omega}\mathrm{d}\boldsymbol{\xi}_i\mathrm{d}\boldsymbol{\xi}_j$$

$$[F,G]=\frac{1}{4n^2}\sum_{i,j}\iiint f_{M_i}f_{M_j}(F_i+F_j-F_i'-F_j')(G_i+G_j-G_i'-G_j')g\sigma_{ij}\mathrm{d}\boldsymbol{\Omega}\mathrm{d}\boldsymbol{\xi}_i\mathrm{d}\boldsymbol{\xi}_j$$

$$[F,G]=[G,F],\ [F,G]_{ij}'=[G,F]_{ij}',\ [F,G]_{ij}''=[G,F]_{ij}''$$

式中，$[F,G]_{ij}'$、$[F,G]_{ij}''$ 为部分括号积分；$\dfrac{n_i}{n}$、$\dfrac{n_j}{n}$ 为粒子数比；$I(F)$ 和 F 有同样的性质，在 $[F,G]$、$[F,G]_{ij}'$、$[F,G]_{ij}''$ 中，函数 F、G 既可以是标量，又可以是矢量或张量，而积分总是标量，可以把 $[F,G]$、$[F,G]_{ij}'$、$[F,G]_{ij}''$ 中的被积函数理解为包含 G 和 $I(F)$ 的标量积[1, 2]。

依式（10.2.26），可将式（10.2.25）写成

$$\sum_{j=1}^{K}J(f_i^{(0)}f_j^{(1)})+\sum_{j=1}^{K}J(f_i^{(1)}f_j^{(0)})=-\sum_{j=1}^{K}n_in_jI_{ij}(\phi^{(1)}),\ i=1,2,\cdots,K \tag{10.2.27}$$

特别值得注意的是，在 $I_{ij}(F)$、$I_{ij,i}(F)$ 和 $I_{ij,j}(F)$ 中的任意一个，有 $I(\lambda F+\mu G)=\lambda I(F)+\mu I(G)$，$\lambda$ 和 μ 为复数或实数，也即定义的各 I 都是线性的。

再根据式（10.2.21），式（10.2.27）右可写成

$$-\sum_{j=1}^{K}n_in_jI_{ij}(\phi^{(1)})=(\&f_i)^{(0)}=\frac{\partial_0 f_i^{(0)}}{\partial t}+\boldsymbol{\xi}_i\cdot\frac{\partial f_i^{(0)}}{\partial \boldsymbol{r}},\ i=1,2,\cdots,K \tag{10.2.28}$$

如果把 $f_i^{(0)}$ 看作 $\boldsymbol{r}$ 和随机速度 $\boldsymbol{C}_i$ 及 t 的函数，则

$$(\& f_i)^{(0)} = \left.\frac{\partial f_i^{(0)}}{\partial t}\right|_{r,\xi} + (\boldsymbol{C}_i + \boldsymbol{v}) \cdot \left.\frac{\partial f_i^{(0)}}{\partial \boldsymbol{r}}\right|_{\xi,t} = \left.\frac{\partial f_i^{(0)}}{\partial t}\right|_{r,\boldsymbol{C}_i} + \frac{\partial f_i^{(0)}}{\partial \boldsymbol{C}_i} \cdot \frac{\partial \boldsymbol{C}_i}{\partial t} + (\boldsymbol{C}_i + \boldsymbol{v}) \cdot \left[\left.\frac{\partial f_i^{(0)}}{\partial \boldsymbol{r}}\right|_{\boldsymbol{C}_i,t} + \frac{\partial f_i^{(0)}}{\partial \boldsymbol{C}_i} \cdot \frac{\partial C_i}{\partial \boldsymbol{r}} \right]$$

$$= \left.\frac{\partial f_i^{(0)}}{\partial t}\right|_{r,\boldsymbol{C}_i} - \frac{\partial f_i^{(0)}}{\partial \boldsymbol{C}_i} \cdot \frac{\partial \boldsymbol{v}}{\partial t} + (\boldsymbol{C}_i + \boldsymbol{v}) \cdot \left[\left.\frac{\partial f_i^{(0)}}{\partial \boldsymbol{r}}\right|_{\boldsymbol{C}_i,t} - \frac{\partial f_i^{(0)}}{\partial \boldsymbol{C}_i} \cdot \frac{\partial \boldsymbol{v}}{\partial \boldsymbol{r}} \right]$$

$$= \left[\frac{\partial}{\partial t} + \boldsymbol{v} \cdot \frac{\partial}{\partial \boldsymbol{r}} \right] f_i^{(0)} - \left[\left(\frac{\partial}{\partial t} + \boldsymbol{v} \cdot \frac{\partial}{\partial \boldsymbol{r}} \right) \boldsymbol{v} \right] \cdot \frac{\partial f_i^{(0)}}{\partial \boldsymbol{C}_i} + \boldsymbol{C}_i \cdot \frac{\partial f_i^{(0)}}{\partial \boldsymbol{r}} - \boldsymbol{C}_i \cdot \left(\frac{\partial f_i^{(0)}}{\partial \boldsymbol{C}_i} \cdot \frac{\partial}{\partial \boldsymbol{r}} \right) \boldsymbol{v}$$

或

$$= \left(\frac{\partial}{\partial t} + \boldsymbol{v} \cdot \frac{\partial}{\partial \boldsymbol{r}} \right) f_i^{(0)} - \left[\left(\frac{\partial}{\partial t} + \boldsymbol{v} \cdot \frac{\partial}{\partial \boldsymbol{r}} \right) \boldsymbol{v} \right] \cdot \frac{\partial f_i^{(0)}}{\partial \boldsymbol{C}_i} + \boldsymbol{C}_i \cdot \frac{\partial f_i^{(0)}}{\partial \boldsymbol{r}} - \frac{\partial f_i^{(0)}}{\partial \boldsymbol{C}_i} \boldsymbol{C}_i : \frac{\partial}{\partial \boldsymbol{r}} \boldsymbol{v} \tag{10.2.29}$$

对式（10.2.29）右边乘以 $f_i^{(0)} / f_i^{(0)}$，可得

$$(\& f_i)^{(0)} = f_i^{(0)} \left\{ \left[\frac{\partial}{\partial t} + \boldsymbol{v} \cdot \frac{\partial}{\partial \boldsymbol{r}} \right] \ln f_i^{(0)} + \boldsymbol{C}_i \cdot \frac{\partial \ln f_i^{(0)}}{\partial \boldsymbol{r}} - \left[\left(\frac{\partial}{\partial t} + \boldsymbol{v} \cdot \frac{\partial}{\partial \boldsymbol{r}} \right) \boldsymbol{v} \right] \cdot \frac{\partial \ln f_i^{(0)}}{\partial \boldsymbol{C}_i} - \frac{\partial \ln f_i^{(0)}}{\partial \boldsymbol{C}_i} \boldsymbol{C}_i : \frac{\partial}{\partial \boldsymbol{r}} \boldsymbol{v} \right\} \tag{10.2.30}$$

因为可导出[1]

$$\ln f_i^{(0)} = \ln n_i - \frac{3}{2} \ln T - \frac{m_i C_i^2}{2kT} + \text{const}$$

$$\left(\frac{\partial}{\partial t} + \boldsymbol{v} \cdot \frac{\partial}{\partial \boldsymbol{r}} \right) \rho_i = -\rho_i \frac{\partial}{\partial \boldsymbol{r}} \cdot \boldsymbol{v}$$

$$\left(\frac{\partial}{\partial t} + \boldsymbol{v} \cdot \frac{\partial}{\partial \boldsymbol{r}} \right) T = -\frac{2}{3} T \frac{\partial}{\partial \boldsymbol{r}} \cdot \boldsymbol{v}$$

$$\left(\frac{\partial}{\partial t} + \boldsymbol{v} \cdot \frac{\partial}{\partial \boldsymbol{r}} \right) \boldsymbol{v} = -\frac{1}{\rho} \frac{\partial p}{\partial \boldsymbol{r}}$$

所以

$$(\& f_i)^{(0)} = f_i^{(0)} \left\{ -\frac{m_i C_i^2}{3kT} \frac{\partial}{\partial \boldsymbol{r}} \cdot \boldsymbol{v} + \boldsymbol{C}_i \cdot \left[\frac{\partial \ln n_i}{\partial \boldsymbol{r}} + \left(\frac{m_i C_i^2}{2kT} - \frac{3}{2} \right) \frac{\partial \ln T}{\partial \boldsymbol{r}} \right] - \frac{m_i}{kT} \frac{\boldsymbol{C}_i}{\rho} \cdot \frac{\partial p}{\partial \boldsymbol{r}} + \frac{m_i}{kT} \boldsymbol{C}_i \boldsymbol{C}_i : \frac{\partial}{\partial \boldsymbol{r}} \boldsymbol{v} \right\} \tag{10.2.31}$$

式中，$p = nkT$，右侧花括号内各项依次对应式（10.2.30）的各项。

考虑到

$$\frac{\partial \ln \left(\dfrac{n_i}{n} \right)}{\partial \boldsymbol{r}} = \frac{\partial \ln \left(n_i \left(\dfrac{p}{kT} \right)^{-1} \right)}{\partial \boldsymbol{r}} = \frac{\partial \ln n_i}{\partial \boldsymbol{r}} - \frac{\partial \ln p}{\partial \boldsymbol{r}} + \frac{\partial \ln T}{\partial \boldsymbol{r}}$$

并考虑到将式（10.2.31）花括号中第一项改写后并入最后一项，则式（10.2.31）可表示为

$$(\& f_i)^{(0)} = f_i^{(0)} \left\{ \frac{n}{n_i} \boldsymbol{C}_i \cdot \boldsymbol{d}_i + \left(\frac{m_i C_i^2}{2kT} - \frac{5}{2} \right) \boldsymbol{C}_i \cdot \frac{\partial \ln T}{\partial \boldsymbol{r}} + \frac{m_i}{kT} \left(\boldsymbol{C}_i \boldsymbol{C}_i - \frac{1}{3} C_i^2 \boldsymbol{I} \right) : \frac{\partial}{\partial \boldsymbol{r}} \boldsymbol{v} \right\} \tag{10.2.32}$$

式中，$\boldsymbol{I}$ 为二价张量，而

$$\boldsymbol{d}_i = \frac{\partial}{\partial \boldsymbol{r}}\left(\frac{n_i}{n}\right) + \left(\frac{n_i}{n} - \frac{\rho_i}{\rho}\right)\frac{\partial \ln p}{\partial \boldsymbol{r}}$$

$\boldsymbol{d}_i$ 和式（10.2.38）中 $\boldsymbol{d}_j$ 为忽略了外力作用的扩散驱动力。

由式（10.2.21）和式（10.2.27）可知

$$\sum_{j=1}^{K} n_i n_j I_{ij}(\phi^{(1)}) = -(\& f_i)^{(0)} \tag{10.2.33}$$

人们已经弄清楚积分 $I(F)$ 和 F 有同样的性质，并注意到这里忽略外力作用引起的简化，故由式（10.2.32）和式（10.2.33）可设

$$\phi_i^{(1)} = -\frac{1}{n}\sum_j \boldsymbol{D}_i^j \cdot \boldsymbol{d}_j - \frac{1}{n}\boldsymbol{A}_i \cdot \frac{\partial \ln T}{\partial \boldsymbol{r}} - \frac{2}{n}\boldsymbol{B}_i : \frac{\partial}{\partial \boldsymbol{r}}\boldsymbol{v},\ i,j = 1,2,\cdots,K \tag{10.2.34}$$

式中有

$$\boldsymbol{D}_i^j = D_i^j(C_i)\boldsymbol{C}_i \tag{10.2.35}$$

$$\boldsymbol{A}_i = A_i(C_i)\boldsymbol{C}_i \tag{10.2.36}$$

$$\boldsymbol{B}_i = B(C_i)\left(\hat{\boldsymbol{C}}_i\hat{\boldsymbol{C}}_i - \frac{1}{3}\hat{C}_i^2\boldsymbol{I}\right),\ \hat{\boldsymbol{C}}_i = \sqrt{\frac{m_i}{2kT}}\boldsymbol{C}_i \tag{10.2.37}$$

$$\boldsymbol{d}_j = \frac{\partial}{\partial \boldsymbol{r}}\left(\frac{n_j}{n}\right) + \left(\frac{n_j}{n} - \frac{\rho_j}{\rho}\right)\frac{\partial \ln p}{\partial \boldsymbol{r}} \tag{10.2.38}$$

对于式（10.2.34）第一项所取形式的合理性应进行一定分析，而其余两项的合理性是容易理解的。由于 $\phi_i^{(1)}$ 是 $\boldsymbol{d}_j$ 、$\frac{\partial \ln T}{\partial \boldsymbol{r}}$ 、$\frac{\partial \boldsymbol{v}}{\partial \boldsymbol{r}}$ 的线性组合[2]，因此 $\phi_i^{(1)}$ 的第一项则是 $\boldsymbol{d}_j$ 的线性组合，因此必须要求各 $\boldsymbol{d}_j$ 是相互独立的，而各 $\boldsymbol{D}_i^j$ 是确定的。

由于 $\sum(n_j / n) = 1, \sum(\rho_j / \rho) = 1$，所以

$$\sum_j^K \boldsymbol{d}_j = 0 \tag{10.2.39}$$

因此式中各项是相关的。

既然 $\phi_i^{(1)}$ 是设定的解，故可以另设既是相互独立的而又和 $\boldsymbol{d}_j$ 保持关系的 $\boldsymbol{d}_j^*$ 代替式（10.2.34）中的 $\boldsymbol{d}_j$ 。设式（10.2.34）中

$$\boldsymbol{d}_j = \boldsymbol{d}_j^* - \gamma_j \sum_k^K \boldsymbol{d}_k^*,\quad \Sigma\gamma_j = \Sigma\frac{\rho_j}{\rho} = 1 \tag{10.2.40a}$$

也即设

$$\boldsymbol{d}_j = \sum_k \left(\delta_{jk} - \frac{\rho_j}{\rho}\right)\boldsymbol{d}_k^* \tag{10.2.40b}$$

由式（10.2.40b），显然有

$$\sum_j^K \boldsymbol{d}_j = \sum_k^K \boldsymbol{d}_k^* \tag{10.2.41}$$

式（10.2.41）表明，一组矢量的和只能等于这组矢量的和，即各 $\boldsymbol{d}_j^*$ 或者 $\boldsymbol{d}_k^*$ 不存在相关性。

以 $\boldsymbol{d}_j^*$ 代替 $\boldsymbol{d}_j$ 后的 $\phi_i^{(1)}$ 代入式（10.2.33）的左侧，并注意脚标的适宜性变更，以式（10.2.40）的 $\boldsymbol{d}_j$ 在 j 改为 i 后代替式（10.2.32）［也即式（10.2.33）的右侧］中的 $\boldsymbol{d}_i$。我们注意到此时式（10.2.33）的左侧求和项中 $\boldsymbol{d}_j^*$、$\dfrac{\partial \ln T}{\partial \boldsymbol{r}}$、$\dfrac{\partial \boldsymbol{v}}{\partial \boldsymbol{r}}$ 与积分变量无关，根据 $I_{ij}(F)$ 的线性特性，可有如下关系

$$\begin{aligned}&I_{ij}\left(-\frac{1}{n}\sum_k \boldsymbol{D}^k\cdot\boldsymbol{d}_k^*-\frac{1}{n}\boldsymbol{A}_i\cdot\frac{\partial\ln T}{\partial\boldsymbol{r}}-\frac{2}{n}\boldsymbol{B}_i:\frac{\partial\boldsymbol{v}}{\partial\boldsymbol{r}}\right)\\&=-\frac{1}{n}\sum_k I_{ij}(\boldsymbol{D}^k)\cdot\boldsymbol{d}_k^*-\frac{1}{n}\boldsymbol{I}_{ij}(\boldsymbol{A})\cdot\frac{\partial\ln T}{\partial\boldsymbol{r}}-\frac{2}{n}\boldsymbol{I}_{ij}(\boldsymbol{B}):\frac{\partial\boldsymbol{v}}{\partial\boldsymbol{r}}\end{aligned}\tag{10.2.42}$$

考虑到式（10.2.42）及式（10.2.32），对比此时的式（10.2.33）的左右对应项的系数，得

$$\sum_j\frac{n_in_j}{n^2}I_{ij}(\boldsymbol{D}^k)=\frac{1}{n_i}f_i^{(0)}\left(\delta_{ik}-\frac{\rho_i}{\rho}\right)\boldsymbol{C}_i,\quad i,k=1,2,\cdots,K\tag{10.2.43}$$

$$\sum_j\frac{n_in_j}{n^2}I_{ij}(\boldsymbol{A})=\frac{1}{n}f_i^{(0)}\left(\frac{m_i}{2kT}C_i^2-\frac{5}{2}\right)\boldsymbol{C}_i,\quad i=1,2,\cdots,K\tag{10.2.44}$$

$$\sum_j\frac{n_in_j}{n^2}I_{ij}(\boldsymbol{B})=\frac{m_i}{2nkT}f_i^{(0)}\left(\boldsymbol{C}_i\boldsymbol{C}_i-\frac{1}{3}C_i^2\boldsymbol{I}\right)\quad i=1,2,\cdots,K\tag{10.2.45}$$

方程（10.2.43）～方程（10.2.45）有唯一解，但还有一些限制条件[1]。可见 $\phi_i^{(1)}$ 的首项不仅如前面所证明的各 $\boldsymbol{d}_j$ 是相互独立的，而且各 $\boldsymbol{D}^k$ 是可求的，故其设立是合理的。不过 $\boldsymbol{D}^k$ 仍有一定程度的不确定性，即式（10.2.43）左右同乘以 $\dfrac{\rho_k}{\rho}$ 并对 k 求和，会出现

$$\sum_j\frac{n_in_j}{n^2}I_{ij}\left(\sum_k\frac{\rho_k}{\rho}\boldsymbol{D}^k\right)=\sum_k\frac{\rho_k}{\rho}\left(\delta_{ik}-\frac{\rho_i}{\rho}\right)\frac{f_i^{(0)}}{n_i}\boldsymbol{C}_i=0\tag{10.2.46}$$

$$\sum_k\frac{\rho_k}{\rho}\boldsymbol{D}^k=0\tag{10.2.47}$$

作为附加条件列入时，则可消除不确定性，而且有

$$\sum_j\boldsymbol{D}_i^j\cdot\boldsymbol{d}_j=\sum_j\boldsymbol{D}_i^j\cdot\left(\boldsymbol{d}_j^*-\frac{\rho_i}{\rho}\sum_k\boldsymbol{d}_k^*\right)=\sum_j\boldsymbol{D}_i^j\cdot\boldsymbol{d}_j^*\tag{10.2.48}$$

式（10.2.48）说明在附加条件式（10.2.47）下消除了式（10.2.43）中 $\boldsymbol{D}^k$ 的一定程度的不确定性，$\phi_i^{(1)}$ 的设计表达式（10.2.34）中的 $\boldsymbol{d}_j$ 不仅可以改为 $\boldsymbol{d}_j^*$，也可以保持不改动。式（10.2.34）中，$\boldsymbol{D}_i^j$ 由式（10.2.43）及其唯一性条件[1]和式（10.2.47）确定，$\boldsymbol{A}_i$ 由式（10.2.44）及其唯一性条件确定，$\boldsymbol{B}_i$ 由式（10.2.45）确定。

玻尔兹曼方程的零级近似解，即式（10.2.22）的 $f_i^{(0)}$，其一级近似解则由式（10.2.15）、式（10.2.24）、式（10.2.34）和式（10.2.22）给出，即为

$$f_i=f_i^{(0)}+f_i^{(1)}=f_i^{(0)}+f_i^{(0)}\phi_i^{(1)}=(1+\phi_i^{(1)})f_i^{(0)}$$

式中，$\phi_i^{(1)}$ 由式（10.2.34）给出。

10.2.3　混合气体的扩散系数和热传导系数

下面来讨论多元气体混合物的扩散速度、热传导系数等问题。热传导和扩散都是和分子的热运动、速度分布函数、密度分布、温度分布、压力分布等分不开的。我们先讨论扩散。

由零级近似的速度分布函数 $f_i^{(0)}$，容易得到第 i 种气体的扩散速度 $\boldsymbol{V}_i$ 的零级近似 $\boldsymbol{V}_i^{(0)}$ 和混合气体热流矢量 $\boldsymbol{q}$ 的零级近似 $\boldsymbol{q}^{(0)}$ 均为零。

$$\boldsymbol{V}_i^{(0)} = \frac{1}{n_i}\int \boldsymbol{C}_i f_i^{(0)} \mathrm{d}\boldsymbol{\xi}_i = 0 \tag{10.2.49}$$

$$\boldsymbol{q}^{(0)} = \sum_{i=1}^{K} \boldsymbol{q}_i^{(0)} = \sum_{i=1}^{K}\int \frac{1}{2} m_i C_i^2 \boldsymbol{C}_i f_i^{(0)} \mathrm{d}\boldsymbol{\xi}_i = \sum_{i=1}^{K}\int \frac{1}{2} m_i C_i^2 \boldsymbol{C}_i f_i^{(0)} \mathrm{d}\boldsymbol{C}_i = 0 \tag{10.2.50}$$

故扩散速度 $\boldsymbol{V}_i$ 和热流矢量 $\boldsymbol{q}$ 只能用其一级修正 $\boldsymbol{V}_i^{(1)}$ 和 $\boldsymbol{q}^{(1)}$ 来表示，或直接用 $\boldsymbol{V}_i$ 和 $\boldsymbol{q}$ 来表示其一级近似。

利用一级近似速度分布函数与零级近似速度分布函数的比值函数 $\phi_i^{(1)} = f_i^{(1)} / f_i^{(0)}$ 可以得到扩散速度和热流矢量的一级近似值。第 i 种分子的扩散速度是

$$\boldsymbol{V}_i^{(1)} = \frac{1}{n_i}\int \boldsymbol{C}_i f_i^{(1)} \mathrm{d}\boldsymbol{\xi}_i = \frac{1}{n_i}\int \boldsymbol{C}_i f_i^{(0)} \phi_i^{(1)} \mathrm{d}\boldsymbol{\xi}_i \tag{10.2.51}$$

将式（10.2.34）$\phi_i^{(1)}$ 代入式（10.2.51）并考虑到对称性，得

$$\boldsymbol{V}_i^{(1)} = -\frac{1}{3n_i}\sum_j \int \frac{1}{n} f_i^{(0)} C_i^2 D_i^j \mathrm{d}\boldsymbol{\xi}_i \boldsymbol{d}_j - \frac{1}{3n_i}\int \frac{1}{n} f_i^{(0)} C_i^2 A_i \mathrm{d}\boldsymbol{\xi}_i \frac{\partial \ln T}{\partial \boldsymbol{r}} \tag{10.2.52}$$

式中已略去因出现 $\boldsymbol{C}_i$ 而为零的项。

定义多组分混合物第 i 种组元的广义扩散系数 D_{ij} 和第 i 种组元的热扩散系数 D_{T_i} 分别为

$$D_{ij} = \frac{1}{3n}\int \frac{1}{n_i} f_i^{(0)} C_i^2 D_i^j \mathrm{d}\boldsymbol{\xi}_i = \frac{1}{3n}[\boldsymbol{D}^i, \boldsymbol{D}^j] \tag{10.2.53}$$

$$D_{\mathrm{T}_i} = \frac{1}{3n}\int \frac{1}{n_i} f_i^{(0)} C_i^2 A_i \mathrm{d}\boldsymbol{\xi}_i = \frac{1}{3n}[\boldsymbol{D}^i, \boldsymbol{A}] \tag{10.2.54}$$

由式（10.2.52）～式（10.2.54）有

$$\boldsymbol{V}_i^{(1)} = -\sum_j D_{ij}\boldsymbol{d}_j - D_{\mathrm{T}_i}\frac{\partial \ln T}{\partial \boldsymbol{r}} \tag{10.2.55}$$

由式（10.2.55）可知，$\boldsymbol{d}_j$ 的存在［也即各种气体分子密度分布不均匀，混合气压力分布不均匀，以及外力（在本节未考虑）的存在］会产生扩散速度 $\boldsymbol{V}_i$；同时温度的不均匀也产生扩散，称为热扩散。

由定义式（10.2.53）容易得到

$$D_{ij} = D_{ji} \tag{10.2.56}$$

由式（10.2.47）和式（10.2.53）容易得到

$$\sum_i \frac{\rho_i}{\rho} D_{ij} = 0 \tag{10.2.57}$$

由式（10.2.43），可有

$$\int\sum_{ij}\frac{n_i n_j}{n^2}I_{ij}(\boldsymbol{D}^k)A_i\boldsymbol{C}_i\mathrm{d}\boldsymbol{\xi}_i=\sum_i\int\frac{1}{n_i}f_i^{(0)}\left(\delta_{ik}-\frac{\rho_i}{\rho}\right)C_i^2A_i\mathrm{d}\boldsymbol{\xi}_i=\int\frac{1}{n_k}f_k^{(0)}C_k^2A_k\mathrm{d}\boldsymbol{\xi}_k \tag{10.2.58}$$

对式（10.2.58）两边同乘$\frac{\rho_k}{\rho}$并求和，则有

$$\sum_{ij}\frac{n_i n_j}{n^2}\int I_{ij}\left(\sum_k\frac{\rho_k}{\rho}\boldsymbol{D}^k\right)A_i\boldsymbol{C}_i\mathrm{d}\boldsymbol{\xi}_i=\sum_k\frac{\rho_k}{\rho}\int\frac{1}{n_k}f_i^{(0)}C_k^2A_k\mathrm{d}\boldsymbol{\xi}_k=3n\sum_k\frac{\rho_k}{\rho}D_{\mathrm{T}_k} \tag{10.2.59}$$

利用式（10.2.47），即有

$$\sum_k\frac{\rho_k}{\rho}D_{\mathrm{T}_k}=0 \tag{10.2.60}$$

由式（10.2.57）和式（10.2.60）可知，K组分混合气只有$0.5K(K-1)$个D_{ij}是独立的，D_{T_k}只有$K-1$个是独立的。若引入扩散比例系数k_{T_i}（热扩散比），它满足

$$\sum_j D_{ij}k_{\mathrm{T}_j}=D_{\mathrm{T}_i} \tag{10.2.61}$$

$$\sum_i k_{\mathrm{T}_i}=0 \tag{10.2.62}$$

则式（10.2.55）可写成

$$\boldsymbol{V}_i^{(1)}=-\sum_j D_{ij}\left(\boldsymbol{d}_j+k_{\mathrm{T}_j}\frac{\partial\ln T}{\partial\boldsymbol{r}}\right) \tag{10.2.63}$$

考虑到式（10.2.1）和式（10.2.50），热流矢量为

$$\boldsymbol{q}^{(1)}=\sum_i\boldsymbol{q}_i^{(1)}=\sum_i\int\frac{1}{2}m_iC_i^2\boldsymbol{C}_if_i^{(1)}\mathrm{d}\boldsymbol{\xi}_i \tag{10.2.64}$$

类似于式（10.2.51），将式（10.2.24）和ϕ_1代入式（10.2.64），考虑到对称性并舍去为零项，则有

$$\boldsymbol{q}^{(1)}=-\frac{1}{3n}\sum_{i,j}\int\frac{1}{2}m_iC_i^4f_i^{(0)}D_i^j\mathrm{d}\boldsymbol{\xi}_i\boldsymbol{d}_j-\frac{1}{3n}\sum_i\int\frac{1}{2}m_iC_i^4f_i^{(0)}A_i\mathrm{d}\boldsymbol{\xi}_i\frac{\partial\ln T}{\partial\boldsymbol{r}} \tag{10.2.65}$$

式（10.2.65）表明，热流矢量是由$\boldsymbol{d}_j$和温度梯度$\frac{\partial T}{\partial\boldsymbol{r}}$产生的。我们感兴趣的是扩散速度和热传导系数，由式（10.2.55）和式（10.2.63）可知$\boldsymbol{d}_j$和$\frac{\partial T}{\partial\boldsymbol{r}}$均可对扩散速度有贡献，而且也表明$\boldsymbol{d}_j$与温度梯度相关联而影响到热传导。也即式（10.2.65）的两项均可与扩散速度和热传导有关，应分别对它们进行分解。分解时考虑到关系式（10.2.44），同时希望式（10.2.65）的部分分解项可按式（10.2.55）的形式整理。于是，式（10.2.65）改写成

$$\begin{aligned}\boldsymbol{q}^{(1)}=&-\frac{kT}{3n}\sum_{i,j}\int f_i^{(0)}\left(\frac{m_iC_i^2}{2kT}-\frac{5}{2}\right)D_i^jC_i^2\mathrm{d}\boldsymbol{\xi}_i\boldsymbol{d}_j-\frac{5kT}{6n}\sum_{i,j}\int f_i^{(0)}D_i^jC_i^2\mathrm{d}\boldsymbol{\xi}_i\boldsymbol{d}_j\\&-\frac{kT}{3n}\sum_i\int f_i^{(0)}\left(\frac{m_iC_i^2}{2kT}-\frac{5}{2}\right)A_iC_i^2\mathrm{d}\boldsymbol{\xi}_i\frac{\partial\ln T}{\partial\boldsymbol{r}}-\frac{5kT}{6n}\sum_i\int f_i^{(0)}A_iC_i^2\mathrm{d}\boldsymbol{\xi}_i\frac{\partial\ln T}{\partial\boldsymbol{r}}\\=&-\lambda'\frac{\partial T}{\partial\boldsymbol{r}}-p\sum_i D_{T_i}\boldsymbol{d}_i+\frac{5}{2}kT\sum_i n_i\boldsymbol{V}_i\end{aligned} \tag{10.2.66}$$

式（10.2.66）中第一结果项中

$$\lambda' = \frac{k}{3}\int\sum_i \frac{1}{n} f_i^{(0)}\left(\frac{m_i C_i^2}{2kT} - \frac{5}{2}\right) A_i C_i^2 \mathrm{d}\boldsymbol{\xi}_i = \frac{k}{3}\int\sum_{i,j} \frac{n_i n_j}{n^2} I_{ij}(\boldsymbol{A}) A_i C_i \mathrm{d}\boldsymbol{\xi}_i \equiv \frac{k}{3}[\boldsymbol{A},\boldsymbol{A}] \tag{10.2.67}$$

式中，$[\boldsymbol{A},\boldsymbol{A}]$ 是括号积分，代表式中的积分部分。

式（10.2.66）中第二结果项由等号前第一项得到，即［考虑到式（10.2.44）］

$$\begin{aligned}\frac{kT}{3}\sum_{i,j}\int\sum_j\left[\frac{n_i n_j}{n^2} I_{ij}(\boldsymbol{A})\right] D_i^j C_i \mathrm{d}\boldsymbol{\xi}_i \boldsymbol{d}_j &= \frac{kT}{3}\sum_j\left(\sum_i\int\left[\sum_j \frac{n_i n_j}{n^2} I_{ij}(\boldsymbol{A})\right] D_i^j C_i \mathrm{d}\xi_i\right)\boldsymbol{d}_j \\ &= p\sum_j[\boldsymbol{A},\boldsymbol{D}^j]\boldsymbol{d}_j\end{aligned} \tag{10.2.68}$$

式中，换 j 为 i，则原式 $= p\sum_i[\boldsymbol{A},\boldsymbol{D}^i]\boldsymbol{d}_i$。

由式（10.2.67）右所给括号积分定义可知

$$\frac{1}{3n}[\boldsymbol{A},\boldsymbol{D}^i] = \frac{1}{3n}[\boldsymbol{D}^i,\boldsymbol{A}] = D_{\mathrm{T}_i} \tag{10.2.69}$$

式（10.2.66）中第三结果项由等号前第二、第四两项合并后得到。

由式（10.2.61）及 D_{ij} 的对称性，有

$$\sum_i D_{\mathrm{T}_i}\boldsymbol{d}_i = \sum_j\left(\sum_i D_{ji}\boldsymbol{d}_i\right)k_{\mathrm{T}_j}$$

又由式（10.2.55）得

$$\sum_j D_{ij}\boldsymbol{d}_j = -\boldsymbol{V}_i^{(1)} - D_{\mathrm{T}_i}\frac{\partial \ln T}{\partial \boldsymbol{r}}$$

由于 i、j 取值范围相同，故

$$\sum_i D_{ji}\boldsymbol{d}_i = -\boldsymbol{V}_j^{(1)} - D_{\mathrm{T}_j}\frac{\partial \ln T}{\partial \boldsymbol{r}}$$

则有

$$\sum_j\left(\sum_i D_{ji}\boldsymbol{d}_i\right)k_{\mathrm{T}_j} = -\sum_j k_{\mathrm{T}_j}\left(\boldsymbol{V}_j^{(1)} + D_{\mathrm{T}_j}\frac{\partial \ln T}{\partial \boldsymbol{r}}\right) = -\sum_i k_{\mathrm{T}_i}\left(\boldsymbol{V}_i^{(1)} + D_{\mathrm{T}_i}\frac{\partial \ln T}{\partial \boldsymbol{r}}\right)$$

即

$$\sum_i D_{\mathrm{T}_i}\boldsymbol{d}_i = -\sum_i k_{\mathrm{T}_i}\left(\boldsymbol{V}_i^{(1)} + D_{\mathrm{T}_i}\frac{\partial \ln T}{\partial \boldsymbol{r}}\right) \tag{10.2.70}$$

由式（10.2.70），可以将式（10.2.66）$\boldsymbol{q}^{(1)}$ 改写为

$$\boldsymbol{q}^{(1)} = -\lambda\frac{\partial T}{\partial \boldsymbol{r}} + p\sum_i\left(k_{\mathrm{T}_i} + \frac{5}{2}\frac{n_i}{n}\right)\boldsymbol{V}_i^{(1)} \tag{10.2.71}$$

式中，λ 为多组分气体混合物的热传导系数，它在式中包括两项

$$\lambda = \lambda' - nk\sum_i k_{\mathrm{T}_i} D_{\mathrm{T}_i} \tag{10.2.72}$$

式中，λ' 为式（10.2.67）所示的部分热传导系数。

由于所讨论的热流矢量是讨论的混合气体分子平动能的输运，因此热通量的计量与

选择相对于宏观速度 $\boldsymbol{v}$ 或者相对于分子平均速度 $\bar{\boldsymbol{\xi}}$ 有关。式（10.2.66）中出现 $5kT/2$ 是由计量相对于宏观速度引起的。当扩散进行时，单位时间内有 $\sum_i n_i\boldsymbol{V}_i$ 个分子相对于宏观速度流通，每个分子平均带有 $5kT/2$ 的热能，是相对于宏观速度与分子平均速度 $\bar{\boldsymbol{\xi}}$ 的二者热流通量之差。式（10.2.66）的第二项是由扩散引起的热流通量，它部分地改变了热传导情况[2]，式（10.2.70）和式（10.2.72）表明其对热传导的贡献，使得热传导系数由 λ' 改为 λ。热传导系数可用括号积分表示为[2]

$$\lambda=\frac{k}{3}\left\{[\boldsymbol{A},\boldsymbol{A}]-\sum_i k_{\mathrm{T}_i}[\boldsymbol{D}^i,\boldsymbol{A}]\right\}=\frac{k}{3}\left[\boldsymbol{A}-\sum_i k_{\mathrm{T}_i}\boldsymbol{D}^i,\boldsymbol{A}\right] \tag{10.2.73}$$

可证明，热传导系数也可表示为[2]

$$\lambda=\frac{k}{3}\left[\boldsymbol{A}-\sum_i k_{\mathrm{T}_i}\boldsymbol{D}^i,\boldsymbol{A}-\sum_i k_{\mathrm{T}_i}\boldsymbol{D}^i\right] \tag{10.2.74}$$

设 $\boldsymbol{d}_i^k$ 是 $\boldsymbol{D}_i^k$ 的近似，它由 Sonine 多项式 $S_\nu^n(x)$ 的有限项级数组成，

$$\begin{aligned}\boldsymbol{D}_i^k&=D_i^k(C_i)\boldsymbol{C}_i\approx\boldsymbol{d}_i^k=d_i^k(C_i)\boldsymbol{C}_i\\&=\left(\frac{m_i}{2kT}\right)^{\frac{1}{2}}\sum_{p=0}^{N-1}d_{i,p}^{k(N)}S_{\frac{3}{2}}^{(p)}(\hat{C}_i^2)\hat{\boldsymbol{C}}_i,\ i=1,\cdots,K\end{aligned} \tag{10.2.75}$$

式中，$\hat{\boldsymbol{C}}_i=\left(\dfrac{m_i}{2kT}\right)^{\frac{1}{2}}\boldsymbol{C}_i$；不同的 N 表示求和项数及系数 $d_{i,p}^{k(N)}$ 不同。与出现在式中的玻尔兹曼常量 k 不同，$d_{i,p}^{k(N)}$ 中 k 为编号。$S_{\frac{3}{2}}^{(p)}(\hat{C}_i^2)$ 是 $x=\hat{C}_i^2$，$\nu=\dfrac{3}{2}$，$n=p$ 时的多项式 $S_\nu^{(n)}(x)$：

$$S_\nu^{(n)}(x)=\sum_{p=0}^{n}\frac{\Gamma(\nu+n+1)}{(n-p)!\,p!\,\Gamma(\nu+p)}(-x)^p \tag{10.2.76}$$

式中，Γ 为 Γ 函数，对于任何 ν 有

$$S_\nu^{(0)}(x)=1,\ S_\nu^{(1)}(x)=\nu+1-x \tag{10.2.77}$$

其正交条件为

$$\int_0^\infty S_\nu^{(p)}(x)S_\nu^{(q)}(x)\mathrm{e}^{-x}x^\nu\mathrm{d}x=\begin{cases}0,\ p\neq q\\ \dfrac{\Gamma(\nu+p+1)}{p!},\ p=q\end{cases} \tag{10.2.78}$$

下面来分析如何确定式（10.2.75）中的展开系数 $d_{i,p}^{k(N)}$。对 d^k、d^l 按式（10.2.75）分别对气体混合物分子种类 i 和 j 求和可给出如下括号积分[1]

$$\begin{aligned}&[\boldsymbol{d}^k,\boldsymbol{d}^l]=\frac{75k}{16}\sum_{i,j=1}^{K}\sum_{q,r=0}^{N-1}\Lambda_{ij}^{qr}d_{i,q}^{k(N)}d_{j,r}^{l(N)}\\&\Lambda_{ij}^{qr}=\frac{8m_i^{\frac{1}{2}}m_j^{\frac{1}{2}}}{75k^2T}\left\{\begin{aligned}&\delta_{ij}\sum_h\frac{n_in_h}{n^2}\left[S_{\frac{3}{2}}^{(q)}(\hat{C}^2)\hat{\boldsymbol{C}},S_{\frac{3}{2}}^{(r)}(\hat{C}^2)\hat{\boldsymbol{C}}\right]_{ih}'\\&+\frac{n_in_j}{n^2}\left[S_{\frac{3}{2}}^{(q)}(\hat{C}^2)\hat{\boldsymbol{C}},S_{\frac{3}{2}}^{(r)}(\hat{C}^2)\hat{\boldsymbol{C}}\right]_{ij}''\end{aligned}\right.\end{aligned} \tag{10.2.79}$$

式中

$$\Lambda_{ij}^{qr}=\Lambda_{ji}^{rq}\text{（对称性）}$$

$$\sum_i \Lambda_{ij}^{q0}=0,\ \sum_i \Lambda_{ji}^{0r}=0\text{（动量守恒给定）}$$

式（10.2.79）在不对 i 求和时与下面的积分（不对 i 求和的 $[\boldsymbol{D}^l,\boldsymbol{d}_i^k]$ 和 $[\boldsymbol{D}^k,\boldsymbol{d}_i^l]$ 平均）

$$\frac{1}{2}\left\{\sum_j \frac{n_i n_j}{n^2}\int \boldsymbol{d}_i^k\cdot I_{ij}(\boldsymbol{D}^l)\mathrm{d}\boldsymbol{C}_i+\sum_j \frac{n_i n_j}{n^2}\int \boldsymbol{d}_i^l\cdot I_{ij}(\boldsymbol{D}^k)\mathrm{d}\boldsymbol{C}_i\right\}$$

之差 W_i^{kl} 应为 0，即

$$W_i^{kl}=\frac{75k}{16}\sum_{j=1}^{K}\sum_{q,r=0}^{N-1}\Lambda_{ij}^{qr}d_{i,q}^{k(n)}d_{j,r}^{l(N)}-\frac{3}{4}\left\{\left(\delta_{il}-\frac{\rho_i}{\rho}\right)d_{i.0}^{k(N)}+\left(\delta_{ik}-\frac{\rho_i}{\rho}\right)d_{i.0}^{l(N)}\right\}=0 \tag{10.2.80}$$

式（10.2.80）中花括号中首项来自

$$\begin{aligned}\sum_j \frac{n_i n_j}{n^2}\int \boldsymbol{d}_i^k\cdot I_{ij}(\boldsymbol{D}^l)\mathrm{d}\boldsymbol{C}_i&=\frac{1}{n_i}\left(\delta_{il}-\frac{\rho_i}{\rho}\right)\sum_{p=0}^{N-1}d_{i,p}^{k(n)}\int f_i^{(0)}S_{3/2}^{(p)}(\hat{C}_i^2)\hat{C}_i^2\mathrm{d}\hat{\boldsymbol{C}}_i\\&=\frac{3}{2}\left(\delta_{il}-\frac{\rho_i}{\rho}\right)d_{i,0}^{k(N)}\end{aligned}\tag{10.2.81}$$

式（10.2.81）中在求解时，已经考虑到 $\hat{\boldsymbol{C}}$ 的空间以（$\hat{C},\theta,\varphi$）坐标表示，即

$$\hat{C}_i\mathrm{d}\hat{\boldsymbol{C}}_i=\hat{C}_i\hat{C}_i^2\sin\theta\mathrm{d}\theta\mathrm{d}\varphi\mathrm{d}\hat{C}_i=\frac{1}{2}\hat{C}_i^2\sin\theta\mathrm{d}\theta\mathrm{d}\varphi\mathrm{d}\hat{C}_i^2$$

另外还注意到

$$\frac{\Gamma(\nu+0+1)}{0!}=\frac{3}{2}\sqrt{\pi}$$

式（10.2.80）花括号中第二项情况相似。

令 $\lambda_1^{kl},\lambda_2^{kl},\cdots,\lambda_K^{kl}$ 是 K 个拉格朗日乘子（Lagrangian mutipliers），$[\boldsymbol{d}^k,\boldsymbol{d}^l]$ 满足式（10.2.80）的极值，符合以下方程

$$\frac{\partial}{\partial d_{h,p}^{k(n)}}\left\{[\boldsymbol{d}^k,\boldsymbol{d}^l]+\sum_i \lambda_i^{kl}w_i^{kl}\right\}=0 \tag{10.2.82a}$$

$$\frac{\partial}{\partial d_{h,p}^{l(n)}}\left\{[\boldsymbol{d}^k,\boldsymbol{d}^l]+\sum_i \lambda_i^{kl}w_i^{kl}\right\}=0 \tag{10.2.82b}$$

式中，仅含 $d_{h,p}^{k(n)}$ 或 $d_{h,p}^{l(n)}$ 的项才不为零，即有

$$(1+\lambda_h^{kl})\frac{75k}{16}\sum_{j,q}\Lambda_{hj}^{pq}d_{j,q}^{l(N)}=\frac{3}{4}\lambda_h^{kl}\left(\delta_{hl}-\frac{\rho_h}{\rho}\right)\delta_{p0} \tag{10.2.83a}$$

$$\frac{75k}{16}\sum_{j,q}(1+\lambda_j^{kl})\Lambda_{hj}^{pq}d_{j,q}^{k(N)}=\frac{3}{4}\lambda_h^{kl}\left(\delta_{hk}-\frac{\rho_h}{\rho}\right)\delta_{p0} \tag{10.2.83b}$$

用 $d_{h,p}^{k(N)}$ 或 $d_{h,p}^{l(N)}$ 分别乘式（10.2.83a）和式（10.2.83b）再相加后并遍及 h、p 求和，同时利用 $W_h^{kl}=0$，以及对称性 $\Lambda_{ij}^{qr}=\Lambda_{ji}^{rq}$ 可得

$$\sum_{hj,pq}(1+\lambda_j^{kl})\Lambda_{hj}^{pq}d_{h,p}^{l(N)}d_{j,q}^{k(N)}=-\sum_{hj,pq}\Lambda_{hj}^{pq}d_{h,p}^{l(N)}d_{j,q}^{k(N)} \tag{10.2.84}$$

由式（10.2.84）得

$$\lambda_1^{kl}=\cdots=\lambda_K^{kl}=-2$$

于是式（10.2.83a）和式（10.2.83b）是等效的，从它们之一即可得

$$\sum_{j=1}^{K}\sum_{q=0}^{N-1}\Lambda_{ij}^{pq}d_{j,q}^{k(N)}=\frac{8}{25k}\left(\delta_{ik}-\frac{\rho_i}{\rho}\right)\delta_{p0},\ i=1,\cdots,K;\ p=0,\cdots,N-1 \tag{10.2.85}$$

对于 $p=0$，式（10.2.85）因动量守恒导致的 $\sum_i \Lambda_{ij}^{0q}=0$ 及 $\sum_i \Lambda_{ij}^{p0}=0$ 而是线性相关的，这时设一附加条件

$$\sum_i \frac{\rho_i}{\rho}d_{i,0}^{k(N)}=0 \tag{10.2.86}$$

依式（10.2.79），并利用式（10.2.85）和式（10.2.86），可得

$$\begin{aligned}[d^k,d^l]&=\frac{75k}{16}\sum_{i,j=1}^{K}\sum_{p,q=0}^{N-1}\Lambda_{ij}^{pq}d_{j,q}^{k(N)}d_{i,p}^{l(N)}\\&=\frac{3}{2}\sum_{i}^{K}\left(\delta_{ik}-\frac{\rho_i}{\rho}\right)\delta_{p0}d_{i,p}^{l(N)}=\frac{3}{2}d_{k,0}^{l(N)}\end{aligned} \tag{10.2.87}$$

等效地有

$$[d^k,d^l]=\frac{3}{2}d_{l,0}^{k(N)} \tag{10.2.88}$$

式（10.2.53）表示的扩散系数可表示为

$$D_{kl}=\frac{1}{3n}[\boldsymbol{D}^k,\boldsymbol{D}^l] \tag{10.2.89}$$

式中，n 为总粒子数密度。

利用式（10.2.87），扩散系数的 N 级近似值可表示为

$$[D_{kl}]_N=\frac{1}{2n}d_{k,0}^{l(N)} \tag{10.2.90}$$

或

$$[D_{kl}]_N=\frac{1}{2n}d_{l,0}^{k(N)} \tag{10.2.91}$$

$\boldsymbol{A}\equiv A(C)\boldsymbol{C}$ 也可以用 $S_\nu^{(n)}(x)$ 的有限项级数来近似表示成[3]

$$\boldsymbol{a}_i\equiv a_i(C_i)\boldsymbol{C}_i=-\left(\frac{m_i}{2kT}\right)^{\frac{1}{2}}\sum_{p=0}^{N}a_{i,p}^{(N)}S_{\frac{3}{2}}^{(p)}(\hat{C}_i^2)\hat{\boldsymbol{C}}_i \tag{10.2.92}$$

可得

$$[\boldsymbol{a},\boldsymbol{a}]=\frac{75}{16}\sum_{i,j}^{K}\sum_{q,r=0}^{N}\Lambda_{ij}^{qr}a_{i,q}^{(N)}a_{j,r}^{(N)} \tag{10.2.93}$$

和

$$\sum_{j=1}^{K}\sum_{q=0}^{N}\Lambda_{ij}^{pq}a_{j,q}^{(N)}=\frac{4}{5k}\frac{n_i}{n}\delta_{pi},\ i=1,\cdots,K;\ p=0,\cdots,N \tag{10.2.94}$$

式中，对 $p=0$，应附加条件

$$\sum_i \frac{\rho_i}{\rho}a_{i,0}^{(N)}=0 \tag{10.2.95}$$

方使解确定。

类似于式（10.2.87）及式（10.2.90）的导出，使用式（10.2.75）、式（10.2.92）、式（10.2.85）及式（10.2.95）可得

$$[\boldsymbol{d}^k,\boldsymbol{a}]=-\frac{3}{2}a_{k,0}^{(N)} \tag{10.2.96}$$

考虑到式（10.2.96）、式（10.2.54）的热扩散系数的N级近似值可表示为

$$[D_{\mathrm{T}_k}]_N=-\frac{1}{2n}a_{k,0}^{(N)} \tag{10.2.97}$$

另外，使用式（10.2.75）、式（10.2.92）、式（10.2.94）及式（10.2.95）可得

$$[\boldsymbol{d}^k,\boldsymbol{a}]=-\frac{15}{4}\sum_{i=1}^{K}\left(\frac{n_i}{n}\right)d_{i,1}^{k(N)} \tag{10.2.98}$$

从而有

$$[D_{\mathrm{T}_k}]_N=-\frac{5}{4n}\sum_{i=1}^{K}\left(\frac{n_i}{n}\right)d_{i,1}^{k(N)} \tag{10.2.99}$$

将式（10.2.94）代入式（10.2.93），得

$$[\boldsymbol{a},\boldsymbol{a}]=\frac{15}{4}\sum_{i}\sum_{p=0}^{N}\frac{n_i}{n}\delta_{pi}a_{i,p}^{(N)}=\frac{15}{4}\sum_{i}\frac{n_i}{n}a_{i,1}^{(N)} \tag{10.2.100}$$

依据式（10.2.100）和式（10.2.67）可得

$$[\lambda']_N=\frac{5k}{4}\sum_{i}\frac{n_i}{n}a_{i,1}^{(N)} \tag{10.2.101}$$

在式（10.2.61）中，热扩散比将扩散系数与热扩散系数关联，以式（10.2.90）取代式（10.2.61）左的扩散系数，并取扩散系数的$N+1$级近似值，热扩散比取N级近似值，以式（10.2.97）取代式（10.2.61）右的热扩散系数，并取N级近似值，于是

$$\sum_{j=1}^{K}d_{j,0}^{i(N+1)}[k_{\mathrm{T}_j}]_N=-a_{i,0}^{(N)},\ i=1,\cdots,K \tag{10.2.102a}$$

比较式（10.2.97）和式（10.2.99），则可考虑将式（10.2.102a）改写为

$$\sum_{j=1}^{K}d_{j,0}^{i(N+1)}[k_{\mathrm{T}_j}]_N=-\frac{5}{2}\sum_{j=1}^{K}\left(\frac{n_j}{n}\right)d_{j,1}^{i(N+1)},\ i=1,\cdots,K \tag{10.2.102b}$$

式（10.2.102a）和式（10.2.102b）均需满足条件

$$\sum_{i=1}^{K}k_{\mathrm{T}_i}=0 \tag{10.2.103}$$

热扩散比k_{T_i}可在扩散系数和热扩散系数求得之后进行计算。但是对$N=1$，k_{T_i}可由式（10.2.102b）直接求出。首先由式（10.2.85）求得$d_{j,0}^{i(2)}$和$d_{j,1}^{i(2)}$，$N=2$时式（10.2.85）在$p=0,q=0,1,i=l$和$p=1,q=0,1,i=l$时分别为

$$\sum_{j=1}^{K}\Lambda_{lj}^{00}d_{j,0}^{i(2)}+\sum_{j=1}^{K}\Lambda_{lj}^{01}d_{j,1}^{i(2)}=\frac{8}{25k}\left(\delta_{li}-\frac{\rho_l}{\rho}\right),\ l=1,\cdots,K \tag{10.2.104}$$

$$\sum_{j=1}^{K}\Lambda_{lj}^{10}d_{j,0}^{i(2)}+\sum_{j=1}^{K}\Lambda_{lj}^{11}d_{j,1}^{i(2)}=0,\quad l=1,\cdots,K \tag{10.2.105}$$

由式（10.2.105）可知

$$d_{j,1}^{i(2)} = -\sum_{h,l} (\Lambda^{11})_{jh}^{-1} \Lambda_{hl}^{10} d_{l,0}^{i(2)} \tag{10.2.106}$$

式中，$(\Lambda^{11})_{jh}^{-1}$是矩阵Λ^{11}的逆矩阵$(\Lambda^{11})^{-1}$的(j,h)元素。

将式（10.2.106）代入$N=1$的式（10.2.102b），得

$$\sum_{j=1}^{K}\left[[k_{\mathrm{T}_j}]_1 - \frac{5}{2}\sum_{h,l=1}^{K} \frac{n_l}{n} (\Lambda^{11})_{lh}^{-1} \Lambda_{hj}^{10} \right] d_{j,0}^{i(2)} = 0 \tag{10.2.107}$$

比较式（10.2.107）和$N=0$的式（10.2.86），可知式（10.2.107）中$d_{j,0}^{i(2)}$前的系数为ρ_j/ρ，并注意到以任意常数α乘式（10.2.86）两端时也成立，则可得

$$[k_{\mathrm{T}_j}]_1 = \frac{5}{2}\sum_{h,l=1}^{K} \frac{n_l}{n} (\Lambda^{11})_{lh}^{-1} \Lambda_{hj}^{10} + \alpha\frac{\rho_j}{\rho},\ \alpha = 0 \tag{10.2.108}$$

式中，$\alpha=0$是依式（10.2.103）$\sum_j k_{\mathrm{T}_j} = 0$和式（10.2.79）所给$\sum_i \Lambda_{ij}^{0q} = 0, \sum_j \Lambda_{ij}^{p0} = 0$而必须给出的结果。

由式（10.2.72）、式（10.2.101）、式（10.2.97）和式（10.2.108）得

$$[\lambda]_1 = \frac{5k}{4}\sum_{i=1}^{K} \frac{n_i}{n} a_{i,1}^{(1)} + \frac{5k}{4}\sum_{h,i,j}^{K} \Lambda_{ih}^{01} (\Lambda^{11})_{hj}^{-1} \frac{n_j}{n} a_{i,0}^{(1)} \tag{10.2.109}$$

式中，上下标已按适应式（10.2.72）做了调整变更，但求和范围不变，物理含义不变。

由式（10.2.94）可知$N=1, p=1$时有

$$\sum_{i=1}^{K} \Lambda_{hi}^{10} a_{i,0}^{(1)} = \frac{4}{5k}\frac{n_h}{n} - \sum_{i=1}^{K} \Lambda_{hi}^{11} a_{i,1}^{(1)} \tag{10.2.110}$$

容易得知Λ_{ij}^{qr}具有对称性$\Lambda_{ij}^{qr} = \Lambda_{ji}^{rq}$。将$\Lambda_{ih}^{01} = \Lambda_{hi}^{10}$代入式（10.2.109），再将式（10.2.110）代入式（10.2.109），即得

$$[\lambda]_1 = \sum_{h,j=1}^{K} \frac{n_h}{n} (\Lambda^{11})_{hj}^{-1} \frac{n_j}{n} \tag{10.2.111}$$

式（10.2.111）可以写成两个行列式的比，分子是$K+1$阶的，而分母是K阶的[3]。该结果首先由 Muckenfuss 和 Curtiss 求得

$$[\lambda]_1 = \frac{\begin{vmatrix} \Lambda_{11}^{11} & \Lambda_{12}^{11} & \cdots & \Lambda_{1K}^{11} & \frac{n_1}{n} \\ \Lambda_{21}^{11} & \Lambda_{22}^{11} & \cdots & \Lambda_{2K}^{11} & \frac{n_2}{n} \\ \vdots & \vdots & & \vdots & \vdots \\ \Lambda_{K1}^{11} & \Lambda_{K2}^{11} & \cdots & \Lambda_{KK}^{11} & \frac{n_K}{n} \\ \frac{n_1}{n} & \frac{n_1}{n} & \cdots & \frac{n_K}{n} & 0 \end{vmatrix}}{\begin{vmatrix} \Lambda_{11}^{11} & \Lambda_{12}^{11} & \cdots & \Lambda_{1K}^{11} \\ \Lambda_{21}^{11} & \cdots & \cdots & \Lambda_{2K}^{11} \\ \vdots & \vdots & & \vdots \\ \Lambda_{K1}^{11} & \cdots & \cdots & \Lambda_{KK}^{11} \end{vmatrix}} \tag{10.2.112}$$

式中，行列式中的元素是

$$A_{ii}^{11}=\frac{x_i^2}{[\lambda_i]_1}+\sum_{l=1(l\neq i)}^{K}\frac{x_i x_l}{2A_{il}^*[\lambda_{il}]_1}\frac{\frac{15}{2}m_i^2+\frac{25}{4}m_l^2-3m_l^2B_{il}^*+4m_i m_l A_{il}^*}{(m_i+m_l)^2}$$

$$A_{ij}^{11}=-\frac{x_i x_j}{2A_{ij}^*[\lambda_{ij}]_1}\frac{m_i m_j}{m_i+m_j}\left(\frac{55}{4}-3B_{ij}^*-4A_{ij}^*\right),\ i\neq j$$

$$[\lambda_i]_1=\frac{25}{32}\frac{(\pi m_i kT)^{\frac{1}{2}}}{\pi d_i^2\Omega_i^{(2,2)*}}\frac{3k}{2m_i}$$

$$[\lambda_{ij}]_1=\frac{25}{32}\frac{(\pi m_{ij} kT)^{\frac{1}{2}}}{\pi d_{ij}^2\Omega_{ij}^{(2,2)*}}\frac{3k}{2m_{ij}}$$

$$m_{ij}^{-1}=m_i^{-1}+m_j^{-1},\quad x_i=\frac{n_i}{n}$$

利用求$[\lambda]$类似的方法可得黏性系数的一级近似表示式[1-3]。

10.3　二元混合气

10.3.1　二元混合气的扩散系数和热传导系数

在 10.2 节中，对多组分非均匀混合气一般理论中与我们所关心的问题有密切关系的内容做了简要介绍。其中热传导系数的结果可直接应用于二组分非均匀系统。而扩散等问题除可部分使用 10.2 节中的有关内容外，还需使用关于二组分非均匀混合气理论的相关结果，需对扩散进一步分析。

由式（10.2.55）可知，要得到第i种组元扩散速度$\boldsymbol{V}_i$，应当知道多组分混合物第i种组元的广义扩散系数D_{ij}和第i种组元的热扩散系数D_{T_i}。下面利用 10.2 节结果来分析二元混合气的扩散问题，定义、确定互扩散系数及扩散速度等。

由式（10.2.38）可知二元组合混合时有

$$\boldsymbol{d}_j=\frac{\partial}{\partial \boldsymbol{r}}\left(\frac{n_j}{n}\right)+\left(\frac{n_j}{n}-\frac{\rho_j}{\rho}\right)\frac{\partial \ln p}{\partial \boldsymbol{r}},$$
$$j=1,2,\ \rho=\rho_1+\rho_2,\ n=n_1+n_2,\ x_1=\frac{n_1}{n},\ x_2=\frac{n_2}{n} \tag{10.3.1}$$

由式（10.3.1），即得$\boldsymbol{d}_1=-\boldsymbol{d}_2$，可使用$\boldsymbol{d}_{12}$、$\boldsymbol{d}_{21}$分别代替$\boldsymbol{d}_1$、$\boldsymbol{d}_2$。其表示式为

$$\boldsymbol{d}_{12}=\frac{\partial}{\partial \boldsymbol{r}}\left(\frac{n_1}{n}\right)+\left(\frac{n_1 n_2(m_2-m_1)}{n\rho}\right)\frac{\partial \ln p}{\partial \boldsymbol{r}},\ \boldsymbol{d}_{12}=-\boldsymbol{d}_{21} \tag{10.3.2}$$

由式（10.2.63）可知扩散速度为

$$\boldsymbol{V}_1^{(1)}=-D_{11}\left(\boldsymbol{d}_1+k_{\mathrm{T}_1}\frac{\partial \ln T}{\partial \boldsymbol{r}}\right)-D_{12}\left(\boldsymbol{d}_2+k_{\mathrm{T}_2}\frac{\partial \ln T}{\partial \boldsymbol{r}}\right)$$
$$\boldsymbol{V}_2^{(1)}=-D_{21}\left(\boldsymbol{d}_1+k_{\mathrm{T}_1}\frac{\partial \ln T}{\partial \boldsymbol{r}}\right)-D_{22}\left(\boldsymbol{d}_2+k_{\mathrm{T}_2}\frac{\partial \ln T}{\partial \boldsymbol{r}}\right) \tag{10.3.3}$$

即两组元彼此相对地扩散。

由式（10.2.55）有

$$\boldsymbol{V}_1^{(1)} = -D_{11}\boldsymbol{d}_1 - D_{12}\boldsymbol{d}_2 - D_{\mathrm{T}_1}\frac{\partial \ln T}{\partial \boldsymbol{r}}$$
$$\boldsymbol{V}_2^{(1)} = -D_{21}\boldsymbol{d}_1 - D_{22}\boldsymbol{d}_2 - D_{\mathrm{T}_2}\frac{\partial \ln T}{\partial \boldsymbol{r}} \tag{10.3.4}$$

由式（10.2.57）的 $\sum_i \left(\frac{\rho_i}{\rho}\right) D_{ij} = 0$ 得

$$D_{11} = \left(\frac{-\rho_2}{\rho_1}\right) D_{21},\ D_{22} = \left(\frac{-\rho_1}{\rho_2}\right) D_{12} \tag{10.3.5}$$

将式（10.3.5）、式（10.2.56）的 $D_{21} = D_{12}$ 代入式（10.3.4）的两式，代入后的两式相减，得

$$\boldsymbol{V}_1^{(1)} - \boldsymbol{V}_2^{(1)} = \frac{\rho^2}{\rho_1\rho_2} D_{12}\boldsymbol{d}_1 + (D_{\mathrm{T}_2} - D_{\mathrm{T}_1})\frac{\partial \ln T}{\partial \boldsymbol{r}} \tag{10.3.6}$$

当气体压力和温度均匀时，有

$$\boldsymbol{V}_1^{(1)} - \boldsymbol{V}_2^{(1)} = \frac{\rho^2}{\rho_1\rho_2} D_{12}\frac{1}{n}\nabla n_1 \tag{10.3.7}$$

又由于当气体压力和温度均匀时，矢量 $n_i\boldsymbol{V}_i^{(1)}$ 是第 i 种气体分子数通量，$i = 1,2$，当设互扩散系数为 $\&_{12}$ 时，分子数通量为 $-\&_{12}\nabla n_i$，即

$$n_1\boldsymbol{V}_1^{(1)} = -\&_{12}\nabla n_1,\ n_2\boldsymbol{V}_2^{(1)} = -\&_{12}\nabla n_2 \tag{10.3.8}$$

也即

$$\boldsymbol{V}_1^{(1)} - \boldsymbol{V}_2^{(1)} = -\&_{12}\frac{\nabla n_1}{n_1} - \left(-\&_{12}\frac{\nabla n_2}{n_2}\right) = -\&_{12}\frac{n}{n_1 n_2}\nabla n_1 \tag{10.3.9}$$

比较式（10.3.9）和式（10.3.7）得

$$\&_{12} = -\frac{\left(\frac{\rho}{n}\right)^2 D_{12}}{m_1 m_2} = -\frac{\left(\frac{\rho}{n}\right)^2 D_{21}}{m_1 m_2},\quad m_1 = \frac{\rho_1}{n_1},\quad m_2 = \frac{\rho_2}{n_2} \tag{10.3.10}$$

式（10.3.10）可认为是互扩散系数的定义。

由式（10.3.5）、式（10.3.10）得

$$D_{11} = \frac{\rho_2}{\rho_1}\frac{m_1 m_2}{\left(\frac{\rho}{n}\right)^2}\&_{12},\ D_{22} = \frac{\rho_1}{\rho_2}\frac{m_1 m_2}{\left(\frac{\rho}{n}\right)^2}\&_{12} \tag{10.3.11}$$

由式（10.3.5）、式（10.3.10）、式（10.3.11）可将式（10.3.3）化为

$$\boldsymbol{V}_1^{(1)} = -\frac{n^2}{\rho\rho_1} m_1 m_2\,\&_{12}\left(\boldsymbol{d}_1 + k_{\mathrm{T}_1}\frac{\partial \ln T}{\partial \boldsymbol{r}}\right)$$
$$\boldsymbol{V}_2^{(1)} = -\frac{n^2}{\rho\rho_2} m_1 m_2\,\&_{12}\left(\boldsymbol{d}_2 + k_{\mathrm{T}_2}\frac{\partial \ln T}{\partial \boldsymbol{r}}\right) \tag{10.3.12}$$

由式（10.2.61）、式（10.2.62）、式（10.3.5）可得

$$\frac{D_{\mathrm{T}_1}}{\rho_2}=-\frac{D_{\mathrm{T}_2}}{\rho_1} \tag{10.3.13}$$

或 $n_1\frac{D_{\mathrm{T}_1}}{m_2}=-n_2\frac{D_{\mathrm{T}_2}}{m_1}$，据此，可类似地定义二元热扩散系数为

$$D_{\mathrm{T}}=\frac{n_1}{n}\frac{1}{m_2}\frac{\rho}{n}D_{\mathrm{T}_1}=-\frac{n_2}{n}\frac{1}{m_1}\frac{\rho}{n}D_{\mathrm{T}_2} \tag{10.3.14}$$

定义二元热扩散比 $$k_{\mathrm{T}}=k_{\mathrm{T}_1}=-k_{\mathrm{T}_2} \tag{10.3.15}$$

经上述式（10.2.61）、式（10.2.62）、式（10.3.15）、式（10.3.10）、式（10.3.11）和式（10.3.14），可知，

$$k_{\mathrm{T}}=\frac{D_{\mathrm{T}}}{\&_{12}} \tag{10.3.16}$$

于是由式（10.3.12）～式（10.3.16）得

$$\boldsymbol{V}_1^{(1)}-\boldsymbol{V}_2^{(1)}=-\frac{n^2}{n_1n_2}\left(\&_{12}\boldsymbol{d}_1+D_{\mathrm{T}}\frac{\partial\ln T}{\partial\boldsymbol{r}}\right) \tag{10.3.17}$$

式中 $\&_{12}$ 的一级近似值可依式（10.3.10）、式（10.2.90）表示为

$$[\&_{12}]_1=-\frac{1}{2n}\frac{1}{m_1m_2}\left(\frac{\rho}{n}\right)^2 d_{1,0}^{2(1)} \tag{10.3.18}$$

在式（10.2.85）中，令 $N=1,K=2,p=0$，则可得

$$\varLambda_{11}^{00}d_{1,0}^{2(1)}+\varLambda_{12}^{00}d_{2,0}^{2(1)}=\frac{8}{25k}\left(-\frac{\rho_1}{\rho}\right) \tag{10.3.19}$$

再据式（10.2.86）和动量守恒而有下式

$$\varLambda_{11}^{00}+\varLambda_{12}^{00}=0 \tag{10.3.20}$$

由式（10.3.19）和式（10.3.20），可得

$$d_{1,0}^{2(1)}=-\frac{\rho_1\rho_2}{\rho}\frac{8}{25k}\frac{1}{\varLambda_{11}^{00}} \tag{10.3.21}$$

将式（10.3.21）代入式（10.3.18），有

$$[\&_{12}]_1=\frac{4n_1n_2}{25kn^3\varLambda_{11}^{00}} \tag{10.3.22}$$

依式（10.3.15）有 $$[k_{\mathrm{T}}]_1=[k_{\mathrm{T}_1}]_1 \tag{10.3.23}$$

式中取值可由式（10.2.108）给出。

扩散系数、热扩散系数、热传导系数、黏性系数等的计算直接与 $\varLambda_{ij}^{qr}$ 和 H_{ij}^{qr} 有关，它们均与括号积分有关，而且这些括号积分均可化为 $\varOmega$ 积分的组合，而 $\varOmega$ 积分则与分子的结构模型有关。也就是说，分子的结构模型通过 $\varOmega$ 积分的组合而和分子的热运动特性联系起来，使其重要的特性系数得以计算。以涉及扩散系数、热扩散系数、热传导系数的 $\varLambda_{ij}^{qr}$ 为例，它是由括号积分包括的部分括号积分 $\left[S_{\frac{3}{2}}^{(q)}(\hat{C}^2)\hat{\boldsymbol{C}},S_{\frac{3}{2}}^{(r)}(\hat{C}^2)\hat{\boldsymbol{C}}\right]_{ij}'$ 和 $\left[S_{\frac{3}{2}}^{(q)}(\hat{C}^2)\hat{\boldsymbol{C}},S_{\frac{3}{2}}^{(r)}(\hat{C}^2)\hat{\boldsymbol{C}}\right]_{ij}''$

组成的[1,2]。下面我们将其中较简单的$\left[S_{\frac{3}{2}}^{(q)}(\hat{C}^2)\hat{\boldsymbol{C}},S_{\frac{3}{2}}^{(r)}(\hat{C}^2)\hat{\boldsymbol{C}}\right]_{ij}'$进行具体处理，而与$\Lambda_{ij}^{qr}$和$H_{ij}^{qr}$有关的大量括号积分已经被化解成为$\Omega$积分的组合而被列成公式表[1,2]。

依式（10.2.26）及说明，$[F,G]_{ij}'$可表示如下：

$$[F,G]_{ij}'=\frac{1}{2n_in_j}\iiint n_in_j\frac{(m_im_j)^{\frac{3}{2}}}{(2\pi kT)^3}\exp\left[-\frac{m_iC_i^2+m_jC_j^2}{2kT}\right](\boldsymbol{G}_i-\boldsymbol{G}_i')\cdot(\boldsymbol{F}_i-\boldsymbol{F}_i')g\sigma_{ij}\mathrm{d}\boldsymbol{\Omega}\mathrm{d}\xi_i\mathrm{d}\boldsymbol{\xi}_j \tag{10.3.24}$$

式中，$g=|\boldsymbol{\xi}_i-\boldsymbol{\xi}_j|$，$\boldsymbol{C}_i=\xi_i-\boldsymbol{v}$，或$\boldsymbol{C}_i=\boldsymbol{c}_i-\boldsymbol{v}$，$\boldsymbol{v}$为流体速度或为混合气体的平均速度。显然，若$\boldsymbol{v}$为恒定的，则有$\mathrm{d}\boldsymbol{\xi}_i=\mathrm{d}\boldsymbol{C}_i$，$\mathrm{d}\xi_j=\mathrm{d}\boldsymbol{C}_j$，或$\mathrm{d}\boldsymbol{c}_i=\mathrm{d}\boldsymbol{C}_i,\mathrm{d}\boldsymbol{c}_j=\mathrm{d}\boldsymbol{C}_j$。

对于$q=r=0$，有

$$\left[S_{\frac{3}{2}}^{(0)}(\hat{C}^2)\hat{\boldsymbol{C}},S_{\frac{3}{2}}^{(0)}(\hat{C}^2)\hat{\boldsymbol{C}}\right]_{ij}'=[\hat{\boldsymbol{C}},\hat{\boldsymbol{C}}]_{ij}'$$

$$=\iiint\frac{(m_im_j)^{\frac{3}{2}}}{2(2\pi kT)^3}\exp\left[-\frac{m_iC_i^2+m_jC_j^2}{2kT}\right](\hat{\boldsymbol{C}}_i-\hat{\boldsymbol{C}}_i')\cdot(\hat{\boldsymbol{C}}_i-\hat{\boldsymbol{C}}_i')g\sigma_{ij}\mathrm{d}\boldsymbol{\Omega}\mathrm{d}\xi_i\mathrm{d}\xi_j \tag{10.3.25}$$

式中，在处理中要注意$\boldsymbol{\xi}_i$、$\boldsymbol{\xi}_j$(或$\boldsymbol{c}_i$、$\boldsymbol{c}_j$)、$\boldsymbol{C}_i$、$\hat{\boldsymbol{C}}_i$、$\boldsymbol{C}_j$、$\hat{\boldsymbol{C}}_j$、$\boldsymbol{v}$、$\boldsymbol{r}$等为矢量，但它们的二次以上的幂除外，并注意$\mathrm{d}\boldsymbol{r}$、$\mathrm{d}\boldsymbol{\xi}_i$和$\mathrm{d}\xi_j$分别为体积元和速度空间元。

令

$$m_0=m_i+m_j,\ m_{ij}=\frac{m_im_j}{m_0},\ \mu_i=\frac{m_i}{m_0},\ \mu_j=\frac{m_j}{m_0} \tag{10.3.26}$$

m_{ij}为折合质量，μ_i、μ_j为无量纲质量比。在整个碰撞过程中，两个分子的质心总是匀速地运动着的，质心速度矢量$\boldsymbol{G}$由下式之一确定

$$\begin{aligned}m_0\boldsymbol{G}&=m_i\boldsymbol{\xi}_i+m_j\boldsymbol{\xi}_j=m_i\boldsymbol{\xi}_i'+m_j\boldsymbol{\xi}_j'\\m_0\boldsymbol{G}&=m_i\boldsymbol{c}_i+m_j\boldsymbol{c}_j=m_i\boldsymbol{c}_i'+m_j\boldsymbol{c}_j'\end{aligned} \tag{10.3.27}$$

令$\boldsymbol{g}_{ij}$、$\boldsymbol{g}_{ij}'$分别表示碰撞前后i分子相对于j分子的速度，而$\boldsymbol{g}_{ji}$、$\boldsymbol{g}_{ji}'$分别表示碰撞前后j分子相对于i分子的速度，则

$$\begin{aligned}\boldsymbol{g}=\boldsymbol{g}_{ij}&=\xi_i-\xi_j=-\boldsymbol{g}_{ji},\ g'=\boldsymbol{g}_{ij}'=\xi_i'-\xi_j'=-\boldsymbol{g}_{ji}'\\\boldsymbol{g}=\boldsymbol{g}_{ij}&=\boldsymbol{c}_i-\boldsymbol{c}_j=-\boldsymbol{g}_{ji},\ \boldsymbol{g}'=\boldsymbol{g}_{ij}'=\boldsymbol{c}_i'-\boldsymbol{c}_j'=-\boldsymbol{g}_{ji}'\end{aligned} \tag{10.3.28}$$

$$\begin{aligned}\boldsymbol{g}=\boldsymbol{g}_{ij}&=\boldsymbol{i}(c_{ix}-c_{jx})+\boldsymbol{j}(c_{iy}-c_{jy})+\boldsymbol{k}(c_{iz}-c_{jz})\\&=\boldsymbol{i}g_x+\boldsymbol{j}g_y+\boldsymbol{k}g_z\end{aligned} \tag{10.3.29}$$

与式（10.3.29）类似的还有式（10.3.28）中$\boldsymbol{g}_{ji}$、$\boldsymbol{g}_{ij}'$、$\boldsymbol{g}_{ji}'$的相应表示式。

两个分子的相对速度在碰撞前后只改变方向而其大小不变

$$g=g',\ g=|\boldsymbol{c}_i-\boldsymbol{c}_j|,\ g'=|\boldsymbol{c}_i'-\boldsymbol{c}_j'| \tag{10.3.30}$$

在利用式(10.3.28)～式(10.3.30)的运算中，$\boldsymbol{g}$和$\boldsymbol{g}'$为矢量[式(10.3.28)、式(10.3.29)]时，注意相应的矢量、并矢等的运算符号，作积分元时它们为速度空间元；当为标量g和

g' ［式（10.3.30）］时，它们以一次方、二次方或多次方幂出现，而以一次方幂出现时往往易于判断或有说明。

由式（10.3.26）～式（10.3.28）可知

$$\boldsymbol{c}_i = \boldsymbol{G} + \mu_j \boldsymbol{g}_{ij},\ \boldsymbol{c}_j = \boldsymbol{G} - \mu_i \boldsymbol{g}_{ij} \tag{10.3.31}$$

$$\boldsymbol{c}_i' = \boldsymbol{G} + \mu_j \boldsymbol{g}_{ij}',\ \boldsymbol{c}_j' = \boldsymbol{G} - \mu_i \boldsymbol{g}_{ij}' \tag{10.3.32}$$

有关能量的方程列于下方：

$$\begin{aligned} &\frac{1}{2}(m_i c_i^2 + m_j c_j^2) = \frac{1}{2}(m_i c_i'^2 + m_j c_j'^2) \\ &\frac{1}{2}(m_i c_i^2 + m_j c_j^2) = \frac{1}{2} m_0 (G^2 + \mu_i \mu_j g^2) \\ &\frac{1}{2}(m_i c_i'^2 + m_j c_j'^2) = \frac{1}{2} m_0 (G^2 + \mu_i \mu_j g'^2) \end{aligned} \tag{10.3.33}$$

式（10.3.33）的第一式为碰撞前后的能量方程，将式（10.3.31）、式（10.3.32）代入此能量方程即可知式（10.3.30）成立，由式（10.3.31）、式（10.3.32）不难证明式（10.3.33）的第二、第三式成立。

因为

$$\begin{aligned} &\boldsymbol{C}_i = \boldsymbol{\xi}_i - \boldsymbol{v},\ \boldsymbol{C}_j = \boldsymbol{\xi}_j - \boldsymbol{v} \\ &\boldsymbol{C}_i = \boldsymbol{c}_i - \boldsymbol{v},\ \boldsymbol{C}_j = \boldsymbol{c}_j - \boldsymbol{v} \end{aligned} \tag{10.3.34}$$

所以均匀稳恒态有

$$\mathrm{d}\boldsymbol{\xi}_i = \mathrm{d}\boldsymbol{C}_i,\ \mathrm{d}\boldsymbol{c}_i = \mathrm{d}\boldsymbol{C}_i,\ \mathrm{d}\boldsymbol{\xi}_j = \mathrm{d}\boldsymbol{C}_j,\ \mathrm{d}\boldsymbol{c}_j = \mathrm{d}\boldsymbol{C}_j \tag{10.3.35}$$

由式（10.3.27）、式（10.3.28）可计算雅可比行列式[2]

$$\boldsymbol{J} \equiv \frac{\partial(\boldsymbol{G},\boldsymbol{g})}{\partial(\boldsymbol{c}_i,\boldsymbol{c}_j)} = \begin{vmatrix} \dfrac{\partial \boldsymbol{G}}{\partial \boldsymbol{c}_i} & \dfrac{\partial \boldsymbol{g}}{\partial \boldsymbol{c}_i} \\ \dfrac{\partial \boldsymbol{G}}{\partial \boldsymbol{c}_j} & \dfrac{\partial \boldsymbol{g}}{\partial \boldsymbol{c}_j} \end{vmatrix} = -1 \tag{10.3.36}$$

根据多重积分变换理论，有$|J|\mathrm{d}\boldsymbol{c}_i\mathrm{d}\boldsymbol{c}_j = \mathrm{d}\boldsymbol{G}\mathrm{d}\boldsymbol{g}$，$|J|$为行列式绝对值，于是由式（10.3.36），即有$|-1|\mathrm{d}\boldsymbol{c}_i\mathrm{d}\boldsymbol{c}_j = \mathrm{d}\boldsymbol{G}\mathrm{d}\boldsymbol{g}$；再利用式（10.3.28）、式（10.3.30）～式（10.3.35），于是式（10.3.25）可写成

$$[\hat{\boldsymbol{C}},\hat{\boldsymbol{C}}]_{ij}' = \frac{\sqrt{\dfrac{2kT}{m_{ij}}}}{2\pi^3} \iiint \exp(-\hat{G}^2 - \hat{g}^2)[\hat{g}'^2 + \hat{g}^2 - 2\hat{\boldsymbol{g}}\cdot\hat{\boldsymbol{g}}']\hat{g}\sigma_{ij}\mathrm{d}\boldsymbol{\Omega}\mathrm{d}\hat{\boldsymbol{G}}\mathrm{d}\hat{\boldsymbol{g}} \tag{10.3.37}$$

式中

$$\hat{\boldsymbol{G}} = \sqrt{\frac{m_0}{2kT}}\boldsymbol{G},\ \hat{\boldsymbol{g}} = \sqrt{\frac{m_i m_j}{2kTm_0}}\boldsymbol{g} = \sqrt{\frac{m_{ij}}{2kT}}\boldsymbol{g}$$

积分体积元为

$$\mathrm{d}\hat{\boldsymbol{G}} = \left(\frac{m_0}{2kT}\right)^{\frac{3}{2}}\mathrm{d}\boldsymbol{G},\ \mathrm{d}\hat{\boldsymbol{g}} = \left(\frac{m_{ij}}{2kT}\right)^{\frac{3}{2}}\mathrm{d}\boldsymbol{g}$$

先将式（10.3.37）中速度矢量 $\hat{\boldsymbol{G}}$ 的大小限定在 $\hat{G}\sim\hat{G}+\mathrm{d}\hat{G}$、厚度为 $\mathrm{d}\hat{G}$、体积为 $4\pi\hat{G}^2\mathrm{d}\hat{G}$ 的球壳层，以 $4\pi\hat{G}^2\mathrm{d}\hat{G}$ 代替 $\mathrm{d}\hat{\boldsymbol{G}}$，即对 $\hat{\boldsymbol{G}}$ 已转换为标量积分，并完成式中对 $\hat{G}$ 的标量积分。再注意到式（10.3.37）中 $\hat{g}'^2=\hat{g}^2,\hat{\boldsymbol{g}}\cdot\hat{\boldsymbol{g}}'=\hat{g}^2\cos\chi$，后者可写成 $(\hat{\boldsymbol{g}}\cdot\hat{\boldsymbol{g}}')^1=\hat{g}^2\cos^1\chi$，$\chi$ 为其方向夹角（折射角），类似地用 $4\pi\hat{g}^2\mathrm{d}\hat{g}$ 代替 $\mathrm{d}\hat{\boldsymbol{g}}$，将 $\hat{\boldsymbol{g}}$ 转换为标量积分，即有

$$[\hat{\boldsymbol{C}},\hat{\boldsymbol{C}}]'_{ij}=8\mu_j\sqrt{\frac{kT}{2\pi m_{ij}}}\iint\exp(-\hat{g}^2)(1-\cos^1\chi)\hat{g}^{2\times1+3}\sigma_{ij}\mathrm{d}\Omega\mathrm{d}\hat{g} \tag{10.3.38}$$

引入以下积分

$$\Omega_{ij}^{(l,r)}=\sqrt{\frac{kT}{2\pi m_{ij}}}\int_0^\infty\exp(-\hat{g}^2)\hat{g}^{2r+3}Q_{ij}^{(l)}\mathrm{d}\hat{g} \tag{10.3.39}$$

式中，

$$Q_{ij}^{(l)}=\int(1-\cos^l\chi)\sigma_{ij}\mathrm{d}\boldsymbol{\Omega} \tag{10.3.40}$$

利用式（10.3.39）、式（10.3.40），则式（10.3.38）为

$$[\hat{\boldsymbol{C}},\hat{\boldsymbol{C}}]'_{ij}=8\mu_j\Omega_{ij}^{(1,1)} \tag{10.3.41}$$

如果相碰撞的分子是相同的，$j=i$，则 $m_{ii}=0.5m_i$，此时式（10.3.39）、式（10.3.40）为单组分气体积分式。

类似于 $[F,G]'_{ij}$，依据

$$[F,G]''_{ij}=\frac{1}{2n_in_j}\iiint f_{M_i}f_{M_j}(G_i-G_i')(F_j-F_j')g\sigma_{ij}\mathrm{d}\boldsymbol{\Omega}\mathrm{d}\boldsymbol{\xi}_i\mathrm{d}\boldsymbol{\xi}_j \tag{10.3.42}$$

当 $p=q=0$ 时，可得到

$$\left[S_{3/2}^{(p)}(\hat{C}^2)\hat{\boldsymbol{C}},S_{3/2}^{(q)}(\hat{C}^2)\hat{\boldsymbol{C}}\right]''_{ij}=[\hat{\boldsymbol{C}},\hat{\boldsymbol{C}}]''_{ij}=\frac{1}{2n_in_j}\iiint n_in_j\frac{(m_im_j)^{\frac{3}{2}}}{(2\pi kT)^3}\exp\left[-\frac{m_iC_i^2+m_jC_j^2}{2kT}\right]$$
$$\times(\hat{C}_i-\hat{C}_i')(\hat{C}_j-\hat{C}_j')g\sigma_{ij}\mathrm{d}\boldsymbol{\Omega}\mathrm{d}\boldsymbol{\xi}_i\mathrm{d}\xi_j \tag{10.3.43}$$
$$=\frac{-1}{2\pi^3}\iiint\exp[-\hat{G}^2-\hat{g}^2][\hat{g}^2+\hat{g}'^2-2\hat{g}\cdot\hat{g}']\hat{g}\sigma_{ij}\mathrm{d}\boldsymbol{\Omega}4\pi\hat{G}^2\mathrm{d}\hat{G}\mathrm{d}\hat{\boldsymbol{g}}=-8\sqrt{\mu_i\mu_j}\Omega_{ij}^{(1,1)}$$

式中出现 $4\pi\hat{G}^2\mathrm{d}\hat{G}$ 表明已将对 $\hat{\boldsymbol{G}}$ 的积分转为标量积分，接着再以 $4\pi\hat{g}^2\mathrm{d}\hat{g}$ 代替 $\mathrm{d}\hat{\boldsymbol{g}}$ 并表示成对 $\hat{g}$ 的标量积分，便得结果。

由式（10.3.39）容易得到如下递推公式

$$T\frac{\partial\Omega_{ij}^{(l,r)}}{\partial T}+\left(r+\frac{3}{2}\right)\Omega_{ij}^{(l,r)}=\Omega_{ij}^{(l,r+1)} \tag{10.3.44}$$

式（10.3.44）表明，由某确定的 l、r 的值，可求得同 l 而不同 r 的 Ω 值。

下面我们来分析 $\Omega_{ij}^{(l,r)}$ 的表示及其与分子结构的关系。设 $\boldsymbol{F}$ 为 i 分子和 j 分子间的相互作用力，它是两分子间距离 $|\boldsymbol{r}_i-\boldsymbol{r}_j|$ 的函数，i 分子受到 j 分子的作用力是 $\boldsymbol{F}(|\boldsymbol{r}_i-\boldsymbol{r}_j|)$，则 j 分子受到 i 分子的作用力是 $-\boldsymbol{F}(|\boldsymbol{r}_i-\boldsymbol{r}_j|)$，于是两个分子的运动方程分别是

$$m_i\frac{\mathrm{d}^2\boldsymbol{r}_i}{\mathrm{d}t^2}=\boldsymbol{F}(|\boldsymbol{r}_i-\boldsymbol{r}_j|) \tag{10.3.45}$$

$$m_j \frac{d^2 \boldsymbol{r}_j}{dt^2} = -\boldsymbol{F}(|\boldsymbol{r}_i - \boldsymbol{r}_j|) \tag{10.3.46}$$

式中，$\boldsymbol{r}_i$、$\boldsymbol{r}_j$ 为矢量，显然其质心速度不会因相互作用力而改变。

我们引入相对坐标 $\boldsymbol{r} = \boldsymbol{r}_i - \boldsymbol{r}_j$，分别以 m_j、m_i 乘式（10.3.45）和式（10.3.46）并相减，进而可得

$$m_{ij} \frac{d^2 \boldsymbol{r}}{dt^2} = \boldsymbol{F}(r) \tag{10.3.47}$$

式（10.3.47）表明，两分子相互作用的运动可视为一折合质量为 m_{ij} 的质点在中心力 $\boldsymbol{F}(\boldsymbol{r})$ 作用下的运动。设 φ 为分子间相互作用的势能，则有

$$\boldsymbol{F} = -\frac{\partial \varphi}{\partial \boldsymbol{r}} \tag{10.3.48}$$

对式（10.3.47）两边点乘 $\frac{d\boldsymbol{r}}{dt}$，并利用式（10.3.48）可得

$$m_{ij} \frac{d}{dt}\left(\frac{d\boldsymbol{r}}{dt}\right) \cdot \frac{d\boldsymbol{r}}{dt} = -\frac{\partial \varphi}{\partial \boldsymbol{r}} \cdot \frac{d\boldsymbol{r}}{dt} \tag{10.3.49}$$

即为

$$\frac{1}{2} m_{ij} \frac{d}{dt}\left(\frac{d\boldsymbol{r}}{dt} \cdot \frac{d\boldsymbol{r}}{dt}\right) = -\frac{\partial \varphi}{\partial \boldsymbol{r}} \cdot \frac{d\boldsymbol{r}}{dt}$$

再在左右对 t 积分即可得

$$\frac{1}{2} m_{ij} \left(\frac{d\boldsymbol{r}}{dt} \cdot \frac{d\boldsymbol{r}}{dt}\right) = -\varphi(r) + \text{const} \tag{10.3.50}$$

式中，常数 const 为能量积分，碰撞前只有动能 $0.5 m_{ij} g^2$，$g = |\boldsymbol{\xi}_i - \boldsymbol{\xi}_j|$。

同时将式（11.3.50）在极坐标系（r,θ）下写出，即有

$$\frac{1}{2} m_{ij} \left[\left(\frac{dr}{dt}\right)^2 + r^2 \left(\frac{d\theta}{dt}\right)^2\right] + \varphi(r) = \frac{1}{2} m_{ij} g^2 \tag{10.3.51}$$

因为 $\boldsymbol{F}(r)$ 是向心力场，由式（10.3.47）可有

$$m_{ij} \boldsymbol{r} \times \frac{d^2 \boldsymbol{r}}{dt^2} = \boldsymbol{r} \times \boldsymbol{F}(r) = 0 \tag{10.3.52}$$

式中含有叉乘，对 t 积分一次，则得角动量为一常量的角动量守恒表示式，即有

$$m_{ij} \left|\boldsymbol{r} \times \frac{d\boldsymbol{r}}{dt}\right| = \text{const} \tag{10.3.53}$$

如图 10.3.1 所示，设一条轴线，分子 j 静止于轴线的 O 点，分子 i 在一平面（这里设为竖直平面）内与轴相距 b（入射参数）并以速度 $\boldsymbol{g}$ 平行于轴线运动，碰撞后的分子 i 相对于分子 j 的相对速度为 $\boldsymbol{g}'$，$\boldsymbol{g}$ 和 $\boldsymbol{g}'$ 所在平面与竖直平面的夹角为 α，图中未画出，$\boldsymbol{g}'$ 与轴线的夹角为 χ。设 i 运动到离 j 最近的那一点时，两分子间的连线为 OA（拱线），则分子 i 的运动轨迹相对于 OA 是对称的，$\boldsymbol{g}$ 与 OA 的

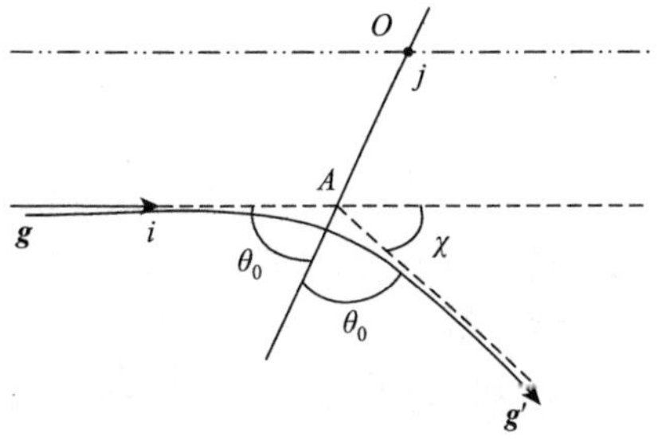

图 10.3.1　分子 i 与分子 j 碰撞示意图

夹角与 $\boldsymbol{g}'$ 与 OA 的夹角均为 θ_0，因此折射角 $\chi=\pi-2\theta_0$。显然，碰撞前的角动量是 $m_{ij}gb$。将式（10.3.53）左改写，并考虑到角动量守恒，则有

$$m_{ij}r^2\frac{\mathrm{d}\theta}{\mathrm{d}t}=m_{ij}gb \tag{10.3.54}$$

式（10.3.54）也可写成

$$\mathrm{d}t=\frac{r^2}{gb}\mathrm{d}\theta \tag{10.3.55}$$

将式（10.3.54）变成 $\dfrac{\mathrm{d}\theta}{\mathrm{d}t}$ 的表示式并代入式（10.3.51），即得

$$\frac{1}{2}m_{ij}\left(\frac{\mathrm{d}r}{\mathrm{d}t}\right)^2+\varphi_{\mathrm{eff}}(r)=\frac{1}{2}m_{ij}g^2 \tag{10.3.56}$$

其中

$$\varphi_{\mathrm{eff}}(r)=\varphi(r)+\frac{1}{2}\frac{m_{ij}g^2b^2}{r^2} \tag{10.3.57}$$

式中，φ_{eff} 为等效势能。

由式（10.3.55）可有

$$\left(\frac{\mathrm{d}r}{\mathrm{d}t}\right)^2=\frac{g^2b^2}{r^4}\left(\frac{\mathrm{d}r}{\mathrm{d}\theta}\right)^2 \tag{10.3.58}$$

将式（10.3.58）代入式（10.3.56）可得

$$\frac{\mathrm{d}r}{\mathrm{d}\theta}=\left[\frac{r^4}{b^2}-r^2-\frac{2r^4}{m_{ij}g^2b^2}\varphi(r)\right]^{\frac{1}{2}} \tag{10.3.59}$$

设分子 i 离 j 最近点处为 r_0，则有

$$\chi=\pi-2\int_{r_0}^{\infty}\frac{\mathrm{d}\theta}{\mathrm{d}r}\mathrm{d}r \tag{10.3.60}$$

式中，

$$r_0^2=\frac{b^2}{1-\dfrac{2\varphi(r_0)}{m_{ij}g^2}}$$

是由 $\dfrac{\mathrm{d}r}{\mathrm{d}\theta}=0$ 确定的。

最后由式（10.3.59）、式（10.3.60）可知

$$\chi=\pi-2b\int_{r_0}^{\infty}\frac{\mathrm{d}r}{r^2\left[1-\dfrac{b^2}{r^2}-\dfrac{2\varphi(r)}{m_{ij}g^2}\right]^{\frac{1}{2}}} \tag{10.3.61}$$

于是，由不同的分子结构模型得到式（10.3.61）中 $\varphi(r)$ 的不同表示式，再利用式（10.3.61）、式（10.3.40）、式（10.3.39）得到不同的 $Q_{ij}^{(l)}$ 积分和 $\Omega_{ij}^{(l,r)}$ 积分，从而可得各输运系数。

对于刚球模型分子，碰撞如图 10.3.2 所示。有

$$\varphi(r)=\begin{cases}\infty & r<d_{ij}\\ 0 & r>d_{ij}\end{cases} \tag{10.3.62}$$

$$\sin\theta_0=\sin\frac{\pi-\chi}{2}=\cos\frac{\chi}{2}=\frac{b}{d_{ij}},\ d_{ij}=\frac{1}{2}(d_i+d_j) \tag{10.3.63}$$

$$\begin{aligned}Q_{ij}^{(l)}&=\int(1-\cos^l\chi)\sigma_{ij}\mathrm{d}\boldsymbol{\Omega}=\int_0^{2\pi}\int_0^{d_{ij}}(1-\cos^l\chi)b\mathrm{d}b\mathrm{d}\alpha\\&=\left[1-\frac{1+(-1)^l}{2(l+1)}\right]\pi d_{ij}^2\end{aligned} \tag{10.3.64}$$

式中利用了式（10.2.6）、式（10.2.9），$\cos\chi$ 由式（10.3.63）给出。

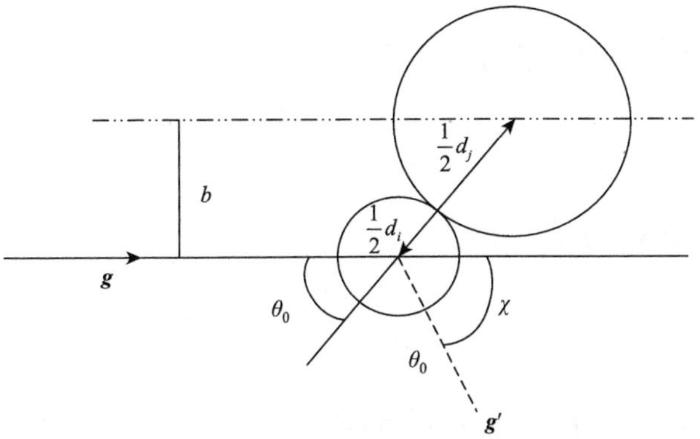

图 10.3.2　两刚球碰撞示意图

依据式（10.3.39）、式（10.3.64）容易得到刚球模型的 Ω 积分：

$$\Omega_{ij}^{(l,r)}=\left(\frac{kT}{2\pi m_{ij}}\right)^{\frac{1}{2}}\frac{1}{2}(r+1)!\left[1-\frac{1+(-1)^l}{2(l+1)}\right]\pi d_{ij}^2 \tag{10.3.65}$$

将刚球模型的 Ω 积分结果表示为$[\Omega_{ij}^{(l,r)}]_{\text{r.s.}}$，并以此为标准，则可引入

$$\Omega_{ij}^{(l,r)^*}\equiv\frac{\Omega_{ij}^{(l,r)}}{[\Omega_{ij}^{(l,r)}]_{\text{r.s.}}}$$

并引入$r^*=r/d_{ij},b^*=b/d_{ij},\varphi^*=\varphi(r)/d_{ij},T^*=kT/\varepsilon,g^{*2}=\frac{1}{2}m_{ij}g^2/\varepsilon,g^{*2}/T^*=\hat{g}^2$，并提前利用式（10.3.84）给出的$\varphi(r)$，则依式（10.3.39）、式（10.3.40）、式（10.3.61）、式（10.3.64）和式（10.3.65），有

$$\begin{aligned}\Omega_{ij}^{(l,r)^*}&\equiv\frac{\Omega_{ij}^{(l,r)}}{[\Omega_{ij}^{(l,r)}]_{\text{r.s.}}}=\frac{2\left[1-\frac{1+(-1)^l}{2(l+1)}\right]^{-1}}{(r+1)!\pi}\int_{\hat{g}=0}^{\infty}\int_{b^*=0}^{1}\exp[-\hat{g}^2]\hat{g}^{2r+3}\\&\times\left\{2\pi\left[1-\cos^l\left(\pi-2b^*\int_{r_0^*}^{\infty}\frac{\mathrm{d}r^*}{r^{*4}-b^{*2}r^{*2}-g^{*-2}(r^{*-8}-r^{*-2}-\delta r^*)}\right)\right]\right\}b^*\mathrm{d}b^*\mathrm{d}\hat{g}\end{aligned} \tag{10.3.66}$$

此时，计算碰撞积分就涉及到一系列数值积分，第一步积分是针对每一组$g^{*2}(=\hat{g}^2kT/\varepsilon_{12})$和$b^*$的值来确定$\chi$；第二步是对$b^*$和$\hat{g}$积分，积分中出现$(g^{*2}/T^*)^{r+\frac{3}{2}}\exp(-g^{*2}/T^*)$，

$d\hat{g}=dg^*/\sqrt{T^*}$，每给定一个 T^* 值，可数值计算出一个 $\Omega_{ij}^{(l,r)*}$ 值；由于 $g^*=0\to\infty$ 对应 $\hat{g}=0\to\infty$，并且 $b^*=0\to 1$，无明显 ij 标记意义，于是 $\Omega_{ij}^{(l,r)*}$ 可写成 $\Omega^{(l,r)*}$，如 $\Omega^{(1,1)*}$、$\Omega^{(2,2)*}$ 等，有表可查[1]。

对于多组分气体或同种气体的碰撞，则 $\Omega_{ij}^{(l,r)*}$ 的下标可按气体的编号标出，如 1、2 等。显然，$\Omega_{ij}^{(l,r)*}$ 无量纲。最常用的有 $\Omega_{ij}^{(1,1)*}$、$\Omega_{ij}^{(2,2)*}$ 等。

$$\Omega_{ij}^{(1,1)}=\left(\frac{kT}{2\pi m_{ij}}\right)^{\frac{1}{2}}\pi d_{ij}^2\Omega_{ij}^{(1,1)*},\quad \Omega_{ij}^{(2,2)}=\left(\frac{kT}{2\pi m_{ij}}\right)^{\frac{1}{2}}\pi d_{ij}^2\Omega_{ij}^{(2,2)*} \tag{10.3.67}$$

若改写式（10.3.39）的 Ω 积分为

$$\Omega_{ij}^{(l,r)}\equiv\frac{1}{2}d_{ij}^2\left(\frac{2\pi kT}{m_{ij}}\right)^{\frac{1}{2}}W_{ij}^{(l,r)}$$

式中，$W_{ij}^{(l,r)}$ 为式（10.3.39）的一部分。于是有

$$\Omega_{ij}^{(l,r)^*}\equiv\frac{\Omega_{ij}^{(l,r)}}{[\Omega_{ij}^{(l,r)}]_{\text{r.s.}}}=\frac{W_{ij}^{(l,r)}}{[W_{ij}^{(l,r)}]_{\text{r.s.}}}$$

因为 $|W_{ij}^{(1,1)}|_{\text{r.s.}}=1, |W_{ij}^{(2,2)}|_{\text{r.s.}}=2$，所以有 $\Omega_{ij}^{(1,1)*}=W_{ij}^{(1,1)}, \Omega_{ij}^{(2,2)*}=\frac{1}{2}W_{ij}^{(2,2)}$。$\Omega_{ij}^{(l,r)^*}$、$W_{ij}^{(l,r)}$ 的计算值可查[1, 2]。

现在我们来定义二元混合气扩散系数。由式（10.2.79）可知

$$\Lambda_{11}^{00}=\frac{8m_1}{75k^2T}\left\{\frac{n_1^2}{n^2}[\hat{C},\hat{C}]_{11}'+\frac{n_1n_2}{n^2}[\hat{C},\hat{C}]_{12}'+\frac{n_1^2}{n^2}[\hat{C},\hat{C}]_{11}''\right\} \tag{10.3.68}$$

由式（10.3.41）、式（10.3.43）可知

$$[\hat{C},\hat{C}]_{11}'=8\mu_1\Omega_{11}^{(1,1)},\ [\hat{C},\hat{C}]_{12}'=8\mu_2\Omega_{12}^{(1,1)},\ [\hat{C},\hat{C}]_{11}''=-8\mu_1\Omega_{11}^{(1,1)} \tag{10.3.69}$$

故由式（10.3.22）、式（10.3.68）、式（10.3.69）、式（10.3.66）、式（10.3.65）得扩散系数：

$$[\&_{12}]_1=\frac{3kT}{16nm_{12}\Omega_{12}^{(1,1)}}=\frac{3(2\pi m_{12}kT)^{\frac{1}{2}}}{16nm_{12}\pi d_{12}^2\Omega_{12}^{(1,1)*}} \tag{10.3.70}$$

式计算例见 10.3.2 节。

由式（10.2.112）可知二元混合气的热传导系数为

$$[\lambda]_1=\frac{\Lambda_{22}^{11}\left(\frac{n_1}{n}\right)^2-2\left(\frac{n_1}{n}\frac{n_2}{n}\right)\Lambda_{21}^{11}+\Lambda_{11}^{11}\left(\frac{n_1}{n}\right)^2}{\Lambda_{11}^{11}\Lambda_{22}^{11}-(\Lambda_{12}^{11})^2} \tag{10.3.71}$$

式中 Λ_{ij}^{qr} 由式（10.2.79）和式（10.2.112）给出，

$$\Lambda_{11}^{11}=\frac{\left(\frac{n_1}{n}\right)^2}{[\lambda_1]_1}+\frac{\frac{n_1n_2}{n^2}}{2A_{12}^*[\lambda_{12}]_1}\frac{\frac{15}{2}m_1^2+\frac{25}{4}m_2^2-3m_2^2B_{12}^*+4m_2m_1A_{12}^*}{(m_1+m_2)^2} \tag{10.3.72}$$

$$A_{22}^{11}=\frac{\left(\dfrac{n_2}{n}\right)^2}{[\lambda_2]_1}+\frac{\dfrac{n_1n_2}{n^2}}{2A_{21}^*[\lambda_{21}]_1}\frac{\dfrac{15}{2}m_2^2+\dfrac{25}{4}m_1^2-3m_1^2B_{21}^*+4m_2m_1A_{21}^*}{(m_1+m_2)^2} \tag{10.3.73}$$

$$A_{12}^{11}=\frac{\dfrac{n_1n_2}{n^2}}{2A_{12}^*[\lambda_{12}]_1}\frac{m_1m_2}{(m_1+m_2)^2}\left(\frac{55}{4}-3B_{12}^*-4A_{12}^*\right) \tag{10.3.74}$$

$$[\lambda_1]_1=\frac{25}{32}\frac{(\pi m_1kT)^{\frac{1}{2}}}{\pi d_1^2\Omega_1^{(2,2)*}}\frac{3k}{2m_1} \tag{10.3.75}$$

$$[\lambda_2]_1=\frac{25}{32}\frac{(\pi m_2kT)^{\frac{1}{2}}}{\pi d_2^2\Omega_2^{(2,2)*}}\frac{3k}{2m_2} \tag{10.3.76}$$

$$[\lambda_{12}]_1=\frac{25}{32}\frac{(2\pi m_{12}kT)^{\frac{1}{2}}}{\pi d_{12}^2\Omega_{12}^{(2,2)*}}\frac{3k}{4m_{12}} \tag{10.3.77}$$

$$A_{21}^*=\frac{\Omega_{21}^{(2,2)*}}{\Omega_{21}^{(1,1)*}},\ A_{12}^*=A_{21}^*,\ B_{12}^*=\frac{5\Omega_{12}^{(1,2)*}-4\Omega_{12}^{(1,3)*}}{\Omega_{12}^{(1,1)*}} \tag{10.3.78}$$

式计算例可见 10.3.2 节。

10.3.2　UF_6 与 HCl（或 HBr）混合气的扩散和热传导系数

HCl、HBr 等非对称分子具有永久偶极矩，电子密度在负电性原子 Cl、Br 等原子处聚集。由 Coulomb 定律，两分子间的一级近似相互作用势能为

$$\varphi(r)\sim\frac{\mu_1\mu_2}{r^3}[2\cos\theta_1\cos\theta_2-\sin\theta_1\sin\theta_2\cos(\phi_1-\phi_2)] \tag{10.3.79}$$

式中，μ_1 和 μ_2 分别为两分子的偶极矩；θ_1 和 θ_2 分别为两分子的偶极子与两分子中心连线的夹角；ϕ_1 和 ϕ_2 分别为两偶极子的方位角。显然，HCl（或 HBr）同种分子间的碰撞属于此情况。HCl（或 HBr）同种分子相互作用势能还应包括因永久偶极矩感应产生的偶极矩的贡献，从而式（10.3.79）中还应加上如式（10.3.81）所示的 $-r^{-6}$ 项。

当 HCl（或 HBr）分子与 UF_6 分子碰撞时，则 UF_6 分子会感应产生偶极矩。任何 $\boldsymbol{\mu}$ 偶极子在电场中的势能 φ 是

$$\varphi=-(\boldsymbol{\mu}\cdot\boldsymbol{E}) \tag{10.3.80}$$

由于偶极矩产生的电场强度 $E\propto r^{-3}$，感应偶极矩 $\propto E\propto r^{-3}$，因此有

$$\varphi(r)\sim -kr^{-6}\quad (r\to\infty) \tag{10.3.81}$$

式中，负号表示相互吸引；k 正比于 HCl（或 HBr）的极化程度和 UF_6 分子的感应极化率大小。

由式（10.3.62），刚球模型可以得到 Ω 积分式（10.3.65）的精确结果，以及输运系数表达式，因而可作为比较的标准，但它偏离真实情况较远。如果改变刚球模型斥力部分 φ 太陡的缺点，则可选择 $\varphi(r)=(d/r)^{\nu}$ 的斥力模型，ν 为排斥指数，d 和 ν 为可调参量。如

果再考虑到距离较大时的吸引，则可考虑增加一项 $-\varepsilon(d/r)^{\nu}, r > d$ 。既考虑斥力又考虑吸引力，而且要求变化不太陡，于是出现 Lennard-Jones 模型，即 $\varphi(r) = k_1 r^{-\delta} - k_2 r^{-\nu}, k_1$、$k_2$、$\delta$、$\nu$ 均为可调参量，一般来说，取 $\nu = 6$ ，为了表示 r 较大时主要为吸引力，即为了表示 $\varphi(r)$ 在 r 较大时的主要项仍为第二项 $-k_2 r^{-\nu}$ ，故应取第一项的值小于第二项的值，即取 $\delta > \nu$ ，最常用的为 $\delta = 12$ ，即 Lennard-Jones（12, 6）模型

$$\varphi(r) = 4\varepsilon\left[\left(\frac{d}{r}\right)^{12} - \left(\frac{d}{r}\right)^{6}\right] \tag{10.3.82}$$

式中，d 和 ε 对许多气体已经被求得，可查表[1]。

Lennard-Jones 模型之所以考虑 $\nu = 6$ ，除式（10.3.81）有说明外，还可认为对非极性分子来说，由于结构是对称的，当分子间距离较大时与两个原子间距离较大时的作用相似，而当假定这样的两原子之一突然产生了偶极矩，而另一原子则因有感应电场而产生偶极矩，其相互吸引的势能正比于 $-r^{-6}$ 。由量子力学理论计算出的两原子在距离较大时主要势能正比于 $-r^{-6}$ ，因此 UF_6 分子之间碰撞时的势能与此模型很相近。值得注意的是，对于没有永久偶极矩的分子，在长距离作用时，分子作用势函数 φ 虽然仍正比于 $-r^{-6}$ ，但是分子的极化系数不是如原子情况下的标量，而是一个张量，也即 $\boldsymbol{\mu} = \boldsymbol{a} \cdot \boldsymbol{E}$ ，$\boldsymbol{a}$ 是一个张量。再考虑到式（10.3.80），对有偶极矩或感应偶极矩出现的分子，分子间作用的 φ 是一个与方向有关的量。分子旋转一周所需的时间与碰撞时间大致相等，碰撞前分子具有随机的方向，而碰撞时分子仍然旋转，故可将对全方向平均后的 φ 作为 φ 的近似。因此，在这个意义上 Lennard-Jones（12, 6）模型是适合分子间作用情况的。

对于 HCl（或 HBr）这样有永久性偶极矩的分子，应当在 Lennard-Jones（12, 6）模型基础上做进一步考虑，这便是 Stockmayer 模型，也称（12, 6, 3）模型，表示为

$$\varphi(r) = 4\varepsilon\left[\left(\frac{d}{r}\right)^{12} - \left(\frac{d}{r}\right)^{6}\right] - \frac{\mu_1\mu_2}{r^3}[2\cos\theta_1\cos\theta_2 - \sin\theta_1\sin\theta_2\cos(\phi_1 - \phi_2)] \tag{10.3.83}$$

式中，r^{-6} 和 r^{-3} 为吸引力项，都和偶极矩的方向有关。由于 r^{-3} 比 r^{-6} 强，在 r 较大时更是如此，故仅考虑 r^{-3} 与方向的关系，而忽略了 r^{-6} 与方向的关系。

式（10.3.83）可改写为

$$\varphi(r) = 4\varepsilon\left[\left(\frac{d}{r}\right)^{12} - \left(\frac{d}{r}\right)^{6} - \delta\left(\frac{d}{r}\right)^{3}\right] \tag{10.3.84}$$

式中，δ 为可调参量。

将式（10.3.82）代入式（10.3.61），再将式（10.3.61）的解代入式（10.3.40）和式（10.3.39），即可求得 HCl（或 HBr）分子与 UF_6 分子或者 UF_6 分子与 UF_6 分子相碰撞的 Ω 积分及相关的输运系数。将式（10.3.84）代入式（10.3.61），再将式（10.3.61）的解代入式（10.3.40）和式（10.3.39），即可得如 HCl 与 HCl 分子相碰撞的 Ω 积分及相关的输运系数。在做进一步简化后，人们已对 Stockmayer 模型不同的 δ 和 $T^* = kT/\varepsilon$ 取值进行了一系列计算[1]，其中 $\delta = 0$ 时即为 Lennard-Jones（12, 6）模型的计算值。由于 Ω 积分是针对一定模型的，故其计算值对同类情况的分子碰撞都可用，差别在于各输运系数表示式中出现的分子质量、半径等参量不同。

对 HCl 与 UF_6 二元混合气的扩散和热传导系数的计算如下。

HCl：$m_1 = 0.605 \times 10^{-23}$g，式（10.3.84）中在 $\delta = 0$ 时的 Stockmayer 模型［也即 Lennard-Jones（12, 6）］参量取值为[1] $d = 3.339 \times 10^{-10}\text{m}, \varepsilon_1 / k = 344.7\text{K}$；$\text{HBr}: d = 3.353 \times 10^{-10}\text{m}$，$\varepsilon / k = 449\text{K}$。而 δ 取值为 0、0.25、0.5、0.75，作为我们的考察范围。

UF_6：$m_2 = 5.847 \times 10^{-22}$g，对于 UF_6 分子同种气体碰撞 Lennard-Jones（12, 6）模型参量取值为：$d = 5.967 \times 10^{-10}\text{m}, \varepsilon_2 / k = 236.8\text{K}$。

对于 HCl 与 UF_6 分子间的碰撞，如前面所指出的可考虑为 Lennard-Jones（12, 6）模型取

$$d_{12} = \frac{1}{2}(d_1 + d_2) = 4.653 \times 10^{-10}(\text{m})$$

因为 $r \to \infty$ 时由式（10.3.82）有 $\varphi_{12}(r) \sim \varepsilon_{12} d_{12}^6 r^{-6}$

又设

$$\varepsilon_{12} d_{12}^6 \approx (\varepsilon_1 d_1^6 \varepsilon_2 d_2^6)^{\frac{1}{2}} \tag{10.3.85a}$$

则得

$$\varepsilon_{12} = \frac{d_1^3 d_2^3}{d_{12}^6} \sqrt{\varepsilon_1 \varepsilon_2} = 222.6540224k(\text{K})$$

再设工作温度 $T = 200\text{K}, n_1 / n = 0.96, n_2 / n = 0.04$，由前面所给 ε_1、ε_2、ε_{12}，有如下的结果

$$T_1^* = \frac{kT}{\varepsilon_1} = 0.5802146,\ T_2^* = \frac{kT}{\varepsilon_2} = 0.8445945,\ T_{12}^* = \frac{kT}{\varepsilon_{12}} = 0.8982545 \tag{10.3.85b}$$

这些数据将用于下面的计算中。

由式（10.3.71）～式（10.3.78）可知 $[\lambda]_1$ 的计算涉及 HCl 同种分子碰撞的热传导系数 $[\lambda_1]_1$、UF_6 同种分子碰撞的热传导系数 $[\lambda_2]_1$、HCl 与 UF_6 互碰的 $[\lambda_{12}]_1$。适合于 HCl 自碰的势能函数 Stockmayer 模型［式（10.3.84）］，积分 $\Omega_1^{(2,2)}(T^*)$［即 $\Omega_1^{(2,2)*}$］随 δ 取值变化而变化，在使用 Stockmayer 模型计算时取 $\delta = 0$ 则属 Lennard-Jones（12, 6）模型；适合于 UF_6 自碰的势能函数 Lennard-Jones（12, 6）模型，积分 $\Omega_2^{(2,2)*}$ 只有 $\delta = 0$ 时的一个值；适合于 HCl 与 UF_6 碰撞的势能函数 Lennard-Jones（12, 6）模型，积分 $\Omega_{12}^{(2,2)*}$、$\Omega_{21}^{(1,1)*}$、$\Omega_{12}^{(1,2)*}$、$\Omega_{12}^{(1,3)*}$、$\Omega_{12}^{(1,1)*}$ 也只有 $\delta = 0$ 时的一个值，因此 Λ_{22}^{11}、Λ_{12}^{11}、$[\lambda_2]_1$、$[\lambda_{12}]_1$ 也只有 $\delta = 0$ 时的一个值，而 Λ_{11}^{11} 和 $[\lambda]_1$ 在 Stockmayer 模型中则随 δ 取值变化而变化。同时，由于 T^* 随 i、j 取值而变化，也即随 ε_{ij} 而变化，也即 T^* 的取值变化也反映着 ij 的变化，计算值表中所列 $\Omega^{(l,r)*}$ 随 T^* 和 δ 而变，仅在 $\delta = 0$ 时是 UF_6 自碰或 HCl 与 UF_6 互碰的取值，在其他 δ 值和 $\delta = 0$ 时是 HCl 自碰的取值。对比表 10.3.1 和式（10.3.85b）中 T^* 的值，便知碰撞伙伴的组成。由于分子系统存在振动和转动，因此 Ω 积分取按各方向等概率的平均值 $\langle \Omega^* \rangle$。经查 Stockmayer 模型计算值表[1]（无直接计算值的则取相邻值的平均值），部分数据经整理后得表 10.3.1。

表 10.3.1　Stockmayer 模型 Ω、A、B 平均值（Ω、A、B 是 δ 和 T^* 的函数）

δ	T^*	$\langle \Omega^{(2,2)*} \rangle$	$\langle \Omega^{(1,1)*} \rangle$	$\langle A^* \rangle$	$\langle B^* \rangle$
0	0.844	1.73	1.56		
0.25	0.844	1.73	1.57		
0	0.898	1.68	1.51	1.11	1.20

续表

δ	T^*	$\langle \Omega^{(2,2)*} \rangle$	$\langle \Omega^{(1,1)*} \rangle$	$\langle A^* \rangle$	$\langle B^* \rangle$
0.25	0.898	1.68	1.52	1.10	1.21
0.5	0.898	1.73	1.57	1.10	
0	0.580	2.08	1.87		
0.25	0.580	2.08	1.88		
0.5	0.580	2.13	1.94		
0.75	0.580	2.24	2.06		

依据所给 HCl 与 UF_6 二元混合气的数据和式（10.3.70）～式（10.3.78）及表 10.3.1，所计算的结果列于表 10.3.2～表 10.3.5 中。

表 10.3.2　HCl(n_1)与 UF_6(n_2)混合气扩散系数计算值表（n_1：n_2 = 96：4）

T / K	n / m^{-3}	互扩散系数×10^4/(m^2/s)
200	2.69×10^{27}（1kPa）	1.2072790
200	5.4×10^{27}（2kPa）	0.60363947
235	2.69×10^{27}（1kPa）	1.3086591
235	5.4×10^{27}（2kPa）	0.654329
258	2.69×10^{27}（1kPa）	1.3712062
258	5.4×10^{27}（2kPa）	0.6856026

表 10.3.3　T = 200K 时 HCl 与 UF_6 的 λ_1、λ_2、λ_{12} 一级近似计算值（Stockmayer 模型）

δ	$[\lambda_1]_1$ / [J / (m·K·s)]	$[\lambda_2]_1$ / [J / (m·K·s)]	$[\lambda_{12}]_1$ / [J / (m·K·s)]
0	7.897×10^{-3}	1.014×10^{-3}	3.947×10^{-3}
0.25	7.817×10^{-3}		
0.5	7.637×10^{-3}		
0.75	7.252×10^{-3}		

表 10.3.4　T = 200K 时 HCl 和 UF_6 二元混合气的热传导系数一级近似计算值（$n_1 / n = 0.96, n_2 / n = 0.04$）（Stockmayer 模型）

δ	Λ_{12}^{11} / (m·s·K / J)	Λ_{22}^{11} / (m·s·K / J)	Λ_{11}^{11} / (m·s·K / J)	$[\lambda]_1\times10^3$ / [J / (m·K·s)]
0	−2.10788971	30.16211909	129.369147	7.226563419
0.25			129.226629	7.234483783
0.5			132.0053956	7.083142759
0.75			138.4119218	6.757401455

注；δ = 0 为 Lennard-Jones（12, 6）模型。

表 10.3.5　$T=253\text{K}$ 时 HCl 和 UF_6 二元混合气的热传导系数一级近似计算值（$n_1/n=0.96, n_2/n=0.04$）（Stockmayer 模型）

δ	$[\lambda_1]_1\times10^3$ /[J/(m·K·s)]	$[\lambda_2]_1\times10^3$ /[J/(m·K·s)]	$[\lambda_{12}]_1\times10^3$ /[J/(m·K·s)]	A_{12}^{11}/(m·s·K/J)	A_{22}^{11}/(m·s·K/J)	A_{11}^{11}/(m·s·K/J)	$[\lambda]_1\times10^3$ /[J/(m·K·s)]
0	9.7488	1.2469	4.7473	−1.7844	25.2163	104.1990	8.9710
0.25	9.7332					104.3503	8.9581
0.5	9.5057					106.6166	8.7688
0.75	9.0363					111.6529	8.3757

注：$\delta=0$ 为 Lennard-Jones（12, 6）模型，表中最后一列为总热传导系数。

表 10.3.4 与表 10.3.5 分别是 200K 和 253K 温度时的结果。由上面的计算可以清楚地看出，当 $n_1/n \gg n_2/n$ 时，热传导系数与单种气体（密度 n_1）的接近，如表 10.3.4 中 $[\lambda]_1$ 与表 10.3.3 中 $[\lambda_1]_1$ 很接近，表 10.3.5 中 $[\lambda]_1$ 与 $[\lambda_1]_1$ 很接近，而且随偶极矩参量的选择变化较缓慢，故 HCl 和 UF_6 二元混合气的热传导和降温基本要靠 HCl 气体。

10.3.3　二元混合气的扩散流

在我们所讨论的问题中，较高气压的反应剂将较低气压的目标气体带入空反应池的最初存在瞬间的由压力梯度或压力不均匀引起的宏观气流及压力扩散，这一瞬间之后便主要是密度不均匀引起的扩散和温度不均匀产生的热扩散。下面再对扩散做分析。由式（10.1.1），若将第 i 种分子的平均速度 $\overline{\boldsymbol{v}}_i$ 定义为

$$\overline{\boldsymbol{v}}_i = \frac{1}{n_i}\int \xi_i f_i \mathrm{d}\boldsymbol{\xi}_i \tag{10.3.86}$$

则二组分混合气体在某点的宏观速度 $\boldsymbol{v}_0$ 定义为

$$\rho\boldsymbol{v}_0 = \rho_1\overline{\boldsymbol{v}}_1 + \rho_2\overline{\boldsymbol{v}}_2 \tag{10.3.87}$$

式中，$\rho_i = n_i m_i (i=1,2)$，$\rho=\rho_1+\rho_2$，n_i、m_i 分别是分子的数密度和分子质量，速度 $\boldsymbol{v}_0$ 不是按每个分子平均，而是按与质量成正比的权重平均。这样，每单位体积气体的动量就与每个分子都是以宏观速度 $\boldsymbol{v}_0$ 运动时的动量一样。混合气体中第 i 种分子的特定速度为

$$\boldsymbol{C}_i = \boldsymbol{v}_i - \boldsymbol{v}_0, i=1,2 \tag{10.3.88}$$

显然有

$$\rho_1\overline{\boldsymbol{C}}_1 + \rho_2\overline{\boldsymbol{C}}_2 = 0 \tag{10.3.89}$$

在单组分气体中，分子运动速度（或称为随机速度或热速度）$\boldsymbol{C}$ 的平均值 $\overline{\boldsymbol{C}} = \overline{\boldsymbol{v}}_i - \boldsymbol{v}_0 = 0$，即随机速度的平均值为零。

第 i 种分子的扩散速度 $\boldsymbol{V}_i$ 是在以宏观速度 $\boldsymbol{v}_0$ 运动的坐标系中所看到的相对宏观速度，可写成

$$\boldsymbol{V}_i = \overline{\boldsymbol{v}}_i - \boldsymbol{v}_0 \tag{10.3.90}$$

由式（10.3.87）和式（10.3.90），可知

$$\rho_1\boldsymbol{V}_1 + \rho_2\boldsymbol{V}_2 = \rho_1\overline{\boldsymbol{v}}_1 + \rho_2\overline{\boldsymbol{v}}_2 - \rho\boldsymbol{v}_0 = 0 \tag{10.3.91}$$

式（10.3.91）表明，在一个以二组分混合气体的宏观速度 $\boldsymbol{v}_0$ 运动的坐标系中所看到的两种分子的质量流矢量正好方向相反、大小相等。

定义扩散流

$$J_{1D} = \rho_1 V_1,\ J_{2D} = \rho_2 V_2 \tag{10.3.92}$$

则

$$J_{1D} + J_{2D} = 0 \tag{10.3.93}$$

依式（10.3.12），则

$$J_{1D} = -\frac{n^2}{\rho} m_1 m_2 \&_{12} \left(d_1 + k_{T_1} \frac{\partial \ln T}{\partial r} \right) \tag{10.3.94}$$

$$J_{2D} = -J_{1D} \tag{10.3.95}$$

部分有关扩散内容将在 11.5 节出现。

10.4　低温对低振动能态光化学反应的重要性

10.4.1　增加基态粒子数和提高同位素分子光谱分辨率

1. 低温能够增加基态粒子数

据热态集居概率公式（5.4.120）、非谐性频移公式（5.4.124）和表 5.4.1 所给数据得到的计算结果列于表 10.4.1。计算结果表明，分子位于 600cm^{-1} 以下的低能级和基态能级的概率在温度 295K 时为 0.044，在 235K 时为 0.160，而在 200K 时达 0.277，因此在 200K 附近更有利于对 UF_6 从基态或者 ν_3 以下能级的选择性激发，ν_3 以下能级相比 ν_3 以上大范围分散能级，具有更大的粒子数分布优势。在表 10.4.1 中给出的频率非谐性移动是较小的，这有利于光谱的分辨。

表 10.4.1　计算的 UF_6 分子的 ν_3 能级以下的热带布居概率

编号	热带 ν_h	热带权重	热带布居概率 $P(\nu_h)$					非谐性频移 ($3\nu_3$带Δ_h) /cm^{-1}
			T = 295K[4]	T = 235K[4]	T = 258K	T = 200K	T = 188K	
1	0	1	0.00415	0.01879	0.01013	0.04088	0.05472	0
2	ν_6	3	0.00654	0.02512	0.01416	0.04607	0.05753	1.821
3	$2\nu_6$	6	0.00667	0.02240	0.01319	0.03462	0.04033	3.642
4	$3\nu_6$	10	0.00001	0.01660	0.01023	0.02443	0.02356	5.463
5	$4\nu_6$	15	0.00474	0.01110	0.00715	0.01377	0.01238	7.284
6	ν_5	3	0.00466	0.01638	0.00985	0.03232	0.03499	2.158
7	$2\nu_5$	6	0.00350	0.00952	0.00638	0.01511	0.01491	4.316
8	$3\nu_5$	10	0.00218	0.00461	0.00345	0.00589	0.00529	6.474
9	ν_4	3	0.00502	0.01802	0.01077	0.03626	0.03954	1.891
10	$2\nu_4$	6	0.00404	0.01153	0.00763	0.01902	0.01905	3.783
11	$3\nu_4$	10	0.00272	0.00614	0.00450	0.00832	0.00765	5.674
	$\sum_{\nu=0}^{3\nu_4} P(T)$		0.04423	0.16021	0.09744	0.27667	0.30995	

2. 低温能够提高两种同位素 UF_6 分子的光谱分辨率

对于跃迁 $\nu_i \to \nu_i + 3\nu_3$，ν_i 越低，其非谐性频移就越小（如表 10.4.1 所示的 ν_h 的频移）；温度越高则处于 $\nu_i(\nu_i > \nu_h$，ν_h如表10.4.1所示) 及其以上能级的粒子数就越多，表中在 235K 时这部分粒子数所占比例为 0.84；于是在温度较高时，可推知跃迁 $\nu_i \to \nu_i + 3\nu_3$ 为多线重叠及加宽，分辨率低。例如，在 258K 时，UF_6 在 $3\nu_3$ 的加宽的吸收光谱轮廓[5]如图 10.4.1 所示。

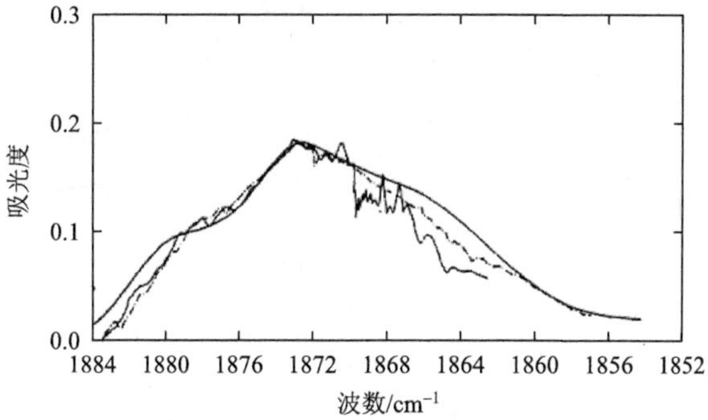

图 10.4.1　UF_6 在 $3\nu_3$ 的吸收光谱轮廓

实线和虚线轮廓在 258K、0.133kPa、320m 程长条件下测得，重黑线为光谱的计算机模拟轮廓

这个轮廓谱（图 10.4.1）被高分辨吸收光谱证明它在 1875cm^{-1} 附近是 $3\nu_3$ 的 Q 支谱线。例如，在 257K 时，实验得到的跃迁高分辨吸收光谱如图 10.4.2 所示，图 10.4.2 中显示出 $3\nu_3$ 的 Q 支的最显著特征：在 1875.4～1875.6cm^{-1} 之间有 5 个吸收子带（有 5 个带头）。

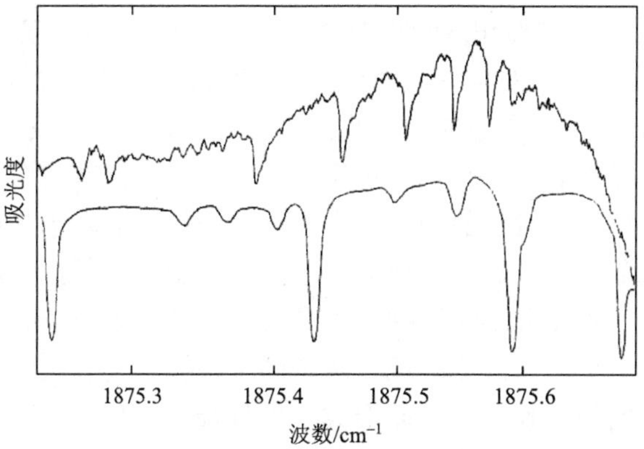

图 10.4.2　UF_6 在 $3\nu_3$ 的高分辨吸收光谱[5]

257K，0.469kPa，1km 程长，下方是参照气体 $^{14}N^{16}O$ 的谱

这个轮廓谱（图 10.4.1）被高分辨光谱证明它可以是跃迁 $\nu_i \to \nu_i + 3\nu_3$ 的多线重叠。实验条件同图 10.4.2，在频率略低处还得到了从 ν_6 能级到 $\nu_6 + 3\nu_3$ 能级的跃迁带，如图 10.4.3 所示。

图 10.4.2 显示了 Q 支结构和典型强度，图 10.4.3 虽也显示了典型的 Q 支结构和强度，但没有规则图样，这也许代表了有不同粒子数分布的 ν_i 能级到 $\nu_i + 3\nu_3$ 能级跃迁的一个重叠情况[5]，自然这个重叠情况也记录到了图 10.4.1 中。

但是，在温度较低时，光谱分辨率相对于图 10.4.1 可有提高，这对于分离同位素是很有利的[6]。例如，依据[7]可知，反应系统的温度在 200K 时，光谱分辨率提高可导致 $\zeta=4$，这里 ζ 是 $^{235}UF_6$ 与 $^{238}UF_6$ 的吸收截面的比例，即 $\zeta=\sigma_{235}/\sigma_{238}$。

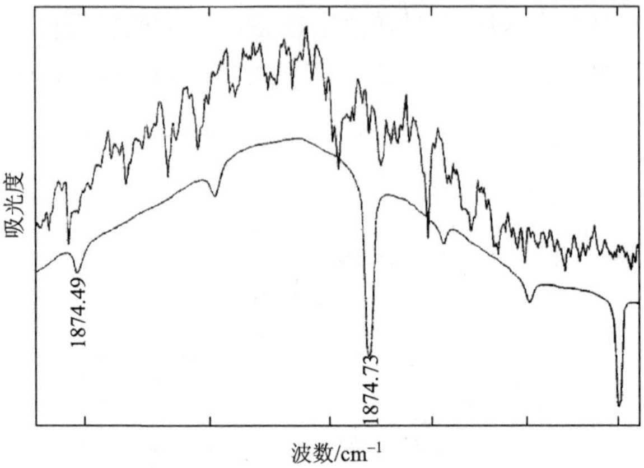

图 10.4.3　$UF_6\ \nu_6\to\nu_6+3\nu_3$ 的高分辨吸收光谱

257K，0.469kPa，1km 程长，下方是参照气体 $^{14}N^{16}O$ 的谱

10.4.2　提高同位素分子光吸收截面比

同位素分子在同一频率光的激发速率比值正比于两种同位素分子的吸收截面比。计算吸收截面比有峰洞近似法和斜坡近似法。在一频率处，一种同位素分子的吸收谱出现吸收峰，而另一种同位素分子的吸收谱却出现吸收峰洞，于是可得较大吸收截面比，这便是峰洞近似情况。在 UF_6 吸收谱的 P 支和 R 支，由峰洞近似可得到吸收截面比[4] $\zeta=\sigma_{235}/\sigma_{238}=10$。

具有 Q 支吸收谱的分子，在 Q 支因谱线密集而有较 P 支和 R 支高得多的吸收峰，Q 支一般没有同位素分子吸收谱的峰与洞的对应；Q 支吸收谱谱宽较窄，谱的两侧边缘随同位素分子处于基态或离基态较近的能级（含不同振动模）的粒子数比例增大而变陡，坡度增大。显然温度越低，同位素分子都分别较多地处于基态或离基态较近的能级；离基态较近的能级（如表 10.4.1 所列）的分子容易经过碰撞到达基态，都有较小的非谐性频移和方向一致的同位素位移；温度越低，两种同位素分子的吸收峰都分别朝向各自的中央（因同位素位移而错开）收缩，进而形成一吸收峰中央与另一吸收峰边缘上某点位于同一频率位置，或两吸收峰同侧边缘上两点位于同一频率位置，前一情况或后一情况下同一频率的谱高比即为斜坡近似吸收截面比。显然，温度越低越能增加吸收截面比，如图 10.4.4 所示[8]，其显示了 UF_6 由 298K 到 258K，再到 188K，$3\nu_3$ 的 Q 支吸收峰随温度降低而收缩伸高并增加吸收截面比的情况。

由文献[5, 8]和图 10.4.4 经计算可得知 UF_6 在 $3\nu_3$ 的 1876cm^{-1} 处的实验结果为 $T=298\text{K},\zeta=\sigma_{235}/\sigma_{238}=1.11$；$T=258\text{K},\zeta=\sigma_{235}/\sigma_{238}=1.65$；而由188K 的计算谱图可得计算结果为 $T=188\text{K},\zeta=\sigma_{235}/\sigma_{238}=5.0$。借助这些结果并参照表 10.4.1，为了方便地估计斜坡近似吸收截面比，我们可以在 $3\nu_3$(1876cm^{-1}) 附近设

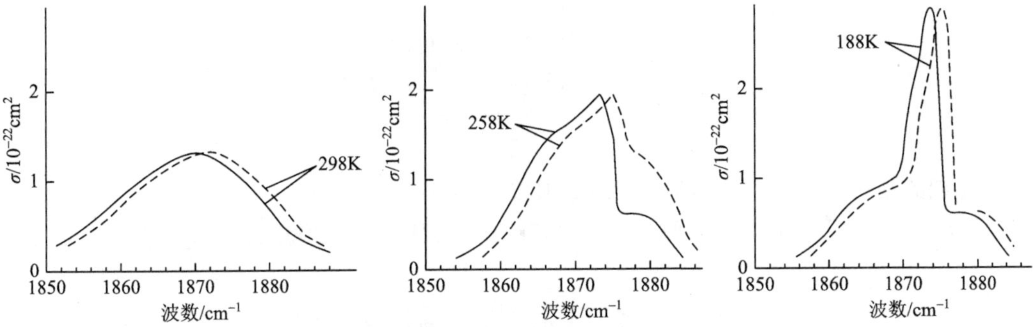

图 10.4.4　$^{235}UF_6$（虚线）和 $^{238}UF_6$（实线）混合物（1∶1）的吸收截面谱

$$\zeta=\frac{\sigma_{235}}{\sigma_{238}}\approx S^{*}\frac{\sum_{v=0}^{3v_5}P(T)}{\sum_{v=0}^{3v_5}P(298\mathrm{K})} \tag{10.4.1}$$

式中，S^* 由实验或参考文献数据确定，其右分式的分子、分母是分子布居概率之和，由表 10.4.1 数据给出。

于是，我们可以在温度较高时用下式估计

$$\zeta=\frac{\sigma_{235}}{\sigma_{238}}\approx S_1^{*}\frac{\sum_{v=0}^{3v_5}P(T)}{\sum_{v=0}^{3v_5}P(298\mathrm{K})} \tag{10.4.2}$$

为了方便利用表 10.4.1 的结果，取 $\sum_{v=0}^{3v_5}P(298\mathrm{K})\approx\sum_{v=0}^{3v_5}P(295\mathrm{K})$。当取 $\sum_{v=0}^{3v_5}P(T)=\sum_{v=0}^{3v_5}P(295\mathrm{K})$，利用图 10.4.4 在 $T=298\mathrm{K}$ 的实验结果可知 $S_1^*=1.11$，则式（10.4.2）成为

$$\zeta=\frac{\sigma_{235}}{\sigma_{238}}\approx 1.11\frac{\sum_{v=0}^{3v_5}P(T)}{\sum_{v=0}^{3v_5}P(295\mathrm{K})} \tag{10.4.3}$$

式（10.4.3）适合于温度 T 较高时估算。

在温度较低时，取 $\sum_{v=0}^{3v_5}P(T)=\sum_{v=0}^{3v_5}P(258\mathrm{K})$ 在表 10.4.1 的结果并利用图 10.4.4 中 $T=258\mathrm{K}$ 的实验结果，可知 $S_2^*=0.75$，于是在温度较低时我们可以用下式估计

$$\zeta=\frac{\sigma_{235}}{\sigma_{238}}\approx 0.75\frac{\sum_{v=0}^{3v_5}P(T)}{\sum_{v=0}^{3v_5}P(295\mathrm{K})} \tag{10.4.4}$$

利用式（10.4.4）计算 $T=188\mathrm{K}$ 时的吸收截面比为

$$\zeta = \frac{\sigma_{235}}{\sigma_{238}} \approx 0.75 \frac{\sum_{v=0}^{3v_5} P(188\text{K})}{\sum_{v=0}^{3v_5} P(295\text{K})} = 5.25 \tag{10.4.5}$$

与文献[8]的结果 5.0 一致，即与图 10.4.4 中 $T = 188\text{K}$ 时的一致。

于是，利用式（10.4.4）可知：$T = 235\text{K}, \zeta = 2.71$；$T = 200\text{K}, \zeta = 4.69$。

10.5　混合气的非等温冷却技术

10.5.1　非等温冷却技术理论计算

以 $\mathrm{d}Q$ 表示在时间 $\mathrm{d}t$ 内通过截面 $\mathrm{d}\boldsymbol{s}$ 的热量，以 $\frac{\mathrm{d}T}{\mathrm{d}\boldsymbol{r}}$ 表示 $\mathrm{d}\boldsymbol{s}$ 截面处的温度梯度，$\mathrm{d}\boldsymbol{s}$ 的法线代表其取向，则依热传导的基本规律可写成

$$\mathrm{d}Q = -[\lambda]_1 \left(\frac{\mathrm{d}T}{\mathrm{d}\boldsymbol{r}} \right) \cdot \mathrm{d}\boldsymbol{s}\mathrm{d}t \tag{10.5.1}$$

式中，“$-$”表示热传导方向与温度梯度相反；$[\lambda]_1$ 为热传导系数。

设反应池长度为 L，内半径为 r_0，反应池壁的温度恒定为较低的 T_{w}，而注入混合气的初温为 T_0，所需混合气平均温度为 $\bar{T}$，$T_0 > \bar{T} \geqslant T_w$，分子 1 和分子 2 的密度分别为 n_1、n_2，它们的平动、转动、振动的自由度分别为 t_1、r_1、s_1 和 t_2、r_2、s_2。根据经典理论，在温度 T，对于双原子分子，如 HCl 分子，分子的平均能量 $Q_1(T)$ 为 $0.5(t_1 + r_1 + 2s_1)kT$，$t_1 = 3$，$r_1 = 2$，$s_1 = 1$。多原子分子的平均能量 $Q_2(T)$ 为 $0.5(t_2 + r_2 + 2s_2)kT$，$t_2 = 3$，$r_2 = 3$，$s_2 = 3N - 6$ 或者 $3N - 5$，N 为分子的原子个数。对 UF_6 分子，$t_2 = 3$，$r_2 = 3$，$s_2 = 3N - 6 = 15$。当两种分子混合在一起被送入反应池，经反应池管壁瞬间冷却，混合气平均温度略有下降，但在管心线上仍为 T_0。温度下降 ΔT，传向管壁的能量近似为

$$[n_1VQ_1(T_0) + n_2VQ_2(T_0)] - [n_1VQ_1(T_0 - \Delta T) + n_2VQ_2(T_0 - \Delta T)] = [\lambda]_1 \frac{T_0 - T_{\text{w}}}{r_0} 2\pi r_0 L \Delta t \tag{10.5.2}$$

式中，V 为反应池容积；Δt 为所用时间。

设到管壁的能量被管壁及时带走。式（10.5.2）可简写为

$$Q(T_0) - Q(T_0 - \Delta T) = [\lambda]_1 \frac{T_0 - T_{\text{w}}}{r_0} 2\pi r_0 L \Delta t \tag{10.5.3}$$

设经过温度的逐步下降而使混合气温度下降到 $\bar{T}$，每一步温度下降的幅度为 $\Delta T = (T_0 - \bar{T}) / q$，则依式（10.5.3）有如下 q 个方程近似成立：

$$\begin{aligned}
&Q(T_0) - Q(T_0 - \Delta T) = [\lambda]_1 (T_0 - T_{\text{w}}) 2\pi L \Delta t_1 && (1)\\
&Q(T_0 - \Delta T) - Q(T_0 - 2\Delta T) = [\lambda]_1 (T_0 - \Delta T - T_{\text{w}}) 2\pi L \Delta t_2 && (2)\\
&Q(T_0 - 2\Delta T) - Q(T_0 - 3\Delta T) = [\lambda]_1 (T_0 - 2\Delta T - T_{\text{w}}) 2\pi L \Delta t_3 && (3)\\
&\cdots\\
&Q[T_0 - (q-1)\Delta T] - Q(T_0 - q\Delta T) = [\lambda]_1 [T_0 - (q-1)\Delta T - T_{\text{w}}] 2\pi L \Delta t_q && (q)
\end{aligned} \tag{10.5.4}$$

式（10.5.4）中，在式(1)～(q)中，各式左近似相等，均为粒子数为$\pi r_0^2 L n_1$和$\pi r_0^2 L n_2$的气体在温度下降ΔT时所释放的能量（在热平衡状态，分子每一自由度都有平均动能$0.5kT$，每一振动自由度还有平均势能$0.5kT$；在这里温度逐步下降ΔT的过程和不严重的非等温状态被认为每下降段末有近似的热平衡）为

$$\frac{\pi r_0^2 L}{2}[(t_1+r_1+2s_1)n_1+(t_2+r_2+2s_2)n_2]k\Delta T$$

再比较式（10.5.4）的式（1）和式（2），比较式（10.5.4）的式(1)～式(q)，比较式（10.5.4）的式（1）的左右侧，于是有

$$\Delta t_2=\frac{T_0-T_w}{T_0-\Delta T-T_w}\Delta t_1$$
$$\Delta t_3=\frac{T_0-T_w}{T_0-2\Delta T-T_w}\Delta t_1$$
$$\cdots \tag{10.5.5}$$
$$\Delta t_q=\frac{T_0-T_w}{T_0-(q-1)\Delta T-T_w}\Delta t_1$$
$$\Delta t_1=\frac{\frac{1}{4}r_0^2[(t_1+r_1+2s_1)n_1+(t_2+r_2+2s_2)n_2]k\Delta T}{[\lambda]_1(T_0-T_w)}$$

所以达到$\bar{T}$所需的时间为$\Delta t_1,\Delta t_2,\Delta t_3,\cdots,\Delta t_q$之和

$$\Delta t=\frac{\frac{1}{4}r_0^2[(t_1+r_1+2s_1)n_1+(t_2+r_2+2s_2)n_2]k\frac{T_0-\bar{T}}{q}}{[\lambda]_1} \tag{10.5.6}$$
$$\times\left[\frac{1}{T_0-T_w}+\frac{1}{T_0-\Delta T-T_w}+\frac{1}{T_0-2\Delta T-T_w}+\cdots+\frac{1}{T_0-(q-1)\Delta T-T_w}\right]$$

式中两部分相乘，由于Δt内混合气处于非均匀非等温状态，因此称Δt为非等温混合冷却时间。ΔT取值不同，即q取值不同，计算的结果会有差别，但在q值较大时这个差别不大，表 10.5.1 中第一、二行，第三、四行，最末的两行，每两行中的结果相差都较小，而表中其余各行的条件都各不一样，计算时的ΔT取值都较小或不大，以便结果可作一定参考。

表 10.5.1　混合气非等温混合冷却计算值表（ HCl、UF_6被假定为粒子数密度分别为n_1、n_2的理想气体）

反应池内半径 r_0/m	T_0/K	T_w/K	$\bar{T}$/K	计算温度间隔 ΔT/K	$n_1/10^{24}m^{-3}$	$n_2/10^{22}m^{-3}$	Δt/s
0.005	258	180	190	6.8	2.68	7.07	0.43
0.005	258	180	190	3.4	2.68	7.07	0.47
0.005	258	180	180	7.8	2.68	7.07	0.71
0.005	258	180	180	3.9	2.68	7.07	0.87
0.005	295	253	253	4.2	2.68	7.07	0.57
0.005	295	241	241	5.4	2.68	7.07	0.57

续表

反应池内半径 r_0/m	T_0/K	T_w/K	$\bar{T}$/K	计算温度间隔 ΔT/K	$n_1/10^{24}m^{-3}$	$n_2/10^{22}m^{-3}$	Δt/s
0.01	258	180	180	3.9	2.68	7.07	3.48
0.02	258	180	180	3.9	2.68	7.07	13.95
0.03	258	180	180	3.9	2.68	7.07	31.39
0.03	258	180	190	6.8	2.68	7.07	15.65
0.03	258	180	190	3.4	2.68	7.07	16.95

注：$T_w=180K$，$[\lambda]_1$取$7.22\times10^{-3}J/(m\cdot K\cdot s)$；$T_w=253K$，$[\lambda]_1$取$8.97\times10^{-3}J/(m\cdot K\cdot s)$。

10.5.2　UF_6与 HCl 混合气光化学反应池的冷却

前一节的计算表明，经过对反应池的冷却达到对 UF_6 气体的冷却是可行的。反应池可用不锈钢材料制成，图 10.5.1 是实验用反应池示意图。

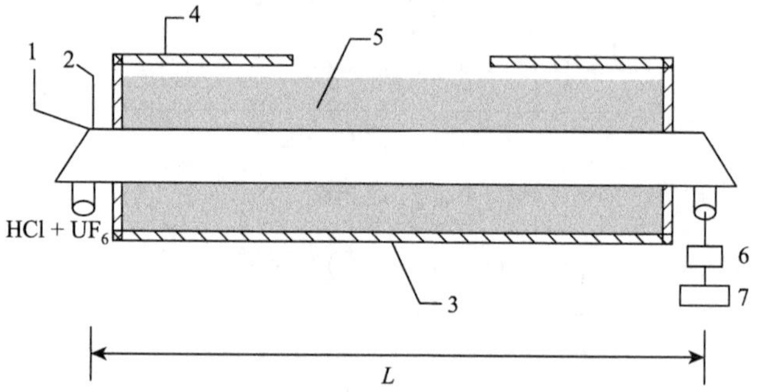

图 10.5.1　反应池示意图

1. CaF_2 布氏窗；2. 不锈钢管反应池；3. 冷却槽；4. 冷却槽保温层；5. 恒温液；6. 分离器；7. 收集器

不锈钢反应池壁厚 1mm，内半径 $r_0=10mm$，$L=2.7m$，让 HCl 气体流过置于恒温液中的分样器，由 HCl 气体把 UF_6 蒸气从分样器中带出，混合气 UF_6 + HCl 的流速由气流调节器控制。混合气体经过预冷器冷却后，进入用恒温液冷却的反应池。在流经反应池时，UF_6 与 HCl 发生反应。流出反应池后，经过分离器 6，固气两相分开，固相物质留在分离器中，气相物质进入液氮冷却的收集器 7。

241K 恒温液的制备，是利用水盐溶液达到三相平衡时相变温度恒定不变的原理来进行的。用 NaCl 配成含 NaCl 为 23.2%的盐水溶液，在搅拌下，向此溶液中充入液氮冷却，冷却到成为糊状即可。恒温液温度在实验时实测。一般可恒温 2h。

253K 恒温液的制备，是利用 $MgCl_2$ 配成含 $MgCl_2$ 为 20.7%的盐水溶液，在搅拌下，向此溶液中充入液氮冷却，冷却到成为糊状即可。恒温液温度在实验时实测。

在内径为 2.5cm、长 270cm 的不锈钢管反应池的管外绕铜管，用氟利昂等制冷剂制冷。以获得实验所需的不同低温，并使用控温仪控制温度，温度变化范围在±0.5℃以内。这个方法使用较为方便。实验需要在–20～–50℃工作，最好能在–50～–70℃工作。

10.6　非等温条件下的碰撞问题

10.6.1　非等温条件下碰撞的一般性描述和公式

碰撞是热反应和光化学反应的基本条件，它的变化会影响到反应的进展。在非等温条件下，碰撞的情况会发生什么变化，会不会产生负面影响，我们应对此有所认识。分析结果表明，只要非等温不处在极端条件，则碰撞频率仅会发生小的波动，对光化学反应分离同位素没有负面影响，且存在正面影响的趋向。下面是具体论证。

当两分子为弹性刚球时，直径分别为 d_i 和 d_j 的 i 分子和 j 分子只有中心距离小于或等于 d_{ij} 时才能碰撞：

$$d_{ij}=\frac{1}{2}(d_i+d_j) \tag{10.6.1}$$

由图 10.3.2 可知，发生碰撞时有碰撞参数

$$b=d_{ij}\sin\theta_0=d_{ij}\cos\frac{1}{2}\chi \tag{10.6.2}$$

式中，θ_0 为 $\boldsymbol{g}_{ij}$ 与拱线之间的夹角；并且有

$$\theta_0=\frac{1}{2}(\pi-\chi) \tag{10.6.3}$$

当 i 分子和 j 分子发生碰撞时，i 分子相对于 j 分子的速度为 $\boldsymbol{c}_i-\boldsymbol{c}_j$ 或写成 $\boldsymbol{\xi}_i-\boldsymbol{\xi}_j$，或说是 $\boldsymbol{g}_{ij}$，则速度在 $\boldsymbol{c}_i$、$\boldsymbol{c}_j$ 附近 $\mathrm{d}\boldsymbol{c}_i$、$\mathrm{d}\boldsymbol{c}_j$ 范围或者在 $\boldsymbol{\xi}_i$、$\boldsymbol{\xi}_j$ 附近 $\mathrm{d}\boldsymbol{\xi}_i$、$\mathrm{d}\boldsymbol{\xi}_j$ 范围，碰撞参数在 b 附近 $\mathrm{d}b$ 范围，在与图 10.3.2 所处平面（如竖直面）成 $\mathrm{d}\alpha$ 角度范围，位于 $\mathrm{d}\boldsymbol{r}$ 内、$\mathrm{d}t$ 范围的碰撞次数为

$$f_if_jgb\mathrm{d}b\mathrm{d}\alpha\mathrm{d}\boldsymbol{c}_i\mathrm{d}\boldsymbol{c}_j\mathrm{d}\boldsymbol{r}\mathrm{d}t \tag{10.6.4}$$

设 $\boldsymbol{e}$、$\boldsymbol{e}'$ 为 $\boldsymbol{g}_{ij}$、$\boldsymbol{g}'_{ij}$ 的单位矢量，这样 $\boldsymbol{g}_{ij}=g\boldsymbol{e},\boldsymbol{g}'_{ij}=g'\boldsymbol{e}'$。由于 $\boldsymbol{e}'$ 是单位矢量，因此 $\mathrm{d}\boldsymbol{e}'$ 代表一个立体角元。还可以把 χ、α 看作极角，用它来确定 $\boldsymbol{e}'$ 的方位。这样就有

$$\mathrm{d}\boldsymbol{e}'=\sin\chi\mathrm{d}\chi\mathrm{d}\alpha=\frac{\sin\chi}{\left|\dfrac{\partial b}{\partial\chi}\right|}\mathrm{d}b\mathrm{d}\alpha \tag{10.6.5}$$

利用式（10.6.5），式（10.6.4）可以改写为

$$f_if_jg\sigma_{ij}\mathrm{d}\boldsymbol{e}'\mathrm{d}\boldsymbol{c}_i\mathrm{d}\boldsymbol{c}_j\mathrm{d}\boldsymbol{r}\mathrm{d}t \tag{10.6.6}$$

式中

$$\sigma_{ij}=\frac{b\left|\dfrac{\partial b}{\partial\chi}\right|}{\sin\chi} \tag{10.6.7}$$

由式（10.6.6）可知单位时间单位体积的碰撞次数可表示为

$$f_if_jg\sigma_{ij}\mathrm{d}\boldsymbol{e}'\mathrm{d}\boldsymbol{c}_i\mathrm{d}\boldsymbol{c}_j \tag{10.6.8}$$

首先来看二组分均匀稳恒状态（$\boldsymbol{C}_1=\boldsymbol{c}_1,\boldsymbol{C}_2=\boldsymbol{c}_2$）混合气体中诸分子对 (m_1,m_2) 之间发生的碰撞。由式（10.6.2）、式（10.6.7）可知

$$\sigma_{12} = \frac{1}{4} d_{12}^2 \tag{10.6.9}$$

依据式（10.6.5）的 $\mathrm{d}\boldsymbol{e}' = \sin\chi \mathrm{d}\chi \mathrm{d}\alpha$，再依据式（10.6.8）可知单位体积单位时间的碰撞次数为

$$\frac{1}{4} d_{12}^2 f_1 f_2 g sin\chi \mathrm{d}\chi \mathrm{d}\alpha \mathrm{d}\boldsymbol{c}_1 \mathrm{d}\boldsymbol{c}_2 \tag{10.6.10}$$

则单位体积单位时间发生的碰撞总次数为

$$N_{12} = \frac{1}{4} \iiint f_1 f_2 g d_{12}^2 \sin\chi \mathrm{d}\chi \mathrm{d}\alpha \mathrm{d}\boldsymbol{c}_1 \mathrm{d}\boldsymbol{c}_2 \tag{10.6.11}$$

式中，χ 的积分限为 0 和 π；α 的积分限为 0 和 2π。于是

$$N_{12} = \frac{\pi n_1 n_2 (m_1 m_2)^{\frac{3}{2}} d_{12}^2}{(2\pi kT)^3} \iint \exp\left(-\frac{m_1 C_1^2 + m_2 C_2^2}{2kT}\right) g \mathrm{d}\boldsymbol{c}_1 \mathrm{d}\boldsymbol{c}_2 \tag{10.6.12}$$

在均匀稳恒态情况下，$\mathrm{d}\boldsymbol{C}_1 = \mathrm{d}\boldsymbol{c}_1, \mathrm{d}\boldsymbol{C}_2 = \mathrm{d}\boldsymbol{c}_2$，于是可利用式（10.3.33）将式（10.6.12）的被积函数化简。利用式（10.3.33）不难得到

$$\frac{1}{2}(m_1 c_1^2 + m_2 c_2^2) = \frac{1}{2} m_0 (G^2 + \mu_1 \mu_2 g^2) \tag{10.6.13}$$

由式（10.6.12）、式（10.6.13）、式（10.3.36），即可得

$$N_{12} = \frac{\pi n_1 n_2 (m_1 m_2)^{\frac{3}{2}} d_{12}^2}{(2\pi kT)^3} \iint \exp\left[-\frac{m_0 (G^2 + \mu_1 \mu_2 g^2)}{2kT}\right] g \mathrm{d}\boldsymbol{G} \mathrm{d}\boldsymbol{g} \tag{10.6.14}$$

式中，在对 $\boldsymbol{G}$ 和 $\boldsymbol{g}$ 的所有方向积分应是通过以 $4\pi G^2 \mathrm{d}G$ 代替 $\mathrm{d}\boldsymbol{G}$，以 $4\pi g^2 \mathrm{d}g$ 代替 $\mathrm{d}\boldsymbol{g}$ 来实现，并且从 0 到 ∞ 积分。最后得到

$$N_{12} = 2 n_1 n_2 d_{12}^2 \left(\frac{2\pi kT m_0}{m_1 m_2}\right)^{\frac{1}{2}} \tag{10.6.15}$$

将式（10.6.15）中 2 改为 1 则得

$$N_{11} = 4 n_1^2 d_1^2 \left(\frac{\pi kT}{m_1}\right)^{\frac{1}{2}} \tag{10.6.16}$$

式（10.6.16）中因重复计算，故诸分子对 m_1 之间的碰撞次数应当是 $N_{11}/2$。但另外，单位时间内第一种组元的某个分子与同类分子碰撞的平均数却是 N_{11}/n_1 而不是 $N_{11}/2n_1$，这是因为一次碰撞同时影响着两个分子。

分子 m_1 与同类分子碰撞的频率为 N_{11}/n_1，而分子 m_1 与 m_2 碰撞的频率为 N_{12}/n_1，分子 m_1 与各类分子碰撞的频率为

$$\frac{N_{11} + N_{12} + \cdots}{n_1} \tag{10.6.17}$$

碰撞间隔 τ_1 为

$$\tau_1 = \frac{n_1}{N_{11} + N_{12} + \cdots} = \frac{1}{\nu_1 + \nu_{12} + \cdots} \tag{10.6.18}$$

由此可见，在二组分混合气中大幅度增加 m_2 分子的粒子数密度，可缩短 τ_1，时间间隔

主要由频率 ν_{12} 决定，因此 m_2 粒子数密度大幅度增加且为反应剂时，可有效阻隔分子 m_1 与 m_1 间的碰撞，这与 7.1.6 节一致。

对非均匀态我们使用一级近似，并使用忽略外力作用所考虑的分布函数［参见式（10.2.34)］。由于速度分布一级近似为

$$f_i = f_i^{(0)} + f_i^{(1)},\ f_i^{(1)} = f_i^{(0)}\phi_i^{(1)},\ 即 f_i = f_i^{(0)}(1+\phi_i^{(1)})$$

依据式（10.2.34)、式（10.2.38)，参照式（10.6.11）～式（10.6.15）的导出，可知单位体积单位时间非均匀混合物中 m_i 分子与 m_j 分子间发生的碰撞总次数为

$$\begin{aligned}N_{ij} &= \frac{1}{4}\iiiint f_i f_j g d_{ij}^2 \sin\chi \mathrm{d}\chi \mathrm{d}\alpha \mathrm{d}\boldsymbol{c}_i \mathrm{d}\boldsymbol{c}_j \\ &= \iiiint (f_i^{(0)} + f_i^{(0)}\phi_i^{(1)})\left(f_j^{(0)} + f_j^{(0)}\phi_j^{(1)}\right) g d_{ij}^2 \sin\chi \mathrm{d}\chi \mathrm{d}\alpha \mathrm{d}\boldsymbol{c}_i \mathrm{d}\boldsymbol{c}_j \\ &= 2n_i n_j d_{ij}^2 \left(\frac{2\pi kTm_0}{m_i m_j}\right)^{\frac{1}{2}} \\ &\quad + \frac{1}{4}\iiiint \left(f_i^{(0)} f_j^{(0)}\phi_j^{(1)} + f_j^{(0)} f_i^{(0)}\phi_i^{(1)}\right) g d_{ij}^2 \sin\chi \mathrm{d}\chi \mathrm{d}\alpha \mathrm{d}\boldsymbol{c}_i \mathrm{d}\boldsymbol{c}_j \\ &\quad + \frac{1}{4}\iiiint f_i^{(0)} f_j^{(0)} \phi_i^{(1)}\phi_j^{(1)} g d_{ij}^2 \sin\chi \mathrm{d}\chi \mathrm{d}\alpha \mathrm{d}\boldsymbol{c}_i \mathrm{d}\boldsymbol{c}_j\end{aligned} \tag{10.6.19}$$

把 f_i、f_j 看成 $\boldsymbol{r}$、$\boldsymbol{C}_i$ 或 $\boldsymbol{C}_j$、t 的函数，则在多组分混合气体中有［参见式（10.2.34）等］

$$\begin{aligned}\phi_i^{(1)} &= \frac{-1}{n}\sum_h D_i^h(C_i)\boldsymbol{C}_i\cdot\boldsymbol{d}_h - \frac{1}{n}A_i(C_i)\boldsymbol{C}_i\cdot\frac{\partial \ln T}{\partial \boldsymbol{r}} - \frac{2}{n}B_i(C_i)\left(\boldsymbol{C}_i\boldsymbol{C}_i - \frac{1}{3}C_i^2\boldsymbol{I}\right):\frac{\partial}{\partial \boldsymbol{r}}\boldsymbol{v} \\ \phi_j^{(1)} &= \frac{-1}{n}\sum_h D_j^h(C_j)\boldsymbol{C}_j\cdot\boldsymbol{d}_h - \frac{1}{n}A_j(C_j)\boldsymbol{C}_j\cdot\frac{\partial \ln T}{\partial \boldsymbol{r}} - \frac{2}{n}B_j(C_j)\left(\boldsymbol{C}_j\boldsymbol{C}_j - \frac{1}{3}C_j^2\boldsymbol{I}\right):\frac{\partial}{\partial \boldsymbol{r}}\boldsymbol{v}\end{aligned} \tag{10.6.20}$$

为了阐明 $\mathrm{d}\boldsymbol{r}$ 中各分子的平均运动，既可以采用它们的真实速度 $\boldsymbol{\xi}$（即分子相对于某个固定参考系的速度），又可以采取它们相对于某个运动坐标系的速度 $\boldsymbol{C}$（如 $\boldsymbol{C}_1,\boldsymbol{C}_2,\cdots$）。采用气体在该点的速度 $\boldsymbol{v}$ 作为运动坐标系的速度时，速度 $\boldsymbol{C}$ 为随机速度或热运动速度。并有 $\boldsymbol{C}_i = \boldsymbol{\xi}_i - \boldsymbol{v}$，$\boldsymbol{v}$ 也常常被指定为气体中微面积元 $\mathrm{d}\boldsymbol{s}$ 的速度。气体混合物的平均分子速度是 $\bar{\boldsymbol{\xi}} = \frac{1}{n}\sum_i n_i\bar{\boldsymbol{\xi}}_i = \sum_i\int f_i\boldsymbol{\xi}_i\mathrm{d}\boldsymbol{\xi}_i$。而混合物的流体速度由动量平均而得，即混合物的流体速度 $\boldsymbol{v} = \frac{1}{\rho}\sum_i\rho_i\bar{\boldsymbol{\xi}}_i = \frac{1}{\rho}\sum_i m_i\int f_i\boldsymbol{\xi}_i\mathrm{d}\boldsymbol{\xi}_i$，第 i 种分子的平均速度不等于流体速度 $\boldsymbol{v}$，也不等于平均分子速度 $\bar{\boldsymbol{\xi}}$。

对二组分混合气体进行讨论。依据式（10.2.34）～式（10.2.38)，$\phi_1^{(1)}$、$\phi_2^{(1)}$ 可以表示成[2]

$$\phi_1^{(1)} = -D(C_1)\boldsymbol{C}_1\cdot\boldsymbol{d}_{12} - A_1(C_1)\boldsymbol{C}_1\cdot\frac{\partial \ln T}{\partial \boldsymbol{r}} - 2B_1(C_1)\overset{\circ}{\boldsymbol{C}_1}\boldsymbol{C}_1 : \frac{\partial}{\partial \boldsymbol{r}}\boldsymbol{v} \tag{10.6.21}$$

$$\phi_2^{(1)} = -D(C_2)\boldsymbol{C}_2\cdot\boldsymbol{d}_{12} - A_2(C_2)\boldsymbol{C}_2\cdot\frac{\partial \ln T}{\partial \boldsymbol{r}} - 2B_2(C_2)\overset{\circ}{\boldsymbol{C}_2}\boldsymbol{C}_2 : \frac{\partial}{\partial \boldsymbol{r}}\boldsymbol{v} \tag{10.6.22}$$

式中，$B(C)\overset{\circ}{\boldsymbol{C}}\boldsymbol{C}$ 为无散张量；$\boldsymbol{v}$ 为混合气体在 r、t 的流体速度。

由式（10.3.2）可知无外力情况下

$$\boldsymbol{d}_{12} \equiv \frac{\partial}{\partial \boldsymbol{r}}\left(\frac{n_1}{n}\right) + \frac{n_1 n_2 (m_2 - m_1)}{n\rho}\frac{\partial \ln p}{\partial \boldsymbol{r}} \tag{10.6.23}$$

若每个分子 1、分子 2 所承受的外力分别为 $m_1\boldsymbol{F}_1$、$m_2\boldsymbol{F}_2$，注意这里 $\boldsymbol{F}_1$、$\boldsymbol{F}_2$ 是指单位质量所受的外力，则[2]

$$\boldsymbol{d}_{12} \equiv \frac{n_1}{n}\nabla \ln p_1 - \frac{\rho_1}{\rho p}\nabla p - \frac{\rho_1\rho_2}{\rho p}(\boldsymbol{F}_1 - \boldsymbol{F}_2) \tag{10.6.24}$$

对二组分混合物，式（10.6.21）、式（10.6.22）也可表示为[2]

$$\phi_1^{(1)} = -\boldsymbol{A}_1 \cdot \frac{\partial \ln T}{\partial \boldsymbol{r}} - \boldsymbol{D}_1 \cdot \boldsymbol{d}_{12} - 2\boldsymbol{B}_1 : \frac{\partial}{\partial \boldsymbol{r}}\boldsymbol{v} \tag{10.6.25}$$

$$\phi_2^{(1)} = -\boldsymbol{A}_2 \cdot \frac{\partial \ln T}{\partial \boldsymbol{r}} - \boldsymbol{D}_2 \cdot \boldsymbol{d}_{12} - 2\boldsymbol{B}_2 : \frac{\partial}{\partial \boldsymbol{r}}\boldsymbol{v} \tag{10.6.26}$$

设

$$\tilde{\boldsymbol{A}}_1 \equiv \boldsymbol{A}_1 - k_{\mathrm{T}}\boldsymbol{D}_1 \quad \tilde{\boldsymbol{A}}_2 \equiv \boldsymbol{A}_2 - k_{\mathrm{T}}\boldsymbol{D}_2 \tag{10.6.27}$$

$\tilde{\boldsymbol{A}}_1$、$\tilde{\boldsymbol{A}}_2$ 和 $\boldsymbol{D}_1$、$\boldsymbol{D}_2$ 展开式为

$$\tilde{\boldsymbol{A}}_1 = \sum_{-\infty}^{+\infty}{}^{*} a_p \boldsymbol{\alpha}_1^{(p)} \quad \tilde{\boldsymbol{A}}_2 = \sum_{-\infty}^{+\infty}{}^{*} a_p \boldsymbol{\alpha}_2^{(p)} \tag{10.6.28}$$

$$\boldsymbol{D}_1 = \sum_{-\infty}^{+\infty} d_{*p} \boldsymbol{\alpha}_1^{(p)} \quad \boldsymbol{D}_2 = \sum_{-\infty}^{+\infty} d_{*p} \boldsymbol{\alpha}_2^{(p)} \tag{10.6.29}$$

式中，

$$\boldsymbol{\alpha}_1^{(0)} \equiv \frac{\mu_1^{\frac{1}{2}}\rho_2\hat{\boldsymbol{C}}_1}{\rho} \quad \boldsymbol{\alpha}_2^{(0)} \equiv -\frac{\mu_2^{\frac{1}{2}}\rho_1\hat{\boldsymbol{C}}_2}{\rho} \tag{10.6.30}$$

当 $p > 0$ 时

$$\begin{cases} \boldsymbol{\alpha}_1^{(p)} \equiv S_{\frac{3}{2}}^{(p)}(\hat{C}_2^2)\hat{\boldsymbol{C}}_1 & \boldsymbol{\alpha}_1^{(-p)} \equiv 0 \\ \boldsymbol{\alpha}_2^{(p)} \equiv 0 & \boldsymbol{\alpha}_2^{(-p)} \equiv S_{\frac{3}{2}}^{(p)}(\hat{C}_2^2)\hat{\boldsymbol{C}}_2 \end{cases} \tag{10.6.31}$$

式中，$\hat{\boldsymbol{C}}_i = \sqrt{\dfrac{m_i}{2kT}}\boldsymbol{C}_i, i = 1,2$；符号 $\sum^{*}$ 表示求和不包括 $p = 0$ 的项，各式中速度的一次方项均为矢量。

对二组分混合物，设

$$(\Lambda^{11}) = \begin{pmatrix} \Lambda_{11}^{11} & \Lambda_{12}^{11} \\ \Lambda_{21}^{11} & \Lambda_{22}^{11} \end{pmatrix}$$

则

$$(\Lambda^{11})^{-1} = \frac{(\Lambda^{11})^{*}}{|\Lambda^{11}|} = \frac{\begin{pmatrix} \Lambda_{11}^{11} & \Lambda_{21}^{11} \\ \Lambda_{12}^{11} & \Lambda_{22}^{11} \end{pmatrix}}{\Lambda_{11}^{11}\Lambda_{22}^{11} - \Lambda_{12}^{11}\Lambda_{21}^{11}}$$

再由式（10.2.108）可得

$$[k_{\mathrm{T}}]_1 = \frac{5}{2}\frac{(\Lambda_{11}^{01}\Lambda_{22}^{11} - \Lambda_{12}^{01}\Lambda_{21}^{11})\dfrac{n_1}{n} - (\Lambda_{11}^{01}\Lambda_{12}^{11} - \Lambda_{12}^{01}\Lambda_{11}^{11})\dfrac{n_2}{n}}{\Lambda_{11}^{11}\Lambda_{22}^{11} - \Lambda_{12}^{11}\Lambda_{21}^{11}} \tag{10.6.32}$$

二元同位素混合物气体的热扩散比 k_{T} 近似等于

$$k_T \approx \frac{105}{118}\frac{m_1 - m_2}{m_1 + m_2}\frac{n_1}{n}\frac{n_2}{n} \tag{10.6.33}$$

于是，我们可以通过式（10.6.29）求得 $\boldsymbol{D}_1$ 和 $\boldsymbol{D}_2$，通过式（10.6.33）或式（10.6.32）求得 k_T，再通过式（10.6.28）求得 $\tilde{\boldsymbol{A}}_1$、$\tilde{\boldsymbol{A}}_2$，将求得的 k_T、$\boldsymbol{D}_1$、$\boldsymbol{D}_2$、$\tilde{\boldsymbol{A}}_1$、$\tilde{\boldsymbol{A}}_2$ 代入式（10.6.27）即可求得 $\boldsymbol{A}_1$ 和 $\boldsymbol{A}_2$。将求得的 $\boldsymbol{A}_1$、$\boldsymbol{A}_2$、$\boldsymbol{D}_1$、$\boldsymbol{D}_2$ 代入式（10.6.25）和式（10.6.26），并设 $\boldsymbol{v}$ 随 $\boldsymbol{r}$ 的改变近似为零，即可求得式（10.6.25）、式（10.6.26）。下面我们来进行相关求解[2]。

在式（10.6.28）、式（10.6.29）中

$$d_{*p} = \frac{3}{2n}\left(\frac{2kT}{m_0}\right)^{\frac{1}{2}} \lim_{m\to\infty}\frac{\Delta_{0p}^{(m)}}{\Delta^{(m)}} \tag{10.6.34}$$

$$a_p = \frac{\lim\limits_{m\to\infty}\left(-\frac{15n_1}{4n^2}\left(\frac{2kT}{m_1}\right)^{\frac{1}{2}}\Delta_{1p}^{\prime(m)} - \frac{15n_2}{4n^2}\left(\frac{2kT}{m_2}\right)^{\frac{1}{2}}\Delta_{-1p}^{\prime(m)}\right)}{\Delta^{\prime(m)}} \quad (p \neq 0) \tag{10.6.35}$$

两式中 $\Delta^{(m)}$ 是 $2m+1$ 行与列的行列式，其元素为 $a_{pq}(-m \leqslant p,q \leqslant m)$，而 $\Delta_{0p}^{(m)}$ 是 $\Delta^{(m)}$ 展开式中 a_{0p} 的余子式，$\Delta^{\prime(m)}$ 表示 $\Delta_{00}^{(m)}$，$\Delta_{pq}^{\prime(m)}$ 则是 $\Delta^{\prime(m)}$ 展开式中 a_{pq} 的余子式。只要将极限符号去掉并取 $m=1$ 便可得到近似值。此时有

$$\Delta^{(1)} = \begin{vmatrix} a_{11} & a_{10} & a_{1-1} \\ a_{01} & a_{00} & a_{0-1} \\ a_{-11} & a_{-10} & a_{-1-1} \end{vmatrix} \tag{10.6.36}$$

$$\Delta_{00}^{(1)} = \begin{vmatrix} a_{11} & a_{1-1} \\ a_{1-1} & a_{-1-1} \end{vmatrix} \quad \Delta_{01}^{(1)} = \begin{vmatrix} a_{10} & a_{1-1} \\ a_{-10} & a_{-1-1} \end{vmatrix} \tag{10.6.37}$$

$$\Delta^{\prime(1)} = \Delta_{00}^{(1)} = a_{11}a_{-1-1} - a_{1-1}^2 \tag{10.6.38}$$

$$\Delta_{11}^{\prime(1)} = a_{-1-1},\ \Delta_{-11}^{\prime(1)} = a_{1-1},\ \Delta_{1-1}^{\prime(1)} = a_{-11},\ \Delta_{-1-1}^{\prime(1)} = a_{11} \tag{10.6.39}$$

d_{*0}、d_{*1} 的一阶近似值为

$$d_{*0} = \frac{3}{2n}\left(\frac{2kT}{m_0}\right)^{\frac{1}{2}}\frac{\Delta_{00}^{(1)}}{\Delta^{(1)}}$$

$$d_{*1} = \frac{3}{2n}\left(\frac{2kT}{m_0}\right)^{\frac{1}{2}}\frac{\Delta_{01}^{(1)}}{\Delta^{(1)}}$$

$$a_1 = \frac{-\frac{15n_1}{4n^2}\left(\frac{2kT}{m_1}\right)^{\frac{1}{2}}\Delta_{11}^{\prime(1)} - \frac{15n_2}{4n^2}\left(\frac{2kT}{m_2}\right)^{\frac{1}{2}}\Delta_{-11}^{\prime(1)}}{\Delta^{\prime(1)}} \tag{10.6.40}$$

在式（10.6.36）中有[2]

$$\begin{aligned} a_{pq} &\equiv \{\boldsymbol{\alpha}^{(p)},\boldsymbol{\alpha}^{(q)}\} = x_1^2[\boldsymbol{\alpha}_1^{(p)},\boldsymbol{\alpha}_1^{(q)}]_1 + x_1x_2[\boldsymbol{\alpha}_1^{(p)},\boldsymbol{\alpha}_2^{(q)}]_{12} \\ &\equiv x_1^2 a_{pq}'' + x_1x_2 a_{pq}' \quad (p,q > 0) \end{aligned} \tag{10.6.41a}$$

$$a_{pq} \equiv x_1x_2[\boldsymbol{\alpha}_2^{(p)},\boldsymbol{\alpha}_2^{(q)}]_{12} + x_2^2[\boldsymbol{\alpha}_2^{(p)},\boldsymbol{\alpha}_2^{(q)}]_2 \equiv x_1x_2 a_{pq}' + x_2^2 a_{pq}'' \quad (p,q < 0) \tag{10.6.41b}$$

$$a_{pq} = a_{qp} = x_1 x_2 [\boldsymbol{\alpha}_1^{(p)}, \boldsymbol{\alpha}_2^{(q)}]_{12} \equiv x_1 x_2 a'_{pq} \quad (p > 0 > q) \tag{10.6.41c}$$

$$a_{0q} = x_1 x_2 a'_{0q} \tag{10.6.41d}$$

式中，当 $q>0$，则

$$a'_{0q} = \mu_1^{\frac{1}{2}} [\hat{\boldsymbol{C}}_1, \boldsymbol{\alpha}_1^{(q)}]_{12}$$

当 $q<0$，则

$$a'_{0q} = -\mu_2^{\frac{1}{2}} [\hat{\boldsymbol{C}}_2, \boldsymbol{\alpha}_2^{(q)}]_{12}$$

当 $q=0$，则

$$a_{00} = x_1 x_2 a'_{00} \quad a'_{00} = -(\mu_1 \mu_2)^{\frac{1}{2}} [\hat{\boldsymbol{C}}_1, \hat{\boldsymbol{C}}_2]_{12}$$

即有

$$a_{11} = x_1^2 a''_{11} + x_1 x_2 a'_{11}$$

$$a_{1-1} = x_1 x_2 a'_{1-1}$$

$$a_{01} = x_1 x_2 a'_{01}, \ a_{10} = a_{01}$$

$$a_{00} = x_1 x_2 a'_{00}$$

$$a_{0-1} = x_1 x_2 a'_{0-1}, \ a_{-10} = a_{0-1}$$

$$a_{1-1} = x_1 x_2 a'_{1-1}, \ a_{-11} = a_{1-1}$$

$$a_{-1-1} = x_1 x_2 a'_{-1-1} + x_2^2 a''_{-1-1}, \quad x_1 \equiv \frac{n_1}{n} = \frac{p_1}{p}, \quad x_2 \equiv \frac{n_2}{n} = \frac{p_2}{p}$$

下面我们进行具体的计算。在一些专著中，使用不同的符号表示同一个量，如 $\Omega_{ij}^{(l,r)}$ 与 $\Omega_{ij}^{(l)}(r)$ 是等同的。由于式（10.3.65）为 $[\Omega_{ij}^{(l,r)}]_{\text{r.s.}}$，则依式（10.3.66）得

$$\Omega_{ij}^{(l,r)} = \Omega_{ij}^{(l,r)*} (r+1)! \left[1 - \frac{1}{2} \frac{1+(-1)^l}{l+1}\right] \left[\frac{d_{ij}^2}{2} \left(\frac{\pi kT}{2m_{ij}}\right)^{\frac{1}{2}}\right] \tag{10.6.42}$$

设计算条件为：Lenard-Jones（12, 6）模型，$\varepsilon / k = 236.8\text{K}$，当 $T = 236.8\text{K}$ 时有 $T^* = kT/\varepsilon = 1.0$。对于 $^{235}UF_6$ 与 $^{238}UF_6$: $m_1 = 349\text{g/mol}$，$m_2 = 352\text{g/mol}$，$d_{12} = \frac{1}{2}(d_1 + d_2) = 5.967 \times 10^{-10}\text{m}$，$\mu_1 = 0.497860199$，$\mu_2 = 0.5021398$，$n_1 / n_2 = \frac{0.71590}{99.28590} = 7.21049 \times 10^{-3}$。查表[1]可得 $\Omega_{12}^{(1,1)*} = 1.440$，$\Omega_{12}^{(2,2)*} = 1.593$。无直接计算值的，我们则用其平均值及相关关系求得。有

$$\langle \Omega^{(1,2)*} \rangle = \langle C^* \rangle \langle \Omega^{(1,1)*} \rangle = 1.20410474$$

由

$$\langle B^* \rangle = \frac{5\langle \Omega^{(1,2)*} \rangle - 4\langle \Omega^{(1,3)*} \rangle}{\langle \Omega^{(1,1)*} \rangle}$$

有

$$\langle \Omega^{(1,3)*} \rangle = \frac{1}{4}[5\langle \Omega^{(1,2)*} \rangle - \langle B^* \rangle \langle \Omega^{(1,1)*} \rangle] = 1.076085662$$

由计算条件和文献[1]及[2]，并利用式（10.6.42），可得

$$a'_{00} = 8\mu_1 \mu_2 \Omega_{12}^{(1,1)} = 5.759894494 \left[\frac{d_{12}^2}{2} \left(\frac{2kT}{2m_{12}}\right)^{\frac{1}{2}}\right]$$

$$a'_{11}=8\mu_2\left[\frac{5}{4}(6\mu_1^2+5\mu_2^2)\Omega_{12}^{(1,1)}-\mu_2^2(5\Omega_{12}^{(1,2)}-\Omega_{12}^{(1,3)})+2\mu_1\mu_2\Omega_{12}^{(2,2)}\right]=41.11276116\left[\frac{d_{12}^2}{2}\left(\frac{\pi kT}{2m_{12}}\right)^{\frac{1}{2}}\right]$$

$$a''_{11}=4\mu_1\Omega_1^{(2,2)}=4\times3\left[\frac{d_1^2}{2}\left(\frac{\pi kT}{2m_1}\right)^{\frac{1}{2}}\right]\Omega_1^{(2,2)*}\approx19.156\left[\frac{d_{12}^2}{2}\left(\frac{\pi kT}{2m_{12}}\right)^{\frac{1}{2}}\right]$$

$$a'_{01}=-8\mu_1^{\frac{1}{2}}\mu_2^2\left[\Omega_{12}^{(1,2)}-\frac{5}{2}\Omega_{12}^{(1,1)}\right]=5.10488911\left[\frac{d_{12}^2}{2}\left(\frac{\pi kT}{2m_{12}}\right)^{\frac{1}{2}}\right]$$

$$a'_{0-1}=8\mu_1^{\frac{1}{2}}\mu_1^2\left[\Omega_{12}^{(1,2)}-\frac{5}{2}\Omega_{12}^{(1,1)}\right]=-5.03976698\left[\frac{d_{12}^2}{2}\left(\frac{\pi kT}{2m_{12}}\right)^{\frac{1}{2}}\right]$$

$$a''_{10}=[\boldsymbol{\alpha}_1^{(1)},\boldsymbol{\alpha}_1^{(0)}]_1=\left[S_{\frac{3}{2}}^{(1)}(\hat{C}_1^2)\hat{\boldsymbol{C}}_1,\frac{\mu_1^{\frac{1}{2}}\rho_2\hat{\boldsymbol{C}}_1}{\rho}\right]=0$$

$$a'_{10}=[\boldsymbol{\alpha}_1^{(1)},\boldsymbol{\alpha}_1^{(0)}]_{12}=\left[S_{\frac{3}{2}}^{(1)}(\hat{C}_1^2)\hat{\boldsymbol{C}}_1,\frac{\mu_1^{\frac{1}{2}}\rho_2\hat{\boldsymbol{C}}_1}{\rho}\right]_{12}=\left(\frac{\mu_1^{\frac{1}{2}}\rho_2}{\rho}\right)\left[S_{\frac{3}{2}}^{(1)}(\hat{C}_1^2)\hat{\boldsymbol{C}}_1,\hat{\boldsymbol{C}}_1\right]_{12}$$

$$=\left(\frac{\mu_1^{\frac{1}{2}}\rho_2}{\rho}\right)(-8\mu_2^2)\left(\Omega_{12}^{(1,2)}-\frac{5}{2}\Omega_{12}^{(1,1)}\right)=5.070111226\left[\frac{d_{12}^2}{2}\left(\frac{\pi kT}{2m_{12}}\right)^{\frac{1}{2}}\right]$$

$$a'_{1-1}=[\boldsymbol{\alpha}_1^{(1)},\boldsymbol{\alpha}_2^{(-1)}]_{12}=\left[S_{\frac{3}{2}}^{(1)}(\hat{C}_1^2)\hat{\boldsymbol{C}}_1,S_{\frac{3}{2}}^{(1)}(\hat{C}_2^2)\hat{\boldsymbol{C}}_2\right]_{12}$$

$$=-8(\mu_1\mu_2)^{\frac{3}{2}}\left[\frac{55}{4}\Omega_{12}^{(1,1)}-5\Omega_{12}^{(1,2)}+\Omega_{12}^{(1,3)}-2\Omega_{12}^{(2,2)}\right]=-19.74497117\left[\frac{d_{12}^2}{2}\left(\frac{\pi kT}{2m_{12}}\right)^{\frac{1}{2}}\right]$$

由式（10.6.41c）可知 $a_{pq}=x_1x_2a'_{pq}=a_{qp}=x_1x_2a'_{qp}\quad(p>0>q)$

故有

$$a'_{-11}=a'_{1-1}$$

$$a'_{-10}=[\boldsymbol{\alpha}_1^{(-1)},\boldsymbol{\alpha}_2^{(0)}]_{12}=[0,\boldsymbol{\alpha}_2^{(0)}]_{12}=0$$

由同类分子 1 的 $\Omega_1^{(l,r)}$ 的表示式可知对同类分子 2 来说，仅是将同类分子 1 的公式中分子编号改为 2 而已。

$$a''_{-1-1}=[\boldsymbol{\alpha}_2^{(-1)},\boldsymbol{\alpha}_2^{(-1)}]_2=\left[S_{\frac{3}{2}}^{(1)}(\hat{C}_2^2)\hat{\boldsymbol{C}}_2,S_{\frac{3}{2}}^{(1)}(\hat{C}_2^2)\hat{\boldsymbol{C}}_2\right]_2=4\Omega_2^{(2,2)}\approx19.075\left[\frac{d_{12}^2}{2}\left(\frac{\pi kT}{2m_{12}}\right)^{\frac{1}{2}}\right]$$

因为 $a'_{11}=\left[S_{\frac{3}{2}}^{(1)}(\hat{C}_1^2)\hat{\boldsymbol{C}}_1,S_{\frac{3}{2}}^{(1)}(\hat{C}_1^2)\hat{\boldsymbol{C}}_1\right]_{12}$，我们改变该式中 $\hat{\boldsymbol{C}}_1$ 为 $\hat{\boldsymbol{C}}_2$，也即将前面 a'_{11} 计算式中 μ_1、μ_2 互换而有

$$a'_{-1-1} = [\boldsymbol{\alpha}_2^{(-1)}, \boldsymbol{\alpha}_2^{(-1)}]_{12} = 8\mu_1\left[\frac{5}{4}(6\mu_2^2 + 5\mu_1^2)\Omega_{12}^{(1,1)} - 5\mu_1\Omega_{12}^{(1,2)} + \mu_1^2\Omega_{12}^{(1,3)} + 2\mu_2\mu_1\Omega_{12}^{(2,2)}\right]$$

$$= 12.02739553\left[\frac{d_{12}^2}{2}\left(\frac{\pi kT}{2m_{12}}\right)^{\frac{1}{2}}\right]$$

所以得
$$d_{*0} = 85.84728315\left(\frac{\mu_1\mu_2}{\pi n^2 d_{12}^4}\right)^{\frac{1}{2}} \tag{10.6.43}$$

$$d_{*1} = 14.07851762\left(\frac{\mu_1\mu_2}{\pi n^2 d_{12}^4}\right)^{\frac{1}{2}} \tag{10.6.44}$$

$$a_1 = \frac{15}{4n^2\pi d_{12}^2}(2.31996025 n_2\mu_1 - 4.525373026 n_1\mu_2) \tag{10.6.45}$$

显然，式中由于 $\mu_1 \approx \mu_2$，$n_2 \gg n_1$，故$a_1 > 0$ 。

由式（10.6.28）、式（10.6.29）可得

$$\tilde{\boldsymbol{A}}_1 \approx a_1 S_{\frac{3}{2}}^{(1)}(\hat{C}_1^2)\hat{\boldsymbol{C}}_1 = a_1\left(\frac{5}{2} - \hat{C}_1^2\right)\hat{\boldsymbol{C}}_1 \tag{10.6.46}$$

$$\tilde{\boldsymbol{A}}_2 \approx a_1 S_{\frac{3}{2}}^{(1)}(\hat{C}_2^2)\hat{\boldsymbol{C}}_2 = a_1\left(\frac{5}{2} - \hat{C}_2^2\right)\hat{\boldsymbol{C}}_2 \tag{10.6.47}$$

$$\boldsymbol{D}_1 \approx \frac{d_{*0}\mu_1^{\frac{1}{2}}\rho_2\hat{\boldsymbol{C}}_1}{\rho} + d_{*1}S_{\frac{3}{2}}^{(1)}(\hat{C}_1^2)\hat{\boldsymbol{C}}_1 = \left[\frac{d_{*0}\mu_1^{\frac{1}{2}}\rho_2}{\rho} + d_{*1}\left(\frac{5}{2} - \hat{C}_1^2\right)\right]\hat{\boldsymbol{C}}_1 \tag{10.6.48}$$

$$\boldsymbol{D}_2 \approx -\frac{d_{*0}\mu_2^{\frac{1}{2}}\rho_1\hat{\boldsymbol{C}}_2}{\rho} + d_{*1}S_{\frac{3}{2}}^{(1)}(\hat{C}_2^2)\hat{\boldsymbol{C}}_2 = \left[-\frac{d_{*0}\mu_2^{\frac{1}{2}}\rho_1}{\rho} + d_{*1}\left(\frac{5}{2} - \hat{C}_2^2\right)\right]\hat{\boldsymbol{C}}_2 \tag{10.6.49}$$

式（10.6.46）～式（10.6.49）中 d_{*0}、d_{*1}、a_1 为式（10.6.43）～式（10.6.4.45）所取值。将式（10.6.46）、式（10.6.47）分别代入式（10.6.27）中的两式，并利用式（10.6.33），可得

$$\boldsymbol{A}_1 = \left\{a_1\left(\frac{5}{2} - \hat{C}_1^2\right) + \frac{105}{118}\frac{m_2 - m_1}{m_0}\frac{n_1 n_2}{n^2}\left[\frac{d_{*0}\mu_1^{\frac{1}{2}}\rho_2}{\rho} + d_{*1}\left(\frac{5}{2} - \hat{C}_1^2\right)\right]\right\}\hat{\boldsymbol{C}}_1 \tag{10.6.50}$$

$$\boldsymbol{A}_2 = \left\{a_1\left(\frac{5}{2} - \hat{C}_2^2\right) + \frac{105}{118}\frac{m_2 - m_1}{m_0}\frac{n_1 n_2}{n^2}\left[-\frac{d_{*0}\mu_2^{\frac{1}{2}}\rho_1}{\rho} + d_{*1}\left(\frac{5}{2} - \hat{C}_2^2\right)\right]\right\}\hat{\boldsymbol{C}}_2 \tag{10.6.51}$$

为了便于积分运算，我们将式（10.6.48）～式（10.6.51）的 $\boldsymbol{D}_1$、$\boldsymbol{D}_2$、$\boldsymbol{A}_1$、$\boldsymbol{A}_2$ 改写如下

$$\boldsymbol{D}_1 = \left\lfloor D_{1(1)} - d_{*1}\hat{C}_1^2 \right\rfloor \hat{\boldsymbol{C}}_1, \quad \boldsymbol{D}_2 = \left\lfloor D_{2(1)} - d_{*1}\hat{C}_2^2 \right\rfloor \hat{\boldsymbol{C}}_2$$
$$\boldsymbol{A}_1 = [A_{1(1)} - A_{1(2)}\hat{C}_1^2]\hat{\boldsymbol{C}}_1, \quad \boldsymbol{A}_2 = [A_{2(1)} - A_{2(2)}\hat{C}_2^2]\hat{\boldsymbol{C}}_2 \tag{10.6.52}$$

式中，

$$D_{1(1)} = \frac{\rho_2}{\rho}\mu_1^{\frac{1}{2}} d_{*0} + \frac{5}{2} d_{*1}$$

$$D_{2(1)} = -\frac{\rho_1}{\rho}\mu_2^{\frac{1}{2}} d_{*0} + \frac{5}{2} d_{*1}$$

$$A_{1(1)} = \frac{5}{2}a_1 + \frac{105}{118}\frac{m_2 - m_1}{m_0}\frac{n_1 n_2}{n^2}\left(\frac{\rho_2}{\rho}\mu_1^{\frac{1}{2}} d_{*0} + \frac{5}{2} d_{*1}\right)$$

$$A_{1(2)} = a_1 + \frac{105}{118}\frac{m_2 - m_1}{m_0}\frac{n_1 n_2}{n^2} d_{*1}$$

$$A_{2(1)} = \frac{5}{2}a_1 + \frac{105}{118}\frac{m_2 - m_1}{m_0}\frac{n_1 n_2}{n^2}\left(-\frac{\rho_1}{\rho}\mu_2^{\frac{1}{2}} d_{*0} + \frac{5}{2} d_{*1}\right), \quad A_{2(2)} = A_{1(2)}$$

在设 $\boldsymbol{v}$ 随 $\boldsymbol{r}$ 变化近似为零的条件下，将所求的式（10.6.52）代入式（10.6.25）和式（10.6.26）并忽略两式的末项，于是得

$$\phi_1^{(1)} = -[A_{1(1)} - A_{1(2)}\hat{C}_1^2]\hat{\boldsymbol{C}}_1 \cdot \frac{\partial \ln T}{\partial \boldsymbol{r}} - [D_{1(1)} - d_{*1}\hat{C}_1^2]\hat{\boldsymbol{C}}_1 \cdot \boldsymbol{d}_{12}$$
$$\phi_2^{(1)} = -[A_{2(1)} - A_{2(2)}\hat{C}_2^2]\hat{\boldsymbol{C}}_2 \cdot \frac{\partial \ln T}{\partial \boldsymbol{r}} - [D_{2(1)} - d_{*1}\hat{C}_2^2]\hat{\boldsymbol{C}}_2 \cdot \boldsymbol{d}_{12} \tag{10.6.53}$$

式中，d_{*0}、d_{*1}、a_1 分别为式（10.6.43）、式（10.6.44）和式（10.6.45）所取值。

将式（10.6.53）代入式（10.6.19），适当调整后得到

$$\begin{aligned}
N_{12} =& 2n_1 n_2 d_{12}^2\left(\frac{2\pi kTm_0}{m_1 m_2}\right)^{\frac{1}{2}} - \frac{1}{4}\iiiint n_1 n_2 \frac{(m_1 m_2)^{\frac{3}{2}}}{(2\pi kT)^3}\exp[-(\hat{C}_1^2 + \hat{C}_2^2)] \\
&\times\left\{[A_{2(1)} - A_{2(2)}\hat{C}_2^2]\hat{\boldsymbol{C}}_2 \cdot \frac{\partial \ln T}{\partial \boldsymbol{r}} + [D_{2(1)} - d_{*1}\hat{C}_2^2]\hat{\boldsymbol{C}}_2 \cdot \boldsymbol{d}_{12}\right\} g d_{12}^2 \sin\chi \mathrm{d}\chi \mathrm{d}\alpha \mathrm{d}\boldsymbol{c}_1 \mathrm{d}\boldsymbol{c}_2 \\
&- \frac{1}{4}\iiiint n_1 n_2 \frac{(m_1 m_2)^{\frac{3}{2}}}{(2\pi kT)^3}\exp[-(\hat{C}_1^2 + \hat{C}_2^2)] \\
&\times\left\{[A_{1(1)} - A_{1(2)}\hat{C}_1^2]\hat{\boldsymbol{C}}_1 \cdot \frac{\partial \ln T}{\partial \boldsymbol{r}} + [D_{1(1)} - d_{*1}\hat{C}_1^2]\hat{\boldsymbol{C}}_1 \cdot \boldsymbol{d}_{12}\right\} g d_{12}^2 \sin\chi \mathrm{d}\chi \mathrm{d}\alpha \mathrm{d}\boldsymbol{c}_1 \mathrm{d}\boldsymbol{c}_2 \\
&+ \frac{1}{4}\iiiint n_1 n_2 \frac{(m_1 m_2)^{\frac{3}{2}}}{(2\pi kT)^3}\exp[-(\hat{C}_1^2 + \hat{C}_2^2)]\left\{[A_{1(1)} - A_{1(2)}\hat{C}_1^2]\hat{\boldsymbol{C}}_1 \cdot \frac{\partial \ln T}{\partial \boldsymbol{r}} + [D_{1(1)} - d_{*1}\hat{C}_1^2]\hat{\boldsymbol{C}} \cdot \boldsymbol{d}_{12}\right\} \\
&\times\left\{[A_{2(1)} - A_{2(2)}\hat{C}_2^2]\hat{\boldsymbol{C}}_2 \cdot \frac{\partial \ln T}{\partial \boldsymbol{r}} + [D_{2(1)} - d_{*1}\hat{C}_2^2]\hat{\boldsymbol{C}}_2 \cdot \boldsymbol{d}_{12}\right\} g d_{12}^2 \sin\chi \mathrm{d}\chi \mathrm{d}\alpha \mathrm{d}\boldsymbol{c}_1 \mathrm{d}\boldsymbol{c}_2
\end{aligned} \tag{10.6.54}$$

式中，$\boldsymbol{d}_{12}$ 由式（10.6.23）或式（10.6.24）给出。

到此，因为考虑的是一级近似，所以在零级近似中必须满足的 $\dfrac{\partial T}{\partial \boldsymbol{r}}=0$ 和 $\boldsymbol{v}$ 为水平面常矢均被这里考虑到的 $\dfrac{\partial \ln T}{\partial \boldsymbol{r}}=0$ 及 $\boldsymbol{v}$ 随 $\boldsymbol{r}$ 变化近似为0所替代，还考虑了压力随 $\boldsymbol{r}$ 的改变，即非均匀的情况已经在所设解中得以体现，并均反映到式（10.6.54）等式中。现在的问题是：式（10.6.54）中所含速度分布函数零级近似式中含 $\boldsymbol{C}_i=\boldsymbol{c}_i-\boldsymbol{v}$ 或 $\boldsymbol{C}_i=\boldsymbol{\xi}_i-\boldsymbol{v}(i=1,2)$，而10.3节有关质心速度 $\boldsymbol{G}$ 的公式（10.3.33）等是与 $\boldsymbol{c}_i$ 或 $\boldsymbol{\xi}_i$ 直接联系的。因此只有当气体为均匀稳恒态或 $\boldsymbol{C}_i$ 极接近于 $\boldsymbol{c}_i$ 时，才方便使用质心速度的公式，但这又与一级近似的条件有所不符。幸好，在较多的情况下混合气体在水平放置的反应管中是慢速流动或是短暂宏观静止的，主要的问题是温度及压力等有所不均匀。于是，我们在推导公式过程中可将零级近似速度分布函数中 $\boldsymbol{C}_i$ 视为 $\boldsymbol{c}_i$ 或 $\boldsymbol{\xi}_i$ 来处理。更合适的处理是设碰撞分子对的质心相对于速度为 $\boldsymbol{v}$ 的运动坐标系的速度为 $\boldsymbol{G}_0$，于是[2] $\boldsymbol{G}_0=\boldsymbol{G}-\boldsymbol{v}$，$\boldsymbol{C}_1=\boldsymbol{G}_0-\mu_2\boldsymbol{g}_{21}$，$\boldsymbol{C}_2=\boldsymbol{G}_0+\mu_1\boldsymbol{g}_{21}$。$\boldsymbol{C}_1'$、$\boldsymbol{C}_2'$ 则由类似的式子给出。可以得到

$$\frac{1}{2}m_1C_1^2+\frac{1}{2}m_2C_2^2=\frac{1}{2}m_0(G_0^2+\mu_1\mu_2g^2) \tag{10.6.55}$$

又由于

$$J\equiv\frac{\partial(\boldsymbol{G}_0,\boldsymbol{g})}{\partial(\boldsymbol{C}_1,\boldsymbol{C}_2)}=\begin{vmatrix}\dfrac{\partial \boldsymbol{G}_0}{\partial \boldsymbol{C}_1} & \dfrac{\partial \boldsymbol{g}}{\partial \boldsymbol{C}_1}\\ \dfrac{\partial \boldsymbol{G}_0}{\partial \boldsymbol{C}_2} & \dfrac{\partial \boldsymbol{g}}{\partial \boldsymbol{C}_2}\end{vmatrix}=1$$

故有

$$\mathrm{d}\boldsymbol{C}_2\mathrm{d}\boldsymbol{C}_1=\mathrm{d}\boldsymbol{C}_0\mathrm{d}\boldsymbol{g}_{21}=\mathrm{d}\boldsymbol{C}_0\mathrm{d}\boldsymbol{g}$$

参照式（10.6.11）、式（10.6.12）来完成式（10.6.54）对 χ 和 α 的积分，将式（10.6.55）代入式（10.6.54），参考式（10.3.33）～式（10.3.37）及 $\boldsymbol{g}=(2kT/m_{ij})^{\frac{1}{2}}\hat{\boldsymbol{g}}$，并注意到 $\hat{\boldsymbol{G}}_0=(m_0/2kT)^{\frac{1}{2}}\boldsymbol{G}_0$，可将式（10.6.54）化成式（10.6.56）。

仅仅式（10.6.56）和式（10.6.67）中，特别要说明的是，将矢量 $\boldsymbol{G}$、$\boldsymbol{G}_0$、$\boldsymbol{g}$ 表示成 $\vec{\boldsymbol{G}}$、$\vec{\boldsymbol{G}}_0$、$\vec{\boldsymbol{g}}$，将矢量 $\hat{\boldsymbol{G}}$、$\hat{\boldsymbol{G}}_0$、$\hat{\boldsymbol{g}}$ 表示成 $\vec{\hat{\boldsymbol{G}}}$、$\vec{\hat{\boldsymbol{G}}}_0$、$\vec{\hat{\boldsymbol{g}}}$，以便于更明显地区分大量出现于公式中的标量 G、G_0、g 和 $\hat{G}$、$\hat{G}_0$、$\hat{g}$。式中 $\mathrm{d}\vec{\hat{\boldsymbol{G}}}_0$、$\mathrm{d}\vec{\hat{\boldsymbol{g}}}$ 都是三重积分元。当气体为静态时（$\boldsymbol{v}=0$）有 $\vec{\hat{\boldsymbol{G}}}_0=\vec{\hat{\boldsymbol{G}}}$。在整个碰撞过程中，$\vec{\boldsymbol{G}}$ 是两个分子的质心速度，$\vec{\hat{\boldsymbol{G}}}=\left(\dfrac{m_0}{2kT}\right)^{\frac{1}{2}}\vec{\boldsymbol{G}}$，$\vec{\boldsymbol{G}}_0$ 为质心相对于运动坐标系（$\boldsymbol{v}$）的速度。由于对式（10.6.11），球坐标系是适应于研究碰撞的[1]，至此，在式（10.6.56）中与极角 χ、α 有关积分已经完成，碰撞参数已经被考虑，而体积和时间的因素则被考虑为单位体积、单位时间的碰撞数。未完成的是按粒子数的速度分布对速度的积分，然而粒子数按速度的分布和对速度的积分的完成还有待于新建立一个便于考虑积分的坐标系。

$$
\begin{aligned}
N_{12} ={}& 2n_1n_2d_{12}^2\left(\frac{2\pi kTm_0}{m_1m_2}\right)^{\frac{1}{2}} - n_1n_2d_{12}^2\frac{1}{\pi^2}\left(\frac{2kT}{m_{12}}\right)^{\frac{1}{2}}\iint\exp[-(\hat{G}_0^2+\hat{g}^2)] \\
&\times\left\{\begin{aligned}&\left[A_{2(1)}-A_{2(2)}\left(\mu_2\hat{G}_0^2+2(\mu_1\mu_2)^{\frac{1}{2}}\hat{G}_0\hat{g}+\mu_1\hat{g}^2\right)\right]\left(\mu_2^{\frac{1}{2}}\hat{\vec{\boldsymbol{G}}}_0+\mu_1^{\frac{1}{2}}\hat{\vec{\boldsymbol{g}}}\right)\cdot\frac{\partial\ln T}{\partial\boldsymbol{r}}\\ &+\left[D_{2(1)}-d_{*1}\left(\mu_2\hat{G}_0^2+2(\mu_1\mu_2)^{\frac{1}{2}}\hat{G}_0\hat{g}+\mu_1\hat{g}^2\right)\right]\left(\mu_2^{\frac{1}{2}}\hat{\vec{\boldsymbol{G}}}_0+\mu_1^{\frac{1}{2}}\hat{\vec{\boldsymbol{g}}}\right)\cdot\boldsymbol{d}_{12}\end{aligned}\right\}\hat{g}\mathrm{d}\hat{\vec{\boldsymbol{G}}}_0\mathrm{d}\hat{\vec{\boldsymbol{g}}} \\
&-n_1n_2d_{12}^2\frac{1}{\pi^2}\left(\frac{2kT}{m_{12}}\right)^{\frac{1}{2}}\iint\exp[-(\hat{G}_0^2+\hat{g}^2)] \\
&\times\left\{\begin{aligned}&\left[A_{1(1)}-A_{1(2)}\left(\mu_1\hat{G}_0^2-2(\mu_1\mu_2)^{\frac{1}{2}}\hat{G}_0\hat{g}+\mu_2\hat{g}^2\right)\right]\left(\mu_1^{\frac{1}{2}}\hat{\vec{\boldsymbol{G}}}_0-\mu_2^{\frac{1}{2}}\hat{\vec{\boldsymbol{g}}}\right)\cdot\frac{\partial\ln T}{\partial\boldsymbol{r}}\\ &+\left[D_{1(1)}-d_{*1}\left(\mu_1\hat{G}_0^2-2(\mu_1\mu_2)^{\frac{1}{2}}\hat{G}_0\hat{g}+\mu_2\hat{g}^2\right)\right]\left(\mu_1^{\frac{1}{2}}\hat{\vec{\boldsymbol{G}}}_0-\mu_2^{\frac{1}{2}}\hat{\vec{\boldsymbol{g}}}\right)\cdot\boldsymbol{d}_{12}\end{aligned}\right\}\hat{g}\mathrm{d}\hat{\vec{\boldsymbol{G}}}_0\mathrm{d}\hat{\vec{\boldsymbol{g}}} \\
&+n_1n_2d_{12}^2\frac{1}{\pi^2}\left(\frac{2kT}{m_{12}}\right)^{\frac{1}{2}}\iint\exp[-(\hat{G}_0^2+\hat{g}^2)] \\
&\times\left\{\begin{aligned}&\left[A_{1(1)}-A_{1(2)}\left(\mu_1\hat{G}_0^2-2(\mu_1\mu_2)^{\frac{1}{2}}\hat{G}_0\hat{g}+\mu_2\hat{g}^2\right)\right]\left(\mu_1^{\frac{1}{2}}\hat{\vec{\boldsymbol{G}}}_0-\mu_2^{\frac{1}{2}}\hat{\vec{\boldsymbol{g}}}\right)\cdot\frac{\partial\ln T}{\partial\boldsymbol{r}}\\ &+\left[D_{1(1)}-d_{*1}\left(\mu_1\hat{G}_0^2-2(\mu_1\mu_2)^{\frac{1}{2}}\hat{G}_0\hat{g}+\mu_2\hat{g}^2\right)\right]\left(\mu_1^{\frac{1}{2}}\hat{\vec{\boldsymbol{G}}}_0-\mu_2^{\frac{1}{2}}\hat{\vec{\boldsymbol{g}}}\right)\cdot\boldsymbol{d}_{12}\end{aligned}\right\} \\
&\times\left\{\begin{aligned}&\left[A_{2(1)}-A_{2(2)}\left(\mu_2\hat{G}_0^2+2(\mu_1\mu_2)^{\frac{1}{2}}\hat{G}_0\hat{g}+\mu_1\hat{g}^2\right)\right]\left(\mu_2^{\frac{1}{2}}\hat{\vec{\boldsymbol{G}}}_0+\mu_1^{\frac{1}{2}}\hat{\vec{\boldsymbol{g}}}\right)\cdot\frac{\partial\ln T}{\partial\boldsymbol{r}}\\ &+\left[D_{2(1)}-d_{*1}\left(\mu_2\hat{G}_0^2+2(\mu_1\mu_2)^{\frac{1}{2}}\hat{G}_0\hat{g}+\mu_1\hat{g}^2\right)\right]\left(\mu_2^{\frac{1}{2}}\hat{\vec{\boldsymbol{G}}}_0+\mu_1^{\frac{1}{2}}\hat{\vec{\boldsymbol{g}}}\right)\cdot\boldsymbol{d}_{12}\end{aligned}\right\}\hat{g}\mathrm{d}\hat{\vec{\boldsymbol{G}}}_0\mathrm{d}\hat{\vec{\boldsymbol{g}}}
\end{aligned}
\tag{10.6.56}
$$

10.6.2　反应池横截面内一维温度变化下的碰撞

为了使问题简化，假定反应池横截面如图 10.6.1 所示，即假定 $\boldsymbol{d}_{12}$ 和 T 的变化仅发生在 x 方向，而 y 方向和 z 方向的变化可忽略。先求式（10.6.56）的第二项，在直角坐标系下考虑一维温度梯度的影响，然后再回到球坐标系完成对速度的积分。在直角坐标系下第二项化简为

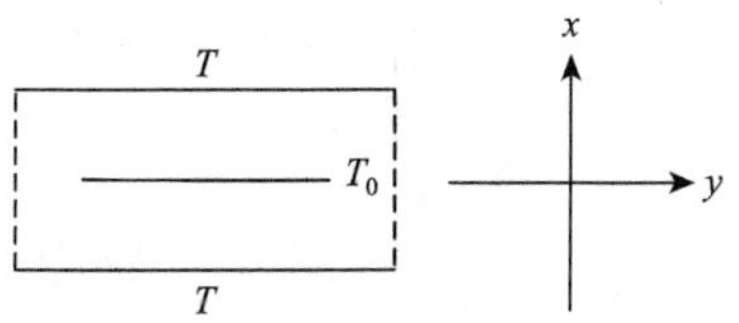

图 10.6.1　反应池一维温度梯度截面图

$$\text{part2}=-n_1n_2d_{12}^2\frac{1}{\pi^2}\left(\frac{2kT}{m_{12}}\right)^{\frac{1}{2}}\iiint\iiint\exp[-(\hat{G}_0^2+\hat{g}^2)]$$

$$\times\left\{\begin{array}{l}\left[A_{2(1)}-A_{2(2)}\left(\mu_2\hat{G}_0^2+2(\mu_1\mu_2)^{\frac{1}{2}}\hat{G}_0\hat{g}+\mu_1\hat{g}^2\right)\right]\left(\mu_2^{\frac{1}{2}}\hat{G}_{0x}+\mu_1^{\frac{1}{2}}\hat{g}_x\right)\dfrac{\partial\ln T}{\partial x}\\+\left[D_{2(1)}-d_{*1}\left(\mu_2\hat{G}_0^2+2(\mu_1\mu_2)^{\frac{1}{2}}\hat{G}_0\hat{g}+\mu_1\hat{g}^2\right)\right]\left(\mu_2^{\frac{1}{2}}\hat{G}_{0x}+\mu_1^{\frac{1}{2}}\hat{g}_x\right)\\\times\left[\dfrac{\partial\left(\dfrac{n_1}{n}\right)}{\partial x}+\dfrac{n_1n_2(m_2-m_1)}{n\rho}\dfrac{\partial\ln p}{\partial x}\right]\end{array}\right\}\hat{g}\mathrm{d}\hat{G}_{0x}\mathrm{d}\hat{G}_{0y}\mathrm{d}\hat{G}_{0z}\mathrm{d}\hat{g}_x\mathrm{d}\hat{g}_y\mathrm{d}\hat{g}_z$$

（10.6.57）

经推导可得

$$\text{part2}=-n_1n_2d_{12}^2\frac{1}{\pi^2}\left(\frac{2kT}{m_{12}}\right)^{\frac{1}{2}}\iiint\iiint\exp[-(\hat{G}_0^2+\hat{g}^2)]$$

$$\times\left\{\begin{array}{l}\left[A_{2(1)}-A_{2(2)}\left(\mu_2\hat{G}_0^2+2(\mu_1\mu_2)^{\frac{1}{2}}\hat{G}_0\hat{g}+\mu_1\hat{g}^2\right)\right]\left(\mu_2^{\frac{1}{2}}\hat{G}_0\sin\varphi\cos\theta+\mu_1^{\frac{1}{2}}\hat{g}_x\right)\dfrac{\partial\ln T}{\partial x}\\+\left[D_{2(1)}-d_{*1}\left(\mu_2\hat{G}_0^2+2(\mu_1\mu_2)^{\frac{1}{2}}\hat{G}_0\hat{g}+\mu_1\hat{g}^2\right)\right]\left[\mu_2^{\frac{1}{2}}\hat{G}_0\sin\varphi\cos\theta+\mu_1^{\frac{1}{2}}\hat{g}_x\right]\\\times\left[\dfrac{\partial\left(\dfrac{n_i}{n}\right)}{\partial x}+\dfrac{n_1n_2(m_2-m_1)}{n\rho}\dfrac{\partial\ln p}{\partial x}\right]\end{array}\right\}$$

$$\times\hat{g}\hat{G}_0^2\sin\varphi\mathrm{d}\hat{G}_0\mathrm{d}\varphi\mathrm{d}\theta\mathrm{d}\hat{g}_x\mathrm{d}\hat{g}_y\mathrm{d}\hat{g}_z$$

$$=-n_1n_2d_{12}^2\frac{1}{\pi^2}\left(\frac{2kT}{m_{12}}\right)^{\frac{1}{2}}\iiint\iiint\exp[-(\hat{G}_0^2+\hat{g}^2)]$$

$$\times\left\{\begin{array}{l}\left[A_{2(1)}-A_{2(2)}\left(\mu_2\hat{G}_0^2+2(\mu_1\mu_2)^{\frac{1}{2}}\hat{G}_0\hat{g}+\mu_1\hat{g}^2\right)\right]\left(\mu_1^{\frac{1}{2}}\hat{g}\sin\varphi'\cos\theta'\right)\dfrac{\partial\ln T}{\partial x}\\+\left[D_{2(1)}-d_{*1}\left(\mu_2\hat{G}_0^2+2(\mu_1\mu_2)^{\frac{1}{2}}\hat{G}_0\hat{g}+\mu_1\hat{g}^2\right)\right]\left(\mu_1^{\frac{1}{2}}\hat{g}\sin\varphi'\cos\theta'\right)\\\times\left[\dfrac{\partial\left(\dfrac{n_i}{n}\right)}{\partial x}+\dfrac{n_1n_2(m_2-m_1)}{n\rho}\dfrac{\partial\ln p}{\partial x}\right]\end{array}\right\}$$

$$\times \hat{g}^3\hat{G}_0^2\sin\varphi\sin\varphi'\mathrm{d}\hat{G}_0\mathrm{d}\varphi\mathrm{d}\hat{g}\mathrm{d}\varphi'\mathrm{d}\theta' \tag{10.6.58}$$

$$=0$$

式中利用了

$$\hat{G}_{0x}=\hat{G}_0\sin\varphi\cos\theta,\hat{G}_{0y}=\hat{G}_0\sin\varphi\sin\theta,\hat{G}_{0z}=\hat{G}_0\cos\varphi,$$

$$\hat{g}_x=\hat{g}\sin\varphi'\cos\theta',\hat{g}_y=\hat{g}\sin\varphi'\sin\theta',\hat{g}_z=\hat{g}\cos\varphi',$$

$$\varphi,\varphi':0\sim\pi;\theta,\theta':0\sim2\pi;\hat{G}_0,\hat{g}:0\sim\infty;$$

$$\mathrm{d}\hat{\vec{\boldsymbol{G}}}_0=\mathrm{d}\hat{G}_{0x}\mathrm{d}\hat{G}_{0y}\mathrm{d}\hat{G}_{0z}=\hat{G}_0^2\sin\varphi\mathrm{d}\hat{G}_0\mathrm{d}\varphi\mathrm{d}\theta,$$

$$\mathrm{d}\hat{\vec{\boldsymbol{g}}}=\mathrm{d}\hat{g}_x\mathrm{d}\hat{g}_y\mathrm{d}\hat{g}_z=\hat{g}^2\sin\varphi'\mathrm{d}\hat{g}\mathrm{d}\varphi'\mathrm{d}\theta',$$

以及先后对 $\cos\theta$ 和 $\cos\theta'$ 的积分为零。

同理式（10.6.56）第三项为零。

式（10.6.56）第四项经完成积分后整理为

$$\text{part4}=2n_1n_2d_{12}^2\frac{1}{\pi^2}\left(\frac{2\pi kT}{m_{12}}\right)^{\frac{1}{2}}\frac{1}{2}(\mu_1\mu_2)^{\frac{1}{2}}\{\mathrm{I}+\mathrm{II}+\mathrm{III}\} \tag{10.6.59}$$

$$\mathrm{I}=\left(\frac{\partial\ln T}{\partial x}\right)^2\left\{\begin{aligned}&-\frac{5}{3}A_{1(1)}A_{2(1)}+A_{1(1)}A_{2(2)}\left[-\frac{1}{2}\mu_2+(\mu_1\mu_2)^{\frac{1}{2}}+2\mu_1\right]\\&+A_{1(2)}A_{2(1)}\left[-\frac{1}{2}\mu_1-(\mu_1\mu_2)^{\frac{1}{2}}+2\mu_2\right]\\&-A_{1(2)}A_{2(2)}\left[\frac{9}{4}\mu_1\mu_2+\mu_1^2+\mu_2^2+\frac{19}{2}(\mu_1\mu_2)^{\frac{1}{2}}(\mu_2-\mu_1)\right]\end{aligned}\right\}$$

$$\mathrm{II}=d_{12x}^2\left\{\begin{aligned}&-\frac{5}{3}D_{1(1)}D_{2(1)}+D_{1(1)}d_{*1}\left[-\frac{1}{2}\mu_2+(\mu_1\mu_2)^{\frac{1}{2}}+2\mu_1\right]\\&+d_{*1}D_{2(1)}\left[-\frac{1}{2}\mu_1-(\mu_1\mu_2)^{\frac{1}{2}}+2\mu_2\right]\\&-d_{*1}^2\left[\frac{9}{4}\mu_1\mu_2+\mu_1^2+\mu_2^2+\frac{19}{2}(\mu_1\mu_2)^{\frac{1}{2}}(\mu_2-\mu_1)\right]\end{aligned}\right\}$$

$$\mathrm{III}=\frac{\partial\ln T}{\partial x}d_{12x}\left\{\begin{aligned}&-\frac{5}{3}(A_{1(1)}D_{2(1)}+A_{2(1)}D_{1(1)})+(A_{1(1)}d_{*1}+A_{2(1)}d_{*1})\left[-\frac{1}{2}\mu_2+(\mu_1\mu_2)^{\frac{1}{2}}+2\mu_1\right]\\&+(A_{1(2)}D_{2(1)}+A_{2(2)}D_{1(1)})\left[-\frac{1}{2}\mu_1-(\mu_1\mu_2)^{\frac{1}{2}}+2\mu_2\right]\\&-(A_{1(2)}+A_{2(2)})d_{*1}\left[\frac{9}{4}\mu_1\mu_2+\mu_1^2+\mu_2^2+\frac{19}{2}(\mu_1\mu_2)^{\frac{1}{2}}(\mu_2-\mu_1)\right]\end{aligned}\right\}$$

式中，$d_{12x}=\dfrac{\partial\left(\dfrac{n_1}{n}\right)}{\partial x}+\dfrac{n_1n_2(m_2-m_1)}{n\rho}\dfrac{\partial\ln p}{\partial x}$。

例 10.6.1　计算 $^{235}UF_6$ 和 $^{238}UF_6$ 二元混合气单位时间单位体积内分子间的碰撞数。

$^{235}UF_6$ 和 $^{238}UF_6$ 二元混合气，两成分分别编号为 1 和 2，二元混合气压力为2torr，$m_1 = 5.797342193\times10^{-22}\text{g}$，$m_2 = 5.84717608\times10^{-22}\text{g}$，$m_0 = 1.164451827\times10^{-21}\text{g}$，$\mu_1 = 0.497860199$，$\mu_2 = 0.5021398$，$d_{12} = 0.5(d_1 + d_2) = 5.967\times10^{-8}\text{cm}$，$n_1/n = 0.715\%$，$n_2/n = 99.28\%$，另外 $^{234}UF_6$ 的丰度约为 0.005%。UF_6 在室温下已经固化，气压较低。在 $T = 273.15\text{K}$，2torr 气体的粒子数密度（一容器内，理想气体 $n = p/kT$）为 $n = 7.07028\times10^{15}\text{cm}^{-3}$，$n_2 = 7.019\times10^{15}\text{cm}^{-3}$，$n_1 = 4.998\times10^{13}\text{cm}^{-3}$，相应地有 $\rho_2 = 4.104\times10^{-6}\text{g/cm}^3$，$\rho_1 = 2.897\times10^{-8}\text{g/cm}^3$，$\rho = 4.133\times10^{-6}\text{g/cm}^3$，则依据式（10.6.43）～式（10.6.45）和式（10.6.52）中有关量表示式有

$$
\begin{aligned}
d_{*0} &= 0.096170238\text{cm} \\
d_{*1} &= 0.015771429\text{cm} \\
a_1 &= 0.053608316\text{cm} \\
D_{1(1)} &= 0.1068094002\text{cm} \\
D_{2(1)} &= 0.03895089355\text{cm} \\
A_{1(1)} &= 0.1340236444\text{cm} \\
A_{1(2)} &= A_{2(2)} = 0.0536087374\text{cm} \\
A_{2(1)} &= 0.1340218458\text{cm}
\end{aligned}
$$

$$
d_{12x} = \frac{\partial\left(\dfrac{n_1}{n}\right)}{\partial x} + 6.0445362\times10^{-5}\frac{\partial \ln p}{\partial x}\quad(\text{cm}^{-1})
$$

于是可得式（10.6.59）中有

$$
\begin{aligned}
\text{I} &= \left(\frac{\partial \ln T}{\partial x}\right)^2 (-0.0223453207\text{cm}^2) \\
\text{II} &= d_{12x}^2(-0.0049494657\text{cm}^2) \\
\text{III} &= \frac{\partial \ln T}{\partial x} d_{12x}(-0.0271325521\text{cm}^2)
\end{aligned}
\tag{10.6.60}
$$

Ⅰ、Ⅱ、Ⅲ中长度取 cm 为单位的数，T 取 K 为单位的数。故式（10.6.56）的结果为

$$
N_{12} = 2n_1 n_2 d_{12}^2 \left(\frac{2\pi kT}{m_{12}}\right)^{\frac{1}{2}} \left(\begin{aligned} &1 - 0.0005660084\text{cm}^2\left(\frac{\partial \ln T}{\partial x}\right)^2 - 0.00012537028\text{cm}^2 d_{12x}^2 \\ &-0.0006872692\text{cm}^2\frac{\partial \ln T}{\partial x} d_{12x}\end{aligned}\right)
\tag{10.6.61}
$$

式中，大括号内后三项中 T 取 K 为单位的数，长度取 cm 为单位的数。结果表明，在一维对称温度梯度条件下，单位时间单位体积内分子间的碰撞数仍随温度升高而升高，而随温度梯度和扩散条件变化波动较小，因此粗略考虑时，当反应池中央温度高于 x 轴正负方向壁温时，仅在极端条件下对碰撞可产生明显影响。

10.6.3　反应池横截面内温度径向变化下的碰撞

假定反应池横截面如图 10.6.2 所示，横截面内温度呈径向变化，对反应池呈轴对称分布。

在柱坐标系下有

$$\begin{aligned} x &= r\cos\alpha \\ y &= r\sin\alpha \\ z &= z \end{aligned} \tag{10.6.62}$$

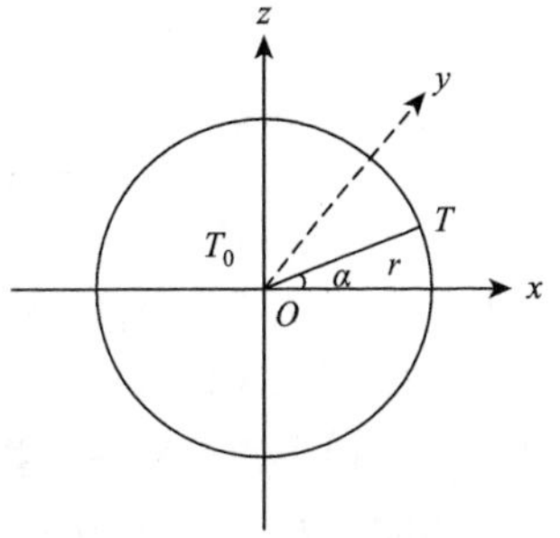

图 10.6.2　圆管反应池横截面图

进而可有

$$\begin{aligned} \frac{\partial\left(\frac{n_1}{n}\right)}{\partial x} &= \frac{\partial\left(\frac{n_1}{n}\right)}{\partial \alpha}\frac{\partial \alpha}{\partial x} + \frac{\partial\left(\frac{n_1}{n}\right)}{\partial r}\frac{\partial r}{\partial x} \\ \frac{\partial\left(\frac{n_1}{n}\right)}{\partial y} &= \frac{\partial\left(\frac{n_1}{n}\right)}{\partial \alpha}\frac{\partial \alpha}{\partial y} + \frac{\partial\left(\frac{n_1}{n}\right)}{\partial r}\frac{\partial r}{\partial y} \\ \frac{\partial \ln p}{\partial x} &= \frac{\partial \ln p}{\partial \alpha}\frac{\partial \alpha}{\partial x} + \frac{\partial \ln p}{\partial r}\frac{\partial r}{\partial x} \\ \frac{\partial \ln p}{\partial y} &= \frac{\partial \ln p}{\partial \alpha}\frac{\partial \alpha}{\partial y} + \frac{\partial \ln p}{\partial r}\frac{\partial r}{\partial y} \end{aligned} \tag{10.6.63}$$

$$\boldsymbol{d}_{12} = \boldsymbol{i}\frac{\partial\left(\frac{n_1}{n}\right)}{\partial x} + \boldsymbol{j}\frac{\partial\left(\frac{n_1}{n}\right)}{\partial y} + \boldsymbol{k}\frac{\partial\left(\frac{n_1}{n}\right)}{\partial z} + \frac{n_1 n_2 (m_2 - m_1)}{n\rho}\left(\boldsymbol{i}\frac{\partial \ln p}{\partial x} + \boldsymbol{j}\frac{\partial \ln p}{\partial y} + \boldsymbol{k}\frac{\partial \ln p}{\partial z}\right) \tag{10.6.64}$$

设 $\frac{\partial\left(\frac{n_1}{n}\right)}{\partial z} = \frac{\partial \ln p}{\partial z} = 0, \frac{\partial\left(\frac{n_1}{n}\right)}{\partial \alpha} = \frac{\partial \ln p}{\partial \alpha} = 0$，则 d_{12} 按直角坐标系的分量表示可写成

$$\boldsymbol{d}_{12} = \left(\boldsymbol{i}\frac{1}{\cos\alpha}\frac{\partial\left(\frac{n_1}{n}\right)}{\partial r} + \boldsymbol{j}\frac{1}{\sin\alpha}\frac{\partial\left(\frac{n_1}{n}\right)}{\partial r}\right) + \frac{n_1 n_2 (m_2 - m_1)}{n\rho}\left(\boldsymbol{i}\frac{1}{\cos\alpha}\frac{\partial \ln p}{\partial r} + \boldsymbol{j}\frac{1}{\sin\alpha}\frac{\partial \ln p}{\partial r}\right) \tag{10.6.65}$$

类似地，可将 $\frac{\partial \ln T}{\partial \boldsymbol{r}}$ 按直角坐标系的分量表示写成

$$\frac{\partial \ln T}{\partial \boldsymbol{r}} = \boldsymbol{i}\frac{\partial \ln T}{\partial x} + \boldsymbol{j}\frac{\partial \ln T}{\partial y} = \boldsymbol{i}\frac{1}{\cos\alpha}\frac{\partial \ln T}{\partial r} + \boldsymbol{j}\frac{1}{\sin\alpha}\frac{\partial \ln T}{\partial r} \tag{10.6.66}$$

由式（10.6.65），有

$$d_{12r} = \frac{\partial\left(\frac{n_1}{n}\right)}{\partial r} + \frac{n_1 n_2 (m_2 - m_1)}{n\rho}\frac{\partial \ln p}{\partial r} \tag{10.6.65a}$$

$$d_{12i}=\frac{1}{\cos\alpha}\frac{\partial\left(\frac{n_1}{n}\right)}{\partial r}+\frac{1}{\cos\alpha}\frac{n_1n_2(m_2-m_1)}{n\rho}\frac{\partial\ln p}{\partial r}\tag{10.6.65b}$$

$$d_{12j}=\frac{1}{\sin\alpha}\frac{\partial\left(\frac{n_1}{n}\right)}{\partial r}+\frac{1}{\sin\alpha}\frac{n_1n_2(m_2-m_1)}{n\rho}\frac{\partial\ln p}{\partial r}\tag{10.6.65c}$$

式中，d_{12r}、d_{12i}、d_{12j} 分别为式（10.3.2）在本坐标系下沿 r 的量和沿 i、j 方向的分量。

考虑到式（10.6.65）、式（10.6.66）中各直角坐标系分量与粒子速度直角坐标系下分量间的点乘，计算碰撞次数的式（10.6.56）的第 2～4 项均可计算，注意式中 d_{ij} 为两分子直径和的一半［式（10.6.42）］。先从式（10.6.56）的第 4 项开始讨论。

$$\begin{aligned}\text{part4}=&\,n_1n_2d_{12}^2\frac{1}{\pi^2}\left(\frac{2kT}{m_{12}}\right)^{\frac{1}{2}}\iint\exp[-(\hat{G}_0^2+\hat{g}^2)]\\&\times\left\{\begin{aligned}&\left[A_{1(1)}-A_{1(2)}\left(\mu_1\hat{G}_0^2-2(\mu_1\mu_2)^{\frac{1}{2}}\hat{G}_0\hat{g}+\mu_2\hat{g}^2\right)\right]\\&\times\left[\left(\mu_1^{\frac{1}{2}}\hat{G}_{0x}-\mu_2^{\frac{1}{2}}\hat{g}_x\right)\frac{1}{\cos\alpha}\frac{\partial\ln T}{\partial r}+\left(\mu_1^{\frac{1}{2}}\hat{G}_{0y}-\mu_2^{\frac{1}{2}}\hat{g}_y\right)\frac{1}{\sin\alpha}\frac{\partial\ln T}{\partial r}\right]\\&+\left[D_{1(1)}-d_{*1}\left(\mu_1\hat{G}_0^2-2(\mu_1\mu_2)^{\frac{1}{2}}\hat{G}_0\hat{g}+\mu_2\hat{g}^2\right)\right]\\&\times\left[\left(\mu_1^{\frac{1}{2}}\hat{G}_{0x}-\mu_2^{\frac{1}{2}}\hat{g}_x\right)d_{12i}+\left(\mu_1^{\frac{1}{2}}\hat{G}_{0y}-\mu_2^{\frac{1}{2}}\hat{g}_y\right)d_{12j}\right]\end{aligned}\right\}\\&\times\left\{\begin{aligned}&\left[A_{2(1)}-A_{2(2)}\left(\mu_2\hat{G}_0^2+2(\mu_1\mu_2)^{\frac{1}{2}}\hat{G}_0\hat{g}+\mu_1\hat{g}^2\right)\right]\\&\times\left[\left(\mu_2^{\frac{1}{2}}\hat{G}_{0x}+\mu_1^{\frac{1}{2}}\hat{g}_x\right)\frac{1}{\cos\alpha}\frac{\partial\ln T}{\partial r}+\left(\mu_2^{\frac{1}{2}}\hat{G}_{0y}+\mu_1^{\frac{1}{2}}\hat{g}_y\right)\frac{1}{\sin\alpha}\frac{\partial\ln T}{\partial r}\right]\\&+\left[D_{2(1)}-d_{*1}\left(\mu_2\hat{G}_0^2+2(\mu_1\mu_2)^{\frac{1}{2}}\hat{G}_0\hat{g}+\mu_1\hat{g}^2\right)\right]\\&\times\left[\left(\mu_2^{\frac{1}{2}}\hat{G}_{0x}+\mu_1^{\frac{1}{2}}\hat{g}_x\right)d_{12i}+\left(\mu_2^{\frac{1}{2}}\hat{G}_{0y}+\mu_1^{\frac{1}{2}}\hat{g}_y\right)d_{12j}\right]\end{aligned}\right\}\\&\times\hat{g}\mathrm{d}\hat{\boldsymbol{G}}_0\mathrm{d}\hat{\boldsymbol{g}}\end{aligned}\tag{10.6.67}$$

式（10.6.67）对 $\hat{G}_0$ 和 $\hat{g}$ 积分时，分别采用球坐标系 $\hat{G}_0,\varphi,\theta;\hat{g},\varphi',\theta'$。并注意此时有

$$\theta=\alpha,\theta'=\alpha,\hat{G}_{0x}=\hat{G}_0\sin\varphi\cos\theta,\hat{G}_{0y}=\hat{G}_0\sin\varphi\sin\theta,\hat{G}_{0z}=\hat{G}_0\cos\varphi,$$
$$\hat{g}_x=\hat{g}\sin\varphi'\cos\theta',\hat{g}_y=\hat{g}\sin\varphi'\sin\theta',\hat{g}_z=\hat{g}\cos\varphi'$$

则式（10.6.67）变为

$$\text{part4}=n_1n_2d_{12}^2\frac{1}{\pi^2}\left(\frac{2kT}{m_{12}}\right)^{\frac{1}{2}}\iiint\iiint\exp[-(\hat{G}_0^2+\hat{g}^2)]$$
$$\times\left\{\begin{aligned}&\left[A_{1(1)}-A_{1(2)}\left(\mu_1\hat{G}_0^2-2(\mu_1\mu_2)^{\frac{1}{2}}\hat{G}_0\hat{g}+\mu_2\hat{g}^2\right)\right]\left[2\left(\mu_1^{\frac{1}{2}}\hat{G}_0\sin\varphi-\mu_2^{\frac{1}{2}}\hat{g}\sin\varphi'\right)\frac{\partial\ln T}{\partial r}\right]\\&+\left[D_{1(1)}-d_{*1}\left(\mu_1\hat{G}_0^2-2(\mu_1\mu_2)^{\frac{1}{2}}\hat{G}_0\hat{g}+\mu_2\hat{g}^2\right)\right]\left[2\left(\mu_1^{\frac{1}{2}}\hat{G}_0\sin\varphi-\mu_2^{\frac{1}{2}}\hat{g}\sin\varphi'\right)\right]d_{12r}\end{aligned}\right\}$$
$$\times\left\{\begin{aligned}&\left[A_{2(1)}-A_{2(2)}\left(\mu_2\hat{G}_0^2+2(\mu_1\mu_2)^{\frac{1}{2}}\hat{G}_0\hat{g}+\mu_1\hat{g}^2\right)\right]\left[2\left(\mu_2^{\frac{1}{2}}\hat{G}_0\sin\varphi+\mu_1^{\frac{1}{2}}\hat{g}\sin\varphi'\right)\frac{\partial\ln T}{\partial r}\right]\\&+\left[D_{2(1)}-d_{*1}\left(\mu_2\hat{G}_0^2+2(\mu_1\mu_2)^{\frac{1}{2}}\hat{G}_0\hat{g}+\mu_1\hat{g}^2\right)\right]\left[2\left(\mu_2^{\frac{1}{2}}\hat{G}_0\sin\varphi+\mu_1^{\frac{1}{2}}\hat{g}\sin\varphi'\right)\right]d_{12r}\end{aligned}\right\}$$
$$\times\hat{g}^3\hat{G}_0^2\sin\varphi\sin\varphi'\mathrm{d}\hat{G}_0\mathrm{d}\varphi\mathrm{d}\theta\mathrm{d}\hat{g}\mathrm{d}\varphi'\mathrm{d}\theta' \tag{10.6.68}$$

在式(10.6.68)中，先对 θ、θ' 积分，然后对 $\hat{G}_0$、$\hat{g}$ 积分，再完成其余积分，得式(10.6.56)的第四项

$$\text{part4}=2n_1n_2d_{12}^2\left(\frac{2\pi kT}{m_{12}}\right)^{1/2}\{\mathrm{I}+\mathrm{II}+\mathrm{III}\} \tag{10.6.69}$$

式中

$$\mathrm{I}=\left(\frac{\partial\ln T}{\partial r}\right)^2\left\{\begin{aligned}&(\mu_1\mu_2)^{\frac{1}{2}}\left[\begin{aligned}&-\frac{4}{3}A_{1(1)}A_{2(1)}+A_{1(2)}A_{2(2)}\left(-9\mu_1\mu_2-4(\mu_1^2+\mu_2^2)-38\left(\mu_1^{\frac{1}{2}}\mu_2^{\frac{3}{2}}-\mu_1^{\frac{3}{2}}\mu_2^{\frac{1}{2}}\right)\right)\\&-A_{1(1)}A_{2(2)}\left(2\mu_2-4(\mu_1\mu_2)^{\frac{1}{2}}-8\mu_1\right)-A_{1(2)}A_{2(1)}\left(2\mu_1+4(\mu_1\mu_2)^{\frac{1}{2}}-8\mu_2\right)\end{aligned}\right]\\&+\frac{3\pi^2}{4}(\mu_1-\mu_2)\left[\begin{aligned}&\frac{1}{2}A_{1(1)}A_{2(1)}+A_{1(2)}A_{2(2)}\left(-\frac{21}{8}\mu_1\mu_2+\frac{5}{2}(\mu_1^2+\mu_2^2)+\mu_1^{\frac{1}{2}}\mu_2^{\frac{3}{2}}-\mu_1^{\frac{3}{2}}\mu_2^{\frac{1}{2}}\right)\\&-A_{1(1)}A_{2(2)}\left(\mu_2+2(\mu_1\mu_2)^{\frac{1}{2}}+\frac{5}{4}\mu_1\right)-A_{1(2)}A_{2(1)}\left(\mu_1-2(\mu_1\mu_2)^{\frac{1}{2}}+\frac{5}{4}\mu_2\right)\end{aligned}\right]\end{aligned}\right\}$$

$$\mathrm{II}=d_{12r}^2\left\{\begin{aligned}&(\mu_1\mu_2)^{\frac{1}{2}}\left[\begin{aligned}&-\frac{4}{3}D_{1(1)}D_{2(1)}+d_{*1}^2\left(-9\mu_1\mu_2-4(\mu_1^2+\mu_2^2)-38\left(\mu_1^{\frac{1}{2}}\mu_2^{\frac{3}{2}}-\mu_1^{\frac{3}{2}}\mu_2^{\frac{1}{2}}\right)\right)\\&-D_{1(1)}d_{*1}\left(2\mu_2-4(\mu_1\mu_2)^{\frac{1}{2}}-8\mu_1\right)-D_{2(1)}d_{*1}\left(2\mu_1+4(\mu_1\mu_2)^{\frac{1}{2}}-8\mu_2\right)\end{aligned}\right]\\&+\frac{3\pi^2}{4}(\mu_1-\mu_2)\left[\begin{aligned}&\frac{1}{2}D_{1(1)}D_{2(1)}+d_{*1}^2\left(-\frac{21}{8}\mu_1\mu_2+\frac{5}{2}(\mu_1^2+\mu_2^2)+\mu_1^{\frac{1}{2}}\mu_2^{\frac{3}{2}}-\mu_1^{\frac{3}{2}}\mu_2^{\frac{1}{2}}\right)\\&-D_{1(1)}d_{*1}\left(\mu_2+2(\mu_1\mu_2)^{\frac{1}{2}}+\frac{5}{4}\mu_1\right)-D_{2(1)}d_{*1}\left(\mu_1-2(\mu_1\mu_2)^{\frac{1}{2}}+\frac{5}{4}\mu_2\right)\end{aligned}\right]\end{aligned}\right\}$$

$$\mathrm{III}=\frac{\partial\ln T}{\partial r}d_{12r}\left\{\begin{aligned}&(\mu_1\mu_2)^{\frac{1}{2}}\left\{\begin{aligned}&-\frac{4}{3}(A_{1(1)}D_{2(1)}+A_{2(1)}D_{1(1)})+(A_{1(2)}+A_{2(2)})d_{*1}\\&\left[-9\mu_1\mu_2-4(\mu_1^2+\mu_2^2)-38\left(\mu_1^{\frac{1}{2}}\mu_2^{\frac{3}{2}}-\mu_1^{\frac{3}{2}}\mu_2^{\frac{1}{2}}\right)\right]\\&-(A_{1(1)}d_{*1}+A_{2(2)}D_{1(1)})\left(2\mu_2-4(\mu_1\mu_2)^{\frac{1}{2}}-8\mu_1\right)\\&-(A_{2(1)}d_{*1}+A_{1(2)}D_{2(1)})\left(2\mu_1+4(\mu_1\mu_2)^{\frac{1}{2}}-8\mu_2\right)\end{aligned}\right\}\\&+\frac{3\pi^2}{4}(\mu_1-\mu_2)\left\{\begin{aligned}&\frac{1}{2}(A_{1(1)}D_{2(1)}+A_{2(1)}D_{1(1)})+(A_{1(2)}+A_{2(2)})d_{*1}\\&\left[-\frac{21}{8}\mu_1\mu_2+\frac{5}{2}(\mu_1^2+\mu_2^2)+\mu_1^{\frac{1}{2}}\mu_2^{\frac{3}{2}}-\mu_1^{\frac{3}{2}}\mu_2^{\frac{1}{2}}\right]\\&-(A_{1(1)}d_{*1}+A_{2(2)}D_{1(1)})\left[\mu_2+2(\mu_1\mu_2)^{\frac{1}{2}}+\frac{5}{4}\mu_1\right]\\&-(A_{2(1)}d_{*1}+A_{1(2)}D_{2(1)})\left[\mu_1-2(\mu_1\mu_2)^{\frac{1}{2}}+\frac{5}{4}\mu_2\right]\end{aligned}\right\}\end{aligned}\right\}$$

式（10.6.69）中，Ⅰ＋Ⅱ＋Ⅲ项中，与温度有关的项是Ⅰ项和Ⅲ项，与温度无关的项是Ⅱ项。本式中及本节其他公式中 d_{*1} 由式（10.6.44）给出，并在一维温度分布的计算例中有具体值。

同理，可得式（10.6.56）的第二、三项：

$$\text{part2}=-2n_1n_2d_{12}^2\left(\frac{2\pi kT}{m_{12}}\right)^{\frac{1}{2}}\{\mathrm{I}+\mathrm{II}\} \tag{10.6.70}$$

式中，

$$\mathrm{I}=\frac{\partial\ln T}{\partial r}4\sqrt{\pi}\left[A_{2(1)}\left(\frac{1}{4}\mu_2^{\frac{1}{2}}+\frac{3\pi}{32}\mu_1^{\frac{1}{2}}\right)-A_{2(2)}\left(\frac{1}{2}\mu_2^{\frac{3}{2}}+\frac{27\pi}{64}\mu_2\mu_1^{\frac{1}{2}}+\frac{3}{2}\mu_1\mu_2^{\frac{1}{2}}+\frac{15\pi}{64}\mu_1^{\frac{3}{2}}\right)\right]$$

$$\mathrm{II}=d_{12r}4\sqrt{\pi}\left[D_{2(1)}\left(\frac{1}{4}\mu_2^{\frac{1}{2}}+\frac{3\pi}{32}\mu_1^{\frac{1}{2}}\right)-d_{*1}\left(\frac{1}{2}\mu_2^{\frac{3}{2}}+\frac{27\pi}{64}\mu_2\mu_1^{\frac{1}{2}}+\frac{3}{2}\mu_1\mu_2^{\frac{1}{2}}+\frac{15\pi}{64}\mu_1^{\frac{3}{2}}\right)\right]$$

$$\text{part3}=-2n_1n_2d_{12}^2\left(\frac{2\pi kT}{m_{12}}\right)^{\frac{1}{2}}\{\mathrm{I}+\mathrm{II}\} \tag{10.6.71}$$

式中，

$$\mathrm{I}=\frac{\partial\ln T}{\partial r}4\sqrt{\pi}\left[A_{1(1)}\left(\frac{1}{4}\mu_1^{\frac{1}{2}}-\frac{3\pi}{32}\mu_2^{\frac{1}{2}}\right)-A_{1(2)}\left(\frac{1}{2}\mu_1^{\frac{3}{2}}-\frac{27\pi}{64}\mu_1\mu_2^{\frac{1}{2}}+\frac{3}{2}\mu_2\mu_1^{\frac{1}{2}}-\frac{15\pi}{64}\mu_2^{\frac{3}{2}}\right)\right]$$

$$\mathrm{II}=d_{12r}4\sqrt{\pi}\left[D_{1(1)}\left(\frac{1}{4}\mu_1^{\frac{1}{2}}-\frac{3\pi}{32}\mu_2^{\frac{1}{2}}\right)-d_{*1}\left(\frac{1}{2}\mu_1^{\frac{3}{2}}-\frac{27\pi}{64}\mu_1\mu_2^{\frac{1}{2}}+\frac{3}{2}\mu_2\mu_1^{\frac{1}{2}}-\frac{15\pi}{64}\mu_2^{\frac{3}{2}}\right)\right]$$

利用 10.6.2 节例 10.6.1 使用的数据，可得式（10.6.56）在式（10.6.62）～式（10.6.66）条件下的结果为

$$\begin{aligned}N_{12} &= 2n_1n_2d_{12}^2\left(\frac{2\pi kT}{m_{12}}\right)^{\frac{1}{2}} + \text{part2} + \text{part3} + \text{part4} \\ &= 2n_1n_2d_{12}^2\left(\frac{2\pi kT}{m_{12}}\right)^{\frac{1}{2}}\begin{bmatrix}1 + 0.2019019\text{cm}\dfrac{\partial \ln T}{\partial r} + 0.0761359\text{cm}d_{12r} \\ +0.0250838\text{cm}^2\left(\dfrac{\partial \ln T}{\partial r}\right)^2 \\ +0.0012401\text{cm}^2 d_{12r}^2 + 0.0070053\text{cm}^2\dfrac{\partial \ln T}{\partial r}d_{12r}\end{bmatrix}\end{aligned} \tag{10.6.72}$$

式中，中括号内后五项中 T 取 K 为单位的数，长度取 cm 为单位的数。中括号中第 2 项、第 3 项由合并 part2 和 part3 的同类项而得，结果为正；第 4 项～第 6 项属 part4，结果为正。

由式（10.6.72）可见在轴对称分布温度梯度和扩散条件下，单位时间单位体积内分子间的碰撞数仍随温度升高而升高，而随温度梯度和扩散条件变化而有波动，中括号中第 2 项值得注意，但在一般情况下波动还是较小的。

10.6.4　反应池内温度径向变化对光化学反应的有利趋向

温度梯度可以产生扩散流。如果设压力 p 均匀，无外力作用，且气体无流动，则在定常态时，扩散流 J_{1D} 应为零，此时由式（10.3.1）、式（10.3.94）可给出存在径向温度变化的圆管反应室内扩散流方程为

$$\frac{\partial}{\partial r}\left(\frac{n_1}{n}\right) = -k_T\frac{\partial \ln T}{\partial r} \tag{10.6.73}$$

热扩散因子 α_T 和热扩散比 k_T 之间有关系[1]：

$$\alpha_T = \frac{k_T}{R_1R_2} \tag{10.6.74}$$

式中，R_1、R_2 分别为两种同位素分子的丰度

$$R_1 = \frac{n_1}{n},\ R_2 = \frac{n_2}{n},\ R_1 + R_2 = 1 \tag{10.6.75}$$

设　$R_2 \gg R_1, R_2 \approx 1$，

于是，$R_2R_1 \approx R_1, R_1/R_2 \approx R_1, R_2R_1 \approx R_1/R_2$。对 $R_2R_1 \approx R_1/R_2$，如 $0.97\times 0.03 = 0.0291,\ 0.03/0.97 = 0.0309$。利用式（10.6.74）、式（10.6.75）可由式（10.6.73）近似得到

$$\frac{\partial \dfrac{R_1}{R_2}}{\dfrac{R_1}{R_2}\partial r} = -\alpha_T\frac{\partial \ln T}{\partial r}$$

$$\int_{r_0}^{0} \frac{\partial \ln \dfrac{R_1}{R_2}}{\partial r} \mathrm{d}r = -\alpha_{\mathrm{T}} \int_{r_0}^{0} \frac{\partial \ln T}{\partial r} \mathrm{d}r$$

$$\ln \frac{\dfrac{R_1'}{R_2'}}{\dfrac{R_1}{R_2}} = -\alpha_{\mathrm{T}} \ln \frac{T}{T_0} \tag{10.6.76}$$

式中，T 和 T_0 分别为反应池中心的温度和反应池池壁处的温度；R_1'、R_2' 为反应池中心的丰度，R_1、R_2 为反应池池壁处的丰度。

定义分离系数为

$$q = \frac{R_1'}{R_2'} \left(\frac{R_1}{R_2} \right)^{-1} \tag{10.6.77}$$

式中，R_1、R_2 为 T_0 处的丰度；R_1'、R_2' 为 T 处的丰度。

由式（10.6.76）可得

$$\alpha_{\mathrm{T}} = -\frac{\ln q}{\ln \dfrac{T}{T_0}} \tag{10.6.78}$$

如果可测出 T_0 不变时 q 随 T 的变化，则经式（10.6.78）由 $\ln q$ 与 $\ln \dfrac{T}{T_0}$ 的关系可求得 α_{T}。

对于刚球模型的同位素混合物，α_{T} 表示为 $[\alpha_{\mathrm{T}}]_{\mathrm{1r.s.}}$ [1]

$$[\alpha_{\mathrm{T}}]_{\mathrm{1r.s.}} = \frac{105}{118} \frac{m_1 - m_2}{m_1 + m_2} \tag{10.6.79}$$

在式（10.6.79）中，若设 m_2 为较重同位素，而 m_1 为较轻同位素，则 $\alpha_{\mathrm{T}} < 0$。由于 $\alpha_{\mathrm{T}} < 0$，则由式（10.6.78）得出当 $T > T_0$ 时，$\ln q > 0$，$q > 1$。进一步，由式（10.6.77）可知，在温度较高的反应池中心，较轻同位素的含量将比较重同位素含量高，于是在温度较高的反应池中心部位较轻同位素得到一定程度的浓缩，从而使同位素达到一定的分离。

事实上，利用热扩散现象进行同位素分离已经广泛用于生产及科学研究中。Clusius 和 Dickal 在 1938 年就建立了热扩散柱装置。在利用热扩散柱分离同位素时成功地运用了添加第三种气体的技术以增加分离效果，Clusius 等在分离 ^{36}Ar、^{38}Ar 和 ^{40}Ar 时添加了 ^{35}HCl 和 ^{37}HCl，几乎得到了纯的 ^{36}Ar、^{38}Ar。

利用热扩散柱分离的铀同位素分子混合物却是液体 UF_6 混合物[1]。热扩散柱高达 14.6m，柱由三根同心管组成，内层为镍管，直径 5cm，通蒸汽，温度在 188～286℃之间变化。中间是铜管，外层为铁管，两筒之间通冷水，温度为 63℃。镍管与铜管之间的间隙为 0.025cm，在径向由于热扩散效应，$^{235}UF_6$ 在热的一端浓缩。再加上热扩散柱中环流的存在，产生了轴向分离效应，最后在柱顶部 $^{235}UF_6$ 得到浓缩，而在底部 $^{235}UF_6$ 被贫化。

若我们定义管中心区为产物区，而管壁附近区为贫料区，则依式（1.7.5）、式（1.7.6）、式（1.7.11），其分离系数为

$$\alpha = \beta_1\beta_2 = \frac{c_P(\mathrm{A}_1)}{c_P(\mathrm{A}_2)}\left[\frac{c_W(\mathrm{A}_1)}{c_W(\mathrm{A}_2)}\right]^{-1} = \frac{R_1'}{R_2'}\left(\frac{R_1}{R_2}\right)^{-1} \tag{10.6.80}$$

可见式（10.6.80）的α与式（10.6.77）的q一致。

由于激光化学法分离同位素利用反应池中心区域，于是可根据已被认可的理论处理和实验事实，并考虑到关于径向热扩散效应使 $^{235}UF_6$ 在热端浓缩的确认和分析，直接分析管状反应池中心区域发生的情况。在这里，定义分离系数为

$$\alpha' = s_1\frac{R_1'}{R_2'}\left(s_1'\frac{R_1}{R_2}\right)^{-1} = \frac{s_1}{s_1'}\beta_1\beta_2 = \frac{s_1}{s_1'}\alpha \tag{10.6.81}$$

式中，s_1为设定的有效选择激发光化学反应系数，已扣除逆向因素影响，$s_1>1$；而s_1'为受s_1的影响而对R_1有一定制约的系数，$s_1'<1$。

式（10.6.81）表明分离系数既有选择激发光化学反应的贡献，也有径向热扩散效应的正面影响，但后者的作用有限，α仅略大于 1。

光化学反应、热化学反应、热扩散等使反应管内的化学反应、粒子的运动和变化形成一个复杂的状况。在实际的UF_6+HCl激光化学法分离铀同位素问题中，已认为剩余物为管内未经化学反应的UF_6气体同位素混合物，而产物是尚未沉积或已沉积到管壁的悬浮$^{235}UF_5$固态物或$^{235}UF_5Cl$，收集方法得当，可使产物较好地收集到收集器内。由于选择性的限制，产物中会含有$^{238}UF_5$固态物或未分解的$^{238}UF_5Cl$。产物和剩余物可在反应池出口处分别收集。在实际的光化学反应中，仅有较弱的光对管内边缘区域分子产生作用，边缘区域的暗反应较强，而收集产物和剩余物时不易将边缘区域的分开。

参 考 文 献

[1] 应纯同. 气体输运理论及应用[M]. 北京：清华大学出版社，1990.

[2] 查普曼，考林. 非均匀气体的数学理论[M]. 刘大有，王伯懿，译. 北京：科学出版社，1985.

[3] Ferziger J H，Kaper H G. Mathematical Theory of Transport Processes in Gases[M]. Amsterdam：North-Holland Publishing Company，1972.

[4] Eerkens J W. Spectral considerations in the laser isotope separation of uranium hexafluoride[J]. Applied Physics，1976，10（1）：15-31.

[5] Laguna G A，Kim K C，Patterson C W. The $3\nu_3$ overtone band in UF_6[J]. Chemical Physics Letters，1980，75（2）：357-359.

[6] Xu B Y，Liu Y，Dong W B，et al. Study of the CO laser-catalyzed photochemical reaction of UF_6 with HCl and its isotopic selectivity[J]. Chinese Journal of Lasers，1992，1（1）：57-60.

[7] Eerkens J W. International Uranium Enrichment Conference Report[R]. Mollterey，1989.

[8] 巴朗诺夫. 同位素[M]. 王立军，等译. 北京：清华大学出版社，2004.

第 11 章　低振动能态激发激光化学法分离铀同位素

11.1　引　　言

我们知道传统的化学反应是通过加热来克服化学反应位垒的，反应速率较低，且同位素分子都会发生反应，从而不具备分离同位素的功能。当用某一频率激光照射反应物分子时，某种同位素分子共振吸收一个能量为 $h\nu$（在用 ν 表示能级时，单位为波数）的激光光子后处于激发态，其能量高于基态，受激分子反应活化能由 E 降为式（8.2.14）所给值。这时受激分子比未受激分子更容易进行化学反应，生成相应产物。例如，分子由初态 A 吸收一个光子处于激发态 A^*，然后与其他分子碰撞达到活化态 B，发生反应回到终态 C。这一过程称为激光光化学反应。通常的化学反应是反应物分子的化学键被破坏，形成新的化学键，生成新的产物。显然，当反应物分子受激后要破坏的键会加快断开，因而反应速率会加快。也可采用某种俘获剂与受激分子进行快速化学反应，生成某种便于分离的产物，以便从混合物分子中分离出来[1]。

六氟化铀是一种较理想的挥发性铀化合物，很早就被人们选作气体扩散法的工作物质，为原子能工业做贡献。自然，人们会想到这一熟悉的体系能成为激光铀同位素分离的原料[2, 3]。国内外已有不少单位研究这一体系。与利用铀原子蒸气的激光分离同位素一样，分子体系的激光同位素分离，主要困难在于光谱带重叠严重，同位素位移不易分辨[1, 4, 5]。前面已提到，为了解决这个问题，洛斯阿莫斯科学实验室采用了喷嘴式超音速绝热膨胀的方法，分辨出 UF_6 的同位素位移效应。接着，在 1976 年夏天，他们在这一体系中实现了铀同位素的浓缩。UF_6 气体与载带气体通过喷嘴后，UF_6 气体温度为 50～100K，绝大多数分子处于振动基态，同位素位移容易分辨[1, 4]。首先用一特定波长的红外激光照射 UF_6 气体，选择性地激发 $^{235}UF_6$ 分子，使它处于激发态。与此同时，用紫外激光进行第二步照射，使它处于电子激发态并使分子离解除去一个氟原子，形成 $^{235}UF_5$ 分子。$^{235}UF_5$ 分子不再以气体状态存在，而是以固态沉积在器壁上。为了除去氟原子，常加入 H_2 或 HCl 气体作为清扫剂。由此，达到 $^{235}UF_5$ 与 $^{238}UF_6$ 的分离。这是一个理想的过程，实际上并不简单。由于在紫外区 UF_6 气相分子只有很弱的吸收，从分裂态跃迁到连续态的截面很小，再加上由碰撞引起的电子激发态转移概率不小，因此这一方法从原理上讲，不会比原子法有更大的竞争力[1, 4]。激光分子法还有如第 1 章 1.5 节和第 2 章所述的方法等。

分子法还可有另外的途径实现同位素分离与收集，即通过化学反应使受激分子发生反应。这是由铀氟化合物的特性决定的。激光光化学反应分子法分离原理上一次分离系数较高，在浓缩铀制备的方法中具有一定优势[1-3]。六氟化铀是一种易挥发的化合物，它的三相点温度为 64.05℃，蒸气压为 1.517×10^5 Pa，临界点温度也只有 230℃。而铀的其他氟化合物都是不易挥发物。这为同位素的分离与收集提供了方便，使激光光化学反应在原理上可以有较高的一次分离系数。另外，UF_6 可通过式（1.6.10）～式（1.6.12）的还原反应还原为低价氟化物，这些反应在室温下都不发生，需要一定温度（100～200℃）来引发反应，由于所需温度并不高，表明反应的活化能不高，因此可以用谱线宽很窄的远红外激光对在极低温度下的 UF_6 分子进行选择激发，并使受激分子与反应剂发生反应，从而实现铀同位素的分离。不过，受激分子 UF_6 与 HCl 的反应，其经历的过程和生成物会与式（1.6.11）有所不同。由于反应产物与反应物分别处于固相和气相，分离相对容易。利用激光光化学反应分子法浓缩铀，在现有的激光技术条件下已是可行的，应给予必要的重视。由于它具有较高的一次分离系数，是一种很经济的铀浓缩方法，生产成本与生产规模基本无关，便于分离低丰度铀，因此对铀浓缩及回收贫化尾料中的 ^{235}U 具有一定优越性。

总而言之，自激光分离同位素问世以来，利用 UF_6 分子为分离原料的分子法激光分离同位素研究工作广泛开展，人们对 UF_6 与各种化合物的反应及激光对其影响的研究日趋增多[6-13]，因为它不但具有与红外激光，如 CO 激光和 CO_2 激光频率共振的振动模，而且也是在较低温度下仍有一定蒸气压的唯一的气态铀化合物。很多科研工作者都在实验上研究了 UF_6+HCl 体系的热化学反应和激光光化学反应动力学过程，结果显示 CO 激光和 CO_2 激光作用下的反应速率比热化学反应速率较大地增加了，而且此过程还具有同位素选择性。在 20 世纪 70 年代，Eerkens 等第一次成功地用一可调谐连续波 CO_2 激光器照射 UF_6 和 HCl 气体混合物中的 $^{235}UF_6$ 分子，在其吸收带 $\nu_3+\nu_4+\nu_6$ 使其处于激发态并与 HCl 发生反应，从而实现了铀同位素分离。他们计算出其有效的铀浓缩系数是 1.1，这与可能的最大的浓缩系数 1.5 非常接近[2]。UF_6 分子的活化能对应于 $2000cm^{-1}$ 代表的激光能量，1989 年 Eerkens 等在使用 CO 激光和反应物 Rx 的实验中获得的选择性（浓缩系数）达到 2.5[12]。本章中，我们在理论上论述由 CO 激光和 CO_2 激光共同作用于 UF_6+HCl 气体混合物中的 $^{235}UF_6$ 分子，使 $^{235}UF_6$ 分子在其吸收带 $3\nu_3$ 和 $\nu_3+\nu_4+\nu_6$ 受到激发并发生化学反应所产生的铀浓缩，发现同时用 CO 激光和 CO_2 激光进行 UF_6+HCl 气体混合物的光化学反应要比单独用其中一种激光获得的铀浓缩系数高。

11.2　CO 激光催化光化学反应的铀同位素分离

由 CO_2 激光和 CO 激光同时在 $\nu_3+\nu_4+\nu_6$ 和 $3\nu_3$ 带作用于 $^{235}UF_6$ 分子，使其到达激发态与 HCl 发生反应，从而分离出 ^{235}U。为了计算上述反应下的浓缩系数，我们首先需要分析由 CO 激光单独作用于 $^{235}UF_6$ 分子吸收带 $3\nu_3$ 的情况。从此分析中能够得到一些必要的信息。

对于 CO 激光分离铀同位素的情况，$^{235}UF_6$ 和 $^{238}UF_6$ 的粒子数密度随时间 t 变化，给出一组速率方程：

$$\dot{N}_{A_1}(g)=-k_a N_{A_1}(g)+\alpha_{A_1}N_{A_1} \tag{11.2.1}$$

$$\dot{N}_{A_2}(g)=-k_b N_{A_2}(g)+\alpha_{A_2}N_{A_2} \tag{11.2.2}$$

$$\dot{N}_{A_1}(3\nu_3)=k_a N_{A_1}(g)-N_{A_1}(3\nu_3)[k_{V\text{-}V}N_{A_2}+k_{V\text{-}M}N_B+k_L N_B+k_a] \tag{11.2.3}$$

$$\dot{N}_{A_2}(3\nu_3)=k_b N_{A_2}(g)-N_{A_2}(3\nu_3)[k_{V\text{-}V}N_{A_2}+k_{V\text{-}M}N_B+k_L N_B+k_b] \tag{11.2.4}$$

$$\dot{N}_{A_i}\approx -k_{L_iT}N_B N_{A_i}=-K_{L_iT}N_{A_i},k_{L_iT}=k_{L_i}+k_T,K_{L_iT}=K_{L_i}+K_T,i=1,2 \tag{11.2.5}$$

式中，N_{A_1}、N_{A_2}、N_B分别为$^{235}UF_6$、$^{238}UF_6$、HCl分子的粒子数密度；g为基态，后面会出现初始粒子数密度N^0等；k_a、k_b为选择性激发速率常数；$k_{V\text{-}V}$、$k_{V\text{-}M}$、k_L分别为振动-振动能量转移、碰撞能量转移和光化学反应速率常数；$k_{L_1}N_B=K_{L_1},k_{L_2}N_B=K_{L_2}$，$k_T N_B=K_T$，分别称$K_{L_1}$和$K_{L_2}$为在一定反应物浓度[A$_i$]或粒子数密度$N_{A_i}$（小范围变化）下、某一反应剂浓度[B]或粒子数密度N_B（小范围变化）下CO激光作用下的反应速率常数；K_T为热化学反应速率常数；而K_{L_iT}为A$_i$分子的总消耗速率常数，计算中取$K_{L_iT}=K_{L_i}+K_T$。自发辐射被忽略。

式（11.2.5）中N_{A_i}的表达式为

$$N_{A_i}=N_{A_i}^0 e^{-K_{L_iT}t},\quad i=1,2 \tag{11.2.6}$$

根据[HCl] = 10.66kPa，[UF$_6$] = 266.5Pa时的实验值[6]，可以获得

$$K_{L_1}=K_{L_2}=0.036s^{-1},\ K_T=0.016s^{-1} \tag{11.2.7}$$

根据式（11.2.1）、式（11.2.2）、式（11.2.6），我们能够获得

$$\alpha_{A_1}=\frac{(1-e)N_{A_1}^0(g)(k_a-K_{L_1T})}{N_{A_1}^0[e(k_a-K_{L_1T})+K_T]} \tag{11.2.8}$$

$$\alpha_{A_2}=\frac{(1-e)N_{A_2}^0(g)(k_b-K_{L_2T})}{N_{A_2}^0[e(k_b-K_{L_2T})+K_T]} \tag{11.2.9}$$

由式（11.2.1）与式（11.2.8），式（11.2.2）与式（11.2.9）可分别得到$^{235}UF_6$、$^{238}UF_6$分子的粒子数密度$N_{A_1}(g)$、$N_{A_2}(g)$的表达式为

$$N_{A_1}(g)=g_{A_1}(t)N_{A_1}^0(g) \tag{11.2.10}$$

$$N_{A_2}(g)=g_{A_2}(t)N_{A_2}^0(g) \tag{11.2.11}$$

式中，

$$g_{A_1}(t)=1-\frac{(e-1)(k_a-K_{L_1T}+K_T e^{-K_{L_1T}t})}{e(k_a-K_{L_1T})+K_T} \tag{11.2.12}$$

$$g_{A_2}(t)=1-\frac{(e-1)(k_b-K_{L_2T}+K_T e^{-K_{L_2T}t})}{e(k_b-K_{L_2T})+K_T} \tag{11.2.13}$$

显然，在式（11.2.10）～式（11.2.13）中有$g_{A_1}(0)=g_{A_2}(0)=1$，同时在使用式（11.2.12）、式（11.2.13）时，应注意其适用条件为$0<g_{A_1}(t)\leqslant 1,0<g_{A_2}(t)\leqslant 1$，若不满足适用条件，则需调整$k_a$、$k_b$，也即调整光强$I$［参见式（9.1.40）、式（11.3.50）～式（11.3.53）］。

由于UF$_6$和HCl的光化学反应中使用的是连续激光，因此该光化学反应过程基本上是稳定的，所以由式（11.2.3）、式（11.2.4）可以得到

$$N_{A_1}(3\nu_3)=\frac{k_a N_{A_1}(g)}{K_{V\text{-}V}+K_{V\text{-}M}+K_{L_1}+k_a} \tag{11.2.14}$$

$$N_{A_2}(3\nu_3)=\frac{k_b N_{A_2}(g)}{K_{V\text{-}V}+K_{V\text{-}M}+K_{L_2}+k_b} \tag{11.2.15}$$

式中，$K_{V\text{-}V}=k_{V\text{-}V}N_{A_2}, K_{V\text{-}M}=k_{V\text{-}M}N_B$，也分别称为振动-振动能量转移速率常数、碰撞能量转移速率常数。

当忽略热激励且 $K_{L_1}\approx K_{L_2}=K_L$ 时，$^{235}UF_5$、$^{238}UF_5$ 的产率 Y_{A_1}、Y_{A_2} 分别为

$$Y_{A_1}=K_L N_{A_1}(3\nu_3) \tag{11.2.16}$$

$$Y_{A_2}=K_L N_{A_2}(3\nu_3) \tag{11.2.17}$$

当 $N_{A_1}^0(g)/N_{A_1}^0\approx N_{A_2}^0(g)/N_{A_2}^0$ 时，铀浓缩系数为

$$\beta(t)=\frac{\dfrac{Y_{A_1}}{Y_{A_2}}}{\dfrac{N_{A_1}^0}{N_{A_2}^0}}=\frac{\dfrac{N_{A_1}(3\nu_3)}{N_{A_2}(3\nu_3)}}{\dfrac{N_{A_1}^0}{N_{A_2}^0}}=\frac{k_a}{k_b}\frac{g_{A_1}(t)}{g_{A_2}(t)}\frac{K_{V\text{-}V}+K_{V\text{-}M}+K_L+k_b}{K_{V\text{-}V}+K_{V\text{-}M}+K_L+k_a} \tag{11.2.18}$$

假使 $K_{V\text{-}V}\approx K_L$，并且 $K_{V\text{-}M}$ 的数量级比 $K_{V\text{-}V}$ 低时，计算结果列于表 11.2.1 中。当功率密度为 700W/cm^2（光束半径 $r=3\text{mm}$）时，计算的同位素浓缩系数与实验值[6]基本符合。上述分析可以作为双激光系统光化学反应分析的基础或基础之一。

表 11.2.1 的计算结果表明，由本节的式（11.2.18）和第 1 章式（1.7.37）的 $\phi=0$ 时所得铀同位素浓缩系数是符合得较好的。

这里，我们要对式（11.2.18）、式（1.7.37）的获得做一说明。由式（1.7.22.1）、式（1.7.23）便得到式（1.7.26），由式（11.2.1）、式（11.2.6）也得到和式（1.7.26）一样的方程

$$\dot{N}_{A_1}(g)=-k_a N_{A_1}(g)+\alpha_{A_1}N_{A_1}^0 e^{-K_{L_{1T}}t} \tag{11.2.19}$$

求解方程（11.2.19），得

$$N_{A_1}(g)=\frac{\alpha_{A_1}N_{A_1}^0 e^{-K_{L_{1T}}t}}{k_a-K_{L_{1T}}}+C \tag{11.2.20}$$

这里，进一步求解则有两个方向。一个方向是，式（11.2.20）中第一项分母保持不变而得到 $t=0$ 时的常量 $C=N_{A_1}^0(g)-\alpha_{A_1}N_{A_1}^0/(k_a-K_{L_{1T}})$，从而得到式（1.7.29）等，进而得到最终结果式（1.7.37）。另一个方向是，式中第一项分母在 $t=0$ 时还满足条件 $k_a=K_{L_1}=0$，这样就有，当 $t=0$，有 $N_{A_1}(g)=N_{A_1}^0(g)$，$K_{L_{1T}}=K_T$，从而有 $C=N_{A_1}^0(g)+\alpha_{A_1}N_{A_1}^0/K_T$。将此 C 代入式（11.2.19），当 $t=K_{L_{1T}}^{-1}$，有 $N_{A_1}(g)=e^{-1}N_{A_1}^0(g)$，则由式（11.2.19）得到 α_{A_1} 的表示式为式（11.2.8），同理得到 α_{A_2} 的表示式为式（11.2.9），进而可最终得到式（11.2.18）。

式（11.2.18）忽略了热化学反应的影响，式（1.7.37）在 $\phi=0$ 时也忽略了热化学反应的影响，它们的计算值基本一致，表明两式均是可用的。

尽管式（1.7.37）和式（11.2.18）能够给出可供参考的浓缩系数计算结果，但它们表示的是过程中的值。下面我们给出过程的总的浓缩系数。

表 11.2.1　CO 激光光化学反应 $UF_6 + HCl$（$T = 253K$）的铀同位素浓缩系数

腔内功率/W	I_{CO} /(W / cm²)	$^{235}\sigma$ / cm²	$^{238}\sigma$	K_L / s^{-1}	K_T / s^{-1}	$K_{V\text{-}V}$ / s^{-1}	$K_{V\text{-}M}$ / s^{-1}	式（11.2.18）中			式（1.7.37）中，$\phi = 0$			β[6]
								$\beta(1)$ ($t = 1s$)	$\beta(10)$ ($t = 10s$)	$\beta(20)$ ($t = 20s$)	$\beta(1)$ ($t = 1s$)	$\beta(10)$ ($t = 10s$)	$\beta(20)$ ($t = 20s$)	
100	100（if）	2×10^{-22}[6]	（1/1.5）$^{235}\sigma$ [6]	0.036[6]	0.016[6]	0.036（if）	0.0036（if）	1.08266	1.06962	1.06476	1.06042	1.05103	1.04441	
200	200（if）	2×10^{-22}	（1/1.5）$^{235}\sigma$ [6]	0.036[6]	0.016[6]	0.036（if）	0.0036（if）	1.0433	1.0362	1.03268	1.03215	1.02689	1.02324	1.0072
200	700（$r = 3mm$）	2×10^{-22}	（1/1.5）$^{235}\sigma$ [6]	0.036[6]	0.016[6]	0.036（if）	0.0036（if）	1.01209	1.01072	1.00981	1.00962	1.00798	1.00686	1.0072
300	300（if）	2×10^{-22}	（1/1.5）$^{235}\sigma$ [6]	0.036（if）	0.016（if）	0.036（if）	0.0036（if）	1.02796	1.02456	1.0222	1.02190	1.01825	1.01573	1.0072

将式（1.7.37）的分子、分母分别对时间 $t=0\sim\tau$ 积分，τ 为 $K_{\mathrm{L}_i\mathrm{T}}^{-1}$ 或实际完成实验所用时间［参见式（1.7.36）和式（1.7.37）前后的说明］，则可得到总的浓缩系数为

$$\beta=\frac{\left\{\begin{aligned}&\frac{(1-\phi)K_{\mathrm{L}_1}k_{\mathrm{a}}}{K_{\mathrm{L}_1\mathrm{T}}K_{\mathrm{V\text{-}V}}}\left(\frac{N_{\mathrm{A}_1}^0(\mathrm{g})}{N_{\mathrm{A}_1}^0}\right)\ln\frac{K_{\mathrm{V\text{-}V}}+K_{\mathrm{V\text{-}M}}+K_{\mathrm{L}_1}+k_{\mathrm{a}}}{K_{\mathrm{V\text{-}V}}\mathrm{e}^{-K_{\mathrm{L}_1\mathrm{T}}\tau}+K_{\mathrm{V\text{-}M}}+K_{\mathrm{L}_1}+k_{\mathrm{a}}}\\&+\phi\frac{K_{\mathrm{T}}}{K_{\mathrm{L}_1\mathrm{T}}}\left(1-\sum_{\nu=0}^{3\nu_5}P(T)\right)(1-\mathrm{e}^{-K_{\mathrm{L}_1\mathrm{T}}\tau})\end{aligned}\right\}}{\left\{\begin{aligned}&\frac{(1-\phi)K_{\mathrm{L}_2}k_{\mathrm{b}}}{K_{\mathrm{L}_2\mathrm{T}}K_{\mathrm{V\text{-}V}}}\left(\frac{N_{\mathrm{A}_2}^0(\mathrm{g})}{N_{\mathrm{A}_2}^0}\right)\ln\frac{K_{\mathrm{V\text{-}V}}+K_{\mathrm{V\text{-}M}}+K_{\mathrm{L}_2}+k_{\mathrm{b}}}{K_{\mathrm{V\text{-}V}}\mathrm{e}^{-K_{\mathrm{L}_2\mathrm{T}}\tau}+K_{\mathrm{V\text{-}M}}+K_{\mathrm{L}_2}+k_{\mathrm{b}}}\\&+\phi\frac{K_{\mathrm{T}}}{K_{\mathrm{L}_2\mathrm{T}}}\left(1-\sum_{\nu=0}^{3\nu_5}P(T)\right)(1-\mathrm{e}^{-K_{\mathrm{L}_2\mathrm{T}}\tau})\end{aligned}\right\}}\tag{11.2.21}$$

式中，$\phi\neq0,K_{\mathrm{L}_i\mathrm{T}}=K_{\mathrm{L}_\tau},\tau=K_{\mathrm{L}_\tau}^{-1}$；$\phi\approx0,K_{\mathrm{L}_i\mathrm{T}}=K_{\mathrm{L}_i}+K_{\mathrm{T}},\tau=K_{\mathrm{L}_i\mathrm{T}}^{-1}$；$1-\sum\limits_{\nu=0}^{3\nu_5}P(T)$ 是在温度 T 时处于 ν_3 及以上能级粒子数所占比例，$\sum\limits_{\nu=0}^{3\nu_5}P(T)$ 的计算值列于表 10.4.1，考虑到这一点后，计算式会更合理。

下面，利用 $\phi\neq0$ 时的式（1.7.37）及式（11.2.21）和实验具体条件来计算浓缩系数，并同由质谱仪测量从反应室（池）出口处固相分离器所取固态产物的结果比较。实验具体条件和激光光化学反应速率常数如第 8 章所述，而实验所得热化学反应速率常数如第 7 章所述。实验条件与第 8 章 8.4.3 节所设外腔式液氮冷却石英玻璃管对流选频 CO 激光器一致，如图 8.4.1 所示，反应室位于腔内，光束半径近似为 0.4cm，反应室的内半径约 1cm，于是光束所占空间体积 V_{in} 与反应室内空间容积 V 之比为 $V_{\mathrm{in}}/V=0.16$，于是依第 1 章 1.7 节可得

$\phi=1-V_{\mathrm{in}}V^{-1}K_{\mathrm{L}}(K_{\mathrm{L}}+K_{\mathrm{T}})^{-1}=1-0.16\times0.126\times(0.126+0.012)^{-1}=0.8539$，当 $V_{\mathrm{in}}V^{-1}=1$ 时，式中 $\phi=0.0869$，即并不为 0。

依据式（1.7.37）的计算结果 $\beta(t)$ 和质谱仪所测的实验结果及用式（11.2.21）计算的 $\beta(\tau)$ 列于表 11.2.2。在计算表 11.2.2 时，式（1.7.37）中的 K_{L} 取表 8.4.2 中 253K 时的 10 例的平均值 $0.126\mathrm{s}^{-1}$，式中，$K^*=K_{\mathrm{L}_\tau}=1/\tau$，$\tau$ 取表 8.4.2 中后 10 例除第 4 例外的 9 例的平均值 42.91s，式中的 K_{T} 取表 7.2.3 中 253K 温度的 11 例热化学反应一级速率常数平均值 $0.012\mathrm{s}^{-1}$。在表 11.2.2 的右端列出了 253K 温度时与计算的铀浓缩系数相近的实验值及相应的表 8.4.2 中 10 个实验例的编号。表 11.2.2 中，253K 时所列腔内激光功率及功率密度值，部分与表 8.4.2 中接近，部分高于表 8.4.2 的值，以便参考。表 11.2.2 中，235K 和 200K 时的计算值没有实验值对照。

表 11.2.1 和表 11.2.2 的结果表明：①表 11.2.2 使用式（1.7.37）$\phi\neq0$ 的计算结果和质谱仪所测的实验结果有较好的一致性，与其对应的 UF_6 初始基态粒子数密度与初始粒子数密度比例 $N^0(\mathrm{g})\text{∶}N^0$ 位于 0.01～0.1；由表 10.4.1（$T=258\mathrm{K}$ 列）可知位于基态的粒子和位于基频能级 ν_3 以下接近基态的粒子占比分别为 0.01 和 0.1 左右，实际做贡献的粒子数

表 11.2.2　CO 激光激发 UF_6 + HCl 光化学反应的铀同位素浓缩系数

腔内功率/W	温度/K	I_{CO} /(W / cm²)	$^{235}\sigma/10^{-22}cm^2$	$^{238}\sigma/10^{-22}cm^2$	$N^0(g):N^0$	K_L/s^{-1}	K_T/s^{-1}	K_{L_r}/s^{-1}	ϕ	$K_{V\text{-}V}/s^{-1}$	$K_{V\text{-}M}/s^{-1}$	$\beta(1)$ (t = 1s)	$\beta(10)$ (t = 10s)	$\beta(20)$ (t = 20s)	$\beta(\tau)$	实验值 β	实验例编号
100	253	100	2[6]	1.334[6]	0.01	0.126	0.012	0.023	0.8539	0.126	0.0126	1.00168	1.00164	1.0015	1.0017	1.001～1.002	7, 9, 10
100	253	100	2	1.334	0.01	0.126	0.012	0.023	0.8539	0.063	0.0126	1.00154	1.00151	1.00147	1.0016	1.001～1.002	7, 9, 10
100	253	100	2	1.334	0.01	0.126	0.012	0.023	0.8539	0.036	0.0126	1.00146	1.00143	1.00141		1.001～1.002	7, 9, 10
100	253	100	2	1.334	0.1	0.126	0.012	0.023	0.8539	0.126	0.0126	1.0154	1.0149	1.0145		1.008～1.009	1, 2, 8
200	253	200	2	1.334	0.01	0.126	0.012	0.023	0.8539	0.126	0.0126	1.0013	1.0012	1.0011		1.001～1.002	7, 9, 10
200	253	200	2	1.334	0.1	0.126	0.012	0.023	0.8539	0.126	0.0126	1.0114	1.0108	1.0102		1.004～1.005	3～6
100	235	100	2[2]	0.2[2]	0.1	0.126	0.012	0.023	0.8539	0.126	0.0126	1.0651	1.0649	1.0646			
100	235	100	2	0.2	0.01	0.126	0.012	0.023	0.8539	0.126	0.0126	1.0068	1.0068	1.0068			
100	200	100	2	0.25[2]	0.04	0.126	0.012	0.138	0.0869	0.126	0.0126	1.576	1.477		1.535		
100	200	100	2	0.25		0.126	0.012	0.138	0	0.126	0.0126	1.949	1.722		1.872		

注：表中最后两行的 ϕ 很小或为 0，故取 $K_{L_r}=K_L+K_T$ 。

占比可能位于两值之间。②表 11.2.1 结果表明，由式（11.2.18）和式（1.7.37）在过流量因子［或非占有因子，式（1.7.12）］$\phi=0$ 时所得铀同位素浓缩系数是符合得较好的；表 11.2.2 进一步用所测实验结果验证了 $\phi\neq 0$ 所得结果与实验的一致性，这就反过来证明式（11.2.18）和式（1.7.37）在 $\phi=0$ 或 $\phi\approx 0$ 时的计算是较合理的，只不过在实验上要满足 $\phi\approx 0$ 这个应该可以满足的条件；于是，将依建立式（11.2.18）的考虑为基础之一，在 11.3 节建立双激光系统的光化学反应模型。③表 11.2.2 计算了在 $T=200\mathrm{K}$，$V_{\mathrm{in}}=V$，也即在 $\phi=0.0869$ 时的浓缩系数为 1.6 左右，而在 $\phi=0$ 时为 2 左右，这表明了在所给条件下激光化学法浓缩同位素的最好结果，也再次表明了实验系统应满足的条件 $\phi\approx 0$，这里表明的前景具有较好的参考价值，因为所列出的条件虽然苛刻，但都有依据并也可经过努力而达到，事实上利用 UF_6 气体、CO 激光和反应物 Rx 已得到浓缩系数 2.5[12]。④表 11.2.2 计算的 $200\mathrm{W/cm^2}$ 时比 $100\mathrm{W/cm^2}$ 时的浓缩系数要低，可见要适当选择光强；而通常的激光束是高斯光束，在高斯光束横截面光强分布是中心强于边沿（见 8.4.3 节第 1 小节 CO 激光部分），可见设计光束时应注意使用强度分布较均匀的平顶激光束或进一步要求将光束强度空间分布整形，但在第 9 章中分析了气体在反应管内流动时可不需要对高斯分布激光束整形。⑤表 11.2.2 中前三行的计算中，$K_{\mathrm{V\text{-}V}}$ 取值依次是 $0.126\mathrm{s^{-1}}$、$0.063\mathrm{s^{-1}}$、$0.036\mathrm{s^{-1}}$，而其余条件相同，计算出的浓缩系数基本相同，甚至是依次有微小下降，这种计算中出现的下降可能来自式（1.7.37）中作为分母的同位素分子 A_2 的光化学反应产率随 $K_{\mathrm{V\text{-}V}}$ 下降而升高，且其略高于作为分子 A_1 的光化学反应产率的升高；$K_{\mathrm{V\text{-}V}}$ 取为 $0.126\mathrm{s^{-1}}$、$0.063\mathrm{s^{-1}}$、$0.036\mathrm{s^{-1}}$，而浓缩系数几乎没有变化，而在第 8 章我们又证明了 $K_{\mathrm{L}}\approx 0.126\mathrm{s^{-1}}$，这说明当 K_{L} 较高时，$K_{\mathrm{V\text{-}V}}$ 值不会带来较大影响，它是 K_{L}(约$0.126\mathrm{s^{-1}}$) 的几分之一，甚至只有四分之一，如果选取更好的反应物，则 K_{L} 会更高，$K_{\mathrm{V\text{-}V}}$ 显示的作用会更小，占比会比四分之一还小，不过，这里的 $K_{\mathrm{V\text{-}V}}$ 是由反应过程中对选择性的影响而决定的。⑥用式（11.2.21）计算的 $\beta(\tau)$ 与用式（1.7.37）计算的 $\beta(t)$ 有好的一致性。表 11.2.2 的部分数据可参见图 11.2.1，在图 11.2.1 中，可看到在 $1876\mathrm{cm^{-1}}$ 处，$^{235}UF_6$ 比 $^{238}UF_6$ 有更大的吸收截面。

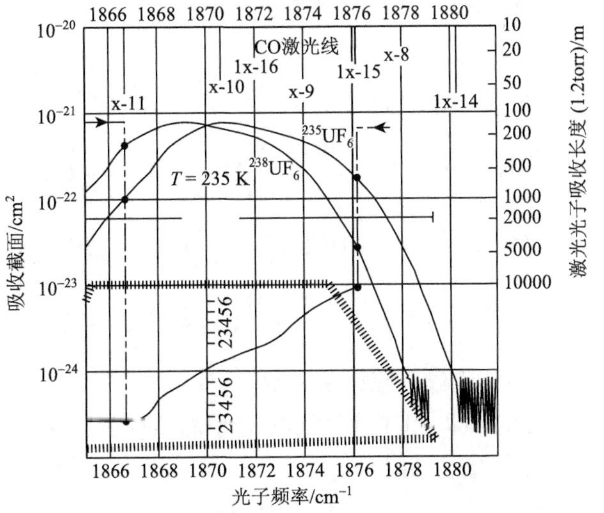

图 11.2.1　计算的 UF_6 吸收截面和相配 CO 激光线[2]

11.3　双激光系统（CO 和 CO_2）的光化学反应模型

主要的激光激发过程如下：

$$^{235}UF_6(g) + h\nu_{CO_2} \xrightarrow{k_{a_1}} {}^{235}UF_6^*(\nu_3+\nu_4+\nu_6) \tag{11.3.1}$$

$$^{235}UF_6^*(\nu_3+\nu_4+\nu_6) + h\nu_{CO} \xrightarrow{k_{a_2}} {}^{235}UF_6^*(4\nu_3+\nu_4+\nu_6) \tag{11.3.2}$$

$$^{235}UF_6(g) + h\nu_{CO} \xrightarrow{k'_{a_1}} {}^{235}UF_6^*(3\nu_3) \tag{11.3.3}$$

$$^{235}UF_6^*(3\nu_3) + h\nu_{CO_2} \xrightarrow{k'_{a_2}} {}^{235}UF_6^*(4\nu_3+\nu_4+\nu_6) \tag{11.3.4}$$

$$^{238}UF_6(g) + h\nu_{CO_2} \xrightarrow{k_{a_3}} {}^{238}UF_6^*(\nu_3+\nu_4+\nu_6) \tag{11.3.5}$$

$$^{238}UF_6^*(\nu_3+\nu_4+\nu_6) + h\nu_{CO} \xrightarrow{k_{a_4}} {}^{238}UF_6^*(4\nu_3+\nu_4+\nu_6) \tag{11.3.6}$$

$$^{238}UF_6(g) + h\nu_{CO} \xrightarrow{k'_{a_3}} {}^{238}UF_6^*(3\nu_3) \tag{11.3.7}$$

$$^{238}UF_6^*(3\nu_3) + h\nu_{CO_2} \xrightarrow{k'_{a_4}} {}^{238}UF_6^*(4\nu_3+\nu_4+\nu_6) \tag{11.3.8}$$

式中，k_{a_1}、k_{a_2}、k'_{a_1}、k'_{a_2}、k_{a_3}、k_{a_4}、k'_{a_3}、k'_{a_4} 分别为各自对应过程中的选择性激发速率常数；$h\nu$ 为光子能量；ν_i 及其组合则为以波数表示的能级。

当处于激发态的 UF_6^* 分子与 UF_6 分子发生碰撞时会发生共振能量转移，其主要转移过程的表达式为

$$^{235}UF_6^*(4\nu_3+\nu_4+\nu_6) + {}^{238}UF_6(g) \xrightarrow{k_{V\text{-}V}^{4-0}} {}^{235}UF_6^*(3\nu_3+\nu_4+\nu_6) + {}^{238}UF_6(\nu_3) \tag{11.3.9}$$

$$^{235}UF_6^*(4\nu_3+\nu_4+\nu_6) + {}^{238}UF_6(\nu_3) \xrightarrow{k_{V\text{-}V}^{4-1}} {}^{235}UF_6^*(3\nu_3+\nu_4+\nu_6) + {}^{238}UF_6(2\nu_3) \tag{11.3.10}$$

$$^{235}UF_6^*(3\nu_3) + {}^{238}UF_6(g) \xrightarrow{k_{V\text{-}V}^{3-0}} {}^{235}UF_6^*(2\nu_3) + {}^{238}UF_6(\nu_3) \tag{11.3.11}$$

$$^{235}UF_6^*(3\nu_3) + {}^{238}UF_6(\nu_3) \xrightarrow{k_{V\text{-}V}^{3-1}} {}^{235}UF_6^*(2\nu_3) + {}^{238}UF_6(2\nu_3) \tag{11.3.12}$$

式中，$k_{V\text{-}V}^{3-0}$、$k_{V\text{-}V}^{3-1}$、$k_{V\text{-}V}^{4-0}$ 和 $k_{V\text{-}V}^{4-1}$ 为能量转移速率常数。

主要的光化学反应有

$$^{235}UF_6^*(4\nu_3+\nu_4+\nu_6) + HCl \xrightarrow{k_{L_1}} {}^{235}UF_5\downarrow + HF + \frac{1}{2}Cl_2 \tag{11.3.13}$$

$$^{235}UF_6^*(3\nu_3) + HCl \xrightarrow{k'_{L_1}} {}^{235}UF_5\downarrow + HF + \frac{1}{2}Cl_2 \tag{11.3.14}$$

$$^{238}UF_6^*(4\nu_3+\nu_4+\nu_6) + HCl \xrightarrow{k_{L_2}} {}^{238}UF_5\downarrow + HF + \frac{1}{2}Cl_2 \tag{11.3.15}$$

$$^{238}UF_6^*(3\nu_3) + HCl \xrightarrow{k'_{L_2}} {}^{238}UF_5\downarrow + HF + \frac{1}{2}Cl_2 \tag{11.3.16}$$

式中，k_{L_1}、k'_{L_1}、k_{L_2}、k'_{L_2} 为光化学反应速率常数。

热激励是没有选择性的，即 $^{238}UF_6$ 和 $^{235}UF_6$ 分子的热反应速率常数是相同的，其主要的造成选择性损失的热化学反应过程为

$$^{238}UF_6(\nu_3) + HCl \xrightarrow{k_T} {}^{238}UF_5\downarrow + HF + \frac{1}{2}Cl_2 \tag{11.3.17}$$

式中，k_{T} 为热化学反应速率常数。

除了式（11.3.9）～式（11.3.12）外，还有一个重要的能量转移过程是受激发的 $^{235}UF_6$ 分子和其他粒子（或反应器表面）发生的碰撞损失。这个过程会引起选择性损失，其表达式为

$$^{235}UF_6^*(4\nu_3+\nu_4+\nu_6)+M \xrightarrow{k_{\text{V-M}}} {}^{235}UF_6^*(3\nu_3+\nu_4+\nu_6)+M \tag{11.3.18}$$

式中，$k_{\text{V-M}}$ 为能量的碰撞转移速率常数。

选择性损失过程主要有式（11.3.9）～式（11.3.12）、式（11.3.15）～式（11.3.18）。与式（11.3.11）和式（11.3.12）相比，式（11.3.9）和式（11.3.10）由 CO 激光和 CO_2 激光共同激发生成的 $^{235}UF_6^*(4\nu_3+\nu_4+\nu_6)$ 要比单独由 CO 激光激发生成的 $^{235}UF_6^*(3\nu_3)$ 引起的铀同位素选择性高。

通过分析方程（11.3.1）～方程（11.3.18），我们获得一组速率方程[13]：

$$\dot{N}_{A_1}(g)=-(k_{a_1}+k_{a_2})N_{A_1}(g)+\alpha_{A_1}N_{A_1},\quad k_{a_2}\approx k'_{a_1} \tag{11.3.19}$$

$$\begin{aligned}\dot{N}_{A_1}(\nu_3)&=k_{a_1}N_{A_1}(g)-k_{\text{V-V}}^{1-0}N_{A_2}(g)N_{A_1}(\nu_3)-k_{\text{V-M}}N_{B}N_{A_1}(\nu_3)\\&\quad-k_{\mathrm{T}}N_{B}N_{A_1}(\nu_3)-(k_{a_1}+A)N_{A_1}\\&=k_{a_1}N_{A_1}(g)-K_{\text{V-V}}N_{A_1}(\nu_3)-K_{\text{V-M}}N_{A_1}(\nu_3)-K_{\mathrm{T}}N_{A_1}(\nu_3)\\&\quad-(k_{a_1}+A)N_{A_1}(\nu_3)\end{aligned} \tag{11.3.20}$$

$$\begin{aligned}\dot{N}_{A_1}(2\nu_3)&=k_{\text{V-V}}^{2-1}N_{A_2}(2\nu_3)N_{A_1}(\nu_3)+k_{\text{V-V}}^{3-1}N_{A_2}(3\nu_3)N_{A_1}(\nu_3)\\&\quad-k_{\text{V-V}}^{2-0}N_{A_2}(g)N_{A_1}(2\nu_3)-k'_{L_1}N_{A_1}(2\nu_3)N_{B}\end{aligned} \tag{11.3.21}$$

$$\begin{aligned}\dot{N}_{A_1}(3\nu_3)&=k_{a_2}N_{A_1}(g)-[k_{\text{V-V}}^{3-0}N_{A_2}(g)+k_{\text{V-V}}^{3-1}N_{A_2}(\nu_3)]N_{A_1}(3\nu_3)\\&\quad-k_{\text{V-M}}N_{B}N_{A_1}(3\nu_3)-k'_{L_1}N_{B}N_{A_1}(3\nu_3)-(k_{a_2}+A)N_{A_1}(3\nu_3)\\&=k_{a_2}N_{A_1}(g)-(K'_{\text{V-V}}+K_{\text{V-M}}+K'_{L_1}+k_{a_2}+A)N_{A_1}(3\nu_3),\ k_{a_2}\approx k'_{a_1}\end{aligned} \tag{11.3.22}$$

$$\begin{aligned}\dot{N}_{A_1}(4\nu_3)&=k_{a_2}N_{A_1}(\nu_3)-[k_{\text{V-V}}^{4-0}N_{A_2}(g)+k_{\text{V-V}}^{4-1}N_{A_2}(\nu_3)+k_{\text{V-V}}^{4-2}N_{A_2}(2\nu_3)+k_{\text{V-V}}^{4-3}N_{A_2}(3\nu_3)]\\&\quad\times N_{A_1}(4\nu_3)-k_{\text{V-M}}N_{B}N_{A_1}(4\nu_3)-k_{L_1}N_{B}N_{A_1}(4\nu_3)-(k_{a_2}+A)N_{A_1}(4\nu_3)\\&\approx k_{a_2}N_{A_1}(\nu_3)-(K''_{\text{V-V}}+K_{\text{V-M}}+K_{L_1}+k_{a_2}+A)N_{A_1}(4\nu_3)\end{aligned} \tag{11.3.23}$$

$$\begin{aligned}\dot{N}_{A_1}&\approx-K_{L_1}N_{A_1}(4\nu_3)-K'_{L_1}N_{A_1}(3\nu_3)-K''_{L_1}N_{A_1}(\nu_3)\\&\approx-K_{L_1}N_{A_1}(4\nu_3)-K'_{L_1}N_{A_1}(3\nu_3)-K_{\mathrm{T}}N_{A_1}(\nu_3)\\&=-K_{L_1\mathrm{T}}N_{A_1},\\K''_{L_1}&=K_{\mathrm{T}},\quad K_{L_1\mathrm{T}}\approx0.5(K_{L_1}+K'_{L_1})+K_{\mathrm{T}}\end{aligned} \tag{11.3.24}$$

式中，$K_{L_1\mathrm{T}}$ 及后面的 $K_{L_2\mathrm{T}}$ 与在 11.2 节出现的 $K_{L_{1T}}$ 及 $K_{L_{2T}}$ 是有区别的。

$$\dot{N}_{A_2}(g)=-(k_{a_3}+k_{a_4})N_{A_2}(g)+\alpha_{A_2}N_{A_2},\quad k_{a_4}\approx k'_{a_3} \tag{11.3.25}$$

$$\begin{aligned}\dot{N}_{A_2}(\nu_3)&=k_{a_3}N_{A_2}(g)-k_{\text{V-V}}^{1-0}N_{A_1}(g)N_{A_2}(\nu_3)-k_{\text{V-M}}N_{B}N_{A_2}(\nu_3)-k_{\mathrm{T}}N_{B}N_{A_2}(\nu_3)\\&\quad-(k_{a_3}+A)N_{A_2}(\nu_3)\\&=k_{a_3}N_{A_2}(g)-(K_{\text{V-V}}+K_{\text{V-M}}+K_{\mathrm{T}}+k_{a_3}+A)N_{A_2}(\nu_3)\end{aligned} \tag{11.3.26}$$

$$\begin{aligned}\dot{N}_{A_2}(2\nu_3) &= k_{V\text{-}V}^{3-1}N_{A_2}(3\nu_3)N_{A_2}(\nu_3)+k_{V\text{-}V}^{4-1}N_{A_2}(4\nu_3)N_{A_2}(\nu_3)\\&\quad -k_{V\text{-}V}^{2-0}N_{A_2}(2\nu_3)N_{A_2}(g)-k'_{L_1}N_BN_{A_2}(2\nu_3)\end{aligned}\tag{11.3.27}$$

$$\begin{aligned}\dot{N}_{A_2}(3\nu_3) &= k_{a_4}N_{A_2}(g)-[k_{V\text{-}V}^{3-0}N_{A_2}(g)+k_{V\text{-}V}^{3-1}N_{A_2}(\nu_3)]N_{A_2}(3\nu_3)\\&\quad -k_{V\text{-}M}N_BN_{A_2}(3\nu_3)-k'_{L_2}N_BN_{A_2}(3\nu_3)-(k_{a_4}+A)N_{A_2}(3\nu_3)\\&= k_{a_4}N_{A_2}(g)-(K'_{V\text{-}V}+K_{V\text{-}M}+K'_{L_2}+k_{a_4}+A)N_{A_2}(3\nu_3),\\&\quad k_{a_4}\approx k'_{a_3}\end{aligned}\tag{11.3.28}$$

$$\begin{aligned}\dot{N}_{A_2}(4\nu_3) &= k_{a_4}N_{A_2}(\nu_3)-[k_{V\text{-}V}^{4-0}N_{A_2}(g)+k_{V\text{-}V}^{4-1}N_{A_2}(\nu_3)+k_{V\text{-}V}^{4-2}N_{A_2}(2\nu_3)\\&\quad +k_{V\text{-}V}^{4-3}N_{A_1}(3\nu_3)]N_{A_2}(4\nu_3)-k_{V\text{-}M}N_BN_{A_2}(4\nu_3)-k_{L_2}N_BN_{A_2}(4\nu_3)\\&\quad -(k_{a_4}+A)N_{A_2}(4\nu_3)\\&= k_{a_4}N_{A_2}(\nu_3)-(K''_{V\text{-}V}+K_{V\text{-}M}+K_{L_2}+k_{a_4}+A)N_{A_2}(4\nu_3)\end{aligned}\tag{11.3.29}$$

$$\dot{N}_{A_2}\approx -K_{L_2T}N_{A_2},\ K_{L_2T}\approx 0.5(K_{L_2}+K'_{L_2})+K_T\tag{11.3.30}$$

式（11.3.19）～式（11.3.30）中，$k_{a_2}\approx k'_{a_1},k_{a_4}\approx k'_{a_3}$，这对于式（11.3.22）、式（11.3.28）实际就是把k'_{a_1}、k'_{a_3}分别写成了k_{a_2}和k_{a_4}，但仍用k'_{a_1}、k'_{a_3}的数据；对于式（11.3.23）、式（11.3.29）来说，k_{a_2}和k_{a_4}也是用了k'_{a_1}、k'_{a_3}的数据，正如第5章所证明的，k_{a_2}和k'_{a_1}，k_{a_4}和k'_{a_3}，它们对应的跃迁均满足一般选择定则，热带跃迁和泛频跃迁均被证实，同时，到$4\nu_3$能级的跃迁机制有两个，两机制的综合效果可补充估计中的不足；$K''_{V\text{-}V}$、$K'_{V\text{-}V}$、$K_{V\text{-}V}$为振动-振动能量转移速率常数；$K_{V\text{-}M}$为碰撞能量转移速率常数；K_{L_1}、K'_{L_1}、K_{L_2}、K'_{L_2}为光化学反应速率常数；K_T为热激励反应速率常数；A为自发辐射系数。

根据式（11.3.24）、式（11.3.30），可以得出

$$N_{A_1}=N_{A_1}^0\exp(-K_{L_1T}t),\quad N_{A_2}=N_{A_2}^0\exp(-K_{L_2T}t)\tag{11.3.31}$$

根据式（11.3.19）、式（11.3.25）、式（11.3.31），可得到

$$\alpha_{A_1}=\frac{(1-e)N_{A_1}^0(g)K_T(k_{a_1}+k_{a_2}-K_{L_1T})}{N_{A_1}^0[e(k_{a_1}+k_{a_2}-K_{L_1T})+K_T]}\tag{11.3.32}$$

$$\alpha_{A_2}=\frac{(1-e)N_{A_2}^0(g)K_T(k_{a_3}+k_{a_4}-K_{L_2T})}{N_{A_2}^0[e(k_{a_3}+k_{a_4}-K_{L_2T})+K_T]}\tag{11.3.33}$$

$$N_{A_1}(g)=g_{A_1}(t)N_{A_1}^0(g)\tag{11.3.34}$$

$$N_{A_2}(g)=g_{A_2}(t)N_{A_2}^0(g)\tag{11.3.35}$$

在式（11.3.34）、式（11.3.35）中分别有

$$g_{A_1}(t)=1-\frac{(e-1)[k_{a_1}+k_{a_2}-K_{L_1T}+K_T\exp(-K_{L_1T}t)]}{e(k_{a_1}+k_{a_2}-K_{L_1T})+K_T}\tag{11.3.36}$$

$$g_{A_2}(t)=1-\frac{(e-1)[k_{a_3}+k_{a_4}-K_{L_2T}+K_T\exp(-K_{L_2T}t)]}{e(k_{a_3}+k_{a_4}-K_{L_2T})+K_T}\tag{11.3.37}$$

式（11.3.34）～式（11.3.37）中$g_{A_1}(t)$和$g_{A_2}(t)$也如在式（11.2.10）～式（11.2.13）

中有 $g_{A_1}(0)=g_{A_2}(0)=1$，同时在使用时，应注意其适用条件为 $0<g_{A_1}(t)\leqslant 1, 0<g_{A_2}(t)\leqslant 1$，若不满足适用条件，则需调整 k_{a_1}、k_{a_2}，或 k_{a_3}、k_{a_4}，也即调整光强 I。

式（11.3.31）～式（11.3.35）中，$N_{A_1}^0(g)$、$N_{A_2}^0(g)$、$N_{A_1}^0$、$N_{A_2}^0$ 为初始粒子数密度。当 $N_{A_1}(g)$ 为慢变函数和 $K_{V\text{-}V}$ 为慢变量时，根据式（11.3.20）可以得到

$$\begin{aligned}N_{A_1}(\nu_3)&=\frac{k_{a_1}N_{A_1}(g)}{K_{V\text{-}V}+K_{V\text{-}M}+K_T+k_{a_1}+A}\\&\quad+N_{A_1}^0(\nu_3)\exp[-(K_{V\text{-}V}+K_{V\text{-}M}+K_T+k_{a_1}+A)t]\end{aligned}\tag{11.3.38}$$

如果初密度 $N_{A_1}^0(\nu_3)$ 非常小，这个方程就变为

$$N_{A_1}(\nu_3)=\frac{k_{a_1}N_{A_1}(g)}{K_{V\text{-}V}+K_{V\text{-}M}+K_T+K_{a_1}+A}\tag{11.3.39}$$

$\dot{N}_{A_2}(\nu_3)=0$ 也有这样的解，同样初始密度 $N_{A_2}^0(\nu_3)$ 也是非常小的。

因为 UF_6+HCl 的光化学反应过程中使用的是连续波激光，所以该光化学反应过程是准稳定的。如果 $N_{A_1}(g)$ 和 $N_{A_2}(g)$ 是慢变函数，$K''_{V\text{-}V}$、$K'_{V\text{-}V}$、$K_{V\text{-}V}$ 是慢变量，K_{L_1}、K'_{L_1}、K_{L_2}、K'_{L_2}、$K_{V\text{-}M}$、K_T 是常量，则式（11.3.22）、式（11.3.23）、式（11.3.26）、式（11.3.28）、式（11.3.29）有准稳定解：

$$N_{A_1}(3\nu_3)=\frac{k_{a_2}N_{A_1}(g)}{K'_{V\text{-}V}+K_{V\text{-}M}+K'_{L_1}+k_{a_2}+A}\tag{11.3.40}$$

$$N_{A_1}(4\nu_3)=\frac{k_{a_2}k_{a_1}N_{A_1}(g)}{(K_{V\text{-}V}+K_{V\text{-}M}+K_T+k_{a_1}+A)(K''_{V\text{-}V}+K_{V\text{-}M}+K_{L_1}+k_{a_2}+A)}\tag{11.3.41}$$

$$N_{A_2}(\nu_3)=\frac{k_{a_3}N_{A_2}(g)}{K_{V\text{-}V}+K_{V\text{-}M}+K_T+k_{a_3}+A}\tag{11.3.42}$$

$$N_{A_2}(3\nu_3)=\frac{k_{a_4}N_{A_2}(g)}{K'_{V\text{-}V}+K_{V\text{-}V}+K'_{L_2}+k_{a_4}+A}\tag{11.3.43}$$

$$N_{A_2}(4\nu_3)=\frac{k_{a_4}k_{a_3}N_{A_2}(g)}{(K_{V\text{-}V}+K_{V\text{-}M}+K_T+k_{a_3}+A)(K''_{V\text{-}V}+K_{V\text{-}M}+K_{L_2}+k_{a_4}+A)}\tag{11.3.44}$$

由于缺乏直接激励项和重要的贡献项，$N_{A_1}(2\nu_3)$、$N_{A_2}(2\nu_3)$ 的解被忽略。根据式（11.3.39）～式（11.3.44），$^{235}UF_5$、$^{238}UF_5$ 的产率 Y_{A_1}、Y_{A_2} 表达式为

$$\begin{aligned}Y_{A_1}&\approx K_{L_1}N_{A_1}(4\nu_3)+K'_{L_1}N_{A_1}(3\nu_3)+K_TN_{A_1}(\nu_3)\\&=\frac{k_{a_2}k_{a_1}K_{L_1}}{(K_{V\text{-}V}+K_{V\text{-}M}+K_T+k_{a_1}+A)(K''_{V\text{-}V}+K_{V\text{-}M}+k_{a_2}+A)}N_{A_1}(g)\\&\quad+\left\{\frac{k_{a_2}K'_{L_1}}{K'_{V\text{-}V}+K_{V\text{-}M}+K'_{L_1}+k_{a_2}+A}+\frac{k_{a_1}K_T}{K_{V\text{-}V}+K_{V\text{-}M}+K_T+k_{a_1}+A}\right\}N_{A_1}(g)\\&\equiv K'_{L_1T}N_{A_1}(g)\end{aligned}\tag{11.3.45}$$

$$
\begin{aligned}
Y_{A_2} &\approx K_{L_2} N_{A_2}(4\nu_3) + K'_{L_2} N_{A_2}(3\nu_3) + K_T N_{A_2}(\nu_3) \\
&= \frac{k_{a_4} k_{a_3} K_{L_2}}{[K_{V\text{-}V} + K_{V\text{-}M} + K_T k_{a_3} + A][K''_{V\text{-}V} + K_{V\text{-}M} + K_{L_2} + k_{a_4} + A]} N_{A_2}(g) \\
&\quad + \left\{ \frac{k_{a_4} K'_{L_2}}{K'_{V\text{-}V} + K_{V\text{-}M} + K'_{L_2} + k_{a_4} + A} + \frac{k_{a_3} K_T}{K_{V\text{-}V} + K_{V\text{-}M} + K_T + k_{a_3} + A} \right\} N_{A_2}(g) \\
&\equiv K'_{L_2T} N_{A_2}(g)
\end{aligned}
\tag{11.3.46}
$$

根据式（11.3.24）和式（11.3.45）、式（11.3.30）和式（11.3.46），在温度较低时近似有

$$\dot{N}_{A_1} \approx -Y_{A_1}, \quad \dot{N}_{A_2} \approx -Y_{A_2} \tag{11.3.47}$$

但是，我们在计算时用式（11.3.45）和式（11.3.46）。

产品浓度和浓缩系数表达式分别为

$$P_c = \frac{Y_{A_1}}{Y_{A_1} + Y_{A_2}} \tag{11.3.48}$$

$$\beta(t) = \frac{\dfrac{Y_{A_1}}{Y_{A_2}}}{\dfrac{N^0_{A_1}}{N^0_{A_2}}} = \frac{g_{A_1}(t)}{g_{A_2}(t)} \frac{K'_{L_1T}}{K'_{L_2T}}, \quad t>0; \quad \beta(0)\equiv 1, \ t=0 \tag{11.3.49}$$

式中，$N^0_{A_1}(g)/N^0_{A_1} \approx N^0_{A_2}(g)/N^0_{A_2}$ 被运用，注意式中 K'_{L_1T}、K'_{L_2T} 分别存在于式（11.3.45）和式（11.3.46）中，其表示式分别为其等号前同类项的合并项。

式（11.3.49）中的 K'_{L_1T}、K'_{L_2T} 是可以较精确计算出或给出的，当 $t=0$ 时，此式的值因 $K'_{L_1T}=K'_{L_2T}=0$ 而不确定，这是因为在式（11.3.38）中忽略了第二项而得式（11.3.39）和同样原因而得式（11.3.42）等而形成的，当补充上这样的忽略项后或一起补充上其他项（包括热反应项）后可得 $\beta(0)=1$。特别值得注意的是，当考虑热反应时，式（11.3.45）、式（11.3.46）、式（11.3.49）会出现热反应项，热反应项基本可以忽略的条件是光化学反应要占据反应室的全内空间（$\phi \approx 0$），并有较高的光化学反应速率。

下面，我们依据所得到的方程式和相关数据进行一些计算。核反应堆需要的浓度是3%，当原料粒子数密度比例为 $N^0_{A_1}/N^0_{A_2}=0.7\%/99.3\%$，为了使 $P_c=3\%$，需选择 $\beta=4$。

式（11.3.45）和式（11.3.46）需要满足下面两条件，其一是 $t=0$ 时，有

$$N_{A_1}(4\nu_3) \approx N_{A_1}(3\nu_3) \approx 0$$

$$N_{A_2}(4\nu_3) \approx N_{A_2}(3\nu_3) \approx 0$$

这一般是能满足的。

其二是，CO 激光强度和 CO_2 激光强度为零时是反应剂与因热分布处于一些能级 ν_h 的反应物分子的无选择性热反应，有

$$Y_{A_1} \approx K_T N^0_{A_1}(\nu_h \geqslant \nu_3), \ Y_{A_2} \approx K_T N^0_{A_2}(\nu_h \geqslant \nu_3)$$

也就是说 $\beta(0)=1$。

式（11.3.45）和式（11.3.46）这两个方程中的 k_{a_1}、k_{a_2}、k_{a_3}、k_{a_4} 的表达式为

$$k_{a_1} = \frac{^{235}\sigma_{CO_2} I_{CO_2}}{h\nu_{CO_2}} \tag{11.3.50}$$

$$k_{a_2} = \frac{^{235}\sigma_{CO} I_{CO}}{h\nu_{CO}} \tag{11.3.51}$$

$$k_{a_3} = \frac{^{238}\sigma_{CO_2} I_{CO_2}}{h\nu_{CO_2}} \tag{11.3.52}$$

$$k_{a_4} = \frac{^{238}\sigma_{CO} I_{CO}}{h\nu_{CO}} \tag{11.3.53}$$

式中[2]，

$$^{235}\sigma_{CO_2} \approx 2\times10^{-23}\,\text{cm}^2, {}^{238}\ \sigma_{CO_2} \approx 6.3\times10^{-24}\,\text{cm}^2 \quad 10\text{P}_{14}\text{线（}CO_2\text{激光）}$$

$$^{235}\sigma_{CO} \approx 2\times10^{-22}\,\text{cm}^2, {}^{238}\ \sigma_{CO} \approx 4\times10^{-23}\,\text{cm}^2 \quad 1x\text{-15线（CO激光）}$$

其中部分数据可参见图 11.2.1。

为了达到$\beta \geqslant 4$，需要提高光化学反应速率常数K_L。使用 CO 激光和 CO_2 激光共同引起的铀同位素分离的光化学反应完全能够提高反应速率常数K_L。在$T = 253K$下，单独使用 CO 激光$(h\nu_L = 3h\nu_3)$辐照$UF_6 + HCl$气体混合物时，可以获得$K_L = 2.3K_T$[6]，或$K_L = 10.5K_T$（表 7.2.3 和表 8.4.2 的总结结果）。根据振动激发激光化学理论[1]有$K_L / K_T \leqslant \exp(E / kT)$，其中$E$为振动能量，$k$为玻尔兹曼常量。于是有

$$\frac{K_L}{K_T} = \exp\left(\frac{\alpha h\nu_L}{kT}\right),\ 0 < \alpha < 1 \tag{11.3.54}$$

又因为

$$K_L = K_T e^{\frac{\alpha 3h\nu_3}{kT}} \approx 2.3K_T \tag{11.3.55}$$

和

$$4h\nu_3 + h\nu_4 + h\nu_6 \approx 5h\nu_3 \tag{11.3.56}$$

我们可以得到

$$K_L = K_T e^{\frac{\alpha'' 5h\nu_3}{kT}} = K_T e^{\frac{\alpha 3h\nu_3 + \alpha' 2h\nu_3}{kT}} \approx 2.3K_T e^{\frac{\alpha' 2h\nu_3}{kT}},\ \alpha' > \alpha,\ \alpha \in h\nu_3 \sim 3h\nu_3 \tag{11.3.57}$$

所以会有

$$K_{L_{1,2}} \approx 5K_T \tag{11.3.58}$$

计算结果列于表 11.3.1 中。从式（11.3.36）、式（11.3.37）、式（11.3.49）可看出，式（11.3.37）第二项分母接近最小时有利于提高浓缩系数。为了方便，仅在式（11.3.36）和式（11.3.37）计算中，$K_{L_iT}(i=1,2)$被简单地使用$K_{L_iT} = K_{L_i} + K_T (i=1,2)$（便于在已据实验计算的$K_{L_i}$以内选数据），而未按式（11.3.24）和式（11.3.30）$K_{L_iT}(i=1,2)$的定义计算，这相当于视$3\nu_3$能级和$4\nu_3 + \nu_4 + \nu_6$能级的UF_6有相同的光化学反应速率常数，因此会有一些误差，但是，在表 11.3.1 中所列的K_{L_i}、K'_{L_i}都较多地低于有一定实验依据的$3\nu_3$的UF_6的光化学反应速率常数（$0.126s^{-1}$，参见表 11.2.2）；其余都按表中所给数据计算。

表 11.3.1　CO 激光和 CO_2 激光选择性催化光化学反应 UF_6 + HCl 的铀同位素浓缩系数

温度 T / K	I_{CO_2} /(W / cm^2)	I_{CO} /(W / cm^2)	$^{235}\sigma_{CO_2}$ /(2×10^{-23}cm^2)	$^{238}\sigma_{CO_2}$ /(6.3×10^{-24}cm^2)	$^{235}\sigma_{CO}$ /(2×10^{-22}cm^2)	$^{238}\sigma_{CO}$ /(4×10^{-23}cm^2)	K_{L_1}, K_{L_2} / s^{-1}	K'_{L_1}, K'_{L_2} / s^{-1}	K_T / s^{-1}	$K_{V\text{-}V}$ / s^{-1}	$K'_{V\text{-}V}$ /s^{-1}	$K''_{V\text{-}V}$ /s^{-1}	$K_{V\text{-}M}$ /s^{-1}	β(0.1s)	β(2s)	β(10s)
235	80	80	1[2]	1[2]	1[2]	1[2]	0.08	0.036	0.016	0.016 (if)	0.036 (if)	0.08 (if)	0.0036 (if)	9.233	4.814	2.225
235	90	90	1	1	1	1	0.08	0.036	0.016	0.016 (if)	0.036 (if)	0.08 (if)	0.0036 (if)	3.884	3.117	2.121
253	100	100	1	2.116[6]	1	3.333[6]	0.08	0.036	0.016	0.016 (if)	0.036 (if)	0.08 (if)	0.0036 (if)	1.187	1.181	1.163
235	100	100	1	1	1	1	0.08	0.036	0.016	0.016 (if)	0.036 (if)	0.08 (if)	0.0036 (if)	2.983	2.630	2.038
235	110	110	1	1	1	1	0.126	0.08	0.016	0.036 (if)	0.036 (if)	0.036 (if)	0.0036 (if)	17.4(0.2s)	4.563	1.714
235	120	120	1	1	1	1	0.126	0.08	0.016	0.036 (if)	0.036 (if)	0.036 (if)	0.0036 (if)	4.205	3.022	1.892
235	150	150	1	1	1	1	0.126	0.08	0.016	0.036 (if)	0.036 (if)	0.036 (if)	0.0036 (if)	2.427	2.202	1.839

在本节的最后，有必要将 11.3 节和 11.2 节给出的主要信息结合起来，进行归纳总结。具体如下。

1）光激发选择性较强时光化学反应速率较大，则振动-振动能量转移对浓缩系数影响不明显

表 11.3.1 中所取或所设光化学反应及热化学反应速率常数 K_{L_i}、K_T 来自一定实验（参见第 7、8 章）及文献[6]。振动-振动能量转移速率常数依单激光（CO 激光）实验估计为与光化学反应速率常数 $0.036s^{-1}$ 近似相等（$K_{V\text{-}V} \approx K_L$）；在实际计算时，$K_{V\text{-}V}$、$K'_{V\text{-}V}$、$K''_{V\text{-}V}$ 在双激光作用系统中则一方面按与相应段反应速率常数近似相等设置（表 11.3.1 第 1、2 行取值），而另一方面仍取为 $0.036s^{-1}$（表 11.3.1 第 5、6 行取值），计算出的浓缩系数相差不大。计算表明，光激发选择性较强时，只要光化学反应速率常数较大和具有足够的光激发速率，振动-振动能量共振转移的影响就不明显。

2）同时使用 CO 激光和 CO_2 激光比单独使用 CO 激光浓缩系数高

同时使用 CO 激光和 CO_2 激光比单独使用 CO 激光催化 $UF_6 + HCl$ 反应得到的铀同位素浓缩系数高。当激光强度 $I_{CO} = I_{CO_2} = 100W/cm^2$ 和温度 $T = 253K$ 时，同时使用两激光时的铀同位素浓缩系数为 $\beta = 1.181$ 或 1.163（表 11.3.1），而单独使用 CO 激光时为 $\beta = 1.0072$ (或 $1.008 \sim 1.009$)（表 11.2.1 和表 11.2.2）。

3）腔内光化学反应实验适用、易实现

在实验（第 7、8 章）条件和文献[6]条件下，即 UF_6、HCl 的气压分别在 1～2torr 和数十托范围，当 $T = 235K, I_{CO} = I_{CO_2} = 100W/cm^2$ 左右时，同时使用 CO 激光和 CO_2 激光选择性催化 $UF_6 + HCl$ 反应可得到铀同位素浓缩系数 $\beta = 4$（表 11.3.1 中第 1、5 行等）。这样的腔内光强度一般要求腔内功率也在 100W 左右，这样的光化学反应实验条件是适用与易实现的，在 3%～5%的输出耦合条件下，可提供较强的激光输出以供监测腔内功率及腔内光强度使用。

4）双激光分离同位素时激光强度的选择是很重要的因素

在激光频率对准后，激光强度的选择是影响铀同位素选择性的重要因素。在双激光系统，激光强度的选择或调整可依据式（11.3.49）、式（11.3.36）、式（11.3.37）来进行，重点是使式（11.3.37）第二项分母较小或接近最小，而单激光系统则依式（11.2.18）、式（11.2.12）、式（11.2.13）来进行。激光强度的调整或选择，就是调整两同位素分子参加光化学反应的两组速率方程及关联，调整的结果会使目标同位素分子的反应更具比较优势（如表 11.3.1 中第 1 行结果优于第 2 行，第 5 行结果优于第 6、7 行），不过，调整也是依参数的变化而改变的（如表 11.3.1 中第 5 行结果优于第 2 行等）。如果不做管控调整，则多数情况下的浓缩系数会较低，而少数情况下的浓缩系数会较高，表 11.2.2 在某种程度上反映了这一情况，表中 10 例实验仅有 3 例浓缩系数较高，为 1.008～1.009，4 例为 1.004～1.005，3 例为 1.001～1.002。

5）反应动力学过程复杂性有待继续研究

很显然，确切的反应动力学过程和 UF_6 分子的选择性激发过程比我们在这里（11.2 节、11.3 节）所设或所分析的情况更加复杂。

6）特别注意 200K 温度时的光化学分离铀同位素

表 11.3.1 中，各行例（235K）与第 3 行（253K）中温度差别不大，而截面比相差则较大，因此有理由认为第 3 行例之外的各例中 β 计算值是偏大的，但是如果考虑更低的温度（200K 左右）则情况会有不同，正如式（10.4.4）所计算的，此时 UF_6 的 $3\nu_3$ 带的截面比正好与表 11.3.1 的一致。

11.4 $K_{\text{V-V}}$ 值

11.4.1 能量共振转移主要发生在较高振动能级间

首先要注意的是，振动-振动能量共振转移中单量子跃迁比多量子跃迁的概率大，因此这里仅考虑单量子跃迁情况。

由式（6.2.36）可给出单纯 UF_6 气体 1torr 时 ν_3 能级的 $K_{\text{V-V}}$ 值。实际反应系统比单纯气体系统复杂得多。光化学反应系统中 UF_6 的 $4\nu_3$ 、$3\nu_3$ 等能级的同位素分子间的共振转移与 UF_6 同位素分子间 ν_3 能级的共振转移是在所处条件差别很大的两种情况下发生的。在光化学反应系统中，由于非谐性，$E(4\nu_3)-E(3\nu_3)<E(3\nu_3)-E(2\nu_3)<E(\nu_3)-E(\text{g})$，因此，从能量的共振匹配和单量子跃迁来看，共振转移主要发生在 UF_6 的能级 $^{235}(4\nu_3)$［$^{235}UF_6(4\nu_3)$ 的简写］与 $^{238}(4\nu_3)$ 或 $^{235}(4\nu_3)$ 与 $^{238}(3\nu_3)$ 之间，或 $^{235}(3\nu_3)$ 与 $^{238}(3\nu_3)$ 及 $^{238}(2\nu_3)$ 之间。从 V-V 交换跃迁概率的递推公式则更可证明 V-V 交换主要发生在两种同位素分子的较高振动能级之间。以 υ、υ' 分别表示 $^{235}UF_6$ 、$^{238}UF_6$ 的 ν_3 模的振动量子数，则依递推公式[14]可知一些主要的 V-V 交换跃迁概率同 ν_3 与基态交换跃迁概率平均值的比值如下：

$$\left\{\begin{aligned}
&\frac{\overline{P}_{\upsilon'=4\to\upsilon'=5}^{\upsilon=4\to\upsilon=3}}{\overline{P}_{\upsilon'=0\to\upsilon'=1}^{\upsilon=1\to\upsilon=0}}=\frac{(3+1)!}{3!1!}\frac{(4+1)!}{4!1!}=20 \qquad \frac{\overline{P}_{\upsilon'=3\to\upsilon'=4}^{\upsilon=3\to\upsilon=2}}{\overline{P}_{\upsilon'=0\to\upsilon'=1}^{\upsilon=1\to\upsilon=0}}=\frac{(2+1)!}{2!1!}\frac{(3+1)!}{3!1!}=12\\
&\frac{\overline{P}_{\upsilon'=3\to\upsilon'=4}^{\upsilon=4\to\upsilon=3}}{\overline{P}_{\upsilon'=0\to\upsilon'=1}^{\upsilon=1\to\upsilon=0}}=\frac{(3+1)!}{3!1!}\frac{(3+1)!}{3!1!}=16 \qquad \frac{\overline{P}_{\upsilon'=2\to\upsilon'=3}^{\upsilon=3\to\upsilon=2}}{\overline{P}_{\upsilon'=0\to\upsilon'=1}^{\upsilon=1\to\upsilon=0}}=\frac{(2+1)!}{2!1!}\frac{(2+1)!}{2!1!}=9\\
&\frac{\overline{P}_{\upsilon'=2\to\upsilon'=3}^{\upsilon=4\to\upsilon=3}}{\overline{P}_{\upsilon'=0\to\upsilon'=1}^{\upsilon=1\to\upsilon=0}}=\frac{(3+1)!}{3!1!}\frac{(2+1)!}{2!1!}=12 \qquad \frac{\overline{P}_{\upsilon'=1\to\upsilon'=2}^{\upsilon=3\to\upsilon=2}}{\overline{P}_{\upsilon'=0\to\upsilon'=1}^{\upsilon=1\to\upsilon=0}}=\frac{(2+1)!}{2!1!}\frac{(1+1)!}{1!1!}=6\\
&\frac{\overline{P}_{\upsilon'=1\to\upsilon'=2}^{\upsilon=4\to\upsilon=3}}{\overline{P}_{\upsilon'=0\to\upsilon'=1}^{\upsilon=1\to\upsilon=0}}=\frac{(3+1)!}{3!1!}\frac{(1+1)!}{1!1!}=8 \qquad \frac{\overline{P}_{\upsilon'=0\to\upsilon'=1}^{\upsilon=3\to\upsilon=2}}{\overline{P}_{\upsilon'=0\to\upsilon'=1}^{\upsilon=1\to\upsilon=0}}=\frac{(2+1)!}{2!1!}\frac{(0+1)!}{0!1!}=3\\
&\frac{\overline{P}_{\upsilon'=0\to\upsilon'=1}^{\upsilon=4\to\upsilon=3}}{\overline{P}_{\upsilon'=0\to\upsilon'=1}^{\upsilon=1\to\upsilon=0}}=\frac{(3+1)!}{3!1!}\frac{(0+1)!}{0!1!}=4
\end{aligned}\right. \tag{11.4.1}$$

在式（11.4.1）中，如 $\overline{P}_{\upsilon'=3\to\upsilon'=4}^{\upsilon=4\to\upsilon=3}$ 表示处于 $4\nu_3$ 能级的 $^{235}UF_6$ 分子与处于 $3\nu_3$ 能级的 $^{238}UF_6$ 分子发生一次碰撞前者跃迁到 $3\nu_3$ 能级而后者跃迁到 $4\nu_3$ 能级的平均跃迁概率，$\overline{P}_{\upsilon'=0\to\upsilon'=1}^{\upsilon=1\to\upsilon=0}$ 则是

前者从 ν_3 能级到基态而后者从基态到 ν_3 能级的平均跃迁概率。类似地，可知其他高能级分子间跃迁概率的高低。由于采用 CO 激光激发或采用 CO 激光和 CO_2 激光共同激发对 $^{235}UF_6$ 和 $^{238}UF_6$ 分子在原理上是相同的，仅是前者（$^{235}UF_6$）被对准吸收谱线而激发截面较大一些，因此原则上 UF_6 的 $^{235}(4\nu_3)$ 分子在 $^{235}UF_6$ 气体中的占比比 $^{238}(4\nu_3)$ 分子在 $^{238}UF_6$ 气体中的占比高，$^{235}(3\nu_3)$ 占比比 $^{238}(3\nu_3)$ 占比高。从表 11.3.1 可知光化学反应可在 10s 及数十秒左右的时间内整体基本完成，功率增大则用时更少。从表 10.4.1 可看出，就是在较低温度下，两同位素分子在基态的占比也分别仅为 0.01。可设想，在某一极小时段 $^{235}(4\nu_3)$ 和 $^{235}(3\nu_3)$ 两者的占比之和为 $0.01\times4.5\%$，而 $^{238}(4\nu_3)$ 和 $^{238}(3\nu_3)$ 的占比之和为 $0.01\times1\%$（实际会更高），这样设想，是因为在浓缩后含 ^{235}U 的化合物可以达到的浓度近似为 $0.01\times4.5\%\times0.7\%/0.01\times1\%\times99.3\%=3.2\%$。高振动能态间的交换跃迁概率高[式(11.4.1)]，于是，可以认为在足够激发强度和较高选择性条件下共振转移的主要途径是较高振动能级分子间的能量转移（提高激发的选择性才可减弱此途径）。但是，转移后的分子仍处于较高能级，受激的或共振转移后的较高能级的 $^{235}UF_6$ 和 $^{238}UF_6$ 分子与 HCl 的光化学反应都较快，前者又具激发优势，于是，主渠道的能量转移对选择性的影响有限（但对达到较高目标浓缩系数又是致命的）。同时转移过程与逆过程又是部分相消的，如 $^{235}(4\nu_3)+{}^{238}(4\nu_3)\longrightarrow{}^{235}(3\nu_3)+{}^{238}(5\nu_3)$ 与 $^{235}(4\nu_3)+{}^{238}(4\nu_3)\longrightarrow{}^{235}(5\nu_3)+{}^{238}(3\nu_3)$，$^{235}(4\nu_3)+{}^{238}(3\nu_3)\longrightarrow{}^{235}(3\nu_3)+{}^{238}(4\nu_3)$ 与 $^{235}(3\nu_3)+{}^{238}(4\nu_3)\longrightarrow{}^{235}(4\nu_3)+{}^{238}(3\nu_3)$，$^{235}(3\nu_3)+{}^{238}(2\nu_3)\longrightarrow{}^{235}(2\nu_3)+{}^{238}(3\nu_3)$ 与 $^{235}(2\nu_3)+{}^{238}(3\nu_3)\longrightarrow{}^{235}(3\nu_3)+{}^{238}(2\nu_3)$ 等。值得注意的是，$^{235}(3\nu_3)$ 与 $^{238}(\nu_3)$ 之间，或 $^{235}(3\nu_3)$ 与 $^{238}(g)$ 之间的共振转移，因为转移后的 $^{235}(2\nu_3)$ 与 $^{238}(2\nu_3)$，或 $^{235}(2\nu_3)$ 与 $^{238}(\nu_3)$，不但可能减少了一个较高激发态 $^{235}UF_6$ 分子参加反应，而且可能增加一个激发态 $^{238}UF_6$ 分子参加反应，对选择性有不利影响。但这两种情况对选择性的影响都不会很大，因为式（11.4.1）表明其相比于高振动能级间的转移概率要低一些。

在不严格的情况下，我们近似地认为式（11.4.1）中的分母 $\overline{P}_{\upsilon'=0\to\upsilon'=1}^{\upsilon=1\to\upsilon=0}$ 就是式（6.2.36）或此式中的 $\overline{P}_{av}$，于是可以借助式（11.4.1）对高能级 V-V 交换跃迁率做估算，即认为高能级的共振转移速率常数 $K'_{V\text{-}V}$、$K''_{V\text{-}V}$ 或 $K^{(3)}_{V\text{-}V}$、$K^{(4)}_{V\text{-}V}$ 是式（6.2.36）$K_{V\text{-}V}$ 的数倍，倍数等于 $\overline{P}_{\upsilon'=3\to\upsilon'=4}^{\upsilon=3\to\upsilon=2},\overline{P}_{\upsilon'=2\to\upsilon'=3}^{\upsilon=3\to\upsilon=2},\overline{P}_{\upsilon'=1\to\upsilon'=2}^{\upsilon=3\to\upsilon=2},\overline{P}_{\upsilon'=0\to\upsilon'=1}^{\upsilon=3\to\upsilon=2}$ 分别相对于 $\overline{P}_{\upsilon'=0\to\upsilon'=1}^{\upsilon=1\to\upsilon=0}$ 的倍数，即倍数分别为 12、9、6、3 或是 $\overline{P}_{\upsilon'=4\to\upsilon'=5}^{\upsilon=4\to\upsilon=3},\overline{P}_{\upsilon'=3\to\upsilon'=4}^{\upsilon=4\to\upsilon=3}$，$\overline{P}_{\upsilon'=2\to\upsilon'=3}^{\upsilon=4\to\upsilon=3},\overline{P}_{\upsilon'=1\to\upsilon'=2}^{\upsilon=4\to\upsilon=3}\overline{P}_{\upsilon'=0\to\upsilon'=1}^{\upsilon=4\to\upsilon=3}$ 分别相对于 $\overline{P}_{\upsilon'=0\to\upsilon'=1}^{\upsilon=1\to\upsilon=0}$ 的倍数，即倍数分别为 20、16、12、8、4。也即有

$$K'_{V\text{-}V},K''_{V\text{-}V},K^{(3)}_{V\text{-}V},K^{(4)}_{V\text{-}V}\approx(10\sim20)K_{V\text{-}V} \tag{11.4.2}$$

11.4.2 $K_{V\text{-}V}$ 计算公式

这里我们有必要对 $K_{V\text{-}V}$ 的选取进行说明。显然，参照所测光化学反应速率常数来预估的表 11.2.1 中所取的振动共振转移速率常数 $K_{V\text{-}V}=0.036s^{-1}$，表 11.2.2 中的 $K_{V\text{-}V}=0.126s^{-1}$，或表 11.3.1 中的 $K'_{V\text{-}V}=0.036s^{-1}$、$K''_{V\text{-}V}=0.08s^{-1}$ 等不同预估值或试探值，都是指 UF_6 分子处在 $3\nu_3$ 或 $4\nu_3$ 能级时振动-振动能量共振转移速率常数。显然，它们都远低于式（6.2.36）给出的单纯 UF_6 气体 1torr 时 ν_3 能级的 $K_{V\text{-}V}$ 值 $(T=253K,\overline{P}_{av}\approx0.05,K_{V\text{-}V}\approx10^6s^{-1})$。要说明的是，这个 $K_{V\text{-}V}$ 值考虑的是 $^{235}UF_6$ 和 $^{238}UF_6$ 同位素分子间 ν_3 振动能量的共振转移。现在，我们

要面对的是位于高振动能级 $3\nu_3$ 或 $4\nu_3$ 的 $^{235}UF_6$ 分子与 $^{238}UF_6$ 分子间的共振转移。这样，在这里就存在多量子跃迁，但是单量子跃迁概率大，这里仅考虑单量子跃迁。同时，分子位于（分离振动能级区段的）高振动能态与位于低振动能态或基态的情况是有差别的，因此，对于其共振转移概率，我们用式（6.2.36）中的 $\bar{P}_{av}$ 和式（11.4.1）的积表示成如下近似式

$$\bar{P}^*_{av} \approx \frac{\bar{P}^{\upsilon=i\to\upsilon=i-1}_{\upsilon'=m\to\upsilon'=m+1}}{\bar{P}^{\upsilon=1\to\upsilon=0}_{\upsilon'=0\to\upsilon'=1}}\bar{P}_{av} \tag{11.4.3}$$

我们知道，粒子数密度为 n_1、n_2 的二组元混合气两种分子间和密度为 n 的单组元气体分子间在单位体积、单位时间内碰撞次数分别正比于 n_1n_2 和 n^2；而粒子数密度为 n_1 的每个分子与粒子数密度为 n_2 的分子的碰撞频率、粒子数密度为 n 的每个分子的碰撞频率则分别正比于 n_2 和 n，而共振转移速率也分别有这个比例。

我们知道，在容器内，理想气体的混合气的压力等于各成分的分压力之和，各成分的粒子数密度 n_i 由其分压力 p_i 和混合气温度 T 经下式给出

$$n_i = \frac{p_i}{kT}, \quad i = 1, 2, \cdots \tag{11.4.4}$$

式中，p_i 单位取 Pa，T 单位取 K，k 单位取 erg / K，n_i 的单位则为 cm^{-3}。

在容器内，$T = 273.15K$、$p = 133.32Pa(1torr)$ 天然丰度的 UF_6 分子数密度 n 近似为 $3.5\times10^{15}cm^{-3}$，其中 $^{238}UF_6$ 分子数密度 n_2 近似为 $3.5\times10^{15}cm^{-3}$，而 $^{235}UF_6$ 分子数密度 n_1 近似为 $2.5\times10^{13}cm^{-3}$，故 $n \approx n_2$。

在容器内（如反应室或反应管内），$T = 253K$，所测气压为 $p = 133.32Pa(1torr)$，则天然丰度的 UF_6 分子数密度 n 近似为 $3.816\times10^{15}cm^{-3}$，其中 $^{238}UF_6$ 分子粒子数密度 n_2 近似为 $3.789\times10^{15}cm^{-3}$，而 $^{235}UF_6$ 粒子数密度 n_1 近似为 $2.66\times10^{13}cm^{-3}$。UF_6 分子质量 $m_1 = 5.7973\times10^{-22}g$，$m_2 = 5.8471\times10^{-22}g$，$m_0 = 1.1644\times10^{-21}g$，$\mu = 2.9111\times10^{-22}g$，$d_{12} = 0.5(d_1 + d_2) = 5.967\times10^{-8}cm$[16]。相应的质量密度 $\rho_2 = 2.215\times10^{-6}g/cm^3$，$\rho_1 = 1.54\times10^{-8}g/cm^3$，$\rho = 2.231\times10^{-6}g/cm^3$。依据表 10.4.1，在接近 253K 的 258K 温度，UF_6 分子处于 $3\nu_5 \approx \nu_3$ 能级的机会占比仅为 0.00345，处于基态的机会占比仅为 0.0101，假定在激光激发下两种同位素分子处于 $3\nu_3$ 的机会近似为基态占比的 0.01 倍左右，实验中加入的大量 HCl 气体会使 UF_6 分子间碰撞机会减少到十分之一或五分之二；考虑到这些和式（6.2.36）中 $n \approx n_2$ 后，当 $T = 253K$ 时，$K_{V\text{-}V} \approx 0.0101\times0.01\times0.1\times10^6s^{-1} \approx 10s^{-1}$；再考虑到这里不是严格的共振转移，$K_{V\text{-}V}$ 还要小一点，这与我们的预估值可落在同一量级范围，即可取 $K_{V\text{-}V} \approx 1s^{-1}$。但是，考虑到式（11.4.3），这个值又会升高一个量级。考虑到实验中更为复杂的因素，$K_{V\text{-}V}$ 值会在一个范围取值或波动。

由式（6.2.36）可知，一个 UF_6 分子与粒子数密度为 n 的 UF_6 的碰撞频率为 $P_c = \sigma\bar{v}_r n$，$\bar{v}_r$ 为平均相对速度［式（7.1.57）］，而一个 $^{235}UF_6$ 分子与粒子数密度为 n_2 的 $^{238}UF_6$ 的碰撞频率为

$$P_c = \sigma\bar{v}_r n_2 = \pi d_{12}^2\sqrt{\frac{8kT}{\pi\mu}}n_2 = \pi d_{12}^2\sqrt{\frac{8kT}{\pi\mu}}\frac{p_2}{kT} = 2d_{12}^2\sqrt{\frac{2\pi}{\mu kT}}p_2, \quad \mu = \frac{m_1m_2}{m_1+m_2} \tag{11.4.5}$$

式中，n_2 由式（11.4.4）给出，式（11.4.5）对于单组分气体也成立。

式（11.4.5）与气体的分子质量、直径、粒子数密度、压力、温度有关，与式（10.6.15）一致。考虑到在 7.1.6 节提出的隔离因子 r^* 的作用和式（11.4.3），我们可将振动-振动能

量共振转移速率常数近似表示为

$$K_{\text{V-V}}^{*} \approx r^{*}P_{c}\bar{P}_{\text{av}}^{*} = \pi d_{12}^{2}\sqrt{\frac{8kT}{\pi\mu}}n_{2}r^{*}\bar{P}_{\text{av}}^{*} = 2d_{12}^{2}\sqrt{\frac{2\pi}{\mu kT}}p_{2}r^{*}\bar{P}_{\text{av}}^{*} \tag{11.4.6}$$

式（11.4.6）与式（6.2.36）一致，其中 p_i、T、μ、k 的单位分别用 Pa(或133.32Pa)、K、g、erg/K，且取 $1\text{Pa} = 10\text{g}\cdot\text{cm}^{-1}\cdot\text{s}^{-2}$，$1\text{erg} = 1\text{g}\cdot\text{cm}^{-2}\cdot\text{s}^{-2}$，$K_{\text{V-V}}^{*}$ 的单位为 s^{-1}。

式（11.4.6）中，n_2 及相应的 n_1 所属的振动能级及 $\bar{P}_{\text{av}}^{*}$ 所属的振动能级表明了 $K_{\text{V-V}}^{*}$ 的具体所属。

当我们讨论 UF_6 低振动能态振动能共振转移时，假设 n_1 的分子都处于 ν_3 能级，n_2 的分子都处于基态，则由式（6.2.36）（注意本节取 $d_{12} = 5.967\times10^{-8}\text{cm}$）给出的 $K_{\text{V-V}}$ 值是大的。但实际上会较复杂。依据 $n_2 \approx 3.789\times10^{15}\text{cm}^{-3}$，同时依据图 6.2.2，取 $T = 253\text{K}$ 时 $\bar{P}_{\text{av}} = 0.05\sim0.075$，由式（6.2.36）得 $K_{\text{V-V}} = 5.8\times10^{5}\sim8.7\times10^{5}\text{s}^{-1}$。但是，依据第 10 章表 10.4.1 的计算值，在接近 $T = 253\text{K}$ 的温度 258K 时，UF_6 分子布居在基态的概率仅为 0.010。而在激光（如 CO_2 激光）激发下，$^{235}UF_6$ 瞬时处于 ν_3 振动能态粒子数估计仅占基态的 4.5%或更小，$^{238}UF_6$ 处于 ν_3 振动能态粒子数估计仅占基态的 3.5%左右（因为实验的浓缩系数小于 1.5），于是我们将 $T = 253\text{K}$ 的 n_1 取为 $0.00045n_1$，n_2 取为 $0.00035n_2$，以 $0.00035n_2$ 代入式（6.2.36）可得 $K_{\text{V-V}} = 193\sim289\text{s}^{-1}$，这比 $K_{\text{V-V}} = 5.8\times10^{5}\sim8.7\times10^{5}\text{s}^{-1}$ 低得多。显然，$^{238}UF_6$ 处于基态的粒子数密度 $0.01n_2$，在共振转移中应起主要作用，以 $0.01n_2$ 代入式（6.2.36）可得 $K_{\text{V-V}} = 5.8\times10^{3}\sim8.7\times10^{3}\text{s}^{-1}$，如果隔离有效，有

$$K_{\text{V-V}} \approx 5.8\times10^{2}\sim8.7\times10^{2}\text{s}^{-1} \tag{11.4.7}$$

接下来继续考虑隔离因子 r^{*} 的作用。在 7.1.6 节出现了有效碰撞概率因子 P，P 也出现于表 7.1.1 中，其计算值及定义式出现于表 7.2.6 和表前的说明。定义式表明 P 是对指前因子的一个修正。P 值小于 1，即有些能量高于临界能的碰撞，实际上并未发生反应。P 实质上是一个与分子构型有关的方位因素。虽然 HCl 与 HBr 都是线型分子，但是，它们在与 UF_6 的反应中却表现出了极大的差异，显然，Br 与 Cl 有很大的差异是其重要原因。7.1.6 节引述文献表明线型分子与非线型分子碰撞反应的概率因子 P 约为 10^{-4}。考虑到光化学反应，HCl 与 UF_6 反应的有效碰撞概率因子被估计为 10^{-3}，在第 8 章末由实验总结出其激光光化学反应速率常数平均值为 0.126s^{-1}，而热化学反应速率常数的平均值约为 0.012s^{-1}，正好为此提供了印证。随着条件的优化，可以期望由于光化学反应的优势，HCl 与 UF_6 的反应概率还可上升。但是，更实际一点，我们可以来关注 HBr 与 UF_6 的化学反应。表 7.2.5 列出了 HBr 与 UF_6 的热化学反应速率常数和 HCl 与 UF_6 的热化学反应速率常数的实验测值。数据表明，HBr 与 UF_6 的热化学反应速率常数比 HCl 与 UF_6 的热化学反应速率常数高出接近 2.5 个量级。因此，有理由相信，前者的 P 因子在 10^{-1} 左右。考虑对 $^{235}UF_6$ 高振动能级激发，$^{238}UF_6$ 高振动能级也有一定激发，n_2 取为 $0.0001n_2$，当取 HBr 的粒子数密度 N_B 为 $40n_2$ 时，有 $N_B : 0.0001n_2 = 400000$，对于基态 UF_6 分子，粒子数密度比也达 $N_B : 0.01n_2 = 4000$，查表 7.1.1，由第 7 行可知，当 $P = 0.1$ 时，只要 $N_B : N_A \geqslant 395$，就有 $r^{*} \leqslant 0.001$，故可取 $r^{*} = 0.001$。

在连续波激光（如 CO 激光，或 CO_2 激光 + CO 激光）激发下，在准稳态下，$^{235}UF_6$ 处于 $3\nu_3$、$4\nu_3$ 振动能态的粒子数估计仅占基态的 4.5%或更小，$^{238}UF_6$ 处于 $3\nu_3$、$4\nu_3$ 振动能

态粒子数估计仅占基态的 1%左右，于是我们将 $T = 253\text{K}$ 的 n_1 取为 $0.00045n_1$， n_2 取为 $0.0001n_2$，以 $0.0001n_2$ 代入式（6.2.36）可得

$$K_{\text{V-V}} = 58\sim87\text{s}^{-1} \tag{11.4.8}$$

再考虑到 $\text{UF}_6 + \text{HBr}$ 可取 $r^* = 0.001$ 和 $\bar{P}_{\text{av}}^* \approx 10\bar{P}_{\text{av}}$，由式（11.4.6）可得

$$K_{\text{V-V}}^* \approx 0.58\sim0.87\text{s}^{-1} \quad [d_{12} = 0.5(d_1 + d_2) = 5.967\times10^{-8}\text{cm}] \tag{11.4.9}$$

或

$$K_{\text{V-V}}^* \approx 1.2\sim1.7\text{s}^{-1} \quad [d_{12} = 0.5(d_1 + d_2) = 8.3\times10^{-8}\text{cm}] \tag{11.4.10}$$

因此应有

$$K'_{\text{V-V}}, K''_{\text{V-V}} \approx 0.58\sim0.87\text{s}^{-1}, \text{或} = 1.2\sim1.7\text{s}^{-1} \tag{11.4.11}$$

当 $\text{UF}_6 + \text{HBr}$ 中 UF_6 的气压 $p = 2\times133.32\text{Pa}$ 时，其结果应近似为式（11.4.8）或式（11.4.11）中结果的 2 倍。式（11.4.6）也可针对低振动能级间或低振动能级与基态间的共振转移。

下面介绍另一种求 $K_{\text{V-V}}$ 的方法。将式（11.2.15）作为 n_2 代入式（11.4.6），可得

$$K_{\text{V-V}}^* = K'_{\text{V-V}} \approx r^* P_{\text{c}} \bar{P}_{\text{av}}^* = \pi d_{12}^2 \sqrt{\frac{8kT}{\pi\mu}} \frac{k_{\text{b}} N_{\text{A}_2}(\text{g})}{K'_{\text{V-V}} + K_{\text{V-M}} + K_{\text{L}_2} + k_{\text{b}}} r^* \bar{P}_{\text{av}}^* \tag{11.4.12}$$

式（11.4.12）的解为

$$K'_{\text{V-V}} = -b \pm \sqrt{b^2 - 4c} \tag{11.4.13}$$

式中

$$b = K_{\text{V-M}} + K_{\text{L}_2} + k_{\text{b}}, \quad c = -\pi d_{12}^2 \sqrt{\frac{8kT}{\pi\mu}} k_{\text{b}} N_{\text{A}_2}(\text{g}) r^* \bar{P}_{\text{av}}^*$$

$$N_{\text{A}_2}(\text{g}) = \left[1 - \frac{(\text{e}-1)(k_{\text{b}} - K_{\text{L}_{2\text{T}}} + K_{\text{T}}\text{e}^{-K_{\text{L}_{2\text{T}}}t})}{\text{e}(k_{\text{b}} - K_{\text{L}_{2\text{T}}}) + K_{\text{T}}}\right] N_{\text{A}_2}^0(\text{g})$$

取表 11.2.1 中第一行的有关数据，取 $T = 253\text{K}$， $d_{12} = 0.5(d_1 + d_2) = 5.967\times10^{-8}\text{cm}$，$N_{\text{A}_2}^0(\text{g}) = 0.01n_2 = 0.01\times3\times10^{15}\text{cm}^{-3}$，$r^* = 0.1$，$\bar{P}_{\text{av}}^* = 10\times0.05$，得 $t = 0.1\text{s}$ 时 $K'_{\text{V-V}} = 11.72\text{s}^{-1}$；$t = 5\text{s}$ 时 $K'_{\text{V-V}} = 11.85\text{s}^{-1}$。若将此处 r^* 取为 0.001，这些值就变为与式（11.4.9）的值落在同一量级范围内。

11.4.3 $K_{\text{V-V}}$ 估算

为了简单地估算 $K_{\text{V-V}}$，由式（1.7.37），可分别对其分子和分母积分，但对 $K_{\text{V-V}}\text{e}^{-K_{\text{L}_{1\text{T}}}t}$ 或 $K_{\text{V-V}}\text{e}^{-K_{\text{L}_{2\text{T}}}t}$ 只简单地取成一个中间值 $K_{\text{V-V}}\text{e}^{-0.5K_{\text{L}_{1\text{T}}}\tau}$ 或 $K_{\text{V-V}}\text{e}^{-0.5K_{\text{L}_{2\text{T}}}\tau}$。于是可近似求得

$$\begin{aligned} Y_{\text{A}_1}(\tau) &= \int_0^\tau Y_{\text{A}_1}\text{d}t = \frac{(1-\phi)K_{\text{L}_1}k_{\text{a}}N_{\text{A}_1}^0(\text{g})K_{\text{L}_{1\text{T}}}^{-1}(1-\text{e}^{-K_{\text{L}_{1\text{T}}}\tau})}{K_{\text{V-V}}\text{e}^{-0.5K_{\text{L}_{1\text{T}}}\tau} + K_{\text{V-M}} + K_{\text{L}_1} + k_{\text{a}}} + \phi K_{\text{T}}N_{\text{A}_1}^0 K_{\text{L}_{1\text{T}}}^{-1}(1-\text{e}^{-K_{\text{L}_{1\text{T}}}\tau}) \\ Y_{\text{A}_2}(\tau) &= \int_0^\tau Y_{\text{A}_2}\text{d}t = \frac{(1-\phi)K_{\text{L}_2}k_{\text{b}}N_{\text{A}_2}^0(\text{g})K_{\text{L}_{1\text{T}}}^{-1}(1-\text{e}^{-K_{\text{L}_{1\text{T}}}\tau})}{K_{\text{V-V}}\text{e}^{-0.5K_{\text{L}_{2\text{T}}}\tau} + K_{\text{V-M}} + K_{\text{L}_2} + k_{\text{b}}} + \phi K_{\text{T}}N_{\text{A}_2}^0 K_{\text{L}_{2\text{T}}}^{-1}(1-\text{e}^{-K_{\text{L}_{2\text{T}}}\tau}) \end{aligned} \tag{11.4.14}$$

于是得浓缩系数

$$\beta(\tau) = \frac{Y_{\text{A}_1}(\tau)}{Y_{\text{A}_2}(\tau)} \left(\frac{N_{\text{A}_1}^0}{N_{\text{A}_2}^0}\right)^{-1} \tag{11.4.15}$$

取近似 $K_{L_1}=K_{L_2}=K_L, K_{L_{1T}}=K_{L_{2T}}=K_{L_T}, N^0_{A_1}(g)/N^0_{A_1}=N^0_{A_2}(g)/N^0_{A_2}=N^0_A(g)/N^0_A$，可由式（11.4.14）、式（11.4.15）得到

$$\left.\begin{aligned}
&aK_{V\text{-}V}^2+bK_{V\text{-}V}+c=0\\
&a=e^{-0.5K_{L_T}\tau}\phi K_T[\beta(\tau)-1]\\
&b=e^{-0.5K_{L_T}\tau}\begin{Bmatrix}\phi K_T[\beta(\tau)-1](2K_{V\text{-}M}+2K_L+k_a+k_b)\\ +(1-\phi)\dfrac{N_A^0(g)}{N_A^0}K_L[\beta(\tau)k_b-k_a]\end{Bmatrix}\\
&c=(1-\phi)K_L\frac{N_A^0(g)}{N_A^0}[(K_{V\text{-}M}+K_L+k_a)\beta(\tau)k_b-(K_{V\text{-}M}+K_L+k_b)k_a]\\
&\quad+(K_{V\text{-}M}+K_L+k_a)(K_{V\text{-}M}+K_L+k_b)\phi K_T[\beta(\tau)-1]
\end{aligned}\right\} \tag{11.4.16}$$

$$K_{V\text{-}V}\approx\frac{-b\pm\sqrt{b^2-4ac}}{2a} \tag{11.4.17}$$

式中，在需简化的地方取了近似 $K_{L_1}=K_{L_2}=K_L$，在实验测试时，这两者也不易分开。

由实验测得的浓缩系数 β，光化学反应时间 τ，光化学反应速率常数 K_{L_1} 和 K_{L_2}，热化学反应速率常数 K_T，以及已知的 k_a、k_b 和 $K_{V\text{-}M}$（或预估值），则可得出高能级的 $K_{V\text{-}V}$。例如，由表 11.2.2 倒数第二行所给出的实验值和已知数据及预估数据：$k_a=0.536725\text{s}^{-1}$，$k_b=0.13418\text{s}^{-1}$，$K_{V\text{-}M}=0.0126\text{s}^{-1}$，$K_L=0.126\text{s}^{-1}$，$K_T=0.012\text{s}^{-1}$，$K_{L_2}=0.126\text{s}^{-1}$，$K_{L_T}=0.138\text{s}^{-1}$，$\tau=8\text{s}$，$\beta(t=\tau)=1.535008$，$K_{L_\tau}=K_T+K_L=0.138\text{s}^{-1}$,，$K_{L_\tau}\tau=0.138\times8=1.104$，$N_A^0(g)/N_A^0=0.04$，$\phi=0.0869$，$\beta(8)=1.535008$，可得 $K_{V\text{-}V}=0.125807\text{s}^{-1}$，与 $K_L=0.126\text{s}^{-1}$ 极接近，基本与浓缩系数公式一致，另一解为 $K_{V-V}=1.655658\text{s}^{-1}$，不符合浓缩系数公式。于是，简单的式（11.4.17）可用于 $K_{V\text{-}V}$ 的预估。

值得特别注意的是，这里的 $K_{V\text{-}V}$ 远不是纯净的 $^{235}UF_6$ 与 $^{238}UF_6$ 间的振动-振动能量转移速率常数，而是在大密度反应剂中的光化学反应和在反应剂隔离下严重受挫的近共振转移速率常数（可将其表示为 $K^*_{V\text{-}V}$）。显然，$K^*_{V\text{-}V}$ 对光化学反应则是更有使用意义的，是考虑对选择性的影响而得出的，我们也看到这与反应剂的浓度和反应特性是密切相关的，而且与 $K_L(K_{L_1},K_{L_2})$ 的测量、反应池尺寸和光束尺寸的匹配密切相关（参见 9.2 节），其多数情况下仅仅是一个近似值，但 K_T 是可测得较准确值的。纯的 $K_{V\text{-}V}$ 值可由式（6.2.36）来估计，有关内容可参见第 6 章。

11.5　反应池内气体的转动与激光分离同位素

由于光化学反应离不开反应池，离不开较低的气体温度，因此池壁的温度和气体运动状态对分离同位素的光化学法效果的影响就是一个值得分析的问题。

图 11.5.1 中光栅 G 和扩束振荡组合镜 M_2 内表面中心区域构成调谐振荡腔，所选波长受光栅控制，中央区域的振荡光束经图右扩束振荡组合镜（见第 12 章）扩束后再进入腔内建立各放电管放电区域限定的振荡。UF_6 气体被 HCl 气体带入反应池，可以是图示的方案，但转筒的转动速度可采用周期性调制，以便于 UF_6+HCl 混合气体在筒内的分布，

有利于获得良好的综合效果，也可以将混合气体在不明显影响光振荡建立前提下在中轴线附近注入。转筒经齿轮转换方式由电机带动调节。支撑部与转筒间可有耐低温油脂润滑的轴承，可能的困难主要在于密封部分的动态密封性能，但由于转筒的冷却剂都是液氮蒸气，它的少许漏入并不会对反应池内的运行情况带来明显的不利影响。也可以在转筒一段内壁形成 UF_6 固态物，在转动时固态物蒸发向筒内及中心区域移动，而 HCl 从一端进而从另一端出，当流速较快时，可将产物 UF_5 或 UF_5Cl 带到反应池的出口端。最早的离心机分离铀同位素的方法就是让内壁上的六氟化铀固态物的蒸气 $^{235}UF_6$ 比蒸气 $^{238}UF_6$ 以更大的优势趋向筒中央。可见，在保持激光法优势时，注意低温和反应剂，同时也可一定程度上考虑反应池或反应池中气体的运动状态的某种配合，是有利于同位素分离的。

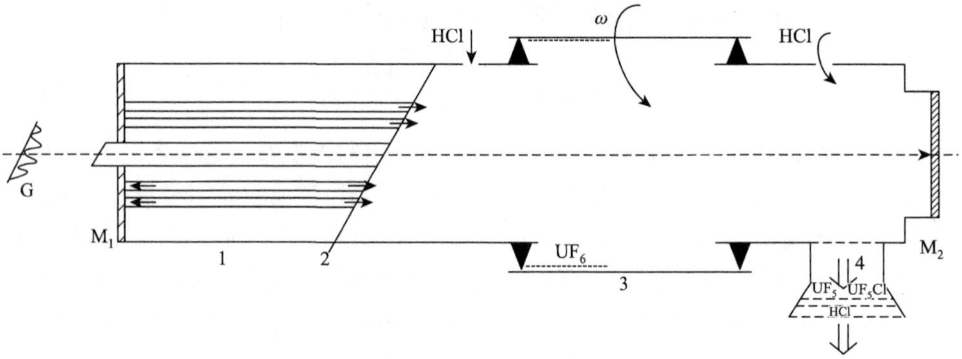

图 11.5.1　激光与旋转气体作用

1. 放电管阵列；2. 布儒斯特窗片；3. 反应池转筒；4. 产物出口

位于液氮容器出口附近的温度计（如含 H_2 的温度计）可测出液氮蒸气温度，蒸气由液氮容器出口进入反应池装置以冷却转筒反应池。

部分液氮蒸气压-温度对照数据见表 11.5.1。

表 11.5.1　液氮蒸气压-温度对照表

p / torr	780	760	740	720	700
T / K	77.57	77.34	77.12	76.89	76.65

下面分析边界条件、气体注入条件和转动条件对混合气分布的影响。这里主要分析以下两种状态。

11.5.1　边界及气体分布状态

1. 空间均匀及无外力条件下的混合气状态

混合气体的 H 函数可表示为[15-17]

$$H=\sum_i\int f_i\ln\left(\frac{h^3}{\mathrm{e}m_i^3}f_i\right)\mathrm{d}\boldsymbol{c}_i \qquad i=1,2,\cdots,k \tag{11.5.1}$$

式中，e 为自然对数的底；h 为普朗克常量；$h^3 f_i / \mathrm{e} m_i^3$ 无量纲，故在运算过程中在统一各量量纲后这个无量纲数的各部分均不带量纲。

当气体为均匀稳恒态时，f_i 与 r 无关，同时在无外力条件下，由玻尔兹曼方程（10.2.13）可知

$$\frac{\partial f_i}{\partial t} = \sum_{j=1}^{k} \iint (f_i' f_j' - f_i f_j) g \sigma_{ij} \mathrm{d}\boldsymbol{\Omega} \mathrm{d}\boldsymbol{c}_j \tag{11.5.2}$$

由式（11.5.1）对 t 微分并将式（11.5.2）代入，有

$$\frac{\mathrm{d}H}{\mathrm{d}t} = \sum_{i,j} \iiint \left[\ln\left(\frac{h^3}{\mathrm{e} m_i^3} f_i \right) + 1 \right] (f_i' f_j' - f_i f_j) g \sigma_{ij} \mathrm{d}\boldsymbol{\Omega} \mathrm{d}\boldsymbol{c}_j \mathrm{d}\boldsymbol{c}_i \tag{11.5.3}$$

由式（10.3.31）、式（10.3.32）、式（10.3.26）～式（10.3.28）可知

$$\begin{gathered} \boldsymbol{c}_i' = \mu_i \boldsymbol{c}_i + \mu_j \boldsymbol{c}_j + \mu_j \boldsymbol{g}',\ \boldsymbol{c}_j' = \mu_i \boldsymbol{c}_i + \mu_j \boldsymbol{c}_j - \mu_i \boldsymbol{g}' \\ \boldsymbol{c}_i = \mu_i \boldsymbol{c}_i' + \mu_j \boldsymbol{c}_j' + \mu_j \boldsymbol{g},\ \boldsymbol{c}_j = \mu_i \boldsymbol{c}_i' + \mu_j \boldsymbol{c}_j' - \mu_i \boldsymbol{g} \end{gathered} \tag{11.5.4}$$

式中，除 μ 以外，均为速度矢量。

由 $(\boldsymbol{c}_i, \boldsymbol{c}_j, \boldsymbol{g}')$ 转换到 $(\boldsymbol{c}_i', \boldsymbol{c}_j', \boldsymbol{g})$ 的雅可比行列式为

$$J \equiv \frac{\partial(\boldsymbol{c}_i', \boldsymbol{c}_j', \boldsymbol{g})}{\partial(\boldsymbol{c}_i, \boldsymbol{c}_j, \boldsymbol{g}')} \tag{11.5.5}$$

参见式（10.3.36），依据式（11.5.4）可知式（11.5.5）为

$$|J| = 1$$

则有

$$\mathrm{d}\boldsymbol{c}_i' \mathrm{d}\boldsymbol{c}_j' \mathrm{d}\boldsymbol{g} = |J| \mathrm{d}\boldsymbol{c}_i \mathrm{d}\boldsymbol{c}_j \mathrm{d}\boldsymbol{g}' = \mathrm{d}\boldsymbol{c}_i \mathrm{d}\boldsymbol{c}_j \mathrm{d}\boldsymbol{g}' \tag{11.5.6}$$

根据 $\boldsymbol{\Omega}$ 和 $\boldsymbol{\Omega}'$ 的定义有

$$\mathrm{d}\boldsymbol{g} = g^2 \mathrm{d}g \mathrm{d}\boldsymbol{\Omega}' \quad \mathrm{d}\boldsymbol{g}' = g'^2 \mathrm{d}g' \mathrm{d}\boldsymbol{\Omega} \tag{11.5.7}$$

又据式（10.3.30）有 $g' = g$，故由式（11.5.6）、式（11.5.7）得

$$\mathrm{d}\boldsymbol{c}_i' \mathrm{d}\boldsymbol{c}_j' \mathrm{d}\boldsymbol{\Omega}' = \mathrm{d}\boldsymbol{c}_i \mathrm{d}\boldsymbol{c}_j \mathrm{d}\boldsymbol{\Omega} \tag{11.5.8}$$

令式（11.5.3）中

$$\phi_i = \ln\left(\frac{h^3}{\mathrm{e} m_i^3} f_i \right) + 1$$

当讨论同种气体分子相碰撞时，为了积分方便，一个 ϕ_i 变成 $\varPhi = \ln\left(\frac{h^3 f}{\mathrm{e} m^3} \right) + 1$。则依据式（11.5.8），在式（11.5.3）中积分的两项之一为

$$\iiint \phi_i f_i' f_j' g \sigma_{ij} \mathrm{d}\boldsymbol{\Omega} \mathrm{d}\boldsymbol{c}_j \mathrm{d}\boldsymbol{c}_i = \iiint \phi_i f_i' f_j' g \sigma_{ij} \mathrm{d}\boldsymbol{\Omega}' \mathrm{d}\boldsymbol{c}_j' \mathrm{d}\boldsymbol{c}_i' \tag{11.5.9}$$

将式（11.5.9）右边含“′”的量换成不含“′”的量，而所有不含“′”的量换成含“′”的量，其结果应不变，并因 $g' = g$ 及 σ_{ij} 与 g、χ 的关系和 σ_{ij}' 与 g'、χ' 的关系是相同的，所以可用 σ_{ij} 代替 σ_{ij}'。$\boldsymbol{c}_i'$、$\boldsymbol{c}_j'$、$\boldsymbol{\Omega}'$ 是某一次碰撞后的量，对所有可能的 $\boldsymbol{c}_i'$、$\boldsymbol{c}_j'$、$\boldsymbol{\Omega}'$ 求积分，应当等价于对所有可能的逆碰撞后的量求和（每一次碰撞均与另一次碰撞相逆），$\boldsymbol{c}_i$、$\boldsymbol{c}_j$、$\boldsymbol{\Omega}$ 是逆碰撞后的量。因此，式（11.5.9）右为

$$\iiint \phi_i f_i' f_j' g \sigma_{ij} \mathrm{d}\boldsymbol{\Omega}' \mathrm{d}\boldsymbol{c}_j' \mathrm{d}\boldsymbol{c}_i' = \iiint \phi_i(\boldsymbol{c}_i', \boldsymbol{r}, t) f_i(\boldsymbol{c}_i, \boldsymbol{r}, t) f_j(\boldsymbol{c}_j, \boldsymbol{r}, t) g \sigma_{ij} \mathrm{d}\boldsymbol{\Omega} \mathrm{d}\boldsymbol{c}_j \mathrm{d}\boldsymbol{c}_i$$

也即式（11.5.9）变成

$$\iiint \phi_i f_i' f_j' g\sigma_{ij} \mathrm{d}\boldsymbol{\Omega} \mathrm{d}\boldsymbol{c}_j \mathrm{d}\boldsymbol{c}_i = \iiint \phi_i' f_i f_j g\sigma_{ij} \mathrm{d}\boldsymbol{\Omega} \mathrm{d}\boldsymbol{c}_j \mathrm{d}\boldsymbol{c}_i \tag{11.5.10}$$

若将式（11.5.10）左边的ϕ_i换成ϕ_i'，则有

$$\iiint \phi_i' f_i' f_j' g\sigma_{ij} \mathrm{d}\boldsymbol{\Omega} \mathrm{d}\boldsymbol{c}_j \mathrm{d}\boldsymbol{c}_i = \iiint \phi_i f_i f_j g\sigma_{ij} \mathrm{d}\boldsymbol{\Omega} \mathrm{d}\boldsymbol{c}_j \mathrm{d}\boldsymbol{c}_i \tag{11.5.11}$$

以式（11.5.11）的右边减去式（11.5.10）的左边，有

$$\iiint \phi_i (f_i f_j - f_i' f_j') g\sigma_{ij} \mathrm{d}\boldsymbol{\Omega} \mathrm{d}\boldsymbol{c}_j \mathrm{d}\boldsymbol{c}_i = -\iiint \phi_i' (f_i f_j - f_i' f_j') g\sigma_{ij} \mathrm{d}\boldsymbol{\Omega} \mathrm{d}\boldsymbol{c}_j \mathrm{d}\boldsymbol{c}_i \tag{11.5.12}$$

在式（11.5.12）两边同时加上此式左边，则有

$$\iiint \phi_i (f_i f_j - f_i' f_j') g\sigma_{ij} \mathrm{d}\boldsymbol{\Omega} \mathrm{d}\boldsymbol{c}_j \mathrm{d}\boldsymbol{c}_i = \frac{1}{2}\iiint (\phi_i - \phi_i')(f_i f_j - f_i' f_j') g\sigma_{ij} \mathrm{d}\boldsymbol{\Omega} \mathrm{d}\boldsymbol{c}_j \mathrm{d}\boldsymbol{c}_i \tag{11.5.13}$$

同理可得

$$\iiint \phi_j (f_i f_j - f_i' f_j') g\sigma_{ij} \mathrm{d}\boldsymbol{\Omega} \mathrm{d}\boldsymbol{c}_i \mathrm{d}\boldsymbol{c}_j = \frac{1}{2}\iiint (\phi_j - \phi_j')(f_i f_j - f_i' f_j') g\sigma_{ij} \mathrm{d}\boldsymbol{\Omega} \mathrm{d}\boldsymbol{c}_i \mathrm{d}\boldsymbol{c}_j \tag{11.5.14}$$

所以有式（11.5.13）与式（11.5.14）的和为

$$\begin{aligned} &\iiint (\phi_i + \phi_j)(f_i f_j - f_i' f_j') g\sigma_{ij} \mathrm{d}\boldsymbol{\Omega} \mathrm{d}\boldsymbol{c}_i \mathrm{d}\boldsymbol{c}_j \\ &= \frac{1}{4}\iiint (\phi_i + \phi_j - \phi_i' - \phi_j')(f_i f_j - f_i' f_j') g\sigma_{ij} \mathrm{d}\boldsymbol{\Omega} \mathrm{d}\boldsymbol{c}_i \mathrm{d}\boldsymbol{c}_j \end{aligned} \tag{11.5.15}$$

将式（11.5.13）中下标j去掉，便可以得到对应于各对分子m_i之间的碰撞方程，即

$$\iiint \phi_i (f_i f - f_i' f') g\sigma \mathrm{d}\boldsymbol{\Omega} \mathrm{d}\boldsymbol{c} \mathrm{d}\boldsymbol{c}_i = \frac{1}{2}\iiint (\phi_i - \phi_i')(f_i f - f_i' f') g\sigma \mathrm{d}\boldsymbol{\Omega} \mathrm{d}\boldsymbol{c} \mathrm{d}\boldsymbol{c}_i \tag{11.5.16}$$

式中，$\boldsymbol{c}_i$和$\boldsymbol{c}$均属分子m_i的，所以将$\boldsymbol{c}_i$和$\boldsymbol{c}$互换并不改变任何一个积分的值。

将式（11.5.16）右$\boldsymbol{c}_i$和$\boldsymbol{c}$互换（相应地ϕ_i换成ϕ），我们便得到

$$\iiint \phi_i (f_i f - f_i' f') g\sigma \mathrm{d}\boldsymbol{\Omega} \mathrm{d}\boldsymbol{c} \mathrm{d}\boldsymbol{c}_i = \frac{1}{2}\iiint (\phi - \phi')(f f_i - f' f_i') g\sigma \mathrm{d}\boldsymbol{\Omega} \mathrm{d}\boldsymbol{c} \mathrm{d}\boldsymbol{c}_i \tag{11.5.17}$$

将式（11.5.16）与式（11.5.17）相加，得

$$\iiint \phi_i (f_i f - f_i' f') g\sigma \mathrm{d}\boldsymbol{\Omega} \mathrm{d}\boldsymbol{c} \mathrm{d}\boldsymbol{c}_i = \frac{1}{4}\iiint (\phi_i - \phi_i' + \phi - \phi')(f f_i - f' f_i') g\sigma \mathrm{d}\boldsymbol{\Omega} \mathrm{d}\boldsymbol{c} \mathrm{d}\boldsymbol{c}_i \tag{11.5.18}$$

为了简便，我们讨论二元组合气体情况。

当$i, j = 1, 2$时，利用式（11.5.15）和式（11.5.18），可由式（11.5.3）得

$$\begin{aligned} \frac{\mathrm{d}H}{\mathrm{d}t} &= \iiint \left[\ln\left(\frac{h^3}{\mathrm{e}m_1^3} f_1\right) + 1\right](f_1' f' - f_1 f) g\sigma_1 \mathrm{d}\boldsymbol{\Omega} \mathrm{d}\boldsymbol{c} \mathrm{d}\boldsymbol{c}_1 \\ &\quad + \iiint \left[\ln\left(\frac{h^3}{\mathrm{e}m_2^3} f_2\right) + 1\right](f_2' f_1' - f_2 f_1) g\sigma_{12} \mathrm{d}\boldsymbol{\Omega} \mathrm{d}\boldsymbol{c}_1 \mathrm{d}\boldsymbol{c}_2 \\ &\quad + \iiint \left[\ln\left(\frac{h^3}{\mathrm{e}m_2^3} f_2\right) + 1\right](f_2' f' - f_2 f) g\sigma_2 \mathrm{d}\boldsymbol{\Omega} \mathrm{d}\boldsymbol{c} \mathrm{d}\boldsymbol{c}_2 \\ &\quad + \iiint \left[\ln\left(\frac{h^3}{\mathrm{e}m_1^3} f_1\right) + 1\right](f_1' f_2' - f_1 f_2) g\sigma_{12} \mathrm{d}\boldsymbol{\Omega} \mathrm{d}\boldsymbol{c}_2 \mathrm{d}\boldsymbol{c}_1 \\ &= \frac{1}{4}\sum_{i,j}\iiint (\ln f_i f_j - \ln f_i' f_j')(f_i' f_j' - f_i f_j) g\sigma_{ij} \mathrm{d}\boldsymbol{\Omega} \mathrm{d}\boldsymbol{c}_j \mathrm{d}\boldsymbol{c}_i, \quad i, j = 1, 2 \end{aligned} \tag{11.5.19}$$

同理，在 f_i 与 $\boldsymbol{r}$ 无关及无外力多元组合气体情况下式（11.5.3）可化为

$$\begin{aligned}\frac{\mathrm{d}H}{\mathrm{d}t}&=\sum_{i,j}\int\left[\ln\left(\frac{h^3}{\mathrm{e}m_i^3}f_i\right)+1\right]J(f_if_j)\mathrm{d}\boldsymbol{c}_i\\&=\frac{1}{4}\sum_{i,j}\iiint(\ln f_if_j-\ln f_i'f_j')(f_i'f_j'-f_if_j)g\sigma_{ij}\mathrm{d}\boldsymbol{\Omega}\mathrm{d}\boldsymbol{c}_j\mathrm{d}\boldsymbol{c}_i,\ i,j=1,2\cdots k\end{aligned} \tag{11.5.20}$$

式中，$g\geqslant 0,\sigma_{ij}\geqslant 0$。

式（11.5.20）中，如果 $f_if_j>f_i'f_j'$ 及 $\ln(f_if_j/f_i'f_j')>0, f_i'f_j'-f_if_j<0$，则被积函数小于 0，反之，被积函数也小于 0，仅当 $f_if_j=f_i'f_j'$ 时，被积函数才为 0。所以

$$\frac{\mathrm{d}H}{\mathrm{d}t}\leqslant 0 \tag{11.5.21}$$

此为 H 定理。H 定理最早时的公式由玻尔兹曼给出，故称 Boltzmann H 定理。

当 $\frac{\mathrm{d}H}{\mathrm{d}t}=0$ 时，要求碰撞满足

$$f_i'f_j'=f_if_j \tag{11.5.22}$$

可得

$$f_{\mathrm{M}_i}=n_i\left(\frac{m_i}{2\pi kT}\right)^{\frac{3}{2}}\exp\left(-\frac{m_iC_i^2}{2kT}\right) \tag{11.5.23}$$

式中，$\boldsymbol{C}_i=\boldsymbol{c}_i-\boldsymbol{v}$，其中，$\boldsymbol{v}$ 为流体速度、平均速度，$\boldsymbol{c}_i$ 为第 i 种分子的速度，$\boldsymbol{C}_i$ 为第 i 种分子的运动速度，也称为随机速度、特定速度或热速度，也可记为 $\boldsymbol{C}_i=\boldsymbol{\xi}_i-\boldsymbol{v}$。

当为单组分气体时，为

$$f_{\mathrm{M}}=n\left(\frac{m}{2\pi kT}\right)^{\frac{3}{2}}\exp\left(-\frac{mC^2}{2kT}\right),\ \boldsymbol{C}=\boldsymbol{c}-\boldsymbol{v} \tag{11.5.24}$$

式中，随机速度 $\boldsymbol{C}_i$ 的平均值为

$$\bar{\boldsymbol{C}}=\bar{\boldsymbol{c}}-\boldsymbol{v}=\boldsymbol{v}-\boldsymbol{v}=0 \tag{11.5.25}$$

式（11.5.23）、式（11.5.24）为平衡态时的速度分布函数，也称为 Maxwell 速度分布函数。

从上面的分析可知，H 定理说明，当时间变化而分布函数发生变化时，H 总是减少的，减少到它的极小值便不再改变，系统就达到平衡态。平衡态分布由式（11.5.23）、式（11.5.24）给出。

2. 处于容器中且有外力时气体所处的状态

前面证明了空间均匀气体且无外力作用下的 Boltzmann H 定理。但是，在一些使用情况下，这两个限制是不符合实际的，故在下面的讨论中将取消空间均匀和无外力作用的限制。

当气体流过固体表面或处于固体界面的容器中时，气体与壁面的相互作用与壁面的温度、粗糙度和清洁度等情况有密切关系。设容器壁不是气体分子的源或汇聚处，器壁面光滑，即将所有分子都反射。例如，与这一假设相近，UF_6 气体分子在遇到 200～235K 温度

的经过钝化等处理的器壁时，若其气压小于 133.32Pa 或处于 133.32Pa 附近，仍然是不易被器壁所吸附的。具体举例为：如文献[3]提供，使用 CO 激光分离铀同位素，UF_6气体供料速率为 0.07mol/s，反应池长 280m，UF_6压力为 0.95×133.32Pa，温度为 235K，保持时间为 29s。再如表 7.2.3 中，经 F_2、UF_6气体钝化处理的反应池内，非流动情况下，UF_6+HCl 体系热反应，$T=241K$，UF_6压力为$1.54\times133.32Pa$，HCl 压力为$36.9\times133.32Pa$，热反应时间约为 74.7s，转化率约为 50%。

当容器内气体分布不均匀且有外力场时，按下式定义 H_0 来进行讨论。

$$H_0(t)=\int_V H\mathrm{d}\boldsymbol{r}=\sum_i\iint f_i\ln\left(\frac{h^3}{\mathrm{e}m_i^3}f_i\right)\mathrm{d}\boldsymbol{c}_i\mathrm{d}\boldsymbol{r} \tag{11.5.26}$$

式中，$\boldsymbol{r}$ 为位置矢量；$\mathrm{d}\boldsymbol{r}$ 为体积元；公式的体积积分遍及整个容器。

由玻尔兹曼方程式（10.2.12）和式（10.2.13）可知有外力时有

$$\frac{\partial f_i}{\partial t}=\sum_j\iint(f_i'f_j'-f_if_j)g\sigma_{ij}\mathrm{d}\boldsymbol{\Omega}\mathrm{d}\boldsymbol{c}_j-\boldsymbol{c}_i\cdot\frac{\partial f_i}{\partial\boldsymbol{r}}-\boldsymbol{X}_i\cdot\frac{\partial f_i}{\partial\boldsymbol{c}_i} \tag{11.5.27}$$

式中，单位质量受力 $\boldsymbol{X}_i$ 可以有多种，也即分子受力 $m_i\boldsymbol{X}_i$ 有多种。但是，如重力与分子速度 $\boldsymbol{c}_i$ 及 t 无关，在局部区域内可认为 $\boldsymbol{X}_i$ 为一常量；离心力场中，$\boldsymbol{X}_i$ 是 $\boldsymbol{r}$ 的函数，但和 $\boldsymbol{c}_i$ 无关。

由式（11.5.26），有

$$\frac{\mathrm{d}H_0}{\mathrm{d}t}=\sum_i\iint\left[1+\ln\left(\frac{h^3}{\mathrm{e}m_i^3}f_i\right)\right]\frac{\partial f_i}{\partial t}\mathrm{d}\boldsymbol{c}_i\mathrm{d}\boldsymbol{r} \tag{11.5.28}$$

将式（11.5.27）代入式（11.5.28），即有

$$\begin{aligned}\frac{\mathrm{d}H_0}{\mathrm{d}t}=&\sum_{i,j}\iint\iint\left[1+\ln\left(\frac{h^3}{\mathrm{e}m_i^3}f_i\right)\right](f_i'f_j'-f_if_j)g\sigma_{ij}\mathrm{d}\boldsymbol{\Omega}\mathrm{d}\boldsymbol{c}_j\mathrm{d}\boldsymbol{c}_i\mathrm{d}\boldsymbol{r}\\&-\sum_i\iint\left[1+\ln\left(\frac{h^3}{\mathrm{e}m_i^3}f_i\right)\right]\boldsymbol{c}_i\cdot\frac{\partial f_i}{\partial\boldsymbol{r}}\mathrm{d}\boldsymbol{c}_i\mathrm{d}\boldsymbol{r}\\&-\sum_i\iint\left[1+\ln\left(\frac{h^3}{\mathrm{e}m_i^3}f_i\right)\right]\boldsymbol{X}_i\cdot\frac{\partial f_i}{\partial\boldsymbol{c}_i}\mathrm{d}\boldsymbol{c}_i\mathrm{d}\boldsymbol{r}\end{aligned} \tag{11.5.29}$$

式（11.5.29）中第三项可变为

$$-\sum_i\iint\boldsymbol{X}_i\cdot\frac{\partial}{\partial\boldsymbol{c}_i}\left[f_i\ln\left(\frac{h^3}{\mathrm{e}m_i^3}f_i\right)\right]\mathrm{d}\boldsymbol{c}_i\mathrm{d}\boldsymbol{r} \tag{11.5.30}$$

式中，当 $\boldsymbol{c}_i\to\infty$ 时，f_i 很快趋于零，故式（11.5.30）积分为零。

式（11.5.29）中第一项，对 $\boldsymbol{r}$ 的积分，其被积函数仍由式（11.5.20）给出，虽然它不再与空间无关，但在空间各点均满足式（11.5.21），故第一项≤0，仅当 $f_i'f_j'=f_if_j$ 时才等于零。

式（11.5.29）的第二项，对其分析如下：设 $\boldsymbol{n}$ 为容器表面处指向容器中的单位法线矢量，并使用格林定理：

$$
\begin{aligned}
&-\sum_i \iint \left[1+\ln\left(\frac{h^3}{em_i^3}f_i\right)\right]\boldsymbol{c}_i\cdot\frac{\partial f_i}{\partial \boldsymbol{r}}\mathrm{d}\boldsymbol{c}_i\mathrm{d}\boldsymbol{r}\\
&=-\sum_i \iint \frac{\partial}{\partial \boldsymbol{r}}\cdot\left[\boldsymbol{c}_i f_i\ln\left(\frac{h^3}{em_i^3}f_i\right)\right]\mathrm{d}\boldsymbol{c}_i\mathrm{d}\boldsymbol{r}\\
&=\sum_i \oint_s\int \boldsymbol{n}\cdot\left[\boldsymbol{c}_i f_i\ln\left(\frac{h^3}{em_i^3}f_i\right)\right]\mathrm{d}\boldsymbol{c}_i\mathrm{d}s \qquad (11.5.31)\\
&=\sum_i \oint_s\int c_{n_i} f_i\ln\left[\frac{h^3 n_i}{em_i^3}\left(\frac{m_i}{2\pi kT_\mathrm{w}}\right)^{\frac{3}{2}}\right]\mathrm{d}\boldsymbol{c}_i\mathrm{d}s-\sum_i \oint_s\int \boldsymbol{n}\cdot\left[\boldsymbol{c}_i\frac{m_i c_i^2}{2kT_\mathrm{w}}f_i\right]\mathrm{d}\boldsymbol{c}_i\mathrm{d}s\\
&=\sum_i \oint_s \overline{n_i c_{n_i}\ln\left[\frac{h^3 n_i}{em_i^3}\left(\frac{m_i}{2\pi kT_\mathrm{w}}\right)^{\frac{3}{2}}\right]}\mathrm{d}s-\sum_i \oint_s \frac{1}{kT_\mathrm{w}}(\boldsymbol{q}_i\cdot\boldsymbol{n})\mathrm{d}s=0
\end{aligned}
$$

式中，c_{n_i} 为 c_i 在光滑器壁表面的面积元 d$\boldsymbol{s}$ 的法线 $\boldsymbol{n}$ 方向的分量，容器壁处温度为 T_w，而式中 f_i 取为

$$
f_i=n_i\left(\frac{m_i}{2\pi kT_\mathrm{w}}\right)^{\frac{3}{2}}\exp\left(-\frac{m_i c_i^2}{2kT_\mathrm{w}}\right) \qquad (11.5.32)
$$

之所以这样取（式中 c_i^2 本应为 C_i^2），是因为假定气体分子的运动速度 c_i 如第 9 章那样（为简单这里也设为圆筒容器）分解在垂直于光滑器壁面的方向（径向）、轴向和角向，气流速度也分解在这三个方向，于是

$$
C_i^2=c_i^2-2(\boldsymbol{c}_r+\overline{\boldsymbol{c}}_r+\boldsymbol{c}_z+\overline{\boldsymbol{c}}_z+\boldsymbol{c}_\theta+\overline{\boldsymbol{c}}_\theta)\cdot(\boldsymbol{v}_r+\boldsymbol{v}_z+\boldsymbol{v}_\theta)+v^2\approx c_i^2+v^2
$$

式中，分子在一个方向的正、负向速率取值是等概率的。故用 c_i 代替 f_i 中的 C_i，积分式只差一系数。

当研究式（11.5.31）任一面积元 d$\boldsymbol{s}$ 对积分的贡献时，由于参考轴线的方向是任意的，可取 d$\boldsymbol{s}$ 垂直于 x 轴，因为容器是光滑的，所以离开容器的分子和撞击容器的分子是相同的，它们速度的 x 分量正好方向相反，而 y 分量和 z 分量则保持不变，从而在任一局部器壁面（d$\boldsymbol{s}$）都有平均值

$$
\overline{c_{n_i}\ln\left[\frac{h^3 n_i}{em_i^3}\left(\frac{m_i}{2\pi kT_\mathrm{w}}\right)^{\frac{3}{2}}\right]}=0 \qquad (11.5.33)
$$

即式（11.5.31）最后等号前的第一项为零。同时，式（11.5.31）最后等号前的第二项，因为 $\boldsymbol{q}_i$ 为热流矢量，且器壁是不可透过的，所以只要容器中的气体没有从气体到容器壁的净输运热流，则为零。于是，式（11.5.31）为零成立。

上述对式（11.5.29）第一、第二、第三项的分析表明，当容器壁光滑，无源、无汇集，没有从气体到容器壁的净输运热流，则

$$
\frac{\mathrm{d}H_0}{\mathrm{d}t}\leqslant 0 \qquad (11.5.34)
$$

这是非均匀系统的 Boltzmann H 定理，可见只有当 $f_i f_j = f_i' f_j'$ 时才达到平衡。

在速度分布函数 f_i 与 $\boldsymbol{r}$ 有关，并存在外力场条件下的平衡状态应满足 $\dfrac{\partial f_i}{\partial t}=0$，同时 $f_i f_j = f_i' f_j'$。由 $f_i' f_j' = f_i f_j$ 得到的速度分布函数，仍如式（11.5.23）及式（11.5.24）所示，只不过此时式中的 n_i、$\boldsymbol{v}$ 和 T 与气体分子速度 $\boldsymbol{c}_i$ 和时间无关，但可以是 $\boldsymbol{r}$ 的函数，

$$f_{\mathrm{M}_i} = n_i\left(\frac{m_i}{2\pi kT}\right)^{\frac{3}{2}}\exp\left(-\frac{m_i C_i^2}{2kT}\right) \tag{11.5.35}$$

式中，当为单种气体时，则去掉脚标 i。

由式（11.5.27）可知，当 $\dfrac{\partial f_i}{\partial t}=0$，并且 $f_i' f_j' = f_i f_j, i,j=1,2,\cdots,k$，即容器中气体达到平衡时有

$$\boldsymbol{c}_i\cdot\frac{\partial f_i}{\partial \boldsymbol{r}}+\boldsymbol{X}_i\cdot\frac{\partial f_i}{\partial \boldsymbol{c}_i}=0 \tag{11.5.36}$$

式（11.5.36）除以 f_{M_i} 并将 f_{M_i} 的表示式（11.5.23）代入，可知

$$\boldsymbol{c}_i\cdot\frac{\partial}{\partial \boldsymbol{r}}\left\{\ln n_i+\frac{3}{2}\ln\frac{m_i}{2\pi kT}-\frac{m_i}{2kT}(\boldsymbol{c}_i-\boldsymbol{v})^2\right\}-\frac{m_i}{kT}\boldsymbol{X}_i\cdot(\boldsymbol{c}_i-\boldsymbol{v})=0 \tag{11.5.37}$$

即

$$\begin{aligned}&\boldsymbol{c}_i\cdot\left\{\frac{\partial \ln n_i}{\partial \boldsymbol{r}}+\frac{3}{2}\frac{\partial}{\partial \boldsymbol{r}}\left(\frac{m_i}{2\pi kT}\right)+\frac{m_i c_i^2}{2kT^2}\frac{\partial T}{\partial \boldsymbol{r}}-\frac{m_i\boldsymbol{c}_i\cdot\boldsymbol{v}}{kT^2}\frac{\partial T}{\partial \boldsymbol{r}}+\frac{m_i}{kT}\frac{\partial}{\partial \boldsymbol{r}}(\boldsymbol{c}_i\cdot\boldsymbol{v})\right.\\&\left.+\frac{m_i v^2}{2kT^2}\frac{\partial T}{\partial \boldsymbol{r}}-\frac{m_i}{2kT}\frac{\partial v^2}{\partial \boldsymbol{r}}\right\}-\frac{m_i}{kT}\boldsymbol{X}_i\cdot(\boldsymbol{c}_i-\boldsymbol{v})=0\end{aligned} \tag{11.5.38}$$

式中，明显地，微分时已注意到可以是 $\boldsymbol{r}$ 的函数的量有 n_i、$\boldsymbol{v}$ 和 T，大括号内的后几项与 $(\boldsymbol{c}_i-\boldsymbol{v})^2=(\boldsymbol{c}_i-\boldsymbol{v})\cdot(\boldsymbol{c}_i-\boldsymbol{v})$ 有关。

式（11.5.38）是 $\boldsymbol{c}_i$ 的恒等式，仅当 c_i 的各个方次项的系数都为零时才成立。由 c_i 三次方项的系数为零，得

$$\frac{\partial T}{\partial \boldsymbol{r}}=0 \tag{11.5.39}$$

也即

$$\frac{\partial T}{\partial x}=\frac{\partial T}{\partial y}=\frac{\partial T}{\partial z}=0 \tag{11.5.40}$$

表明平衡态时温度是均匀的。由式（11.5.39）可知，在式（11.5.38）中所有含 $\dfrac{\partial T}{\partial \boldsymbol{r}}$ 的项均为零。

由式（11.5.38）c_i 二次方项的系数为零则有

$$\boldsymbol{c}_i\cdot\frac{\partial}{\partial \boldsymbol{r}}(\boldsymbol{c}_i\cdot\boldsymbol{v})=0 \tag{11.5.41}$$

即

$$
\begin{aligned}
\boldsymbol{c}_i\cdot\frac{\partial}{\partial \boldsymbol{r}}(\boldsymbol{c}_i\cdot\boldsymbol{v}) &= \boldsymbol{c}_i\cdot\left\{\frac{\partial}{\partial \boldsymbol{r}}(\boldsymbol{c}_{ic}\cdot\boldsymbol{v})+\frac{\partial}{\partial \boldsymbol{r}}(\boldsymbol{c}_i\cdot\boldsymbol{v}_c)\right\}\\
&= \boldsymbol{c}_i\cdot\left\{\boldsymbol{i}\frac{\partial}{\partial x}+\boldsymbol{j}\frac{\partial}{\partial y}+\boldsymbol{k}\frac{\partial}{\partial z}\right\}[c_{ix}v_x+c_{iy}v_y+c_{iz}v_z]\\
&= c_{ix}^2\frac{\partial v_x}{\partial x}+c_{iy}^2\frac{\partial v_y}{\partial y}+c_{iz}^2\frac{\partial v_z}{\partial z}+c_{ix}c_{iy}\left[\frac{\partial v_x}{\partial y}+\frac{\partial v_y}{\partial x}\right]\\
&\quad +c_{ix}c_{iz}\left[\frac{\partial v_x}{\partial z}+\frac{\partial v_z}{\partial x}\right]+c_{iy}c_{iz}\left[\frac{\partial v_y}{\partial z}+\frac{\partial v_z}{\partial y}\right]\\
&=0
\end{aligned}
$$

式中，脚标 c 表示相应量在微分时作为常量；c_i 不是 r 的函数；第一个等号后括号中第二项为零。本式即要求

$$\frac{\partial v_x}{\partial x}=\frac{\partial v_y}{\partial y}=\frac{\partial v_z}{\partial z}=0$$

$$\frac{\partial v_x}{\partial y}+\frac{\partial v_y}{\partial x}=\frac{\partial v_x}{\partial z}+\frac{\partial v_z}{\partial x}=\frac{\partial v_y}{\partial z}+\frac{\partial v_z}{\partial y}=0$$

也即式（11.5.41）的解是

$$\boldsymbol{v}=\boldsymbol{a}+\boldsymbol{\omega}\times\boldsymbol{r} \tag{11.5.42}$$

式中，$\boldsymbol{a}$ 和 $\boldsymbol{\omega}$ 为常矢量；$\boldsymbol{\omega}\times\boldsymbol{r}$ 的分量如图 11.5.2 所示，有

$$
\begin{aligned}
(\boldsymbol{\omega}\times\boldsymbol{r})_x &= -\omega r\sin\theta=-\omega y,\\
(\boldsymbol{\omega}\times\boldsymbol{r})_y &= \omega r\cos\theta=\omega x
\end{aligned}
\tag{11.5.43}
$$

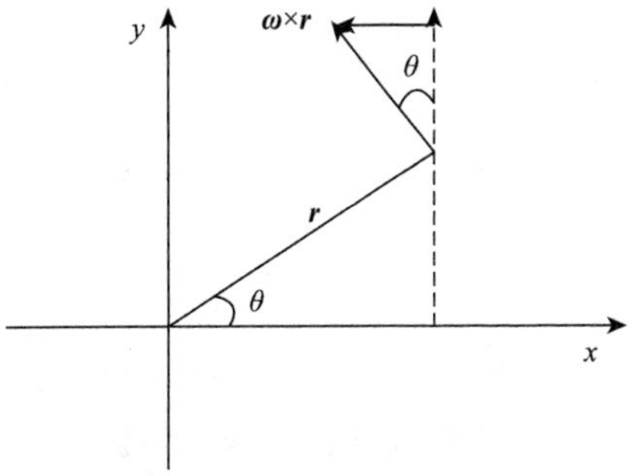

图 11.5.2　$\boldsymbol{\omega}\times\boldsymbol{r}$ 的分量

式（11.5.42）表明，气体的宏观整体运动为常平动速度 $\boldsymbol{a}$ 运动时，此时 $\frac{\partial v_x}{\partial x},\frac{\partial v_x}{\partial y},\frac{\partial v_x}{\partial z},\cdots,\frac{\partial v_z}{\partial z}$ 等均为 0；当气体的宏观整体运动为常转速的刚体转动时，式（11.5.43）表示出的分量满足 $\frac{\partial v_x}{\partial y}+\frac{\partial v_y}{\partial x}=-\omega+\omega=0;\frac{\partial v_x}{\partial z}=\frac{\partial v_z}{\partial x}=0;\frac{\partial v_y}{\partial z}=\frac{\partial v_z}{\partial y}=0$，即满足两两之和均为 0，即式（11.5.42）是式（11.5.41）的解。

结果表明，仅当气体的宏观整体运动和具有常平动速度 $\boldsymbol{a}$ 及常转动角速度 $\boldsymbol{\omega}$ 的刚体运动相当时，速度分布才能达到平衡。因此以常转速转动刚体容器时，容器内的气体分子的速度分布能达到平衡。

由式（11.5.38）的 c_i 一次方系数为零得出

$$\frac{\partial}{\partial \boldsymbol{r}}\left(\ln n_i-\frac{m_i}{2kT}v^2\right)-\frac{m_i}{kT}\boldsymbol{X}_i=0 \tag{11.5.44}$$

在外力场 $\boldsymbol{X}_i$ 与 c_i 无关并具势能 φ_i 时，

$$m_i \boldsymbol{X}_i = -\frac{\partial}{\partial \boldsymbol{r}} \varphi_i \tag{11.5.45}$$

将式（11.5.45）代入式（11.5.44），得

$$n_i = n_{i0} \exp\left(\frac{m_i v^2}{2kT} - \frac{\varphi_i}{kT}\right) \tag{11.5.46}$$

式中，n_{i0} 为 $(v=0, \varphi_i = 0)$ 的粒子数密度。

由式（11.5.38）c_i 的零次方项的系数之和为零，得

$$\boldsymbol{X}_i \cdot \boldsymbol{v} = 0 \tag{11.5.47}$$

式（11.5.47）要求气体的整体运动速度 $\boldsymbol{v}$ 在平衡状态时，必须与外力垂直。当外力是重力，则要求 $\boldsymbol{v}$ 在水平面；当气体以角速度 $\boldsymbol{\omega}$ 绕 z 轴旋转，力位于垂直于 z 轴的平面内的径向，仅当 $\boldsymbol{a}=0$ 时 $\boldsymbol{v}$ 才垂直于径向。于是，在气体宏观平均速度为零并处于绕 z 轴旋转情况下，考虑到式（11.5.42）和式（11.5.43）后，式（11.5.46）成为

$$n_i = n_{i0} \exp\left(\frac{m_i \omega^2 r^2}{2kT} - \frac{\varphi_i}{kT}\right),\ r^2 = x^2 + y^2 \tag{11.5.48}$$

由于 $\rho_i = n_i m_i, p = nkT, n = \sum n_i$，当 $\varphi_i = 0$ 可得 ρ_i 和压力 p_i 的分布

$$\rho_i = \rho_{i0} \exp\left(\frac{m_i \omega^2 r^2}{2kT}\right) \tag{11.5.49}$$

$$p_i = p_{i0} \exp\left(\frac{m_i \omega^2 r^2}{2kT}\right) \tag{11.5.50}$$

若考虑同位素分子混合物，在式（11.5.50）中 $i=1,2$，$m_1 \approx m_2 \approx m$，则

$$p = p_0 \exp\left(\frac{m \omega^2 r^2}{2kT}\right) \tag{11.5.51}$$

在式（11.5.48）～式（11.5.51）中，p_0、n_{i0}、ρ_{i0}、p_{i0} 为 $r=0$ 和 $\varphi_i = 0$ 处的值。

可依据式（11.5.44）假定有一个势能为 φ_0 的离心力场作用在气体上，

$$\varphi_{0i} = -\frac{1}{2} m_i \omega^2 r^2 \tag{11.5.52}$$

于是平衡态的速度分布函数为

$$f_{\mathrm{M}_i} = n_{i0} \exp\left(-\frac{1}{kT}(\varphi_{0i} + \varphi_i)\right)\left(\frac{m_i}{2\pi kT}\right)^{\frac{3}{2}} \exp\left(-\frac{m_i}{2kT} C_i^2\right) \tag{11.5.53}$$

11.5.2　旋转条件下气体的同位素分子分布状态

1. 连续性方程和质量流

在 $\boldsymbol{r}$ 附近的体积元 $\mathrm{d}\boldsymbol{r}$ 中，在 $\boldsymbol{c}_i$ 附近的速度空间元 $\mathrm{d}\boldsymbol{c}_i$ 内第 i 类分子的概率数目为 $f_i \mathrm{d}\boldsymbol{c}_i \mathrm{d}\boldsymbol{r}$；在 $\boldsymbol{c}_j$、$\mathrm{d}\boldsymbol{c}_j$ 内第 j 类分子的概率数目为 $f_i \mathrm{d}\boldsymbol{c}_j \mathrm{d}\boldsymbol{r}$。设想（参见图 10.3.1）分子 i 以速度 $\boldsymbol{g}$ 相对于 O 点处的分子 j 运动，$\mathrm{d}t$ 时间内走过的路程为 $g\mathrm{d}t$，$\boldsymbol{g}$ 与 $\boldsymbol{g}'$ 所在平面与竖直面的角度为 α。若考虑入射参数 b ～ $b+\mathrm{d}b$，角度 α ～ $\alpha+\mathrm{d}\alpha$ 范围到达 O 点附近的分子

数，即考虑到达一个由角向距离 $b\mathrm{d}\alpha$ 和离轴距离改变量 $\mathrm{d}b$ 所确定的小面积上的分子数，它是 $f_i(\boldsymbol{r},\boldsymbol{c}_i,t)gb\mathrm{d}b\mathrm{d}\alpha\mathrm{d}\boldsymbol{c}_i\mathrm{d}t$，这个分子数就是与 O 点处的分子 j 的碰撞次数。然而，在 $\mathrm{d}\boldsymbol{r}$ 及 $\mathrm{d}\boldsymbol{c}_j$ 中每个 j 分子都面临这个情况。因此，在上述范围发生的碰撞次数为

$$f_i f_j gb\mathrm{d}b\mathrm{d}\alpha\mathrm{d}\boldsymbol{c}_i\mathrm{d}\boldsymbol{c}_j\mathrm{d}\boldsymbol{r}\mathrm{d}t \tag{11.5.54}$$

那么对于第 i 类气体分子来说，其物理量 ϕ（如质量、动量、动能等）的平均值 $\overline{\phi_i}$ 因碰撞而造成的变化率可分成 $\Delta_1\overline{\phi_i},\Delta_2\overline{\phi_i},\cdots,\Delta_j\overline{\phi_i},\cdots$ 它们分别表示第 i 类气体与第 1 类、第 2 类、…第 j 类等各类气体碰撞而产生的变化率。即

$$\Delta\overline{\phi_i}=\sum_{j=1}^{k}\Delta_j\overline{\phi_i} \tag{11.5.55}$$

第 i 类气体分子在碰撞时，一分子的 $\phi_i(\boldsymbol{c}_i,\boldsymbol{r},t)$ 值变成 $\phi_i(\boldsymbol{c}_i',\boldsymbol{r},t)$，这一个分子的 ϕ 变化量是 $\phi_i'-\phi_i$，体积元 $\mathrm{d}\boldsymbol{r}$ 中所有第 i 类分子与第 j 类分子间的碰撞所引起的 ϕ_i 总和 $\sum\phi_i$ 的变化为

$$(\phi_i'-\phi_i)f_i f_j g\sigma_{ij}\mathrm{d}\boldsymbol{\Omega}\mathrm{d}\boldsymbol{c}_i\mathrm{d}\boldsymbol{c}_j\mathrm{d}\boldsymbol{r}\mathrm{d}t \tag{11.5.56}$$

式中，$\sigma_{ij}\mathrm{d}\boldsymbol{\Omega}=b\mathrm{d}b\mathrm{d}\alpha$。

由于第 i 类气体分子的数目共为 $n_i\mathrm{d}\boldsymbol{r}$，因此对式（11.5.56）的积分应等于 $n_i\mathrm{d}\boldsymbol{r}\Delta_j\overline{\phi_i}\mathrm{d}t$，同除以 $\mathrm{d}\boldsymbol{r}\mathrm{d}t$ 可得

$$n_i\Delta_j\overline{\phi_i}=\iiint(\phi_i'-\phi_i)f_i f_j g\sigma_{ij}\mathrm{d}\boldsymbol{\Omega}\mathrm{d}\boldsymbol{c}_i\mathrm{d}\boldsymbol{c}_j \tag{11.5.57}$$

式中，ϕ_i' 的自变量 $\boldsymbol{c}_i'$ 是 $\boldsymbol{c}_i$、$\boldsymbol{c}_j$、$\boldsymbol{\Omega}$ 的函数，并由下式给定：

$$\boldsymbol{c}_i'-\boldsymbol{c}_i=-\mu_j(\boldsymbol{g}_{ji}'-\boldsymbol{g}_{ji}) \tag{11.5.58}$$

式中，$\boldsymbol{g}_{ji}'=g\boldsymbol{\Omega}'$。

由式（11.5.57）可得 $n_1\Delta_1\overline{\phi_1}$ 值，$i=j=1$，f_1、f_2 分别记为 f_1、f 并完全相同，

$$n_1\Delta_1\overline{\phi_1}=\iiint(\phi_1'-\phi_1)ff_1 g\sigma_{11}\mathrm{d}\boldsymbol{\Omega}\mathrm{d}\boldsymbol{c}\mathrm{d}\boldsymbol{c}_1 \tag{11.5.59}$$

式中，式左的下标可去掉。

由平均值的定义应有

$$\sum\phi_i=n_i\overline{\phi_i} \tag{11.5.60}$$

式中，$\overline{\phi_i}$ 为微观量 ϕ_i 的宏观量平均值。

依据式（11.5.10），可得式（11.5.57）的改写式为

$$n_i\Delta_j\overline{\phi_i}=\iiint\phi_i(f_i'f_j'-f_i f_j)g\sigma_{ij}\mathrm{d}\boldsymbol{\Omega}\mathrm{d}\boldsymbol{c}_i\mathrm{d}\boldsymbol{c}_j \tag{11.5.61}$$

对式（10.2.13）所示的玻尔兹曼方程两边均乘以 $\phi_i(\boldsymbol{r},\boldsymbol{c}_i,t)\mathrm{d}\boldsymbol{c}_i$ 并且对 $\boldsymbol{c}_i$ 积分可得

$$\begin{aligned}\int\phi_i\ \&\ f_i\mathrm{d}\boldsymbol{c}_i&=\int\phi_i\sum_{j}^{k}J(f_i f_j)\mathrm{d}\boldsymbol{c}_i=\sum_{j}^{k}\iiint\phi_i(f_i'f_j'-f_i f_j)g\sigma_{ij}\mathrm{d}\boldsymbol{\Omega}\mathrm{d}\boldsymbol{c}_j\mathrm{d}\boldsymbol{c}_i\\&-n_i\sum_{j}^{k}\Delta_j\overline{\phi_i}=n_i\Lambda\overline{\phi_i}\end{aligned} \tag{11.5.62}$$

此式依据了式（11.5.61）和式（11.5.55）。

由于 ϕ_i 是第 i 类气体一个分子的微观量，而其单位体积的总和 $\sum\phi_i$ 可经微观量 ϕ_i 的宏

观平均值 $\overline{\phi_i}$ 表示为 $n_i\overline{\phi_i}$，如式（11.5.60），因此物理量 ϕ_i 的宏观平均值 $\overline{\phi_i}$ 的变化率为 $\Delta\overline{\phi_i}$，而单位体积中总的变化率为 $n_i\Delta\overline{\phi_i}$，它表明式（11.5.62）左 $\phi_i \,\&\, f_i\mathrm{d}\boldsymbol{c}_i$ 是速度位于 $(\boldsymbol{c}_i, \boldsymbol{c}_i+\mathrm{d}\boldsymbol{c}_i)$ 范围所有分子的单位体积内 ϕ_i 的总和 $\sum\phi_i$ 的变化率，而单位体积中全部分子的 ϕ_i 的总和 $\sum\phi_i$ 的变化率则为 $\int\phi_i \,\&\, f_i\mathrm{d}\boldsymbol{c}_i$。如果将 $\& f_i$ 表示成各项之和，则单位体积中全部分子的总的变化率可分成各项之和

$$
\begin{aligned}
\int\phi_i \,\&\, f_i\mathrm{d}\boldsymbol{c}_i &= \int\phi_i\left(\frac{\partial f_i}{\partial t}+\boldsymbol{c}_i\cdot\frac{\partial f_i}{\partial \boldsymbol{r}}+\boldsymbol{X}_i\cdot\frac{\partial f_i}{\partial \boldsymbol{c}_i}\right)\mathrm{d}\boldsymbol{c}_i \\
&= \frac{\partial}{\partial t}\int\phi_i f_i\mathrm{d}\boldsymbol{c}_i-\int f_i\frac{\partial\phi_i}{\partial t}\mathrm{d}\boldsymbol{c}_i+\frac{\partial}{\partial \boldsymbol{r}}\cdot\int\phi_i\boldsymbol{c}_i f_i\mathrm{d}\boldsymbol{c}_i-\int\frac{\partial\phi_i}{\partial \boldsymbol{r}}\cdot\boldsymbol{c}_i f_i\mathrm{d}\boldsymbol{c}_i \\
&\quad +\boldsymbol{X}_i\cdot\int\phi_i\frac{\partial f_i}{\partial \boldsymbol{c}_i}\mathrm{d}\boldsymbol{c}_i \\
&= \frac{\partial(n_i\overline{\phi_i})}{\partial t}-n_i\overline{\frac{\partial\phi_i}{\partial t}}+\frac{\partial}{\partial \boldsymbol{r}}\cdot n_i\overline{\boldsymbol{c}_i\phi_i}-n_i\boldsymbol{c}_i\cdot\overline{\frac{\partial\phi_i}{\partial \boldsymbol{r}}}-n_i\boldsymbol{X}_i\cdot\overline{\frac{\partial\phi_i}{\partial \boldsymbol{c}_i}} \\
&= \frac{\partial(n_i\overline{\phi_i})}{\partial t}+\frac{\partial}{\partial \boldsymbol{r}}\cdot n_i\overline{\boldsymbol{c}_i\phi_i}-n_i\left(\overline{\frac{\partial\phi_i}{\partial t}}+\boldsymbol{c}_i\cdot\overline{\frac{\partial\phi_i}{\partial \boldsymbol{r}}}+\boldsymbol{X}_i\cdot\overline{\frac{\partial\phi_i}{\partial \boldsymbol{c}_i}}\right)
\end{aligned}
\tag{11.5.63}
$$

式中，脚标均为 i，利用了式（10.1.1）和下面的式（11.5.64）。

$$
\begin{aligned}
\int\phi_i\frac{\partial f_i}{\partial \boldsymbol{c}_i}\mathrm{d}\boldsymbol{c}_i &= \boldsymbol{i}\iiint\phi_i\frac{\partial f_i}{\partial c_x}\mathrm{d}c_x\mathrm{d}c_y\mathrm{d}c_z+\boldsymbol{j}\iiint\phi_i\frac{\partial f_i}{\partial c_y}\mathrm{d}c_x\mathrm{d}c_y\mathrm{d}c_z \\
&\quad +\boldsymbol{k}\iiint\phi_i\frac{\partial f_i}{\partial c_z}\mathrm{d}c_x\mathrm{d}c_y\mathrm{d}c_z=-n_i\overline{\frac{\partial\phi_i}{\partial \boldsymbol{c}_i}}
\end{aligned}
\tag{11.5.64}
$$

式中，三项积分相似，其中一项为

$$
\begin{aligned}
\iiint\phi_i\frac{\partial f_i}{\partial c_x}\mathrm{d}c_x\mathrm{d}c_y\mathrm{d}c_z &= \iiint\left(\frac{\partial\phi_i f_i}{\partial c_x}-f_i\frac{\partial\phi_i}{\partial c_x}\right)\mathrm{d}c_x\mathrm{d}c_y\mathrm{d}c_z \\
&= \iint\left(\phi_i f_i\Big|_{c_x=-\infty}^{c_x=+\infty}-\int f_i\frac{\partial\phi_i}{\partial c_x}\mathrm{d}c_x\right)\mathrm{d}c_y\mathrm{d}c_z \\
&= -n_i\overline{\frac{\partial\phi_i}{\partial c_x}}
\end{aligned}
$$

将式（11.5.57）代入式（11.5.62）可知

$$
\int\phi_i \,\&\, f_i\mathrm{d}\boldsymbol{c}_i=\sum_j^k\iiint(\phi_i'-\phi_i)f_i f_j g\sigma_{ij}\mathrm{d}\boldsymbol{\Omega}\mathrm{d}\boldsymbol{c}_i\mathrm{d}\boldsymbol{c}_j \tag{11.5.65}
$$

将 $\phi_i=m_i$ 或 $\phi_i=m_ic_x, m_ic_y, m_ic_z$ 之一，或 $\phi_i=\frac{1}{2}m_ic_i^2$ 或这五个独立量的线性组合代入式（11.5.63），由于它们在碰撞前后是不变量，因此有

$$
\frac{\partial(n_i\phi_i)}{\partial t}+\frac{\partial}{\partial \boldsymbol{r}}\cdot n_i\overline{\boldsymbol{c}_i\phi_i}-n_i\boldsymbol{X}_i\cdot\overline{\frac{\partial\phi_i}{\partial \boldsymbol{c}_i}}=0 \tag{11.5.66}
$$

式中，已略去对 $\boldsymbol{r}$ 和 t 微分为零的项。

以 $\phi_i = m_i$ 代入式（11.5.66）得连续性方程

$$\frac{\partial \rho_i}{\partial t} + \frac{\partial}{\partial \boldsymbol{r}} \cdot \rho_i \overline{\boldsymbol{c}_i} = 0 \tag{11.5.67}$$

式中，$\overline{\boldsymbol{c}_i}$ 为气体宏观平均速度：

$$\overline{\boldsymbol{c}_i} = \frac{1}{n_i} \int \boldsymbol{c}_i f_i \mathrm{d}\boldsymbol{c}_i \tag{11.5.68}$$

气体混合物的平均分子速度 $\overline{\boldsymbol{c}}$ 是

$$n\overline{\boldsymbol{c}} = \sum_i n_i \overline{\boldsymbol{c}_i} = \sum_i \int f_i \boldsymbol{c}_i \mathrm{d}\boldsymbol{c}_i \tag{11.5.69}$$

而流体速度是由动量平均而得，气体混合物的流体速度 $\boldsymbol{v}$ 是由下式确定的，

$$\rho \boldsymbol{v} = \sum_i \rho_i \overline{\boldsymbol{c}_i} = \sum_i m_i \int f_i \boldsymbol{c}_i \mathrm{d}\boldsymbol{c}_i \tag{11.5.70}$$

第 i 种分子的随机速度 $\boldsymbol{C}_i$ 是

$$\boldsymbol{C}_i = \boldsymbol{c}_i - \boldsymbol{v} \tag{11.5.71}$$

当为单一种类气体时，有 $\rho_i = \rho, n_i = n$，则有 $\overline{\boldsymbol{c}_i} = \boldsymbol{v}$。

对于由两种气体组成的混合气，第 i 种分子的扩散速度 $\boldsymbol{V}_i$ 为

$$\boldsymbol{V}_i = \frac{1}{n_i} \int (\boldsymbol{c}_i - \boldsymbol{v}) f_i \mathrm{d}\boldsymbol{c}_i = \overline{\boldsymbol{c}_i} - \boldsymbol{v},\ i = 1,2 \tag{11.5.72}$$

扩散速度 $\boldsymbol{V}_i$ 是在以气体宏观速度运动的坐标系中看到的第 i 种分子的相对宏观速度。

扩散流为

$$\boldsymbol{J}_{1\mathrm{D}} = \rho_1 \boldsymbol{V}_1, \qquad \boldsymbol{J}_{2\mathrm{D}} = \rho_2 \boldsymbol{V}_2 \tag{11.5.73}$$

对于由两种重同位素分子组成的混合物，则有 $m_1 \approx m_2 \approx m$，丰度 $R = n_1 / n$，$\rho = nm$，n 为总分子数密度。则第一种分子的连续性方程由式（11.5.67）可写成

$$\frac{\partial R\rho}{\partial t} + \frac{\partial}{\partial \boldsymbol{r}} \cdot (R\rho)\overline{\boldsymbol{c}_1} = 0 \tag{11.5.74}$$

由式（11.5.72）、式（11.5.73）可知

$$\boldsymbol{J}_{1\mathrm{D}} = \frac{n_1}{n} nm(\overline{\boldsymbol{c}_1} - \boldsymbol{v}) = R\rho(\overline{\boldsymbol{c}_1} - \boldsymbol{v}) \tag{11.5.75}$$

由式（11.5.75）、式（11.5.74）可得

$$\frac{\partial R\rho}{\partial t} + \frac{\partial}{\partial \boldsymbol{r}} \cdot (\boldsymbol{J}_{1\mathrm{D}} + R\rho \boldsymbol{v}) = 0 \tag{11.5.76}$$

或者

$$\frac{\partial R\rho}{\partial t} + \frac{\partial}{\partial \boldsymbol{r}} \cdot \boldsymbol{J}_1 = 0, \quad \boldsymbol{J}_1 = \boldsymbol{J}_{1\mathrm{D}} + R\rho \boldsymbol{v} \tag{11.5.77}$$

式中，$\boldsymbol{J}_1$ 为第一种分子的质量流矢量，是扩散流 $\boldsymbol{J}_{1\mathrm{D}}$ 和对流项之和。

设 $\phi_i = m_i, i = 1,2$，则将式（11.5.66）对 $i = 1,2$ 求和并考虑到式（11.5.70），得二元混合气的总的连续性方程：

$$\frac{\partial \rho}{\partial t} + \frac{\partial}{\partial \boldsymbol{r}} \cdot (\rho \boldsymbol{v}) = 0$$

设总的连续性方程中 $\boldsymbol{v}$ 只在径向 r 和轴向 z 有变化，在柱坐标系下则为

$$\frac{\partial\rho}{\partial t}+\frac{1}{r}\frac{\partial(r\rho v_r)}{\partial r}+\frac{\partial(\rho v_z)}{\partial z}=0 \tag{11.5.78}$$

2. 两种重同位素分子混合气体在转动条件下的丰度分布

考虑到外力对于 m_1 和 m_2 分子的作用时单位质量受力 $\boldsymbol{X}_1$ 和 $\boldsymbol{X}_2$ 不同而产生的扩散，式（10.3.2）则成为

$$\boldsymbol{d}_1=\frac{\partial}{\partial \boldsymbol{r}}\left[\frac{n_1}{n}\right]+\frac{n_1n_2(m_2-m_1)}{n\rho}\frac{\partial \ln p}{\partial \boldsymbol{r}}-\frac{\rho_1\rho_2}{p\rho}(\boldsymbol{X}_1-\boldsymbol{X}_2) \tag{11.5.79}$$

依式（11.5.79），则扩散流式（10.3.94）应改为

$$\boldsymbol{J}_{1\mathrm{D}}=-\frac{n^2m_1m_2}{\rho}\&_{12}\left\{\frac{\partial}{\partial \boldsymbol{r}}\left[\frac{n_1}{n}\right]+\frac{n_1n_2(m_2-m_1)}{n\rho}\frac{\partial \ln p}{\partial \boldsymbol{r}}-\frac{\rho_1\rho_2}{p\rho}(\boldsymbol{X}_1-\boldsymbol{X}_2)+k_{\mathrm{T}}\frac{\partial \ln T}{\partial \boldsymbol{r}}\right\} \tag{11.5.80}$$

式（11.5.80）括号中的第一项是丰度不均匀产生的扩散，第二项是压力不均匀而产生的扩散，第三项为强制扩散，第四项为热扩散，即温度不均匀所产生的扩散。

我们知道，要达到平衡，应满足式（11.5.39）（即 $\partial T/\partial \boldsymbol{r}=0$），但是考虑到圆筒反应室边界的冷却时，我们认为实际情况仅是接近式（11.5.39），故不能完全忽略 $\partial \ln T/\partial \boldsymbol{r}$，也即当 $\partial \ln T/\partial \boldsymbol{r}$ 值较小时，可以达到近似的平衡。如果圆筒反应室以角速度 $\boldsymbol{\omega}$ 旋转，可认为气体也以角速度 $\boldsymbol{\omega}$ 旋转。采用以角速度 $\boldsymbol{\omega}$ 与圆筒一起转动的坐标系，则在此坐标系中可以有一离心力的作用，这一离心力对两种分子单位质量的力 X_1 和 X_2 是相等的，即

$$X_1=X_2=\omega r^2 \tag{11.5.81}$$

考虑到 $m_1\approx m_2\approx m$ 和式（11.5.51），则在与圆筒反应室一起以角速度 $\boldsymbol{\omega}$ 转动的坐标系中，由式（11.5.80）确定的第一种分子的扩散流是

$$\boldsymbol{J}_{1\mathrm{D}}=-\rho\,\&\left\{\frac{\partial}{\partial \boldsymbol{r}}\left[\frac{n_1}{n}\right]+\frac{n_1n_2(\Delta m)}{n^2}\frac{\omega^2}{kT}\boldsymbol{r}+k_{\mathrm{T}}\frac{\partial \ln T}{\partial \boldsymbol{r}}\right\} \tag{11.5.82}$$

式中，以自扩散系数$\&$代替互扩散系数 $\&_{12}$，$\Delta m=m_2-m_1$。

将式（11.5.82）所示的 $\boldsymbol{J}_{1\mathrm{D}}$ 代入第一种气体分子的连续性方程（11.5.76），可得圆筒反应室的扩散方程。由于与反应室一起转动的柱坐标系中已无角向分量，即 $\boldsymbol{J}_{1\mathrm{D}}$ 中的 $\frac{\partial}{\partial \boldsymbol{r}}\left(\frac{n_1}{n}\right)$（即 $\frac{\partial R}{\partial \boldsymbol{r}}$）和式（11.5.76）中 $\boldsymbol{v}$ 分别为

$$\frac{\partial}{\partial \boldsymbol{r}}R=\boldsymbol{e}_r\frac{\partial}{\partial r}R+\boldsymbol{e}_z\frac{\partial}{\partial z}R,\quad \boldsymbol{v}=\boldsymbol{e}_rv_r+\boldsymbol{e}_zv_z$$

故扩散方程为

$$\begin{aligned}\frac{\partial \rho R}{\partial t}=&\frac{1}{r}\rho\,\&\frac{\partial}{\partial r}\left[r\frac{\partial R}{\partial r}+\frac{n_1n_2}{n^2}\frac{(\Delta m)\omega^2r^2}{kT}+rk_{\mathrm{T}}\frac{\partial \ln T}{\partial r}\right]\\&+\rho\,\&\frac{\partial^2R}{\partial z^2}-\frac{1}{r}\frac{\partial(r\rho Rv_r)}{\partial r}-\frac{\partial(\rho Rv_z)}{\partial z}\end{aligned} \tag{11.5.83}$$

利用式（11.5.78），故式（11.5.83）变为

$$\rho\frac{\partial R}{\partial t}=\frac{\rho\,\&}{r}\frac{\partial}{\partial r}\left[r\frac{\partial R}{\partial r}+R(1-R)(\Delta m)\frac{\omega^2 r^2}{kT}+rk_{\mathrm{T}}\frac{\partial \ln T}{\partial r}\right]+\rho\,\&\frac{\partial^2 R}{\partial z^2}-\rho v_r\frac{\partial R}{\partial r}-\rho v_z\frac{\partial R}{\partial z}\tag{11.5.84}$$

式中，各项除以 ρ 后单位为 s^{-1}，因为 R 无量纲而 $\&$ 的单位为 m^2/s。

式（11.5.84）可以写成

$$\&R_{rr}+\&R_{zz}+\left(\frac{\&}{r}-v_r\right)R_r-v_zR_z-R_t+2\,\&(\Delta m)\frac{\omega^2}{kT}R+\frac{k_{\mathrm{T}}\,\&}{rT}\frac{\partial T}{\partial r}=0\tag{11.5.85}$$

式中，R 的右下单标表示对相应变量的一阶偏微分，双标为二阶偏微分，各项的量纲均为 s^{-1}；由于 $n_1/n=R$ 较小，如 $^{235}UF_6$ 的天然丰度不到 1%，而核能发电用的 ^{235}U 丰度约 3%，即使在浓缩物中 ^{235}U 的丰度达 10%，$1-R$ 也仅为 0.9，于是取 $R(1-R)\approx R$；同时因为 $\partial T/\partial r\approx 0$，且考虑为连续，故忽略 $\partial^2 T/\partial r^2$。

式（11.5.85）属抛物型二阶线性偏微分方程。设解为 $R(r,z,t)$，则式（11.5.85）的边界条件和初始条件可表示为

$$R(0,0,t)=R_0,\ R_z(0,0,t)=0,\ R_z(0,\mathrm{L},t)=a_0,\ R_r(0,0,t)=0\tag{11.5.86a}$$

$$R(0,0,0)=R_0,\ R_z(0,0,0)=0,\ R_z(r,z,0)=0,\ R_r(r,z,0)=0\tag{11.5.86b}$$

式中，R_0 为天然丰度，$R(0,0,t)=R_0$ 相当于运行过程中位于中央入口的丰度，$R_z(0,0,t)=0$，相当于反应池的入口中心位置的 z 方向梯度被忽略；$R_z(0,L,t)=a_0=0$，相当于出口中心位置的 z 方向梯度被忽略。

为了求解的方便，设

$$R(r,z,t)=R(r)R(z)R(t)\tag{11.5.87}$$

将式（11.5.87）代入式（11.5.85）并同除以 $R(r,z,t)$，得

$$\&\frac{R''(r)}{R(r)}+\&\frac{R''(z)}{R(z)}+\left(\frac{\&}{r}-v_r\right)\frac{R'(r)}{R(r)}-\frac{v_zR'(z)}{R(z)}-\frac{R'(t)}{R(t)}+2\,\&(\Delta m)\frac{\omega^2}{kT}+\frac{k_{\mathrm{T}}\,\&}{rT}\frac{\partial T}{\partial r}\frac{1}{R(r)R(z)R(t)}=0$$

式左最后项出现较复杂情况，我们对此项做近似处理。可取 $\partial T/\partial r=0$ 而使问题简化，但这就忽略了低温反应室的特点。不过，纯粹的转动对丰度 R 的影响是不大的，故仅在此项取 $R=R(r)R(z)R(t)=R_0$，并视 $\partial T/\partial r$ 为一参量，计算时可设定一些参考值或以实验值处理。于是有如下两式

$$\frac{R'(t)}{R(t)}=\lambda\tag{11.5.88}$$

$$\frac{\&R''(r)}{R(r)}+\frac{\&R''(z)}{R(z)}+\left(\frac{\&}{r}-v_r\right)\frac{R'(r)}{R(r)}-v_z\frac{R'(z)}{R(z)}+\frac{2\,\&(\Delta m)\omega^2}{kT}+\frac{\&k_{\mathrm{T}}}{rTR_0}\frac{\partial T}{\partial r}=\lambda\tag{11.5.89}$$

式中，λ 为单位为 s^{-1} 的一常量。

式（11.5.89）由仅依赖于 r 和仅依赖于 z 的两部分组成，于是

$$\frac{\&R''(r)}{R(r)}+\left(\frac{\&}{r}-v_r\right)\frac{R'(r)}{R(r)}+\frac{2\,\&(\Delta m)\omega^2}{kT}+\frac{\&k_{\mathrm{T}}}{rTR_0}\frac{\partial T}{\partial r}-\lambda=C\tag{11.5.90}$$

$$\frac{\&R''(z)}{R(z)}-\frac{v_zR'(z)}{R(z)}=-C \tag{11.5.91}$$

式（11.5.90）和式（11.5.91）中C为单位为s^{-1}的一常量。

视v_z和&为设定量，将式（11.5.91）整理为常系数微分方程，可求得其特征方程的两个根，从而可将其解表示为

$$R(z)=C_1'e^{\frac{1}{2}\left[\frac{v_z}{\&}+\sqrt{\left(\frac{v_z}{\&}\right)^2-\frac{4C}{\&}}\right]z}+C_2'e^{\frac{1}{2}\left[\frac{v_z}{\&}-\sqrt{\left(\frac{v_z}{\&}\right)^2-\frac{4C}{\&}}\right]z} \tag{11.5.92}$$

式中，C_1'、C_2'为任意常数，由$R_z(0,0,0)=0$可得

$$R(z)=C_{12}'\left[\frac{\sqrt{\left(\frac{v_z}{\&}\right)^2-\frac{4C}{\&}}-\frac{v_z}{\&}}{\sqrt{\left(\frac{v_z}{\&}\right)^2-\frac{4C}{\&}}+\frac{v_z}{\&}}e^{\frac{1}{2}\left[\frac{v_z}{\&}+\sqrt{\left(\frac{v_z}{\&}\right)^2-\frac{4C}{\&}}\right]z}+e^{\frac{1}{2}\left[\frac{v_z}{\&}-\sqrt{\left(\frac{v_z}{\&}\right)^2-\frac{4C}{\&}}\right]z}\right] \tag{11.5.93}$$

式中，C_{12}'为任意常数。

式（11.5.90）可以写成

$$R''(r)+\left[\frac{1}{r}-\frac{v_r}{\&}\right]R'(r)+\left[2(\Delta m)\frac{\omega^2}{kT}-\frac{\lambda}{\&}-\frac{C}{\&}+\frac{k_T}{rTR_0}\frac{\partial T}{\partial r}\right]R(r)=0 \tag{11.5.94}$$

式中，$r=0$为正则奇点，但公式在$0<|r-0|<r_0$内解析。

以r^2乘以式（11.5.94），得

$$r^2R''(r)+rP_1(r)R'(r)+q_1(r)R(r)=0 \tag{11.5.95}$$

式中，

$$P_1(r)=1-\frac{v_r}{\&}r,\ q_1(r)=r\frac{k_T}{TR_0}\frac{\partial T}{\partial r}+\left[2(\Delta m)\frac{\omega^2}{kT}-\frac{\lambda}{\&}-\frac{C}{\&}\right]r^2 \tag{11.5.96}$$

它们分别可展开为

$$P_1(r)=\sum_{s=0}^{\infty}a_sr^s,\ q_1(r)=\sum_{s=0}^{\infty}b_sr^s \tag{11.5.97}$$

比较式（11.5.96）和式（11.5.97），可知

$$\begin{aligned}&a_0=1,\ a_1=-\frac{v_r}{\&},\ a_2=a_3=\cdots=0\\&b_0=0,\ b_1=\frac{k_T}{TR_0}\frac{\partial T}{\partial r},\ b_2=2(\Delta m)\frac{\omega^2}{kT}-\frac{\lambda}{\&}-\frac{C}{\&},\ b_3=b_4=\cdots=0\end{aligned} \tag{11.5.98}$$

设式（11.5.95）的正则解为

$$R(r)=r^{\rho}\sum_{k=0}^{\infty}C_kr^k,\quad C_0\neq 0 \tag{11.5.99}$$

将式（11.5.97）、式（11.5.99）代入式（11.5.95），并消去r^{ρ}，得

$$\sum_{k=0}^{\infty}C_k(\rho+k)(\rho+k-1)r^k+\sum_{s=0}^{\infty}a_sr^s\sum_{k=0}^{\infty}C_k(\rho+k)r^k+\sum_{s=0}^{\infty}b_sr^s\sum_{k=0}^{\infty}C_kr^k=0 \tag{11.5.100}$$

要使式（11.5.100）在$|r-0|<r_0$的区域成立，左方r的各次幂的系数都必为零。由r

的最低次幂的系数为零，得

$$C_0\rho(\rho-1)+a_0C_0\rho+b_0C_0=0$$

但 $C_0\neq 0$，故有

$$\rho(\rho-1)+a_0\rho+b_0=0 \tag{11.5.101}$$

利用式（11.5.98），由式（11.5.101）得 $\rho=\rho_1=\rho_2=0$，因此方程（11.5.95）有两个相同解，即

$$R(r)=\sum_{k=0}^{\infty}C_kr^k,\ C_0\neq 0 \tag{11.5.102}$$

下面来确定式（11.5.102）的各项系数。以 $\rho=0$ 代入式（11.5.100），取式（11.5.100）的 r^0 的系数为零，得 $b_0C_0=0$，但 $b_0=0$，故 $C_0\neq 0$ 成立。

取 r^1 的系数为零，得

$$C_1=-\frac{k_{\mathrm{T}}}{TR_0}\frac{\partial T}{\partial r}C_0 \tag{11.5.103}$$

取 r^2 的系数为零，得

$$\begin{aligned}C_2&=\frac{1}{4}\left[\left(\frac{v_r}{\&}-\frac{k_{\mathrm{T}}}{TR_0}\frac{\partial T}{\partial r}\right)C_1-b_2C_0\right]\\&=-\frac{1}{4}\left[\left(\frac{v_r}{\&}-\frac{k_{\mathrm{T}}}{TR_0}\frac{\partial T}{\partial r}\right)\frac{k_{\mathrm{T}}}{TR_0}\frac{\partial T}{\partial r}+\left(2(\Delta m)\frac{\omega^2}{kT}-\frac{\lambda}{\&}-\frac{C}{\&}\right)\right]C_0\end{aligned} \tag{11.5.104}$$

当 $\rho=0$，$k=n$ 时，由式（11.5.100）得式（11.5.102）的通项系数为

$$C_n=\frac{-\left[\sum_{s=0}^{\infty}a_s(n-s)C_{n-s}+\sum_{s=0}^{n}b_sC_{n-s}\right]}{n(n-1)} \tag{11.5.105}$$

式（11.5.102）中 C_k 的量纲为 L^{-k}。在我们的讨论中取式（11.5.102）作为 $R(r)$ 的解。由式（11.5.88）得

$$R(t)=C^*\mathrm{e}^{\lambda t} \tag{11.5.106}$$

式中，C^* 为任意常数。

现在，我们来确定总解的表达式，有

$$\begin{aligned}&R(r,z,t)=R(r)R(z)R(t)\\&=C_0C_2'C^*\left[\sum_{k=0}^{\infty}\left(\frac{C_k}{C_0}\right)r^k\right]\left[\frac{\sqrt{\left(\frac{v_z}{\&}\right)^2-\frac{4C}{\&}}-\frac{v_z}{\&}}{\sqrt{\left(\frac{v_z}{\&}\right)^2-\frac{4C}{\&}}+\frac{v_z}{\&}}\mathrm{e}^{\frac{1}{2}\left(\frac{v_z}{\&}+\sqrt{\left(\frac{v_z}{\&}\right)^2-\frac{4C}{\&}}\right)z}+\mathrm{e}^{\frac{1}{2}\left(\frac{v_z}{\&}-\sqrt{\left(\frac{v_z}{\&}\right)^2-\frac{4C}{\&}}\right)z}\right]\mathrm{e}^{\lambda t}\end{aligned} \tag{11.5.107}$$

式中，$k=n$ 时，C_n 由式（11.5.105）给出。

利用 $R(0,0,0)=R_0$，得

$$
\begin{aligned}
R(r,z,t) &= R(r)R(z)R(t) \\
&= R_0\left[\sum_{k=0}^{\infty}\frac{C_k}{C_0}R^k\right]\left[\left(\frac{1}{2}-\frac{v_z}{2\sqrt{v_z^2-4\&C}}\right)e^{\frac{1}{2\&}\left(v_z+\sqrt{v_z^2-4\&C}\right)z}\right. \\
&\quad \left.+\left(\frac{1}{2}+\frac{v_z}{2\sqrt{v_z^2-4\&C}}\right)e^{\frac{1}{2\&}\left(v_z-\sqrt{v_z^2-4\&C}\right)z}\right]e^{\lambda t}
\end{aligned}
\tag{11.5.108}
$$

式（11.5.108）表明，当 $v_z^2-4\&C\neq 0$，就存在有意义的解，而 C_0 的选择可使此解收敛，v_z、C、λ 可为设定量或为实验所定，t 为时间。由式（11.5.103）、式（11.5.104）给出的 C_1 和 C_2 表明，温度 T、温度梯度 $\frac{\partial T}{\partial r}$、反应室筒转动频率 ω、气流在轴向的流速 v_z、扩散系数 $\&$ 等都会对 $R(r,z,t)$ 的分布产生影响。

11.6　激光与混合气相作用分离同位素的其他方案（利用 HBr 的方案）

从表 7.2.2 和表 7.2.5 可以发现，HCl（沸点 188.1K）或 HBr（沸点 206K）与 UF_6 的热化学反应速率常数随着温度的降低而降低。从表 7.2.5 可以发现，HBr 与 UF_6 的热化学反应速率常数 k_{Br} 比 HCl 与 UF_6 的反应速率常数 k_{Cl} 高三个数量级。但是两者与 UF_6 反应的活化能相差并不显著，因此 HBr 与 UF_6 的低振动能态光化学反应速率与其热化学反应速率是否存在显著差别还是值得分析的。在 11.2 节和 11.3 节中使用 HCl 作反应剂，使用振动-振动能量转移速率常数 $K_{V\text{-}V}$ 与光化学反应速率常数近似相等，得到的浓缩系数与实验基本一致，显然这个 $K_{V\text{-}V}$ 是不高的，其原因在 11.4 节已有论述。为了获得高的浓缩系数，现在有两个方面需要更高的选择。一是选择更低的温度，二是选择更合适的反应剂。如 10.4 节所述，200K 左右是实现一步浓缩达核反应堆所需浓度的节点温度。显然 HCl 与 UF_6 会在低温（200K 左右）具有更低的化学反应速率，振动-振动能量转移速率也会因温度的降低导致碰撞频率降低而有所下降，另外选择的 UF_6 的低振动能态并未改变，且会有更好分辨率的激发，这些都对得到较高浓缩系数是有利的，而且在 11.3 节也得到了浓缩系数可达 4 的计算结果，只不过在该节使用的 235K 的 UF_6 的吸收截面比 $\zeta=\sigma_{235}/\sigma_{238}$ 比 10.4 节所给出的结果偏高。自然，若在 11.3 节选择 200K 温度，便可弥补这个偏高。同样明显的是，若 HBr 与 UF_6 具有更高的低振动能态光化学反应速率而其他缺点不明显时，HBr 也是 UF_6 进行低温低振动能态光化学反应可选反应剂。到底是 HBr 还是 HCl 是低温下更合适的反应剂？具体分析如下。

11.6.1　光化学反应与热化学反应的速率常数比

依据式（8.2.13），设 HBr、HCl 与 UF_6 化学反应的活化能分别为 E_{HBr} 和 E_{HCl}，则有

$$E_{\mathrm{HBr}}=\langle E_{\mathrm{t}}+E_{\upsilon}+E_{\mathrm{r}}\rangle_1-\left(3kT+\langle E_{\upsilon}\rangle\right)$$
$$E_{\mathrm{HCl}}=\langle E_{\mathrm{t}}+E_{\upsilon}+E_{\mathrm{r}}\rangle_2-\left(3kT+\langle E_{\upsilon}\rangle\right)\tag{11.6.1}$$

式中，$\langle E_{\mathrm{t}}+E_{\upsilon}+E_{\mathrm{r}}\rangle_1$ 和 $\langle E_{\mathrm{t}}+E_{\upsilon}+E_{\mathrm{r}}\rangle_2$ 分别为能起反应的活化分子的能量平均值，它们是能进行反应的要求，而第二项 $\left(3kT+\langle E_{\upsilon}\rangle\right)$ 是所有反应物 UF_6 分子的平均能量，$3kT$ 是一个分子整体运动的平均热运动能量（三个平动自由度、三个转动自由度）；$\langle E_{\upsilon}\rangle$ 为分子平均振动能。

N 个原子的多原子分子平均振动能为 $(3N-6)kT$ 或 $(3N-5)kT$ 。于是，式（11.6.1）可写成

$$E_{\mathrm{HBr}}=\langle E_{\mathrm{t}}+E_{\upsilon}+E_{\mathrm{r}}\rangle_1-3(N-1)kT$$
$$E_{\mathrm{HCl}}=\langle E_{\mathrm{t}}+E_{\upsilon}+E_{\mathrm{r}}\rangle_2-3(N-1)kT\tag{11.6.2}$$

当用激光激发 UF_6 分子时，处于振动激发态的分子数增加，此时 $\langle E_{\mathrm{V}}\rangle$ 变成 $\langle E'_{\mathrm{V}}\rangle$ ，而且 $\langle E'_{\mathrm{V}}\rangle$ 能够大于按振动自由度平均能量而得的 $2(3N-6)kT/2$ ，当充分激发时，此时 HBr 和 HCl 分别与 UF_6 分子化学反应的活化能变为

$$\begin{aligned}E'_{\mathrm{HBr}}&=\langle E_{\mathrm{t}}+E_{\upsilon}+E_{\mathrm{r}}\rangle_1-\left(3kT+\langle E'_{\upsilon}\rangle\right)\\&=\langle E_{\mathrm{t}}+E_{\upsilon}+E_{\mathrm{r}}\rangle_1-[3(N-1)kT+nh\nu_i]=E_{\mathrm{HBr}}-nh\nu_i\\E'_{\mathrm{HCl}}&=\langle E_{\mathrm{t}}+E_{\upsilon}+E_{\mathrm{r}}\rangle_2-\left(3kT+\langle E'_{\upsilon}\rangle\right)\\&=E_{\mathrm{HCl}}-nh\nu_i\end{aligned}\tag{11.6.3}$$

式中，$nh\nu_i$ 为 n 倍光子能量，此时 ν_i 的单位为 Hz。

式（11.6.3）表明，反应的活化能分别从 E_{HBr} 和 E_{HCl} 下降为 $E_{\mathrm{HBr}}-nh\nu_i$ 和 $E_{\mathrm{HCl}}-nh\nu_i$ 。于是依式（7.1.28），激光激发下的反应速率常数 $k(E'_{\mathrm{HBr}})$ 和 $k(E'_{\mathrm{HCl}})$ 与热反应速率常数之比近似为

$$\frac{k(E'_{\mathrm{HBr}})}{k}=\mathrm{e}^{\frac{nh\nu_i}{kT}},\quad\frac{k(E'_{\mathrm{HCl}})}{k}=\mathrm{e}^{\frac{nh\nu_i}{kT}}\tag{11.6.4}$$

式中认可了光化学反应速率或速率常数与热化学反应速率或速率常数有相同的指前因子。

但是，激发一般是不充分的，会受到激发速率、能量转移等限制。设由于激发不充分，振动激发反应的有效性限制因子为 $P(P_{\mathrm{HBr}},P_{\mathrm{HCl}},\cdots)$ ，于是式（11.6.4）可表示成

$$\frac{k(E'_{\mathrm{HBr}})}{k}\approx P_{\mathrm{HBr}}\mathrm{e}^{\frac{nh\nu_i}{kT}},\frac{k(E'_{\mathrm{HCl}})}{k}\approx P_{\mathrm{HCl}}\mathrm{e}^{\frac{nh\nu_i}{kT}}\tag{11.6.5}$$

由式（11.6.4）可见，使用两种反应剂，其反应速率常数的比值式是一致的，虽然使用 HBr 时的热化学反应速率常数比使用 HCl 的大得多，但其光化学反应速率常数也只增大同样的倍数。不过，从式（11.6.3）～式（11.6.5）来看，可以通过提高 $\langle E'_{\upsilon}\rangle$ 来提高光化学反应相对于热化学反应的速率，使其对实验有利。针对式（11.6.4）、式（11.6.5）和 UF_6 分子，计算结果列于表 11.6.1。

表 11.6.1　UF_6 + HCl（或 HBr）光化学反应与热化学反应速率常数比

$nh\nu_i$ /cm^{-1}	T / K	P		$k(E'_{HBr}):k$		$k(E'_{HCl}):k$	
624.4	235	1	0.04	45.2	1.81	45.2	1.81
1248.8	235	1	0.009	2039	18.35	2039	18.35
1873.2	235	1	0.0009	92124	82	92124	82
1873.2	200	1	0.00205	680993	1396	680993	1396

注：速率常数比的两列数据分别与 P 的两列数据对应。

在表 11.6.1 中，限制因子 P 取 0.04 是依据表 10.4.1 中 235K 温度时分子处于低能态概率约为 0.16，取其四分之一；P 取 0.009 是依据表 10.4.1 中 235K 时分子处于基态概率为 0.018，取其二分之一；P 取 0.0009 是依据表 10.4.1 中 235K 时分子处于基态概率为 0.018，取其二十分之一，实验上 1876cm^{-1} 处在较高的温度 253K 时光化学反应与热化学反应速率常数比近似为 0.126/0.012 = 10.5（参见表 8.4.2 和表 7.2.3 末平均值）；P 取 0.00205 是依据表 10.4.1 中 200K 时分子处于基态概率为 0.041，取其二十分之一。我们看到，随着激发光子按能量 $h\nu_i$、$2h\nu_i$、$3h\nu_i$ 增加，光化学反应与热化学反应的速率常数比显著提升；温度为 200K 时，对于 $3h\nu_i$ 激发，如果 P 取 0.0009，则速率常数比为 162，这个比值比温度为 235K 时 P 取 0.0009 的比值 82 高出了约 1 倍，可见温度的影响是很大的。

11.6.2　温度、活化能、指前因子等对反应速率常数影响的具体分析

如 7.1.2 节所述，反应特性、活化能和温度对速率常数的影响都是决定性的。现在针对 HBr 和 HCl 作反应剂来具体比较。

1. 由 Arrhenius 公式决定的反应速率常数

如式（7.2.16）、式（7.2.15）所示，其反应速率常数分别为

$$k_{Br} = A_{Br}\exp\left(-\frac{E_{Br}}{kT}\right)$$

$$k_{Cl} = A_{Cl}\exp\left(-\frac{E_{Cl}}{kT}\right)$$

如 7.2 节所述，根据实验数据所得 UF_6 与 HCl 反应的活化能为

$$E_{Cl} = (5.849 \pm 0.15)\text{kJ / mol}$$

平均地对一分子（对）而言，则为

$$E_{Cl} = (9.711 \pm 0.249)\times 10^{-21}\text{J / 分子}$$

而 UF_6 与 HBr 反应的活化能为[18]

$$E_{Br} = 4.18\text{kJ / mol}$$

平均地对一分子（对）而言，则为

$$E_{Br} = 6.9399\times 10^{-21}\text{J / 分子}$$

由上述两反应的活化能和 Arrhenius 公式并利用表 7.2.5 可分别估算在 200K 时的反应速率常数约为

$$k_{\mathrm{Br}}(200\mathrm{K}) = k_{\mathrm{Br}}(253\mathrm{K})\mathrm{e}^{\frac{E_{\mathrm{Br}}}{k}\left(\frac{1}{253\mathrm{K}}-\frac{1}{200\mathrm{K}}\right)} \\ = 0.5906k_{\mathrm{Br}}(253\mathrm{K}) = 0.6942\mathrm{m}^3/(\mathrm{mol}\cdot\mathrm{s}) \tag{11.6.6}$$

$$k_{\mathrm{Cl}}(200\mathrm{K}) = k_{\mathrm{Cl}}(253\mathrm{K})\mathrm{e}^{\frac{E_{\mathrm{Cl}}}{k}\left(\frac{1}{253\mathrm{K}}-\frac{1}{200\mathrm{K}}\right)} = 0.4786k_{\mathrm{Cl}}(253\mathrm{K}) \\ = 1.9608\times10^{-3}\mathrm{m}^3/(\mathrm{mol}\cdot\mathrm{s}) \tag{11.6.7}$$

显然，直接用 $k = A\exp\left(-\dfrac{E}{RT}\right)$ 和实验数据所得反应活化能 E 得到的计算值与上述计算值是一样的。

由于 HCl（沸点 188.1K）或 HBr（沸点 206K）沸点都接近 200K，而我们使用的 HCl 或 HBr 气体的气压又极低，因此所得计算值 $k_{\mathrm{Cl}}(200\mathrm{K})$ 和 $k_{\mathrm{Br}}(200\mathrm{K})$ 是可用的，同时有 $k_{\mathrm{Br}}(200\mathrm{K}) \gg k_{\mathrm{Cl}}(200\mathrm{K})$。

2. 反应速率常数 k_{Cl} 和 k_{Br} 随温度下降的变化有波动性

由表 7.2.2 可以得出 k_{Cl} 的变化率为

$$\begin{aligned} &\Delta k_{\mathrm{Cl}}/\Delta T = -0.0273\times10^{-6}\mathrm{s}^{-1}\cdot\mathrm{Pa}^{-1}\cdot\mathrm{K}^{-1} \quad (323\sim304\mathrm{K}) \\ &\Delta k_{\mathrm{Cl}}/\Delta T = -0.0255\times10^{-6}\mathrm{s}^{-1}\cdot\mathrm{Pa}^{-1}\cdot\mathrm{K}^{-1} \quad (304\sim286\mathrm{K}) \\ &\Delta k_{\mathrm{Cl}}/\Delta T = -0.0113\times10^{-6}\mathrm{s}^{-1}\cdot\mathrm{Pa}^{-1}\cdot\mathrm{K}^{-1} \quad (286\sim263\mathrm{K}) \\ &\Delta k_{\mathrm{Cl}}/\Delta T = -0.026\times10^{-6}\mathrm{s}^{-1}\cdot\mathrm{Pa}^{-1}\cdot\mathrm{K}^{-1} \quad (263\sim253\mathrm{K}) \end{aligned} \tag{11.6.8}$$

由表 7.2.3 所给数据[4]可以得出 k_{Br} 的变化率为

$$\begin{aligned} &\Delta k_{\mathrm{Br}}/\Delta T = -0.03636\times10^{-4}\mathrm{s}^{-1}\cdot\mathrm{Pa}^{-1}\cdot\mathrm{K}^{-1} \quad (297\sim286\mathrm{K}) \\ &\Delta k_{\mathrm{Br}}/\Delta T = -0.04461\times10^{-4}\mathrm{s}^{-1}\cdot\mathrm{Pa}^{-1}\cdot\mathrm{K}^{-1} \quad (286\sim273\mathrm{K}) \\ &\Delta k_{\mathrm{Br}}/\Delta T = -0.025\times10^{-4}\mathrm{s}^{-1}\cdot\mathrm{Pa}^{-1}\cdot\mathrm{K}^{-1} \quad (273\sim263\mathrm{K}) \\ &\Delta k_{\mathrm{Br}}/\Delta T = -0.042\times10^{-4}\mathrm{s}^{-1}\cdot\mathrm{Pa}^{-1}\cdot\mathrm{K}^{-1} \quad (263\sim253\mathrm{K}) \end{aligned} \tag{11.6.9}$$

上述数据表明反应速率常数 k_{Cl} 和 k_{Br} 随温度下降的变化有波动性，这种波动性是否一直延续下去也没有数据来支持。最担心的是速率常数 k_{Cl} 和 k_{Br} 随温度下降具有加速度，这种现象在下述的分析中略有显现。

从表 7.2.5 可以得出，286～263K，k_{Cl} 的变化率为

$$\frac{\Delta k_{\mathrm{Cl}}}{\Delta T_1} = -0.0259\times10^{-3}\mathrm{m}^3/(\mathrm{mol}\cdot\mathrm{s}\cdot\mathrm{K}) \tag{11.6.10}$$

k_{Br} 的变化率为

$$\frac{\Delta k_{\mathrm{Br}}}{\Delta T_1} = -0.00818\mathrm{m}^3/(\mathrm{mol}\cdot\mathrm{s}\cdot\mathrm{K}) \tag{11.6.11}$$

263～253K 时，分别为

$$\frac{\Delta k_{\mathrm{Cl}}}{\Delta T_2} = -0.0587\times10^{-3}\mathrm{m}^3/(\mathrm{mol}\cdot\mathrm{s}\cdot\mathrm{K}) \tag{11.6.12}$$

$$\frac{\Delta k_{\mathrm{Br}}}{\Delta T_2} = -0.00953\mathrm{m}^3/(\mathrm{mol}\cdot\mathrm{s}\cdot\mathrm{K}) \tag{11.6.13}$$

两段温度变化区的变化率差为

$$\frac{1}{16.5\mathrm{K}}\left(\frac{\Delta k_{\mathrm{Cl}}}{\Delta T_2}-\frac{\Delta k_{\mathrm{Cl}}}{\Delta T_1}\right)=-1.986\times10^{-6}\mathrm{m}^3/(\mathrm{mol}\cdot\mathrm{s}\cdot\mathrm{K}^2) \tag{11.6.14}$$

$$\frac{1}{16.5\mathrm{K}}\left(\frac{\Delta k_{\mathrm{Br}}}{\Delta T_2}-\frac{\Delta k_{\mathrm{Br}}}{\Delta T_1}\right)=-8.1818\times10^{-5}\mathrm{m}^3/(\mathrm{mol}\cdot\mathrm{s}\cdot\mathrm{K}^2) \tag{11.6.15}$$

即存在变化率改变的加速。于是由式（11.6.13）、式（11.6.15）、表 7.2.5 可近似推算得到 $T=200\mathrm{K}$ 时的反应速率常数

$$\begin{aligned}k_{\mathrm{Br}}(200\mathrm{K})&\approx k_{\mathrm{Br}}(253\mathrm{K})-\left[\left(\frac{0.00953}{\mathrm{K}}+\frac{8.1818\times10^{-5}\times53\mathrm{K}}{\mathrm{K}^2}\right)\mathrm{m}^3/(\mathrm{mol}\cdot\mathrm{s})\right]\times53\mathrm{K}\\&=0.4404\mathrm{m}^3/(\mathrm{mol}\cdot\mathrm{s})\end{aligned} \tag{11.6.16}$$

由式（11.6.12）、式（11.6.14）、表 7.2.5 可近似推算得到 $T=200\mathrm{K}$ 时的反应速率常数

$$k_{\mathrm{Cl}}(200\mathrm{K})\approx-4.5928\times10^{-3}\mathrm{m}^3/(\mathrm{mol}\cdot\mathrm{s}) \tag{11.6.17}$$

式（11.6.17）出现负数不一定合理，但可说明 HCl 在 200K 时可能不是一种很好的反应剂；而式（11.6.16）的 k_{Br} 为 253K 时 $[1.1754\mathrm{m}^3/(\mathrm{mol}\cdot\mathrm{s})]$ 的 0.37 倍。文献[18]给出的 k_{Br} 的另一种表示为

$$k_{\mathrm{Br}}(253\mathrm{K})=5.18\times10^{-4}\mathrm{s}^{-1}\cdot\mathrm{Pa}^{-1}\times266.64\mathrm{Pa}=0.138\mathrm{s}^{-1}$$

其值是在 $[\mathrm{UF_6}]_0=[\mathrm{HBr}]_0=266.64\mathrm{Pa}$ 时测量的，可见完全反应所需时间约 7s，而在 200K 时，由上面式（11.6.16）的计算或由 $0.37k_{\mathrm{Br}}(253\mathrm{K})=0.37\times0.138\mathrm{s}^{-1}$ 可知大约需 20s。显然在 200K 时可增加 HBr 的压力，而此时 UF_6 压力可能在 133.32Pa 左右，因此可使反应速率、反应时间长短有一个利于实验安排、测试的调控范围，故 HBr 可能是低温低振动能态光化学反应的可用反应剂。

显然这里计算的 $k_{\mathrm{Br}}(200\mathrm{K})$ 与前面式（11.6.6）计算的 $k_{\mathrm{Br}}(200\mathrm{K})$ 是相当接近的，故前面的计算值有一定的可信度；而这里计算的 $k_{\mathrm{Cl}}(200\mathrm{K})$ 与前面的计算值相差很大。考虑到 HCl 沸点与 HBr 沸点均近似为 200K，再考虑到前面计算中使用的反应速率常数随温度降低而加速下降的部分实验数据，故 $k_{\mathrm{Br}}(200\mathrm{K})$ 有一定可信度，而对于 $k_{\mathrm{Cl}}(200\mathrm{K})$，应信或更信式（11.6.7）的结果。

在忽略活化能和指前因子随温度变化的前提下，为了对比方便我们可以将表 7.2.5 最后两列数据按表 11.6.2 给出。

表 11.6.2　UF_6+HCl 体系和 UF_6+HBr 体系速率常数比、指前因子比

T/K	253	263	286
$k_{\mathrm{Br}}:k_{\mathrm{Cl}}$	287	271	276
$A_{\mathrm{Br}}:A_{\mathrm{Cl}}$	129	126	137
$a:b$	2.224	2.151	2.015

注：a、b 分别代表第一、第二行数据。

显然，由表 11.6.2 可知：①两行数据各自都很接近（随温度变化不大）；②两行数据的比（$a:b$）都很接近 2，随温度从高到低依次为 2.015、2.151、2.224。第二个结果表明反应速率常数比远高于指前因子比。

反应速率或反应速率常数是两部分的积

$$k = A\mathrm{e}^{-\frac{E}{RT}}$$

当 $T = 253\mathrm{K}$，依表 11.6.2，有

$$\frac{\mathrm{e}^{-\frac{E_{\mathrm{Br}}}{RT}}}{\mathrm{e}^{-\frac{E_{\mathrm{Cl}}}{RT}}} = \mathrm{e}^{\frac{E_{\mathrm{Cl}}-E_{\mathrm{Br}}}{RT}} = 2.210$$

式中结果表示在反应速率上 $UF_6 + HBr$ 体系在指数函数部分的优势不是很大，因此其主要优势在于其指前因子。

利用表 7.2.5 及相关数据所给 k_{Br}、A_{Br}、E_{Br}、k_{Cl}、A_{Cl}、E_{Cl} 可得

$$\mathrm{e}^{-\frac{E_{\mathrm{Br}}}{RT}} = 0.13713,\ \mathrm{e}^{-\frac{E_{\mathrm{Cl}}}{RT}} = 0.06203$$

$$A_{\mathrm{Br}} = \frac{k_{\mathrm{Br}}}{\mathrm{e}^{-\frac{E_{\mathrm{Br}}}{RT}}} = 8.57,\ A_{\mathrm{Cl}} = 0.066$$

式中指前因子没有给出单位，结果显示反应速率作为两部分的积，$UF_6 + HBr$ 体系在指前因子部分占有极大优势，并在数值上有

$$A_{\mathrm{Br}} \gg \mathrm{e}^{-\frac{E_{\mathrm{Br}}}{RT}},\ A_{\mathrm{Cl}} \approx \mathrm{e}^{-\frac{E_{\mathrm{Cl}}}{RT}}$$

于是可以看出两个反应的反应速率有高达 2～3 个量级的差别，这主要在于指前因子的差别大。

参 考 文 献

[1] 穆尔. 激光光化学与同位素分离[M]. 杨福明，周志宏，张先业，等译. 北京：原子能出版社，1988.

[2] Eerkens J W. Spectral considerations in the laser isotope separation of uranium hexafluoride[J]. Applied Physics，1976，10（1）：15-31.

[3] Eerkens J W. Laser separation of isotopes[P]：AU-B-66607/81，537265. 1981.

[4] 陈达明. 激光分离同位素[M]. 北京：原子能出版社，1985.

[5] 宋文忠，古端. 六氟化铀低温红外光谱[J]. 核化学与放射化学，1990，12（3）：175-179.

[6] Xu B Y，Liu Y，Dong W B，et al. Study of the laser-catalyzed photochemical reaction of UF_6 with HCl and its isotopic selectivity[J]. Chinese Journal of Lasers，1992，1（1）：57-60.

[7] Xu B Y，Liu Y，Dong W B，et al. Study of the vibrational photochemical reaction of UF_6 + HCl and its isotopic selectivity[J]. Journal of Physical Chemistry，1992，96（8）：3302-3305.

[8] 肖啸菴. 同位素分离[M]. 北京：原子能出版社，1999.

[9] Aldridge J P，Brock E G，Filip H，et al. Measurement and analysis of the infrared active stretching fundamental（ν_3）of UF_6[J]. Journal of Chemical Physics，1985，83（1）：34-48.

[10] Eerkens J W，Griot R P，Hardin J H，et al. Conference on lasers and electro-optics[C]. San Francisco，1986.

[11] Eerkens J W. Reaction chemistry of the UF_6 lisosep process[J]. Optics Communications，1976，18（1）：32-33.

[12] Eerkens J W. International. Enrichment Conference. [C]. Monterrey，1989.

[13] Li Y D，Zhang Y G，Kuang Y Z，et al. Study of uranium isotope separation using CO_2 laser and CO laser[J]. Optics Communications，2010，283：2575-2579.

[14] 马兴孝，孔繁敖. 激光化学[M]. 合肥：中国科学技术大学出版社，1990.

[15] 查普曼，考林. 非均匀气体的数学理论[M]. 刘大有，王伯懿，译. 北京：科学出版社，1985.

[16] 应纯同. 气体输运理论及应用[M]. 北京：清华大学出版社. 1990.

[17] Balescu R. 平衡与非平衡统计力学[M]. 陈光旨，吴宝路，张奎，等译. 桂林：广西师范大学出版社，1992.

[18] 徐葆裕，胡建勋，郑成法. 六氟化铀与卤化氢气体的反应动力学研究[J]. 化学学报，1997，55：979-982.

第 12 章　低振动能态激发激光光化学反应分离铀同位素的激光系统

12.1　可调谐折叠共轴 CO 激光和 CO_2 激光系统

原子法以 U 原子蒸气为分离体系，经铜蒸气激光泵浦染料而获得分离铀同位素的三个频率的激光，这三个频率激光的作用使 ^{235}U 获得选择性光电离，然后用电磁场方法收集电离后的 $^{235}U^+$ 而得浓缩的 ^{235}U。这三步光电离所需总的光子能量约为 6.2eV（50000cm^{-1}）。分子法以 UF_6 分子气体为分离体系，选择与 UF_6 基频一致的 16μm 波长激光进行多光子选择性离解，或同时利用 16μm 激光和 CO_2 激光等进行多光子选择性离解，或在 16μm 附近选择多个波长进行多光子选择性离解，或同时利用红外激光和紫外激光进行选择性离解。多光子选择性离解是指选择性地使 $^{235}UF_6$ 离解为 $^{235}UF_5$，失去的 F 原子与添加的反应剂进行反应，$^{235}UF_5$ 成为固体粉末而被收集。由于此法采用的是多光子离解方法，获得一个 $^{235}UF_5$ 分子要用许多光子或需要光子能量之和大于 4.3eV(35000cm^{-1})。激光选择性激活化学反应法分离铀同位素，也有人将其归入分子法，虽然它也利用 UF_6 分子作为分离体系，但它和多光子离解 UF_6 分子的方法存在显著的差别。差别之一，这个方法的实质是将分子 $^{235}UF_6$ 选择性地激发到激发态，而不需光电离或光离解，激发了的分子显然会更快地与反应剂反应，以此来获取富含 ^{235}U 的产物分子；差别之二，分子法是用有一定重复频率的高能量脉冲激光，而选择性激活化学反应法则只需要采用连续波或低能脉冲串激光即可。最先提出这个 CRISLA 方法的是美国的 Eerkens[1, 2]。CRISLA 的开发人员认为，在激光同位素分离方法中 CRISLA 是最有前途的[3]，这是因为 UF_6 分子的活化能对应于频率为 2000cm^{-1}（0.25eV）的激光能量，比前面提到的 35000cm^{-1} 和 50000cm^{-1} 的激光能量都小，这个看法的依据显然是成立的。现行的选择性激活化学反应分离铀同位素的方法，一般均在 CO 激光器的谐振腔内进行，激光器的光波在谐振腔内的传输及在输出镜的输出都是连续的，所用的反应剂为 HCl 或未公布名称的 Rx 。现行的这种方法的缺点是激光对 UF_6 分子的激发截面较小，故对 $^{235}UF_6$ 的选择性激发的截面也较小，激发态所处能级还不够高，故对所用反应剂而言，光化学反应速率相对于无选择性的热化学反应速率还不够高，故其分离系数仍受较大的限制。

本节提供的方法是在连续波或调制脉冲串准连续波激光器谐振腔内置一反应池，反应池内的 UF_6 气体及 HCl 气体混合物流动或处于静态，在连续波或准连续波激光的选择作用下使 $^{235}UF_6$ 得到选择激发而达到激发态 $^{235}UF_6^*$，$^{235}UF_6^*$ 与 HCl 的反应速率高于 $^{238}UF_6$ 与 HCl 的反应速率，反应后的产物 UF_5Cl 富含 ^{235}U 而使同位素达到分离，UF_5Cl 经碰撞而得到 UF_5 。对 $^{235}UF_6$ 的选择激发截面与对 $^{238}UF_6$ 的激发截面之比越大，激发态 $^{235}UF_6^*$ 所处能级越高，则反应产物 $^{235}UF_5Cl$ 的浓度越高，同位素铀达到的分离程度便可越高，故分离系数也越高。本节在激光器谐振腔内作用于反应池内 UF_6 分子的连续波或准连续波激光为 CO 激光和 CO_2 激光两种波长的光波，不仅利用了两波长激光对 $^{235}UF_6$ 的激发截面，并提供了两波长激光相互配合激发以利于选择性激活光化学反应进行的新途径，故能达到提高分离系数和产率的目的，同时还避免了原方法中采用单一激光时为追求高光强而使激光器造价较高的问题。

CO_2 激光对 $^{235}UF_6$ 的组合带（$\nu_3+\nu_4+\nu_6$）的激发截面与 CO 激光激发 $^{235}UF_6$ 泛频带 $(3\nu_3)$ 的激发截面十分相近。若单用 CO_2 激光，由于激发的是组合带而不易使得 $^{235}UF_6$ 分子像 CO 激光激发时那样处于易于光化学反应的较高激发态，因此，高转换效率的 CO_2 激光一般便以高能量脉冲激光形式用作分子法分离铀同位素的光源之一，对 UF_6 的多光子离解起重要作用。然而，当连续波或脉冲串准连续波 CO_2 激光与连续波或脉冲串准连续波 CO 激光同时使用时，则可充分利用 CO_2 激光低成本光子使两波长激光对 $^{235}UF_6$ 分子的激发都变得更加有效于光化学反应。由于连续波或准连续波选频激光器输出功率不大，而 UF_6 的组合带 $(\nu_3+\nu_4+\nu_6)$ 和泛频带 $(3\nu_3)$ 的激发截面较小，故利用腔内光强优势则是选择性激活光化学反应分离铀同位素的合理方式。

为了获得激光谐振腔内 CO 激光和 CO_2 激光的较高功率传输，可采用快轴流型 CO 激光器[4]和快轴流型 CO_2 激光器[5]。在快轴流型 CO 激光器中[4, 6, 7]，CO、N_2、He、O_2 的高纯气体经混气瓶混合后送入预冷器，再经冷凝器冷却后由分流管分别进入两独立放电管，放电后的气体被罗茨泵及前级泵抽走或参与循环放电。混合气体在放电管放电时 CO 分子受到激发并产生受激辐射，在激光器谐振腔控制下，获得单线振荡的腔内 CO 激光高功率传输。在快轴流 CO_2 激光器中，CO_2、N_2、He 三种气体经混气瓶混合后，再经冷却水冷却的冷凝器后被送入快轴流放电管，放电后的气体被罗茨泵和前级泵抽出或参与循环放电。CO_2 混合气在放电激励下产生受激辐射，在谐振腔控制下获得单线振荡的腔内 CO_2 激光高功率传输。

为获得腔内 CO 激光和 CO_2 激光两波长单线较高功率传输，并使两波长激光同时同区域作用于反应池内 UF_6 气体，可采用统一的激光谐振腔，即采用共轴谐振腔，即将 CO_2 激光放电管、CO 激光放电管、反应池（管/室）依次置于同一轴线上。两激光管之间在室温环境以 NaC1、KCl 或 ZnSe 片作布氏窗片加以连接，三种材料分别对两波长光波的折射率均极接近，两激光管的另两端和反应池（管、室）的两端也均以 NaCl、KCl 或 ZnSe 片作布氏窗片封贴。在反应池（管/室）外端附近置一全反射镜。在 CO_2 激光管的始端前置一不锈钢基底原刻反射光栅，其旁设一镀金凹面铜反射镜，直接利用光栅的二级衍射选择 CO 激光振荡波长，而利用光栅的一级衍射选择 CO_2 激光振荡波长，旁设的全反射镜可用于两振荡波长之一的谐振腔。布氏窗片对两波长折射率的微小差别也将由光栅旁铜镜的角度选择而加以修正。两波长光波在光栅的零级衍射输出将用于对振荡波长和腔内功率及两波长功率比值的监测。

反应池的两端下侧分别设计入口和出口开关，高纯天然丰度的 UF_6 气体和 HCl 气体混合进入反应池，经光化学反应后的气体经出口流出。收集器由若干个带极多小孔的圆形基板组合而成，应定时更换收集器进行产物收集的基板。由于反应产物会部分存留在反应池壁及布氏窗片上，因此反应池应定期清洗或更换。实验已证明不锈钢材料用于反应池及收集器是可以的。当反应池内气体不流动时（光照后才从出口抽出），有利于初期分离实验的简化，因为这可以简化尾气处理环节，但此时产物会较快沉积到布氏窗片上而使激光器的腔内损耗加大，不利于建立强的振荡。此时主要在反应池出口处的收集器或反应池壁及窗片上收取产物。

图 12.1.1 是包含反应池的可调谐折叠共轴 CO 激光和 CO_2 激光系统示意图。

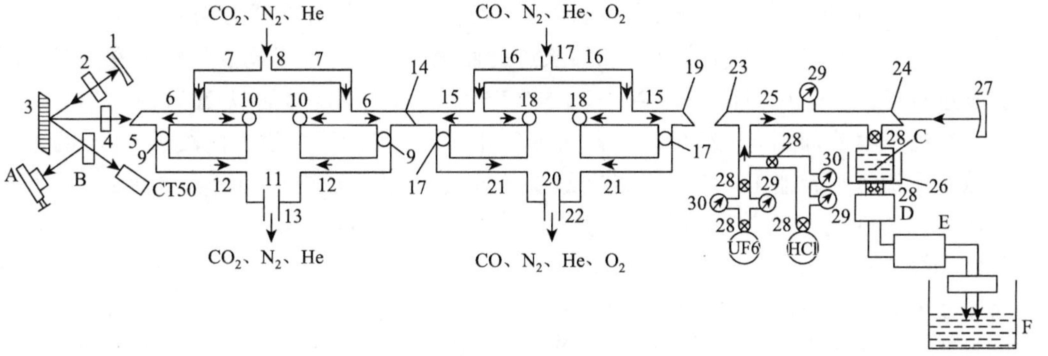

图 12.1.1　含反应池的可调谐折叠共轴 CO 激光和 CO_2 激光系统示意图

图 12.1.1 中，1 和 27 为全反射镜，2 和 4 为调制器，3 为不锈钢基底原刻反射光栅，6 和 15 分别为轴流 CO_2 激光器和轴流 CO 激光器的放电管，7 和 16 为分流管，12 和 21 为回流管，8 和 17 分别为 CO_2 激光介质混合气和 CO 激光介质混合气的入口，13 和 22 则为相应的出口，11 和 20 为汇合器，9 和 17 为放电阳极，10 和 18 为放电阴极，5、14、19、23、24 为布氏窗片，25 为反应池，26 为温度控制器，28 为不锈钢开关，29 为压力计，30 为流量计，A 为功率计，CT50 为单色仪，B 为未镀膜平行平面 Ge 镜分束器，C 为产物收集器，D 为剩余物处理器，E 为抽气泵，F 为尾气处理器，尾气经 F 处理后再排出。

当激光器为流动式工作时，回流管 12 和 21 是关闭的。当激光器为循环式工作时，分流管 7 和 16 及罗茨泵出口（图中 13、22）是关闭的，回流管 12 和 21 是开通的，混合气从汇合器 11 和 20 的高压端经回流管压入放电管，再进入汇合器的低压端，经罗茨泵加压后进入汇合器高压端。汇合器高低压端仅由转动部件间的隙缝连通，转动部件高速转动时形成汇合器的高低压端。

图 12.1.1 中 5、14、19、23、24 五个布氏窗片均采用 ZnSe 片，其折射率在 5μm 波长处为 2.4。实践证明在连续波 CO_2 激光器中的布氏角也按此折射率计算是可行的，一级闪耀波长为 10.6μm 的不锈钢基底原刻反射光栅 3，其二级闪耀波长正好处于我们需要的 CO 激光波长处。全反射镜 1 和 27 均为曲率半径为 10m 的镀金铜反射镜，在 5μm 和 10μm 波长处均可达 98%以上的反射率。快轴流 CO 激光器和 CO_2 激光器的放电管总长均为 1m，内径 20mm，布氏窗片 5 与 14 间距离为 2.2m，14 与 19 间的距离也为 2.2m，反应池 25 的总长为 2m，光栅 3 与全反射镜 27 间距离为 7.5m，全反射镜 1 与光栅 3 之间距离为 1m，全反射镜 27 与光栅 3 构成稳定腔，全反射镜 1、光栅 3、全反射镜 27 三者也构成稳定腔。

调制器 2 和 4 选为斩波器，当它们或两者之一不工作时光波能不受损失地通过。分束器 B 经调整角度使反射光和透射光各占一半或一个合适的比例。CO、N_2、He、O_2 以 1∶1∶18∶0.01 的混合比例混合后以 20×133.32Pa 的总压力，经冷凝器冷却至 100K 左右，从进气口 17 进入并经分流管 16 分别进入两段长 0.5m 的放电管 15，放电后流入汇合器 20，罗茨泵及前级泵从抽气口 22 将放电后的混合气抽走（也可循环式工作）。CO 分子经放电激发产生波长为 5.33μm–[9–8P(15)]的辐射，光栅 3 的转角正好在利特罗条件下满足 5.33μm 波的二级衍射，以 95%的效率将其反馈到腔内，经放电管、反应池后再经全反射镜 27 反射后构成振荡，而光栅 3 的约 5%的零级衍射信号经分束器 B 分束后送入功率计 A 和单色仪 CT50，分别对腔内功率和波长进行监控，可以通过光栅 3 的转角变化来对振荡波长进行修正。CO_2、N_2、He 以 1∶1.5∶7.5 的混合比例混合后以 20×133.32Pa 的总压力，经冷凝器冷却到 0～20℃，从进气口 8 进入并经分流管 7 进入两段长 0.5m 的放电管 6 放电后流入汇合器 11，罗茨泵及前级泵从抽气口 13 将放电后的混合气抽走（也可循环式工作）。CO_2 分子经放电激发产生波长为 10.53μm[00°1-10°0P(14)]的辐射，沿轴向的辐射经光栅 3 后按一级衍射的方向射到全反射镜 1，并沿原光路返回到光栅 3，再回到放电管轴线方向，经反应池，然后经全反射镜 27 沿轴向返回，这样在腔内便形成 10.53μm 波的振荡。其在光栅 3 上的零级衍射有两束光，其一与 5.33μm 波同方向，可供测波长和功率用；其二则是由全反射镜 1 返回的 CO_2 激光在经光栅 3 时也形成其零级衍射，它的方向与前一零级衍射方向有所差别，正好功率计做少许平移即可测到 CO_2 激光的功率。这一功率与前一零级衍射方向 CO_2 激光的强度十分接近，由此数据和前一方向两种激光的合功率可确定腔内 CO 激光功率数据。可通过调整气压、电流等调节腔内功率密度，若腔内功率密度过大，可安置扩束器以降低功率密度。若启动调制器 4，则两红外激光均为脉冲串准连续波，若只启动调制器 2，则仅 CO_2 激光为脉冲串准连续波，若将光栅 3 置于 CO_2 激光工作于一级衍射的利特罗条件，则光栅 3 对 CO 激光的二级衍射将被全反射镜 1 控制返回，此时仅启动调制器 2，则仅 CO 激光为脉冲串准连续波。在反应池部分，具有天然丰度的 UF_6 纯气体在反应池抽为真空并在泵的不断抽取条件下经两个控制开关 28 进入反应池，反应池处于 235K 的温度，纯的 HCl 气体反应剂经两个控制开关 28 后也一同进入反应池。一般情况下，UF_6 的进入是被严格控制的，而且一般是由在较大流量和气压下的纯 HCl 气体带入反应池的，因此二者的汇合处要有利于 HCl 气体将 UF_6 气体带入反应池。在反应池中保持 UF_6 的分压为 (2～3)×133.32Pa，HCl 的分压为 (22～50)×133.32Pa。被激发的 UF_6 及少量未激发的 UF_6 与 HCl 生成的产物 UF_5Cl 等从反应池出口经开关 28 后到达被冷却的收集器 C，并在与收集板碰撞后成为 UF_5 和 Cl_2。Cl_2、HF、HCl 及剩余物 UF_6 被带入处理器 D 及以后的尾气处理环节。也许，我们已经发现，10.53μm 并不是 5.33μm 的严格的 2 倍，但 UF_6 的吸收谱允许一个调整范围。另一方法是图 12.1.1 中光栅 3 要用两个几乎并排的光栅来代替，这也是可行的[8]，一是因为放电管直径 20mm 是较大的，二是因为两波长光波行进位置极为靠近。另外，图 12.1.1 中的反射镜 27 是镀多层介质膜的 CaF_2 凹面镜，它对 CO_2 激光全反射，而对 CO 激光是几乎全透射的，因此，还有一个方法是在 CaF_2 凹面镜后再放置一个合适的 CO 激光全反射镜。

12.2　可调谐阵列 CO 激光系统

非传统使用的透镜或反射镜（多重反射透镜或反射镜）[9]的工作原理如下所述。入射光束在两镜面之间的近轴反射，与光束在两个传统的分离的反射镜镜面间的反射有相同的规律，这一规律已经被实验证实，即光束在非传统使用的透镜或反射镜的镜面上的反射点的轨迹一般是椭圆，如果入射光束在以镜前表面为参考面的直角坐标系 $o\text{-}x\text{-}y\text{-}z$ 中的初始位置和斜率适当，则它在镜面上的椭圆轨迹变成一个圆，如果入射光束在 x 向的位移和斜率均为零（即光束轴线位于 $o\text{-}y\text{-}z$ 面内），只具有 y 向位移和合适斜率，则椭圆轨迹变为一直线轨迹。因为坐标系 $o\text{-}x\text{-}y\text{-}z$ 是可以绕 $o\text{-}z$ 轴（对称轴）旋转的，所以实际上只具有径向位移和合适斜率，则椭圆轨迹变为一直线轨迹。同时，光束既可在透镜前表面合适位置离开，又可在后表面合适位置离开，还可在镜表面同一位置入射和出射。轴对称分布的激光器阵列，轴线位于任一纵剖面的激光器很容易满足入射光束或者起始光束仅存在径向位移和径向斜率的条件，即起始光束仅有起点离轴距离和仅有在纵剖面内相对于对称轴的斜率，故光束在两镜面上的反射点轨迹会是一直线形轨迹。直线形轨迹也是一种椭圆轨迹，光束经过多次反射后精确地回复到原出发点的位置，又从初始位置和斜率开始新一轮沿直线形轨迹往返传输。当光束有一定的发散角，且个别或者部分入射光束或起始光束 x 向位移和 x 向斜率在容许值范围不为零时，反射点轨迹会是一接近直线形轨迹的椭圆轨迹，有时可给阵列的组合带来积极的效果。

图 12.2.1 是一个多重反射镜的纵剖面光束传输示意图，省略了镜面间传输的下半部分，它与上半部分对称。

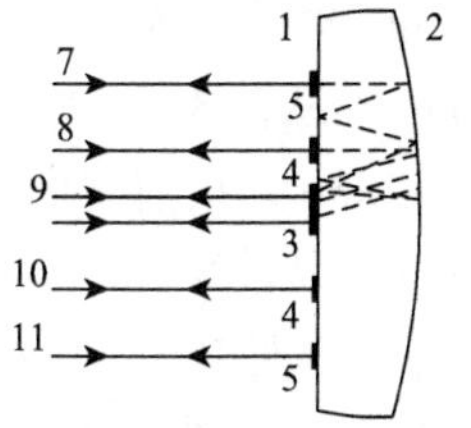

图 12.2.1　多重反射镜工作原理示意图

图 12.2.1 中，1 是透镜的前表面，它是平面或者凹面；透镜的后表面在本图中是全反射面；4 与 5 分别是两个部分反射膜环形区上的点，4 位于第一环形区，5 位于第二环形区；3 是部分反射膜圆形区域，其余部分为全反射区。光束 7、8、9、10、11 各自代表同一轴线的入射、反射和出射光束。设前后表面的曲率半径分别为 ρ_1、ρ_2，透镜的厚度为 d，当前表面为凹面时，ρ_1 的符号为负。光束 7 和 11 的入射点到透镜轴的距离为 $r_{0(5)}$，光束 8 和 10 的入射点到透镜轴的距离为 $r_{0(4)}$，而光束 9 的束轴线入射点到透镜轴的距离则为零。为满足近轴条件，我们取同一镜面上相邻两反射点（如圆或椭圆轨迹上的两相邻反射点）对镜面中心点（与 z 轴交点）的张角 θ 为一个较小的值。由于入射光束 7 和 8 对平面表面的垂直入射或者由前凹表面曲率中心出发对凹表面的入射，它们对镜轴的倾斜为零或只在图中所示的纵剖面内，故在两表面间的 n 次往返后在前表面上离镜轴的距离则分别为

$$r_{n(7)} = r_{0(5)}\cos n\theta \tag{12.2.1}$$

$$r_{n(8)} = r_{0(4)}\cos n\theta \tag{12.2.2}$$

当 $n = m$，$m\theta = 90°$ 时，光束到达轴线位置，并且继续在两镜面间往返传输，直到它们分

别到达对称位置的$r_{0(5)}$和$r_{0(4)}$，部分垂直出射和部分反射，反射光束再沿原光路返回到出发点，并且有部分出射和反射，反射光重复前一次行为。它们在行进到镜的两表面中央时，则分别以一夹角出射部分光，因此光束 7 和 8 在中央区域的出射方位是略有差别的。当入射、出射光束 9 作为有一定发散角的光束时，虽然发散角可以很小，但它是一个对入射、出射光束 7 和 8 包容的光束，即入射光束 7 和 8 在中央出射时与出射光束 9 合并为同一光束 9，而出射光束 7 和 8 是入射光束 9 的一部分，因此光束 9 是一个入射和出射均可对光束 7 和 8 包容的光束。当光束 7 和 8 也有一小发散角时，它们则更易与 9 包容，即光束 9 的部分光束将分别进入 7 和 8 的传输路径并且分别与 7 和 8 重合或几乎重合。同理，光束 11 与光束 7，光束 10 与光束 8 的行为分布是完全对称的。但是，当$m\theta$仅近似等于 90°时，上述情形是略有差别的。根据光束在两镜面间的传输矩阵和透射的变换矩阵，我们可以确定光束 7 和 8 在前表面中央出射时与轴的夹角。由于轴对称性，入射、出射光束 9 将包容在前表面第一环形区、第二环形区以及类似的更多的环形区上的出射、入射光束。当采取措施使出射后的光束 7、8、10、11、9 沿原光路返回时，则返回的光束 7、8、10、11 与光束 9 也包容，便会产生有意义的应用，如激光器阵列的锁相组合。

取ρ_1为无穷大，$\rho_2 = 21000\text{mm}$，$d = 29.2\text{mm}$，设前表面第一环带中心位置和第二环带中心位置离镜轴的距离分别为$r_{0(4)} = 14.08\text{mm}$，$r_{0(5)} = 25\text{mm}$，环带的宽度为 6mm，前表面中央的圆面半径为 4mm，两环带和中心圆面均为部分反射膜面，其余各处均为全反射膜面。得到$\theta = 4.274005766°$，$m = 21$，则光束 7 在镜面间经过 13 次往返到达第一环的中心位置$r_{13} = 14.1\text{mm}$，并在该处的入射斜率为0.026，再经过 6 个往返在离轴距$r_{19} = 3.8\text{mm}$处从前表面中央的圆面部分反射膜区部分出射，再经过 2 个往返则在离轴距$r_{21} \approx 0\text{mm}$处从前表面中央的圆面部分反射膜区部分出射，而光束 8 经过 19 次往返在离轴距$r_{19} \approx 2.2\text{mm}$处从前表面中央圆面部分反射膜区部分出射，再经过 2 个往返则在离轴距$r_{21} \approx 0\text{mm}$处从前表面中央的圆面部分反射膜区部分出射，光束 7 和 8 在中间表面$r_{21} \approx 0\text{mm}$处出射时在镜面内部与轴的斜率分别为$0.03$和$0.017$。若中央的光束 9 进入透镜后发散角约为$0.03\text{rad}$，而光束 7 和光束 8 入射后均为$0.017 \sim 0.03\text{rad}$时，光束 9 将包容光束 7 和光束 8，也包容光束 10 和光束 11，故将包容两环形区域所有垂直入射、出射光束。由于反射光束是入射光束的一部分，与出射光束在同一空间，也可被包容，经过设计的最佳化，前表面的所有光束都可以很接近激光光束的发散角。当使用凹凸透镜时，则设计目标更易达到。当上述例子的后表面中央圆面为部分反射膜面时，激光器阵列将在该面输出。

相关的计算公式如下[9]：

$$\cos\theta = 2g_1g_2 - 1 \tag{12.2.3}$$

$$g_1 = 1 - \frac{d}{\rho_1} \tag{12.2.4}$$

$$g_2 = 1 - \frac{d}{\rho_2} \tag{12.2.5}$$

$$r_n = r_0\cos n\theta + \frac{dg_2\left(r_0' + \dfrac{r_0}{\rho_1}\right)\sin n\theta}{\sqrt{g_1g_2(1-g_1g_2)}} \approx r_0\cos n\theta \tag{12.2.6}$$

$$r_n' = \frac{1}{\sin\theta}\{Cr_0\sin n\theta + [D\sin n\theta - \sin(n-1)\theta]r_0'\} \tag{12.2.7}$$

$$r_0' = \frac{r_0}{|\rho_1|} \tag{12.2.8}$$

$$\begin{aligned} &A = 1 - \frac{2d}{\rho_2},\ B = 2d\left(1 - \frac{d}{\rho_2}\right),\ C = 2\left(-\frac{1}{\rho_1} - \frac{1}{\rho_2} + \frac{2d}{\rho_1\rho_2}\right), \\ &D = 1 + 2d\left(-\frac{2}{\rho_1} - \frac{1}{\rho_2} + \frac{2d}{\rho_1\rho_2}\right) \end{aligned} \tag{12.2.9}$$

由式（12.2.6）的近似可得式（12.2.1）、式（12.2.2）。

对于一般情形，则由下式计算：

$$\begin{pmatrix} r_n \\ r_n' \end{pmatrix} = \frac{1}{\sin\theta}\begin{pmatrix} A\sin n\theta - \sin(n-1)\theta & B\sin n\theta \\ C\sin n\theta & D\sin n\theta - \sin(n-1)\theta \end{pmatrix}\begin{pmatrix} r_0 \\ r_0' \end{pmatrix} \tag{12.2.10}$$

式中，r_0、r_0' 分别为初始的离轴距离和斜率。

设阵列 CO 激光系统各放电管直径为 16mm，中心放电管管心线位于对称轴，其余放电管平行于对称轴对称分布，管心线分别于多重反射镜前表面与第一环带中心环线和第二环带中心环线相交（参见图 11.5.1），环线离轴的距离分别为 16mm、32mm，环带的宽度约为 16mm，前表面中央的圆面半径约为 8mm，两环带和中心圆面均为部分反射膜面（环带膜面反射率可相当高）。利用图 11.5.1，我们来分析可调谐阵列 CO 激光系统右端镜 M_2，它是一个非传统使用的 CaF_2 反射镜，折射率 η_1 为 1.41。设前后表面曲率半径分别为 $\rho_1 = \infty$，$\rho_2 = 20250\text{mm}$(有模具)，直径 $D = 80\text{mm}$，厚 $d = 40\text{mm}$，则 $g_1 = 1$，$g_2 = 0.998024691$，$\theta = 3.119172915°$，$A = 0.996049382$，$B = 79.84197531$，$C = -9.87654321\times10^{-5}$，$D = A$。

经中央放电管右端多重反射镜 M_2 中心圆表面输出进入 M_2 的光束确有一定发散角，它可以作为图 12.2.1 中光束 9 的代表。但由于它是高斯光束，我们由考察光束在 M_2 表面间多次往返后其半径是否与第一、二环带中心环线离轴距离相当来确定它是否能（分割）注入到各放电管。

设中央放电管经多重反射镜 M_2 中心圆表面输出进入 M_2 的高斯光束的复光束参数为 q，由定义有

$$\frac{1}{q} = \frac{1}{R} - \frac{i}{b},\ b = \frac{1}{2}kw^2,\ k = \frac{2\pi}{\lambda} \tag{12.2.11}$$

式中，w 为光束半径；R 为光束等位相面曲率半径。

光束在 M_2 两表面间 n 次往返后的复光束参数为 q'，光束半径为 w'，等位相面曲率半径为 R'。依高斯光束变换的 $ABCD$ 定律，q' 为

$$q' = \frac{A^{\cdot}q + B^{\cdot}}{C^{\cdot}q + D^{\cdot}} \tag{12.2.12}$$

式中，$A^{\cdot}$、$B^{\cdot}$、$C^{\cdot}$、$D^{\cdot}$ 为式（12.2.10）中的矩阵元，如 $B^{\cdot} = B\dfrac{\sin n\theta}{\sin\theta}$。

容易证明（第 11 章中的文献[14]）

$$\frac{b'}{b}=\frac{w'^2}{w^2}=\left(A^{\cdot}+\frac{B^{\cdot}}{R}\right)^2+\frac{B^{\cdot 2}}{b^2} \tag{12.2.13}$$

当式（12.2.13）取 b 为束腰对应的值 b_0 时，再加上 $A^{\cdot}$ 值较小，故有

$$\frac{b'}{b_0}=\frac{w'^2}{w_0^2}\approx\frac{B^{\cdot 2}}{b_0^2} \tag{12.2.14}$$

例如，图 11.5.1 中，G 为凹面反射光栅，曲率半径 $\rho=4.5\text{m}$，M_2 前表面曲率半径为 $\rho_1=\infty$，腔长为 L，则腔参数为

$$g_1=1-\frac{L}{\rho},\ g_2=1-\frac{L}{\rho_1}=1 \tag{12.2.15}$$

在中央放电管内传输到 M_2 前表面中央的输出光束的半径为束腰半径 w_0，而 $b=b_0$，它们为

$$w_0=\sqrt{\frac{\lambda b_0}{\pi}},\ b_0\approx\sqrt{(\rho-L)L} \tag{12.2.16}$$

式中，λ 为激光波长。

依式（12.2.16）、式（12.2.14）、式（12.2.10），当 $\rho=4.5\text{m}$，$L=4.498\text{m}$、4.495m 时得到 $w_0=0.40\text{mm}$、0.71mm。当取 $n\theta\approx 90°$ 得到的 w' 依次是 15.02mm、12mm。

我们知道，基模输出激光的强度在光束切面的分布为

$$I=I_0\left(\frac{w_0}{w}\right)^2\exp\left[-\frac{2(x^2+y^2)}{w^2}\right] \tag{12.2.17}$$

当我们取式（12.2.17）中 $w=w'=15.02\text{mm}$、12mm 时，在光束切面则有

$$I\geqslant I_0\left(\frac{w_0}{w'}\right)^2\mathrm{e}^{-2},\ x^2+y^2\leqslant w'^2 \tag{12.2.18}$$

$$I\geqslant I_0\left(\frac{w_0}{w'}\right)^2\mathrm{e}^{-12.5},\quad x^2+y^2\leqslant(2.5w')^2 \tag{12.2.19}$$

依前面的计算值，$2.5w'$ 依次是 37.5mm、30mm，它们与 M_2 的半径很接近，故先放电的中心放电管的光束在经过 M_2 的镜面间多次传输后可到达各放电管控制振荡，且先于各放电管内自发辐射而存在，而且可强于各腔轴向自发辐射。依式（12.2.18），中心圆面输出光束的信号经传输可到达的径向距离约为 15mm，于是中心放电管的激光输出可控制位于第一环区的放电管的激光振荡。而第一环区的放电管的激光输出又可控制位于第二环区的放电管的激光振荡。

可以看到，当 $L=4.498\text{m}$、4.495m 时，腔长已近似和光栅的曲率半径相等，为使腔长接近而又小于光栅的曲率半径，在光栅一端需实施对腔长的微调才有利于达到目的。若要省去微调这一步，另一办法则是将 CaF_2 镜（M_2）后表面加工成与前表面平行的半径约为 34mm 的全反射平面，仅在 $34\text{mm}<r<40\text{mm}$ 区域加工成全反射球面，曲率

半径为 20250mm。于是中央光束分别经较大次数在两平面间的往返，其信号便可分别进入第一环形区和第二环形区的放电管，当光信号进入各放电管，则对所有放电管的激光振荡进行控制。由于镜后表面边缘是反射球面，光线会被约束在各腔内和 M_2 的镜面间。

12.3　竖直反应室激光光化学反应同位素分离系统

UF_5 固态有两种晶型：α-UF_5 和 β-UF_5。α-UF_5 具有四方晶格，$a=6.512\text{Å}$，$c=4.463\text{Å}$，晶胞中有两个分子；β-UF_5 也具有四方晶格，$a=11.45\text{Å}$，$c=5.198\text{Å}$，晶胞中有八个分子，在 135℃以下为 β 晶型。UF_6 在室温下近于白色固体，蒸气压高，固体具有斜方晶体结构，晶格常数 $a=9.900\text{Å}$，$b=8.962\text{Å}$，$c=5.207\text{Å}$，晶胞中有四个分子。大体可以看出，UF_5 因少一个 F 原子而显著不同于八面体分子 UF_6，晶格常数（a）略大的 β-UF_5 的晶胞中所含分子数是 UF_6 晶胞中的两倍，相对来说，这种分子因结构的变化而在相遇时更能相互聚集在一起，可从特定情况产生的气态物中析出粉末物。UF_6 在三相点 64.02℃以下为固体，在三相点时的蒸气压为 133.75mmHg，在−10℃蒸气压为 7.7mmHg，实验表明其在 200K 温度时仍有 1mmHg 左右的蒸气压。而 UF_5 在固态时，当温度高于 515K 时才有蒸气压 p(mmHg)，p 与温度 T(K) 的关系为

$$\lg p=-\frac{8001}{T}+13.994 \quad (515\sim619\text{K}) \tag{12.3.1}$$

在液态时则为

$$\lg p=-\frac{5388}{T}+9.819 \quad (619\sim685\text{K}) \tag{12.3.2}$$

可见 UF_5 在室温和分离实验低温下根本无蒸气压可言，并为晶型 β-UF_5，只能以固态出现。在分子法中以 16μm 附近三个波长的激光多光子离解 UF_6 生成 $^{235}UF_5$，$^{235}UF_5$ 以粉末状态析出而被收集。UF_5 在气相中形成微粒，这些微粒要在低温且压力损耗要小的条件下收集。因而要开发低压冲撞器，冲撞器将含有 UF_5 微粒的气流用喷嘴和冲撞板急速弯曲，惯性大的微粒从气流中分离附着在冲撞板上，而达到捕获粒子的目的[10]。

实验低温下低振动能态光化学反应分离同位素与分子法中的情形有所不同，UF_5 经过过渡产物 UF_5Cl 在与大量的 HCl 反应剂分子碰撞中失去 Cl 原子而得到，或者是经过与反应池壁碰撞失去 Cl 原子后生成 UF_5 而沉积到池壁的。人们用反应池出口处的过滤器冷阱收集悬浮物中的 UF_5 固态产物，或从沉积于反应池布氏窗片上及反应池壁的固态层提取这种固态产物。在气态混合物中，UF_5 分子相聚而形成微粒，而 HCl 分子又较小、较轻，因此可近似视微粒为处于气态混合物中的较重物团。它们既受混合气的浮力作用，又受重力作用，在如图 12.3.1 所示的在竖直反应池（室）中将在一定力作用下做加速运动，一方面积累动能，另一方面则积累颗粒的尺度，在足够长的竖直反应池中它们将显著地

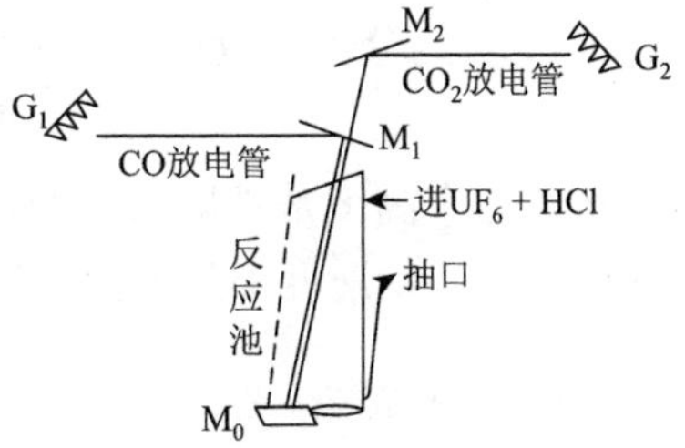

图 12.3.1　竖直反应室激光光化学反应同位素分离系统示意图

比在水平反应池内更加易于下沉，而且收集的产物主要集中于反应池的面积很小的下端，便于收集。另外，气体出口选择在离池底适当高度和采用适当抽速也有利于产物的集聚。

结合图 12.3.1，说明如下。

1. 反应池可较长

反应池可较长，但是，直径不宜过大，为光束尺寸的 1.2～1.5 倍较合适，或据实际安装需要略微增加直径尺寸，此时腔的衍射损耗较低。腔轴和反应池的轴线有一很小的夹角，以使腔镜不处于正下方而减少沉积物的污染。

2. 反应池壁温度

反应池壁温度稳定在 200K 时，如 11.6 节所述，此时反应剂采用如 HBr 这样的指前因子较大的分子比较合适，在 200K 仍可与 UF_6 具有较大反应速率。

3. 利于保持 UF_6 在管中的浓度

竖直反应池不仅有利于 UF_5 收集，而且有利于保持 UF_6 在管中的浓度。由于进口温度较高，混合物分子热运动速度较快，因此 UF_6 可有较高的工作气压，UF_6 分子浓度可较高，如可在 230K 时以分压 2×133.32Pa 注入反应池。但随着混合气流的下移运动，气体逐渐冷却，这是获得更高激发选择性所必需的，但同时，随着温度的下降，UF_6 分子会在管壁沉积，原因是 200K 时的蒸气压降低，UF_6 分子在管壁凝结的机会增大。在原水平放置的反应池（管）中热运动速度降低、管径小及重力作用都有利于 UF_6 分子在管壁沉积。但在竖直反应池中，情形会有所不同。在重力作用下势能转化为动能，故可增加在竖直方向的速度，UF_6 因势能而转化的向下的速度可补偿其轴向向下热运动速度偏小的不足，这种补偿有利于分子接近管壁时不易沉积。设 230K 和 200K 时 UF_6 的平均热运动速度分别为 $\overline{V}_1$ 和 $\overline{V}_2$，反应池高为 h，g 为重力加速度（假定），若想由势能转化来补偿其轴向运动速度的不足，则应有

$$\frac{1}{2}\left(\frac{1}{3}\overline{V}_1^2-\frac{1}{3}\overline{V}_2^2\right)=gh \tag{12.3.3}$$

$$\overline{V}_{1,2}=\sqrt{\frac{8kT}{\pi M}} \tag{12.3.4}$$

式中，M 为分子质量；T 分别为 230K 和 200K。于是可知对 UF_6 分子有

$$\overline{V}_1\approx 119\text{m/s},\ \overline{V}_2\approx 110\text{m/s},\ h\approx 35\text{m} \tag{12.3.5}$$

显然，这个高度是难以满足的，计算也有局限性。但此处表明，一定的反应池高度能使部分轴向运动速度得到补偿，选择竖直反应池是有利的。

4. 落体运动

1）水平放置反应池内落体加速度

例 12.3.1　在第 11 章参考文献[6]中在 253K 温度测定的 $HCl+UF_6$ 光化学反应速率常数 $K_L=0.036s^{-1}$，即光化学反应时间约为 $t=28s$。产物应主要来自水平放置的反应池

（管）中部区域，这里假定产物的一半“落”在了反应池壁，于是我们粗略估计这一半产物分子到反应池壁平均时间约为$\overline{t}_{(12.3.1)}=0.5(0+28)\text{s}=14\text{s}$。

例 12.3.2　在经历的数目为 12 例的 $HCl+UF_6$ 光化学反应（第 8 章参考文献[18]）中，241K 温度下 2 例，253K 温度下 10 例。由测定剩余反应物确认它们中有 4 例由 UF_6 到产物（UF_5）的平均转化率近似为 48%（其余为 38%），平均每例光化学反应时间为 13.95s。这里假定转化的一半（24%）产物在反应池壁，另外一半阻挡在反应池的出口收集环节。产物主要来自水平放置的反应池（管）中心部位区域，于是粗略估计这 4 例的转化的一半（24%）产物分子到反应池壁平均时间约为$\overline{t}_{(12.3.2)}=7\text{s}$。

反应池（管）直径约为 2cm。设“落体”平均加速度为$\overline{g}$，则对例 12.3.1、例 12.3.2 分别有

$$0.01\text{m}=0.5\overline{g}_1(14\text{s})^2,\quad \overline{g}_1=1.02\times10^{-4}\text{m/s}^2 \tag{12.3.6}$$

$$0.01\text{m}=0.5\overline{g}_2(7\text{s})^2,\quad \overline{g}_2=4.08\times10^{-4}\text{m}/\text{s}^2 \tag{12.3.7}$$

2）水平放置反应池（管）布氏窗片上 UF_5 沉积物

人们在水平放置反应池（管）布氏窗片上发现并收集 UF_5 沉积物，这表明以下几点。

（1）UF_5 聚集和沉积可以是很宏观的。

（2）UF_5Cl 与 UF_5 相碰撞能有效地解决 UF_5Cl 成为 UF_5 而与相碰 UF_5 聚合结块的问题。UF_5 与 UF_5 相碰可向宏观结块发展。因此，UF_5Cl 与 UF_5 在下行过程中也会向 UF_5 结块发展，结块逐渐加重，其所受重力逐渐增大，超过周围分子的“浮力”，从而使结块加速度逐渐增加。

3）竖直放置反应池中的落体运动

以例 12.3.2 为例，设加速度为

$$g(l)=\left(1+\alpha\frac{l-0.5D_0}{0.5D_0}\right)\overline{g}_2,\quad l\geqslant0.5D_0 \tag{12.3.8}$$

式中，l 为竖直反应池中产物 β-UF_5 微粒及其结块的下行距离；D_0 为反应池（管）直径，计算按 $0.5D_0$ 分段；α 为一个参数。

若在式（12.3.8）中取$\alpha=0.2$，$D_0=0.02\text{m}$，$l=0.2\text{m}$，则有下行距离为反应池（管）半径 19 倍时，加速度增加到$4.8\overline{g}_2$。

为简单计，将下行距离按 $0.5D_0$ 长度分段，按$\overline{g}$计算产物微粒或结块经历该分段所用的时间为t_n，n 为该段编号。当经历$l=n(0.5D_0)\to l=(n+1)(0.5D_0)$这段时，设加速度为$l=n(0.5D_0)$段与$l=(n+1)(0.5D_0)$段加速度的平均值，依式（12.3.8）则有

$$\overline{g}=\overline{g}_{(n)}=0.5\left[2+\alpha\left(\frac{n(0.5D_0)-0.5D_0}{0.5D_0}+\frac{(n+1)(0.5D_0)-0.5D_0}{0.5D_0}\right)\right]\overline{g}_2 \tag{12.3.9}$$

由式（12.3.9），有

$$\begin{aligned}&\overline{g}-\overline{g}_{(n)}=1+\alpha(n-0.5)\overline{g}_2,\ n\geqslant1\\&\overline{g}=\overline{g}_{(0)}=\overline{g}_2,\ n=0\end{aligned} \tag{12.3.10}$$

设$l=n(0.5D_0)\to l=(n+1)(0.5D_0)$段产物微粒或结块的初速度为$v_{0(n)}$，则有

$$v_{0(n)} = v_{0(n-1)} + \overline{g}_{(n-1)}t_{n-1} = v_{0(0)} + \sum_{i=0}^{n-1}\overline{g}_{(i)}t_i,\ n \geqslant 1 \tag{12.3.11}$$

$$v_{0(0)} = 0,\ t_0 = \overline{t},\ n = 0$$

并有

$$0.5D_0 = v_{0(n)}t_n + 0.5\overline{g}_{(n)}t_n^2 \tag{12.3.12}$$

设 $\alpha = 0.2$，$0.5D_0 = 0.01\text{m}$，则有 $t_0 = \overline{t}_{(12.3.2)} = 7\text{s}$，$t_1 = 2.8\text{s}$，$t_2 = 2.13\text{s}$，$t_3 = 1.73\text{s}$，$t_4 = 1.46\text{s}$，$t_5 = 1.28\text{s}$，$t_6 = 1.13\text{s}$，$t_7 = 1.02\text{s}$，$t_8 = 0.93\text{s}$，$t_9 = 0.85\text{s}$，$t_{10} = 0.79\text{s}$（后面越来越小）。这个计算结果是在 10cm 的下行距离用时约 21s，而相联系的 4 例光化学反应（转化率 48%）的转化时间约 14s，因此 10cm 的下行距离用时 21s 和完成较大转化率（如 96%）所需光化学反应时间将是相配的。明显地，反应池内上、中、下部都发生上述过程，较大 UF_5 结块因有较大的下行速度和较大尺寸而更有机会将沿途碰到的刚生成的 UF_5Cl 去 Cl，并使 UF_5 微粒加入结块，聚集下落至反应池底。若反应池高（长）3m，则抽速为 $3\text{m}/27\text{s}$，若反应池高（长）10m，则抽速为 $10\text{m}/27\text{s}$，能与上述光化学反应进程相匹配。

参 考 文 献

[1] Eerkens J W. Reaction chemistry of the UF_6 lisosep process[J]. Optics Communications，1976，18（1）：32-33.

[2] Erkens J W. Laser separation of isotopes[P]：AU-B-66607/81，537265. 1981.

[3] 巴朗诺夫. 同位素[M]. 王立军，等译. 北京：清华大学出版社，2004.

[4] 林钧岫，于清旭，刘中凡，等. 一氧化碳分子激光器[M]. 大连：大连理工大学出版社，1998.

[5] 徐启阳，王新兵. 高功率连续 CO_2 激光器[M]. 北京：国防工业出版社，2000.

[6] Li Y D，Kuang Y Z，Zhang X Y，et al. Assembly structure convective-flow CO laser[J]. Optics and Laser Technology，2003，35：633-637.

[7] Li Y D，Kuang Y Z，Zhang X Y. Polytetrafluoroethylene and metal structure convective-flow CO laser[J]. Optics and Laser Technology，2003，35：627-631.

[8] Li Z H，Li Y D，Liao J M，et al. Experimental research on space-overlapped and time-synchronized dual-wavelength transversely excited atmospheric pressure CO_2 laser[J].Optical Engineering，2007，46（9）：094202.

[9] Li Y D，Chen M，Liu J L. Non-tradition-employed lenses[J]. Optics Communications，2015，351：128-134.

[10] 邹意会，张荣康. 激光同位素分离[J]. 国外激光，1994，（6）：1-3.